V&R Academic

Umwelt und Gesellschaft

Herausgegeben von

Christof Mauch und
Helmuth Trischler

Band 15

Vandenhoeck & Ruprecht

Roman Köster

Hausmüll

Abfall und Gesellschaft in Westdeutschland 1945–1990

Vandenhoeck & Ruprecht

MIX
Papier aus verantwortungsvollen Quellen
FSC® C016439
www.fsc.org

Gedruckt mit Unterstützung der VG Wort.
Die Verantwortung für den Inhalt dieser Veröffentlichung liegt beim Autor.

Mit 8 Abbildungen, 24 Diagrammen und 18 Tabellen

Umschlagabbildung: Müllabfuhr in Würzburg 1970er Jahre.
(Abdruck mit freundlicher Genehmigung des SASE-Instituts Iserlohn)

Bibliografische Information der Deutschen Nationalbibliothek

Die Deutsche Nationalbibliothek verzeichnet diese Publikation in der Deutschen Nationalbibliografie; detaillierte bibliografische Daten sind im Internet über http://dnb.d-nb.de abrufbar.

ISSN 2198-7157
ISBN 978-3-525-31720-4

Weitere Ausgaben und Online-Angebote sind erhältlich unter: www.v-r.de

Satz: textformart, Göttingen | www.text-form-art.de
Druck und Bindung: Hubert & Co GmbH & Co. KG,
Robert-Bosch-Breite 6, D-37079 Göttingen

Gedruckt auf alterungsbeständigem Papier.

Inhalt

Einleitung

Problemstellung

Menschliche Gesellschaften erzeugen Abfälle, d.h. Dinge verlieren ihren ursprünglichen Gebrauchswert, werden um- und neu genutzt, bleiben am Ende übrig und werden weggeworfen. Das ist historisch keine neue Erscheinung und dementsprechend lassen sich beispielsweise die Bemühungen, eine geordnete Beseitigung der Abfälle zu gewährleisten, bis in die Antike zurückverfolgen. Die mittelalterlichen und frühneuzeitlichen Städte unternahmen zahlreiche Anstrengungen, die Gassen sauber zu halten und den nicht verwertbaren Unrat herauszuschaffen. Seit dem letzten Viertel des 19. Jahrhunderts wurden die Bemühungen zur ordnungsgemäßen Sammlung und Entsorgung der Abfälle in den deutschen Städten ausgeweitet, in den meisten Fällen institutionalisiert.[1]

Auch wenn das Abfallproblem keineswegs neu ist, hat es sich gleichwohl nach dem Zweiten Weltkrieg fundamental verändert. Ein wesentlicher Faktor war dabei zunächst die drastische Zunahme der Abfallmengen, die bis dahin bestenfalls langsam gewachsen waren. Was in den 1950er Jahren zunächst als eine Rückkehr zu den Vorkriegsverhältnissen erschien, nahm bald eine bis dahin unbekannte Dimension an. Bereits im Jahr 1960 wurde angesichts dieser Entwicklung das Schlagwort der »Müll-Lawine« geprägt und das steigende Abfallaufkommen als unerwünschte Nebenfolge des neuen Wohlstands thematisiert.[2] Besonders in den 1960er und 1970er Jahren wuchsen die Abfallmengen schnell, ein Wachstum, das sich erst in den 1980er Jahren allmählich abschwächte. Bis zu diesem Zeitpunkt hatte der Abfallstrom die vorhandenen Entsorgungskapazitäten jedoch längst an und über ihre Grenzen getrieben.

Es waren jedoch nicht nur die steigenden Mengen, die eine neue Problemdimension schufen, sondern auch die sich verändernde Materialität des Abfalls. Bis in die späten 1950er Jahre bestand der Hausmüll zu einem Drittel aus Asche, der Rest waren meist organische Bestandteile, Papier oder Textilien, die sich relativ rasch zersetzten. Metalle und andere leicht verwertbare Bestandteile wur-

1 Gottfried Hösel, Unser Abfall aller Zeiten. Eine Kulturgeschichte der Städtereinigung. München 1987.

2 Artikel Rheinische Post (14.6.1962): Blechofen verschlingt Wohlstandsmüll. LA NRW, NW 345, Nr. 44. Regierungsdirektor Kanis, Grundsätze der Neuordnung des Rechts der Abfallbeseitigung (1974). BA Koblenz, B 106, Nr. 69731; Artikel Rhein-Neckar-Zeitung (1.9.1960): Die Konjunktur hat auch eine Kehrseite: Ersticken wir im Wohlstandsmüll? SdtA Mannheim, Hauptregistratur, Zugang 40/1972, Nr. 291.

den oftmals schon vorher aus dem Müll herausgezogen. Seit den späten 1950er Jahren nahm jedoch besonders der Verpackungsmüll kontinuierlich zu, wobei ein steigender Anteil aus Kunststoffen bestand, die sich kaum wiederverwerten ließen und nur langsam fermentierten. Hinzu kamen viele andere Problemstoffe, die nicht länger allein hygienische Probleme erzeugten: Bei der Entsorgung auf Deponien oder in Müllverbrennungsanlagen wurden Schadstoffe und Gifte emittiert, Luft und Grundwasser kontaminiert.

Sowohl das ansteigende Aufkommen des Abfalls wie seine veränderte Materialität stellten eine große Herausforderung für die technischen Infrastrukturen dar, die seit dem späten 19. Jahrhundert zur Sammlung und Entsorgung der Abfälle geschaffen worden waren. Die bestehenden Gefäß- und Abfuhrsysteme reichten zur Bewältigung der »Müll-Lawine« schon bald nicht mehr aus und neue mussten entwickelt und implementiert werden, um die Abfallmengen ordnungsgemäß einzusammeln. Noch viel dramatischer stellte sich jedoch die Entsorgungssituation dar: Die ausgewiesenen Müllablagerungsplätze in den Städten gerieten oftmals bereits am Ende der 1950er Jahre an ihre Kapazitätsgrenzen. In der Folgezeit entstanden zahllose »wilde« Kippen, die Gestank verbreiteten, Feuer fingen, schwere hygienische Probleme erzeugten und die Umwelt vergifteten. Das überforderte die Kommunen, die bislang allein für die Sammlung und Entsorgung ihrer Abfälle verantwortlich gewesen waren. Mit den Länder und dem Bund tauchten in den 1960er Jahren neue Akteure in der Abfallwirtschaft auf, die durch Regulierung und Planung eine dauerhafte technische Lösung des Abfallproblems erreichen wollten.

Diese Bemühungen waren allerdings stark umstritten. Tatsächlich führten gerade die Anstrengungen, die Entsorgungsfrage zu lösen, dazu, ihre Komplexität und Risiken überhaupt erst offenzulegen. Besonders in den 1970er Jahren wurde ihre vormals noch weitgehend akzeptierte technische Lösbarkeit zunehmend in Frage gestellt. Es greift allein deshalb zu kurz, das Abfallproblem auf die Anpassung und Erweiterung technischer Infrastrukturen zu reduzieren. Vielmehr kam es seit den 1960er Jahren zu einer fundamentalen Veränderung der Art und Weise, wie der Abfall im wissenschaftlichen, politischen und öffentlichen Diskurs verhandelt wurde.

Das äußerte sich zunächst darin, dass das traditionelle Konzept der Städtehygiene an seine Grenzen geriet. Im Rahmen des städtehygienischen Diskurses seit dem 19. Jahrhundert war der Müll in erster Linie wegen potentieller Seuchengefahren thematisiert worden. Die zentralen Aufgaben bestanden darin, ihn zu sammeln, aus zentral gelegenen Wohngebieten herauszuschaffen und durch räumliche Distanz zu externalisieren. Bei entsprechender technischer Expertise und ausreichendem Geldeinsatz galt das Ideal der assanierten Stadt jedoch als zu verwirklichen. Das wurde in den 1960er Jahren anders: Externalisierungsstrategien erwiesen sich aufgrund des Platzmangels und der veränderten Materialität des Mülls als zunehmend schwierig. Man lernte, dass

Deponien nicht nur Gestank und Krankheiten verbreiteten, sondern Boden, Grundwasser und Atmosphäre kontaminierten. Der Abfall wurde darüber von einem Gegenstand der Städtehygiene zu einem kontrovers debattierten Umweltproblem.

Hinzu kam, dass zur Lösung dieses Problems seit den 1960er Jahren zahlreiche neue Entsorgungsanlagen geschaffen werden mussten. Deren Planung ging mit einer intensiven wissenschaftlichen Beschäftigung mit dem Abfall einher, die das Wissen über den Müll stark erweiterte, es aber auch problematisierte. Es wurde bewusst, welche Mengen und Arten von Abfällen existierten und wie wenig über die von ihnen ausgehenden Risiken bekannt war. In den konkreten Konflikten um neue Entsorgungsanlagen konnten Befürworter wie Gegner dieses ambivalente Wissen für ihre Zwecke benutzen. Das führte zu langen Planungszeiträumen und emotionalen Debatten, bei denen am Ende oftmals auch die moderne Konsumgesellschaft vor Gericht stand, die schließlich erst zum Entstehen der »Müll-Lawine« geführt hatte: Wenn zunehmende Mengen potentiell gefährlicher Abfälle produziert wurden, lag es dann nicht nahe, an ihren grundlegenden Strukturen etwas zu ändern?

Die vorliegende Arbeit möchte die Entwicklung der westdeutschen Abfallwirtschaft (als Überbegriff für die Institutionen, Praktiken und Semantiken der Sammlung, Entsorgung und Wiederverwertung von Abfällen) im Zeitraum zwischen 1945 und 1990 rekonstruieren. Sie fragt dabei erstens nach den Ursachen für das Ansteigen der Abfallmengen nach dem Zweiten Weltkrieg und die sich verändernde Materialität des Mülls. Zu diesem Problemkomplex gibt es zwar verschiedene Hinweise in der Literatur, diese Frage wurde bislang jedoch keinesfalls erschöpfend beantwortet. Oftmals wurde sie monokausal mit dem Wohlstandszuwachs nach Krieg begründet, was jedoch keineswegs ausreicht.[3] Vielmehr müssen Veränderungen des Einzelhandels, des Städtebaus oder des Wegwerfverhaltens herangezogen werden, um den Ursachen des steigenden Abfallaufkommens auf die Spur zu kommen.

Zweitens beschäftigt sich die Arbeit mit den technischen und administrativen Maßnahmen, die ergriffen wurden, um mit den steigenden Abfallmengen und deren veränderter Materialität zurechtzukommen. Hier geht es vor allem um die Rekonstruktion der Genese technischer Infrastrukturen, der »großen technischen Systeme« (Thomas Hughes) der Sammlung, Entsorgung und Wiederverwertung.[4] Es wird danach gefragt, wie sich diese, konfrontiert mit

3 Ebd.; Bundesministerium des Inneren. Projektgruppe Abfallbeseitigung. Broschüre: Brennpunkt Müllproblem (Bamberg 1968). BA Koblenz, B 106, Nr. 29370.

4 Thomas Hughes, The Evolution of Large Technological Systems, in: Wiebe E. Bijker, Thomas P. Hughes, Trevor Pinch (Hrsg.), The Social Construction of Technological Systems. Cambridge/Mass. 1987, 51–82; Peter Weingart, »Großtechnische Systeme«. Ein Paradigma der Verknüpfung von Technikentwicklung und sozialem Wandel?, in: Ders. (Hrsg.), Technik als sozialer Prozess. Frankfurt/M. 1989, 174–196.

schnell steigenden Abfallmengen, transformierten und ausweiteten. Welche technischen Entwicklungen und Innovationen wurden zur Lösung des Abfallproblems entwickelt und wie wurden diese implementiert? Dabei wird davon ausgegangen, dass diese Vorgänge mit Aushandlungsprozessen zwischen Produzenten und Nutzern einhergingen, welche die Handlungsspielräume bei der Ausgestaltung von Infrastrukturen wesentlich bestimmten.[5]

Die dritte Leitfrage der vorliegenden Arbeit lautet, wie sich die gesellschaftliche Auseinandersetzung mit dem Abfall nach dem Zweiten Weltkrieg in Reaktion auf die administrativen und technischen Anstrengungen, mit den steigenden Abfallmengen zurechtzukommen, veränderte. Das erscheint nicht zuletzt deshalb wichtig, weil der Abfalldiskurs das »waste regime«[6] (Zsuzsa Gille) nicht einfach wie der Chor in der griechischen Tragödie begleitete: Vielmehr erzeugte er handlungsleitende Konzepte, wie mit dem Abfall umzugehen sei. Er determinierte technische Lösungsstrategien für das Abfallproblem und beeinflusste damit auch die konkrete Ausgestaltung materieller Infrastrukturen der Sammlung, Entsorgung und schließlich Wiederverwertung.

Thematisch fokussiert sich die Arbeit auf den Hausmüll, d.h. die in Haushalten anfallenden Überreste.[7] Diese Verengung hat zunächst pragmatische Gründe: Das Abfallproblem ist historisch äußerst divers und gerade im Laufe der 1960er und 1970er Jahre wurde bewusst, wie viele verschiedene Arten von Abfällen sich begründet differenzieren ließen, die sich hinsichtlich Menge, Materialität und Problematik teilweise stark voneinander unterschieden. Es macht aus diesem Grund beispielsweise nur wenig Sinn, den Hausmüll zusammen mit dem Atommüll zu behandeln. Auch Autowracks, um ein anderes Beispiel zu nennen, warfen ganz anders gelagerte Probleme der Sammlung, Entsorgung und Wiederverwertung auf, als das beim Hausmüll der Fall war.[8] Die Fokussierung auf letzteren soll zum einen sicherstellen, sich nicht in der empirischen Vielfalt der Abfallproblematik zu verlieren. Zum anderen nahm der Hausmüll eine herausgehobene Rolle im öffentlichen Diskurs ein und bietet sich deshalb als Gegenstand für eine historische Behandlung der Abfallproblematik an.

Eine solche Fokussierung erscheint außerdem als geeignet, einen spezifischen Aspekt des Abfallproblems zu thematisieren, nämlich den Zusammenhang zwischen der Müllproduktion und der Ausprägung der modernen Konsumgesell-

5 Vgl. Wiebe E.Bijker, Of Bicycles, Bakelites, and Bulbs. Toward a Theory of Sociotechnical Change. London 1995.

6 Zsusza Gille, From the Cult of Waste to the Trash Heap of History. The Politics of Waste in Socialist and Postsocialist Hungary. Bloomington 2007.

7 Zur allgemeinen Begriffsgeschichte von »Abfall« s. Ludolf Kuchenbuch, Abfall. Eine Stichwortgeschichte, in: Hans-Georg Soeffner (Hrsg.), Kultur und Alltag. Göttingen 1988, 154–170.

8 S. dazu v.a. Carl Zimring, Cash for your Trash. Scrap Recycling in America. New Brunswick 2005.

schaft. Eine solche Betrachtungsweise kann daran anschließen, dass das Abfallproblem bereits in den 1970er Jahren als das Umweltproblem verhandelt wurde, das am unmittelbarsten mit dem Massenkonsum und damit der individuellen Lebensführung verknüpft war. Abfalldiskurse boten insofern stets Ansatzpunkte für eine (kritische) Reflexion der Konsumgesellschaft, ihrer Mechanismen und Nebenfolgen. Die Hausmüll-Thematik bietet insofern die Möglichkeit, einen bislang vernachlässigten Aspekt der Geschichte der Konsumgesellschaft genauer zu beleuchten, der gleichzeitig untrennbar mit ihr verbunden ist.

Eine solche Fokussierung birgt allerdings bestimmte Risiken. Dazu gehört vor allem, im historischen Quellenmaterial vorgefundene narrative Muster unreflektiert zu wiederholen. Das ist zumal der Fall, weil sich im Zuge der Entstehung eines »kulturkritischen Abfalldiskurses«[9] (Reiner Keller) seit dem Ende der 1960er Jahre eine metaphorische Eigenlogik in der Kommunikation über den Müll ausprägte, die in letzter Konsequenz immer wieder auf eine »freudianische« Deutung der Konsumgesellschaft hinauslief. Demzufolge stellte der Abfall, indem er sich durch Menge und Materialität einer natürlichen Zyklizität verweigerte, ein Krankheitszeichen, einen Hinweis auf einen pathologisch gewordenen Stoffwechsel mit der Natur dar.[10] Dieser Tatbestand wurde im Zuge der Entsorgung zu externalisieren und damit gewissermaßen zu »verdrängen« versucht. Es ließ sich aber nicht verhindern, dass dieses »Verdrängte« in Form von Schadstoffen und Giften, vermittelt über die Luft oder das Grundwasser, wieder in die Gesellschaft zurückkehrte. Begriffe wie »Altlast« oder »Giftmüllskandal« signalisierten nach Ansicht der Soziologen Ralf Herbold und Ralf Wienken den »sprachlichen Wiedereintritt des Mülls in die Gesellschaft«[11], als das einzige, was nicht weggeworfen werden konnte.[12]

Diese historisch beobachtbare Form des »kulturkritischen« Abfalldiskurses hat die sozial-und kulturwissenschaftliche Beschäftigung mit dem Müll wesentlich geprägt und wurde immer wieder als Deutungsmuster verwendet.[13]

9 Reiner Keller, Müll. Die gesellschaftliche Konstruktion des Wertvollen. Die öffentliche Diskussion über Abfall in Deutschland und Frankreich. Wiesbaden 2009².

10 Edeltraud Tagwerker, Vom Leben in unseren Städten. Kulturanthropologische Analysen des urbanen Alltags in europäischen Metropolen und Provinzstädten der Gegenwart. Frankfurt/M. 2006, 274.

11 Ralf Herbold, Ralf Wienken, Experimentelle Technikgestaltung und offene Planung. Strategien zur sozialen Bewältigung von Unsicherheit am Beispiel der Abfallbeseitigung. Bielefeld 1993, 12.

12 Wolfgang Krohn, Rekursive Lernprozesse. Experimentelle Praktiken in der Gesellschaft. Das Beispiel der Abfallwirtschaft, in: Werner Rammert, Gotthard Bechmann (Hrsg.), Technik und Gesellschaft, Jahrbuch 9. Frankfurt, New York 1997, 65–89, 70.

13 Sonja Windmüller, Die Kehrseite der Dinge. Müll, Abfall, Wegwerfen als kulturwissenschaftliches Problem. Münster 2004; Manfred Prisching, Trash Economy. Abfallproduktion als Wirtschaftsprinzip, in: Anselm Wagner (Hrsg.), Abfallmoderne. Zu den Schmutzrändern der Kultur. Berlin 2012², 31–43.

Dabei erscheint jedoch nicht allein die Übernahme vorhandener Narrative und das Sich-Gemeinmachen mit einer bestimmten Position im Abfalldiskurs seit den 1970er Jahren als problematisch. Vielmehr lassen bereits einfache empirische Befunde solche Deutungen als zweifelhaft erscheinen: Das Abfallproblem wurde in vielen Fällen durchaus als »sichtbares« Umweltproblem verhandelt (darum teilweise sogar zusammen mit dem Lärmproblem diskutiert[14]). Die in den 1960er Jahren in den Städten entstehenden wilden Ablagerungen waren tatsächlich überall sichtbar und es waren erst die technischen Lösungsanstrengungen, die zu einer »Invisibilisierung« des Mülls führten. Gerade sie wurden jedoch intensiv und kontrovers gesellschaftlich diskutiert. Deponien und Verbrennungsanlagen als »Pyramiden« und »Kathedralen« des Konsumzeitalters entstanden erst als Resultat einer Auseinandersetzung mit diesem Problem, die keineswegs im Verborgenen stattfand.[15] Davon, dass die Gesellschaft das Müllproblem »verdrängte«, kann ernsthaft keine Rede sein.

Die unreflektierte Übernahme solch narrativer Muster erscheint besonders dann als problematisch, wenn daraus abgeleitet wird, nicht nur die Gesellschaft, sondern auch die Wissenschaft würde das »unangenehme« Thema Müll nur mit spitzen Fingern anfassen und am liebsten aussparen. Darin liegt tendenziell eine Selbstüberhöhung mancher Wissenschaftler, die sich gegenüber der Gesellschaft als Aufklärer inszenieren.[16] Wenn etwa Zygmunt Bauman den Müllmann in erstaunlich unreflektierter Hingabe an die Eigenlogik der Abfallmetaphorik als vergessenen Helden der Geschichte portraitiert[17], stellt sich tatsächlich die Frage, ab wann er denn nicht mehr vergessen sei: Könnte selbst die intensive Auseinandersetzung mit dem Thema an seiner Verdrängung überhaupt etwas ändern?

Eine historische Beschäftigung mit dem Abfallproblem tut gut daran, sich solche Erzählweisen nicht anzueignen, sondern sie als eine spezifische historische Form zu betrachten, in der das Abfallproblem verhandelt wurde und die von anderen Formen (z. B. technischen Diskursen) zu unterscheiden ist. Dann aber eröffnet sich die Chance, die Geschichte der Abfallwirtschaft nicht nur auf der Ebene der Institutionen und Praktiken mit der Ausprägung der modernen Konsumgesellschaft zu verknüpfen, sondern auch die Ausprägung spezifischer Semantiken, in denen das Abfallproblem verhandelt wurde, als eine Spielart gesellschaftlicher Selbstreflexion zu begreifen, welche die »Kehrseite«

14 Kai F. Hünemörder, Die Frühgeschichte der globalen Umweltkrise und die Formierung der deutschen Umweltpolitik (1950–1973). Stuttgart 2004, 15.

15 Zu den Begriffen vgl. Bernd Martens, Die gesellschaftliche Resonanz auf das Abfallproblem. Wiesbaden 1999, 12.

16 So z. B. Windmüller, Kehrseite der Dinge; Martina Heßler, Wegwerfen. Zum Wandel des Umgangs mit Dingen, in: Zeitschrift für Erziehungswissenschaft 16, 2013, 253–266.

17 Zygmunt Bauman, Verworfenes Leben. Die Ausgegrenzten der Moderne. Hamburg 2005.

des Wohlstands thematisierte. Dabei ist es ein wichtiges Anliegen dieser Arbeit, die Ausprägung solcher Semantiken aus der Auseinandersetzung mit konkreten Problemlagen zu erklären. Das markiert eine Differenz etwa zu der Studie Reiner Kellers, die im Wesentlichen diskursimmanent argumentiert.[18]

Methodisch verortet sich die vorliegende Arbeit an der Schnittstelle von Wirtschafts-, Technik- und Umweltgeschichte. Das stellt nicht zuletzt eine Reaktion auf die Vielschichtigkeit und den Facettenreichtum der Müllproblematik dar. So besitzt der Abfall zunächst deshalb eine zentrale wirtschaftsgeschichtliche Dimension, weil die Zunahme der Hausmüllmengen wesentlich mit dem ökonomischen Aufschwung nach dem Zweiten Weltkrieg und der Ausprägung der (Massen-)Konsumgesellschaft zusammenhing. Dabei trugen insbesondere neue Formen der Warendistribution, etwa die Durchsetzung der Selbstbedienung, wesentlich zum Anstieg der Abfallmengen bei. Die Sammlung und Entsorgung des Abfalls entwickelte sich seit den 1960er Jahren sukzessive zu einem florierenden Wirtschaftszweig, in dem sich Privatunternehmen als besonders erfolgreich erwiesen. Auch das moderne Recycling des Hausmülls, das sich seit den 1970er Jahren zunehmend etablierte, wurde wesentlich (wenn auch nicht ausschließlich) durch ökonomische Faktoren bestimmt.

Die technikgeschichtliche Dimension des Themas besteht vor allem darin, dass zur Sammlung, Entsorgung und Wiederverwertung der Abfälle technische Infrastrukturen geschaffen, transformiert und erweitert werden mussten. Diese Infrastrukturen stellen dabei ein genuines Beispiel für »große technische Systeme« dar, die allerdings auf dem Gebiet der Sammlung kaum starre materielle Strukturen ausbildeten, sondern relativ flexibel blieben. Eine zentrale Unterscheidung ist dabei zwischen den Technologien der Sammlung und der Entsorgung zu treffen. Die Technologien der Sammlung stellten in vielen Fällen »Low-Tech« dar. Sie sind gleichwohl als ein Resultat von Aushandlungsprozessen zwischen Bürgern und für die Sammlung verantwortlichen Institutionen zu begreifen.[19] Die Entsorgungstechnologien zeichneten sich hingegen durch einen kontinuierlich steigenden Komplexitätsgrad aus, der auf eine wachsende Problemsensibilität hinsichtlich müllinduzierter Risiken hinweist.

Schließlich hat der Abfall wesentlich eine umweltgeschichtliche Dimension. Das ist zunächst deshalb der Fall, weil er seit den 1960er Jahren zunehmend zu einem kontrovers diskutierten Umweltproblem wurde, dessen Risiken und Risikowahrnehmungen sich stark veränderten. An die Seite traditioneller städtehygienischer Themen trat die Sorge, dass Deponien und Verbrennungsanlagen Luft und Wasser kontaminierten. Dadurch verschärfte sich die Suche nach dem »ultimate sink« (Joel A. Tarr), der letzten Ablagerungsstätte, die eine dauerhaft

18 Keller, Müll.
19 Vgl. Bijker, Of Bicycles, Bakelites, and Bulbs.

sichere Lagerung/Einbettung versprach.[20] Im besten Fall sollte es sich um die Auflösung und Reintegration des Materials in die natürliche Umgebung handeln, der aber die veränderte Materialität der Abfälle gerade entgegenstand. Gleichzeitig stellten Abfälle aber auch ein Problem für urbane Umwelten dar. Wenn sie aus den Städten herausgeschafft wurden, mussten für sie technische Artefakte geschaffen werden, die nicht nur neue Umweltrisiken erzeugten, sondern auch massive Eingriffe in die Landschaften darstellten und auch darum häufig von der Bevölkerung abgelehnt wurden.

Die Verbindung von wirtschafts- und umwelthistorischen Fragestellungen ist in der Forschung bislang relativ selten geblieben. Über die Ursachen dafür lässt sich trefflich spekulieren, ein Grund dürfte aber sicherlich in unterschiedlichen methodischen Zugangsweisen liegen: Während die Wirtschaftsgeschichte vor allem auf die Eigenlogik ökonomischer Transaktionen rekurriert, nimmt die Umweltgeschichte stärker materielle Ressourcenströme und die Wechselbeziehungen zwischen Mensch und Umwelt in den Blick. Dass sich die Verbindung solcher Zugangsweisen als durchaus fruchtbar erweisen kann, hat allerdings insbesondere William Cronon in seinem umweltgeschichtlichen Klassiker »Nature's Metropolis« über die Interdependenz Chicagos mit seiner natürlichen Umgebung in der zweiten Hälfte des 19. Jahrhunderts eindrucksvoll gezeigt.[21] Gerade das Thema Abfall bietet sich für eine solche Verbindung an, weil es ohne Beachtung seiner ökonomischen Dimension nicht adäquat verstanden werden kann, zugleich aber auch zahlreiche andere Lebensbereiche berührt. Dieser Vielschichtigkeit will die vorliegende Arbeit gerecht werden, indem sie auf empirisch breiter Basis die verschiedenen Dimensionen des Abfallproblems beleuchten und zu einer konsistenten Erzählung zusammenführen möchte.

Forschungsstand und Quellenbasis

Zur Geschichte der Abfallwirtschaft existiert durchaus eine substantielle Forschungsliteratur. Vergleichsweise dünn gesät sind allerdings Darstellungen, die sich übergreifend mit der Abfallwirtschaft in einzelnen Ländern beschäftigen. Am weitesten fortgeschritten ist die »Müllgeschichte« dabei sicherlich in den USA, für die Joel A. Tarr, Martin Melosi und Susan Strasser wegweisende Arbeiten vorgelegt haben. Dabei war insbesondere Joel A. Tarr ein Wegbereiter einer Umweltgeschichte der Städtereinigung und der »vernetzten« Stadt, der insbesondere die Installierung früher technischer Systeme der Fäkalienentsorgung in der zweiten Hälfte des 19. Jahrhunderts historisch untersucht

20 Joel A. Tarr, The Search for the Ultimate Sink. Urban Pollution in Historical Perspective. Akron 1996.

21 William Cronon, Nature's Metropolis. Chicago and the Great West. New York 1991.

hat.[22] Susan Strasser wiederum hat mit »Waste and Want«, einer Sozialgeschichte des Recyclings seit dem späten 18. Jahrhundert in den USA, die vielleicht einflussreichste abfallhistorische Darstellung überhaupt vorgelegt, in der sie überzeugend und auf erzählerisch elegante Weise sozial-, wirtschafts- und alltagshistorische Aspekte miteinander verbindet.[23] Empirisch und analytisch am dichtesten sind hingegen sicherlich die Arbeiten Martin Melosis, der mit »Garbage and the City« sowie »The Sanitary City« bahnbrechende Arbeiten zur Geschichte der Städtehygiene vorgelegt hat.[24] Auffällig ist allerdings, dass in der amerikanischen Forschung besonders starkes Augenmerk auf den Abfall als urbanes Problem und die Stadt als »Second nature«, als gebaute Umwelt des Menschen gelegt wird. Man dürfte nicht ganz falsch mit der Annahme liegen, dass diese Sichtweise auch amerikanischen Besonderheiten geschuldet ist, dass hier nämlich die Abfallmengen im Vergleich zu Europa deutlich früher anstiegen und die staatliche Planung der Entsorgung eine geringere Rolle spielte als in Deutschland oder Großbritannien. In Westdeutschland hörte die Abfallentsorgung seit den 1960er Jahren jedoch zunehmend auf, vorrangig ein urbanes Problem zu sein, und die kommunale Selbstverwaltung wurde sukzessive geschwächt.

Bezüglich dieser modernen Geschichte der Abfallwirtschaft in Deutschland bestehen allerdings beträchtliche Forschungslücken. Peter Münch hat mit seiner Arbeit über Stadthygiene im 19. und 20. Jahrhundert einen wesentlichen Beitrag zur Erforschung der frühen Anstrengungen zur Sammlung und Entsorgung der städtischen Abfälle geleistet.[25] Die vorhandenen Überblicksdarstellungen für die Zeit nach dem Zweiten Weltkrieg sind jedoch entweder recht oberflächlich oder stark zielgruppenorientiert. Übergreifende Aspekte behandeln dabei vor allem zwei vom SASE-Institut in Iserlohn, einem Bildungsinstitut der privaten Abfallwirtschaft, herausgegebene Arbeiten, welche sich mit der Abfallwirtschaft in den Zeiträumen bis 1945 und von 1945 bis 1975 beschäftigen.[26]

22 Tarr, The Search for the Ultimate Sink; Joel A. Tarr, Gabriel Dupuy (Hrsg.), Technology and the Rise of a Networked City in Europe and America. Philadelphia 1988.

23 Susan Strasser, Waste and Want. A Social History of Trash. New York 1999.

24 Martin Melosi, Garbage in the Cities, Refuse, Reform, and the Environment (Revised Edition). Pittsburgh 2005; Ders., The Sanitary City. Environmental Services in Urban America from Colonial Times to the Present. Pittsburgh 2008.

25 Peter Münch, Stadthygiene im 19. und 20. Jahrhundert. Die Wasserversorgung, Abwasser- und Abfallbeseitigung unter besonderer Berücksichtigung Münchens. Göttingen 1993.

26 Ralf Breer, Stephan Mlodoch, Hanskarl Willms, Asche, Kehricht, Saubermänner. Stadtentwicklung, Stadthygiene und Städtereinigung in Deutschland bis 1945. Selm 2010; Hanskarl Willms, Stephan Mlodoch, Wiederaufbau, Wirtschaftswunder, Konsumgesellschaft. Stadtentwicklung, Stadthygiene und Abfallwirtschaft in Deutschland 1945 bis 1975. Selm 2014.

Diese Arbeiten bieten wertvolle Informationen insbesondere zur Geschichte der privaten Entsorgungswirtschaft, verzichten jedoch nicht nur weitgehend auf die Benutzung von Primärquellen, sondern vertreten auch mehr oder weniger deutlich den Standpunkt der »Privaten«. Gottfried Hösels breit angelegte historische Überblicksdarstellung »Unser Abfall aller Zeiten« wiederum bietet für die Zeit seit den 1960er Jahren nur einen knappen historischen Abriss. Das ist insofern erstaunlich, weil Hösel selbst als Ministerialbeamter erst im Bundesgesundheits-, dann im Bundesinnenministerium die westdeutsche Abfallpolitik wesentlich mitgestaltet hat.[27] Noch am meisten Informationen für die Zeit nach 1945 bieten zwei Arbeiten, die sich vorrangig mit aktuellen Problemlagen beschäftigen. So enthält die Arbeit von Ralf Herbold und Ralf Wienken über »Experimentelle Technikgestaltung«, eine empirische Untersuchung über die Planung einer Entsorgungsanlage in Bielefeld, auch einen Abriss der Genese des Abfallproblems in historischer Sicht.[28] Ganz ähnlich behandelt Winfried Osthorsts Arbeit über die Privatisierung und Neuordnung der Abfallwirtschaft in den 1990er Jahren auch die Vorgeschichte dieser Entwicklung seit dem Zweiten Weltkrieg.[29]

Kürzlich haben allerdings Raymond G. Stokes, Stephen C. Sambrook und der Verfasser der vorliegenden Arbeit eine vergleichende Ländergeschichte der Abfallwirtschaft in Großbritannien und der BRD vorgelegt, die zeitlich von 1945 bis heute reicht.[30] Wie der Titel des Buches »The Business of Waste« allerdings bereits andeutet, fokussiert es sich wesentlich auf die wirtschafts- und unternehmenshistorischen Aspekte der Abfallwirtschaft. Davon grenzt sich die vorliegende Arbeit ab, indem sie thematisch und methodisch deutlich breiter angelegt ist und stärker umwelt- und technikgeschichtliche Aspekte berücksichtigt. Auch auf andere Aspekte, beispielsweise die Sozialgeschichte der Müllarbeit, konnte in »The Business of Waste« nicht eingegangen werden. Um eine kongruente Vergleichsperspektive zu gewinnen musste dort nicht nur eine bestimmte thematische Fokussierung vorgenommen, sondern auch die empirischen Teile relativ straff gehalten werden. In der vorliegenden Arbeit ist es jedoch möglich, tiefer ins Detail zu gehen und die Geschichte der westdeutschen Abfallwirtschaft unter einem breiteren Blickwinkel zu betrachten.

Auch wenn ein Mangel an Überblicksdarstellungen zu konstatieren ist, existieren gleichwohl zahlreiche Arbeiten zu Einzelaspekten der Abfallwirtschaft.

27 Hösel, Unser Abfall aller Zeiten.

28 Herbold, Wienken, Experimentelle Technikgestaltung. Vgl. auch Ralf Herbold u. a., Entsorgungsnetze. Kommunale Lösungen im Spannungsfeld von Technik, Regulation und Öffentlichkeit. Baden-Baden 2002.

29 Winfried Osthorst, Abfall als Ware. Vom Entsorgungsnotstand zur Liberalisierung der Abfallentsorgung. Bremen 2002.

30 Raymond G. Stokes, Roman Köster, Stephen C. Sambrook, Business of Waste. 1945 to the Present. Cambridge 2013.

Besonders zu erwähnen sind dabei die internationalen Arbeiten, die mit innovativen Fragestellungen die Abfallgeschichte wesentlich vorangebracht haben. Hinzuweisen ist hier beispielsweise auf Finn Arne Jørgensens Arbeit »Making a Green Machine«, die sich mit der Geschichte des norwegischen Flaschenautomatenherstellers Tomra beschäftigt[31], oder Carl Zimrings Buch »Cash for your Trash«, einer Geschichte der Autoverwertung in den USA.[32] Mathew Gandy hat eine vergleichende Darstellung des Recyclings in London, New York und Hamburg vorgelegt, die besonders hinsichtlich der Implementierung von Recyclinginfrastrukturen während der 1980er Jahre interessante Informationen liefert.[33] Samantha McBride wiederum hat sich aktuellen Problemen des Recyclings in den USA gewidmet, geht dabei aber auch auf historische Aspekte von dessen Entwicklung ein.[34] Darüber hinaus erscheint auch die Geschichte einzelner Materialien interessant, weil nicht zuletzt die sich verändernde Materialität des Abfalls die Entsorgungsproblematik seit den 1960er Jahren wesentlich bestimmte. Dabei stechen die Arbeiten von Jeffrey Meikle und Andrea Westermann zum Plastik heraus.[35] Auch Robert Friedel hat im Rahmen seiner Forschungen zum Celluloid sowie zur Aluminiumdose in den USA wichtige Arbeiten verfasst.[36] Diese haben dem »material turn« in der Geschichtswissenschaft wichtige Impulse gegeben.[37]

Im deutschen Fall hat sich die Geschichtsschreibung zum Abfall ebenfalls in erster Linie mit einzelnen Aspekten der Gesamtthematik beschäftigt, wobei die Geschichte des Recyclings im weitesten Sinne eine besonders wichtige Rolle spielt. So hat Heike Weber beispielsweise die Sammlung von Küchenabfällen während des Ersten Weltkriegs sowie während des Nationalsozialismus erforscht, aber auch einen Überblicksartikel zur Geschichte der Deponieforschung im 20. Jahrhunderts veröffentlicht.[38] Andrea Westermann hat sich, ausgehend von ihren innovativen Forschungen zum Zusammenhang von Kunststoffen und Konsumentendemokratie, auch mit dem Problem der Plastikabfälle

31 Finn Arne Jørgensen, Making a Green Machine. The Infrastructure of Beverage Container Recycling. New Brunswick u.a. 2011.

32 Zimring, Cash for your Trash.

33 Matthew Gandy, Recycling and the Politics of Urban Waste. New York 1994.

34 Samantha McBride, Recycling Reconsidered. The Present Failure and Future Promise of Environmental Action in the United States. Cambridge/Mass. 2012.

35 Jeffrey Meikle, American Plastic. A Cultural History. New Brunswick 1995; Andrea Westermann, Plastik und politische Kultur in Westdeutschland. Zürich 2007.

36 Robert Friedel, Pioneer Plastic. The Making and Selling of Celluloid. Madison 1983; Ders., American Bottles. The Road to no Return (Conference Paper, München Juni 2011).

37 Vgl. dazu Martin Knoll, Nil sub sole novum oder neue Bodenhaftung? Der material turn und die Geschichtswissenschaft, in: Neue Politische Literatur 59, 2014, Hft. 2, 191–208.

38 Heike Weber, Towards »total« Recycling. Women, Waste and Food Waste Recovery in Germany, 1914–1939, in: Contemporary European History 22, 2013, Hft. 3, 371–397.

befasst.[39] Darüber hinaus liegt mit der Arbeit von Sonja Windmüller eine Arbeit vor, die eine stärker kulturhistorische bzw. ethnographische Zugangsweise zur westdeutschen Abfallgeschichte wählt. Trotz vieler interessanter Überlegungen leidet diese Arbeit jedoch unter einem gewissen Mangel an empirischer Fundierung, zumal die Autorin sehr weitreichende Thesen formuliert.[40]

Eine wichtige empirische Basis der vorliegenden Arbeit bildet die große Anzahl von Einzeldarstellung zur Geschichte der Müllabfuhr in bestimmten Städten. Diese haben allerdings zumeist Festschriftencharakter und sind von sehr unterschiedlicher Qualität. Zwei Arbeiten stechen jedoch durch ihre Quellenbasis und ihren wissenschaftlichen Anspruch heraus. Das ist zum einen die Arbeit von Jinhee Park über die Geschichte der Abfallwirtschaft in West-Berlin nach 1945. Sie argumentiert differenziert und plausibel auf einer breiten Quellenbasis, thematisiert allerdings nur punktuell übergreifende Aspekte der westdeutschen Abfallwirtschaft.[41] Die zweite wichtige Arbeit ist die Geschichte der Städtereinigung in Hamburg von Hildegard Frilling und Olaf Mischer.[42] Auch diese Arbeit fußt auf einer soliden Quellenbasis und arbeitet die großen Entwicklungslinien der Müllentsorgung in der Hansestadt überzeugend heraus. Gute Qualität haben darüber hinaus auch Arbeiten zur Städtereinigung in Dortmund, Hannover, Nürnberg, Köln, Wuppertal oder Düsseldorf.[43] Hinzu kommen noch die Arbeiten von Christian Möller, der die Entwicklung der Entsorgungssituation in Bielefeld seit den 1950er Jahren aus umweltgeschichtlicher Perspektive rekonstruiert hat.[44]

39 Andrea Westermann, When Consumer Citizens spoke up. West Germany's early Dealings with Plastic Waste, in: Contemporary European History 22, 2013, Hft. 3, 477–498.

40 Windmüller, Kehrseite der Dinge.

41 Jinhee Park, Von der Müllkippe zur Abfallwirtschaft. Die Entwicklung der Hausmüllentsorgung in Berlin (West) von 1945 bis 1990. Berlin 2004.

42 Hildegard Frilling, Olaf Mischer, Pütt un Pann'n. Geschichte der Hamburger Hausmüllbeseitigung. Hamburg 1994.

43 Hermann Josef Bausch u. a., »Es herrscht Reinlichkeit und Ordnung hier auf den Straßen«. Aus 400 Jahren Geschichte der Stadtreinigung und Abfallentsorgung in Dortmund. 111 Jahre kommunale Abfallwirtschaft, zehn Jahre EDG. Dortmund 2001; Franziska Saniter, Heike Köhn, Saubere Zeiten. Eine Zeitreise in zehn Etappen durch 100 Jahre kommunale Stadtreinigung in Hannover. Hannover 2001; AWG (Hrsg.), Müllgeschichte im Wuppertal 100/50/30. Wuppertal 2006; Alexander Schmidt, Die Nürnberger Abfallwirtschaft und Straßenreinigung 1899–1999. Nürnberg 1999; Abfallwirtschaftsbetriebe Köln (AWB) (Hrsg.), 111 Jahre Abfallwirtschaft in Köln. Köln 2001; Ralf Böhme, Vom Pferdefuhrwerk zum Seitenlader, Bd.2: 1945–2012. Düsseldorf 2012.

44 Christian Möller, Abfallpolitik zwischen Ökonomie und Ökologie. Die lange Suche nach Entsorgungswegen in Bielefeld (1957–1995), in: Jahresbericht des historischen Vereins für die Grafschaft Ravensberg 97, 2012, 129–162.; Ders., Der Traum vom ewigen Kreislauf. Abprodukte, Sekundärrohstoffe und Stoffkreisläufe im »Abfall-Regime« der DDR (1945–1990), in: Technikgeschichte 81, 2014, 61–89.

In den letzten Jahren und Jahrzehnten ist eine breite umweltgeschichtliche Literatur entstanden, so dass insbesondere die Geschichte der Umweltpolitik seit den 1960er Jahren mittlerweile als gut erforscht gelten kann.[45] Die Abfallpolitik spielt in diesen Arbeiten, wie im Übrigen auch in deutschsprachigen Überblicksdarstellungen zur Umweltgeschichte, allerdings faktisch keine Rolle. Das mag etwas damit zu tun haben, dass das Thema Müll einen relativ starken wirtschaftshistorischen Einschlag hat, wobei die Verbindung von Umwelt- und Wirtschaftsgeschichte, von wenigen bemerkenswerten Ausnahmen abgesehen, bislang von Seiten beider Fachrichtungen noch ziemlich schwach ausgeprägt ist. Von der zentralen Rolle, die das Abfallproblem in den umweltpolitischen Debatten der 1970er und 1980er Jahre spielte, lässt sich anhand der vorhandenen Forschungsliteratur jedenfalls bislang kaum etwas erahnen.

Insgesamt ist eine breit angelegte, empirisch dichte, quellenbasierte Darstellung der Abfallwirtschaft in der Bundesrepublik trotz wichtiger Vorarbeiten bislang ein Forschungsdesiderat. Dabei fußt die vorliegende Arbeit auf einer intensiven Archivrecherche, wobei die Quellenlage allerdings differenziert zu bewerten ist. Einerseits bekam der Verfasser mehr als einmal zu hören, Quellen zum Abfall seien grundsätzlich nicht archivwürdig. Für einige Themenkomplexe war es schwierig bis unmöglich, an Primärquellen zu gelangen, was insbesondere für den Bereich der privaten Entsorgungswirtschaft gilt: Bei den Firmen war entweder kein Archiv vorhanden oder es wurde kein Zutritt gewährt. Auf der anderen Seite lässt sich gerade für die Archive auf Bundes- und Landesebene nur unterstreichen, was Joachim Radkau in seiner Überblicksdarstellung »Ära der Ökologie« angemerkt hat, dass nämlich für die Geschichtsschreibung zum modernen Umweltschutz und der Umweltpolitik eher der Überfluss an Primärquellen ein Problem darstellt.[46] Obwohl für die vorliegende Arbeit die Bestände zahlreicher staatlicher Archive eingesehen wurden, musste nichtsdestotrotz aus arbeitsökonomischen Gründen eine Beschränkung erfolgen.

Dabei spielten für die vorliegende Arbeit zunächst die Bestände des Bundesarchivs in Koblenz, vor allem der Bestand B 106 Bundesinnenministerium, eine zentrale Rolle. In letzteren wurden nach der Migration der für die Abfallbeseitigung zuständigen Abteilung im Jahr 1969 auch ältere Bestände des Bundes-

45 Wichtige Arbeiten sind z. B.: Hünemörder, Frühgeschichte; Jens Ivo Engels, Naturpolitik in der Bundesrepublik. Ideenwelt und politische Verhaltensstile in Naturschutz und Umweltbewegung 1950–1980. Paderborn u. a. 2006; Frank Uekötter, Von der Rauchplage zur ökologischen Revolution. Eine Geschichte der Luftverschmutzung in Deutschland und den USA 1880–1970. Essen 2003; Ders., Am Ende der Gewissheiten. Die ökologische Frage im 21. Jahrhundert. Frankfurt, New York 2011; Thorsten Schulz-Walden, Anfänge globaler Umweltpolitik. Umweltsicherheit in der internationalen Politik (1969–1975). München 2013; Ute Hasenöhrl, Zivilgesellschaft und Protest. Eine Geschichte der Naturschutz- und Umweltbewegung in Bayern 1945–1980. Göttingen 2011.

46 Joachim Radkau, Die Ära der Ökologie. Eine Weltgeschichte. München 2011, 498 ff.

gesundheitsministeriums integriert. Umfangreiche Archivrecherchen wurden in den Landes- bzw. Hauptstaatsarchiven der Länder Hessen, Baden-Württemberg und Nordrhein-Westfalen durchgeführt, wobei sich insbesondere die Bestände des Innenministeriums und des Landwirtschaftsministeriums NRW als ergiebig erwiesen. Darüber hinaus wurden die Bestände zahlreicher Stadtarchive eingesehen. Im Vordergrund stand dabei die Recherche in den Stadtarchiven von Dortmund, Frankfurt und Mannheim. Diese Städte dienen als die wichtigsten kommunalen Fallbeispiele besonders für den Bereich der Abfallsammlung. Eine Geschichte der Abfallwirtschaft lässt sich bereits für die 1960er Jahre jedoch nicht mehr repräsentativ schreiben, wenn auf der kommunalen Ebene verblieben wird. Darüber hinaus wurden abfallrelevante Bestände in den Stadtarchiven in Augsburg, Bochum, Duisburg, Freiburg, Siegen, München und Wiesbaden gesichtet. Einzelne Quellenbestände wurden schließlich auch im Bayerischen Hauptstaatsarchiv in München sowie im Landesarchiv Berlin eingesehen. Dabei ging es zum einen um die Recherche zu bestimmten Spezialproblemen. Zugleich sollte dadurch aber auch die gewonnenen Erkenntnisse empirisch »abgerundet« und abgesichert werden.

Eine Geschichte der Abfallwirtschaft kann sich in großem Umfang (insbesondere für die Zeit ab 1970) auf zeitgenössische Fachliteratur beziehen. Neben der technischen bzw. ingenieurwissenschaftlichen Literatur waren dabei auch sozialwissenschaftliche Untersuchungen etwa zum Wegwerfverhalten oder zu Genderaspekten wichtig. Neben zahlreichen Monographien wurden verschiedene Zeitschriften systematisch ausgewertet, wobei auch hier aus arbeitsökonomischen Gründen eine Beschränkung erfolgte. Die Auswertung konzentrierte sich für die frühere Zeit auf die Zeitschriften »Der Städtetag« sowie die »Städtehygiene«. Darüber hinaus wurden die 1969 bzw. 1971 ins Leben gerufenen Fachzeitschriften »Müll und Abfall« sowie »Umwelt« (ab 1978 »UmweltMagazin«), einer vom VDI herausgegebenen Zeitschrift zu Fragen des technischen Umweltschutzes, durchgesehen. Eine weitere Quelle stellte die Zeitschrift »Kommunalwirtschaft« dar, in der ebenfalls zahlreiche abfallrelevante Probleme verhandelt wurden.

Aufbau der Arbeit

Der Aufbau dieser Arbeit orientiert sich daran, wie Hausmüll anfällt, gesammelt, entsorgt und wiederverwertet wird. Dieses Gliederungsprinzip gewinnt seinen Sinn nicht nur daraus, dass die Darstellung so gewissermaßen am Produktlebenszyklus entlang erfolgt und somit einen wesentlichen Aspekt der Abfallwirtschaft nachbildet. Vielmehr lässt es sich auch dadurch rechtfertigen, dass die steigenden Abfallmengen und die sich verändernde Materialität des Abfalls spezifische Probleme für die Bereiche Sammlung, Entsorgung und

Wiederverwertung aufwarfen, was eine getrennte Darstellung dieser Bereiche sinnvoll macht. Quer dazu steht lediglich der Abschnitt über die private Entsorgungswirtschaft. Allerdings würde ohne dieses Kapitel ein wesentlicher Aspekt der westdeutschen Abfallgeschichte unterbelichtet bleiben.

Das erste Kapitel über die »Produzenten des Mülls« beschäftigt sich mit den Ursachen der steigenden Abfallmengen nach dem Zweiten Weltkrieg. Dabei wird zunächst den Versuch unternommen, die Zunahme der Hausmüllmengen zu quantifizieren, was aufgrund der zahlreichen Probleme der Abfallstatistik kein leichtes Unterfangen darstellt. Danach werden einzelne Faktoren zu isolieren versucht, welche die Zunahme der Abfallmengen bedingten. Neben dem starken Wirtschaftswachstum in den 1950er und 1960er Jahren sowie den steigenden Haushaltseinkommen wird dabei besonders auf die Durchsetzung der Selbstbedienung im Einzelhandel sowie städtebauliche Veränderungen (Suburbanisierung, Zentralheizungssysteme etc.) nach 1945 eingegangen. Es wird aber auch die Frage gestellt, welchen Beitrag die Veränderung des individuellen Wegwerfverhaltens für das wachsende Hausmüllaufkommen leistete. Zum Abschluss des Kapitels werden verschiedene theoretische Erklärungen diskutiert, um einen Zusammenhang zwischen steigenden Abfallmengen und der Ausprägung der modernen Konsumgesellschaft herzustellen.

Das zweite Kapitel beschäftigt sich mit der Entstehung, Transformation und Erweiterung der Infrastrukturen der Müllsammlung. Dabei wird zunächst knapp die Entstehung des städtehygienischen Diskurses im 19. Jahrhundert rekonstruiert, der im Zusammenspiel mit den Folgen von Urbanisierung und Industrialisierung dazu führte, dass insbesondere die Großstädte im letzten Viertel des 19. Jahrhunderts eine kommunale Müllabfuhr einführten. Während der 1920er und 1930er Jahre kam es dann zu einer durchgreifenden Rationalisierung der Abfallsammlung sowie einer sukzessiven Verbesserung des städtehygienischen Standards. Dieser sollte jedoch durch den Zweiten Weltkrieg fundamental in Frage gestellt werden, als die Müllabfuhr sowohl unter einem gravierenden Arbeitskräftemangel wie unter den Folgen des Bombenkrieges litt. Anschließend wird dargestellt, wie die Infrastrukturen der Abfallsammlung nach dem Zweiten Weltkrieg an die steigenden Hausmüllmengen angepasst wurden, was in den 1960er Jahren vor allem auf technischem Wege durch die Einführung neuer Sammelgefäße und Abfuhrsysteme erfolgte. Seit den 1970er Jahren sollten dann jedoch vor allem arbeitsorganisatorische Veränderungen im Vordergrund stehen, deren Rekonstruktion mit Ausführungen zur Sozialgeschichte der Müllabfuhr verknüpft wird.

Das zentrale Kapitel der vorliegenden Arbeit, das dementsprechend auch am meisten Raum einnimmt, beschäftigt sich mit den mannigfaltigen Problemen der Abfallentsorgung. Dabei werden zunächst die »klassischen« Wege der Externalisierung der Abfälle behandelt, nämlich ihn als Dünger in der Landwirtschaft zu verwenden oder ihn auf ausgewiesene Ablagerungsplätze zu verbringen. Eine alternative Technologie war am Ende des 19. Jahrhunderts bereits die Müllverbrennung, die allerdings die anfänglich hohen Erwartungen nicht erfüllen konnte und seit den 1920er Jahren einen Bedeutungsverlust erlebte. Während die Ablagerung in den 1950er Jahren unbestritten die dominante Entsorgungstechnologie darstellte, wurde zu diesem Zeitpunkt allerdings auch die Kompostierung intensiv diskutiert, die jedoch weder der zunehmenden Menge noch der sich verändernden Materialität des Abfalls gewachsen war. Diese Technologie bot dementsprechend auch keine Lösung für die massiven Entsorgungsprobleme urbaner Ballungszentren. Diese hatten bereits am Ende der 1950er Jahre immer größere Probleme, ihren Müll ordnungsgemäß zu entsorgen.

In den 1960er Jahren trat die Abfallwirtschaft in eine neue Phase ein, als zunehmend klar wurde, dass neue und grundsätzliche Lösungen für den anschwellenden Abfallstrom gefunden werden mussten. Das äußerte sich zum einen im »Comeback« der Müllverbrennung, die im Laufe der 1960er Jahre zur vorherrschenden großstädtischen Entsorgungslösung wurde. Es wurden aber auch neue Deponiekonzepte entwickelt und die Länder bemühten sich darum, eine koordinierte Lösung des Entsorgungsproblems zu erreichen. Es war jedoch letztlich der Bund, der mit dem Abfallbeseitigungsgesetz von 1972 die Voraussetzungen für eine grundlegende Neuordnung der Abfallwirtschaft schuf.

Anschließend soll gezeigt werden, dass die Neuordnung der Abfallentsorgung in den 1970er Jahren vor allem auf die Reduzierung der zahllosen »wilden« Kippen sowie die Durchsetzung zentraler Entsorgungsanlagen zielte. Das machte langfristige Planungen und einen hohen Geldeinsatz erforderlich, zumal neue Entsorgungsanlagen scharfe Proteste provozierten. Damit ging eine zunehmende Verwissenschaftlichung der Abfallwirtschaft einher, die aber zunächst vor allem den Effekt hatte, die oftmals unbekannten Risiken der Entsorgung offen zu legen und die Sicherheit von Deponien und Verbrennungsanlagen zu problematisieren. In den 1980er Jahren führte das zunehmend zu einer verfahrenen Lage: Neue Entsorgungsanlagen ließen sich immer schwerer gegen eine zunehmend vehement auftretende »Müllopposition« durchsetzen. Angesichts weiterhin hoher bzw. immer noch wachsender Abfallmengen erwies sich die bestehende Entsorgungsinfrastruktur als zunehmend überfordert. Seit Mitte der 1980er Jahre wurde deshalb immer öfter der »Müllnotstand« ausgerufen.

Das vierte Kapitel beschäftigt sich mit der privaten Entsorgungswirtschaft, die seit den 1960er Jahren als neuer Akteur in der Abfallwirtschaft auftrat. Dabei handelte es sich in den meisten Fällen um Firmen, die als Fuhrunternehmer klein angefangen hatten, dann aber von einem wachsenden Markt für Industrie- und Gewerbeabfälle sowie davon profitierten, dass ländliche Gemeinden und Kleinstädte zunehmend ähnliche Abfallmengen produzierten wie die großen Städte. In den 1970er Jahren professionalisierte sich die Branche zunehmend, wobei herausgearbeitet werden soll, wo die Vorteile der privaten Entsorgungswirtschaft lagen. Jedenfalls erlebte die Branche ein starkes Wachstum und entsorgte am Ende der 1970er Jahre bereits ca. die Hälfte des bundesdeutschen Hausmülls. Das sollte jedoch erst der Auftakt zu einer weiteren Expansion während des folgenden Jahrzehnts darstellen, als sich die Firmen mit dem Recycling ein drittes Standbein aufbauten und sich zunehmend als Agenten des Umweltschutzes zu inszenieren begannen.

Das letzte Kapitel schließlich beschäftigt sich mit dem Recycling und den Bemühungen, den anfallen Müll wieder in den Stoffkreislauf zurückzuführen. Dabei wird zunächst die Geschichte der traditionellen Altstoffsammlung in groben Zügen rekonstruiert, die noch im ersten Drittel des 20. Jahrhunderts ein wichtiger Wirtschaftssektor war. Während des Ersten und des Zweiten Weltkriegs wurde dieser allerdings in hohem Maße für die Zwecke der Kriegswirtschaft instrumentalisiert. Während der 1950er und 1960er Jahre ging das Recycling von Hausmüll immer stärker zurück und fand schließlich praktisch nicht mehr statt. Umso bemerkenswerter war es jedoch, dass am Ende der 1960er Jahre mit dem Recycling von Hausmüll wieder begonnen wurde, was als Resultat eines wachsenden Umweltbewusstseins, der Kapazitätsprobleme von Entsorgungsanlagen sowie zeitweise günstiger Preisentwicklungen auf den Märkten für Sekundärrohstoffe erklärt werden soll. Gleichwohl gelang es während der 1970er Jahre nicht, diese Anstrengungen dauerhaft zu institutionalisieren, wobei sich reine Marktlösungen als nicht ausreichend erwiesen. Erst ein stärkeres finanzielles Engagement der Kommunen in Kombination mit einer zunehmenden Spezialisierung privater Entsorgungsunternehmen seit dem Ende der 1970er Jahre führte dazu, dass sich in den 1980er Jahren stabile Infrastrukturen für das Recycling von Hausmüll ausbildeten, die heute alltäglich geworden sind.

1. Die Produzenten des Mülls

Im Jahr 2010 unternahm Alex Rühle, Journalist der »Süddeutschen Zeitung«, den Versuch, einen Monat lang so wenig Abfall wie möglich zu produzieren. Dieses Experiment fand im Berliner Bezirk Prenzlauer Berg statt, bekannt für seine zahlreichen Bioläden und handwerklich hergestellten Produkte. Mittels eines enormen organisatorischen Aufwands, dem Einsatz von Glasschälchen und viel Verhandlungsgeschick schaffte er es, sein persönliches Abfallaufkommen um ungefähr 20 Prozent zu reduzieren. Allerdings kostete das den Journalisten offensichtlich große Anstrengungen und er war sehr erleichtert, als der Monat vorbei war, zumal er in dieser Zeit nach eigener Einschätzung, trotz aller Bemühungen, »zu viel Welt verbraucht« hatte.[1]

Ein interessanter Aspekt dieses Experiments ist, dass die erreichte Müllreduktion von 20 Prozent ziemlich genau der entspricht, welche die Autoren des Sammelbands »Leben ohne Müll?« 1988 als maximal möglich betrachteten, ohne grundlegend an den Verhältnissen und Strukturen der Konsumgesellschaft etwas ändern zu müssen.[2] Es führt vor Augen, dass sich die Frage, wieviel und welcher Abfall produziert wird, nicht einfach mit dem Hinweis auf individuelles Handeln beantworten lässt. Vielmehr sind es gewissermaßen die »Strukturen« der Konsumgesellschaft, welche die Möglichkeiten des Einzelnen, sein Abfallaufkommen zu bestimmen, einschränken, solange nicht der Weg radikaler Konsumverweigerung gewählt wird. Diese ist jedoch gleichfalls schwer durchzuhalten, während die Alternative, gebrauchte Verpackungen oder andere Reste nicht wegzuwerfen, rasch in den von der Gesellschaft als pathologisch wahrgenommenen Bereich hineinführt.[3]

Wenn dem aber so ist, wer »produziert« den Hausmüll dann eigentlich? Sind es die Konsumenten? Oder lassen die Strukturen der Konsumgesellschaft, die Formen der Warenproduktion und -distribution, dem Einzelnen keine andere

1 Alex Rühle, Kommt nicht in die Tüte, in: Süddeutsche Zeitung Nr. 59 (12./13.3.2011), V2/1; Vgl. auch Ingrid Eißele, Frau Saubermann mach das nichts aus. Schwierigkeiten bei der Müllvermeidung, in: Elvira Spill, Erdmann Wingert (Hrsg.), Brennpunkt Müll. Eine Anleitung zum Widerstand. Hamburg 199, 159–169.

2 D. Kolb, Möglichkeiten durch das persönliche Verhalten der Konsumenten, in: Ministerium für Umwelt Baden-Württemberg (Hrsg.), Leben ohne Müll. Wunsch oder Wirklichkeit? Kongress Abfallvermeidung/-verminderung am 10. und 11. Oktober 1988, Stuttgart 1988, 321–328, 326.

3 Vgl. Gisela Steins, Desorganisationsprobleme. Das Messie-Phänomen. Lengerich 2003; Scott Herring, Collyer Curiosa. A Brief History of Hoarding, in: Criticism 53/2011, 159–188.

Wahl, als Abfall zu erzeugen? Allerdings ist es auch in diesem Fall nicht ganz einfach, einen »Schuldigen« auf der »anderen Seite« auszumachen, denn auch die Unternehmen unterliegen einem Optimierungs- und Wettbewerbszwang, der abfallintensive Logistiken für sie häufig unverzichtbar macht. Wenn der Grund für die steigenden Abfallmengen also gewissermaßen in der Systemlogik der Konsumgesellschaft gesucht werden muss, ist es letztlich nur konsequent, wenn das europäische Umweltrecht nicht notwendig bestimmte konkrete oder juristische Personen als Abfallerzeuger bestimmt, sondern diese Zuschreibung flexibel handhabt.[4]

Auf diese Probleme soll am Ende dieses Kapitels noch ausführlicher zurückgekommen werden. Zunächst wird in einem ersten Abschnitt der Versuch unternommen, einen quantitativen Überblick über die Steigerung der Hausmüllmengen und die Änderung der Zusammensetzung des Abfalls zu geben, was aufgrund der statistischen Probleme bei der Abfallerfassung durchaus keine leichte Aufgabe darstellt. Anschließend werden die Ursachen für die gestiegenen Hausmüllmengen behandelt, wozu neben der allgemeinen Wohlstandssteigerung nach dem Krieg auch die Selbstbedienung im Lebensmitteleinzelhandel oder die Durchsetzung geschlossener Heizungssysteme gehörte. In einem letzten Abschnitt werden schließlich verschiedene Erklärungsansätze dafür diskutiert, inwiefern ein systematischer Zusammenhang zwischen Konsumgesellschaft und steigenden Abfallmengen hergestellt werden kann.

1.1 Müllmengen. Umrisse eines Problems

In allen westlichen Industriestaaten sind nach dem Zweiten Weltkrieg die Abfallmengen stark angestiegen, was ab einem gewissen Zeitpunkt die Möglichkeiten der Sammlung und Entsorgung an ihre Kapazitätsgrenzen brachte. Das war zu unterschiedlichen Zeitpunkten der Fall, je nachdem, wie schnell die Abfallmengen zunahmen, wieviel Entsorgungskapazität verfügbar und wie stark die Umweltsensibilität bei Politik und Bevölkerung ausgeprägt war. In den USA beispielsweise stiegen die Abfallmengen schon vor dem Ersten Weltkrieg signifikant an, was dort aber nur bedingt zu einem »Abfallnotstand« führte, nicht zuletzt, weil in dem Land zumeist ausreichend Flächen für die Entsorgung vorhanden waren.[5] Gleichwohl gehört das Ansteigen der Abfallmengen zu den signifikanten Merkmalen der Ausprägung der Konsumgesellschaft in der Nachkriegszeit.

4 Sebastian C. Stark, Der Abfallbegriff im europäischen und deutschen Umweltrecht. Van de Walle überall? Frankfurt u. a. 2009, 167 f.

5 Melosi, Garbage in the Cities, 144, 146 f.

Beim Versuch, diesen Zuwachs für den westdeutschen Fall quantitativ genauer zu spezifizieren, steht man rasch vor großen Problemen: Die Abfallwirtschaft ist in gewisser Weise ein »Verzweiflungsgebiet« für Statistiker.[6] Das bedeutet durchaus nicht, dass es grundsätzlich an Zahlenmaterial mangelt, eher das Gegenteil ist der Fall. Aber diese Zahlen wurden kaum jemals nach einheitlichen Kriterien erhoben. Die Kategorien, mit denen der Abfall differenziert wurde, änderten sich ständig. Es kommt hinzu, dass Abfallmengen grundsätzlich deshalb schwer statistisch zu erfassen sind, weil sie dezentral anfallen und äußerst heterogen sind. Die in Diagramm 1 gezeigte Statistik über das Müllaufkommen in der Stadt Dortmund ist gut geeignet, diese Probleme zu demonstrieren.

Hier handelt es sich um einen der wenigen Fälle, in denen die kommunale Statistik eine lange Reihe der eingesammelten Abfallmenge über mehr als dreißig Jahre erstellte. Allerdings demonstriert diese Statistik zunächst einmal nur, dass das Dortmunder Stadtreinigungsamt lange Zeit eher »rückständig« war. Das zeigt sich z. B. daran, dass hier das Volumen gemessen wurde, während seit Ende der 1960er Jahre zunehmend das Abfallgewicht als ein besserer statistischer Indikator angesehen wurde: Allein schon, weil der Abfall im Sammelfahrzeug und auf der Deponie zumeist komprimiert wurde und erstere nicht immer komplett gefüllt waren. Das Volumen war im Vergleich zum Gewicht also eine weniger genaue Messgröße, zumal letzteres in der Regel nicht überschlägig errechnet, sondern durch das Wiegen des Fahrzeugs bestimmt wurde. Darüber hinaus wurde in der Dortmunder Statistik der gesammelte Abfall nicht differenziert, vielmehr Hausmüll, hausmüllähnlicher Gewerbemüll (eine seit Ende der 1960er Jahre vermehrt verwendete statistische Kategorie) sowie durch das Stadtreinigungsamt abgefahrener Industrie-und Gewerbemüll in einen Topf geworfen. Schließlich wurde weder die Vergrößerung des Abfuhrgebietes noch die Veränderung der Zahl der Haushalte und »entsorgten« Personen berücksichtigt.

Der Grund für diese »Unzulänglichkeiten« lag wesentlich darin, dass die Stadt Dortmund allem Anschein nach einfach die Touren der Sammelfahrzeuge zählte und diese mit ihrer Aufnahmekapazität multiplizierte.[7] Sie hatte aller-

6 So widersprechen sich nicht nur die Ergebnisse verschiedener Erhebungen teilweise signifikant. Es treten auch immer wieder gravierende Messfehler auf. So wurde z. B. in einer bundesweiten Hausmüllanalyse zu Beginn der 1980er Jahre die Hausmüllmenge in Frankfurt/M. als doppelt so hoch bestimmt wie in vergleichbaren Großstädten, ohne dass es dafür eine sachliche Erklärung gäbe. Vgl. Klaus Lösch, Probleme des Abfallaufkommens und der Abfallbeseitigung dargestellt am Beispiel bundesdeutscher Städte, Bremen 1984, 257. Anderswo sah es im Übrigen nicht besser aus. So gibt es für Österreich einigermaßen verlässliche Abfallstatistiken erst seit den 1990er Jahren. Martin Schmid, Ortrun Veichtlbauer, Vom Naturschutz zur Ökologiebewegung. Umweltgeschichte Österreichs in der Zweiten Republik, Innsbruck, Wien, Bozen 2006, 70.

7 Zu den Messmethoden: Michael Ferber, Bernhard Kolkenbrock, Heinrich Neukirchen, Müll. Anfall, Abfuhr und Beseitigung in Zahlen. Gutachten erstattet für das Bundesministerium für Gesundheitswesen über die Ergebnisse der Müllstatistik 1961, München 1964, 18f.

Diagramm 1: Abgefahrener Hausmüll in Dortmund 1946–1977 (cbm)

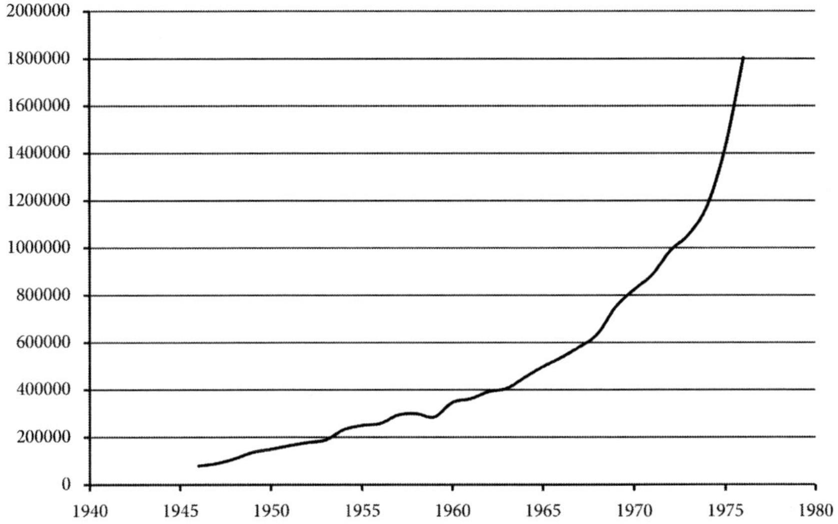

Quelle: Amt für Statistik und Wahlen der Stadt Dortmund (Hrsg.), Dortmunder Statistik 77/III (1980), II.

dings auch nur wenig Veranlassung, diese Methode zu ändern, weil die Stadt im Besitz zweier Deponien war, die über Jahrzehnte für die Bedürfnisse der Stadt ausreichten. Die Städte Frankfurt und Mannheim nahmen jedoch Mitte der 1960er Jahre Müllverbrennungsanlagen in Betrieb. Diese machten die Erfassung des Abfallgewichts u.a. deshalb notwendig, weil in diesen Anlagen nicht nur die vom Stadtreinigungsamt gesammelten Abfälle, sondern teilweise auch die Abfälle von anderen Kommunen oder privaten Abfallwirtschaftsunternehmen verbrannt wurden.[8] Hier brauchte man das Gewicht, um die Gebührensätze korrekt zu berechnen.[9] Vor allem aber war das Müllgewicht der entscheidende Indikator, um die Leistung der Verbrennungsanlage zu justieren.[10]

8 So schrieb auch das Stadtreinigungsamt Stuttgart 1972 in einer Informationsbroschüre, dass die exakte Erfassung der Müllmengen erst seit Inbetriebnahme der Müllverbrennungsanlage 1965 möglich sei, da ab diesem Zeitpunkt der Müll gewogen würde. Frühere Unterlagen basieren hauptsächlich auf Hochrechnungen von Stichprobewiegungen einzelner Müllwagenfuhren. Stadt Stuttgart, Müllbeseitigung. Situation, Entwicklung, Maßnahmen (Juli 1972). BA Koblenz, B 106, Nr. 25151.

9 Anette Harries, Die Praxis abfallrechtlicher Planfeststellung. Zur behördlichen Bewältigung abfallrechtlicher Planfeststellungsverfahren am Beispiel Hessens, Baden-Baden 1993, 36 (passim).

10 Stadt Stuttgart, Müllbeseitigung. Situation, Entwicklung, Maßnahmen (Juli 1972). BA Koblenz, B 106, Nr. 25151.

Die obige Statistik spiegelt die Entwicklung der Abfallmengen in Dortmund also offensichtlich nur ungenau wider. Zudem lag das Ausgangsniveau aufgrund der Kriegseinwirkungen sehr niedrig, was das starke Wachstum der Abfallmengen teilweise relativiert. Die Statistik demonstriert gleichwohl, dass das Hausmüllaufkommen besonders während der 1960er und 1970er Jahre rapide anstieg, was für die Stadtreinigungsämter ein großes Problem darstellte. Die Anstrengungen, das Abfallproblem in den Griff zu bekommen, führten anderswo jedoch zu neuen Kategorisierungen. So veränderte beispielsweise die Stadt Frankfurt die statistischen Kategorien zur Erfassung des Hausmülls mehrfach: Das Statistische Jahrbuch der Stadt wies in den 1950er Jahren noch ein Gesamtabfallaufkommen in Kubikmetern aus, das dann zunehmend differenziert wurde. Das Hausmüllgewicht wurde dabei separat nur bis Ende der 1950er Jahre erfasst, seit 1961 wurde eine Gewichtsstatistik über den Hausmüll geführt. Seit dem Ende der 1960er Jahre wurde die Kategorie des »Hausmüllähnlichen Gewerbeabfalls« ausgewiesen, mit dem Abfälle aus Geschäften, Restaurants etc. erfasst wurden. Insgesamt wird so deutlich, dass »Abfall« eine dynamische Kategorie darstellte, die nach Perspektive und praktischen Erfordernissen ganz unterschiedlich bestimmt werden konnte. Das ändert allerdings nichts daran, dass auch die Abfallstatistiken der Städte Mannheim und Frankfurt die deutliche Zunahme der Abfallmengen besonders in den 1960er und 1970er Jahren ausweisen. Dabei ist zu berücksichtigen, dass während dieser Zeit das durchschnittliche Gewicht des Mülls aufgrund steigender Verpackungsmengen abnahm, die Zunahme des Gesamtgewichts der Abfallmengen also auf ein noch stärker ansteigendes Abfallvolumen hindeutet (Diagramm 2). In Mannheim endete die Messung des Hausmüllvolumens mit dem Jahr 1970. Ab 1975 sind Zahlen über das anfallende Hausmüllgewicht im Statistischen Jahrbuch der Stadt verfügbar (Diagramm 3 u. 4).

Diese Statistiken enthalten – abseits der offensichtlichen Feststellung, dass das Haushaltsaufkommen nach dem Zweiten Weltkrieg stark anstieg – wichtige Erkenntnisse: Zunächst zeigen sie, dass die 1960er Jahre die gewissermaßen initiale Phase eines starken Wachstums der Abfallmengen darstellten. Befunde vom Beginn der 1970er Jahre, die Abfallmengen hätten sich in den 1960er Jahren ungefähr verdoppelt, werden etwa durch die Statistik der Stadt Mannheim bestätigt.[11] Darüber hinaus legen diese Zahlen nahe, dass das Abfallvolumen deutlich stärker anstieg als das Abfallgewicht, was vor allem das Resultat einer veränderten Zusammensetzung des Hausmülls darstellte, insbesondere der Zunahme von Leichtverpackungen. Schließlich deutet das Zahlenmaterial aber auch darauf hin, dass sich der Anstieg des Hausmüllaufkom-

11 Bundesministerium des Inneren. Projektgruppe Abfallbeseitigung. Broschüre: Brennpunkt Müllproblem (Bamberg 1968). BA Koblenz, B 106, Nr. 29370.

Diagramm 2: Hausmüllaufkommen Frankfurt/M. 1960–1985 (Tonnen)

Zusammengestellt aus: Stadt Frankfurt (Hrsg.), Statistisches Jahrbuch der Stadt Frankfurt 1955/56, 124; Stadt Frankfurt (Hrsg.), Statistisches Jahrbuch der Stadt Frankfurt 1965, 95; Stadt Frankfurt (Hrsg.), Statistisches Jahrbuch der Stadt Frankfurt 1968, 88; Stadt Frankfurt (Hrsg.), Statistisches Jahrbuch der Stadt Frankfurt 1971, 88; Stadt Frankfurt (Hrsg.), Statistisches Jahrbuch der Stadt Frankfurt 1974, 89; Stadt Frankfurt (Hrsg.), Statistisches Jahrbuch der Stadt Frankfurt 1977, 90; Stadt Frankfurt (Hrsg.), Statistisches Jahrbuch der Stadt Frankfurt 1980, 91; Stadt Frankfurt (Hrsg.), Statistisches Jahrbuch der Stadt Frankfurt 1983, 92; Stadt Frankfurt (Hrsg.), Statistisches Jahrbuch der Stadt Frankfurt 1990, 164.

mens in den 1980er Jahren deutlich abschwächte bzw. es (auf hohem Niveau) zu stagnieren begann.

Allerdings handelt es sich bei diesen Statistiken um lokal begrenzte Ausschnitte, die etwa im Hinblick darauf zu differenzieren wären, dass noch bis in die 1960er Jahre in kleineren Kommunen deutlich weniger Müll anfiel, als in den Großstädten. Für eine generelle Einschätzung der Entwicklung der Abfallmengen wäre darum eine bundesweite Statistik besonders aussagekräftig. Diese Aufgabe wurde allerdings erst seit Mitte der 1970er Jahre ernsthaft in Angriff genommen. Ab 1975 wurde die Abfallstatistik in den Bereich des im August 1974 in Kraft getretenen Umweltstatistikgesetzes einbezogen.[12] Die methodischen Schwierigkeiten der Erstellung der Abfallstatistik multiplizierten sich

12 Michael Homberg, Die Abfallwirtschaft in unterschiedlich strukturierten Räumen – an Beispielen aus Westfalen. Bochum 1990, 7.

Diagramm 3: Hausmüllaufkommen in Mannheim 1958–1970 (cbm)

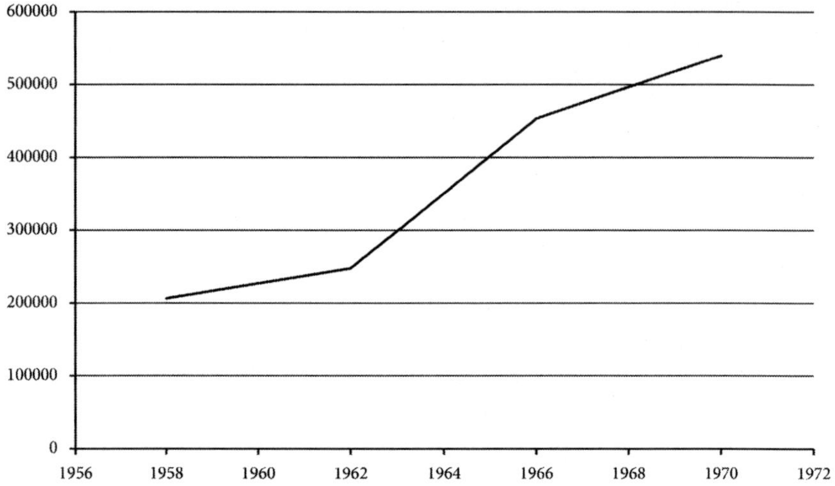

Quelle: Stadtverwaltung Mannheim, Statistische Übersicht auf dem Sachgebiet der Verkehrsplanung, des Tiefbauwesens, der Stadtreinigung, des Fuhrparks. Mannheim 1970, 20.

Diagramm 4: Hausmüllaufkommen in Mannheim 1975–1990 (Tonnen)

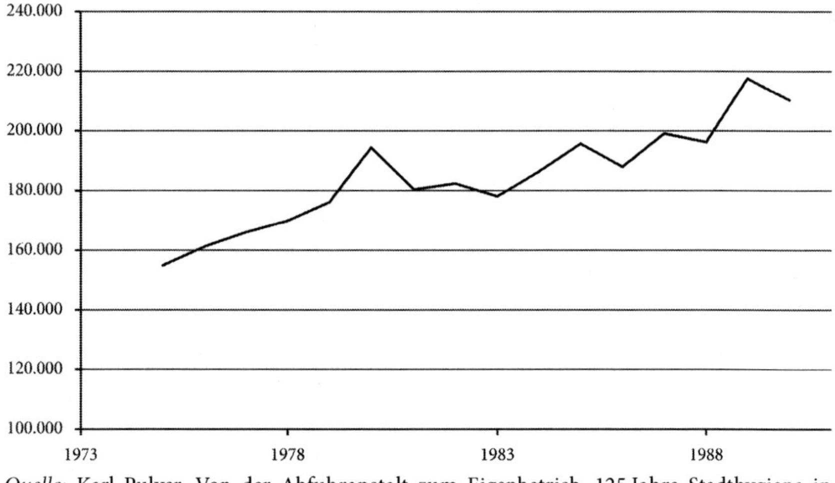

Quelle: Karl Pulver, Von der Abfuhranstalt zum Eigenbetrieb. 125 Jahre Stadthygiene in Mannheim (Ms. Mannheim 2005), 90 ff.

bei dieser Aufgabe allerdings, was teilweise zu deutlicher Kritik an ihrer Erhebung führte.[13]

Die Notwendigkeit einer bundesweiten Abfallstatistik resultierte zum einen aus der vermehrten wissenschaftlichen Beschäftigung mit dem Abfallproblem seit den 1960er Jahren, sie sollte aber nicht zuletzt auch der Legitimierung umweltpolitischer Maßnahmen dienen. So wurde beispielsweise im 1975 vom Bundesinnenministerium initiierten Abfallwirtschaftsprogramm das jährliche Hausmüllaufkommen sehr unscharf mit 9 bis 18 Millionen Tonnen angegeben.[14] Das stellte geradezu eine Vorlage für die Beamten des Bundeswirtschaftsministeriums dar, die einem »übertriebenen« umweltpolitischen Interventionismus ablehnend gegenüberstanden: Ihrer Meinung nach konnte bei so unpräzisen Angaben nicht ausgeschlossen werden, dass sich die Steigerung der Abfallmengen schlicht proportional zur Steigerung der Industrieproduktion verhielt und darum keineswegs als dramatisch anzusehen sei.[15] Nicht zuletzt wegen solcher regierungsinternen Debatten war es also notwendig, die Abfallpolitik auf eine quantitativ validere Grundlage zu stellen. Es ist allerdings schwer einzuschätzen, inwiefern das Statistische Bundesamt im Hinblick auf die Hausmüllmengen wirklich belastbare Zahlen lieferte. So veröffentlichte das Bundesamt im Jahr 1996 die in Diagramm 5 dargestellte Übersicht.

Laut diesen Zahlen stagnierte das Hausmüllaufkommen zwischen der Mitte 1970er Jahre und Mitte der 1980er Jahre mehr oder weniger. Allerdings handelt es sich bei dieser Statistik teilweise um eine nachträgliche Berechnung, bei der frühere Zahlen mitunter deutlich korrigiert wurden.[16] Ob diese nachträglichen Anpassungen die Statistik wirklich substantiell verbessert haben, lässt sich zumindest hinterfragen, die angeführten Städtestatistiken scheinen der Bundesstatistik jedenfalls auf den ersten Blick zu widersprechen. Eine mögliche Erklärung könnte allerdings darin liegen, dass das durchschnittliche Müllgewicht im Zeitraum zwischen 1975 und 1990 um ca. 20 Prozent abnahm: Dann würde sich hinter einem stagnierenden oder nur leicht ansteigendem Gewicht ein substantieller Mengenzuwachs verstecken. Zugleich könnte die zeitversetzte Durchsetzung der Selbstbedienung und des damit ansteigenden Verpackungsmülls auf dem Land erklären, warum die Steigerung des Gewichts des gesammelten

13 Philip Kunig, Gerfried Schwermer, Ludger-Anselm Versteyl, Abfallgesetz – AbfG. München 1988, 13. Zur allgemeinen Problematik der Abfallstatistik: Yong-Woo Lee, Die Abfallwirtschaft in den Gemeinden von Nordrhein-Westfalen, Bonn 1998, 17 f.

14 Stellungnahme des Bundesministers für Wirtschaft zum Entwurf eines Abfallwirtschaftsprogramms der Bundesregierung (14.4.1975). BA Koblenz, B 136, Nr. 10254.

15 Ebd.

16 Vgl. Stokes, Köster, Sambrook, Business of Waste, 237; Karl-Heinz Pörtge, Michael Mehlhase, Die Entwicklung der Müll- und Abfallbeseitigung im südlichen Niedersachsen seit 1970, in: Göttinger Jahrbuch 1989, 175–188, 182.

Diagramm 5: In der BRD eingesammelter Hausmüll, hausmüllähnlicher Gewerbeabfall, Sperrmüll, Straßenkehricht, Marktabfälle 1975–1990 (1000 t)

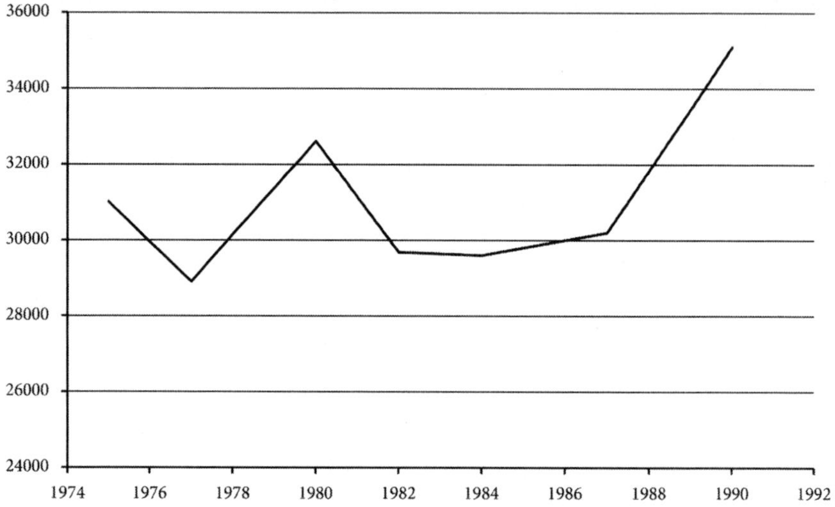

Quelle: Statistisches Bundesamt (Hrsg.), Abfallwirtschaftsbilanz 1993. Wiesbaden 1994.

Abfalls in den Städten von der Bundesstatistik nicht ebenfalls ausgewiesen wurde. Das muss allerdings bis zu einem gewissen Maße spekulativ bleiben.[17]

Darüber hinaus stellt sich die Frage, wie die Abfallmengen jenseits des schwierig exakt zu quantifizierenden Zuwachses genauer differenziert werden können. So galt die Gemeindegröße bis in die späten 1970er Jahre als ein wesentlicher Faktor, der das durchschnittliche Abfallaufkommen bestimmte. Eine im Jahr 1961 an der Technischen Hochschule Stuttgart durchgeführte Studie über das Hausmüllaufkommen in der BRD stellte beispielsweise fest, dass die Bürger in Städten mit über einer Million Einwohnern im Durchschnitt 936 Liter Abfall im Jahr produzierten, während es in Gemeinden mit weniger als 20.000 Einwohnern lediglich 577 Liter waren, also kaum zwei Drittel davon. Allerdings war der Abfall in diesen kleineren Kommunen pro Kopf schwerer als in den großen Städten, womit sich die Unterschiede wieder relativierten.[18] Diese Zahlen lassen sich plausibel als Resultat einer schnelleren Durchsetzung der

17 Lee, Abfallwirtschaft, 20. Unklar ist darüber hinaus, inwiefern zum Recycling eingesammelte Hausmüllmengen in der Statistik eingerechnet sind. Zu diesem Problem s. Martin Faulstich, Werner Schenkel, Gabriele Weber, Von schrumpfenden Müllmengen zu reduzierten Stoffströmen, in: Frithjof Hager u. a. (Hrsg.), Schrumpfungen. Wachsen durch Wandel. Ideen aus den Natur- und Kulturwissenschaften, München 2003², 173–193, 176.

18 Ferber, Kolkenbrock, Neukirchen, Müll, 23, 26.

Selbstbedienung und geschlossener Heizungssysteme in urbanen Ballungsräumen interpretieren, die zu einem sinkenden Durchschnittsgewicht des Hausmülls beitrugen.

Während die Größe der Kommune in den 1950er und 1960er Jahren ein bestimmender Faktor für das Abfallvolumen war, lässt sich das für die 1970er Jahre kaum noch plausibilisieren. Allerdings finden sich auch hier sich einander widersprechende Statistiken: So gab eine Studie aus dem Jahr 1978 an, dass in Gemeinden bis 2.000 Einwohnern die jährliche Müllmenge pro Einwohner gerade bei 100 kg lag, während sie bei Einwohnern in Städten mit über einer Million Einwohnern angeblich bei 240 kg pro Kopf liegen sollte.[19] Das Statistische Bundesamt kam 1975 allerdings zu dem Ergebnis, dass sich signifikante Unterschiede zwischen den Gemeindegrößenklassen nicht länger feststellen ließen. Angesichts einer veränderten Bevölkerungsstruktur, einem allgemeinen Anschlusszwang an die Müllabfuhr, der Durchsetzung der Selbstbedienung im Einzelhandel und der verkehrstechnischen Erschließung ländlicher Regionen erscheint das auch durchaus nachvollziehbar[20]:

Tabelle 1: Eingesammelte Menge an Hausmüll und hausmüllähnlichen Gewerbeabfällen nach Gemeindegrößenklassen (1975)

Einwohner je Gemeinde	Müllmenge kg/Einwohner
Unter 1.000	326,9
1.000–2.000	294,4
2.000–5.000	294,4
5.000–10.000	305,6
10.000–20.000	309,1
20.000–50.000	321,4
50.000–100.000	367,0
100.000–200.000	374,5
200.000–500.000	377,1
500.000 und mehr	345,3

Quelle: Umweltbundesamt: Daten zur Abfallwirtschaft (November 1980), 7. BA Koblenz, B 136, Nr. 10257.

19 Roland Stief, Abfallbeseitigung und Recycling. Teilbereiche des Umweltschutzes. Düsseldorf 1978, 12. Zu deutlich niedrigeren Werten kam eine Aufstellung des Bayerischen Ministeriums für Landesentwicklung und Umweltfragen: Abfallbeseitigungsplan Hausmüll. Teilplan Hausmüll und hausmüllähnliche Abfälle (Juli 1975), Anlage 5, HStA Stuttgart, EA 7/703, Nr. 35.

20 Vgl. Lösch, Probleme des Abfallaufkommens, 182.

Als ein weiterer Faktor, der das Müllaufkommen bestimmte, galten jahreszeitliche Schwankungen.[21] Im Winter wurde mehr geheizt, weshalb in Zeiten des Kohle verfeuernden offenen Hausbrands der Ascheanteil höher war als in wärmeren Jahreszeiten.[22] Andererseits war dann die Volumenreduktion des Abfalls durch den Hausbrand geringer, dafür konnten in dieser Zeit Küchenabfälle vermehrt auf Misthaufen entsorgt werden. Mit der Durchsetzung von Zentralheizungen wurden die jahreszeitlichen Schwankungen des Müllaufkommens allerdings zunehmend unbedeutend. Eine Entlastung fand im Sommer höchstens dadurch statt, dass seit den späten 1950er Jahren immer mehr Menschen in die Ferien fuhren und dann am Urlaubsort ihre Abfälle hinterließen.

Neben der Menge veränderte sich nach dem Zweiten Weltkrieg vor allem auch die Zusammensetzung der Abfälle, was zu dem sinkenden Durchschnittsgewicht führte. Das absolute Müllgewicht stieg darum langsamer als das Müllvolumen. Dies war zunächst ein Effekt davon, dass der Hausbrand zunehmend durch geschlossene Zentralheizungssysteme ersetzt wurde. Zu Beginn der 1950er Jahre bestand der Hausmüll noch zu ca. 30 Prozent aus relativ schwerer Asche, deren Anteil seitdem sukzessive abnahm, so dass viele jüngere Leute in den 1980er Jahren den Sinn des Aufdrucks »Keine heiße Asche einfüllen« auf den Plastikmülltonnen bereits nicht mehr nachvollziehen konnten. Parallel zum sinkenden Ascheanteil stieg jedoch der Anteil der Verpackungen sowie der organischen Abfälle, die sich nicht mehr im Kohleofen verbrennen ließen.

Allerdings zeigen auch die Erfassungen der Müllzusammensetzung oftmals ungenaue, einander widersprechende Ergebnisse und zeitliche Entwicklungen sind schwierig genau zu erfassen. Als ein Beispiel dafür kann das Schaubild (Abb. 1) dienen, das gerade in Überblicksdarstellungen zur Abfallwirtschaft bis in die 1990er Jahre immer wieder verwendet wurde. Dieses Schaubild stammt aus einer offiziellen Publikation des Stuttgarter Stadtreinigungsamtes von 1972 und alles, was zeitlich danach liegt, ist also eine Projektion.[23] Valider erscheinen darum die (punktuellen) Abfallanalysen, die das Umweltbundesamt seit Ende der 1970er Jahre vornahm.

An dieser Zusammensetzung der Abfälle sollte sich während der 1980er Jahre nichts grundlegendes mehr ändern. Jedenfalls kam eine Ende der 1980er Jahre durchgeführte bundesweite Hausmüllanalyse zu ganz ähnlichen Ergeb-

21 Franz Pöpel, Einflüsse auf Menge und Zusammensetzung von Hausmüll, Sperrmüll und Industrieabfällen. München 1969, 71; Karl Heinz Strobach, Müllbeseitigung aus Wohnungen und Wohnhausanlagen. Bau und Betrieb geeigneter Anlagen. Heidelberg 1972, 26f.

22 Alfons Erbel, Walter Kaupert, Müll und Abfall. Behandlung und Verwertung. Köln, Berlin 1965, 24.

23 Stadt Stuttgart: Müllbeseitigung: Situation, Entwicklung, Maßnahmen (Juli 1972). BA Koblenz, B 106, Nr. 25151.

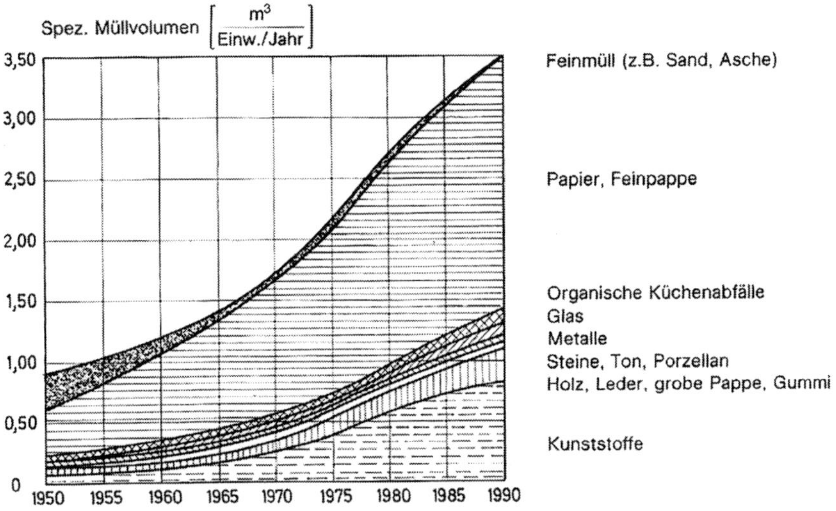

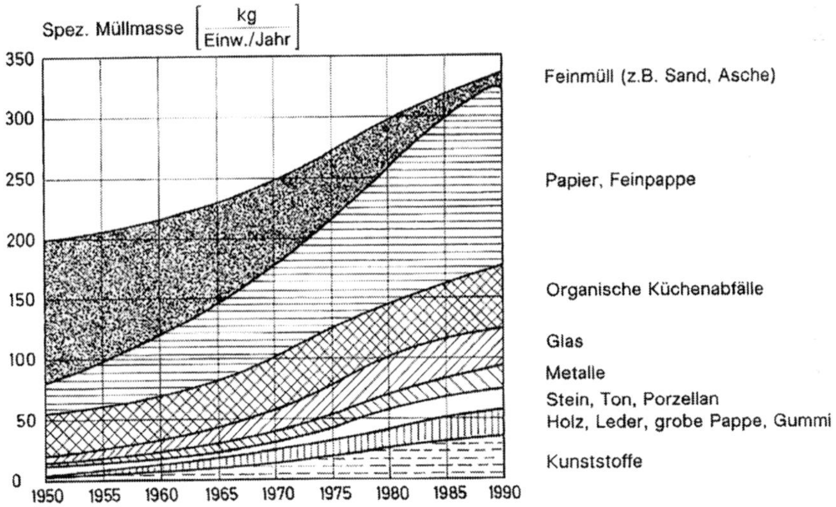

Abbildung 1: Entwicklung der spezifischen Müllmasse und des Müllvolumens der Stadt Stuttgart

Quelle: Klaus Sattler, Jürgen Emberger, Behandlung fester Abfälle. Vermeiden, Verwerten, Sammeln, Beseitigen, Sanieren. Verfahrensweise, Technische Realisierung. Rechtliche Grundlagen, Würzburg 1990², 44.

Tabelle 2: Hausmüllanalyse verschiedener Städte (1982/83)

Müllfraktion	Sortierergebnisse in Gewichtsprozent				
	Aurich 1982	Wolfsburg 1982	Hildesheim 1983	Bad Dürkheim 1983	Groß-Gerau 1983
1 Papier	14,8 (1+2)	14,8	13,0	16,0	19, 6 (1–3)
2 Pappe		5,1	3,1	4,2	
3 Papierverbund	1,4	0,9	1,3	1,3	
4 Holz	0,4	2,7	0,8	1,4	–
5 Kunststoffe	5,6	6,0	5,3	6,4	6,3
6 Textilien	2,7	2,1	2,3	2,5	2,4
7 Problemstoffe	0,6	1,0	0,6	0,6	–
8 Sonst. Verbundst.	0,8	0,7	3,8	0,9	5,8
9 Glas	17,7	14,9	9,9	11,0	8,7
10 Inert	3,0	–	3,4	5,2	6,0
11 Metalle	5,7	4,4	4,1	4,2	3,7
12 Feinmüll	11,8	47,4 (12+13)	15,2	14,0	19,2
13 Organ. Fraktion	35,4		37,2	32,3	28,3

Quelle: Bernhard Jäger, Gutachten für das Bayerische Staatsministerium für Landesentwicklung und Umweltfragen. Die thermische Behandlung von Hausmüll und hausmüllähnlichen Abfällen in Müllverbrennungsanlagen. München 1985, 14.

nissen, d.h. einem Papieranteil von ~15%, einem Glasanteil von ~10–15%, einem Kunststoffanteil von ~5–10% und einem Anteil der Organischen Fraktion von ~35–45% (jeweils in Gewichtsprozent).[24] Im Übrigen handelte es sich dabei um keine exklusiv westdeutsche Entwicklung. Vielmehr war in den 1970er Jahren in Westeuropa tendenziell eine »Müllkonvergenz« zu beobachten. Ein Vergleich der Zusammensetzung des Hausmülls verschiedener europäischer Hauptstädte deutet jedenfalls darauf hin, dass vor allem die Kapitale der sozialistischen Staaten aus dem Rahmen fielen.

Eine letzte wesentliche Veränderung schließlich war die Homogenisierung des Mülls. Damit ist in diesem Zusammenhang gemeint, dass sich regionale Unterschiede in der Müllzusammensetzung abschwächten. Ende der 1950er Jahre konnte ein Schweizer Sachverständiger noch behaupten, er bräuchte nur

24 Ergebnisse referiert bei: Wulf Schmidt, Abfallinfarkt? Ausschau nach Lösungsmöglichkeiten, Salzgitter 1990, 2.

Tabelle 3: Zusammensetzung des Hausmülls verschiedener europäischer Großstädte (Volumenprozent)

	Hamburg (1975)	London (Okt. 75)	Manchester (1976)	Turin (1975)	Wien (1975)	Prag (1975)	Sofia (1975)
Papier, Pappe	34,8	28,4	37,0	41,0	35,3	13,4	10,0
Metalle	4,2	9,5	7,5	6,0	9,7	6,2	1,7
Kunststoffe	4,5	3,9	3,5	5,0	5,5	4,2	1,7
Glas	15	11,2	8,0	9,5	9,1	6,6	1,6
Vegetabile Abfälle	16,7	24,6	21,3	20,0	24,9	41,8	54,0
Textilien	3,1	3,6	3,2	2,5	3,6	5,4	4,0
Holz, Leder, Gummi	3,0	4,7	3,1	5,0	2,0	2,7	3,0
Mineralische Bestandteile	18,7	14,1	14,4	13,0	9,9	19,7	24,0

Quelle: Stief, Abfallbeseitigung und Recycling, 13.

in eine Mülltonne zu schauen und wüsste, wo er sich befände.[25] Ende der 1970er Jahre wäre ihm dieses Kunststück wohl nicht mehr ohne Weiteres geglückt – vielmehr gab die Zusammensetzung des Mülls eher Hinweise auf den sozialen Status.[26] Durch die Ausbreitung von Einzelhandelsketten und standardisierten Produkten, einhergehend mit der tendenziellen Verdrängung von Regionalmarken, glich sich der Müll in Kiel in seiner Zusammensetzung zunehmend dem Müll in Garmisch-Partenkirchen an. Als in Düsseldorf Ende der 1950er Jahre eine Versuchs-Müllverbrennungsanstalt in Betrieb genommen wurde, geschah dasselbe wie bei den ersten in Deutschland gebauten Müllverbrennungsanlagen in den 1890er Jahren: Es wurde tonnenweise Abfall durch Deutschland transportiert, weil die Städte ausprobieren wollten, ob ihr Müll »brannte«. Die Düsseldorfer hatten zuvor dasselbe im schweizerischen Bern getestet.[27] In den 1970er Jahren war das nicht mehr nötig, vor allem weil die Ausbreitung großer Einzelhandelsketten und die Durchsetzung der Selbstbedienung zu einer fortschreitenden Homogenisierung des Abfalls führten.

25 Artikel Rheinische Post (3.3.1959): Die Schweiz-Fahrt des Mülls. Düsseldorfer studierten moderne Müllverbrennungsanlage. LA NRW, NW 354, Nr. 1098.

26 Christian Ankowitsch, »Wenn ich in eine Mülltonne schaue, erkenne ich die Lebensumstände der Menschen«. Ein Expertengespräch über die Kehr(richt)seite unserer Zivilisation, in: Süddeutsche Zeitung Magazin Nr. 9 (5.3.2010), 22–26, 24.

27 Artikel Rheinische Post (3.3.1959): Die Schweiz-Fahrt des Mülls. Düsseldorfer studierten moderne Müllverbrennungsanlage. LA NRW, NW 354, Nr. 1098.

Somit lässt sich die quantitative und qualitative Entwicklung des Hausmüllaufkommens nach dem Zweiten Weltkrieg durch folgende Gesichtspunkte charakterisieren: Zunächst stiegen die Abfallmengen generell stark an, wobei die 1960er und 1970er Jahre als stärkste Wachstumsphasen einzuschätzen sind, während sie in den 1980er Jahren nur noch langsam wuchsen bzw. auf hohem Niveau stagnierten. Die Abfallzusammensetzung veränderte sich und das durchschnittliche Gewicht des Mülls nahm durch das Verschwinden des Hausbrands und die Zunahme von leichtem Verpackungsmüll ab. Aus diesem Grund wuchs das absolute Volumen des Abfalls deutlich schneller als sein Gewicht. Weiter kam es zu einer Homogenisierung des Mülls und der Abschwächung regionaler Unterschiede in der Müllproduktion. Spätestens ab der zweiten Hälfte der 1960er Jahre lässt sich zudem ein sich abschwächendes Gefälle zwischen Stadt und Land beobachten, während die jahreszeitlichen Schwankungen des Hausmüllaufkommens geringer wurden.

1.2 Ursachen der steigenden Abfallmengen

Wie lassen sich die Zunahme der Abfallmengen und die Veränderung der Abfallzusammensetzung erklären? Die mit diesem Problem konfrontierten Zeitgenossen sahen die anwachsenden Müllberge zunächst vor allem als Wohlstandsphänomen. Nahezu zeitgleich mit dem Begriff der »Müll-Lawine«, der seine Karriere zu Beginn der 1960er Jahre als mediales Schlagwort begann, entstand der Begriff des »Wohlstandsmülls«, der die steigenden Abfallmengen als Resultat einer zunehmend reichen Gesellschaft identifizierte.[28] Jedoch war den Abfallpraktikern auch damals schon bewusst, dass noch andere Faktoren für das ansteigende Müllaufkommen verantwortlich zu machen waren: Neue Formen des Konsums und der Warendistribution, aber auch auf den ersten Blick eher unscheinbare Entwicklungen wie die Durchsetzung von Zentralheizungen anstelle von Kohleöfen, in denen Essensreste und Papier verfeuert werden konnten. Eine genauere Betrachtung macht deutlich, dass die steigenden Abfallmengen eine ganze Reihe von Ursachen hatten, die erst zusammen das Entstehen der »Müll-Lawine« erklären können.

28 Artikel Rheinische Post (14.6.1962): Blechofen verschlingt Wohlstandsmüll. LA NRW, NW 345, Nr. 44. Vgl. auch Regierungsdirektor Kanis, Grundsätze der Neuordnung des Rechts der Abfallbeseitigung (1974). BA Koblenz, B 106, Nr. 69731.

1.2.1 »Wirtschaftswunder« und Konsumgesellschaft

Der Abfall gilt gemeinhin als das Umweltproblem, das am engsten mit dem individuellen Konsum und Wohlstand verknüpft ist. Gerade im Hinblick auf den Hausmüll erscheint das offensichtlich: Während es beispielsweise die DDR im Hinblick auf Luft- und Wasserverschmutzung mit der BRD mindestens aufnehmen konnte (in manchen Gebieten war die Umweltbelastung sehr viel gravierender[29]), hatte sie nicht annähernd mit ähnlichen Abfallproblemen zu kämpfen. Vielmehr importierte die DDR, gegen Devisen, seit den 1970er Jahren sogar wachsende Mengen vor allem problematischer Abfälle aus der BRD. Insofern liegt es nahe, die steigenden Abfallmengen mit der Nachkriegsprosperität und der Ausprägung der Konsumgesellschaft in Verbindung zu bringen. Dieser Bezug bedarf allerdings einer genaueren Spezifikation, denn als pauschale Feststellung führt eine solche Aussage eher zu Verwirrung und trägt wenig zur Klärung der Probleme bei.

Seit dem Ende der 1940er Jahre zeichnete sich Westdeutschland durch konstant hohe gesamtwirtschaftliche Wachstumsraten aus. Diese Entwicklung wurde erst durch die kurze Rezession 1966/67 unterbrochen, bevor es in den 1970er Jahren vermehrt zu gesamtwirtschaftlichen Problemen, diversen Strukturkrisen der Industrie und der Rückkehr der Arbeitslosigkeit kam, die schon beinahe als überwunden gegolten hatte. Im Zuge dieser Entwicklung stiegen die realen Einkommen der Haushalte deutlich an. Sie verfügten nun auch über zunehmend frei disponible Einkommen, die vermehrt für Autos, technische Geräte, Kleidung und andere Konsumgüter verwendet werden konnten.[30]

Für die Nachkriegsprosperität sind verschiedene Erklärungen mit mehr oder weniger großer Überzeugungskraft angeboten worden, die hier nicht umfassend dargestellt werden können. Allerdings sollen die in der Forschung meistdiskutierten Ansätze kurz skizziert werden. So haben vor allem Herbert Giersch, Karl-Heinz Paqué und Holger Schmieding die sog. Strukturbruchthese vertreten, nach der vor allem die ordnungspolitischen Weichenstellungen, die Durchsetzung der sozialen Marktwirtschaft und damit einer funktionierenden ökonomischen Wettbewerbsordnung, für den ökonomischen Aufschwung der 1950er und 1960er Jahre verantwortlich waren.[31] Hinzu kam der Abschied vom

29 Tobias Huff, Natur und Industrie im Sozialismus. Eine Umweltgeschichte der DDR. Göttingen 2015.

30 Zur Konsumgesellschaft der BRD s. Arne Andersen, Der Traum vom guten Leben. Alltags- und Konsumgeschichte vom Wirtschaftswunder bis heute. Frankfurt/M. 1997; Christian Kleinschmidt, Konsumgesellschaft. Göttingen 2008, 131 ff.

31 Herbert Giersch, Karl-Heinz Paqué, Holger Schmieding, The fading miracle. Four decades of market economy in Germany. Cambridge 1992.

Protektionismus der Zwischenkriegszeit, die Etablierung des Freihandels durch das GATT-Abkommen und andere Maßnahmen. Das schuf die Voraussetzungen für einen sich dynamisch entwickelnden Weltmarkt, von dem die BRD in besonderem Maße profitierte. Der Titel des Buches von Giersch, Paqué und Schmieding »The fading miracle« macht allerdings auch deutlich, dass ihrer Ansicht nach die Abkehr von dieser Wettbewerbsordnung für die wirtschaftlichen Schwierigkeiten der westdeutschen Wirtschaft seit den 1970er Jahren verantwortlich zu machen ist.[32]

Ein zweiter wichtiger Erklärungsansatz stellt die von dem Wirtschaftshistoriker Werner Abelshauser vertretene Rekonstruktionsthese dar. Abelshauser zufolge lässt sich ein, in erster Linie über die gesamtwirtschaftliche Produktivität bestimmter Entwicklungspfad einer Volkswirtschaft bestimmen, der in den Jahren 1914 bis 1945 durch Kriege und erhebliche ökonomische Strukturprobleme unterbrochen wurde. Das änderte aber nichts daran, dass Westdeutschland trotz der Kriegseinwirkungen über einen leistungsfähigen Produktionsapparat verfügte. Neben einem modernen Maschinenbestand und einer leistungsfähigen Unternehmensorganisation umfasste dieser nicht zuletzt einen gut ausgebildeten Stamm an Facharbeitern, der durch die Vertriebenen aus den Ostgebieten noch ergänzt wurde. Die Prosperitätsphase bis zum Beginn der 1970er Jahre, insbesondere das sehr starke Wirtschaftswachstum der 1950er Jahre, lässt sich nach Abelshauser als Rückkehr zu diesem Wachstumspfad begreifen, der in den 1920er und 1930er Jahren verlassen worden war. Zugleich wird damit auch eine überzeugende Erklärung dafür angeboten, warum sich die Wachstumsphasen in den 1970er Jahren abschwächten, als die Rekonstruktionsperiode zu einem Abschluss gekommen war.

Eine dritte wichtige Erklärung schließlich wurde von verschiedenen amerikanischen Ökonomen vorgetragen und insbesondere durch den Ökonomen Ludger Lindlar in seinem Buch »Das missverstandene Wirtschaftswunder« verfeinert. Diese wird üblicherweise als »Catch-up«-Hypothese bezeichnet:[33] Lindlar zufolge reichen weder Strukturbruchthese noch Rekonstruktionsthese aus, um den ökonomischen Aufschwung zu erklären. Erstere hat nach Lindlar das Problem, wie es ordnungspolitisch zu erklären ist, dass beispielsweise Frankreich in den »trente glorieuses« ebenfalls eine langjährige Prosperitätsphase erlebte, obwohl dort unter dem Schlagwort der »planification« eine ganz andere Wirtschaftspolitik betrieben wurde. Genauso kann die Rekonstruktionshypothese nach Lindlar den westeuropäischen Wirtschaftsaufschwung nicht vollständig erklären. Seiner Ansicht nach war vor allem das Vorbild

32 Dieses Argument auch bei Michael von Prollius, Deutsche Wirtschaftsgeschichte nach 1945. Göttingen 2006.

33 Vgl. Hans-Ulrich Wehler, Deutsche Gesellschaftsgeschichte Bd. 5: Bundesrepublik und DDR 1949–1990. München 2008, 49 f.

der USA entscheidend, die nach dem Weltkrieg die mit Abstand produktivste Volkswirtschaft der Welt besaßen.[34] Es war die Orientierung an den USA und die Übernahme amerikanischer Produktions- und Managementmethoden, welche den westeuropäischen Wirtschaftsaufschwung wesentlich bedingten.[35]

Neben diesen »Großhypothesen« wurden noch verschiedene Einzelaspekte der westdeutschen Nachkriegsprosperität gesondert diskutiert. So wurde beispielsweise darauf hingewiesen, dass die Ausstattung mit Produktionsmitteln unter dem Zweiten Weltkrieg weniger gelitten hatte, als zunächst vermutet. Zudem konnte die Wirtschaft auf gut ausgebildete Facharbeiter zurückgreifen. Linda Delhaes-Guenther wiederum hat sich eingehend mit der Frage beschäftigt, warum die BRD trotz zweier Aufwertungen der DM in den Jahren 1961 und 1969[36] im Export so erfolgreich war. Ihre hauptsächliche Antwort darauf bestand im Hinweis auf die Spezialisierung auf diversifizierte Qualitätsproduktion, die es der westdeutschen Industrie ermöglichte, eine unverzichtbare Stellung innerhalb der weltwirtschaftlichen Arbeitsteilung einzunehmen und zu behaupten.[37] Andere Autoren wiederum wiesen auf die Folgen der Währungsreform hin, die zu einer Entwertung von Kapitalvermögen führte und der Bevölkerung so einen »Arbeitszwang« auferlegte, der wesentlich zu der raschen wirtschaftlichen Erholung nach dem Zweiten Weltkrieg beigetragen habe.[38]

Der wirtschaftliche Aufschwung schlug sich in einem rasch steigenden Realeinkommen der Haushalte nieder. Dabei nahm der Anteil der notwendigen Ausgaben kontinuierlich ab, während der Anteil der disponiblen Ausgaben zunahm. Die Veränderungen in der Ausgabenstruktur der Haushalte lassen sich dabei zunächst wesentlich durch diese Zunahme der Realeinkommen erklären. So weist etwa das bekannte »Engelsche Gesetz« auf den Tatbestand hin, dass mit zunehmendem Einkommen der Anteil der Ausgaben für die Lebenshaltung an

34 Alexander J. Field, The Most Technologically Progressive Decade of the Century, in: The American Economic Review (September 2003), 1399–1413.

35 Ludger Lindlar, Dass missverstandene Wirtschaftswunder. Westdeutschland und die westeuropäische Nachkriegsprosperität. Tübingen 1997. Zur Wahrnehmung und Übernahme amerikanischer Produktions- und Managementmethoden vgl. Christian Kleinschmidt, Der produktive Blick. Wahrnehmung amerikanischer und japanischer Management- und Produktionsmethoden durch deutsche Unternehmer 1950–1985. Berlin 2002; Susanne Hilger, »Amerikanisierung« deutscher Unternehmen. Wettbewerbsstrategien und Unternehmenspolitik bei Henkel, Siemens und Daimler-Benz (1945/49–1975). Stuttgart 2004.

36 Tim Schanetzky, Die große Ernüchterung: Wirtschaftspolitik, Expertise und Gesellschaft in der Bundesrepublik 1966 bis 1982. Berlin 2007.

37 Linda Delhaes-Guenther, Erfolgsfaktoren des westdeutschen Exports in den 1950er und 1960er Jahren. Dortmund 2003.

38 Kirsten Petrak, Dietmar Petzina, Werner Plumpe, Einleitung, in: Dies. (Hrsg.), Adenauers Welt. Ein Lesebuch zur Alltags- und Sozialgeschichte der frühen Republik. Essen 2006, 39–81, 69.

Diagramm 6: Index Entwicklung des Bruttosozialprodukts BRD, Frankreich und Großbritannien 1949–1989 (1913=100)

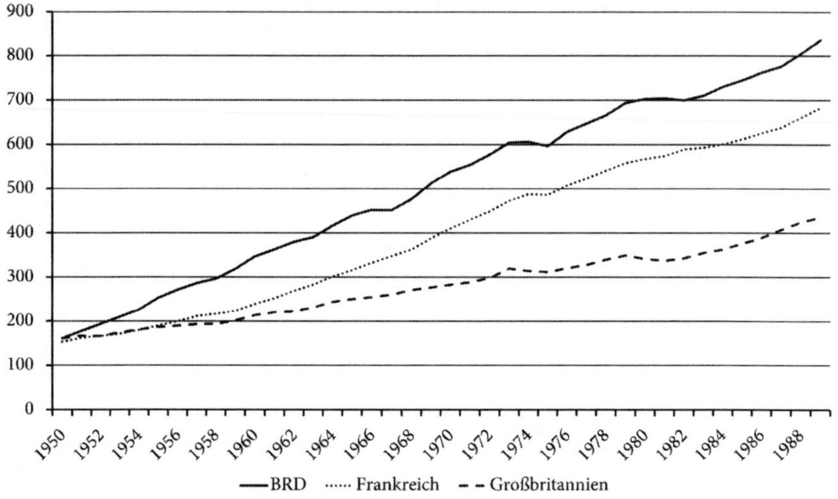

Quelle: Angus Maddison, Dynamic Forces in Capitalist Development. A Long-Run Comparative View. Oxford, New York 1991, 216ff.

den Gesamtausgaben absinkt.[39] Die Zunahme der disponiblen Ausgaben haben Michael Prinz und andere als ein wichtiges Charaktermerkmal der modernen Konsumgesellschaft beschrieben, die auch für die steigenden Müllmengen verantwortlich gemacht wurde.[40]

Mit der Zunahme der disponiblen Einkommen ist allerdings noch nicht gesagt, wofür diese verwendet wurden. So hat sich eine breite sozial- und kulturwissenschaftliche Forschung mit der Frage beschäftigt, worauf sich die materiellen Bedürfnisse der Bundesbürger in den 1950er und 1960er Jahren richteten.[41] Dabei spielte neben steigenden Ausgaben für das Wohnen insbesondere die Befriedigung eines durch die wirtschaftlichen Schwierigkeiten der Zwischenkriegszeit und des Zweiten Weltkriegs bedingten Nachholbedarfs an Nahrung, Kleidung etc. eine große Rolle. Darüber hinaus wurde zunehmend viel Geld für technische Geräte ausgegeben: Neben Ausgaben für Haushaltsgeräte

39 Kleinschmidt, Konsumgesellschaft, 22.

40 Michael Prinz, »Konsum« und »Konsumgesellschaft« – Vorschläge zu Definition und Verwendung, in: Ders. (Hrsg.), Der lange Weg in den Überfluss. Anfänge und Entwicklung der Konsumgesellschaft seit der Vormoderne, Paderborn 2003, 11–34, 23ff.

41 Vgl. Andersen, Der Traum vom guten Leben. Zum Konsumverhalten junger Leute s. Detlef Siegfried, Time is on my Side. Konsum und Politik in der westdeutschen Jugendkultur der 60er Jahre. Göttingen 2006, 46f.

(Waschmaschinen, Kühlschränke, Fernseher etc.) stand dabei insbesondere das eigene Kraftfahrzeug im Vordergrund. In den 1960er Jahren kam es folglich zu einer »Massenmotorisierung« der westdeutschen Gesellschaft.[42]

Die Nachfrage nach bestimmten Konsumgütern entwickelte sich allerdings nicht unabhängig voneinander. So galt eine bestimmte Ausstattung mit technischen Geräten bald als notwendiger Bestandteil einer »rationalisierten« Hausarbeit, damit aber auch unerlässlich für einen adäquaten Lebensstandard, der im Erfahrungsaustausch über diese Geräte zugleich auch kommuniziert werden konnte. Viele Geräte ergänzten sich darüber hinaus auch funktional, wie etwa Fernseher und Kühlschrank. Auf die Bedeutung des komplementären Konsums haben aus kulturwissenschaftlicher Perspektive besonders Ingo Braun, aus wirtschaftshistorischer Perspektive Jan-Otmar Hesse hingewiesen.[43]

Tabelle 4: Verbreitungsgrad langlebiger Gebrauchsgüter in privaten Haushalten der BRD 1955–1993 (Prozent)

	1955	1962/63	1969	1973	1978	1983	1988	1993
Staubsauger	39	65	84	91	94	96	–	–
Kühlschränke	11	52	84	93	94	96	98	98
Gefrier/Kühlkombination	–	3	14	28	58	65	70	78
Waschmaschine	10	34	61	75	82	83	86	88
Elektrische Nähmaschine	–	10	26	37	46	52	53	61
Mechanische Nähmaschine	59	47	37	29	23	18	–	–
Geschirrspüler	–	0,2	2	7	15	24	29	38

Quelle: Andersen, der Traum vom guten Leben, 108.

Welcher Zusammenhang lässt sich zwischen der sich ändernden Ausgabenstruktur der Haushalte und dem Abfallaufkommen herstellen? Obwohl die Müllproduktion eng mit dem individuellen Konsumverhalten verknüpft erscheint, zeigt ein genauerer Blick, dass der Wohlstandszuwachs nach dem Zweiten Weltkrieg in weitaus geringerem Maße für den Anstieg der Hausmüllmengen verantwortlich zu machen ist, als man intuitiv vermuten würde. Darauf deutet bereits hin, dass letztere nach allgemeiner Beobachtung besonders in

42 Rainer Willeke, Reinhard W. Heinemann, Die Stadt und das Auto. Entwicklung und Lösung eines Problems. Frankfurt/M. 1989, 37 u. 50.

43 Sophie Gerber, Küche, Kühlschrank, Kilowatt. Zur Geschichte des privaten Energiekonsums in Deutschland, 1945–1990. Bielefeld 2015, 289; Jan-Otmar Hesse, Komplementarität in der Konsumgesellschaft. Zur Geschichte eines wirtschaftstheoretischen Konzeptes, in: Jahrbuch für Wirtschaftsgeschichte 30, 2007, Hft. 2, 147–167; Ingo Braun, Technik-Spiralen. Vergleichende Untersuchungen zur Technik im Alltag. Berlin 1993.

den 1960er Jahren stärker anwuchsen als die Wirtschaftsleistung[44] und sich die diversen konjunkturellen Einbrüche, besonders während der 1970er Jahre, in den Hausmüllmengen praktisch nicht abbildeten. Im Übrigen lässt sich ein stabiler Zusammenhang zwischen Haushaltseinkommen und Abfallproduktion nicht herstellen, teilweise lässt sich sogar der umgekehrte Zusammenhang beobachten, dass wohlhabendere Haushalte eher weniger Abfälle erzeugen.[45] Ein anderer Punkt ist jedoch noch wichtiger: Bei genauerer Betrachtung der Abfallzusammensetzung im letzten Abschnitt zeigt sich, dass in erster Linie der Lebensmittelkonsum verantwortlich für das gestiegene Hausmüllaufkommen war. Allerdings sank der Anteil der Konsumausgaben für Lebensmittel seit den 1950er Jahren sukzessive ab. So betrug der Ausgabenanteil für Nahrungsmittel eines durchschnittlichen 4-Personen-Arbeitnehmerhaushalts 1950 noch 46,4 %, 1960 36,2 % und 1990 nur noch 16 %.[46] Die ebenfalls vergleichsweise abfallintensiven Ausgaben für Gesundheits- und Körperpflege schwankten zwischen 1950 und 1990 lediglich zwischen zwei und vier Prozent der Haushaltsausgaben.[47]

Die absoluten Ausgaben für Lebensmittel stiegen nichtsdestotrotz an, zudem sanken ihre realen Preise durch Produktivitätssteigerungen in der Landwirtschaft erheblich.[48] Dennoch wird durch diese Zahlen die Bedeutung des zunehmenden Wohlstands für das Ansteigen des Hausmüllaufkommens relativiert. Allerdings führten die Ausgaben für andere Konsumgüter über kurz oder lang zu steigenden Abfallmengen, die sich jedoch nicht immer unter der Kategorie des Hausmülls einordnen lassen. So rückte beispielsweise Ende der 1960er Jahre das Problem der Autowracks und Altreifen als Entsorgungsproblem zunehmend in den Fokus der Behörden.[49] Mit der Technisierung der Haushalte fiel vermehrt auch Elektroschrott an. Das heute als besonders sensibel wahrgenom-

44 In den 1950er Jahren wurde noch oftmals betont, die Müllmengen würden »mit Zunahme des Wohlstands der Bevölkerung wachsen«. In den 1960er Jahren herrschte hingegen die Wahrnehmung vor, die Abfallmengen würden schneller zunehmen als das BSP. Vortrag Oberregierungsbaudirektor Köster (MELF): Die Müllbeseitigung. Eine Forderung der Hygiene und des Wasserhaushaltes (26.1.1953). LA NRW, NW 354, Nr. 1098.

45 William Rathje, Cullen Murphy, Müll. Eine archäologische Reise durch die Welt des Abfalls. München 1994, 163 ff.

46 Michael Wildt, Am Beginn der »Konsumgesellschaft«. Mangelerfahrung, Lebenshaltung, Wohlstandshoffnung in Westdeutschland in den fünfziger Jahren. Hamburg 1994, 70.

47 Alfred Reckendrees, Konsummuster im Wandel. Haushaltsbudgets und Privater Verbrauch in der Bundesrepublik 1952–1998, in: Jahrbuch für Wirtschaftsgeschichte 30, 2007, Hft. 2, 29–61, 39.

48 Werner Oehler, Szenenwechsel im Einzelhandel 1963–1990. Köln 1980, 110; Jean Fourastié, Warum die Preise sinken. Produktivität und Kaufkraft seit dem Mittelalter. Frankfurt/M. 1989. Fortschritt wird an dieser Stelle im Sinne Max Webers als fortschreitende Rationalität der technischen Mittel verstanden. Zu einer kritischen Perspektive s. Frank Uekötter, Die Wahrheit ist auf dem Feld. Eine Wissensgeschichte der deutschen Landwirtschaft. Göttingen 2010, 391 ff.

49 Pöpel, Einflüsse auf Menge und Zusammensetzung, 220 ff.

Tabelle 5: Ausgaben eines durchschnittlichen 4-Personen-Arbeitnehmerhaushalts in der BRD (Prozent)

Aufwendungen für	1949	1950	1955	1960	1965	1970
Ernährung	48,5	46,5	41,5	38	34	30
Getränke/Tabak	4,5	6	6,5	6,5	6	5
Kleidung/Schuhe	12,5	13,5	13,5	13,5	12	11
Wohnungsmiete	10	10,5	9,5	10,5	11	15,5
Elektrizität	4,5	5,5	5,5	4,5	4,5	4,5
Haushaltsgüter	6	6,5	9,5	10	10	9
Körperpflege/Gesundheit	2,5	2,5	2,5	3	3,5	3,5
Verkehr/Kommunikation	2,5	2	3	5	9,5	11
Bildung/Freizeit	8,5	7	8,5	6,5	6,5	7,5
Persönliches/Reisen	–	–	–	–	3	3

Quelle: Sabine Haustein, Vom Mangel zum Massenkonsum. Deutschland, Frankreich und Großbritannien im Vergleich 1945–1970. Frankfurt/M. 2007, 56.

mene Problem des »E-Waste« entstand bereits in den 1960er Jahren. Allerdings resultierte daraus – gerade weil es sich um dauerhafte Konsumgüter handelte – mengentechnisch und in Relation zu den verausgabten Geldsummen vergleichsweise wenig Abfall. Gerade für Kraftfahrzeuge und Altreifen entwickelten sich zudem früh effiziente Verwertungsstrukturen und Sekundärmärkte.[50]

Das gilt es bei der Bewertung eines weiteren Gesichtspunkts in Betracht zu ziehen, der als Ursache für die steigenden Abfallmengen genannt worden ist, dass nämlich die Produktivität der Neuproduktion nach dem Zweiten Weltkrieg sehr viel stärker angestiegen sei, als die der Reparatur.[51] Das war zweifellos der Fall, jedoch zeigt gerade das Beispiel des Automobils, dass diese Erklärung auch nicht überstrapaziert werden sollte: Immerhin sind im selben Zeitraum zahlreiche Sparten des Handwerks aus der Neuproduktion abgewandert und haben sich auf die Reparatur bzw. Installierung und Instandhaltung technischer Systeme spezialisiert. Insofern sollte vielleicht besser von einem Form-

50 So konnten aus Autowracks mindestens 80% Qualitätsschrott gewonnen werden. Schreiben Umweltbundesamt (von Lersner) an den Bundesinnenminister (22.7.1975). BA Koblenz, B 106, Nr. 27094; Stefan Krebs, »Notschrei eines Automobilisten« oder die Herausbildung des Kfz-Handwerks in der Zwischenkriegszeit, in: Technikgeschichte 79, 2012, 185–206; Für die Autoverwertung in den USA s. Zimring, Cash for your Trash.

51 Staffan Linder, Harried Leisure Class, New York 1970.

und Funktionswandel statt einem absoluten Bedeutungsverlust des Reparaturgewerbes gesprochen werden.[52]

Deswegen gibt es gute Argumente dafür, neben dem gestiegenen Wohlstand noch andere Erklärungen für die anwachsenden Abfallmengen heranzuziehen. Gerade der »Wohlstandsmüll« war zu einem guten Teil eher auf Begleiterscheinungen des wachsenden Wohlstands denn auf diesen selbst zurückzuführen. Neben der Veränderung städtebaulicher Strukturen und Änderungen des individuellen Wegwerfverhaltens führte dabei insbesondere die Durchsetzung der Selbstbedienung im Einzelhandel seit der zweiten Hälfte der 1950er Jahre zu einem stark erhöhten Verpackungsaufwand und damit steigenden Abfallmengen.

1.2.2 Neue Formen der Warendistribution: Supermarkt und Selbstbedienung

Im Verlauf der Industrialisierung nahm der Einzelhandel eine dynamische Entwicklung. Während vormals ein Großteil des Warenumschlags auf temporär stattfindenden Märkten oder durch fahrende Händler stattfand, bildeten sich im Verlauf der Urbanisierung des 19. Jahrhunderts zunehmend spezialisierte Einzelhandelsgeschäfte heraus, in denen Lebensmittel, Kurzwaren oder Kleidung gekauft werden konnten.[53] In diesen Geschäften besaß der Verkäufer oder die Verkäuferin eine zentrale Funktion, indem sie als Experten die Eigenschaften der verkauften Produkte kommunizierten. Es gab insbesondere bei Kolonialwaren zwar bereits Verpackungen, die auch eine wichtige Rolle für die Produktkommunikation spielten. Gerade bei alltäglichen Geschäften wie dem Einkauf von Lebensmitteln wurden jedoch oftmals eigene Gefäße mit in die Läden gebracht, die dort befüllt wurden. Insofern fiel bis in die 1920er Jahre vergleichsweise wenig Verpackungsmüll an, wobei insbesondere Papier problemlos im Hausbrand verfeuert oder gesammelt werden konnte, um es für ein Entgelt abzugeben.

Im letzten Viertel des 19. Jahrhunderts entstanden bereits zahlreiche neue Vertriebsformen, die das Warenangebot erweiterten und mitunter großflächige Beschaffungssysteme etablierten, welche der Logistik im Einzelhandel einen wichtigen Schub gaben (wobei das Warenhaus diesbezüglich in seiner Bedeutung sogar überschätzt wird).[54] Nach Susan Strasser führten die neuen Ver-

52 Reinhold Reith, Was war vor der Wegwerfgesellschaft? Jahrtausendelang wurde Kaputtes wieder repariert, in: Kultur & Technik 1, 2014, 12–18, 15f.

53 Eduard Gartmayr, Nicht für den Gewinn allein. Die Geschichte des deutschen Einzelhandels. Frankfurt/M. 1964, 19ff.

54 Uwe Spiekermann, Die Basis der Konsumgesellschaft. Entstehung und Entwicklung des modernen Kleinhandels in Deutschland 1850–1914. München 1999, 363ff.

triebsformen, zumindest in den USA, bereits zu einem deutlichen Anstieg des Verpackungsaufwands.[55] Die Bedeutung neuer Vertriebsformen für den Massenkonsum sollte jedoch auch nicht überbewertet werden: Lebensmittel und Kleidung wurden in den meisten Fällen entweder selbst produziert oder in Läden erworben, die damals noch nicht in Selbstbedienung organisiert waren und die darum auch nur vergleichsweise wenig Verpackungsmüll erzeugten.[56]

Eine neue Entwicklungsdynamik bekam der Einzelhandel nach dem Zweiten Weltkrieg sowohl durch die steigende Kaufkraft der Haushalte wie durch neue Formen der Warendistribution, insbesondere der Selbstbedienung. Der »Pionier« dafür war in Deutschland Herbert Eklöh, der 1938 in Osnabrück den ersten Selbstbedienungsladen eröffnete, nachdem er das Konzept auf seinen Reisen in die USA kennengelernt hatte. Dieser Versuch erwies sich damals noch als Fehlschlag. Mitte der 1950er Jahre wurden dann jedoch neue Versuche mit der Selbstbedienung im Lebensmitteleinzelhandel gestartet, die sich während der 1960er Jahre dann flächendeckend durchsetzte. Dabei waren die Städte Vorreiter, während das klassische Lebensmittelgeschäft auf dem Land erst in den 1970er und 1980er Jahren verschwand. In den Städten entwickelte sich das Lebensmittelgeschäft mit Selbstbedienung zunehmend zum »Supermarkt« weiter, der größer war und ein breiteres Sortiment im Angebot hatte. In den 1960er Jahren entstanden dann zunehmend auch »Discounter«, welche die Warenvielfalt reduzierten, dafür die Waren aber noch günstiger anbieten konnten.[57] Im Laufe der 1970er und 1980er Jahre gingen schließlich auch Warenhäuser und Fachgeschäfte zunehmend zur Selbstbedienung über.[58] Letztere hatte sich spätestens jetzt als dominante Verkaufsorganisation im Einzelhandel etabliert.

Die Selbstbedienung führte zu einem drastisch erhöhten Bedarf an Verpackungen. Von wenigen Produkten abgesehen konnte die Ware nicht mehr in eigene Behältnisse abgefüllt werden, wie das im traditionellen Einzelhandel der Fall war, wo das Abwiegen und Abfüllen neben der Beratung die zentrale Dienstleistung des Verkäufers darstellte. Die Ware musste nun in der Verpackung gekauft werden, die mehrere Funktionen erfüllte: Sie diente der sicheren und hygienischen Aufbewahrung, hatte aber auch eine bald unverzichtbare

55 Susan Strasser, Satisfaction guaranteed. The making of the American Mass Market. Washington 2009, 252 ff.

56 Vgl. André Steiner, Von der Eigenfertigung zum Markterwerb der Kleidung. Ein Beitrag zur Kommerzialisierung des Wirtschaftens privater Haushalte in Deutschland im langen 19. Jahrhundert, in: Prinz, Der lange Weg in den Überfluss, 255–271.

57 Lydia Langer, Revolution im Einzelhandel. Die Einführung der Selbstbedienung in Lebensmittelgeschäften der Bundesrepublik Deutschland (1949–1973). Köln 2013, 294 ff.

58 Ralf Banken, »Was es im Kapitalismus gibt, gibt es im Warenhaus«. Die Entwicklung der Warenhäuser in der Bundesrepublik, in: Zeitschrift für Unternehmensgeschichte 57, 2012, 3–30, 28 f.

Diagramm 7: Anzahl der Selbstbedienungsgeschäfte im Lebensmitteleinzelhandel in der BRD 1950–1970

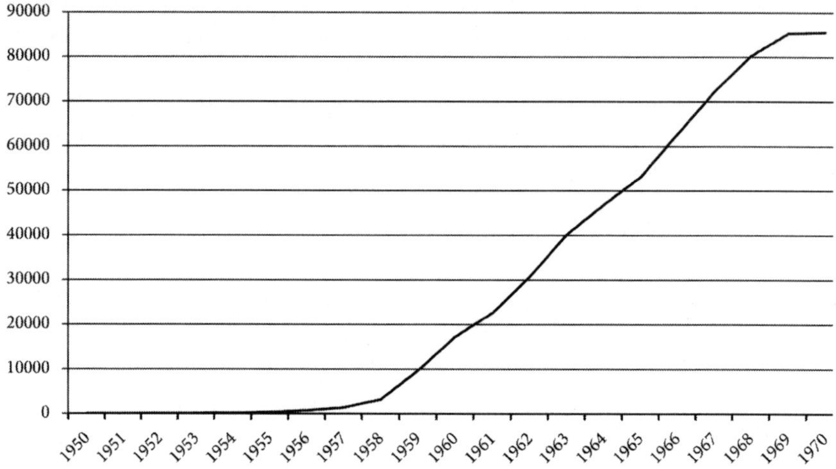

Quelle: Karl Ditt, Rationalisierung im Einzelhandel: Die Einführung und Entwicklung der Selbstbedienung in der Bundesrepublik Deutschland 1949–2000, in: Prinz, Der lange Weg in den Überfluss, 315–356, 325 u. 334.

logistische Funktion. Das galt nicht nur für die Kunden, die sie so schneller einkaufen konnten. Vielmehr war die Verpackung eine wichtige Voraussetzung für den Aufbau großflächiger Logistiken, indem sie die Normierung und Standardisierung der Waren ermöglichte und den Transport erleichterte.[59] Einzelhandelskonzerne wie Aldi oder Rewe nutzen die sich daraus ergebenden Möglichkeiten konsequent aus. Im Übrigen hatten auch die Einwegflasche bzw. Einwegverpackung, deren Anteil seit den 1960er Jahren kontinuierlich zunahm und deren Beitrag zur Abfallproduktion immer wieder emotional debattiert wurde, wichtige logistische Vorteile: Abgesehen von der größeren Bequemlichkeit für den Verbraucher und dem Werbeeffekt spezifischer Flaschenformen ließen sich die Transportkosten durch geringeres Gewicht und die fehlende Leergutrückführung verringern. Die aufwendige Reinigung fiel weg und geforderte Hygienestandards ließen sich leichter erfüllen.[60]

Die Rolle der Verpackung für die Logistik im Einzelhandel beschränkte sich nicht allein auf die Produktverpackungen. Die Bundesvereinigung der deutschen Ernährungsindustrie machte das in einem Schreiben an den Innenausschuss des Bundestages im Zuge der Vorbereitung des Abfallbeseitigungsgesetzes von 1972 deutlich: »Insbesondere in der Lebensmittelindustrie ist die

59 Langer, Revolution im Einzelhandel, 191.

60 Lösch, Probleme des Abfallaufkommens, 177.

Verpackung die entscheidende Voraussetzung der Rationalisierung der Produktion und damit zur Schaffung von Großkapazitäten und der hohen Ausbringung pro Zeiteinheit und damit letztlich auch der infolge der Massenfertigung relativ niedrigen Stückkosten.«[61] Darüber hinaus würde aber erst die Verpackung eine Rationalisierung der Lagerhaltung in allen Stufen des Handels sowie der Distribution ermöglichen. Viele leistungsfähige Distributionsformen des Handels, so. z.B. die Selbstbedienungsläden und die Tiefkühlketten, wären ohne die vielfältigen Vorverpackungen überhaupt nicht möglich.[62] Wie Andrew Godley und Bridget Williams am britischen Beispiel gezeigt haben, hing im Übrigen auch die Entwicklung der industriellen Massentierhaltung eng mit der Durchsetzung des Supermarktes zusammen.[63]

Darüber hinaus diente die Verpackung ganz wesentlich der Produktinformation und -kommunikation: Sie verwies auf Hersteller, Produkt und Menge und übernahm damit Aufgaben, die vormals dem Verkäufer zugekommen waren, zumal sich Lebensmittel schlecht »designen« ließen und allein darum eine Verpackung zur Produktkommunikation benötigten.[64] Selbstbedienung und Versandhandel verschoben die Produktkommunikation und -information somit weg vom Verkäufer hin zur Verpackung bzw. den Hausfrauen, die sich nun zunehmend selbständig informieren mussten.[65] Damit wurde die Verpackung aber auch zu einem wesentlichen Medium der Werbung.[66] Diese »empfahl, pries und informierte – und rechtfertigte den Konsum, der zuvor über Jahrzehnte hinweg als Verschwendung geziehen worden wäre.«[67] Über die Verpackung ließen sich Markenbotschaften vermitteln: Eine Funktion, die bald als so wichtig wahrgenommen wurde, dass dafür mitunter sogar logistische Nachteile in Kauf genommen wurden.[68]

61 Schreiben Bundesvereinigung der Deutschen Ernährungsindustrie an den Vorsitzenden des Innenausschusses des Bundestages Schäfer (6.12.1971). BA Koblenz, B 106, Nr. 31489.

62 Ebd.

63 Andrew Godley, Bridget Williams, The Chicken, the Factory Farm and the Supermarket. The emergence of the Modern Poultry Industry in Britain. In: Roger Horowitz, Warren Belasco (Hrsg.) Food chains. Provisioning, from farmyard to shopping cart. Pennsylvania 2008, 47–61.

64 Ernest Zahn, Soziologie der Prosperität. Köln 1960, 103.

65 Wildt, Am Beginn der Konsumgesellschaft, 189; Jens Scholten, Umbruch des genossenschaftlichen Förderauftrages durch Innovation und Wachstum. Nachkriegsentwicklung und Einführung der Selbstbedienung bei der REWE-Dortmund, in: Jan-Otmar Hesse u.a. (Hrsg.), Das Unternehmen als gesellschaftliches Reformprojekt. Strukturen und Entwicklungen von Unternehmen der »moralischen« Ökonomie nach 1945. Essen 2004, 167–200; Langer, Revolution im Einzelhandel, 359.

66 Langer, Revolution im Einzelhandel, 57f.

67 Petrak, Petzina, Plumpe, Einleitung, 73.

68 Rainer Gries, Produkte als Medien. Kulturgeschichte der Produktkommunikation in der Bundesrepublik und der DDR. Leipzig 2003.

Diagramm 8: Packmittelproduktion in Westdeutschland 1954–1991 (Tonnen)

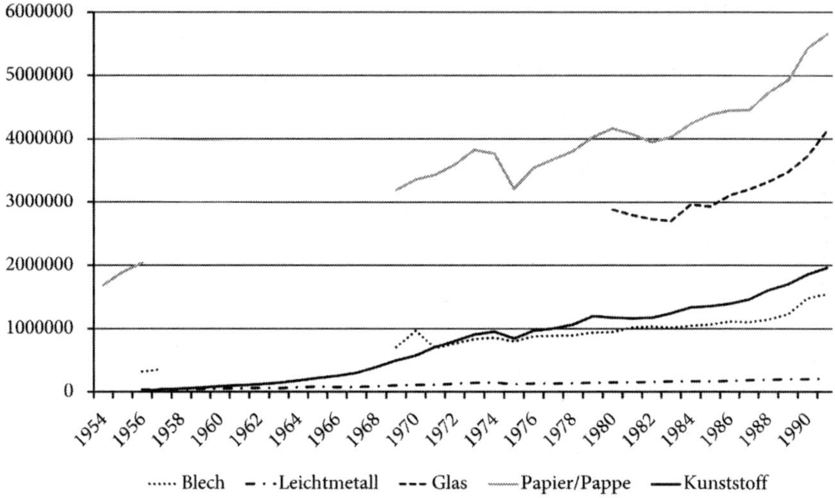

Quelle: Matthias Nast, Die Stummen Verkäufer. Lebensmittelverpackungen im Zeitalter der Konsumgesellschaft. Umwelthistorische Untersuchung über die Entwicklung der Warenpackungen und den Wandel der Einkaufsgewohnheiten (1950er bis 1990er Jahre). Frankfurt/M. 1997, 345[69].

Diagramm 8 zeigt, dass Papier/Pappe und Glas mengenmäßig die wichtigsten Packmittel darstellten, was deren hohen Anteil im Hausmüll erklärt. Diese stellten allerdings zugleich auch »unproblematische« Abfallfraktionen dar. Sie schufen zwar ein Mengenproblem auf Deponien und in Verbrennungsanlagen, waren ökologisch jedoch relativ unbedenklich. Auch für diese Packmittel lässt sich im Übrigen zeigen, dass ihre Produktion stärker anwuchs als das BSP, was gleichfalls Rückschlüsse auf die Bedeutung der Selbstbedienung für das ansteigende Hausmüllaufkommen zulässt.[70]

Von der Materialzusammensetzung her waren Kunststoffe ein viel größeres Problem für die Entsorgung, deren Produktion seit Ende der 1950er Jahre kontinuierlich anstieg. Allerdings wuchs die Bedeutung von Plastikverpackungen erst nach und nach, so dass zu Beginn der 1970er Jahre die Kritik an den Kunst-

69 Im Übrigen wurde die Verpackungsindustrie nach dem Zweiten Weltkrieg auch zu einem bedeutenden volkswirtschaftlichen Faktor und war Mitte der 1980er Jahre für etwa 3 % des westdeutschen BSP verantwortlich – vergleichbar mit dem Bergbau oder der Druckindustrie. Dieter Pautz, Hans-Joachim Pietrzeniuk, Abfall und Energie. Einsparung und Nutzung von Energie durch Verbrennung, Pyrolyse, Biogas, Recycling und Abfallvermeidung. Berlin 1984, 126.

70 Bundesministerium des Inneren (Hrsg.), Verwertung von Altpapier. Untersuchung über die Möglichkeit der Verwertung von Altpapier. Gegenwärtiger Stand und zukünftige Entwicklung. Bericht des Battelle-Instituts Frankfurt am Main. Berlin 1973, 9.

stoffen noch mit dem Argument abgewiegelt werden konnte, dass sie mengentechnisch kaum ins Gewicht fielen (wobei es aufgrund des geringen spezifischen Gewichts der Kunststoffe einen großen Unterschied machte, ob das Gewicht oder das Volumen angegeben wurde).[71] Aber die stetige Zunahme an Kunststoffen führte bei der Entsorgung zu Problemen, weil sie auf der Deponie nur sehr langsam verrotteten und im Verbrennungsprozess zu Problemen führten. PVC wurde beispielsweise schon vor Aufkommen der Emissionsproblematik in der zweiten Hälfte der 1970er Jahre für Korrosionsschäden in MVAs verantwortlich gemacht.[72] Vor allem aber stand außer Frage, dass der Anteil der Kunststoffverpackungen aus dem Grund weiter zunehmen würde, weil sie aufgrund ihrer Materialeigenschaften logistische Vorteile boten: Sie waren stabil und leicht, billig herzustellen und boten eine Lösung für Waren, die anders schwer hygienisch verpackt werden konnten (z. B. Fleisch).[73] Dadurch erhöhte sich oftmals auch die Haltbarkeit der Waren, was beispielsweise in den 1960er Jahren zu einem deutlich erhöhten Absatz von Speisequark führte, nachdem dieser in Kunststoff abgepackt wurde.[74]

Die Selbstbedienung trug auch dadurch zum ansteigenden Abfallaufkommen bei, indem sie das Einkaufverhalten veränderte. Die Preise wurden billiger, die Sortimente und Verkaufsflächen größer.[75] Dadurch, dass die einzelne Ware nicht länger vom Verkäufer bereitgestellt werden musste, konnten größere Warenmengen in kürzerer Zeit eingekauft werden, wodurch das Lebensmittelgeschäft allerdings auch zunehmend seine Funktion als kommunikativer Treffpunkt verlor.[76] Durch die wachsende Verbreitung von Kühlschränken konnten Lebensmittel in der eigenen Wohnung länger aufbewahrt werden, ohne zu verderben. Zugleich führte die große Menge an Neuverpackungen, die mit dem Auspacken der Ware ihre ursprüngliche Funktion verloren, dazu, ihrer Wieder- und Umnutzung enge Grenzen zu setzen. So ließ sich die erste oder zweite Milchflasche noch als Blumenvase verwenden, bei der dritten und vierten wurde das zum Problem. Sollte der Haushalt nicht »vermüllen«, mussten also immer mehr Verpackungen weggeworfen werden, die neben der organischen Fraktion bald für den größten Teil des Hausmüllaufkommens verantwortlich waren.

71 Stefan Graf Schlippenbach, PVC – Nur ein Schreckgespenst, in: Deutsche Zeitung/Christ und Welt Nr. 34 (21.8.1970), 27; Dieter Ewringmann, Zur Effizienz eines Zwangspfandes auf ausgewählte Einwegverpackungen. Köln 1986, 16 f.

72 Ergebnis der Ermittlungen über Anfall von PVC-Abfällen und Einwegflaschen sowie deren Auswirkung auf die Abfallbeseitigung (Juli 1969). BA Koblenz, B 106, Nr. 29370.

73 Joachim Wachtel, Vom Ballenbinder zur Selbstbedienung. Gütersloh 1965, 71 ff.

74 Niederschrift über die Besprechung am 2.7.1969 im Bundesgesundheitsministerium Bad Godesberg (Oktober 1969). BA Koblenz, B 106, Nr. 29370.

75 Langer, Revolution im Einzelhandel, 237 ff.

76 Ebd., 317.

Gerade in letzter Zeit ist noch ein weiterer Aspekt der Selbstbedienung vermehrt in die Diskussion geraten, dass nämlich die Konkurrenz im Einzelhandel sowie das Verlangen der Konsumenten nach vollen Regalen und steter Verfügbarkeit der verlangten Waren dazu geführt haben, dass ein großer Teil (geschätzt ein Drittel) der angebotenen Lebensmittel nicht verkauft wird, sondern unverbraucht im Abfall landet.[77] Dieser hohe Prozentsatz entzieht dem gelegentlich vorgebrachten Argument der »Verpackungsbefürworter«, Verpackungen würden den Müllberg deshalb nicht vergrößern, weil sie verhinderten, dass zahllose Lebensmittel verdürben, die Grundlage.[78] Vielmehr weist dieser Tatbestand auf die Bedeutung von Skaleneffekten in der Warendistribution hin, die das Geschäft trotz dieses Verlusts immer noch rentabel machen. Verschwendung wird hier paradoxerweise durch ökonomisch und technisch äußerst effiziente Strukturen erst ermöglicht.

1.2.3 Wegwerflandschaften: Stadtstrukturen und Müll

Ein ebenfalls wichtiger, in der öffentlichen Wahrnehmung oftmals unterschätzter Faktor für das Ansteigen des Hausmüllaufkommens ist die Veränderung von Stadtstrukturen und Wohnformen nach dem Zweiten Weltkrieg. Das umfasst eine ganze Reihe von relevanten Phänomenen: So spielten Änderungen der Heiztechnik genauso eine Rolle wie neue Entwicklungen des Städtebaus und der Wohnformen, ob die Menschen in Einfamilien-, Reihen- oder Apartmenthäusern wohnten, vom Land in die Stadt zogen oder umgekehrt.

Eine erste, wesentliche Veränderung bestand in der Durchsetzung neuer Heiztechniken und der Ablösung »offener« durch »geschlossene« Heizungssysteme. Zwar hatten sich Zentralheizungen bereits seit Mitte des 19. Jahrhunderts zu etablieren begonnen, sie wurden jedoch in erster Linie in öffentlichen Bauten wie Museen, Schulen oder Verwaltungsgebäuden installiert. Neben technischen Vorteilen konnte so die Brandgefahr durch die Reduzierung von Feuerstellen verringert werden. Als technische Möglichkeit im privaten Wohnungsbau waren Zentralheizungen seit dem letzten Viertel des 19. Jahrhunderts präsent, als die Ansprüche an den Wohnkomfort stiegen.[79] Gasheizungen wiederum wurden in den 1870er Jahren entwickelt und verbreiteten sich seit der Jahrhun-

77 Stefan Kreutzberger, Die Essensvernichter. Warum die Hälfte aller Lebensmittel im Müll landet und wer dafür verantwortlich ist. Bonn 2013.

78 Z.B. Egon Bojkow, Getränkeverpackungen und Umwelt. Daten und Fakten zur Verpackungsdiskussion. Wien, New York 1989, 117.

79 Hermann Recknagel, Was muss der Architekt und Baumeister über Zentralheizungen wissen? Berlin 1910; Sandra Engel, Sven Tode, 150 Jahre Pioniergeist. Imtech Deutschland 1858–2008. Hamburg 2008, 10.

dertwende.[80] Zu diesem Zeitpunkt gab es bereits Firmen wie Buderus, die sich auf die Entwicklung von Heizungssystemen spezialisiert hatten. Dabei waren der Einbau und die Installation von Zentralheizungen zunächst einmal teurer als Ofenheizungen, jedoch energieeffizienter und vom Betrieb her billiger.[81] Darüber hinaus waren sie um einiges sauberer als der oftmals sehr schmutzige offene Hausbrand.

Gleichwohl wurden bis nach dem zweiten Weltkrieg die meisten Wohnhäuser in Deutschland mit Kohle beheizt. In Westdeutschland kam es nach dem Zweiten Weltkrieg zu einer starken Bautätigkeit, bedingt vor allem durch die Schäden des Bombenkriegs. Dass das aber nicht nur in der BRD der Fall war, zeigt der Vergleich zu den USA: Auch hier herrschte nach dem Zweiten Weltkrieg eine große Knappheit an Wohnraum, im Jahr 1945 wurden dort dreieinhalb bis fünf Millionen neue Wohnhäuser benötigt. Im Jahr 1960 war ein Viertel aller verfügbaren Wohnhäuser während der letzten zehn Jahre errichtet worden.[82] Dieser Bauboom brachte hier wie dort die Installation moderner Heizungssysteme mit sich, wobei in Westdeutschland Heizöl finanziell durch den Staat subventioniert wurde.[83] Entsprechend sank der Anteil fester Brennstoffe am Energieverbrauch der Haushalte sukzessive[84], während Öl und Erdgas zunehmend zu den wichtigsten Energieträgern wurden.[85]

Das hatte zur Konsequenz, dass Speisereste oder Papier zunehmend nicht mehr verfeuert werden konnten. Dabei war die (heiße) Asche im Abfall Mitte der 1960er Jahre noch eines der wichtigsten Argumente gegen die Einführung von Plastikmülltonnen gewesen.[86] Angesichts der Zunahme an Kunststoffen im Müll erschien es seit den 1960er Jahren jedoch auch angezeigt, den Abfall besser nicht mehr im eigenen Ofen zu verbrennen.

Ein weiterer Faktor, der das Anwachsen der Abfallmengen bedingte, war die Veränderung von Stadtstrukturen im Zuge des Wiederaufbaus. Letzterer orientierte sich, von wenigen Ausnahmen abgesehen, nicht an den bisherigen Stadtstrukturen, sondern veränderte diese orientiert an neuen stadtplanerischen Leitlinien. Diese lassen sich mit Peter Kramper als Entdichtung der Zentren bei

80 Karl Ditt, Zweite Industrialisierung und Konsum. Energieversorgung, Haushaltstechnik und Massenkultur am Beispiel nordenglischer und westfälischer Städte 1880–1939. Paderborn 2011, 391 ff.

81 Georg Recknagel, Architekt und Zentralheizung. München, Berlin 1929, 3 f.

82 Lizabeth Cohen, A Consumer's Republic. The Politics of Mass Consumption in Postwar America. New York 2003.

83 Rainer Karlsch, Raymond G. Stokes, »Faktor Öl«. Die Mineralölwirtschaft in Deutschland 1859–1974. München 2003, 303 f., 308.

84 Gerber, Küche, Kühlschrank, Kilowatt, 66 f.

85 Miriam A. Bader-Gassner, Pipelineboom. Internationale Ölkonzerne im westdeutschen Wirtschaftswunder. Baden-Baden 2014, 26 f.

86 Artikel Kehler Zeitung (11.8.1964): Mülleimer »Modell Freiburg«. SdtA Freiburg, C5/4158.

Diagramm 9: Anzahl der Wohnungen nach Beheizungsart (1000)

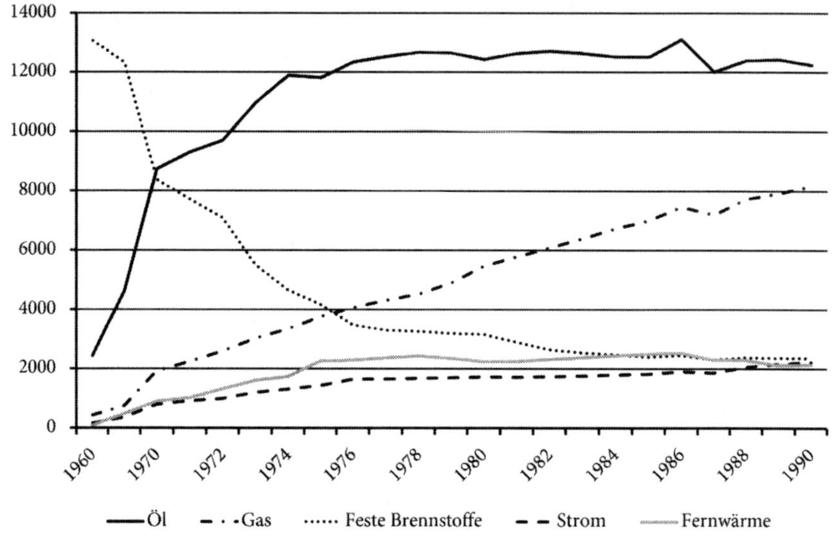

Quelle: Martin Baumert, Energie und Lebensführung. Frankfurt/M. 1995, 45 f.

gleichzeitiger Urbanisierung und funktionalistischer Aufschließung für den Verkehr zusammenfassen.[87] Konkret äußerte sich das etwa darin, dass in den Innenstädten Straßen verbreitert und Parkplätze geschaffen wurden, was oftmals mit der teilweise rabiaten Zerstörung historisch gewachsener Stadtstrukturen einherging.[88] Es führte aber auch dazu, dass sich äußere Stadtbezirke, die vormals eher Dörfern geglichen hatten, nun zunehmend zu echten Vorstädten entwickelten.[89] Diese Entwicklungen waren zwar einerseits den Erfordernissen des Wiederaufbaus und der Notwendigkeit geschuldet, einen großen Bedarf an Wohnflächen in vergleichsweise kurzer Zeit und unter Ausnutzung von Skaleneffekten bereitzustellen, was z. B. den Erfolg der gewerkschaftseigenen Wohnungsbaugesellschaft »Neue Heimat« in den 1950er und 1960er Jahren erklärt.[90] Darin drückten sich aber nicht zuletzt auch Leitlinien der Stadtplanung aus, für

87 Peter Kramper, Neue Heimat. Unternehmenspolitik und Unternehmensentwicklung im gewerkschaftlichen Wohnungs- und Städtebau 1950–1982. Stuttgart 2008, 154.

88 Werner Bendix, Die Hauptstadt des Wirtschaftswunders. Frankfurt am Main 1945–1956. Frankfurt/M. 2002, 225 ff.

89 Axel Priebs, Suburbane Siedlungsflächen. Wucherung oder gestaltbare Stadtregion?, in: Adelheid von Saldern (Hrsg.), Stadt und Kommunikation in bundesrepublikanischen Umbruchszeiten. Stuttgart 2006, 147–162, 148 ff.

90 Kramper, Neue Heimat.

die der Bombenkrieg als (teilweise nicht unwillkommener) Anlass diente, die Strukturen der Städte grundlegend umzugestalten.

Für die Abfallproduktion war diese Entwicklung in mehrfacher Hinsicht relevant. Zunächst hatte die Suburbanisierung gerade in den äußeren Bezirken zur Folge, dass Kleintiere und Misthaufen von den Straßen und aus den Gärten verschwanden. Das war beim Neubau von Siedlungen in den 1920er und 1930er Jahren, nicht zuletzt aus hygienischen Gründen, vielerorts bereits durchgesetzt worden.[91] Es wurde dann aber seit den 1950er Jahren immer konsequenter vorangetrieben, besonders nachdem die größten Versorgungsschwierigkeiten der späten 1940er und frühen 1950er Jahre überwunden waren. So wurden etwa beim Wohnungsbau für die Bergarbeiter im Ruhrgebiet anfangs noch kleine Ställe eingeplant, um angesichts der Versorgungsprobleme der Großstädte die Möglichkeit der Selbstversorgung zu stärken.[92] Auch das in den frühen 1950er Jahre noch populäre Konzept der Kleinsiedlungen baute auf die Selbstversorgung.[93] Davon war in der zweiten Hälfte der 1950er Jahre jedoch kaum noch die Rede und in der Stadtplanung galt die Selbstversorgung bald als Hindernis für die Durchsetzung moderner urbaner Strukturen.[94] In den Kleinsiedlungen selbst wurde, wie Michael Prinz in seiner anregenden Arbeit über den »Sozialstaat hinter dem Haus« gezeigt hat, ab Mitte der 1950er Jahre teilintegrierte Ställe in Badezimmer mit innenliegenden Wasserklosetts umgebaut. Wasseranschluss und Zentralheizung folgten bald.[95]

Damit verschwanden in den 1950er und 1960er Jahren zunehmend »natürliche« Wege, Abfälle loszuwerden. An Ziegen, Hühner oder Schweine konnten vormals Teile des Hausmülls, insbesondere Essensreste, verfüttert werden. Die Haltung von Schweinen, die wahrhafte »Allesfresser« waren, aber auch ein schlechtes Ansehen hatten, verschwand bereits in den 1950er Jahren.[96] Hühner wurden noch länger gehalten, jedoch machte insbesondere die Suburbanisierung der Kleintierhaltung zunehmend den Garaus. Aus vielen Stadtbezirken wurde Mitte der 1950er Jahre berichtet, dort würden die Mülltonnen über-

91 Ulfert Herlyn, Adelheid von Saldern, Wulf Tessin, Zusammenfassung und Grundsätze einer Politik für Großsiedlungen, in: Diess. (Hrsg.), Neubausiedlungen der 20er und 60er Jahre. Ein historisch-soziologischer Vergleich. Frankfurt, New York 1987, 259–274, 265, 271 f.

92 Mark Roseman, Recasting the Ruhr, 1945–1958. Manpower, Economic Recovery, and Labour Relations. New York 1992, 76.

93 Ingo Lachmann, Endstation Eigenheim. Zur deutschen Einfamilienhausförderung im Spannungsfeld von Raumordnungszielen und Wohnungsbaupolitik. Kassel 2004, 19 f.

94 Tilman Harlander, Wohnen und Stadtentwicklung in der Bundesrepublik, in: Ingeborg Flagge (Hrsg.), Geschichte des Wohnens. Bd. 5: 1945 bis heute. Aufbau, Neubau, Umbau. Stuttgart 1999, 233–417, 261 ff.

95 Michael Prinz, Der Sozialstaat hinter dem Haus. Wirtschaftliche Zukunftserwartungen, Selbstversorgung und regionale Vorbilder: Westfalen und Südwestdeutschland 1920–1960. Paderborn 2012, 306 f.

96 Ebd., 307 f.

quellen, weil die meisten Bürger keinen Misthaufen mehr besäßen, auf dem sie Küchen- und andere Abfälle entsorgen konnten.[97] Neue Lebensmittelgeschäfte, die in den Vorstädten eröffneten, waren in der Regel Selbstbedienungsläden.[98] Das trug wesentlich dazu bei, dass die Großstädte die Müllabfuhr auch auf die äußeren Stadtbezirke ausweiteten, die zu Beginn der 1950er Jahre häufig noch keine reguläre Abfallsammlung hatten.

Eine mit der Suburbanisierung einhergehende, potentiell abfallrelevante Entwicklung war die wachsende Zahl der Einfamilienhäuser nach dem Zweiten Weltkrieg, was Karl Christian Führer u.a. als Reaktion auf äußerst beengte Wohnerfahrungen nach dem Zweiten Weltkrieg interpretiert hat, sicherlich aber auch als ein Resultat gestiegener Einkommen, zunehmender Motorisierung und staatlicher Förderung mit der Zielsetzung einer »property owning democracy« gesehen werden kann:[99] Nach Einschätzung von Georg Wagner-Kyora setzte sich spätestens mit dem zweiten Wohnungsbaugesetz von 1956 das Eigenheim als »wichtigstes Identifikationsmuster des regierungsamtlichen Wohnungsbaus« durch.[100] Gleichwohl sank der Anteil von Wohnungen in Eigenheimen bis zum Ende der 1970er Jahre und erreichte erst Ende der 1980er Jahre wieder das Niveau von 1950.[101] In Einfamilienhäusern wird zudem nicht prinzipiell mehr Müll produziert als in großen Wohneinheiten und diese Entwicklung hatte eher einen Einfluss auf die Abfuhrsysteme. Was allerdings einen Einfluss hatte, war die sinkende Haushaltsgröße, die mit einem steigenden Müllaufkommen pro Kopf einherging. Die zunehmende Anzahl an Klein- und Single-Haushalten trug zum steigenden Müllaufkommen bei, insbesondere weil sich der Verpackungsaufwand nicht proportional zur verkonsumierten Menge verhielt.[102]

Relevant für die Steigerung der Abfallmengen waren schließlich auch die Bevölkerungsverschiebungen zwischen Stadt und Land. Während der 1950er und

97 Schreiben Josef Schwing an den Oberbürgermeister der Stadt Mannheim (21.12.1953). SdtA Mannheim, Hauptregistratur, Zugang 1955/1964, Nr. 1582.

98 Langer, Revolution im Einzelhandel, 242.

99 Karl Christian Führer, Mieter, Hausbesitzer, Staat und Wohnungsmarkt. Wohnungsmangel und Wohnungszwangswirtschaft in Deutschland 1914–1960. Stuttgart 1995, 401 f.; Georg Wagner, Sozialstaat gegen Wohnungsnot. Wohnraumbewirtschaftung und sozialer Wohnungsbau im Bund und in Nordrhein-Westfalen 1950–1970. Paderborn 1995, 47 f. Zumindest gab es für die Entwicklung Vorbilder in anderen Ländern: So wohnten am Ende der 1940er Jahre drei Viertel der 15 Mio. britischen Familien in Einfamilienhäusern. Diese wurden von der Politik der 1930er Jahre gerade unter dem Aspekt der »property owning democracy« gefördert. Vgl. Ditt, Zweite Industrialisierung und Konsum, 323.

100 Wagner, Sozialstaat gegen Wohnungsnot, 47. Vgl. auch Günther Schulz, Wohnungspolitik und Wohnungswirtschaft seit 1945, in: Volker Eichner, Horst van Emmerich, Dietmar Petzina (Hrsg.), Die unternehmerische Wohnungswirtschaft: Emanzipation einer Branche. Der Strukturwandel der deutschen Wohnungswirtschaft seit dem ausgehenden 19. Jahrhundert. Frankfurt/M. 2000, 63–77, 69 f.

101 Prinz, Sozialstaat hinter dem Haus, 283.

102 Lösch, Probleme des Abfallaufkommens, 112.

Tabelle 6: Haushaltsgröße in Westdeutschland 1950–1990 (in Prozent)

Jahr	Haushalte mit 1 Person	Haushalte mit 2 Personen	Haushalte mit 3 Personen	Haushalte mit 4 Personen	Haushalte mit 5+ Personen	Mittlere Haushaltsgröße
1950	19,4	25,3	23,0	16,2	16,1	2,99
1970	25,1	27,1	19,6	15,2	12,9	2,74
1980	30,5	29,4	17,5	14,3	8,3	2,48
1990	35,4	31,0	16,6	12,3	4,7	2,25

Quelle: Axel Börsch-Supan, Die Entwicklung der Wohnungsmärkte seit dem Zweiten Weltkrieg im internationalen Vergleich, in: Eichner, Emmerich, Petzina, Die unternehmerische Wohnungswirtschaft, 22–37, 29.

der ersten Hälfte der 1960er Jahre hatte die Bevölkerung der Städte noch stetig zugenommen. Seit der zweiten Hälfte der 1960er Jahre drehte sich dieser Trend um, und der Bevölkerungsanteil von Kommunen mit weniger als 50.000 Einwohnern begann zu steigen. Die traditionelle »Randwanderung« der Bevölkerung erfolgte seit diesem Zeitpunkt, auch bedingt durch die Motorisierung, weit über die Grenzen der Städte hinaus.[103] Die Schrumpfung der landwirtschaftlichen Beschäftigung bis auf ~5% der Erwerbsbevölkerung in den 1980er Jahren führte nur in geringerem Maße als in früheren Zeiten zu einem Zuzug in die Städte.[104] Vielmehr wurde die ländliche Bevölkerung angesichts annähernder Vollbeschäftigung seit Ende der 1950er Jahre zunehmend als Reservoir (preisgünstiger) Arbeitskräfte genutzt, was mit einer verstärkten ländlichen Industrialisierung einherging. Die sich besonders ab den 1960er Jahren durchsetzende Motorisierung der Gesellschaft und die verkehrstechnische Erschließung ländlicher Regionen ermöglichte es, in der Stadt zu arbeiten und auf dem Land zu wohnen. Neben Fragen der Lebensqualität war diese Option nicht zuletzt aufgrund niedrigerer Grundstückspreise attraktiv. In ländlichen Regionen setzte sich der Trend zum Einfamilienhaus als bevorzugter Wohnform durch, aber auch hier wurde der soziale Wohnungsbau verstärkt.[105] Nach

103 Hartmut Häußermann, Walter Siebel, Neue Urbanität. Frankfurt/M. 1987, 27f.; Meik Woyke, Mobilität im suburbanen Raum. Das schleswig-holsteinische Umland von Hamburg (1950–1980), in: von Saldern, Stadt und Kommunikation, 123–146, 124f. u. 136f.

104 Zur landwirtschaftlichen Beschäftigung s. Ralf Rytlewski, Manfred Opp de Hipt, Die Bundesrepublik Deutschland in Zahlen: 1945/49–1980. Ein sozialgeschichtliches Arbeitsbuch. München 1987, 79.

105 Gunter Mahlerwein, Modernisierung der ländlichen Gesellschaft in Deutschland – der Beitrag der Suburbanisierung, in: Zeitschrift für Agrargeschichte und Agrarsoziologie 57/2009, 13–29, 17.

Gunther Mai folgte auf die »Deagrarisierung der Ökonomie« die »Deruralisierung des ländlichen Raums«[106], geprägt durch die »Entbäuerlichung« von Bauer und Dorf.[107]

Tabelle 7: Entwicklung der Bevölkerung nach Gemeindegrößenklassen 1955–1980 (Prozent)

Jahr	< 1000	1.000–1.999	2.000–2.999	3.000–4.999	5.000–9.999	10.000–19.999
1955	15,1	10,5	5,7	6,8	9	7,3
1960	13,8	9,5	5,5	7	9,5	7,2
1965	12,1	8,9	5,2	6,9	9,6	8
1970	10,4	8	4,9	6,3	9,6	9,5
1975	3,9	4,3	3,4	5,3	10,5	13,1
1980	2,3	3,7	3,3	5,6	11	14,1

Jahr	20.000–49.999	50.000–99.999	100.000–199.000	200.000–499.000	> 500.000
1955	9,2	6,2	7,1	8,8	14,2
1960	10	6,6	7	7,6	16,3
1965	9,9	6,2	6,9	8,1	18,1
1970	11,6	7,1	6,7	8,6	17,3
1975	15	9,1	7,9	8,9	18,7
1980	16,6	9,4	8	8,9	17,1

Quelle: Statistisches Bundesamt Wiesbaden, Statistisches Jahrbuch für Bundesrepublik Deutschland 1956, Wiesbaden 1957, 38; Statistisches Bundesamt Wiesbaden, Statistisches Jahrbuch für Bundesrepublik Deutschland 1961, Wiesbaden 1962, 45; Statistisches Bundesamt Wiesbaden, Statistisches Jahrbuch für Bundesrepublik Deutschland 1966, Wiesbaden 1967, 36; Statistisches Bundesamt Wiesbaden, Statistisches Jahrbuch für Bundesrepublik Deutschland 1971, Wiesbaden 1972, 34; Statistisches Bundesamt Wiesbaden, Statistisches Jahrbuch für Bundesrepublik Deutschland 1976, Wiesbaden 1977, 57; Statistisches Bundesamt Wiesbaden, Statistisches Jahrbuch für Bundesrepublik Deutschland 1981, Wiesbaden 1982, 58.

106 Gunther Mai, Die agrarische Transition. Agrarische Gesellschaften in Europa und die Herausforderung der industriellen Moderne im 19. und 20. Jahrhundert, in: Geschichte und Gesellschaft 33, 2007, 471–517, 472.

107 Sebastian Strube, Euer Dorf soll schöner werden. Ländlicher Wandel, staatliche Planung und Demokratisierung in der Bundesrepublik Deutschland. Göttingen 2013, 11.

Abbildung 2: Vorstadtsiedlung Augsburg, 1970er Jahre. Abdruck mit freundlicher Genehmigung der SASE-GmbH Iserlohn.

Das Wohnen auf dem Land wurde auch durch Entwicklungen im Einzelhandel unterstützt, insbesondere durch seit den 1960er Jahren errichtete große Einkaufszentren, die außerhalb der städtischen Zentren angesiedelt und beinahe nur noch motorisiert zu erreichen waren.[108] Allerdings war diese Entwicklung in Westdeutschland deutlich schwächer ausgeprägt als in Frankreich oder den USA, wo die »Malls« eine viel größere Bedeutung sowohl für das Einkaufsverhalten als auch die Ausprägung des »consumer citizenships« hatten.[109]

Das alles führte dazu, dass ländliche Regionen zunehmend ähnliche Abfallprobleme wie die urbanen Zentren entwickelten. Auch hier wurden Reste der Selbstversorgung durch die Versorgung über den Markt verdrängt. Allerdings veränderte sich auch der Umgang mit dem Abfall seit dem Ende der 1960er Jahre. Mit dem Abfallbeseitigungsgesetz von 1972 wurde ein allgemeiner Anschlusszwang an die Müllabfuhr festgelegt. Zugleich galt das Verbrennen von Abfällen im Garten, zumal wegen des wachsenden Kunststoffanteils, als immer weniger angängig. Die weiter oben angesprochene Abschwächung der Un-

108 Oehler, Szenenwechsel im Einzelhandel, 56f.; Langer, Revolution im Einzelhandel, 272.

109 Vgl. Jan L. Logemann, Trams or Tailfins? Public and Private Prosperity in Postwar Germany and the United States. Chicago, London 2012; Cohen, A Consumer's Republic.

terschiede in der Abfallproduktion zwischen Stadt und Land hatte also auch damit zu tun, dass »alternative« Formen der Müllentsorgung, die in den Städten entweder nicht möglich oder verboten waren, nun auch in ländlichen Gegenden verschwanden. Die immer wieder gemachte Beobachtung, dass die Menschen umso mehr wegwarfen, je mehr Tonnenvolumen ihnen zur Verfügung stand, dürfte auch damit zu tun haben, dass diese alternativen Entsorgungswege bei ausreichendem Behälterplatz sinnlos wurden.[110]

Bauliche »Entdichtung« und funktionalistische Aufschließung für den Verkehr blieben also keineswegs auf die urbanen Zentren beschränkt, sondern stellten einen generellen Trend seit den 1960er Jahren dar. Auch wenn die »Zersiedelung« in der BRD nicht solche Ausmaße erreichte wie in anderen europäischen Ländern (beispielsweise Frankreich oder der Schweiz), wurde es so immer schwieriger, rentable Infrastrukturen des Transportwesens oder der Energie- und Wasserversorgung zu errichten. Mitte der 1970er Jahre gab es darum intensive Debatten über Möglichkeiten städtebaulicher Nachverdichtung, um den daraus resultierenden Problemen zu begegnen.[111] Darauf, dass diese Entwicklung auch eine wesentliche Herausforderung für die Müllabfuhr darstellte, wird insbesondere im Kapitel über die private Entsorgungswirtschaft zurückgekommen.

1.2.4 Wegwerfstile: Konsumenten und Müll

Trotz aller bis hierhin angeführten strukturellen Ursachen der steigenden Abfallmengen waren es am Ende trotzdem die Konsumenten, die einen Gegenstand in Abfall verwandelten, indem sie ihn kauften, gebrauchten, wegwarfen. Die Ausführungen zu den Strukturen der »Wegwerfgesellschaft« sollten zwar verdeutlichen, dass sie in diesen Handlungen nur bedingt souverän waren. Gleichwohl stellt sich die Frage, inwiefern sich das Wegwerfverhalten nach dem Zweiten Weltkrieg verändert hat und inwiefern solche Veränderungen zum ansteigenden Hausmüllaufkommen beitrugen. Dabei sollen zunächst einige Überlegungen zur generellen sozialen Funktion des Wegwerfens angestellt werden, bevor dessen Stellung in der Hausarbeit behandelt und der Bedeutungsverlust von Sparsamkeitsrationalitäten seit den 1950er Jahren diskutiert wird.

Wegwerfen, einen Gegenstand als »schmutzig« oder als »Abfall« zu behandeln, darauf hat die britische Sozialanthropologin Mary Douglas bereits in den

110 Pöpel, Einflüsse auf Menge und Zusammensetzung, 54.

111 Böhnung u. a., Möglichkeiten und Grenzen städtebaulicher Verdichtung. Kurzfassung des Abschlussberichts (1974). LA Berlin, B Rep. 142-9, Nr. 6/20-27; Barbara Schmucki, Stadt-(r)und-Fahrt gegen Verkehrsinfarkt: Motorisierung und urbaner Raum, in: von Saldern, Stadt und Kommunikation, 305-328, 308.

1960er Jahren hingewiesen, stellt eine soziale Differenzierungs- und Ausschließungsoperation dar und dient in diesem Sinne der Etablierung bzw. Bestätigung sozialer Ordnung.[112] Auch neuere ethnologische Forschungen stellen heraus, dass Menschen mit den von ihnen besessenen Objekten und ihrer Anordnung zugleich eine individuelle »Ordnung der Dinge« etablieren, zu der sie eine emotionale Bindung aufbauen.[113] Das »Messie«-Phänomen, dass Menschen eigentlich als Abfall zu deklarierende Dinge sammeln, statt sie wegzuwerfen, stellt dementsprechend erst in zweiter Linie ein hygienisches Problem dar. Es bezeichnet vor allem ein Phänomen sozialer Desorganisation.[114]

Dieses Phänomen ist aber noch in anderer Hinsicht interessant: Das Verhalten von »Messies« wird darum als deviant angesehen, weil sie Müll produzieren, *ohne* ihn wegzuwerfen. Die Schwierigkeit besteht also allem Anschein nach darin, dass wenn etwas außer Gebrauch gerät und zu »Abfall« wird, offensichtlich auch die soziale Verpflichtung besteht, das Artefakt wegzuwerfen bzw. eine als sinnvoll akzeptierte alternative Verwendungsweise dafür zu finden. Die »Aneignung« des Produkts durch Konsum hat somit sein notwendiges Komplement darin, es wieder abzusondern, nicht zuletzt, um Platz für neuen Konsum zu schaffen (was allerdings das kontinuierliche Bestehen von Konsumoptionen voraussetzt). Es existieren insofern eine ganze Reihe sozialer Normen, die das Wegwerfen regulieren, die bestimmen, was als Abfall zu gelten hat und was nicht. Ein gewisser Hygienestandard beispielsweise lässt sich insofern nicht nur »funktional« (etwa durch die Vermeidung von Krankheiten) begründen, sondern er repräsentiert eine bestimmte soziale Ordnung, die durch die Verweigerung dieser Standards verletzt wird.

Es reicht allerdings nicht aus, es bei dieser Beobachtung zu belassen. Vielmehr stellt sich die Frage, was alternativ mit den Dingen geschehen könnte, die als Abfall deklariert werden und ihren ursprünglichen Gebrauchswert verloren haben. Welche alternativen Ordnungen zum herrschenden »Wegwerfregime« wären also denkbar und in welchem Maße sind bestehende Ordnungskonzepte fremdbestimmt? Diese Frage wurde besonders in kulturwissenschaftlichen Darstellungen oftmals mit Verweis auf die Zeiten vor der Ausprägung der Konsumgesellschaft beantwortet, als noch vielfältige Praktiken des Reparierens, der Wieder- und Umnutzung von Gegenständen existierten.[115] Nicht selten verbinden sich damit auch klare Wertungen, dass nämlich Wiederverwerten und Wiedernutzen fundamentale Bestandteile einer ursprünglichen »moral economy« gewesen seien, die im Zuge der Durchsetzung der Konsum-

112 Mary Douglas, Purity and Danger. An analysis of concepts of pollution and taboo. New York 2002 (1966).

113 Aida Bosch, Konsum und Exklusion. Eine Kultursoziologie der Dinge. Bielefeld 2010, 138.

114 Herring, Collyer Curiosa.

115 Vgl. Reith, Was war vor der Wegwerfgesellschaft.

gesellschaft den Hausfrauen gewissermaßen aberzogen wurde. Wenn das nicht vollständig funktionierte, ließ sich das durch den Gegensatz von Planern und Nutzern erklären – wobei gerade die Hausfrauen als Nutzer mitunter zu einer »eigensinnigen« Aneignung von Technik neigten, deren Gebrauch von den Planern ganz anders intendiert war – das klassische Beispiel dafür ist die Frankfurter Küche.[116] Ähnlich interpretieren Ruth Oldenziel und Milena Veenis die Recyclinginitiative von Hausfrauen in den Niederlanden Ende der 1960er Jahre als eine sich aus einer spezifischen moralischen Ökonomie speisende Resistenz gegen einen Wegwerfimperativ, der darauf zielte, die Ordnung des Konsums durchzusetzen.[117]

Das große Problem für die Bewertung solcher Erklärungen ist, dass die verfügbaren schriftlichen Quellen diesbezüglich kaum Hinweise geben und auch Zeitzeugeninterviews sich in der Regel als unergiebig erweisen. In den Untersuchungen zur Hausarbeit seit den 1950er Jahren taucht die Frage der Abfallproduktion praktisch nicht auf. Offensichtlich war die Handlung des Wegwerfens so alltäglich, dass sie unterhalb der Wahrnehmungsschwelle verblieb. Allem Anschein nach wurde sie nicht gesellschaftlich, für den Historiker greifbar verhandelt und auch nicht ausreichend konkret erinnert.[118] Darum lassen sich solche Ansätze höchstens nach Plausibilitätskriterien beurteilen, die aber gleichwohl dazu führen, sie mit einer guten Portion Skepsis zu betrachten.

Dabei erscheint es aus den Quellen relativ unstrittig zu sein, dass sich das Wegwerfverhalten seit Ende der 1950er Jahre verändert hat. Jedenfalls beklagten sich die Mitarbeiter der Stadtreinigungsämter darüber, dass immer mehr Dinge zum Müll gegeben wurden, die eigentlich noch brauchbar waren. Ein Mannheimer Baurat urteilte bereits 1958, es sei »fast nicht zu glauben, was heute alles weggeworfen wird.«[119] Besonders signifikant war in diesem Zusammenhang, dass in den 1960er Jahren zunehmend auch Bier- und andere Flaschen im Abfall landeten, obwohl sie gegen ein Pfand eingelöst werden konnten. Ein Mitarbeiter des Bundesinnenministeriums urteilte 1973, auch Mehrwegflaschen würden »achtlos weggeworfen, wenn nicht ein hohes Flaschenpfand zur Rück-

116 Martina Heßler, The Frankfurt Kitchen: The Model of Modernity and the »Madness« of traditional Users, in: Ruth Oldenziel, Karin Zachmann (Hrsg.), Cold War Kitchen. Americanization, Technology, and European Users. Cambridge 2009, 163–184; Zu »Clients« and »Users« auch Raphael, Embedding the Human and Social Sciences in Western Societies, 46 f.

117 Ruth Oldenziel, Milena Veenis, The Glass Recycling Container in the Netherlands: Symbol in Times of Scarcity and Abundance, 1939–1978, in: Contemporary European History 22, 2013, Hft. 3, 453–476.

118 Z. B. Bärbel Kuhn, Haus Frauen Arbeit 1915–1965. Erinnerungen aus fünfzig Jahren Haushaltsgeschichte. St. Ingbert 1994. Zum Verständnis von Alltag bzw. Alltäglichkeit s. Petrak, Petzina, Plumpe, Einleitung.

119 Artikel Mannheimer Morgen (3.1.1958). SdtA Mannheim, Hauptregistratur, Zugang 40/1972, Nr. 291.

gabe an den Handel anrege.«[120] Das Schlagwort der »Wegwerfgesellschaft« bzw. des »throwaway age« (Vance Packard) wurde in den 1960er Jahren geprägt und brachte den zunehmenden Wohlstand mit dem achtlosen Wegwerfen in einen kausalen Zusammenhang.[121] In den 1980er Jahren wurde im Hinblick auf die Konsumenten immer wieder betont, »Bequemlichkeit« würde für sie im Vordergrund stehen, also das einfache, anstrengungslose Wegwerfen. Gerade bei der Einführung von Recyclingsystemen gelte es das zu beachten.[122]

Wenn dieses Wegwerfverhalten aber »oktroyiert« wurde, stellt sich die Frage, wo sich die Diskurse auffinden lassen, in denen es propagiert wurde. Als relativ eindeutig erscheint dabei zunächst, dass die »Agenten« des Wegwerfregimes nicht in den Stadtreinigungsämtern zu finden waren, die, unmittelbar mit der Masse des Hausmülls konfrontiert, an noch mehr Abfällen kein Interesse hatten.[123] Die verschiedenen Sauberkeitskampagnen, die von den 1950er bis in die 1970er Jahre initiiert wurden, zielten jedenfalls nahezu ausschließlich auf den öffentlichen Raum: Die Bürger sollten ihre Abfälle nicht achtlos auf die Straße werfen, sondern ordnungsgemäß in die Papierkörbe.[124] Das Thema Wiedernutzen wurde gar nicht thematisiert – und es ist schwer zu sehen, inwiefern sich »wildes« Wegwerfen als Bestandteil einer wie auch immer verstandenen »moralischen Ökonomie« betrachtet ließe. Jedenfalls war der Fokus dieser Kampagnen in erster Linie Hygiene, nicht Konsum.

Auch in den Beschwerdebriefen, die Bürger an die Stadtverwaltung schrieben (im Fall der Stadt Mannheim umfassen diese mehrere Aktenordner), findet sich vor 1970 kaum ein Schreiben, in dem auf mangelnde Möglichkeiten der Wiederverwendung bzw. -verwertung abgezielt wurde. Die allermeisten Briefe drehten sich um ganz andere Probleme: Den Nachbarn, der unbefugt die Mülltonne mitbenutzte; die Tonne, die von der Stadt zu selten geleert wurde; die Müllmänner, welche die (schweren) Tonnen zu weit vom Haus abstellten. Auch diese Briefe haben sicherlich nur eine begrenzte Aussagekraft, denn immerhin schrieben in vielen Fällen die Ehemänner für ihre Gattinnen, deren Interessen hier also höchstens vermittelt durchschienen.[125] Die Abwesenheit des Themas

120 Schreiben Kruse an Abteilung III, BMI (19.7.1973). BA Koblenz, B 106, Nr. 25165.

121 Herbold, Wienken, Experimentelle Technikgestaltung, 42; Vance Packard, The Waste-Makers. New York 1960, 43.

122 Ewringmann, Zur Effizienz eines Zwangspfandes, 103.

123 Vgl. auch Martens, Gesellschaftliche Resonanz, 123 ff.

124 Vermerk Hauptamt (7.5.1954). SdtA Mannheim, Hauptregistratur, Zugang 42/1975, Nr. 1084; Rolf Schnitzbauer, Öffentlichkeitsarbeit der Hamburger Stadtreinigung, in: Kommunalwirtschaft 1977, Hft. 1, 21–23.

125 Vgl. z.B. Schreiben August Horn an den Oberbürgermeister der Stadt Mannheim (2.5.1967). SdtA Mannheim, Bauverwaltungsamt, Zugang 52/1979, Nr. 1463; Schreiben Friedrich Pommer an die Leitung des Städtischen Tiefbauamtes. Abteilung Stadtreinigung (25.4.1967). SdtA Mannheim, Bauverwaltungsamt, Zugang 52/1979, Nr. 1463.

Wiederverwerten ist gleichwohl erstaunlich. Sauberkeit und Bequemlichkeit standen für die Bürger offensichtlich im Vordergrund.

Diese Lage änderte sich allerdings um das Jahr 1970 herum. Jetzt schrieben zahlreiche Bürger durchaus unkonventionelle Briefe an die Stadtreinigungsämter, aber auch an die zuständigen Ministerien, in denen »Recycling« verlangt wurde. Zu diesem Zeitpunkt hatte sich die Lage aber gründlich geändert: Bei den Briefeschreibern handelte es sich in der Regel um jüngere Leute bzw. junge Familien, die, politisch links stehend, gegen die »Wegwerfgesellschaft« opponierten und parallel den Charme des Selbermachens entdeckten.[126] Zugleich stiegen die politischen Stellen und zuständigen Verwaltungen in den 1970er Jahren auf das Thema Recycling ein und propagierten es öffentlichkeitswirksam. Auch hier kommt in der Literatur erneut das Thema »Sozialdisziplinierung« ins Spiel: So betrachtet es Sonja Windmüller beispielsweise als Beleg für die Obrigkeitshörigkeit der Deutschen, sich so rasch und durchgreifend auf das Recycling eingelassen zu haben.[127]

An diesem Punkt geraten solche Erklärungen aber auch an ihre Grenzen. So erscheint es als wenig plausibel, warum die Konsumenten erst zu guten Wegwerfern erzogen werden sollten, um ihnen dieses Verhalten wenig später wieder abzugewöhnen. Ansätze, die Wegwerfen und Recycling als Form der Sozialdisziplinierung begreifen, erscheinen hier als nahezu tautologisch, weil sich prinzipiell nämlich jedes Verhalten so erklären lässt.[128] Zudem stellt sich die Frage, wozu es eines solchen Erziehungsprozesses überhaupt bedurfte, wenn die oben beschriebenen Strukturen der Konsumgesellschaft die Handlungsspielräume der Hausfrauen ohnehin massiv einschränkten. Aus diesem Grund ist es plausibler, die Änderung des Wegwerfverhaltens aus der Dynamik von steigendem Wohlstand und Durchsetzung der Konsumgesellschaft zu begreifen.

Dabei erscheint es zunächst sinnvoll, die Abfallproduktion mit der allgemeinen Entwicklung des Verbrauchs und der Konsumausgaben zu korrelieren. So stiegen Ende der 1950er Jahre die Konsumausgaben der Haushalte deutlich an, was zur Zunahme des Abfallaufkommens beitrug. Eine Abkehr von Sparsamkeitsrationalitäten zeigte sich auch in anderen Bereichen: So stieg seit diesem Zeitpunkt auch der Energiekonsum drastisch und es fand der Übergang zu einem energieintensiven Lebensstil statt.[129] Das ging im Übrigen auch mit

126 Silke Mende, »Nicht rechts, nicht links, sondern vorn«. Eine Geschichte der Gründungsgrünen. München 2011, 289 ff.

127 In diese Richtung gehen auch, ohne das Wegwerfen konkret zu erwähnen, Überlegungen zur Durchsetzung eines »Empire«, d. h. die westeuropäische Übernahme amerikanischer Konsummuster. Victoria De Grazia, Irresistible Empire. America's advance through twentieth-century Europe. Cambridge/Mass. 2005.

128 Windmüller, Kehrseite der Dinge, 43.

129 Vgl. Gerber, Küche, Kühlschrank, Kilowatt, 195 f. Im Übrigen wird das von Gerber hervorgehobene Jahr 1957 als »Wendejahr« der westdeutschen Konsumgesellschaft auch von

einer Änderung der Erwartungen einher. So hat der amerikanische Soziologe George Katona in seinen wirtschaftspsychologischen Untersuchungen gezeigt, dass sich in den 1950er Jahren die Annahmen über die Zukunft in den USA veränderten:[130] An Stelle eines durch die Erfahrung der Großen Depression geprägten Erwartungshorizonts trat die Aussicht eines kontinuierlich wachsenden Wohlstands, was eine vorsorgende Sparsamkeit allem Anschein nach unnötig machte. Mit einer gewissen zeitlichen Verzögerung dürften solche Befunde auch auf Westdeutschland übertragbar sein.[131]

Hinzu kam, darauf wurde schon hingewiesen, dass Selbstbedienung und die Zunahme an Verpackungen die Möglichkeiten des Wiedernutzens dadurch einschränkten, dass der wiedernutzbaren Dinge bald zu viele wurden. Hatten sich Supermarkt und Discounter erst flächendeckend durchgesetzt, bestand auch bei großem Aufwand bald nicht mehr die Möglichkeit, eigene Gefäße beim Einkauf zu verwenden. Dass viele Verpackungen sich auch durch ihre Form und Materialität einer Wiedernutzung verschlossen, kam noch erschwerend hinzu.

Vor allem aber ist es plausibel, einen Zusammenhang zwischen einem möglichst raschen, anstrengungsarmen und hygienischen Wegwerfen und der Rationalisierung der Hausarbeit seit den 1950er Jahren herzustellen. So ist in der Forschung zur Geschichte der Hausarbeit verschiedentlich herausgestellt worden, dass Zeitgewinn und Arbeitserleichterung durch elektrische Geräte wie Staubsauger und Waschmaschinen durch erhöhte Hygiene- und Sauberkeitsstandards kompensiert wurden, der für die Hausarbeit notwendige zeitliche Aufwand also zunächst nicht geringer wurde.[132] Solche Standards ließen sich

Lydia Langer als Durchbruchsjahr der Selbstbedienung im Einzelhandel herausgestellt. Langer, Revolution im Einzelhandel, 237 f.

130 George Katona, Die Macht des Verbrauchers. Düsseldorf 1962, 53.

131 Ebd.

132 Ruth Schwartz Cowan, More Work For Mother. The Ironies of Household Technology from the Open Hearth to the Microwave. New York 1985; Ulrike Lindner, Rationalisierungsdiskurse und Aushandlungsprozesse. Der moderne Haushalt und die traditionelle Hausfrauenrolle in den 1960er Jahren, in: Matthias Frese, Julia Paulus, Karl Teppe (Hrsg.), Die 1960er Jahre als Wendezeit der Bundesrepublik. Paderborn u. a. 2003, 83–106, 97 ff.; Eva-Maria Silies, Liebe, Lust und Last. Die Pille als weibliche Generationserfahrung in der Bundesrepublik 1960–1980. Göttingen 2010, 48 f. Allerdings deutet die Zunahme der weiblichen Erwerbsquote seit den späten 1950er Jahren darauf hin, dass mit der Technisierung der Hausarbeit tatsächlich ein Zeitgewinn verbunden war. Zur Frauenarbeit vgl. Christine von Oertzen, Teilzeitarbeit und die Lust am Zuverdienen. Geschlechterpolitik und gesellschaftlicher Wandel in Westdeutschland 1948–1969. Göttingen 1999; Ditt, Zweite Industrialisierung und Konsum, 508. Zur internationalen Debatte um die für die Hausarbeit aufgewendete Zeit, wo insbesondere auf die Notwendigkeit einer Schichten- bzw. klassenspezifizierten Differenzierung verwiesen wird: Avner Offner, The Challenge of Affluence. Self-Control and Well-Being in the United States and Britain since 1950. Oxford 2005, 178 ff.; Vgl. auch Ali Haggett, Desperate Housewives, Neuroses and the Domestic Environment 1945–1970. London 2012, 49 ff.

jetzt zudem deshalb leichter durchsetzen, weil bei einer Zentralheizung nicht mehr mühsam und schmutzig der Ofen gereinigt und die Asche dann (unter großer Staubentwicklung) in die Mülltonne geleert werden musste. Das Wegwerfen unterlag evtl. einem ähnlichen Nexus von rascher Erledigung und erhöhten Reinlichkeitsstandards, zumal das Wiederverwerten mitunter alles andere als »hygienisch« war.

Die Wegwerfhandlung liegt somit in einem Spannungsfeld von strukturellen Zwängen und individueller Entscheidung. Genau dieses Spannungsfeld prägte den sich in den 1980er Jahren intensivierenden Diskurs um die Müllvermeidung. Dabei spielten nicht zuletzt auch Gender-Aspekte eine wichtige Rolle, wenn eine Autorin Anfang der 1990er Jahre beispielsweise zwischen »männlichem« und »weiblichem« Müll (z. B. Elektroschrott vs. Küchenabfälle) unterschied. In der Moralisierung des Recyclingdiskurses sah sie eine Strategie, durch hauptsächlich auf Hausfrauen zielende »Müllpädagogik« die Aufmerksamkeit von den Produktionsmechanismen der kapitalistischen Industriegesellschaft abzulenken.[133] Das galt aber für »männlichen« Abfall letztendlich ganz genauso und insofern befand sich die Debatte über das Wegwerfen stets in einem Dilemma: Während die Betonung der Machtlosigkeit gegenüber der Müllproduktion keinen pädagogischen Wert besaß, stellte sich bei einer fundamentalen Kritik an der Konsumgesellschaft immer die Frage, was Alternativen für Konsequenzen für die alltägliche Lebenswelt haben mussten. Dass auf Müll nicht einfach verzichtet werden konnte, war auch radikalen Umweltaktivisten in den 1980er Jahren durchaus bewusst.[134]

Insgesamt spielte das Wegwerfverhalten für das steigende Hausmüllaufkommen sicherlich eine Rolle, die aber vielleicht tatsächlich eher bei den 20 Prozent anzusiedeln ist, die in dem zitierten Sammelband vom Ende der 1980er Jahre als individueller Spielraum der Müllvermeidung benannt wurden.[135] Und auch dabei gilt es zu bedenken: Menschen können Konsumentscheidungen treffen, um die Produktion von Müll zu verringern. Diese Bereitschaft wiederum hängt von zahlreichen Faktoren wie Preis, Bequemlichkeit, Umweltbewusstsein oder Hygienestandards ab. Nicht zuletzt erfordert die Vermeidung von Müll aber oftmals einen hohen organisatorischen Aufwand und damit Zeit – und darin dürfte auch die Antwort auf die Frage liegen, warum selbst die möglichen 20 Prozent Müll in der Regel nicht vermieden werden, sondern diese Aufgabe lieber den industriellen Strukturen des Recyclings übertragen

133 Irmgard Schultz, Die Mülldebatte und das Prinzip Verantwortung, in: Peter Altner u. a. (Hrsg.), Jahrbuch Ökologie 1992. München 1991, 232–241, 76 f.

134 Bernhard Reiser, Experten nehmen Stellung, in: Institut für ökologisches Recycling (Hrsg.), Abfall vermeiden. Leitfaden für eine ökologische Abfallwirtschaft. Frankfurt/M. 1989, 75–83.

135 Kolb, Möglichkeiten, 326.

wird.[136] Im Übrigen thematisierte auch die feministische Literatur der 1980er Jahre, dass Recycling ein erhebliches Maß an Mehrarbeit im Haushalt erforderte, wobei gerade auch die Erziehung der Kinder zu verantwortungsbewussten Konsumenten und »Recyclern« Anstrengungen mit sich brachten, die schließlich an den Frauen hängenblieben.[137]

1.3 Mensch und Abfall, Mensch und Natur: Erklärungsansätze

Das starke Ansteigen der Müllmengen nach dem Zweiten Weltkrieg ist zusammengefasst als Resultat einer günstigen gesamtwirtschaftlichen Entwicklung verbunden mit Veränderungen der Distributionsstrukturen, der Wohnformen sowie der Konsum- und Wegwerfstile zu betrachten. Diese Erklärungen erscheinen zunächst relativ disparat, weswegen sich die Frage aufdrängt, ob sich die einzelnen Erklärungsmomente für das Anwachsen der Müllmengen kausal in Beziehung setzen lassen oder ob sie mehr oder weniger unabhängig voneinander wirkten. In diesem Abschnitt sollen Erklärungsansätze für die steigenden Abfallmengen diskutiert werden, um auf diese Weise den Müll als gesellschaftliches Problem genauer zu konturieren.

1.3.1 Das »1950er-Syndrom«

In den meisten Ansätzen zur Erklärung der europäischen Nachkriegsprosperität und zur Ausprägung der Konsumgesellschaft spielt die Abfallproduktion keine Rolle. Der Müll erscheint bestenfalls als unerwünschtes Nebenprodukt der Konsumgesellschaft und Anlass für Konsumkritik. Die Frage jedoch, inwiefern die Ausprägung der modernen Konsumgesellschaft notwendig mit steigenden Abfallmengen verbunden war, wird in den einschlägigen Darstellungen kaum je thematisiert. Es ist darum der Verdienst des Schweizer Umwelthistorikers Christian Pfister, mit der Prägung des Schlagworts vom »1950er Syndrom« diesen Zusammenhang explizit aufs Tablet gebracht zu haben. Das 1950er-Syndrom bezeichnet dabei den Tatbestand, dass ab diesem Jahrzehnt der Energieverbrauch, das Bruttoinlandsprodukt, der Flächenbedarf von Sied-

136 Vgl. Bernd Kowall, Warum erzeugen wir soviel Müll, und kann die Psychologie etwas dagegen tun?, in: Mamoun Fansa, Sabine Wolfram (Hrsg.), Müll. Facetten von der Steinzeit bis zum Gelben Sack. Mainz 2003, 239–247, 242 f.

137 Irmgard Schultz, Monika Weiland, Frauen und Müll. Frauen als Handelnde in der kommunalen Abfallwirtschaft. Gutachten im Auftrag des Magistrats der Stadt Frankfurt am Main unter Mitarbeit von Engelbert Schramm. Frankfurt/M. 1991, 30 f. Vgl. auch Sabine Hofmeister, Das soziale Geschlecht des Mülls, in: Fansa, Wolfram, Müll, 229–237.

lungen, das Abfallvolumen und die Schadstoffbelastung von Luft, Wasser und Boden dramatisch zugenommen haben.[138] Dadurch ergab sich nach Pfister eine grundlegende Veränderung im Mensch-Umwelt-Verhältnis: An die Stelle eines ressourcenschonenden Umgangs mit der Natur trat ein energieintensiver, verschwenderischer Lebensstil, den er wesentlich für die zeitgenössischen Umweltprobleme verantwortlich macht.

Betrachtet man sich die Entwicklung bestimmter Kenngrößen, so scheint viel für Pfisters These zu sprechen. Der Energieverbrauch nahm in der zweiten Hälfte der 1950er Jahre tatsächlich stark zu, genauso wie die Massenmotorisierung, die wiederum eine wesentliche Voraussetzung der Zersiedelung der Landschaft und des wachsenden Flächenverbrauchs darstellte.[139] Auch die Abfallmengen stiegen seit der zweiten Hälfte der 1950er Jahre rasant an. Schwierig ist jedoch, wie das 1950er-Syndrom erklärt wird: Laut Pfister und seinen Mitstreitern bestand eine wesentliche Ursache für das veränderte Mensch-Natur-Verhältnis nämlich in den dauerhaft niedrigen relativen Preisen für Energie, die deutlich unter der allgemeinen Teuerungsrate geblieben seien.

Dabei handelt es sich um eine in der Umweltgeschichte häufig angeführte Erklärung, die ökonomische Prozesse als materielle Transformation bzw. Stoffwechsel (Metabolismus) zwischen gesellschaftlicher und natürlicher Umwelt auffasst.[140] Das stellt im Übrigen nicht nur ein klassisches Motiv der Kapitalismusanalyse dar[141], sondern spielte auch in der wohl wichtigsten wirtschaftshistorischen Diskussion der letzten Jahre eine zentrale Rolle. So vertrat Kenneth Pomeranz in der Debatte um die »Great Divergence«, warum sich Europa und Asien seit dem 18. Jahrhundert wirtschaftlich auseinanderentwickelten, die These, es seien in erster Linie Kohle und Kolonien als Ressourcenbasis gewesen, die dafür verantwortlich waren, dass England die natürlichen Wachstumsgrenzen durchbrechen und sich zur »first industrial nation« entwickeln konnte.[142] Die Gegenposition, vertreten etwa durch Joel Mokyr und Peer Vries, rekurrierte hingegen vor allem auf die Entwicklung der Arbeitsproduktivität und

138 Christian Pfister u. a., »Das 1950er Syndrom«: Zusammenfassung und Synthese, in: Ders. (Hrsg.), Das 1950er Syndrom. Der Weg in die Konsumgesellschaft, Bern, Stuttgart, Wien 1995, 21–47, 23.

139 Christian Pfister, Das »1950er Syndrom« – die umweltgeschichtliche Epochenschwelle zwischen Industriegesellschaft und Konsumgesellschaft, in: Ders., Das 1950er Syndrom, 51–95.

140 Verena Winiwarter, Martin Knoll, Umweltgeschichte. Eine Einführung, Köln 2007, 177 ff.

141 So hatte Max Weber nach Aussage von Werner Sombart bereits vom »Hexensabbat« des Kapitalismus gesprochen, den erst ein Versiegen der Rohstoffe beenden könne. Werner Sombart, Das Wirtschaftsleben im Zeitalter des Hochkapitalismus. Zweiter Halbband: Der Hergang der hochkapitalistischen Wirtschaft. Die Gesamtwirtschaft. Berlin 1927, 1010.

142 Kenneth Pomeranz, The Great Divergence. Europe, China, and the making of the modern world economy. Princeton 2000.

Wissensökonomie in Großbritannien, die dem Land entscheidende Vorteile verschafft hätten.[143]

Darum überrascht es nicht, dass sich die Vertreter der These vom 1950er-Syndrom zumeist weniger auf die »Mainstream«-Ansätze zur Erklärung der westeuropäischen Nachkriegsprosperität beziehen, sondern sich eher an den ebenfalls, wenn auch in anderer Form, ressourcenbasierten Überlegungen von Burkhard Lutz orientieren, die dieser in seinem Buch »Der kurze Traum immerwährender Prosperität« vorgetragen hat.[144] Lutz zufolge beruhten die hohen Wachstumsraten der 1950er und 1960er Jahre wesentlich darauf, dass Arbeitskräfte von »traditionellen« Sektoren (Landwirtschaft, Handwerk, Bauhilfsgewerbe etc.) in »industriell-marktwirtschaftliche« gewandert wären. Die Folge sei eine stark ansteigende gesamtwirtschaftliche Produktivität gewesen, die sich allerdings kaum in entsprechender Entlohnung niedergeschlagen habe, weil durch den Beschäftigungsrückgang in traditionellen Sektoren stets ein hohes Angebot an Arbeitskräften vorhanden gewesen sei. In dem Augenblick, wo sich kaum noch Produktivitätspotentiale ausnutzen ließen und die Werktätigen ihre Lohnzurückhaltung aufgaben, musste der Nachkriegsboom zwangsläufig an ein Ende kommen.[145]

Diese Erklärung des Nachkriegsbooms lässt sich mit guten Gründen kritisieren. Vor allem scheint der Tatbestand, dass bereits ab der zweiten Hälfte der 1950er Jahre in der BRD Vollbeschäftigung herrschte, schlecht zu Lutz' Annahme eines billigen Arbeitsangebots und langfristiger Unterkonsumption in den 1960er Jahren zu passen. An dieser Stelle ist allerdings vor allem interessant, dass sich seine Überlegungen mit denen Pfisters in zwei Punkten ähneln: Zum einen sehen beide den ökonomischen Aufschwung der 1950er und 1960er Jahre hauptsächlich durch die intensive und kostengünstige Ausnutzung endlicher Ressourcen (fossile Energieträger bzw. menschliche Arbeitskraft) bedingt. Insofern weisen Lutz' Überlegungen einen Weg auf, um von der einseitigen Fokussierung auf fossile Energieträger wegzukommen. Zum anderen sehen beide Autoren mit den von ihnen beschriebenen Phänomenen eine grundlegende Änderung der Lebensverhältnisse, die Auflösung traditioneller Milieus und Sozial-

143 Joel Mokyr, The Enlightened Economy. An Economic History of Britain, 1750–1850, New Haven, London 2009; Peer Vries, Escaping Poverty. The Origins of Modern Economic Growth, Göttingen 2013; Zur Debatte s. Peter Kramper, Warum Europa? Konturen einer globalgeschichtlichen Forschungskontroverse, in: Neue Politische Literatur 54, 2009, 9–46.

144 Burkhard Lutz, Der kurze Traum immerwährender Prosperität. Eine Neuinterpretation der industriell-kapitalistischen Entwicklung im Europa des 20. Jahrhunderts. Frankfurt/New York 1984; Christian Pfister, Energiepreis und Umweltbelastung. Zum Stand der Diskussion über das »1950er Syndrom«, in: Wolfram Siemann (Hrsg.), Umweltgeschichte. Themen und Perspektiven. München 2003, 61–86, 28.

145 Lutz, Der kurze Traum, 142 ff.

verbände verbunden. Das bewerten sie, obwohl des Problems der sozialromantischen Verklärung früherer Zeiten teilweise bewusst, eher kritisch.[146]

Es gibt allerdings einen wesentlichen Unterschied, der zugleich zum Kern des Problems führt: Lutz sieht das Wirtschaftswachstum nach dem Zweiten Weltkrieg in erster Linie durch eine rasch ansteigende Arbeitsproduktivität bedingt, womit er sich (zumindest in diesem Punkt) im Einklang mit dem volkswirtschaftlichen »Mainstream« befindet. Bei Pfister stellt sich das komplizierter dar: Er sieht im rasant wachsenden Ressourcenverbrauch vor allem eine umweltschädliche Verschwendung, während hohe Energiepreise zu einem sparsameren und damit produktiveren Ressourcenverbrauch geführt hätten. Pfister stellt somit die oben vorgestellten Erklärungsansätze für die westdeutsche und westeuropäische Nachkriegsprosperität anscheinend auf den Kopf, welche sie gerade mit der Zunahme der gesamtwirtschaftlichen Produktivität korreliert hatten.[147]

Dieser Gegensatz wird allerdings bei einem genaueren Blick darauf entschärft, was jeweils unter »Produktivität« verstanden wird. Die Vertreter der These vom 1950er-Syndrom verweisen letztlich darauf, dass billige Energiepreise bestimmte Lebens-, Arbeits- und Distributionsformen rentabel machten, die es bei höheren Energiepreisen nicht gewesen wären. Damit werden mehr oder weniger implizit zwei Vorstellungen von »Produktivität« unterschieden, nämlich im ökonomischen Sinn (etwa durch die Neukombination von Produktionsfaktoren) und hinsichtlich der materiellen Relation von Ressourceneinsatz und Resultat. Aus letzterer Sicht kann dann z. B. die Industrialisierung, die unbestritten zu einer dramatischen Zunahme der Arbeitsproduktivität führte, gleichzeitig als geradezu groteske Energie- und Ressourcenverschwendung interpretiert werden.[148]

Doch selbst wenn diese zwei Begriffe von »Produktivität« analytisch auseinandergehalten werden, ist damit noch keineswegs ausgemacht, dass billige Energiepreise die Formen der Warenproduktion und -distribution oder individuellen Mobilität bedingten, die Pfister als 1950er-Syndrom beschreibt. Die zentrale Frage hatte der Wirtschaftshistoriker Hans-Jörg Siegenthaler bereits

146 Das ist allerdings gerade bei Pfister nicht immer der Fall. So finden sich bei ihm geradezu an Wilhelm Heinrich Riehl gemahnende Sätze: »Im ländlichen Raum hielten sich selbstversorgungsorientierte Strukturen der alten Agrargesellschaft. Wer Dorfbilder aus der Zeit um 1950 betrachtet, tauch in eine nahezu heile Welt ein, mit Obstbäumen, glücklichen Hühnern und Tummelplätzen für Kinder [...].« Pfister, 1950er Syndrom, 64.

147 Joachim Radkau, Was ist Umweltgeschichte?, in: Werner Abelshauser (Hrsg.), Umweltgeschichte. Umweltverträgliches Wirtschaft in historischer Perspektive. Göttingen 1994, 11–28, 26f.

148 Fridolin Krausmann, Heinz Schandl, Marina Fischer-Kowalski, From the Frying Pan into the Fire. Industrialization as a Socio-ecological Transition Process, in: John R. McNeill, José Augusto Pádua, Mahesh Rangarajan (Hrsg.), Environmental History. As if Nature Existed. Oxford 2010, 26–47.

in dem Sammelband formuliert, der dieses Konzept in der Umweltgeschichte bekannt machte: Ob billige Energiepreise nicht lediglich eine Entwicklung unterstützten, die nicht ursächlich in ihnen begründet lag.[149] Dass Massenmotorisierung, Selbstbedienung im Einzelhandel, Kunststoffproduktion, steigender Energieverbrauch der Haushalte usw. durch niedrige relative Preise für Erdöl befördert wurden, wird niemand bezweifeln. Bezweifeln lässt sich aber sehr wohl, dass diese sich bei höheren Preisen *nicht* durchgesetzt hätten und stattdessen andere, ressourcenschonendere Formen der Energienutzung beibehalten worden wären.

Das lässt sich zunächst an einem Beispiel diskutieren, das besonders für die Abfallproduktion relevant ist, nämlich der Selbstbedienung. Diese etablierte sich, wie gesehen, ab der zweiten Hälfte der 1950er Jahre und profitierte dabei von mehreren Faktoren: niedrige Preise, ein erhöhtes Warenangebot sowie die Möglichkeit, größere Mengen an Gütern in kürzerer Zeit einzukaufen. Die dafür notwendige großräumige Logistik beruhte wesentlich auf motorisierten Transportmitteln und war insofern energieintensiv. Aber wie hoch hätte der Energiepreis sein müssen, um die »economies of scale« solcher Logistikstrukturen langfristig zu kompensieren? Wie teuer hätte der Benzinpreis sein müssen, um etwa Traktoren für die Landwirtschaft oder die Herstellung von Kunststoffen unrentabel zu machen und deren Vorteile (etwa als Packstoffe) zu kompensieren? Gerade bei Kunststoffen ist zu beachten, dass diese zwar auf Erdöl basieren, für ihre Herstellung jedoch deutlich weniger Energie aufgewandt werden muss als für Glas oder Metalle.[150] Zwar werfen Kunststoffe andere Probleme auf, weil sie sich schlecht in den Produktlebenszyklus zurückführen lassen. Das hat aber mit ihrer Materialität und nichts mit der Energieintensität ihrer Herstellung zu tun.

Eventuell hätte sich bei höheren relativen Energiepreisen die Durchsetzung der Selbstbedienung langsamer vollzogen, weil Transportkosten den Preisvorteil von Einzelhandelsketten und Supermärkten gegenüber »traditionellen« Läden verringert hätten. Der Autoverkehr hätte sich langsamer entwickelt und es wäre aufgrund höherer Spritkosten weniger gefahren worden. Dementsprechend wäre wahrscheinlich auch die Zersiedelung schwächer ausgefallen. Ist damit aber bereits gesagt, dass diese Entwicklungen gar nicht stattgefunden hätten?

Ein zweiter Kritikpunkt zielt auf die Diagnose (zu) niedriger Energiepreise an sich: So werden letztere im Grunde als etwas Unnatürliches vorgestellt, weil

149 Hansjörg Siegenthaler, Zur These des »1950er Syndroms«: Die wirtschaftliche Entwicklung der Schweiz nach 1945 und die Bewegung relativer Energiepreise, in: Pfister, 1950er Syndrom, 97–103.

150 Haimo Emminger, Verwertung von Kunststoffabfällen, in: Egon Keller (Hrsg.), Abfallwirtschaft und Recycling. Probleme und Praxis. Essen 1977, 280–290, 282.

sie sich vom Preis der Arbeit abgekoppelt hätten und deutlich hinter einer natürlichen Teuerungsrate zurückgeblieben seien. Damit ist jedoch bestenfalls normativ begründet, warum Energiepreise vom Preis der Arbeit (also lediglich einem Produktionsfaktor) abhängig sein müssen, was Energie also besonders macht. Anders formuliert: Wenn die technologische Entwicklungsdynamik nach dem Zweiten Weltkrieg speziell bei Lebensmitteln, Gebrauchsgütern wie Kleidung etc. zu einem deutlichen Absinken der relativen Preise führte, warum hätte das bei Energie grundsätzlich anders sein sollen? Es wird ebenfalls nicht ausreichend berücksichtigt, dass restriktiv hohe Energiepreise einen starken Anreiz zur Erschließung neuer Energiequellen geschaffen hätten. Ein gutes Beispiel dafür ist die äußerst energie- und ressourcenintensive Aluminiumproduktion. Aluminium gehört zu den Materialien, deren Verbrauchsziffern nach dem Zweiten Weltkrieg stark anstiegen und die darum als signifikant für das 1950er-Syndrom gelten.[151] Die Aluminiumwerke zogen bis in die 1970er Jahre aus ihrem Energiebedarf die Konsequenz, sich zumeist durch Wasserkraft autonom mit Energie zu versorgen und sich damit vom Marktpreis für Energie unabhängig zu machen. Diese Möglichkeit hätte auch anderen Branchen offen gestanden, was im Übrigen zu einem enormen Flächenverbrauch im Zuge der Erschließung neuer Energiequellen geführt hätte. Weil Pfister solche Anreizproblematiken und technologischen Entwicklungsdynamiken größtenteils ausblendet, wirken seine Beispielrechnungen (was etwa ein Flug in die USA kosten würde, wenn der Energiepreis sich heute noch auf dem Niveau der frühen 1950er Jahre befände) teilweise ziemlich anachronistisch.

Aus den genannten Gründen hat das 1950er-Syndrom einen eher beschreibenden denn analytischen Wert. Es benennt eindrücklich und zutreffend wesentliche Entwicklungen der Konsumgesellschaft nach dem Zweiten Weltkrieg, die für die gravierenden Umweltprobleme verantwortlich waren und sind, kann deren Zustandekommen aber nicht überzeugend erklären. Mehr noch: Letztlich wird so eine unterkomplexe Vorstellung der modernen Industrie- und Konsumgesellschaft vermittelt, die als gigantische Maschine portraitiert wird, die stets mit Rohstoffen (Material und Menschen) »gefüttert« werden muss, um zu funktionieren. Diese Maschine selbst bleibt dabei aber weitgehend eine »Blackbox« und eine genauere Analyse dessen, was sich nach dem Zweiten Weltkrieg ökonomisch und im Hinblick auf den Konsum geändert hat, wie der Zusammenhang zwischen Konsumgesellschaft und Abfallproduktion analytisch gefasst werden kann, unterbleibt.

151 Mimi Sheller, Aluminium Dreams. The Making of Light Modernity. Boston 2014, 85 ff.; Manfred Knauer, Hundert Jahre Aluminiumindustrie in Deutschland (1886–1986). Die Geschichte einer dynamischen Branche. München 2014, 262 ff.

1.3.2 Konsumgesellschaft und Abfall

Auch wenn die Erklärung des 1950er-Syndroms nicht überzeugen kann, so wurde damit trotzdem eine wichtige Diagnose gestellt, dass nämlich die günstige wirtschaftliche Entwicklung nach dem Zweiten Weltkrieg von einem stark ansteigenden Energieverbrauch, der Massenmotorisierung, zunehmendem Rohstoff- und Flächenverbrauch und eben auch rapide anwachsenden Abfallmengen begleitet war. Lässt sich jedoch trotzdem ein kausaler Zusammenhang zwischen ansteigende Abfallmengen und der Ausprägung der Konsumgesellschaft ausmachen, wenn niedrige Energiepreise als Erklärung dafür nicht ausreichen?

Dazu ist es allerdings zunächst notwendig, zu spezifizieren, was genau unter der Konsumgesellschaft verstanden wird, wann ihr Beginn angesetzt wird und wie sie sich ausprägte. Gerade letztere Frage ist kompliziert, weil sich viele als »modern« spezifizierte Formen des Konsums historisch überraschend früh beobachten lassen.[152] So hat etwa Jan de Vries in seiner Arbeit über die »Industrious Revolution« die These aufgestellt, seit dem späten 17. Jahrhundert sei es zu einer »Verfleißigung« der Briten in Reaktion auf sinkende Löhne bei gleichzeitig neuen Konsumoptionen gekommen.[153] Für das 18. Jahrhundert wurde bereits von einer Konsumrevolution gesprochen.[154] Auch wenn sich also für diese Zeit evtl. bereits von einer präformierten Konsumgesellschaft sprechen lässt, so liegt es gleichfalls auf der Hand, dass der Konsum, nach 1945 schon rein quantitativ eine neue Dimension erreichte. Offensichtlich erfuhr die Konsumgesellschaft in der zweiten Hälfte des 20. Jahrhunderts einen dramatischen Entwicklungsschub, wobei sich in der Debatte jedoch kein Konsens herausgebildet hat, wie sich dieser genau bestimmen lässt. Stattdessen zeichnet sich die Diskussion eher durch eine ausgeprägte Polarisierung aus, indem die moderne Konsumgesellschaft – zugespitzt ausgedrückt – entweder über die *Mengen* oder die *Formen* des Konsums bestimmt wird.

Mit den »Formen« des Konsums sind an dieser Stelle neue Formen der Warendistribution, neue Produkte, neue Formen der Produktwerbung, neue Formen der »Vergemeinschaftung« beim Konsumieren gemeint. Diesbezügliche Ansätze neigen allerdings häufig dazu, vom quantitativen Konsumniveau zu abstrahieren. Das führt mitunter zu Anachronismen, wenn beispielsweise gerade die wirtschaftlich zerrüttete Zwischenkriegszeit als Startrampe des modernen Massenkonsums portraitiert wird, während das Konsumniveau und auch

152 Vgl. etwa Werner Plumpe, Konsum, in: Merkur 67/2013, 619–627, 621 f.

153 Jan de Vries, The Industrious Revolution. Consumer Behavior and the Household Economy, 1650 to the Present. Cambridge 2008.

154 Plumpe, Konsum, 623.

die Produktvielfalt vor dem Ersten Weltkrieg höher gewesen dürften. So erklärt beispielsweise Martina Heßler den tatsächlichen Verbreitungsgrad von elektrischen Haushaltsgeräten in ihrer Arbeit über Konsum und Hausarbeit in der Zwischenkriegszeit für weitgehend nebensächlich.[155] Ganz ähnlich beschreibt Claudius Torp in seiner (ansonsten sehr gelungenen) Arbeit über den Konsum in den 1920er Jahren Berlin gewissermaßen als Fluchtpunkt zeitgenössischer Konsumphantasien und damit als Maßstab des erreichbaren guten Lebens.[156] In beiden Fällen drängt sich der Eindruck auf, das »Kennen« von Konsumgütern würde mit dem eigentlichen Konsumieren verwechselt. Dabei ließe sich mit Recht die Frage stellen, ob nicht allein an letzteres begründete Erfahrungsdiskurse anschließen konnten, die damit wiederum spezifische Formen konsumbasierter Vergemeinschaftungen ermöglichten.[157] Zudem besteht die Verlegenheit, dass sowohl die Weimarer Republik wie auch der Nationalsozialismus im Grunde Mangelgesellschaften waren, deren Abfallproduktion schon aus diesem Grund nicht aus dem Rahmen fiel.

Ein Verständnis der Konsumgesellschaft darüber, dass steigende Anteile des Einkommens für disponible Zwecke ausgegeben werden konnten, während sich die reproduktiven Bedürfnisse mit vergleichsweise geringerem Ausgabenanteil befriedigen ließen, ermöglicht gleichfalls nur bedingt, einen Zusammenhang mit der Abfallproduktion herzustellen. Ein wichtiger Teil der Steigerung der Abfallmengen hatte ja gerade mit der Befriedigung reproduktiver Bedürfnisse zu tun, während die Abfallmengen vor allem aufgrund neuer Formen der Warendistribution stark anstiegen. Trotzdem trifft der Hinweis auf die disponiblen Einkommen einen wichtigen Punkt, weil diese nämlich neue Konsumoptionen ermöglichten und damit auch neue Konsumformen (etwa die Werbung) sinnvoll machten.[158]

Als weiterführend erscheint eine Bestimmung der Konsumgesellschaft, die sowohl das gestiegene Konsumniveau wie auch neue Konsumformen ein-

155 Martina Heßler, Mrs. Modern Woman. Zur Sozial- und Kulturgeschichte der Haushaltstechnisierung. Frankfurt, New York 2001, 394f.

156 Claudius Torp, Konsum und Politik in der Weimarer Republik. Göttingen 2011.

157 Anders gelagerte Probleme wirft wiederum die Identifizierung einer präformierten Konsumgesellschaft im Nationalsozialismus auf, wie sie insbesondere von Jonathan Wiesen versucht worden ist. Hier wurden bestenfalls bestimmte Konsumformen »imitiert«, während die Wahlentscheidung ideologisch immer schon determiniert war. S. Jonathan Wiesen, Creating the Nazi marketplace. Commerce and Consumption in the Third Reich. Cambridge 2011.

158 Prinz, Konsum und Konsumgesellschaft, 32. Vgl. auch Heinz Gerhard Haupt, der das Periodisierungsproblem durch die Unterscheidung zwischen »Konsum«- (19. Jh.) und »Massenkonsum«-Gesellschaft (20. Jh.) löst. Auch hier liegt das Hauptaugenmerk auf der quantitativen Dimension des Konsums, ohne dass die Konsumformen indes vernachlässigt würden. Heinz-Gerhard Haupt, Konsum und Handel. Europa im 19. und 20. Jahrhundert. Göttingen 2003, 26f.

bezieht. An dieser Stelle soll deswegen auf die Überlegungen des Sozialhistorikers Thomas Welskopp rekurriert werden, der sich grundlegende Gedanken darüber gemacht hat, was »modernen« Konsum ausmacht und wie er von früheren Formen unterschieden werden kann. »Konsum« bestimmt Welskopp dabei als systemspezifische Regelung der Versorgung unter kapitalistischen Bedingungen, während er die »Konsumgesellschaft« dadurch charakterisiert sieht, dass eine Mehrheit der Bevölkerung ihre Angelegenheiten im Modus des Konsums regeln kann. »Massenkonsum« schließlich zeichnet sich für Welskopp dadurch aus, dass immer mehr Lebensbereiche, über die Versorgung mit elementaren Gütern hinaus, im Modus des Konsums geregelt werden.[159]

Die Bestimmungen können dabei helfen, die Entwicklung der Konsumgesellschaft nach dem Zweiten Weltkrieg genauer zu konturieren. Nicht nur die Mehrheit, sondern bald ein Großteil der Bevölkerung konnte ab den 1950er Jahren seine Versorgung »unter kapitalistischen Bedingungen«, d.h. über (anonyme) Märkte gewährleisten. Die Selbstversorgung wurde sukzessive ebenso bedeutungslos wie das eigenständige Herstellen von Produkten. Das Reparieren verschwand zwar nicht, wurde aber zunehmend an spezialisierte Dienstleister delegiert. Gleichzeitig wurden auch die Produkte, die es im Einzelhandel zu kaufen gab, in steigendem Maße von Firmen industriell hergestellt, die ihre Waren nicht länger allein auf lokalen Märkten absetzten.

Das hatte deshalb weitreichende Auswirkungen, weil diese Entwicklung mit der Entstehung großflächigen Logistiken der Warendistribution einherging, um genau diese Form der systemspezifischen Versorgung zu gewährleisten. Die »economies of scale«, also sinkende Stückkosten bei großen Ausbringungsmengen, wurden nun immer stärker auch für die Warendistribution nutzbar gemacht. Das war auch deshalb der Fall, weil letztere ein dynamisches Verhältnis mit der Warenproduktion einging. Auf den von Andrew Godley und Bridget Williams aufgezeigten Zusammenhang zwischen der Entstehung großer Einzelhandelsketten und der Ausbreitung der modernen Massentierhaltung wurde bereits verwiesen.[160] Ähnliche Verbindungen ließen sich für die Lebensmittelherstellung generell oder auch die Bekleidungsproduktion nachweisen. Auch die Selbstbedienung ist letztlich als nachgelagerte Rationalisierung der Warendistribution aufzufassen, bei welcher die Konsumenten durch schnelleres Einkaufen größerer Mengen die Voraussetzungen für eine effiziente Logistik schufen.

Diese Entwicklung hatte gravierende Konsequenzen für die Abfallproduktion. Zumal sie leicht und kostengünstig waren, wurden Verpackungen für die Wa-

159 Thomas Welskopp, Einleitung und begriffliche Klärungen: Vom Kapitalismus reden, über den Kapitalismus forschen, in: Ders., Unternehmen Praxisgeschichte. Historische Perspektiven auf Kapitalismus, Arbeit und Klassengesellschaft. Tübingen 2014, 1–23, 18ff.

160 Godley, Williams, Chicken.

rendistribution unverzichtbar. Für erstere bestanden aufgrund ihrer Menge und Materialität aber zumeist keine weiteren Verwendungsmöglichkeiten. Durch die konsequente Ausnutzung der »economies of scale« sowohl bei Produktion wie Distribution fiel es aber auch kostenmäßig nicht mehr stark ins Gewicht, wenn einzelne Waren nicht abgesetzt werden konnten. Der von Richard Sennett zur kapitalismuskritischen Metapher ausgestaltete Backautomat[161], der massenhaft Ausschussware produzierte, zeigt das ebenso eindrücklich wie die Massen an Lebensmitteln, die von Supermärkten täglich weggeworfen wurden (und werden). Die Systeme blieben offensichtlich trotzdem rentabel.

Diese Entwicklung ist verschiedentlich so gedeutet worden, dass die Produktion steigender Abfallmengen dem modernen Kapitalismus inhärent sei, es sich also gewissermaßen um eine »Trash Economy« handeln würde.[162] Auffällig ist allerdings, dass die Abfallproduktion bei der Produktion oftmals viel geringer ausfällt als bei der Distribution. Das produzierende Gewerbe unternahm seit langem große Anstrengungen, Ausschuss nach Möglichkeit zu vermeiden. Selbst die Chemische Industrie, deren Produktionsrückstände spätestens seit den 1970er Jahren zu einem steten Politikum wurden, besaß eine ausgefeilte Expertise darin, Produktionsrückstände wiederzuverwerten. Keineswegs zufällig wurde der Begriff »Recycling« in den 1920er Jahren in der Petrochemie geprägt.[163] Das industrielle Recycling entwickelte sich deutlich früher als das moderne Recycling von Hausmüll, so wie wir es heute kennen. Das legt den Schluss nahe, das rapide Ansteigen der Hausmüllmengen weniger als ein Resultat der industriellen Produktionsweise zu begreifen als vielmehr der »Vermarktlichung« des Lebensvollzugs, die sich – folgt man der Begriffsbestimmung Welskopps – als Folge der Ausprägung der modernen Konsumgesellschaft beschreiben lässt.

Ein Nutzen dieser Überlegungen besteht darin, dass sich verschiedene abfallrelevante Phänomene darauf beziehen lassen. Zwar lässt sich die Entwicklung des modernen Städtebaus sicherlich nicht auf die Schaffung von »Konsumlandschaften« reduzieren. Dennoch fällt auf, dass er in vielen Fällen auf die Versorgung unter kapitalistischen Bedingungen zugeschnitten war: Moderne Stadtstrukturen ließen wenig Raum für die Selbstversorgung und es wurde großer Wert auf die lückenlose verkehrstechnische Erschließung der Wohneinheiten gelegt. Der Zusammenhang zwischen Konsum und Hygienestandards erscheint nicht unbedingt zwingend, wurde jedoch verschiedentlich historisch hergestellt.[164] Andrea Westermanns Überlegungen zum Plastik als genuinem

161 Richard Sennett, Die Kultur des neuen Kapitalismus. Berlin 2005, 65 f.

162 Prisching, Trash Economy, 20 ff.

163 Heike Weber, »Entschaffen«. Reste und das Ausrangieren, Zerlegen und Beseitigen des Gemachten, in: Technikgeschichte 81, 2014, 1–32, 13.

164 Z. B. Simon Schama, Überfluß und schöner Schein. Zur Kultur der Niederlande im Goldenen Zeitalter, München 1988.

Material der modernen »consumer democracy« können ebenfalls Anstöße für eine stärker kulturalistische Interpretation der Konsumgesellschaft und ihrer Abfallproduktion geben.[165]

Insofern, so lassen sich die hier vorgetragenen Überlegungen zusammenfassen, war die Zunahme der Hausmüllmengen nach dem Zweiten Weltkrieg nicht dem akzidentiellen Zusammentreffen einzelner Faktoren geschuldet, sondern lässt sich als Konsequenz der sich durchsetzenden »systemspezifischen Regelung der Versorgung« unter kapitalistischen Bedingungen seit den 1950er Jahre begreifen.[166] Trotz vieler Entwicklungen, die sich bereits vorher als präformierte Konsumgesellschaft interpretieren lassen, setzte sich diese erst nach dem Zweiten Weltkrieg flächendeckend durch. Der steigende Wohlstand spielte dafür eine wichtige Rolle: Er eröffnete neue Konsumoptionen, erhöhte die Rentabilität großräumiger Logistiken und er verteuerte die Arbeitskosten, was Anreize für kapitalintensive Lösungen des Problems der Warendistribution schuf. Auch wenn, wie gesehen, die Zunahme der Haushaltseinkommen zur Erklärung der »Müll-Lawine« nicht ausreicht, so ist die Rede vom »Wohlstandsmüll« also trotzdem keineswegs aus der Luft gegriffen.

165 Westermann, Plastik und politische Kultur.
166 Welskopp, Einleitung und begriffliche Klärung, 18 ff.

2. Müllsammlung

Die unmittelbare Aufgabe, die sich für die Stadtreinigungsämter durch die anwachsenden Müllmengen stellte, bestand darin, diese einzusammeln und der Entsorgung zuzuführen. Dieses Problem stand am Ausgangspunkt der Einführung der kommunalen Müllabfuhr, die in den meisten Städten im letzten Viertel des 19. Jahrhunderts stattfand. Spätestens in den 1920er Jahren wurden dabei die grundlegenden Techniken der Sammlung und des Transports von Abfällen eingeführt, die im Prinzip bis heute beibehalten wurden. Zwar wurden seit den 1960er Jahren die Müllgefäße verbessert, sie von verzinktem Stahl auf Plastik umgestellt und neue eingeführt. Trotzdem hat sich das sog. »Tonnenumleersystem« auf breiter Ebene durchgesetzt, während echte Alternativen keine Chancen auf Realisierung hatten.

Der folgende Abschnitt beschreibt die Entwicklung der Hausmüllsammlung nach dem Zweiten Weltkrieg, wobei besonderes Augenmerk darauf gelegt werden soll, dass sich in Deutschland weitgehend einheitliche Müllgefäße, Fahrzeuge und Arbeitstechniken durchsetzten, ohne dass dieser Prozess von staatlichen Stellen organisiert bzw. forciert worden wäre. Vielmehr entwickelte sich bereits in den 1920er Jahren eine enge Zusammenarbeit zwischen Stadtreinigungsämtern, dem Deutschen Städtetag und Unternehmen, die einen Leistungsstandard definierten, dem sich langfristig kaum eine Kommune entziehen konnte. Das war ein besonderes Arrangement, betrachtet man etwa die Diversität der Abfuhrsysteme in den USA oder in Großbritannien, das eine hohe Innovationsfähigkeit, aber auch eine starke technologische Pfadabhängigkeit begründete.

Das Kapitel beginnt zunächst mit einer knappen Rekonstruktion des Städtehygienediskurses seit dem 18. Jahrhundert und den Anfängen der regulären Hausmüllabfuhr im Rahmen des sog. Munizipalsozialismus im letzten Viertel des 19. Jahrhunderts. Die Zwischenkriegszeit stellte dann eine erste Hochphase der Modernisierung und Rationalisierung der Müllabfuhr dar. Nachdem es während des Zweiten Weltkrieges und der unmittelbaren Nachkriegszeit in erster Linie darum ging, überhaupt eine rudimentäre Abfallsammlung aufrechtzuerhalten, stellten sich den Stadtreinigungsämtern seit Mitte der 1950er Jahre durch die rapide steigenden Abfallmengen ganz neue Sammlungsprobleme. Darauf reagierten Stadtreinigungsämter, seit den späten 1960er Jahren aber zunehmend auch private Entsorgungsbetriebe mit verschiedenen Rationalisierungsmaßnahmen, die im folgenden Abschnitt beschrieben werden. Damit konnte das Problem der Abfallsammlung zu Beginn der 1970er Jahre technisch als weitgehend gelöst gelten. Die Rationalisierung seit Mitte der 1970er Jahre zielte dann vor allem auf arbeitsorganisatorische Fragen, was wiederum die Arbeitssituation in der Müllabfuhr stark veränderte. Die Darstellung dieser Veränderungen wird im letzten Abschnitt mit Ausführungen zur Sozialgeschichte der Müllabfuhr verknüpft.

2.1 Anfänge der kommunalen Müllabfuhr seit dem 19. Jahrhundert

Die Anfänge der regulären Müllabfuhr in Deutschland liegen im 19. Jahrhundert, auch wenn zahlreiche Städte bereits in der Frühen Neuzeit ein Sammelsystem für den städtischen Unrat einführten.[1] Zum Teil wurde versucht, durch »Gassenordnungen« und andere Vorschriften die Straßen sauberer zu machen. Die Stadt Breslau richtete bereits 1540 eine Abfallsammlung ein.[2] Allerdings hatten solche Dienste wenig mit dem heutigen Verständnis einer Müllabfuhr zu tun. Zumeist wurde der Unrat von Pferdefuhrwerken aufgelesen, in Jauchegruben geschüttet oder durch das Regenwasser abgeschwemmt.[3]

Dass Fragen der Städtehygiene im 19. Jahrhundert verstärkt thematisiert wurden, was sich schließlich in konkreten Maßnahmen und Einrichtungen niederschlug, hatte verschiedene Ursachen. Zunächst hing dies mit dem Bevölkerungswachstum und der rapiden Urbanisierung zusammen, welche die hygienischen Probleme deutlich verstärkten.[4] Das zeigte sich besonders in den verdichteten Innenstädten, die für viele Architekten und Stadtplaner zum Inbegriff unhygienischer Verhältnisse und des Mangels an Luft und Licht wurden. Darüber hinaus hatte diese Entwicklung mit der Ausprägung und Veränderung eines bürgerlichen Hygienediskurses zu tun, der ungefähr seit Mitte des 18. Jahrhunderts die persönliche Reinlichkeit sukzessive unter die bürgerlichen Tugenden subsummierte.[5] So hat Manuel Frey in seiner Arbeit über den »reinlichen Bürger« gezeigt, dass sich um diesen Zeitpunkt herum ein bürgerliches Reinlichkeitskonzept entwickelte, das Luft und Wasser integrierte, anstatt sie in erster Linie als Gefahren zu betrachten.[6] Dabei handelte es sich allerdings um

1 Hösel, Unser Abfall aller Zeiten, 71 ff.

2 S. dazu Heinrich Erhard, Aus der Geschichte der Städtereinigung. Stuttgart, Köln 1954, 35; Schmidt, Nürnberger Abfallwirtschaft, 12 f.

3 Marion W. Gray, Urban Sewage and Green Meadows: Berlin's Expansion to the South 1870–1920, in: Central European History 47 (2014), 275–306, 278 f.

4 Jürgen Reulecke, Geschichte der Urbanisierung in Deutschland. Frankfurt/M. 1985; Hösel, Unser Abfall aller Zeiten.

5 Vgl, Alain Corbin, Pesthauch und Blütenduft. Eine Geschichte des Geruchs. Berlin 1984; Manuel Frey, Der reinliche Bürger. Entstehung und Verbreitung bürgerlicher Tugenden in Deutschland, 1760–1860. Göttingen 1997.

6 Frey, Der reinliche Bürger.

eine langfristige Entwicklung, die wahrscheinlich erst in der zweiten Hälfte des 19. Jahrhunderts durchgreifend wirksam wurde.[7] Jedenfalls kam es erst jetzt zu einer vermehrten Gründung von Badeanstalten und auch der Handel mit getragenen Kleidungsstücken wurde aus hygienischer Sicht verstärkt problematisiert.[8] Jedenfalls reicht es auf dem Gebiet der Hygieneentwicklung, wie Reinhold Reith mit Recht angemerkt hat, nicht aus, sich allein auf Traktate und andere gedruckte Textsorten zu beschränken, sondern die konkreten Praktiken müssen in die Analyse einbezogen werden.[9] Der (bürgerliche) Reinlichkeitsdiskurs ging der Veränderung der konkreten Hygienepraktiken zeitlich voraus.

Die Hygieneprobleme der deutschen Städte rückten während des 19. Jahrhunderts vermehrt in den Blickpunkt, wobei oftmals (ab den 1830er Jahren) Cholera-Epidemien und andere Krankheiten wie Typhus diesen Diskurs zwar nicht hervorbrachten, jedoch als Verstärker fungierten.[10] Verhandelt wurden diese zunächst vor dem Hintergrund der sog. Miasma-Theorie, welche die Entwicklung von Seuchen und Krankheiten auf »Ausdünstungen« insbesondere des städtischen Untergrundes zurückführte. Der Münchener Hygieniker Max von Pettenkofer vertrat ab 1854 die These, die Cholera würde durch Reifung von Fauldämpfen im Boden und dessen Ausdünstungen erzeugt, weshalb auf felsigem Untergrund errichtete Städte seiner Ansicht nach nichts zu befürchten hatten.[11] Im Wasser vermutete Pettenkofer keinen wesentlichen Krankheitsüberträger und er war Gegner der »Contagionisten«, die davon ausgingen, die Cholera könnte von Mensch zu Mensch übertragen werden.[12] Die Miasma-Theorie stand zwar rückblickend auf wissenschaftlich schwachen Füßen, auf ihrer Grundlage ließ sich aber trotzdem eine deutliche Verbesserung der städtischen Hygienesituation erreichen, die zu einer sinkenden Sterblichkeit beitrug.[13] So beförderte sie beispielsweise auch die Pflasterung von Wegen und Straßen (um den Untergrund abzudichten), was wiederum eine wesentliche

7 Philipp Sarasin, Reizbare Maschinen. Eine Geschichte des Körpers 1765–1914. Frankfurt/M. 2001.

8 Laurence Fontaine, The Exchange of Second Hand Goods between Survival Strategies and »Business« in Eighteenth Century Paris, in: Dies. (Hrsg.), Alternative Exchanges. Second-hand Circulations from the Sixteenth Century to the Present. New York, Oxford 2008, 97–114.

9 Reinhold Reith, Umweltgeschichte der Frühen Neuzeit. München 2011, 102 f.

10 So etwa 1854 in Bayern oder 1866 in Hamburg. Christian Schönholz, Rudolf Virchow und die Wissenschaft vom Menschen. Wissensgenerierung und Anthropologie im 19. Jahrhundert. Würzburg 2013, 49, 224; John von Simson, Kanalisation und Städtehygiene im 19. Jahrhundert. Düsseldorf 1983, 9 f.

11 Anne I. Hardy, Ärzte, Ingenieure und städtische Gesundheit. Medizinische Theorien in der Hygienebewegung des 19. Jahrhunderts. Frankfurt, New York 2005, 256 ff.

12 Ebd., 124 ff.

13 Thomas Bauer, Im Bauch der Stadt. Kanalisation und Hygiene in Frankfurt am Main 16.–19. Jahrhundert. Frankfurt/M. 1998, 176 ff.

Voraussetzung für die Einführung einer kommunalen Straßenreinigung und Müllabfuhr darstellte.[14]

Der Choleraerreger wurde bereits in den 1860er Jahren entdeckt, was zusammen mit der Erforschung des Tuberkelerregers langfristig zur Entwicklung der wissenschaftlichen Bakteriologie führte und damit die Hygienepolitik auf ein wissenschaftlich solideres Fundament stellte.[15] Jedoch wurde etwa die Einführung erster Kanalisationssysteme (in Hamburg als erster deutscher Stadt nach dem großen Brand 1842[16], Berlin, Frankfurt und Danzig ab den 1860er Jahren) noch auf Grundlage der älteren Miasmenlehre in die Wege geleitet.[17] Schließlich war es erst die letzte große Choleraepidemie in Deutschland, die 1892 in Hamburg ausbrach und über 8000 Todesopfer forderte, die endgültig zur Durchsetzung der Bakteriologie gegenüber der Miasmenlehre führte. Pettenkofer verteidigte zwar seinen Ansatz weiterhin vehement, jedoch halfen die von Robert Koch in Hamburg durchgeführten Maßnahmen (insbesondere die Sterilisation des Trinkwassers) tatsächlich, die Ausbreitung der Epidemie wirksam einzudämmen. Diese führte speziell in Hamburg, darüber hinaus aber deutschlandweit zu einer Intensivierung des städtehygienischen Diskurses und Maßnahmen hin zu einer konsequenten kommunalen Gesundheitspolitik.[18]

Das Konzept der Städtehygiene umfasste dabei vor allem zwei Aspekte: Die Beseitigung von Schmutz, Gerüchen und Ungeziefer sollte einem gestiegenen (nicht zuletzt bürgerlichen) Anspruch an die individuelle Sauberkeit genügen.[19] Zugleich ging es dabei aber auch um den Schutz vor Krankheiten. Wenngleich sich mit der Entdeckung von Bakterien, Keimen oder Viren die Aufmerksamkeit seit den 1880er Jahren zunehmend auf Dinge bezog, welche an sich weder gesehen, gefühlt, gerochen oder geschmeckt werden konnten, so waren diese Organismen und Krankheitserreger im Konzept der Städtehygiene doch an bestimmte materielle Träger gebunden, die sich sehr wohl sinnlich erfassen ließen. Insofern war es gewissermaßen die erste Aufgabe der Seuchen- und Krankheitsprävention, für saubere und geordnete Verhältnisse zu sorgen.[20]

14 Dieter Schott, Europäische Urbanisierung (1000–2000). Eine umwelthistorische Einführung. Köln u. a. 2014, 251. Allerdings brachte diese »Versiegelung« von Straßen und Plätzen neue Umweltprobleme mit sich, weil das Regenwasser nicht mehr ohne weiteres abfließen konnte. Vgl. Gray, Urban Sewage and Green Meadows, 279.

15 Christof Gradmann, Krankheit im Labor. Robert Koch und die medizinische Bakteriologie. Göttingen 2005, 358 ff.

16 Frilling, Mischer, Pütt un Pann'n, 26.

17 Simson, Kanalisation und Städtehygiene, 82 f., 94 f., 106.

18 Richard Evans, Death in Hamburg, Society and Politics in the Cholera Years 1830–1910. Oxford 1987, 490 ff.

19 Hardy, Ärzte, 358 ff.

20 Ebd., 363 ff.

Großbritannien stellte dabei den Vorreiter der Städtehygiene dar. So war dort bereits 1848 der Public Health Act erlassen worden, der die Stadtverwaltungen dazu ermächtigte, die Beseitigung der festen Abfallstoffe in die eigene Hand zu nehmen.[21] Eine besondere Rolle spielte dabei der Sozialreformer Edwin Chadwick, der sich intensiv mit Fragen der Städtehygiene beschäftigte und an der Formulierung des Public Health Acts entscheidend beteiligt war – interessanterweise wurde Chadwick als Englands »Prussian Minister« bezeichnet, obwohl sich gerade der deutsche Städtehygienediskurs während des 19. Jahrhunderts wesentlich am britischen orientierte.[22] In Deutschland konnte dem englischen Beispiel allerdings aufgrund der Vielzahl souveräner Territorien nicht ohne Weiteres gefolgt werden. Zudem waren in Preußen durch die Gemeindereform von 1808 die Hoheitsaufgaben von Kommunen und Staat neu geregelt worden.[23] Indem durch die Etablierung der kommunalen Selbstverwaltung die Grundlage für die städtische Leistungsverwaltung geschaffen wurde, war es nun aber auch Aufgabe der Städte, nicht die des Staates, Probleme der Städtehygiene zu lösen.

Dabei stellte sich allerdings das Problem der Finanzierung und erst das Kommunalabgabengesetz von 1893, nicht zuletzt in Folge der Hamburger Cholera-Epidemie erlassen, erlaubte es den Kommunen, Zwecksteuern in Form von Gebühren und Beiträgen zu erheben. Damit wurde ein prinzipiell bis heute bestehender Unterschied in der Finanzierung kommunaler Leistungen festgeschrieben. Britische Kommunen finanzieren diese zumeist aus dem allgemeinen Steueraufkommen, während deutsche Kommunen zweckgebundene Gebühren erheben.[24] Das Kommunalabgabengesetz gab der kommunalen Selbstverwaltung in Preußen einen Schub, weil die Städte auf diese Weise über eine Reihe von Einnahmen aus Zwecksteuern verfügen konnten, die ihre finanzielle Basis deutlich stärkten.[25] Es schuf die Voraussetzungen für einen offensiven Ausbau der Leistungsverwaltung, die verstärkte Errichtung kommunaler Regiebetriebe sowie schließlich die Kommunalisierung der Abfallsammlung und -entsorgung. Dabei sollten, auch das war ein wichtiger Punkt, die erhobenen Steuern bzw. Gebühren kostendeckend sein.[26] Es bestand also kein Anreiz, die Einnahmen aus der Müllabfuhr für die Entlastung des städtischen Haus-

21 Stokes, Köster, Sambrook, Business of Waste, 25.

22 Anthony Brundage, England's »Prussian Minister«. Edwin Chadwick and the Politics of Government Growth, 1832–1854. University Park, London 1988, 79ff.; Für Deutschland Hardy, Ärzte, 98ff.

23 Hardy, Ärzte, 46.

24 Stokes, Köster, Sambrook, Business of Waste, 26.

25 Hermann Beckstein, Städtische Interessenpolitik. Organisation und Politik der Städtetage in Bayern, Preußen und im Deutschen Reich 1896–1923. Düsseldorf 1991, 60f.

26 Rundschreiben an die Stadtämter der Stadt Dortmund (3.9.1948). SdtA Dortmund, 170 Stadtreinigungsamt, Nr. 60.

halts zu verwenden. Zugleich aber bestimmte dieser Passus des Kommunalabgabengesetzes wesentlich die Ausgestaltung kommunaler Leistungen, weil in der Regel darauf geachtet wurde, dass diese auch wirklich exakt den erhobenen Gebühren entsprachen. Auf diese Weise wurde einerseits verhindert, dass an bestimmten Dienstleistungen »gespart« wurde, andererseits bestand jedoch nur ein geringer Anreiz, möglichst kosteneffizient zu arbeiten. Das hätte nämlich eine Herabsetzung des Gebührensatzes nach sich gezogen, den finanziellen Spielraum in den Folgejahren also beschnitten. In der Debatte um eine mögliche Privatisierung der Müllabfuhr seit den 1970er Jahren sollte dieser Gesichtspunkt eine zentrale Rolle spielen.[27]

Unter diesen Vorzeichen kam es gegen Ende des 19. Jahrhunderts zu einer sukzessiven Ausweitung des städtischen Leistungsprofils, das bald deutlich über die traditionellen Aufgaben etwa der Armenpflege hinausging. In der zweiten Hälfte des 19. Jahrhunderts verschob sich der Schwerpunkt kommunaler Aktivitäten von traditionellen Tätigkeitsfeldern der Städte, wie etwa der Verwaltung des städtischen Grundbesitzes, der Ausübung örtlicher Polizeibefugnisse oder der Armenfürsorge, auf die Organisation gemeindeeigener Betriebe, auf Kultur- und Bildungspolitik, seit Beginn des 20. Jahrhunderts schließlich auf eine weitreichende, bedarfsorientierte soziale Fürsorge.[28]

Diese Entwicklung von der Hoheits- zur Leistungsverwaltung wurde zeitgenössisch (teilweise durchaus kritisch) unter dem Schlagwort des »Munizipalsozialismus« verhandelt, der das Bestreben der Gemeinden bezeichnete, Betriebe der öffentlichen Versorgung und des Nahverkehrs als kommunale Monopolbetriebe zu führen.[29] Die Städte übernahmen also zunehmend Aufgaben in eigene Regie, die vormals von privaten Anbietern erledigt wurden; teilweise, um auf diese Weise die städtischen Einnahmen zu steigern, teilweise aber auch, weil sie diese Aufgaben glaubten besser ausüben zu können.[30]

Es gab vielerorts bereits eine Abfallsammlung, für welche die an sie angeschlossenen Bürger direkt bezahlten. Mit dem hygienischen Standard dieser Dienstleistung waren viele Kommunen allerdings unzufrieden. Die Leistung dieser »Privaten« (zumeist handelte es sich um Landwirte im Nebenerwerb) wurde zwar mitunter in besonders düsteren Farben gemalt, allein schon, um die Kommunalisierung in hellerem Licht erscheinen zu lassen. Jedoch sollte

27 Ferber, Kolkenbrock, Neukirchen, Müll, 37 f.

28 Beate Witzler, Großstadt und Hygiene. Kommunale Gesundheitspolitik in der Epoche der Urbanisierung. Stuttgart 1995, 93.

29 Schott, Europäische Urbanisierung, 287 f.; Ditt, Zweite Industrialisierung und Konsum, 125 f.

30 Jürgen Reulecke, Vom 19. zum 20. Jahrhundert: Die Entwicklung der städtischen Infrastruktur im Ruhrgebiet, in: Jürgen Mittag, Ingrid Wöhlk (Hrsg.), Bochum und das Ruhrgebiet. Großstadtbildung im 20. Jahrhundert. Essen 2005, 233–251, 238 f.

die Übernahme solcher Leistungen in städtische Regie einen gesundheitspolitischen Standard garantieren. Zudem hatten die Städte damals im Vergleich zu Privatfirmen in der Tat einen größeren finanziellen Spielraum und auch die bessere technische Expertise, um die Abfallabfuhr effizienter und hygienischer zu organisieren.[31]

Die Abfuhr fester Abfallstoffe war ein wichtiger Teil der städtischen Gesundheitspolitik, auch wenn sie, wie Peter Münch gezeigt hat, in ihrer Dringlichkeit gegenüber Wasserversorgung und Abwasserentsorgung lange Zeit nachrangig behandelt wurde.[32] Dementsprechend wurden Müllabfuhr und Straßenreinigung gegenüber den genannten beiden anderen Hauptbereichen der Städtehygiene in der Regel erst später einer institutionellen Lösung zugeführt. Zwar waren bereits damals mit dem festen Unrat massive hygienische Probleme verbunden, jedoch war die Toleranzschwelle gegenüber solchen Belästigungen im 19. Jahrhundert noch deutlich höher. Zudem wurde die Abfuhr der festen Abfallstoffe in vielen Fällen erst dann zu einem echten Problem, wenn die Lösung des Abwasserproblems bereits in Angriff genommen worden war. Die festen Haushaltsabfälle konnten nämlich vormals auch in Jauchegruben entsorgt werden und landeten dann als Dünger auf den Feldern, während ihr Düngewert allein für sich gering war.[33] Die flächendeckende Durchsetzung von Kanalisationssystemen als urbane Lösung für das Abwasserproblem brachte den Hausmüll als eigenständiges Problem oftmals überhaupt erst hervor.[34]

Städtehygienischer Diskurs und das Konzept des Munizipalsozialismus bedeuteten keineswegs, dass die kommunale Müllabfuhr in den Städten synchron in die Praxis umgesetzt worden wäre. Vielmehr zog sich dieser Prozess über eine lange Zeitspanne hin, wobei einige Städte Vorreiter waren, andere hingegen erst später folgten. Eine kursorische Übersicht zeigt jedenfalls, dass die Einführung der kommunalen Müllabfuhr in den Städten zeitlich teilweise beträchtlich auseinanderlag. So wurde in Frankfurt/M. die kommunale Müllabfuhr bereits 1873 eingeführt, nachdem schon seit dem frühen 19. Jahrhundert private Vertragsnehmer, zumeist Bauern aus der Umgebung, den Abfall aus dem Stadtzentrum herausgeschafft hatten.[35] Mannheim führte die kommunale Müllabfuhr

31 Bauer, Im Bauch der Stadt, 368 f.

32 Münch, Stadthygiene, 243.

33 Hösel, Unser Abfall aller Zeiten, 199 ff.; Für eine etwas breitere Perspektive s. Verena Winiwarter, Where did all the waters go? The introduction of sewage systems in urban settlements, in: Christoph Bernhardt (Hrsg.), Environmental Problems in European Cities in the 19th and 20th Century. Umweltprobleme in europäischen Städten des 19. und 20. Jahrhunderts. Münster u. a. 2001, 105–119.

34 Vgl. Georges Knaebel, Historical Origins and Development of a Sewerage System in a German City: Bielefeld, 1850–1904, in: Tarr, Dupuy, Technology and the Rise of a Networked City, 186–206, 191 ff.

35 Bauer, Im Bauch der Stadt, 166 u. 369.

im Jahr 1880, Hamburg 1886, Dortmund im Jahr 1889 ein.[36] In Bochum wurde die Müllabfuhr 1899 kommunalisiert, in Bremen im Jahr 1900, nachdem die technisch durchaus effiziente Abfuhr eines privaten Vertragsnehmers vermehrt zu hygienischen Problemen geführt hatte.[37]

Um die Jahrhundertwende hatten die meisten größeren Städte also bereits eine kommunale Sammlung eingeführt[38], allerdings gab es auch Nachzügler. So erfolgte in Halle/Saale oder Lübeck die Kommunalisierung erst 1927 und ließ auch noch zahlreiche Ausnahmen zu.[39] In Berlin hielten bis zum selben Jahr private Aktionäre die Mehrheit an der BEMAG (Berliner Müllabfuhr-Aktiengesellschaft), welche die Abfallabfuhr in der Hauptstadt organisierte, während allerdings die Straßenreinigung hier schon seit 1875 in kommunaler Hand war.[40] In vielen Kleinstädten und ländlichen Gemeinden gab es bis in die frühen 1970er Jahre überhaupt keine reguläre Müllabfuhr, und als sie dann eingeführt wurde, erledigten sie in der Regel Privatfirmen. Eine Kommunalisierung fand hier also letztlich gar nicht statt.[41]

Darüber hinaus darf die Kommunalisierung nicht in jedem Fall mit einem hohen Leistungsstandard gleichgesetzt werden. Auch bei privater Abfuhr konnten die Kommunen über entsprechende Verordnungen regulierend eingreifen, indem beispielsweise die Entsorgung mit geschlossenen Sammelfahrzeugen vorgeschrieben wurde.[42] Vielerorts blieb die Abfallsammlung auch in städtischer Regie längerfristig »systemlos«.[43] Zudem ist zu beachten, dass in der Regel nicht das ganze Stadtgebiet an die kommunale Müllabfuhr angeschlossen

36 Karl Pulver, Die Anfänge der Stadthygiene am Beispiel von Mannheim, in: Verband kommunaler Unternehmen (Hrsg.), 100 Jahre kommunale Städtereinigung, Berlin 2012, 185–190, 186 f.; Bausch, Es herrscht Ordnung, 33; Frilling, Mischer, Pütt un Pann'n, 29.

37 O. V., Unsere Umweltfreunde. 75 Jahre Städtische Fuhrparkbetriebe Bochum, Bochum 1974, 3; Barbara Winklmeier, Kommunale Abfallwirtschaft in Bochum. Ein historischer Rückblick, in: Verband kommunaler Unternehmen, 100 Jahre kommunale Städtereinigung, 77–82, 81 f.

38 Laut einer Erhebung aus dem Jahr 1910 hatten von 170 untersuchten Städten mit mehr als 25.000 Einwohnern lediglich 47 keine kommunale Müllabfuhr. Weber, Towards »total« Recycling, 375.

39 Aiko Bode, Die Müll- und Abwasserbeseitigung in der Hansestadt Lübeck im 19. und 20. Jahrhundert. Lübeck 1989, 23.

40 Sabine Thümler, Die Berliner Stadtreinigung, gestern – heute – morgen. Aus der Tradition in die Verantwortung für die Zukunft, in: 100 Jahre kommunale Städtereinigung, 35–46, 36 f.; Park, Müllkippe, 27.

41 Ergebnisprotokoll Arbeitstagung über die Grundlagen zur Aufstellung von Abfallbeseitigungsplänen am 14./15.3.1973. LA NRW, NW 455, Nr. 862.

42 Thümler, Die Berliner Stadtreinigung, 36 f.

43 Vgl. Schreiben Josef Gärtner (Stadtverwaltung Karlsruhe) an die Stadtverwaltung Mannheim (21.11.1957). SdtA Mannheim, Hauptregistratur, Zugang 40/1972, Nr. 291. In Frankfurt wurde die Systemabfuhr 1904 eingeführt. Vgl. August Schröder, Reinigungs- und Abfuhrwesen, in: Otto Ruppersberg (Hrsg.), Frankfurt. Das Buch der Stadt. Frankfurt/M. 1927, 141–145, 142 f.

wurde, sondern zunächst allein die baulich verdichteten Stadtzentren, in denen die ärgsten hygienischen Probleme auftraten. Gerade in äußeren Stadtbezirken blieb die Müllabfuhr, wenn sie überhaupt benötigt wurde, oftmals in privater Hand.[44]

Die Kommunalisierung der Müllabfuhr erwies sich somit als ein zeitlich lang gestreckter Prozess, in dem die Ausweitung des Abfuhrgebietes in den 1920er und 30er Jahren vorangetrieben wurde, in den 1950er Jahren zum Abschluss kam und dann in der Regel das gesamte Stadtgebiet umfasste. Gleichwohl, und das war in diesem Zusammenhang entscheidend, gab es einen Konsens, dass ein bestimmter Leistungsstandard in den Großstädten nur durch Kommunalisierung zu erreichen war. Eine der wenigen Ausnahmen stellte hier die Stadt München dar, wo die Müllabfuhr zwar von 1891 bis 1897 in kommunaler Hand war, dann aber aufgrund von Entsorgungsproblemen »reprivatisiert« wurde.[45] Noch bis nach dem Zweiten Weltkrieg besorgte ein privates Unternehmen die Abfuhr und betrieb eine Verwertungsanlage in Puchheim, die später – jetzt wieder in kommunaler Hand – von einer Anlage in Großlappen ersetzt wurde. Auf diesen Fall wird im Kapitel über das Recycling noch genauer eingegangen.[46]

Im Zuge dieser Entwicklung wurde ein bestimmter Leistungsstandard entwickelt und es prägten sich spezifische Formen aus, wie Informationen und technische Neuerungen kommuniziert wurden. Die politischen Instanzen der Länder oder der Reiches spielten dabei faktisch keine Rolle, sondern es fand eine informelle Koordinierung der Maßnahmen der Kommunen statt, die im Kaiserreich noch vergleichsweise lose war und große regionale Unterschiede zuließ, in der Zwischenkriegszeit aber sukzessive enger wurde und in den 1960er Jahren schließlich dazu führte, dass die Müllabfuhr in nahezu allen Kommunen weitgehend identisch aussah. Dieser Prozess fand über Zeitschriften, Verbände, Informationsreisen, Zusammenarbeit mit den Produzenten von Abfallbehältern oder Sammelfahrzeugen und schließlich seit den späten 1950er Jahren auch über Normung statt, ohne dass diese Standards von einer zentralen Instanz mit politischer und juristischer Vollzugsmacht durchgesetzt worden wären.

Für diesen Austausch- und Koordinierungsprozess spielte zunächst die Verbandsbildung eine wichtige Rolle, insbesondere die Gründung der »Vereinigung der Leiter städtischer Fuhrparks- und Stadtreinigungsbetriebe« im Jahr 1912 in

44 Geoffrey Jones, Andrew Spadafora, Waste, Recycling and Entrepreneurship in Central and Northern Europe, 1870–1940 (Harvard Business School Working Paper, 14–084, March 4, 2014), 54.

45 Helga Seitz, Bettina Folger, Kommunale Abfallwirtschaft in München. In 120 Jahren von der geordneten Müllbeseitigung zur nachhaltigen Kreislaufwirtschaft, in: Verband kommunaler Unternehmen, 100 Jahre kommunale Städtereinigung, 191–202, 192.

46 Münch, Stadthygiene, 325 ff.

Düsseldorf im Rahmen einer Städteausstellung.[47] Die Vereinigung ist bis heute, wenn auch mittlerweile unter anderem Namen, der Spitzenverband der kommunalen Stadtreinigungsbetriebe geblieben. Hatte sie bei ihrer Gründung lediglich 15 persönliche Mitglieder, so wuchs der Verband in den 1920er Jahren kräftig und intensivierte die Zusammenarbeit mit dem Deutschen Städtetag.[48] Als seine wesentliche Aufgabe definierte er von Anfang an, eine Plattform für die Beratung und den Erfahrungsaustausch bieten zu wollen.[49] Es demonstriert im Übrigen den bereits früh internationalen Charakter der Abfallwirtschaft, dass schon 1922, also nur wenige Jahre nach dem Ersten Weltkrieg, fast 30 ausländische Besucher an der Jahrestagung der »Vereinigung der Leiter städtischer Fuhrparks- und Stadtreinigungsbetriebe« teilnahmen.[50] Insgesamt war die Abfallwirtschaft in den 1920er und 1930er Jahren ein international stark vernetztes Feld, in dem die Messen und Kongresse von hunderten Ausländern aus aller Welt besucht wurden und ein intensiver Austausch über Fragen der Städtehygiene stattfand.[51] Dieser Austausch wurde im Übrigen selbst durch den Zweiten Weltkrieg lediglich unterbrochen. Auf der fünften »International Conference on Public Cleansing«, die 1950 im schottischen Edinburgh stattfand, trat der ein Jahr zuvor gewählte Vorsitzende der Vereinigung, Hans Baumann, bereits wieder als Redner auf und referierte über »Street Cleansing and Refuse Disposal Problems in Germany«.[52]

Eine zentrale Rolle spielten darüber hinaus Publikationen und Zeitschriften, die sich mit Fragen der Abfallentsorgung beschäftigten. Wichtig war in diesem Zusammenhang etwa die Zeitschrift »Tiefbauwesen«, die 1910 gegründet wurde und Vorgänger der 1954 gegründeten Zeitschrift »Städtehygiene« war. Hier wurden nicht nur Abfuhrtechniken und -systeme diskutiert, sondern auch umfassend über technische Neuerungen berichtet. Darüber hinaus waren in der Zeitschrift »Der Städtetag« die letzten Seiten traditionell Fragen der Abfallsammlung und -beseitigung vorbehalten. Mitte der 1920er Jahre wurde die Zeitschrift zum offiziellen Organ der Vereinigung der Leiter städtischer Fuhrparks- und Stadtreinigungsbetriebe.[53] Experten waren hauptsächlich die Leiter der kommunalen Stadtreinigungsämter, die (größtenteils handelte es sich um

47 Otto Ziebill, Geschichte des Deutschen Städtetages. Fünfzig Jahre deutsche Kommunalpolitik. Stuttgart 1955, 295; Hösel, Unser Abfall aller Zeiten, 167 f.

48 Ziebill, Geschichte des Deutschen Städtetages, 295.

49 Hösel, Unser Abfall aller Zeiten, 168.

50 Heinrich Erhard, Lebenserinnerungen eines Mülliardärs (Unv. Ms, SdtA Siegen).

51 Vermerk Köster betr. Müllbeseitigung (19.1.1953). LA NRW, NW 354, Nr. 1098.

52 Programm der 5th International Conference on Public Cleansing (9.–12.6.1950 in Edinburgh). SdtA Dortmund, 170 Stadtreinigungsamt, Nr. 216. Die 6th International Conference on Public Cleansing fand 1957 in Frankfurt/M. statt.

53 Ziebill, Geschichte des Deutschen Städtetages, 295.

studierte Ingenieure) sowohl die nötige technische Expertise besaßen, als auch die Praxistauglichkeit bestimmter Lösungen beurteilen konnten.

Dabei spielten bereits im letzten Viertel des 19. Jahrhunderts auch Studienreisen und die gegenseitige »Beobachtung« der Städte eine Rolle, um von anderswo gemachten Erfahrungen zu profitieren. Allerdings waren diese nicht immer erhellend. Heinrich Erhard, der in den 1920er und 1930er Jahren wesentlichen Anteil an der Rationalisierung und Vereinheitlichung der Müllabfuhr auf dem Gebiet des Deutschen Reiches hatte, unternahm beispielsweise 1920 eine von der Stadt Stettin finanzierte Reise, um die Systeme der Müllabfuhr in allen deutschen Städten mit mehr als 200.000 Einwohnern zu studieren. Nach seiner Darstellung waren damals die meisten Müllabfuhrsysteme allerdings noch eher improvisiert und genügten nicht den Standards einer »rationalen« Abfuhr.[54]

Der Weg hin zu einer solch »rationalen« Müllabfuhr bestand zunächst wesentlich in der Durchsetzung einheitlicher Hofstandgefäße. In der Frühphase der kommunalen Müllabfuhr benutzten die Stadtbewohner entweder individuelle Gefäße, die in offene, von Pferden gezogene Wagen entleert wurden, oder der Abfall wurde von den Bürgern direkt in sog. Müll- bzw. Jauchegruben entsorgt, die mehrmals im Jahr geleert wurden und ein großes hygienisches Problem darstellten. Darum war, zumindest in den Großstädten, die flächendeckende Einführung der sog. »Systemmüllabfuhr« ein wesentliches Ziel, also die Einführung standardisierter Mülltonnen (Hofstandgefäße) und dazu passender Abfuhrwagen.[55] Auf diese Weise sollte die Abfuhr in erster Linie »staubfrei« gemacht werden, so dass bei der Entleerung der Tonnen in den Abfuhrwagen möglichst wenig Aschestaub entwich. Bei einer offenen Entleerung (und einem Anteil von etwa 30 Prozent Asche im Hausmüll) war das ansonsten unvermeidlich, erst recht, wenn der Abfall in offenen Wagen transportiert wurde.[56] Bei Wind wurden bei offener Abfuhr Asche und Abfälle über die Straßen verteilt, was sich besonders negativ auf die Gesundheit der Müll-Lader auswirkte.[57]

Wichtige Ansätze hin zur Systemabfuhr hatte es bereits kurz vor der Jahrhundertwende gegeben. So gilt die Berliner Polizeiverordnung vom 30. Januar 1895 allgemein als Geburtsstunde der staubfreien Müllabfuhr.[58] Es wurden aber in vielen Städten vor dem Ersten Weltkrieg bereits mehr oder weniger

54 Heinrich Erhard, Lebenserinnerungen eines Mülliardärs (Unv. Ms, SdtA Siegen).

55 Theodor Weyl, Überblick über die historische Entwicklung der Städtereinigung bis zur Mitte des 19. Jahrhunderts, in: Ders. u.a. (Hrsg.), Städtereinigung (Handbuch der Hygiene). Leipzig 1912, 9–23.

56 Bauer, Im Bauch der Stadt, 370f.

57 Frilling, Mischer, Pütt un Pann'n, 34.

58 Park, Müllkippe, 17.

gut funktionierende staubfreie Systeme ausprobiert.[59] Praktiziert wurden dabei auch Alternativen zum (naheliegenden) Tonnenumleersystem, bei dem der Inhalt der Abfallbehälter in ein Sammelfahrzeug entleert wurde. Die Stadt Dortmund beispielsweise führte 1911 das sog. Tonnenwechselsystem ein, das in den 1920er Jahren durchaus weit verbreitet war und beispielsweise auch in Düsseldorf, Köln oder Bochum angewandt wurde.[60] Beim Tonnenwechselsystem wurde der volle Behälter gegen einen auf dem Wagen mitgeführten leeren Behälter ausgetauscht.[61] Die Vorteile lagen hier vor allem im hygienischen Bereich, weswegen die Dortmunder Müllabfuhr zu diesem Zeitraum auch als »die modernste [galt], die es gab«.[62] Die entleerten Tonnen konnten bei Bedarf gereinigt werden, zudem wurde Staubentwicklung vermieden.

Das Tonnenwechselsystem hatte allerdings den Nachteil, dass im Vergleich zum Umleersystem eine deutlich größere Anzahl an Tonnen benötigt wurde, weil der volle Behälter jeweils gegen einen leeren ausgetauscht werden musste. Da die Sammelgefäße einen wesentlichen Kostenfaktor der Müllabfuhr darstellten, war das Tonnenwechselsystem also zumeist deutlich teurer. Weniger eindeutig war hingegen die Frage des Arbeitsaufwands: Zwar musste beim Tonnenwechselsystem das Grundstück nur einmal betreten werden, weil die entleerten Behälter nicht an ihren alten Standort zurückgebracht wurden.[63] Allerdings mussten diese gereinigt und verladen werden, zudem blieben die Touren kurz, weil nur eine begrenzte Zahl an leeren Behältern auf einem Fahrzeug mitgeführt werden konnte. Darum hoffte etwa die Stadt Dortmund Ende der 1930er Jahre, durch die Einführung des Umleersystems (die dann allerdings erst nach dem Zweiten Weltkrieg erfolgte) Arbeitskräfte einsparen zu können.[64]

Darüber hinaus gab es bereits um die Wende zum 19. Jahrhundert Versuche, das prinzipiell effizientere Tonnenumleersystem ebenfalls staubfrei zu gestalten und es wurde mit geschlossenen Sammelfahrzeugen und Systemgefäßen experimentiert. Einen wesentlichen Fortschritt brachten jedoch vor allem die Aktivitäten der Firma Schmidt & Melmer aus dem Siegerland, die bereits vor dem Ersten Weltkrieg der größte deutsche Produzent von Mülltonnen war. Die Firma war 1870 als Rohrschmiede in Weidenau/Sieg gegründet worden und hatte nach der Jahrhundertwende als eine der ersten das ökonomische Poten-

59 Münch, Stadthygiene, 51; Klaus Peter Beuth, Vom Abfallkübel zur Systemabfuhr. Städtereinigung in der ersten Hälfte des 19. Jahrhunderts, in: Bundesverband der deutschen Entsorgungswirtschaft, Von der Städtereinigung zur Entsorgungswirtschaft, 7–27, 11.

60 Breer, Mlodoch, Willms, Asche, Kehricht, Saubermänner, 139.

61 Bausch, Es herrscht Ordnung, 47 ff.

62 Schreiben Stadtreinigungsamt (26.6.1953) betr.: Bewilligung einer außerplanmäßigen Ausgabe von 800.000 DM für die Müllabfuhr. SdtA Dortmund, 170 Stadtreinigungsamt, Nr. 76.

63 Heinrich Erhard, Lebenserinnerungen eines Mülliardärs (Unv. Ms, SdtA Siegen).

64 Schreiben Stadtreinigungsamt an Stadtrat Dr. Hinkmann (13.12.1938), SdtA Dortmund, 170 Stadtreinigungsamt, Nr. 135.

tial der Herstellung von Mülltonnen entdeckt.[65] Dabei erwarb das Unternehmen Lizenzen für die ersten patentierten Systeme staubfreier Müllabfuhr, das in der Schweiz entwickelte Ochsner-System (eingeführt u. a. 1907 in Fürth und 1909 in Altona) sowie für das Colonia-System, das von der Fahrzeugfabrik Peter Bauer aus Köln entwickelt worden war und vor dem Ersten Weltkrieg zu den am weitesten entwickelten Systemen der staubfreien Müllabfuhr gehörte.[66] Bei dem Colonia-System besaß der Abfallbehälter eine Schiebeklappe, die bei der Entleerung als Staubfänger fungierte.[67] Zudem produzierte Schmidt & Melmer auch die 110 Liter Standardtonnen für das Tonnenwechselsystem, die Firma hatte also praktisch alle wichtigen Behälter der Systemabfuhr im Angebot.[68]

Die Innovation jedoch, die Schmidt & Melmer bis zum Ende der 1950er Jahre eine dominierende Position auf dem deutschen Mülltonnenmarkt verschaffen sollte, war ein 1925 zum Patent angemeldetes Verschluss-System für die Verbindung von Gefäß und Müllwagen. Dabei besaß die Mülltonne einen charakteristischen Haken am Deckel, der in die Öffnung des Sammelfahrzeugs eingeklinkt wurde und einen dichten Abschluss der Tonnenöffnung im Entleerungsvorgang sicherstellte.[69] Dieses sog. »Es Em«-Ringsystem stellte über mehr als dreißig Jahre den städtehygienischen Standard der Abfallsammlung dar und wurde erst in den 1960er Jahren von neuen Systemen verdrängt, auf die weiter unten noch ausführlicher eingegangen wird.

Zugleich ist die Firma Schmidt & Melmer ein gutes Beispiel für die im deutschen Fall bereits früh engen Beziehungen zwischen Stadtreinigungsämtern, den Verbänden und den Produzenten von Mülltonnen oder Abfuhrwagen. Eine zentrale Rolle spielte dabei Heinrich Erhard, der nach einem Ingenieurstudium an der TU Charlottenburg während des Ersten Weltkrieges zunächst das Stadtreinigungsamt in Stettin geleitet hatte, dann nach Flensburg wechselte und 1924 schließlich die Leitung der von Schmidt & Melmer eingerichteten »Auskunftsstelle für Müllbeseitigung« übernahm. Dabei handelte es sich um eine 1911 ins Leben gerufene Institution, die Informationen über die rationale Abfallabfuhr sammelte und aufbereitete.[70] Vor allem aber erstellte sie Wirtschaftlichkeitsberechnungen für Kommunen, die ihre Müllabfuhr verbessern wollten. Auch

65 Beuth, Vom Abfallkübel zur Systemabfuhr, 15.

66 Heinrich Erhard, Lebenserinnerungen eines Mülliardärs (Unv. Ms, SdtA Siegen). Tillmetz, 4.

67 Hösel, Unser Abfall aller Zeiten, 174.

68 Ebd.

69 Gutachten erstattet im Auftrage des Verbandes Städtischer Fuhrparksbetriebe Frankfurt/M. über die Frage: »Stellt die Verwendung von Müllgefäßen, die nicht von der Patentinhaberin bezogen wurden, für Müllschütteinrichtungen nach dem DRP 486 177 einen unzulässigen Eingriff in das dem Patentinhaber zustehende Ausschließungsrecht dar?« (4.7.1949). SdtA Mannheim, Tiefbauamt, Zugang 3/1968, Nr. 953.

70 Zur Auskunftsstelle s. Heinrich Erhard, Lebenserinnerungen eines Mülliardärs (Unv. Ms, SdtA Siegen).

Abbildung 3: System-Abfallbehälter, Ende der 1920er Jahre. *Quelle:* Umweltbundesamt. Sammlung Erhard. Verwendung der Darstellung mit freundlicher Genehmigung des der Bibliothek des Umweltbundesamtes.

wenn Erhard jede Parteilichkeit bestritt, so lag der Gedanke doch nahe, dass diese »Kommunalberatung« mit dem Hintergedanken erfolgte, auf diese Weise den Absatz der eigenen Produkte zu steigern. Er selbst gab an, während seiner aktiven Laufbahn mehr als zweitausend solcher Beratungen durchgeführt zu haben; außer für zahlreiche deutsche Kommunen u.a. auch für afrikanische, asiatische und australische Städte.[71] Es verdeutlicht die internationale Reputation der deutschen Abfalltechnologie, dass das kein Einzelfall war. So legte z.B. Georg Ladwig, von 1920 bis 1933 Leiter des Stadtreinigungsamtes in Dortmund, im Zuge eines mehrmonatigen Aufenthaltes in Peru im Jahr 1928 die konzeptionellen Grundlagen für die Einführung der System-Müllabfuhr in der Hauptstadt Lima.[72] Auch das Schmidt & Melmer-Ringsystem wurde ins Ausland verkauft, u.a. nach Westminster und Sheffield.[73]

Abbildung 3 zeigt gebräuchliche Behältersysteme aus den 1920er Jahren. Links sieht man einen (vor allem in Berlin verwendeten) 200 Liter-Behälter,

71 Ebd.

72 Nachruf für Georg Ladwig. Bergbaurat in Dortmund, verstorben 8.12.1953. SdtA Dortmund, 170 Stadtreinigungsamt, Nr. 216.

73 Cyril Fox (Institute of Public Cleansing), Experiences in Sheffield with the »Es Em«-System of Refuse Collection, Sheffield 1929; Arthur F. Stallwood, Report City of Westminster on S.M. »Eagle Body«, S.M. »Faun Body«, London 1929 (für den Hinweis auf diese Quellen danke ich Dirk Wiegand, Iserlohn).

der um die Jahrhundertwende eingeführt wurde.[74] Darunter befindet sich ein 30 Liter Behälter, der sog. Victor-Eimer (eine ähnliche Variante war als AMEA-Eimer bekannt[75]). Rechts davon, in der großen (100 Liter) und kleinen (35 Liter) Variante, steht das Colonia-System mit dem Schiebedeckel. Rechts davon befindet sich eine 110 Liter Wechseltonne. Ganz rechts, in der großen (110 Liter) und kleinen (35 Liter) Variante, sieht man Behälter für das Schmidt & Melmer Ringsystem mit dem charakteristischen Haken am Deckel.[76]

Alle diese Behälter hatten im Übrigen gemeinsam, dass sie aus verzinktem Stahlblech gefertigt waren. Sie waren vor allem dafür konstruiert, die Überreste des in Deutschland zumeist auf Steinkohle basierenden Hausbrands aufzunehmen und sollten eine Lebensdauer von 20 bis 30 Jahren haben. Aus diesem Grund waren sie zwar sehr solide, aber auch sehr schwer, was einen gravierenden Einfluss auf die Arbeitssituation in der Müllabfuhr hatte.[77] So wog eine Schmidt & Melmer-Standardtonne bereits im leeren Zustand 30 Kilogramm, die in Berlin verwendeten 200 Liter Müllkästen ungefüllt sogar einen Zentner.[78] Die Arbeit der Müllwerker galt nirgendwo als so schwer wie in der Hauptstadt.[79]

Die enge Zusammenarbeit zwischen der Vereinigung der Leiter städtischer Fuhrparks- und Stadtreinigungsbetriebe sowie Schmidt & Melmer ist ein Beispiel für eine für Deutschland typische, enge Verbindung zwischen Produzenten und den kommunalen Stadtreinigungsämtern (bzw. später privaten Entsorgungsbetrieben), die wesentlich zur Entwicklung eines einheitlichen Leistungsstandards beitrug. In seinen späten Jahren betätigte sich Heinrich Erhard vor allem als Abfallhistoriker, der 1955 sein Hauptwerk »Aus der Geschichte der deutschen Städtereinigung« veröffentlichte.[80] In den 1920er und 1930er Jahren und auch noch bis in die 1950er Jahre spielte er allerdings eine zentrale Rolle als Entsorgungsexperte für Schmidt & Melmer sowie für die Vereinigung der Leiter städtischer Fuhrparks- und Stadtreinigungsbetriebe und stellte damit ein wichtiges Verbindungsglied zwischen den Produzenten und dem Verband dar.

Neben den Abfallbehältern spielte auch die Entwicklung der Sammelfahrzeuge eine wichtige Rolle. Während traditionell die Abfuhr mit von Pferden gezogenen offenen Wagen erfolgte, führte die Stadt Dortmund, die vor dem Zweiten Weltkrieg eine moderne Müllabfuhr besaß, in den 1920er Jahren

74 Park, Müllkippe, 53.

75 Sabine Stumpf, Pirmasenser Müllabfuhr im Wandel der Zeit. Von der kommunalen Müllabfuhranstalt zum modernen Abfallentsorgungsbetrieb, in: Verband kommunaler Unternehmen, 100 Jahre kommunale Städtereinigung, 227–237, 232.

76 Hösel, Unser Abfall aller Zeiten, 174.

77 Schreiben Heinrich Erhard an Rieger (13.5.1948). LA NRW, NW 354, Nr. 1096.

78 Zur genauen Auflistung der Gewichte einzelner Mülltonnen s. Ebd.

79 Park, Müllkippe, 54.

80 Erhard, Aus der Geschichte der Städtereinigung.

Elektrofahrzeuge für die Abfuhr ein.[81] Zwar hatten diese Vehikel eine relativ geringe Reichweite, das fiel aber aufgrund des in der Stadt verwendeten Tonnenwechselsystems weniger stark ins Gewicht, das ohnehin nur relativ kurze Touren zuließ. Die Stadt Frankfurt stellte, einhergehend mit der Einführung des Schmidt & Melmer Ringsystems, in der zweiten Hälfte der 1920er Jahre von Pferde- auf Kraftfahrbetrieb um.[82] Genauso machte es die Stadt Mannheim.[83] Bei der damals noch stark ausgeprägten Pannenanfälligkeit von Nutzfahrzeugen musste das allerdings nicht unbedingt die optimale Lösung sein, wie Frank Lippert für den LKW oder auch Frank Uekötter für das Beispiel des Traktors in der Landwirtschaft der 1920er Jahre gezeigt haben.[84]

Als Produzent spezieller Funktionsfahrzeuge für die Müllabfuhr war besonders die Firma Krupp wichtig, die sich nach dem Ersten Weltkrieg auf der Suche nach Alternativen zur Rüstungsproduktion in diesem Bereich engagierte.[85] Krupp stellte etwa die für das Wechseltonnensystem benötigten Plateauwagen her, versuchte sich aber auch an der Entwicklung von Aufbauten für Sammelfahrzeuge. Neben Krupp war auch das Daimler-Benz-Werk in Gaggenau ein Wegbereiter in der Herstellung von Sammelfahrzeugen für die Müllabfuhr[86], wobei für dieses Werk, gewissermaßen im Nebenberuf, ebenfalls Heinrich Erhard tätig war.[87] Daimler kooperierte seit 1925 mit der Augsburger Firma Keller & Knappich (Kuka), die ein Kompressionssystem für Müllwagen entwickelt hatte.[88] Über eine Drehschnecke wurde der gesammelte Müll im Aufbau verdichtet, wodurch das Fahrzeug mehr Abfall aufnehmen konnte. Solche technischen Einrichtungen sollten besonders ab den 1960er Jahren immer wichtiger werden, weil sich insbesondere der Verpackungsmüll mit großem Raumgewinn verdichten ließ.[89]

Die meisten deutschen Großstädte führten in den 1920er und 1930er Jahren ein zwar modernes, aber auch »schweres« System der staubfreien Müllabfuhr ein. So stellte die Stadt Mannheim 1924/25 auf die staubfreie System-Müllabfuhr nach dem System Schmidt & Melmer um, die Stadt Frankfurt im

81 Bausch, Es herrscht Ordnung, 56 f.

82 Schröder, Reinigungs- und Abfuhrwesen, 142 f.; Laudatio Dienstjubiläum August Schröder (8.5.1947). ISG Frankfurt/M., Magistratsakten, Nr. 6.953.

83 Pulver, Abfuhranstalt, 6.

84 Frank Lippert, Lastkraftwagenverkehr und Rationalisierung in der Weimarer Republik. Technische und ökonomische Aspekte fertigungsstruktureller und logistischer Wandlungen in den 1920er Jahren. Frankfurt/M. 1999, 172 f.; Uekötter, Die Wahrheit ist auf dem Feld, 287 f.

85 Breer, Mlodoch, Willms, Asche, Kehricht, Saubermänner, 204.

86 Marc Cyrkel-Maier, Bei Daimler-Benz in Gaggenau. Das Nutzfahrzeugwerk in den Jahren 1926–1945. Eine wirtschaftsgeschichtliche Studie. Marburg 2011, 307 ff.

87 Heinrich Erhard, Lebenserinnerungen eines Mülliardärs (Unv. Ms, SdtA Siegen).

88 Stokes, Köster, Sambrook, Business of Waste, 72.

89 Breer, Mlodoch, Willms, Asche, Kehricht, Saubermänner, 254 f.

Jahr 1927.[90] Dieses System basierte in den meisten Fällen auf dem Ringsystem und speziellen Abfuhrfahrzeugen (vor allem der Firma Krupp sowie Daimler-Benz/Gaggenau). Damit im Zusammenhang standen, was im nächsten Kapitel ausführlicher thematisiert werden soll, teilweise neue Lösungen für die Abfallentsorgung, erste Versuche mit Müllverbrennungsanlagen oder Vorläufer des Konzepts der »geordneten Deponie«. Insofern markieren die 1920er und 1930er Jahre eine erste Hochphase der Standardisierung und Rationalisierung der Müllabfuhr im Sinne einer modernen kommunalen Gesundheitspolitik.

2.2 Zweiter Weltkrieg und die unmittelbare Nachkriegszeit

Während sich die Rationalisierung der Müllabfuhr in den 1930er Jahren fortsetzte und die Städte zunehmend einen bestimmten Leistungsstandard umsetzten, brachte die nationalsozialistische Diktatur ab 1933 neue Anforderungen für die Müllabfuhr mit sich. So wurden mit der Zentralisierung der Altstoffwirtschaft im Zuge der Einrichtung des Vierjahresplans im Herbst 1936 die Stadtreinigungsämter vermehrt für die Altstoffsammlung in die Pflicht genommen.[91] Das Dortmunder Stadtreinigungsamt beispielsweise holte in mehreren hundert in Privathäusern eingerichteten Sammelstellen wöchentlich die dort gesammelten Speisereste unentgeltlich ab.[92] Auch in die Sammlung von Metallen und anderen, für die Kriegswirtschaft nützlichen Materialien wurden die Stadtreinigungsämter zunehmend eingespannt.[93] Das dürfte nicht zuletzt auch eine Reaktion darauf gewesen sein, dass die Sammlung von Altmaterialien mit Hilfe von Freiwilligen teilweise recht chaotisch ablief.[94]

Der vielerorts erreichte Leistungsstand der kommunalen Abfallabfuhr konnte während des Zweiten Weltkrieges nicht gehalten werden. Dafür verantwortlich war zunächst der Mangel an Arbeitskräften.[95] Mit den steigenden Einberufungen

90 Stellungnahme Irmisch an Dezernat VII (17.10.1968). SdtA Mannheim, Bauverwaltungsamt, Zugang 52/1979, Nr. 942. Schröder, Reinigungs- und Abfuhrwesen, 142f. Auch Hamburg stellte 1927 auf das S-M-Ringsystem um: Frilling, Mischer, Pütt un Pann'n, 50f.

91 Zum Vierjahresplan vgl. Dietmar Petzina, Autarkiepolitik im Dritten Reich. Der nationalsozialistische Vierteljahresplan. München 1968.

92 Schreiben Stadtreinigungsamt an den Herrn Oberbürgermeister (19.11.1936). SdtA Dortmund, 170 Stadtreinigungsamt, Nr. 35; vgl. Frilling, Mischer, Pütt un Pann'n, 136ff.

93 Bericht Fuhrpark und Stadtreinigungsamt (November 1938). SdtA Dortmund, 170 Stadtreinigungsamt, Nr. 202.

94 Anne Berg, The Nazi Ragpickers and their Wine. Some Preliminary Thoughts on the Politics of Waste in Nazi Germany (Unv. Ms., Michigan 2013), 29.

95 Roland Schlenker, Vom Personalmangel zur Zwangsarbeit. Aufgabenstellung und Beschäftigungssituation rheinischer und westfälischer Kommunen 1936–1945, in: Sabine Mecking, Andreas Wirsching (Hrsg.), Stadtverwaltung und Nationalsozialismus. Systemstabilisierende Dimensionen kommunaler Herrschaft. Paderborn u.a. 2005, 181–213, 194.

zur Wehrmacht wurden sukzessive Arbeitskräfte aus der Müllabfuhr abgezogen, so dass zumeist nur noch Alte und Versehrte übrig blieben, die keine Verwendung für den Kriegsdienst fanden. Das Stadtreinigungsamt in Dortmund teilte bereits im Juni 1941 mit, die Belegschaft bestände »zum großen Teil aus Invaliden von 60–70 Jahren«, die nur eine aushilfsweise Tätigkeit ausübten.[96] Das war insofern bemerkenswert, als die Müllabfuhr eine äußerst schwere Arbeit darstellte und darum eigentlich nicht ohne Weiteres von Invaliden geleistet werden konnte. Auch wenn die Abfallmenge durch den sinkenden Verbrauch während des Krieges abnahm, kam es in zahllosen Fällen zu Problemen und wilden Ablagerungen, gegen Ende des Krieges vor allem auf Trümmergrundstücken. Das wurde allerdings dadurch ausgeglichen, dass nach übereinstimmenden Beobachtungen der verantwortlichen Personen in der Bevölkerung die Hygienestandards deutlich absanken und sich den Verhältnissen anpassten.[97]

Ein aufschlussreiches Dokument hinsichtlich der durch den Krieg gestellten Anforderungen stellt das Kriegstagebuch von August Schröder dar, des für die Müllabfuhr verantwortlichen Leiters des Tiefbauamtes der Stadt Frankfurt/M. Dieser beschrieb u.a., dass durch Einberufungen zur Wehrmacht die Zahl der Arbeiter in der Müllabfuhr bereits direkt nach Kriegsbeginn deutlich absank, wobei diese Verluste allerdings zunächst ausgeglichen werden konnten, indem Arbeiter aus der Straßenreinigung zur Müllabfuhr herübergezogen wurden. Zugleich ging das mit einer Mobilisierung der Bevölkerung einher, die selbst für saubere Straßen und Gehsteige sorgen sollte. Mit Fortdauer des Krieges war eine solche Kompensation allerdings kaum noch möglich, zumal die Müllabfuhr intensiv in die Kriegswirtschaft eingespannt wurde. So mussten auf den städtischen Müllkippen Metalle und andere verwertbare Reststoffe aussortiert werden. Vermehrt wurde auch die Entsorgung von Industriebetrieben übernommen, die aufgrund der Treibstoffverknappung ihre Abfälle nicht mehr selbst abfahren konnten. Die Müllabfuhr wurde im August 1942 sogar dafür eingesetzt, die Kunstwerke des Städelschen Kunstinstituts nach Wetterau in Sicherheit vor Bombenangriffen zu verbringen.

Im Laufe des Krieges wurde es dann immer schwieriger, eine einigermaßen funktionierende Müllabfuhr zu gewährleisten. Im Oktober 1943 bekam der Hauptbetriebshof des Fuhrparks am Luisenhof zwei Bomben-Volltreffer ab, wonach sich eine reguläre Müllabfuhr kaum noch aufrechterhalten ließ, zumal ab dem Herbst des Jahres Müllwerker nicht mehr UK-gestellt werden durften. Im März 1944 wurde bei einem weiteren Bombenangriff der Luisenhof wiederum stark in Mitleidenschaft gezogen, wobei ein großer Teil des Fahrzeugbestandes

96 Schreiben Friedrich Bruch an die Kreisverwaltung der DAF (30.6.1941). SdtA Dortmund, 170 Stadtreinigungsamt, Nr. 202.

97 Kriegstagebuch August Schröder. ISG Frankfurt, Tiefbauamt, Nr. 133; Frilling, Mischer, Pütt un Pann'n, 146ff.

der Stadtreinigung zerstört wurde.[98] Von da an fand eine reguläre Müllabfuhr praktisch nicht mehr statt bzw. es wurde mit Behelfslösungen improvisiert, beispielsweise durch den Einsatz von Zugochsen.

Schröder beschrieb darüber hinaus besonders bedrückende Aspekte dieser Notlage. So beschäftigte die Müllabfuhr neben zahlreichen Kriegsgefangenen auch einige Juden, die etwa zur Schneeräumung, auf diversen Schuttkippen sowie teilweise auch als Müll-Lader eingesetzt wurden. Das war allerdings nicht gern gesehen, weil sie auf diese Weise in Kontakt mit der Bevölkerung kamen.[99] Um die Juden vom Rest der Belegschaft zu separieren, wurden sie an einem Betriebshof an der Gutleutstraße zusammengezogen. Nachdem sie aufgrund der schlechten Ernährungslage immer weniger einsatzfähig waren, wurden sie im August 1942 »von der Gestapo zurückgezogen«, also deportiert.[100]

In Dortmund und Mannheim hatte der Zweite Weltkrieg ganz ähnliche Auswirkungen auf die Müllabfuhr. So ließ das Tiefbauamt der Stadt Mannheim im Oktober 1943 mitteilen, dass man aufgrund der zahlreichen Einberufungen zur Wehrmacht und zum polizeilichen Notdienst nicht mehr in der Lage sei, die Müllabfuhr gemäß den polizeilichen Vorschriften durchzuführen.[101] Im Juni 1944 musste die obligatorische Müllabfuhr in Mannheim zeitweise ganz eingestellt werden und die Hausgemeinschaften wurden dazu verpflichtet, selbst für die hygienisch akzeptable Entsorgung des Mülls zu sorgen.[102] Diese Maßnahme wurde allerdings bereits nach einem Monat wieder aufgehoben, weil, wie der Kreisleiter der örtlichen NSDAP mitteilte, sich die Einstellung der Müllabfuhr »stimmungsmäßig politisch« außerordentlich ungünstig auf die Bevölkerung ausgewirkt hätte.[103] Bis zum Ende des Krieges wurde der Hausmüll aber nur noch unregelmäßig abgefahren. In Dortmund wiederum, das als westlich gelegene Industriestadt während des Zweiten Weltkrieges neun schwere Luftangriffe erlebte, wurden bei einem Angriff u. a. der Fuhrpark und die Fahrzeughalle schwer getroffen und dabei fünf Großraummüllwagen und dreizehn Elektromüllwagen zerstört.[104] Zudem wurde bei dem Angriff die Ladestation

98 Vortrag des Magistrats an die Stadtverordnetenversammlung über Beschaffung von 1.950 Mülltonnen mit einem Fassungsvermögen von je 110 Litern (26.11.1948). ISG Frankfurt, Stadtkämmerei, Nr. 2060.

99 Kriegstagebuch August Schröder. ISG Frankfurt, Tiefbauamt, Nr. 133.

100 Ebd. Über den Einsatz von Zwangsarbeitern in der Hamburger Müllabfuhr s. Frilling, Mischer, Pütt un Pann'n, 146; Schlenker, Vom Personalmangel zur Zwangsarbeit, 208 f.

101 Bekanntmachung Städtisches Tiefbauamt (23.10.1943). SdtA Mannheim, Hauptregistratur, Zugang 1955/1964, Nr. 1581.

102 Bekanntmachung des Oberbürgermeisters der Stadt Mannheim (8.6.1944). SdtA Mannheim, Hauptregistratur, Zugang 1955/1964, Nr. 1581.

103 Schreiben Kreisleiter der NSDAP an Oberbürgermeister Renninger (26.6.1944). SdtA Mannheim, Hauptregistratur, Zugang 1955/1964, Nr. 1581.

104 Erläuterungen zum Haushaltsplan 1952. SdtA Dortmund, 170 Stadtreinigungsamt, Nr. 69. Zu den Luftangriffen s. Högl, 451 ff.

für die Elektrofahrzeuge unbrauchbar gemacht, so dass auch die noch funktionsfähigen Vehikel nicht mehr aufgeladen werden konnten. Das wirkte sich insbesondere auf die Wiederherstellung der Müllabfuhr nach Ende des Krieges aus: Erst im Dezember 1948, also über drei Jahre nach Kriegsende, konnte das Stadtreinigungsamt Dortmund verkünden, die Müllabfuhr sei wieder »friedensmäßig angelaufen«.[105]

In Frankfurt und Mannheim ging das schneller (so konnte in beiden Städten die reguläre Müllabfuhr bereits im Laufe des Jahres 1946 wieder in Gang gesetzt werden), jedoch war die unmittelbare Nachkriegszeit auch hier davon geprägt, eine rudimentäre Abfallsammlung angesichts größtenteils zerstörter Innenstädte wiederherstellen zu müssen. Ein großer Teil der Abfallbehälter sowie Sammelfahrzeuge war durch Kriegseinwirkungen demoliert worden. Zudem fehlte es oftmals auch an geeigneten Arbeitskräften. In München wurden besonders notorische Nationalsozialisten zeitweise in der Müllabfuhr eingesetzt, was aber doch nur eine temporäre Abhilfe schaffte.[106]

In Mannheim, so ließ das Stadtreinigungsamt mitteilen, waren direkt nach dem Krieg von vormals 28.000 stadteigenen Mülltonnen nur noch 2.000 vorhanden.[107] Die Stadt fragte darum bei der Firma Schmidt & Melmer wegen dringend benötigter Mülltonnen an, allerdings war die Firma nicht in der Lage, zu liefern. Sie hatte im März 1945 einen Bombentreffer abbekommen[108] und – was noch schwerer wog – mit gravierenden Materialengpässen zu kämpfen.[109] So blieb der Stahl, den die Stadtreinigungsämter für die Herstellung von Mülltonnen, Sammelfahrzeugen und Reparaturen verwenden durften, bis Ende der 1940er Jahre durch die Besatzungsmacht kontingentiert, wobei die Zuteilungen über eine Arbeitsstelle des Verbands städtischer Fuhrparksbetriebe erfolgte.[110] Dieser Verband hatte sich nach dem Krieg als Nachfolger der Vereinigung der Leiter städtischer Fuhrparks- und Stadtreinigungsbetriebe reorganisiert, indem zunächst 1946 Teilverbände in der amerikanischen und britischen Besatzungszone gegründet wurden. Ein Jahr später wurde er auf einer Sitzung in Köln wiedergegründet, wobei die Initiative wesentlich vom Kölner Bürgermeister Adolphs und dem Leiter des Frankfurter Tiefbauamts August Schröder aus-

105 Schreiben Stadtreinigungsamt an die Dortmunder Hafen AG (o. D., Dezember 1948). SdtA Dortmund, 170 Stadtreinigungsamt, Nr. 151.

106 Münch, Stadthygiene, 323.

107 Schreiben Städtisches Tiefbauamt an den Herrn Oberbürgermeister (20.1.1948). SdtA Mannheim, Tiefbauamt, Zugang 54/1969, Nr. 145.

108 Heinrich Erhard, Lebenserinnerungen eines Mülliardärs (Unv. Ms, SdtA Siegen).

109 Schreiben Schmidt & Melmer an das Städtische Tiefbauamt Mannheim (8.12.1947). SdtA Mannheim, Tiefbauamt, Zugang 3/1968, Nr. 953.

110 Vermerk Köster, Rieger betr. Versorgung der Städtischen Fuhrparksbetriebe mit Stahl (25.8.1948). LA NRW, NW 354, Nr. 1096.

ging, der den Vorsitz des Verbands 1933 übernommen hatte.[111] 1953 nannte der Verband sich im Rahmen einer Satzungserneuerung in »Verband Kommunaler Fuhrparksbetriebe« (VKF) um.[112] Auf der Jahrestagung des VKF in Frankfurt/M. 1949 wurde der Leiter des dortigen Stadtreinigungsamtes, Hans Baumann, zum Präsidenten des Verbands gewählt, der ihm bis Ende der 1970er Jahre vorstand und über drei Jahrzehnte eine der prägenden Figuren der bundesdeutschen Abfallwirtschaft war.[113]

Das wesentliche Ziel der kommunalen Stadtreinigungsämter nach dem Zweiten Weltkrieg war, eine funktionierende Hausmüllabfuhr zu gewährleisten, die zumindest annähernd den Vorkriegsstand erreichte.[114] Dieser Rekonstruktionsgedanke äußerte sich auch darin, wenn zu Beginn der 1950er Jahre davon gesprochen wurde, die Abfallmengen könnten nach und nach ihren Vorkriegsstand wieder erreichen. Bis in die zweite Hälfte der 1950er Jahre wurde das Anwachsen der Abfallmengen in den Städten vor allem mit der steigenden urbanen Bevölkerung und der Zunahme der Haushalte erklärt.[115] Davon, dass die Abfallmengen noch viel weiter ansteigen könnten, sich gar eine »Müll-Lawine« zu entwickeln drohte, hatte Mitte der 1950er Jahre kein Verantwortlicher der Abfallbeseitigung eine zureichende Vorstellung.

2.3 Die »schwere« und die »leichte« Rationalisierung der Müllabfuhr seit den 1950er Jahren

In den 1950er Jahren war es das vorrangige Ziel der Stadtreinigungsämter, den vor dem Krieg erreichten Leistungsstandard der Städtereinigung wiederherzustellen und, wo es möglich erschien, zu verbessern. Dabei gab es eine ausgeprägte Kontinuität zu Techniken und Praktiken der 1920er und 1930er Jahre. Seit den späten 1950er Jahren begannen sich jedoch die Anforderungen an die Müllabfuhr zu verändern. Nicht nur stiegen die Müllmengen drastisch an, zugleich war die Abfallsammlung mit einem im »Wirtschaftswunder« äußerst engen Arbeitsmarkt konfrontiert. Die Reaktion darauf bestand in einer technischen Rationalisierung, der Einführung neuer Tonnen- und Abfuhrsysteme sowie verbesserter Sammelfahrzeuge, welche die Abfuhr grundlegend verändern sollten. Sie schu-

111 Böhme, Vom Pferdefuhrwerk zum Seitenlader, 8; Mitteilungen des Verbands kommunaler Fuhrparks- und Stadtreinigungsbetriebe 3/1972: 1912–1972 60 Jahre VKF. BA Koblenz, B 106, Nr. 69727.

112 Ziebill, Geschichte des deutschen Städtetages, 295f.

113 Pressenotiz Verband Kommunaler Städtereinigungsbetriebe (25.2.1974) betr.: Ein seltenes Jubiläum. BA Koblenz, B 106, Nr. 69727.

114 Frilling, Mischer, Pütt un Pann'n, 160.

115 Direktor Kalt: Denkschrift über die Unzulänglichkeit des Fuhrparks an jetziger Stelle (1958). SdtA Dortmund, 170 Stadtreinigungsamt, Nr. 118.

fen darüber hinaus aber auch die Grundlage für neue Formen der betrieblichen Leistungspolitik in der Abfallsammlung, die wesentlich auf den arbeitssparenden technischen Innovationen der 1960er und frühen 1970er Jahre beruhten.

2.3.1 Infrastrukturelle Voraussetzungen: Stadtstrukturen, Gebühren, Satzungen

Nachdem die größten Bedrängnisse der Müllabfuhr der Nachkriegszeit beseitigt waren, stellte sich erneut die Frage der Durchsetzung eines städtehygienischen Standards. Besonders im Vordergrund stand dabei die Ausweitung des Abfuhrgebietes, das im Zuge der Kommunalisierung oftmals lediglich das Stadtzentrum umfasste. Diese Ausweitung war in vielen Städten bereits in den 1930er Jahren begonnen worden, als motorisierte Nutzfahrzeuge sie technisch möglich erscheinen ließen[116], sie setzte sich jedoch erst in den 1950er Jahren auf ganzer Linie durch.[117] Im Jahr 1960 war in den Großstädten üblicherweise das gesamte Stadtgebiet an die reguläre Müllabfuhr angeschlossen.[118]

Neben dem Wiederanknüpfen an Entwicklungen der Vorkriegszeit hatte diese Ausweitung allerdings auch mit der Veränderung von Stadtstrukturen im Zuge des Wiederaufbaus zu tun, die im letzten Kapitel bereits angesprochen wurde. Äußere Stadtbezirke, die vormals eher Dörfern geglichen hatten, verwandelten sich zunehmend in Vorstädte mit ähnlichen Abfallproblemen wie die verdichteten Zentren. Das war nach dem Krieg auch deswegen der Fall, weil letztere aufgrund der Zerstörungen teilweise nicht bewohnt werden konnten und die Bevölkerung darum in die äußeren Bezirke auswich.[119] Die Stadtplanung im Zuge des Wiederaufbaus zielte im Übrigen auch auf eine »Auflockerung« und großzügigere Bebauung der Zentren. Jedenfalls verschwanden in den suburbanen Randbezirken die Misthaufen genauso sukzessive aus den Gärten wie die Kleintiere von den Straßen, welche die Müllabfuhr lange Zeit behindert hatten.[120] Stattdessen entstanden bald wilde Müllablagerungen, die große

116 So wurde beispielsweise der Abfall in den Dortmunder Stadtteilen Marten und Huckarde ab 1935 von der Stadt eingesammelt. SdtA Dortmund, 170 Stadtreinigungsamt, Nr. 37. Vgl auch: Frilling, Mischer, Pütt un Pann'n, 60 ff., 162 ff.

117 Schreiben Stadtreinigungsamt (26.6.1953) betr.: Bewilligung einer außerplanmäßigen Ausgabe von 800.000 DM für die Müllabfuhr. SdtA Dortmund, 170 Stadtreinigungsamt, Nr. 76.

118 Vgl. Übersicht über die Einführung der obligatorischen Müllabfuhr in Seckenheim, Friedrichsfeld, Neckarau mit Siedlung Neuhermsheim, Sandhofen einschließlich Blumenau. Voraussichtliche Mehreinnahmen sowie die erforderlichen Mehrkosten (13.1.1954). SdtA Mannheim, Hauptamt, Zugang 35/1981, Nr. 361.

119 Schreiben Tiefbauamt an die Hauptverwaltung der Stadt Mannheim (31.3.1951). SdtA Mannheim, Hauptregistratur, Zugang 1955/1964, Nr. 1581.

120 Reith, Umweltgeschichte der Frühen Neuzeit, 64 f.

hygienische Probleme verursachten.[121] Bessere Straßen machten indes viele Häuser für die Sammelfahrzeuge leichter zugänglich.[122]

In Mannheim setzte sofort mit Wiederinbetriebnahme der regulären Müllabfuhr eine breite Debatte über die Ausweitung des Abfuhrgebietes ein, die zunächst aber noch an der Kostenfrage scheiterte.[123] Diese Diskussion machte sich dabei u.a. daran fest, dass mancherorts aufgrund der fehlenden Abfuhr wilde Müllablagerungen entstanden, wobei »diese Dreckplätze [...] wahre Brutstätten für das Ungeziefer« waren.[124] Die Ausweitung der regulären Abfuhr erfolgte dann während der 1950er Jahre in mehreren Schritten. So wurde sie im Oktober 1952 bereits auf die an die Innenstadt angrenzenden Gebiete erweitert. 1954 wurden die Stadtteile Seckenheim, Blumenau, Friedrichsfeld und Wallstadt ebenfalls in die Abfuhr einbezogen[125], nachdem dort seit Ende der 1940er Jahre bereits eine freiwillige Müllabfuhr angeboten wurde.[126] Mitte der 1950er Jahre war der Vorgang, der wesentlich durch eine Gebührenerhöhung finanziert wurde, weitgehend abgeschlossen.[127]

In Dortmund waren bei Wiederaufnahme der regulären Müllabfuhr im Jahr 1948 immerhin bereits zwei Drittel der Bevölkerung an die kommunale Müllabfuhr angeschlossen.[128] Die Ausweitung der regulären Abfuhr auf das gesamte Stadtgebiet wurde hier bis 1953 in die Wege geleitet, wobei diese Umstellung zugleich mit der Umstellung vom Wechsel- auf das Umleertonnenverfahren einherging. Das letztere wurde zunächst in den neu in die reguläre Müllabfuhr einbezogenen Stadtgebieten eingeführt; die Umstellung der Innenstadt erfolgte dann mit Abschluss der Ausweitung der Müllabfuhr auf das gesamte Stadtgebiet im Herbst 1953.[129] Damit fand auch die Umstellung auf das Ringsystem vergleichsweise spät statt (in Mannheim und Frankfurt bereits in den 1920er

121 Schreiben Tiefbauamt an den Oberbürgermeister (2.12.1953): Müllabfuhr in Seckenheim. SdtA Mannheim Zugang 1955/1964, Nr. 1582.

122 Stellungnahme Irmisch an Dezernat VII (17.10.1968). SdtA Mannheim, Bauhauptverwaltung, Zugang 52/1979, Nr. 942.

123 Schreiben der KPD an den Herrn Oberbürgermeister (26.6.1947). SdtA Mannheim, Hauptregistratur, Zugang 1955/1964, Nr. 1581.

124 Schreiben Ludwig Schwarz an den Herrn Oberbürgermeister (6.3.1949). SdtA Mannheim, Hauptregistratur, Zugang 1955/1964, Nr. 1581.

125 Amtliche Bekanntmachung der Stadt Mannheim (27.10.1952); Amtliche Bekanntmachung der Stadt Mannheim (16.3.1954). SdtA Mannheim, Hauptregistratur, Zugang 42/1975, Nr. 1089.

126 Schreiben Tiefbauamt an den Mannheimer Morgen (10.11.1947). SdtA Mannheim, Hauptregistratur, Zugang 1955/1964, Nr. 1581.

127 Schreiben Städtisches Tiefbauamt an den Herrn Oberbürgermeister (5.12.1958). SdtA Mannheim, Hauptregistratur, Zugang 40/1972, Nr. 291.

128 Zusammenstellung der vorhandenen Straßenreinigungsbetriebe in Städten und Gemeinden über 10.000 Einwohner (1948). LA NRW, NW 354, Nr. 1100.

129 Schreiben Stadtrat Lotz an den Vorsitzenden des Ausschusses für städtische Betriebe Bernhard Stade (10.7.1953). SdtA Dortmund, 170 Stadtreinigungsamt, Nr. 76; Direktor Kalt:

Jahren), worin sich einer der Gründe für die relative »Rückständigkeit« des Dortmunder Stadtreinigungsamtes im Vergleich zu anderen Ämtern in den 1960er und 1970er Jahren erblicken lässt: Diese Umstellung war teuer und es ließ sich gegenüber der Stadtkämmerei nur schwer rechtfertigen, das wenige Jahre später bereits eine weitere Umstellung erforderlich sein sollte.[130] In Frankfurt wiederum war die Ausweitung des Sammlungsgebietes mit Einheitsgefäßen ebenfalls bis Mitte der 1950er Jahre abgeschlossen.[131]

Die Ausweitung der Abfuhr trug zu einer Standardisierung der Müllabfuhr bei, weil die Haushalte in den neu entsorgten Stadtteilen und Gebieten ebenfalls einheitliche Gefäße gestellt bekamen bzw. für solche bezahlen mussten.[132] Zugleich erhofften sich die Stadtreinigungsämter die Erzielung von Rationalisierungseffekten, indem sie die mit der Erweiterung des Abfuhrgebietes verbundenen zusätzlichen Kosten nicht nur durch erhöhte Gebühreneinnahmen, sondern auch durch eine effizientere Sammlung zu kompensieren versuchten.[133] Diese Entwicklung brachte aber auch einen erhöhten formalen Regelungsbedarf für die Müllabfuhr mit sich. Zwar hatten sich die Städte im Zuge der Kommunalisierung bereits Satzungen für die Müllabfuhr gegeben, jedoch mussten diese nach dem Krieg den neuen Begebenheiten angepasst werden. Der Erlass solcher Ordnungen, die sich mit der Müllabfuhr befassten, den Anschlusszwang festlegten, Aussagen über Turnus der Müllabfuhr, Größe der Gefäße und Art der Gebührenerhebungen trafen, waren eine Reaktion auf die veränderten Rahmenbedingungen nach dem Krieg, die Veränderung von Stadtstrukturen, die Ausweitung des Abfuhrgebiets mit der damit einhergehenden Standardisierung sowie die Durchsetzung des Anschlusszwangs.[134]

Denkschrift über die Unzulänglichkeit des Fuhrparks an jetziger Stelle (1958). SdtA Dortmund, 170 Stadtreinigungsamt, Nr. 118.

130 So wurde der angemeldete Finanzbedarf des Stadtreinigungsamtes in den 1960er und 1970er Jahren von der Stadtkämmerei regelmäßig drastisch zusammengekürzt. Vgl. Niederschrift über die Dienstbesprechung am 22.10.1963. SdtA Dortmund, 170 Stadtreinigungsamt, Nr. 137.

131 Otto Schubert, Der Betrieb, in: Stadt Frankfurt (Hrsg.), 100 Jahre Stadtreinigung Frankfurt am Main 1872–1972. Frankfurt 1972, 33–51, 39f.; Vortrag des Magistrats an die Stadtverordnetenversammlung, betr. Einbeziehung der Stadtteile Hausen, Praunheim und Wiesenau an die allgemeine Müllabfuhr (Juli 1951). ISG Frankfurt, Stadtkämmerei, Nr. 2060.

132 Gängige Praxis war entweder, dass die Bürger das Müllgefäß gegen ein einmaliges Entgelt erwarben und es dann besaßen, oder die Stadt das Gefäß bereitstellte, es dann aber in ihrem Besitz verblieb.

133 Niederschrift über eine Sitzung des Ausschusses für städtische Betriebe am 13.2.1950 (16.2.1950). SdtA Dortmund, 170 Stadtreinigungsamt, Nr. 65.

134 Satzung vom 17.12.1957 und 3.7.1962 über die Gebühren für die Benutzung der städtischen Entwässerungsanlage, der Müllabfuhr und der Straßenreinigung der Stadt Mannheim. SdtA Mannheim, Hauptregistratur, Zugang 42/1975, Nr. 2400.

Zugleich waren diese Kommunalordnungen aber auch wichtig für die Angleichung von Leistungsstandards. Dabei trugen insbesondere verschiedene Mustersatzungen zur Homogenisierung von Rechtsnormen bei, die jedoch bis in die späten 1960er Jahre äußerst umstritten blieben. So wurde etwa eine vom Deutschen Städtetag erstellte Mustersatzung für die kommunale Müllabfuhr aus dem Jahr 1948, die u. a. den Anschlusszwang enthielt, dafür kritisiert, nicht auf die Bedürfnisse kleinerer Städte und Landkreise zugeschnitten zu sein.[135] Tatsächlich zirkulierten die Mustersatzungen bis in die späten 1960er Jahre vor allem zwischen den großen Städten, so dass im Jahr 1966 immer noch das Fehlen einer einheitlichen, für alle Gemeinden gleich welcher Größe verwendbaren Mustersatzung beklagt wurde.[136]

Zu den wesentlichen Punkten, welche die Kommunalordnungen regelten und die bei der Ausweitung des Abfuhrgebietes von besonderer Relevanz waren, gehörte die Festlegung des Anschlusszwanges, dass sich also niemand mehr die Müllgebühren sparen konnte, indem er für die Entsorgung seines Abfalls selbst sorgte und ihn mitunter »wild« in der Landschaft deponierte.[137] Das war ein gravierendes Problem, weil viele Bürger, insbesondere wenn sie in der einen oder anderen Form in der Landwirtschaft tätig waren, in den 1950er und 1960er Jahren durchaus die Entsorgung ihrer Abfälle noch selbst leisten konnten bzw. selbst zu leisten können meinten. Viele von ihnen waren darum mit dem Anschlusszwang und den damit verbundenen Gebühren nicht einverstanden. Zur Durchsetzung eines solchen Anschlusszwanges waren jedoch Kommunalordnungen gerade erforderlich.[138] Auch in dieser koordinierenden Funktion kann sicherlich ein Beitrag des VKF zur Durchsetzung einheitlicher Leistungsstandards und eines uniformen Erscheinungsbildes der Müllabfuhr gesehen werden.

Der Anschlusszwang blieb bis in die 1970er Jahre stark umstritten, als er mit dem Abfallbeseitigungsgesetz von 1972 für alle Haushalte verbindlich wurde. Zwar hatte das Oberverwaltungsgericht Münster bereits in einem Urteil vom August 1953 festgestellt, dass etwa die in der Nordrhein-Westfälischen Gemeindeordnung festgelegte Erlaubnis, »bei dringendem öffentlichen Bedürfnis« den

135 Schreiben Oberstadtdirektor der Stadt Düsseldorf an den Wirtschaftsminister des Landes NRW (21.6.1949). Landesarchiv NRW, NW 354, Nr. 1096.

136 Artikel: Neues Muster einer Satzung über die öffentliche Müllabfuhr, in: Die Gemeinde (19.7.1966). SdtA Mannheim, Bauhauptverwaltung, Zugang 52/1979, Nr. 943. Mitteilungen des Deutschen Städtetages (14.2.1961). SdtA Mannheim Hauptregistratur, Zugang 42/1975, Nr. 1093.

137 Oberbürgermeister der Stadt Mannheim: Begründung zu den Satzungsentwürfen auf dem Gebiet des Tiefbauwesens (11.10.1957). SdtA Mannheim, Zugang 42/1975, Nr. 1093.

138 Stadtratssitzung 27.5.1955: Protokollauszug: Einführung der Straßenreinigung und Müllabfuhr im Stadtteil St. Georgen; Erlass einer Satzung über die Müllabfuhr. SdtA Freiburg, C5/4155.

Anschlusszwang festzulegen, rechtens sei. Zugleich sollte dieses »dringende öffentliche Bedürfnis« nicht durch Gerichte überprüft werden können, womit Klagen gegen den Anschlusszwang bereits vorweg als aussichtslos galten.[139] Allerdings wurde letzterer erst nach und nach, in vielen ländlichen Gemeinden sogar erst Anfang der 1970er Jahre, eingeführt, was wiederum zu zahlreichen Beschwerden von Bürgern (vor allem Landwirten) führte, die keine aus ihrer Sicht unnötigen Gebühren zahlen wollten. Spätere sporadische Klagen gegen den Anschlusszwang wurden jedoch durchweg abschlägig beschieden.[140]

Mit dem Anschlusszwang ging die Erhebung von Gebühren einher, die aus naheliegenden Gründen stets zu den umstrittensten Fragen der Abfallbeseitigung gehörten. Dabei wurden diese häufig nicht, was eigentlich eine naheliegende Lösung darstellte, nach der jeweiligen Tonnenkapazität bemessen, sondern nach einem »Wahrscheinlichkeitsmaßstab«, meistens dem veranlagten Grundstückswert bzw. dem Brandversicherungswert einer Immobilie, worauf dieser Betrag dann anteilsmäßig auf die Mieter umgelegt wurde.[141] Seit Ende der 1950er Jahre gingen die Kommunen jedoch sukzessive zur Berechnung nach einem sog. »Leistungsstandard« über, berechneten die Gebühren also nach dem jeweils in Anspruch genommenen Tonnenvolumen und der Häufigkeit der Leerung.[142] Diese Umstellung konnte sich allerdings im konkreten Fall über die gesamten 1960er Jahre hinziehen.[143]

Für die Stadtreinigungsbetriebe der öffentlichen Hand bestand dabei in gewisser Weise ein Anreizproblem, weil sie ihre Einnahmen den Ausgaben anzupassen hatten, also im Falle eines erzielten Überschusses entweder die Ausgaben erhöhen oder die Kosten senken mussten. Zugleich führten aber sowohl die Ausweitung des Leistungsangebots, das bis zu den großen Investitionen in Müllverbrennungsanlagen in den 1960er Jahren nahezu ausschließlich aus dem Ordentlichen Haushalt bestritten wurde, zu kontinuierlichen Gebührenerhöhungen, zumal die Stadtreinigungsämter mit ständig steigenden Abfallmen-

139 Hans Baumann, Wohin mit dem Müll, in: Der Städtetag 10, 1957, Hft. 3, 133; OVG Rheinland-Pfalz in Koblenz: Urteil in den Verwaltungsrechtsstreit Albert Keller gegen den Landkreis Kusel (6.12.1976). LA NRW, NW 455, Nr. 817.

140 OVG Rheinland-Pfalz in Koblenz: Urteil in den Verwaltungsrechtsstreit Alber Keller gegen den Landkreis Kusel (6.12.1976). LA NRW, NW 455, Nr. 817.

141 In Mannheim z. B. wurde Ende der 1950er Jahre erst vom »badischen Steuerwert« auf den Brandversicherungswert einer Immobilie umgestellt, um 1964 zu einem Leistungsmaßstab überzugehen. Tiefbauamt: Änderungen der Satzung für die Müllabfuhr der Stadt Mannheim (18.6.1964). SdtA Mannheim Hauptregistratur, Zugang 42/1975, Nr. 1093.

142 Vermerk betr. Gebühren über die Müllabfuhr (11.11.1960). LA NRW, NW 354, Nr. 1099.

143 Auszug aus der Niederschrift über die 6. Koordinierungsbesprechung der Tiefbauämter der großen Städte des süddeutschen und südwestdeutschen Raums am 9.August 1963 in Frankfurt/M. SdtA Mannheim, Dezernatsregistratur, Zugang 37/1980, Nr. 1012; Schubert, Der Betrieb, 39 f.

gen zurechtkommen mussten.[144] Zu finanziell spürbaren Gebührenerhöhungen führte in den Großstädten Mitte der 1960er Jahre jedoch vor allem der Neubau von Müllverbrennungsanlagen, welche die Entsorgungskosten (im Gegensatz zu den Sammlungskosten) überhaupt erst zu einer wirklich relevanten Größe im Budget der Stadtreinigungsämter machte.[145]

Ein weiterer Gesichtspunkt, den Kommunalordnungen zu regeln hatten, war die Frage, wem der Müll eigentlich gehörte. Allein schon, um sich rechtlich abzusichern, enthielten viele Satzungen in den 1950er Jahren einen Passus zum Eigentumsübergang. So bestimmte die Müllsatzung der Stadt Konstanz von 1961, dass der Müll mit Entleerung aus dem Behälter Eigentum der Stadt wurde, die sich im Gegenzug verpflichtete, im Abfall vorgefundene Wertgegenstände als Fundsachen zu behandeln.[146] Mitunter konnte der Frage, wem der Müll gehörte, auch finanzielle Relevanz zukommen. So fand eine Freiburger Kunststudentin Anfang der 1960er Jahre bei der Sichtung eines Nachlasses ein wertvolles Ölgemälde, das später angeblich für eine Million Mark verkauft worden sein soll. Der Fall machte nicht zuletzt deswegen Schlagzeilen, weil der wenig kunstinteressierte Besitzer die Studentin anschließend mit einem schlichten Dankeschön abspeiste. Da das Gemälde allerdings bereits vor der Verladung aussortiert worden war, bestanden von Seiten der Müllabfuhr keinerlei Besitzansprüche.[147] Von solchen Sonderfällen abgesehen ging es beim Eigentumsübergang, neben der Regelung von Fällen, wo Gegenstände unbeabsichtigt in den Abfall gelangten, jedoch vor allem darum, die alleinige Zuständigkeit der Stadtreinigungsämter für die Sammlung und die Entsorgung des Abfalls sicherzustellen. Auf diese Weise konnte beispielsweise den Müllwerkern verboten werden, die Tonnen nach eventuell noch brauchbaren Gegenständen zu durchforsten.[148] Mit demselben Hinweis konnten aber auch Altstoffhändler von den Deponien vertrieben werden, die dort nach verwertbaren Materialien suchten. Die Kommunen machten in den 1950er Jahren daraus noch lieber selbst ein Geschäft, indem sie Sammler gegen ein Entgelt konzessionierten.[149]

144 Tiefbauamt: Änderungen der Satzung für die Müllabfuhr der Stadt Mannheim (18.6.1964). SdtA Mannheim Hauptregistratur, Zugang 42/1975, Nr. 1093.

145 Pöpel, Einflüsse auf Menge und Zusammensetzung, 194.

146 Abschrift: Amtliche Bekanntmachung. Satzung über die öffentliche Müllabfuhr in Konstanz (1961). SdtA Freiburg, C5/4155.

147 Schreiben Fuhrparksbetriebe an das Bürgermeisteramt Freiburg (18.6.1966). SdtA Freiburg, C5/4162.

148 Merkblatt für das Reinigungs- und Müllwerker-Personal des Stadtreinigungs- und Fuhramtes Mannheim (1970). SdtA Mannheim, Bauhauptverwaltung, Zugang 52/1979, Nr. 1463.

149 Denkschrift über die Einrichtung einer neuen Müllabfuhreinrichtung in der Stadt Dortmund (1951). SdtA Dortmund, Bestand 170, Nr. 221; Stadtreinigungsamt Frankfurt, 15 Jahre Wiederaufbau, Internationale Industrie-Bibliothek Bd. 149/54. Basel 1960, 18.

Auch wenn die Kommunalordnungen einen wichtigen Beitrag zur Standardisierung der Abfallsammlung leisteten, gab es in den 1960er Jahren durchaus noch erhebliche Unterschiede zwischen den Städten, was die technische Ausstattung und Rationalisierung der Müllabfuhr anging. Die Stadt Freiburg hatte zu Beginn der 1960er Jahre noch nicht einmal die staubfreie Müllabfuhr eingeführt, was teilweise geradezu martialisch gerechtfertigt wurde. So meinte ein Stadtrat, er sei während russischer Kriegsgefangenschaft selbst Müll-Lader gewesen und habe sich dabei so in den Wind gestellt, dass der Staub ihm nicht ins Gesicht geflogen sei: »Schließlich nehme jedes kleine Kind in den ersten Lebensjahren so viel Dreck in sich auf, dass es dadurch erst stark werde und ihm Bakterien nicht so leicht etwas anhaben konnten.«[150] Die Stadt Karlsruhe führte die staubfreie Systemmüllabfuhr ebenfalls erst Ende der 1950er Jahre ein, was die Verantwortlichen der Stadt Mannheim, um deren Rat aus Karlsruhe angefragt wurde, zu Ausbrüchen kaum verhohlener Arroganz verleitete.[151]

Allerdings schwächten sich diese Unterschiede in den 1960er Jahren zunehmend ab und es setzte sich ein städtehygienischer Standard durch, dem sich langfristig keine Kommune entziehen konnte. Alternative Formen der Müllabfuhr wie etwa das Tonnenwechselsystem verschwanden bereits in den 1950er Jahren und wurden anschließend bestenfalls noch als historische Kuriosität behandelt. Sowohl die Städte Bochum, Dortmund und Düsseldorf führten zu Beginn der 1950er Jahre das Umleersystem ein.[152] Das war nicht zuletzt eine Reaktion auf die Vergrößerung des Abfuhrgebietes und die Vermehrung der entsorgten Haushalte. Abgesehen von den erhöhten Kosten für die Behälter ließen sich die durch das Tonnenwechselsystem erzwungenen kurzen Touren nicht mehr rechtfertigen. In den 1960er Jahren wurden dann wirklich flächendeckend staubfreie Systeme eingeführt und die genannten Beispiele Freiburg und Karlsruhe galten Mitte der 1960er Jahre hinsichtlich ihrer Abfallsammlung bereits als durchaus modern.[153]

Dass sich ein solcher Standard durchsetzen konnte, hatte nicht zuletzt auch mit der gegenseitigen Beobachtung der Städte zu tun. So spielte der Vergleich mit anderen Kommunen hinsichtlich der Techniken der Abfallsammlung und des erreichten Standards der Städtehygiene früh eine zentrale Rolle. 1949 gab es im Heidelberger Stadtrat eine hitzige Debatte darüber, wie sehr die hiesige Städtereinigung gegenüber der im benachbarten Mannheim abfiel, die ein

150 Protokollauszug Stadtratssitzung 19.12.1961 (19.12.1961), SdtA Freiburg, Städtische Hauptverwaltung, C5/4155.

151 Schreiben der Stadt Mannheim an Josef Gärtner (Stadtverwaltung Karlsruhe) (25.11. 1957). SdtA Mannheim, Hauptregistratur, Zugang 40/1972, Nr. 291.

152 Willms, Mlodoch, Wiederaufbau, Wirtschaftswunder, Konsumgesellschaft, 87 f.; Fuhrpark und Stadtreinigungsamt. Investitionsbedarf für die Rechnungsjahre 1951–55. SdtA Dortmund, 170 Stadtreinigungsamt, Nr. 29.

153 Zeitungsausschnitt Eisenwaren-Zeitung (November 1964). SdtA Freiburg, C5, Nr. 4162.

modernes Abfuhrsystem mit verzinkten und verschließbaren Tonnen anwandte.[154] In Mannheim selbst relativierte man die eigenen Sammlungsprobleme mit dem Hinweis auf die Situation in Stuttgart, wo »schmutzige Eimer oder sonstige Behälter übelster Art, teilweise Pappschachteln« von der Müllabfuhr entleert werden mussten.[155] Auf kurz oder lang war aber auch Mannheim nicht vor dem Vorwurf gefeit, eine besonders »dreckige« Stadt zu sein, was sicherlich auch eine Folge der in den 1960er Jahren schnell zunehmenden Hausmüllmengen war. So schrieb z.B. ein Direktor der Badischen Bank 1968 einen Brief an die Verwaltung und beschwerte sich darüber, dass auf den Plätzen sehr viel Abfall herumliegen würde, was mit dazu beitrage, »dass Mannheim nicht nur jeglicher Anziehungskraft entbehrt, sondern sogar in der Vorstellung Fremder als ›miese‹ Industriestadt verschrien ist.«[156] Eine Frau berichtete zur selben Zeit über ihre Erfahrungen aus Toronto, das sehr viel sauberer sei als Mannheim und wo man ins Gefängnis käme, wenn man den Abfall nicht ordnungsgemäß in die Tonne warf.[157] Die Mannheimer Zustände wurden allerdings als harmlos angesehen im Vergleich zu West-Berlin, das angeblich als eine der »schmutzigsten Großstädte der Welt« galt und wo 1969 drakonische Geldstrafen für »Müllfrevler« eingeführt wurden.[158]

Auf solche Anwürfe konnten die Kommunen bis in die 1950er Jahre noch mit dem Hinweis auf die kriegsbedingten Erschwernisse reagieren. In Zeiten wachsenden Wohlstandes und gleichzeitig zunehmender Abfallprobleme zog diese »Entschuldigung« jedoch immer weniger. Die angemessene Reaktion war die Etablierung eines adäquaten Leistungsstandards, wobei den Stadtreinigungsämtern die Arbeit beträchtlich erleichtert wurde, wenn die Bevölkerung mithalf und nicht die Abfälle einfach in der Gegend verstreute. Darauf zielten insbesondere verschiedene Sauberkeitskampagnen. Diese erscheinen mentalitätshistorisch aus dem Grund interessant, weil hier Ende der 1950er Jahre noch durchweg ein autoritärer Ton und z.T. relativ drastische Slogans vorherrschten (»Der Schlamper geht um«[159]). In den 1960er Jahren ließ sich diese Form der

154 Artikel Rhein-Neckar-Zeitung: Aus dem Stadtrat (15.1.1949). SdtA Mannheim, Hauptregistratur, Zugang 1955/1964, Nr. 1581.

155 Beitrag Stadtrat Kuhn, in: Auszug aus der Niederschrift über die Stadtratssitzung am 19.6.1951. SdtA Mannheim, Hauptregistratur, Zugang 1955/1964, Nr. 1582.

156 Schreiben Wolf Roth an den Oberbürgermeister der Stadt Mannheim (11.4.1968). SdtA Mannheim, Bauverwaltungsamt, Zugang 52/1979, Nr. 936.

157 Schreiben Luise Brauch an den Oberbürgermeister der Stadt Mannheim (18.8.1969). SdtA Mannheim, Bauverwaltungsamt, Zugang 52/1979, Nr. 936.

158 Artikel Mannheimer Morgen: Mit Geldbußen und Goethe gegen Umweltfrevler (24.9.1969). SdtA Mannheim, Bauverwaltungsamt, Zugang 52/1979, Nr. 940.

159 Vermerk Hauptamt (7.5.1954). SdtA Mannheim, Hauptregistratur, Zugang 42/1975, Nr. 1084. Diese Kampagne der Stadt Mannheim provozierte allerdings Proteste der Bevölkerung. So schrieb ein Bewohner an den Bürgermeister: »Das Deutsche Volk – der Mannheimer Bürger nicht ausgenommen – Herr Bürgermeister, ist nicht schlampig. Warum wird gutes

Ermahnung »von oben« immer weniger vermitteln; stattdessen wurde versucht, mit humorvoll-ironischen Kampagnen die Bevölkerung zu mehr Wegwerfdisziplin anzuhalten. Während Hamburg gute Erfahrungen mit Maskottchen »Oskar« machte[160], ließ die Stadt Köln Ende der 1960er Jahre einen Straßenreiniger auf Plakaten fragen: »Ich halte Köln sauber, Sie auch?«. Derjenige, der die Deutschen zu mehr Sauberkeit ermahnte, war in diesem Fall ein sizilianischer Gastarbeiter. Es wurde also durchaus innovativ mit nationalen Stereotypen und Klischees gespielt.[161]

Das Ziel dieser Kampagnen war die Verbesserung des Stadtbildes, aber auch die »Erziehung« der Bürger, ihren Abfall nicht einfach wild zu deponieren oder in die städtischen Papierkörbe zu stopfen.[162] Das war anscheinend besonders dort der Fall, wo Systemabfuhr und Anschlusszwang vergleichsweise spät eingeführt wurden und die Bürger durch illegales Entsorgen Gebühren zu sparen hofften.[163] Zugleich deuten die Sauberkeitskampagnen aber auch darauf hin, dass allgemein akzeptierte Standards der Städtehygiene existierten, die – solange sie noch nicht überall mehr oder weniger umgesetzt waren – von der Bevölkerung offensiv eingefordert werden konnten. Die Kommunen standen insofern in einem mehr oder weniger informellen »Sauberkeitswettstreit« miteinander.

Ein wichtiger Faktor, um die Sauberkeit des Stadtbildes zu verbessern, war überdies die Sperrmüllabfuhr, wobei der hier gesammelte Abfall von seiner Zusammensetzung her zwar zumeist unproblematisch war, jedoch häufig zum Nukleus wilder Abfallablagerungen wurde, wenn die Bürger nicht wussten, wohin mit ihren alten Schränken, Sofas etc. Der VKF sprach sich 1963 aus diesem Grund auch gegen eine von privaten Entsorgungsfirmen durchgeführte Sperrmüllabfuhr aus, weil diese ihre Ladung irgendwo in der Landschaft abladen würden.[164] In den 1960er Jahren wurde die regelmäßige Sperrmüllabfuhr Teil des regulären Leistungsstandards der Stadtreinigungsämter, nachdem es allerdings zuvor bereits sog. »Sperrmüllaktionen« gegeben hatte. Das war nicht zuletzt eine Frage des Arbeitseinsatzes und der notwendigen Kosten: Mannheim etwa führte die Sperrmüllabfuhr 1967 gegen eine Extragebühr ein, Frank-

Geld für eine beleidigende Anrede verschlampt?«. Schreiben Benedict Sommerlatt an Bürgermeister Trumpfheller (15.6.1954). SdtA Mannheim, Hauptregistratur, Zugang 42/1975, Nr. 1084.

160 Theo Leibfried, VKS-Bundestagung vom 8.–12. Oktober 1977 in Berlin. Kleiner Querschnitt durch die Referate, in: Kommunalwirtschaft 1978, Hft. 1, 24–29, 27.

161 Artikel Mannheimer Morgen: Mit Geldbußen und Goethe gegen Umweltfrevler (24.9.1969). SdtA Mannheim, Bauverwaltungsamt, Zugang 52/1979, Nr. 940.

162 Schnitzbauer, Öffentlichkeitsarbeit der Hamburger Stadtreinigung, 21–23.

163 Artikel: In Heilbronn stinkt's zum Himmel. Viele Bürger drücken sich um die Müllabfuhrgebühren (o. D., 1967 nach Aktenstelle). HStA Stuttgart, EA 7/703, Nr. 3.

164 Fritz Borchert, Gutachten über die Sammlung, Aufbereitung und Beseitigung von Sperrmüll (1963), 27. BA Koblenz, B 106, Nr. 25177.

furt im Jahr 1965.[165] Die Stadt Dortmund hatte bereits 1962 eine regelmäßige Sperrmüllabfuhr eingeführt, die allerdings 1974 wieder abgeschafft wurde, weil viele Betriebe sie zur Entsorgung ihres Abfalls missbrauchten.[166]

Dieser Leistungsstandard, zusammen mit den im nächsten Kapitel verhandelten Problemen der Entsorgung, hatte zur Folge, dass zunehmend auch Kleinstädte und Dörfer eine reguläre Müllabfuhr bekamen. Das war zu Beginn der 1960er Jahre keineswegs die Regel. So lebten z. B. 1963 in Bayern noch immerhin 37 Prozent der Bevölkerung in Gemeinden ohne geregelte Müllabfuhr.[167] Das änderte sich in der Folgezeit zwar langsam, verpflichtend wurde die reguläre Müllabfuhr aber erst mit dem Abfallbeseitigungsgesetz von 1972, das die Verantwortung der Gemeinden für die Sammlung und Entsorgung des in ihrem Gebiet anfallenden Abfalls festschrieb.[168]

Insgesamt waren die Stadtreinigungsämter seit Ende der 1950er Jahre nicht nur mit dem Problem steigender Abfallmengen und erhöhter Leistungsstandards konfrontiert, vielmehr mussten sie auch mit einer zunehmenden Knappheit an Arbeitskräften zurechtkommen. Insbesondere die Abschaffung des Samstags als regulärer Arbeitstag, die 1956 in der Zigarettenindustrie begonnen und ab dem Herbst 1957 auch im Öffentlichen Dienst durchgesetzt wurde, machte den Mangel an Arbeitskräften endemisch.[169] Für die Stadt Dortmund bedeutete diese Maßnahme etwa, dass durch die Umstellung von der 48- auf die 45-Stundenwoche mit einer um ca. 10 Prozent geringeren Arbeitsleistung pro Mitarbeiter kalkuliert werden musste. Das brachte nicht nur einen erhöhten Bedarf an Mitarbeitern, sondern auch an Sammelfahrzeugen mit sich.[170] Auch wenn die Anwerbung ausländischer Arbeiter teilweise Abhilfe für diesen Bedarf schuf, richteten sich die Anstrengungen der Stadtreinigungsämter in den 1960er und 1970er Jahren zunehmend darauf, die Abfallsammlung zu rationalisieren, neue Behältertypen und Sammelfahrzeuge einzuführen, um der rapide ansteigenden Abfallmengen Herr zu werden.

165 Der Oberbürgermeister der Stadt Mannheim. Vorlage Nr. 569/69: Sauberhaltung des Stadtbildes (23.7.1969). SdtA Mannheim, Bauverwaltungsamt, Zugang 52/1979, Nr. 942.

166 Bausch, Es herrscht Ordnung, 98.

167 Bayerisches Staatsministerium des Inneren (Hrsg.), Information Abfallbeseitigung, München 1963, 7. HStA Stuttgart, EA 7/703, Nr. 4.

168 Willms, Mlodoch, Wiederaufbau, Wirtschaftswunder, Konsumgesellschaft, 103.

169 ÖTV (Hrsg.), Geschäftsbericht ÖTV 1955–1957. Stuttgart 1957, 510.

170 Schreiben Oberstadtdirektor Lohaus an den Verband kommunaler Fuhrparks- und Stadtreinigungsbetriebe (31.3.1958). SdtA Dortmund, 170 Stadtreinigungsamt, Nr. 216; vgl. auch: Schreiben Kämmereiamt an das Referat VII (25.10.1957). SdtA Mannheim, Hauptregistratur, Zugang 40/1972, Nr. 291.

2.3.2 Mülltonnen, Müllgroßbehälter, Container

Mülltonnen gehören auf den ersten Blick zu den banalsten Bestandteilen der Abfallsammlung, aber das täuscht. Zwar stellen sie keine »Hochtechnologie« dar, trotzdem hat sich ihre Größe, Beschaffenheit und Diversität während des 20. Jahrhunderts stark verändert, was keineswegs allein das Resultat eines von den zuständigen Ämtern oktroyierten »Fortschritts« darstellte. Vielmehr materialisierten sich in ihnen sowohl die Absicht der Kommunen, möglichst viel Abfall möglichst effizient einzusammeln, wie auch Hygiene-, Umwelt- und Bequemlichkeitsbedürfnisse der Bürger. Insofern sind, das soll in diesem Abschnitt gezeigt werden, Form, Beschaffenheit und Kapazität von Mülltonnen als Ergebnis sozialer Aushandlungsprozesse anzusehen, deren Ergebnisse keineswegs von der Obrigkeit bestimmt werden konnten.

Das Problem im westdeutschen Fall bestand dabei zunächst darin, dass das in den 1920er und 1930er Jahren etablierte und in den 1950er Jahren erneuerte System der Abfallsammlung als – auch international betrachtet – durchaus fortschrittlich galt. Ein hoher Beamter des nordrhein-westfälischen Landwirtschaftsministeriums meinte 1953 gar: »Die Erfassung und die Abfuhr des Mülls ist verwaltungstechnisch ausreichend geregelt und technisch so entwickelt, dass grundlegende Fortschritte nicht mehr zu erwarten sind.«[171] Ein wesentlicher Wendepunkt waren dann jedoch die späten 1950er Jahre. So reagierten viele Stadtreinigungsämter auf die Abschaffung des Samstages als regulärer Arbeitstag damit, dass der Müll auch in den Innenstadtbezirken nur noch einmal in der Woche abgefahren wurde. Das wiederum war nur möglich, in dem die häufig noch verwendeten 35 Liter- oder 60 Liter-Tonnen gegen 110 Liter-Standardmülltonnen ausgetauscht wurden.[172] Dabei handelte es sich um eine erste durchgreifende Rationalisierungsmaßnahme, die auf der durchschnittlichen Vergrößerung des Behältervolumens basierte und zumeist über eine spürbare Erhöhung der Abfuhrgebühren finanziert wurde.[173]

Damit ließ sich das Problem allerdings nur teilweise lösen. Auf das Problem steigender Abfallmengen reagierten viele Stadtreinigungsämter seit Ende der 1950er Jahre mit der Aufstellung von Großcontainern, insbesondere in Neubausiedlungen mit großen Apartmenthäusern. Hier fiel nicht nur besonders viel Abfall an, sondern für die klassischen 110 Liter-Mülltonnen waren auch kaum ausreichend Stellplätze vorhanden. Deswegen erschien es sinnvoll, anstatt ein-

171 Vermerk Köster betr. Müllbeseitigung (19.1.1953). LA NRW, NW 354, Nr. 1098.

172 Schreiben Städtisches Tiefbauamt an den Oberbürgermeister (5.12.1958). SdtA Mannheim, Hauptregistratur, Zugang 40/1972, Nr. 291.

173 Schreiben Städtisches Tiefbauamt an den Oberbürgermeister (19.4.1958). SdtA Mannheim, Hauptregistratur, Zugang 40/1972, Nr. 291.

zelner Mülltonnen lieber große Container aufzustellen. Zudem stellten letztere zu Beginn der 1960er Jahre auch eine mögliche Lösung für zwei wesentliche Probleme der Abfallsammlung dar, nämlich die zunehmende Knappheit an Mülltonnenkapazität sowie den Mangel an Arbeitskräften, weil sie mit LKWs und lediglich zwei Mann abgeholt werden konnten.

Die Stadt Frankfurt unternahm bereits Ende der 1950er Jahre Versuche mit Müllcontainern, die vier oder acht Kubikmeter Inhalt hatten und offen aufgestellt wurden.[174] Sowohl Dortmund wie auch Mannheim führten 1961 Abfallcontainer mit vier Kubikmeter Inhalt ein.[175] Zwar behaupteten die jeweiligen Verantwortlichen unentwegt, die Einführung sei ein Erfolg gewesen[176], dabei waren die Probleme offensichtlich: In diese Container konnte »Gerümpel« entsorgt werden, ohne dass sich effektiv kontrollieren ließ, ob es sich dabei wirklich immer um die Anwohner handelte, für die erstere eigentlich gedacht waren.[177] Zudem konnte der Inhalt der Container leicht in Brand gesteckt werden. Die Stadt Ludwigshafen beschwerte sich 1966 darüber, dass die Container nicht nur ständig brannten, sondern auch Versammlungen junger Leute (bis hin zu kleineren Krawallen) anzogen.[178]

Ein anderes Problem der Großcontainer bestand darin, dass sie zwar erhebliche Vorteile für die Stadtreinigungsämter boten, die mit einem Fahrzeug eine große Menge Abfall vergleichsweise einfach einsammeln konnten. Sie stellten aber eben auch höhere Anforderungen an die Mitarbeit der einzelnen Bürger. Wie es die »Gesellschaft für Rationelle Haustechnik« (einer im Ruhrgebiet ansässigen GmbH, bei der u. a. Friedrich Arnst involviert war, der ab 1964 in Freiburg als erster deutscher Stadt die Plastikmülltonne einführte[179]) 1962 in einer Broschüre ausdrückte, spannten »Müllgroßbehälter mit 1000 und mehr l Inhalt, wie sie neuerdings häufiger vorgeschrieben werden, […] die Bewohner einer Siedlung praktisch in die Müllabfuhr ein, da die Hausfrauen lange Wege von 100m und mehr und oft viele Treppen bei jedem Wetter zu diesem Großbehälter zurücklegen müssen, um ihre oft schweren Hausmülleimer entleeren zu

174 Schreiben Stadtreinigungsamt Frankfurt an das Personalamt (1.11.1961). ISG Frankfurt/M., Magistrat, Nr. 1898; Stadtkanzlei Hauptamt. Organisationsabteilung. Frankfurt am Main, 15.12.1963. ISG Frankfurt/M., Magistrat, Nr. 1898.

175 Schreiben Stadtreinigungsamt an die Stadtkämmerei (26.4.1963). SdtA Dortmund, 170 Stadtreinigungsamt, Nr. 94; Stellungnahme Irmisch an Dezernat VII (17.10.1968). SdtA Mannheim, Bauverwaltungsamt, Zugang 52/1979, Nr. 942.

176 Schreiben Stadtreinigungsamt Frankfurt an das Personalamt (1.11.1961). ISG Frankfurt/M., Magistrat, Nr. 1898.

177 Schreiben Tiefbauamt an das Referat VII (17.5.1966). SdtA Mannheim, Hauptregistratur, Zugang 42/1975, Nr. 1084.

178 Artikel Rhein-Neckar Zeitung (12.5.1966): Große Pleite mit Sperrmüllbehältern. SdtA Mannheim, Hauptregistratur, Zugang 42/1975, Nr. 1084.

179 Schreiben Personalrat der Fuhrparksbetriebe an Herrn Oberbürgermeister Dr. Keidel (10.12.1963). SdtA Freiburg, C5, Nr. 4157.

Abbildung 4: Werbeanzeige der Firma Zöller für den MGB 1,1 inkl. der passenden Schüttung. Abdruck mit freundlicher Genehmigung der SASE-GmbH Iserlohn.

können.«[180] Die Folge war laut der »Rationellen Haustechnik«, dass der Hausmüll zu lange in temperierten Räumen im Haushalt verblieb und dort bereits in Fäulnis überging.[181]

Der ab 1964 eingeführte MGB 1,1 (Müllgroßbehälter mit 1,1 cbm Inhalt) löste diese Probleme zwar nicht vollständig, stellte aber gleichwohl einen bemerkenswerten sozialen Kompromiss dar, der eine Lösung für die Abfallprobleme besonders von Apartmenthäusern bot. Er gab der Rationalisierung der Müllsammlung einen beträchtlichen Impuls und vermied zugleich viele negative Eigenschaften der Großcontainer. Durch das Schiebedach konnte die Einschüttöffnung begrenzt werden, d. h. es war nicht ohne weiteres möglich, Möbel und andere sperrige Materialien darin zu entsorgen. Er bot ausreichend Entsorgungsraum, zudem konnte er, weil er auf Rädern stand, von zwei Mann in die Müllfahrzeuge entleert werden.[182] Damit handelte sich beim MGB 1,1 gewissermaßen um ein Zwischending zwischen der klassischen »Individualtonne« und den Großcontainern.

Die Entwicklung des MGB 1,1 ging auf eine Kooperation zwischen der Firma Zöller, die hydraulische Kippsysteme für Müllwagen herstellte[183], und dem Leiter des Wiesbadener Stadtreinigungsamtes Otto Witte zurück. Dabei konnte man allerdings durchaus an Vorläufer anschließen, so etwa den Anfang der 1960er Jahre entwickelten 800 Liter-Container aus Aluminium, den die Schweizer Firma Ochsner 1962 auf den Markt gebracht hatte.[184] Die Kapazität von 1,1 Kubikmetern (entsprechend zehn 110 Liter-Mülltonnen) wurde nicht zuletzt deswegen gewählt, weil das neue Gefäß auf diese Weise einfacher in die bestehenden Kommunalordnungen integriert werden konnte. Witte erklärte sich bereit, die neuen Müllbehälter im Frühjahr 1964 in einem Feldversuch zu erproben und ließ 285 MGB 1,1 im Wiesbadener Stadtgebiet aufstellen.[185] Die Einführung erwies sich als erfolgreich und laut Witte verging kaum ein Tag, »an dem nicht Kollegen aus dem In- und Ausland in Wiesbaden zu Besuch sind, um sich das neue Verfahren anzusehen.«[186] Die Firma Zöller gab im Übrigen den

180 Rundschreiben Rationelle Haustechnik GmbH: Denkschrift über die Müllbeseitigung aus Wohnsiedlungen (25.8.1962). LA NRW, NW 354, Nr. 588.

181 Ebd.

182 Mitteilungen des Verbands kommunaler Fuhrparks- und Stadtreinigungsbetriebe 2/1964. SdtA Dortmund, 170 Stadtreinigungsamt, Nr. 217. Allerdings stellte die Manövrierfähigkeit des MGB 1,1 teilweise ein Problem dar. Lösch, Probleme des Abfallaufkommens, 98 f.

183 Als kurzen Überblick über die Geschichte der Firma Zöller s. Heinz-Ulrich Vetter, Firma Zöller, Firmenportrait, in: VDI Rheingau Regional-Magazin 4, 2012, 12–15.

184 Willms, Mlodoch, Wiederaufbau, Wirtschaftswunder, Konsumgesellschaft, 44.

185 Mitteilungen des Verbands kommunaler Fuhrparks- und Stadtreinigungsbetriebe 2/1964. SdtA Dortmund, 170 Stadtreinigungsamt, Nr. 217.

186 Ebd.

MGB 1,1 – trotz Patent – für den Markt frei. Der Grund dafür bestand darin, dass die Firma auf Hub-Kippvorrichtungen spezialisiert war und sich durch die weite Verbreitung des Behälters einen größeren Markt dafür versprach, ohne sich durch den Aufbau eigener Produktionskapazitäten zu sehr festlegen zu müssen.[187]

Bei der Einführung des MGB 1,1 erwies sich allerdings rasch, dass er nur eine Teillösung für die Rationalisierungsprobleme der Stadtreinigungsämter darstellte. Obwohl er vom VKF empfohlen wurde und wichtige Produzenten wie Schmidt & Melmer und Sulo ihn rasch in ihr Sortiment aufnahmen, mussten Einsatzmöglichkeiten und -grenzen erst ausprobiert und praktische Erfahrungen gemacht werden. So erwies es sich beispielsweise als problematisch, den MGB 1,1 in Siedlungen einzuführen, die von Einfamilienhäusern dominiert wurden. Die dort lebenden Familien waren in der Regel überhaupt nicht damit einverstanden, ihre bisherigen 110 Liter (oder kleinere) Mülltonne gegen einen gemeinsam genutzten MGB 1,1 einzutauschen. Es wurde über längere Wege zur Tonne geklagt. Zudem hatten viele Hausfrauen in ihren Wohnsiedlungen vormals Sorge getragen, dass die eigene Mülltonne einen gediegen ausgestalteten Standplatz vor dem Haus bekam.[188] Durch den MGB 1,1 wurde das hinfällig. Hinzu kam, dass der häusliche Abfall teilweise ebenfalls in relativ schweren Gefäßen gesammelt wurde.

Insofern hat es übrigens einen lebensweltlichen Hintergrund, dass es geradezu sprichwörtlich für die »Teilnahme« von Männern an der Hausarbeit geworden ist, dass sie den Abfall hinaustragen. So zitiert Carola Sachse in ihrer Arbeit zur Geschichte des »Hausarbeitstages« das Urteil über eine Frau mit einem zupackenden Ehemann, der ihr »doch immer den Müll hinunter- und die Kohlen heraufschleppt.«[189] Die Freiburger Müllabfuhr versuchte 1968 mit der leicht abgewandelten Textzeile eines populären Schlagers: »Für Gabi tu ich alles. Ich trage recht munter, den Mülleimer herunter«, die Bürger dazu zu bewegen, ihre Mülleimer zur Leerung vor das Haus zu stellen. Der Fuhrpark merkte dazu an, dieser Text solle »heute noch für die Herren der Schöpfung gültig sein und Sie sollten auch heute noch als guter ›Hausgeist‹ den Mülleimer für ihre Gabi zur pünktlichen Abfuhr herunter schaffen.«[190] Allerdings diente es in den 1960er Jahren auch teilweise als Argument für die Einführung von Plastikmülltonnen,

187 Willms, Mlodoch, Wiederaufbau, Wirtschaftswunder, Konsumgesellschaft, 49.

188 Schreiben August Horn an den Oberbürgermeister der Stadt Mannheim (2.5.1967). SdtA Mannheim, Bauverwaltungsamt, Zugang 52/1979, Nr. 1463; Otto Tope, Die Mülltonne, ein Stiefkind der baulichen Städtegestaltung. Frankfurt/M. 1953.

189 Carola Sachse, Der Hausarbeitstag. Gerechtigkeit und Gleichberechtigung in Ost und West 1939–1994. Göttingen 2002, 273.

190 Artikel Rhein-Neckar-Zeitung (15.8.1969). Freiburgs Mülleimer machen Schule. SdtA Mannheim, Bauverwaltungsamt, Zugang 52/1979, Nr. 940.

dass die alten Stahlblechtonnen den Frauen zu schwer seien, die wahrscheinlich in der Mehrzahl die Eimer zur Abholung bereitstellen würden.[191]

Dementsprechend urteilten Alfons Erbel und Walter Kaupert, zwei Funktionäre des VKF, in einem Leitfaden zur kommunalen Müllsammlung und -entsorgung von 1965: »Die ordentliche Befüllung des MGB 1,1 m^3 hängt von der Disziplin der zur gemeinsamen Benutzung eines Behälters berechtigten Müllproduzenten (Haushalte) ab. Werden beispielsweise leere Kartons unzerkleinert eingebracht, was bei der Füllöffnung von etwa 1,7 mal 0,7 m durchaus möglich ist, dann kann der Füllraum nicht ausreichend genutzt werden, und es besteht Gefahr des verfrühten Überlaufs, verbunden mit einer Verschmutzung des Standplatzes.«[192] In besonderer Klarheit drückte das der Bewohner eines Einfamilienhauses im Mannheimer Stadtteil Friedrichsfeld aus, in dessen Straße im Jahr 1967 die Einzeltonnen durch MGB 1,1 ersetzt wurden:

> »Fast sämtliche Hausbesitzer waren und sind jetzt noch über diese Maßnahme empört, weil ihnen zugemutet wird, ihren Müll täglich oder, falls nötig, noch öfter bis zu mindestens 80 Meter an sämtlichen Häusern vorbeizutragen, bis sie den Abstellplatz der Großraumtonne erreicht haben. Und dies bei Wind und Wetter, im Sommer wie im Winter! Bei Wohnblocks mögen diese großen Tonnen ihre Daseinsberechtigung haben, das sehe ich vollkommen ein, aber in meinem Falle ist sie fehl am Platze.«[193]

Ein Nachbar drückte seine Ablehnung gegen die Gemeinschaftsmülltonne noch drastischer aus: »Ich wünsche keine Gemeinschaft bei einem Kaufpreis von 110.000 DM für mein Eigenheim.«[194]

Dementsprechend kristallisierte sich Mitte der 1960er Jahre heraus, wo und wie der MGB 1,1 zum Einsatz gebracht werden konnte, nämlich als Lösung für Siedlungen mit (großen) Apartmentwohnhäusern. Die »Gemeinschaftsmülltonne« wurde dann vor allem dort verwendet, wo ohnehin bereits »Gemeinschaft« existierte, nämlich in solchen Häusern sowie Wohnsiedlungen, die gewissermaßen ihr natürliches Habitat darstellten. Hier konnte der MGB 1,1 mitunter sogar eine konfliktvermeidende Wirkung haben, weil er das Problem abschwächte, dass Menschen ihren Müll einfach in den Abfallbehälter des Nachbarn warfen, wenn die eigene Tonne voll war. Darüber hinaus stellte der MGB 1,1 eine geeignete Lösung für viele kleinere Betriebe, Einzelhandels-

191 Auszug: Protokoll über die Sitzung des Stadtwerke-Ausschusses am 20.10.1961 in der Aula des Rathauses Freiburg. SdtA Freiburg, C5/4155.

192 Erbel, Kaupert, Müll und Abfall, 33.

193 Schreiben August Horn an den Oberbürgermeister der Stadt Mannheim (2.5.1967). SdtA Mannheim, Bauverwaltungsamt, Zugang 52/1979, Nr. 1463.

194 Schreiben Friedrich Pommer an die Leitung des Städtischen Tiefbauamtes. Abteilung Stadtreinigung (25.4.1967). SdtA Mannheim, Bauverwaltungsamt, Zugang 52/1979, Nr. 1463.

Abbildung 5: Der MGB 1,1 in seinem »Habitat« (Augsburg, Mitte der 1960er Jahre). Abdruck mit freundlicher Genehmigung der SASE-GmbH Iserlohn.

geschäfte oder Restaurants dar, deren Abfälle seit den 1970er Jahren zunehmend unter der Kategorie »hausmüllähnliche Gewerbeabfälle« in den Abfallstatistiken auftauchten.[195] Das hieß aber gleichzeitig, dass der MGB 1,1 die Abfallsammlung eben nicht vollständig revolutionierte, sondern Teil eines »Tonnenmixes« war, bei dem je nach Siedlungsstruktur und konkretem Müllanfall verschiedene Tonnengrößen von den Stadtreinigungsämtern bereit-

195 Zur Definition der »hausmüllähnlichen Gewerbeabfälle« vgl. Ute Müller u. a., Bundesweite Gewerbeabfalluntersuchung, gekürzte Fassung, im Auftrag des Umweltbundesamtes. Berlin 1994, 4: »Abfälle aus Arbeitsstätten, die zusammen mit dem Hausmüll entsorgt werden können, aber getrennt von ihm gesammelt werden.«

gestellt wurden. Wie es der Direktor der Mannheimer Stadtreinigung, Bernhard Irmisch, 1975 ausdrückte: »Siedlungsstrukturen, Bauweise und Topographie in Verbindung mit der umfassenden Beseitigungspflicht durch das Abfallgesetz ermöglichen es heute und in Zukunft den Stadtreinigungsbetrieben nicht mehr nur mit einem Behältersystem auszukommen.«[196]

Im Rahmen dieser Grenzen erwies sich der MGB 1,1, entgegen anderslautenden Ausführungen in der Literatur[197], rasch als ein Erfolgsmodell. So führten beispielsweise die Großstädte Hamburg, München und Berlin den MGB 1,1 bereits in den 1960er Jahren ein. 1970 wurden bereits ein Drittel des Münchener Hausmülls mit dem MGB 1,1 eingesammelt.[198] Dass dabei die jeweiligen Bestandszahlen nicht sofort rapide anstiegen, hatte weniger mit der Skepsis gegenüber dem neuen Tonnentyp zu tun, sondern war der Akquisitionspolitik der Städte geschuldet, die i. d. R. einen bestimmten Posten für neue Mülltonnen im Ordentlichen Haushalt reserviert hatten, während Investitionen aus dem Außerordentlichen Haushalt zumeist eher größeren Projekten (wie z. B. Müllverbrennungsanlagen) vorbehalten blieben. Davon jedoch, das Potential des MGB 1,1 sei anfangs übersehen worden, lässt sich pauschal nicht sprechen, zumal insbesondere auch Gewerbebetriebe rasch die Vorzüge des MGB 1,1 für sich entdeckten.[199] Allerdings wurde der MGB 1,1 in durchaus unterschiedlicher Geschwindigkeit eingeführt. Die Stadt Dortmund beispielsweise begann erst Mitte der 1970er Jahre, konsequent auf diesen Behältertyp zu setzen.[200]

Die zweite wichtige Innovation auf dem Gebiet der Abfallgefäße in den 1960er Jahren datiert ebenfalls auf das Jahr 1964, nämlich die Einführung von Plastikmülltonnen. Diese wurden zuerst in Freiburg/Br. im Zuge der Umstellung auf die Systemabfuhr erprobt, etablierten sich aber bald in den meisten Städten als Standard. Der Leiter des Freiburger Stadtreinigungsamtes seit 1963, Friedrich Arnst, war vorher Leiter des Stadtreinigungsamtes in Bochum gewesen, das für einen hohen technischen und hygienischen Stand der Abfallsammlung bekannt war. Bereits 1954 hatte Arnst in einem Artikel für den »Städtetag« die Potentiale neuer Kunststoffe für die Abfallbehälter beschrieben, allerdings nicht ohne den Hinweis darauf, dass noch allerlei Versuche mit statischen und dynamischen Beanspruchungen angestellt werden müssten.[201] Bis zum Beginn

196 Vortrag Bernhard Irmisch, Jahrestagung der VKS Landesgruppe Baden-Württemberg, 3.6.–6.6.1975. BA Koblenz, B 106, Nr. 27095.

197 Willms, Mlodoch, Wiederaufbau, Wirtschaftswunder, Konsumgesellschaft, 49.

198 Münch, Stadthygiene, 325.

199 Vortrag Bernhard Irmisch, Jahrestagung der VKS Landesgruppe Baden-Württemberg, 3.6.–6.6.1975. BA Koblenz, B 106, Nr. 27095.

200 Schreiben StA 70 an die Damen und Herren des Ausschusses für Hochbau und Städtische Betriebe (27.6.1974). SdtA Dortmund, 170, Nr. 30.

201 Friedrich Arnst, Kunststoffe in Fuhrparksbetrieben, in: Der Städtetag 7, 1954, Hft. 3, 137; Schreiben Bochum, Städtische Fuhrparksbetriebe an die Stadtverwaltung Mannheim (19.12.1956). SdtA Mannheim, Hauptregistratur, Zugang 1955/1964, Nr. 1582.

der 1960er Jahre war die mangelnde Stabilität und Haltbarkeit der Behälter, neben der heißen Asche aus dem Hausbrand, die zentrale Schwierigkeit, die der Einführung von Plastikmülltonnen entgegenstand.[202]

Dafür, dass in Freiburg als erster westdeutscher Stadt Plastikmülltonnen eingeführt werden konnten, mussten mehrere Faktoren zusammenkommen. Zunächst war es »hilfreich«, dass das stark veraltete System der Müllabfuhr grundlegend erneuert werden musste. Der vorherige Leiter des Stadtreinigungsamtes Colditz hatte sich praktisch nicht um die Modernisierung der Müllabfuhr gekümmert und Verbesserungen mit dem Hinweis abgeblockt, »das solle der eue machen«. Die Stadt Freiburg wandte zu Beginn der 1960er Jahre noch ein offenes Umleerverfahren mit sog. »Stopfmüllwagen« der Firma Faun an. Der Vorteil wurde insbesondere darin gesehen, dass auf diese Weise mit einem Fahrzeug alle möglichen Arten von Abfällen gesammelt werden konnten, sogar Christbäume und Matratzen.[203] Allerdings häuften sich die Beschwerden über diese »systemlose« Abfuhr, die vor allem die Gesundheit der Müll-Lader beeinträchtigte. Colditz' Empfehlung, man solle »diese Form der Abholung in Freiburg beibehalten, weil sie einfach, wirtschaftlich und vor allem sehr anpassungsfähig sei«, wurde nach längeren Debatten im Stadtrat nicht gefolgt.[204] Stattdessen wurde im Juni 1963 die Einführung der staubfreien Systemmüllabfuhr beschlossen. Für eine Stadt dieser Größe, Freiburg hatte damals ca. 140.000 Einwohner, war das ungewöhnlich spät.

Friedrich Arnst schaffte es, die Freiburger Müllabfuhr, die zu Beginn der 1960er Jahre erkennbar rückständig war[205], mit einem für die Stadt durchaus beträchtlichen finanziellen Einsatz von über einer halben Million DM durchgreifend zu modernisieren. Es wurden drei neue Sammelfahrzeuge angeschafft und die Müllgebühren erhöht, während sich die Bürger die Abfallbehälter

202 Otto Tope, Papier- und Kunststoffbehälter in der Stadtreinigung, in: Der Städtetag 15, 1962, 11. Noch im Januar 1964 war in den Mitteilungen des Verband kommunaler Fuhrparks- und Stadtreinigungsbetriebe zu lesen, dass Mülltonnen aus Kunststoff zwar die Lösung der Zukunft darstellen würden, sie aber bislang noch nicht formstabil hergestellt werden könnten und ihre Lebensdauer zu kurz sei. SdtA Dortmund, 170 Stadtreinigungsamt, Nr. 217.

203 Vorlage an den Stadtrat: Die Müllabfuhr der Stadt Freiburg/Br. 1961. SdtA Freiburg, C5/4155.

204 Ebd.; Auf der 90 Jahrfeier der kommunalen Müllabfuhr in Freiburg i. Br. wurde über Colditz u. a. berichtet, mit ihm sei eine Erneuerung der Müllabfuhr nicht zu machen gewesen und er habe Ersatzbeschaffungen abgelehnt mit der Begründung ›das solle der Neue machen‹. Friedrich Arnst, 75+15 Jahre Kommunale Abfallbeseitigung. Freiburg 1979, 59.

205 Vgl. Auszug: Protokoll über die Sitzung des Stadtwerke-Ausschusses am 20.10.1961 in der Aula des Rathauses Freiburg. SdtA Freiburg, C5/4155. Hier wurde u. a. darüber diskutiert, erst die Erfahrungen anderer Städte mit dem Ringeimersystem abzuwarten, bevor Investitionen für die Müllabfuhr bewilligt wurden. Zu diesem Zeitpunkt waren aber staubfreie Systemabfuhren in zahlreichen Großstädten bereits seit Jahrzehnten etabliert.

selbst beschaffen mussten (was pro Einheit 21 DM kostete). Die Müllbehälter waren in Freiburg mit 35 Litern vergleichsweise klein, geschuldet vor allem den Gegebenheiten in der eng gebauten Innenstadt, wo kein Platz für größere Tonnen war.[206]

Das Freiburger Beispiel machte schnell Furore, zumal sich die Vorzüge der Plastikmülltonnen auch bildlich anschaulich demonstrieren ließen. Viele Artikel über das »Freiburger Modell« benutzten das Bild einer grazilen Blondine, die den Abfallbehälter mit einer Hand über ihrem Kopf hielt; mit Stahlblechbehältern wäre das undenkbar gewesen. Plastikmülltonnen erleichterten die Arbeit der Hausfrauen und der Müll-Lader, was auch das ÖTV-Magazin erfreut anmerkte.[207] Der Bürgermeister der Stadt Heilbronn, die ebenfalls mit Beginn des Jahres 1964 die Systemmüllabfuhr eingeführt, dabei jedoch weiterhin auf Stahlblechbehälter gesetzt hatte, reagierte sogar regelrecht wütend und fühlte sich vom Tiefbauamt seiner Stadt falsch informiert, das die mangelnde Stabilität der Plastikbehälter als Grund angeführt hatte, ihre Einführung abzulehnen. Die Zeitungen dichteten, in Freiburg sei der »Ei(mer) des Kolumbus« gefunden worden. Innerhalb kürzester Zeit galt die vormals rückständige Freiburger Müllabfuhr als die modernste in ganz Europa.[208]

Die neuen Trends bei den Abfallbehältern führten auch zu Veränderungen in der Industrie, die diese herstellte. Die Stadt Freiburg beauftragte die Firma Streuber & Lohmann aus Herford (besser bekannt unter der Abkürzung Sulo) mit der Lieferung der Plastikbehälter. Letztere Firma hatte den Vorteil, zwei Jahre zuvor ein Bügelsystem patentiert zu haben, das sowohl das bequeme Tragen der Behälter als auch die staubfreie Einschüttung in das Sammelfahrzeug ermöglichte. Gleichzeitig handelte es sich offensichtlich um ein nicht ganz objektives Ausschreibungsverfahren: Arnst hatte nämlich bereits vor dem Entscheid Sammelfahrzeuge mit einer Einschüttvorrichtung bestellt, die nur für Sulo-Behälter passte.[209] Aber auch bei den bestellten MGB 1,1 bekam Sulo den Zuschlag, obwohl es den MGB um 50 DM teurer anbot als Schmidt & Melmer.[210] Dieses Bieterverfahren gibt im Übrigen einen Hinweis darauf, dass es wahr-

206 Die staubfreie Müllabfuhr in Freiburg i. Br. Pressekonferenz am 8.10.1963. SdtA Freiburg, C5/4155.

207 O. V., Die Mülltonne aus Kunststoff kommt, in: ÖTV-Magazin 10/1965, 24.

208 Artikel Kehler Zeitung (11.8.1964): Mülleimer »Modell Freiburg«. SdtA Freiburg, C5/4158.

209 Die Beziehungen zwischen den Firmen und den Leitern der Stadtreinigungsämter dürften wahrscheinlich oftmals auch »informeller« Natur gewesen sein. So hatte der Hans Baumann Ende der 1960er Jahre, sich gegen den Korruptionsvorwurf der Frankfurter Stadtverwaltung zu wehren, weil er an opulenten Festmalen der Firma Zöller teilgenommen hatte. Schreiben Oberstaatsanwalt beim Landgericht an den Magistrat (16.7.1959). ISG Frankfurt, Magistrat, Nr. 1900.

210 Schreiben Fuhrparksbetriebe an das Bürgermeisteramt Abt. I (24.10.1963). SdtA Freiburg, Städtische Hauptverwaltung C5/4157.

scheinlich die schlechter werdende Marktposition war, die Schmidt & Melmer Anfang der 1960er Jahre dazu brachte, aus der Branche auszusteigen. Arnst bezeichnete Sulo jedenfalls als mit 2.000 Mitarbeitern damals bedeutendsten Hersteller von Abfallbehältern, weswegen dieses Unternehmen auch am ehesten Qualität und Lieferzeiten garantieren könne.[211] Insbesondere war Sulo spezialisiert auf Plastikbehälter, die Ende der 1960er Jahre bereits millionenfach produziert wurden, während Stahlblechbehälter zu diesem Zeitpunkt nur noch in kleineren Stückzahlen erhältlich waren.[212]

Die beschriebenen Innovationen auf dem Gebiet des Behälterdesigns führten erst nach und nach zu einer Änderung der kommunalen Müllgefäßbestände. Das hatte vor allem damit zu tun, dass in den meisten Fällen die neuen Behälter aus dem Ordentlichen Haushalt und damit mit den regulären Müllgebühren bezahlt wurden, während größere Investitionen wie die Anschaffung neuer Müllwagen (von Kommune zu Kommune unterschiedlich[213]) oder die Errichtung großer Abfallbeseitigungsanlagen mit Mitteln des Außerordentlichen Haushalts finanziert wurden. Im Fall der Abfallbehälter war das wesentlich darin begründet, dass die Städte in der Regel einen soliden und stabilen Bestand an Metallgefäßen besaßen, und es war nur schwer zu rechtfertigen, diesen auf einen Schlag zu »verschrotten«. Zudem war es eingeführte Praxis, einen bestimmten Teil des jährlichen Budgets der Stadtreinigungsämter für die Anschaffung neuer Behälter zu verwenden. Der geringere Preis bei tendenziell größer werdendem Fassungsvermögen führte allerdings trotzdem zu einem sich beschleunigenden Tempo der Bestandserneuerung. Nichtsdestotrotz gab es beispielsweise im Jahr 1975 in Frankfurt noch 57.000 Blechmülltonnen gegenüber 40.000 Kunststoffbehältern.[214] Die letzten Stahlblechmülltonnen verschwanden erst im Laufe der 1980er Jahre aus dem Straßenbild deutscher Städte.[215]

Im Übrigen brachte die Einführung der Plastikmülltonnen (zusammen mit dem absinkenden spezifischen Gewicht des Abfalls) eine weitere wichtige Änderung mit sich, die auf längere Sicht die Arbeitsorganisation der Müllabfuhr revolutionieren sollte: Es wurde jetzt möglich, die Bürger dazu zu verpflichten,

211 Ebd.

212 Artikel Rhein-Neckar-Zeitung: Freiburgs Mülleimer machen Schule. SdtA Mannheim, Bauverwaltungsamt, Zugang 52/1979, Nr. 940.

213 So bezahlten die Städte Frankfurt/M. und Mannheim die Sammelfahrzeuge aus dem Ordentlichen Haushalt, die Stadt Dortmund aus dem Außerordentlichen Haushalt. Vgl. Haushaltspläne der Stadt Frankfurt, 1952 ff.; Haushaltspläne der Stadt Dortmund, 1952 ff.

214 Artikel: Die Abfälle werden mehr, die Müllmänner nicht (20.1.1975) (Unbekannte Zeitung). ISG Frankfurt/M., Sammlung Ortsgeschichte S3/V, 24.134.

215 Z. B. Verwaltungsbericht der Stadt Bochum 1986, 331. SdtA Bochum, ZK 1.

ihre Mülltonnen am Abend vor der Leerung selbst zum Straßenrand zu bringen. Nicht zufällig war wiederum Freiburg die erste westdeutsche Großstadt, die 1968 zu dieser Praxis überging. Die Plastikmülltonnen waren aufgrund ihres geringeren Gewichts Voraussetzung für diese arbeitssparende Maßnahme, die jedoch aufgrund der engen Bauweise der Freiburger Innenstadt und der geringen Behältergröße (die eine mindestens zweimalige Abholung des Mülls pro Woche notwendig machte) unumgänglich war.[216]

Insofern markiert das Jahr 1964 durch die Einführung des MGB 1,1 sowie der Plastikmülltonne in zweierlei Hinsicht einen wichtigen Wendepunkt in der Geschichte der westdeutschen Müllsammlung. Eine wichtige Rolle spielte dabei auch die Normung und die Zusammenarbeit zwischen dem VKF, dem VDI sowie den Produzenten von Abfalltechnologie. Dabei spielte Normung in der Müllsammlung in den 1950er Jahren noch kaum eine Rolle. Heinrich Erhard beispielsweise antwortete auf eine entsprechende Anfrage im Jahr 1947, eine Normung von Abfallbehältern in der Bundesrepublik sei nicht nötig, weil ohnehin 90 Prozent der Systemgefäße in den Großstädten einheitlich, also nach dem »Es Em«-Ringsystem konstruiert waren.[217] Zwar lief das Patent von Schmidt & Melmer im Jahr 1949 aus, aufgrund der von Erhard beschrieben Dominanz des Systems gab es aber im Prinzip einen Zustand der »Protonormung«.[218] Diese Situation wurde indes konkret verrechtlicht, als Ende der 1950er Jahre mit den Firmen Sulo (Herford) und Otto (Kreuztal) leistungsstarke Wettbewerber auftauchten, wobei Willi Otto noch bei Schmidt & Melmer gelernt hatte.[219] Bereits im Jahr 1960 verbreitete der VKF ein Rundschreiben mit den DIN-Blättern 6628 und 6629 über die Normung von Müllgefäßen und Schüttungen, womit das Schmidt & Melmer Ringsystem also Norm für die westdeutsche Abfallsammlung wurde.[220] Zugleich verknüpfte der Verband diese Maßnahme mit der Aufforderung, in Zukunft »nur noch normgerechte Müllgefäße und Einschüttvorrichtungen zu verwenden, um zu erreichen, dass die von uns angestrebte Vereinheitlichung auf diesem Gebiet, die letzten Endes in technischer und wirtschaftlicher Beziehung jeder einzelnen Stadt wieder zu Gute kommt, auch in der Praxis genau durchgeführt wird.«[221]

216 Artikel Mannheimer Morgen: Aktion »Saubere Stadt nicht immer leicht«. »Wilde« Müllablagerungen verunzieren Stadtbild (9.4.1970). SdtA Mannheim, Bauverwaltungsamt, Zugang 52/1979, Nr. 936.

217 Schreiben Heinrich Erhard an Rieger (31.12.1947). LA NRW, NW 354, Nr. 1096.

218 Dirk Wiegand, Der NKT und die Normung des MGB 240 – Eine Erfolgsgeschichte, in: DIN-Mitteilungen (Januar 2011), 15–22, 15.

219 Heinrich Erhard, Lebenserinnerungen eines Mülliardärs (Unv. Ms, SdtA Siegen).

220 Wiegand, NKT und die Normung des MGB 240, 15.

221 Rundschreiben Verband kommunaler Fuhrparks- und Stadtreinigungsbetriebe (25.1. 1960). SdtA Dortmund, 170 Stadtreinigungsamt, Nr. 217.

Die Normungsanstrengungen wurden in den 1960er und 1970er Jahren verstärkt, wobei insbesondere der MGB 1,1 trotz einer diesbezüglichen Skepsis führender Personen im VKF genormt werden konnte. Dabei arbeitete der VKF eng mit dem VDI zusammen, so dass 1972 ein Normblatt für den MGB 1,1 veröffentlicht wurde.[222] Damit veränderte sich aber der Charakter der Normung: Während Ende der 1950er Jahre über sie ein bereits allgemein akzeptierter Standard festgeschrieben und verrechtlicht wurde, wurde jetzt über Normung einer solcher erst geschaffen. Das hing allerdings damit zusammen, dass mit neuen Behältersystemen während der 1960er Jahre auf neue Herausforderungen reagiert werden musste. Die Normung der Abfallbehälter spielte dabei eine wichtige Rolle für die Vereinheitlichung der Leistungsstandards der kommunalen Müllabfuhr.[223]

Auf diese Weise sah, zumindest für die Außenstehenden, die Stadtreinigung in den westdeutschen Großstädten Ende der 1960er Jahre weitgehend gleich aus, ohne dass dieser Vorgang von einer übergeordneten staatlichen Instanz koordiniert werden musste. Die Normung ist vielmehr ein gutes Beispiel kommunaler Selbstorganisation und dafür, dass zumindest das Problem der Sammlung auf kommunaler Ebene zufriedenstellend gelöst werden konnte. Es war dann auch das Problem der Abfallentsorgung, nicht das der Sammlung, das seit Mitte der 1960er Jahre dazu führte, dass die legislative und administrative Verantwortung für die Abfallwirtschaft zunehmend von den Kommunen auf die Länder, und mit dem Abfallbeseitigungsgesetz vom Juni 1972 in letzter Instanz auf den Bund überging.

Zugleich sind sowohl der MGB 1,1 als auch die Einführung der Plastikmülltonnen ein Beispiel für die enge Zusammenarbeit von kommunalen Stadtreinigungsämtern und Firmen wie Sulo, Zöller oder Otto, um neue technische Lösungen für die Entsorgungsproblematik zu entwickeln. Auch wenn das insbesondere die private Abfallwirtschaft später nicht recht wahrhaben wollte, erwiesen sich die kommunalen Stadtreinigungsämter in den 1960er Jahren als durchaus innovativ.[224] Es gab Ämter wie das in Frankfurt, Freiburg, Bochum oder Wiesbaden, die neue Techniken ausprobierten und ihre Erfahrungen an die Ämter weitergaben, die solche Neuerungen teilweise deutlich später einführten.[225] Dazu gehörte beispielsweise auch das Stadtreinigungsamt in Dortmund[226],

222 Wiegand, NKT und die Normung des MGB 240, 16.

223 Ebd.

224 Anders: Willms, Mlodoch, Wiederaufbau, Wirtschaftswunder, Konsumgesellschaft, 52 f.

225 So führte Bocholt den MGB 240 sogar erst Anfang der 1980er Jahre ein. Gisbert Jacobs, Bocholter Müllabfuhr von 1981 bis 2011, in: Verband kommunaler Unternehmen, 100 Jahre kommunale Städtereinigung, 67–76, 67.

226 Manuskript Rede Minister MELF Neujahrsempfang der Müllwerker (3.1.1977). LA NRW, NW 455, Nr. 798.

dessen Modernisierung in den 1960er und 1970er Jahren vor allem an dem immer enger werdenden finanziellen Spielraum der Kommune scheiterte.[227] In der Tat waren es in den 1970er Jahren eher die Geldknappheit, zumal wenn immer größere Summen für die Entsorgung aufgewandt werden mussten[228], sowie neue Anforderungen der Abfallsammlung, die dazu führten, dass die privaten Abfallwirtschaftsunternehmen bei der technischen Erneuerung der Abfallabfuhr zunehmend die Führungsrolle übernahmen.

Das lässt sich anschaulich anhand einer weiteren wichtigen Neuerung auf dem Gebiet der Abfallbehälter demonstrieren, nämlich der Entwicklung des MGB 220/240 zu Beginn der 1970er Jahre. Dieser Behältertyp war ursprünglich unter der Bezeichnung GMT (Großmülltonne) 220 konzipiert worden und bekam erst im Zuge der Normung die Bezeichnung MGB 240 (er wurde allerdings auch als MGB 220 angeboten). Auf den ersten Blick handelte es sich zunächst lediglich um eine doppelt so große Version der klassischen 110 Liter-Mülltonne, allerdings war der Behälter durchgehend aus Kunststoff gefertigt und vor allem quadratisch. Das war darum sinnvoll, weil sich auch die äußere Form des Abfalls veränderte und Feinmüll zunehmend durch sperrige Verpackungen abgelöst wurde. Für solchen Müll erwies sich eine quadratische Tonne als aufnahmefähiger.[229] Der neue Behältertyp hatte zwei Räder, mit deren Hilfe er nach dem Kippen gerollt werden konnte, was die Arbeit der Müll-Lader deutlich erleichterte, aber eben auch die Voraussetzung dafür war, dass die Tonnen von den Bürgern an den Straßenrand gebracht werden konnten, die somit also einen Teil der Abfuhr mit übernahmen.

Das Besondere am MGB 240, auch wenn er damals bereits existierenden Exemplaren der französischen »poubelle« nachempfunden war[230], bestand darin, dass es sich hier um das Ergebnis einer Kooperation zwischen einem privaten Städtereinigungsunternehmen, der Gustav Edelhoff GmbH, und den Firmen Sulo und Otto handelte. Auch hier spielte die Zusammenarbeit der Entsorger mit den Produzenten von Abfallbehältern also eine wichtige Rolle. Edelhoff testete den MGB 240 im Jahr 1972 in zwei Großversuchen, nämlich in den von der Firma entsorgten Gemeinden Letmathe und Alt-Lünen, wo der MGB Ringmülltonnen mit 35 und 50 Litern Inhalt ersetzte. Nachdem sich diese

227 Vgl. Schreiben des StA 70 an die Damen und Herren des Ausschusses für Hochbau und Städtische Betriebe (27.6.1974). SdtA Dortmund, 170, Nr. 30. In Dortmund wurde seit 1960 die Zahl der städtischen Angestellten kontinuierlich reduziert. Matthias Frese, Personalpolitik in kommunalen Unternehmen 1920–1970. Dortmund und Bielefeld, in: Ders., Burkhard Zeppenfeld (Hrsg.), Wechselwirkungen zwischen öffentlicher und privater Wirtschaft. Essen 2000, 93–127, 124f.

228 Vgl. Ebd.

229 Wiegand, NKT und die Normung des MGB 240, 17.

230 Willms, Mlodoch, Wiederaufbau, Wirtschaftswunder, Konsumgesellschaft, 179.

Versuche als erfolgreich erwiesen hatten, begann Edelhoff zusammen der Firma Rethmann damit, den MGB 240 als Standardtonne insbesondere für ländliche Gebiete durchzusetzen.[231] Der Behälter stellte eine Reaktion auf eine erhöhte Nachfrage nach Tonnenkapazität aufgrund des stetig ansteigenden Müllvolumens dar, wobei der Abfall dabei allerdings zugleich leichter und sperriger wurde. Außerdem ermöglichte es der MGB 240, die Bürger zur »Mitarbeit« in der Müllabfuhr zu verpflichten und die Behälter zur Entleerung an den Straßenrand zu rollen. Diesem Zweck diente auch eine kurze Zeit später eingeführte kleinere Version, der MGB 120, der gleichfalls quadratisch und mit Rollen ausgestattet war.[232]

Allerdings wurde der MGB 240 auch darum zunächst vor allem in ländlichen Gebieten eingeführt (wo die Systemabfuhr oftmals erst ab den 1960er-Jahren gebräuchlich wurde), weil er sich in die bisherigen städtischen Tonnensysteme nicht ohne weiteres integrieren ließ. So passte er beispielsweise nicht in die gängigen Mülltonnenschränke und an den Sammelfahrzeugen mussten neue Kippvorrichtungen installiert werden. Die Meinung des Stuttgarter Stadtreinigungsamtes von 1972, wesentliche Personaleinsparungen seien mit diesem Gefäßsystem nicht möglich und es wäre »nur eine Frage der Zeit, bis auch dieses Gefäß für einen Haushalt wieder zu klein ist«, verklausulierte allerdings eher eine generelle Skepsis gegenüber Neuerungen auf diesem Gebiet.[233] Tatsächlich hatte der MGB 240 einen beachtlichen Rationalisierungseffekt und bildete mittelfristig der Schlussstein eines flexiblen Tonnensortiments, das auf Häuser- und Siedlungsgrößen sowie Betriebsstätten abgestimmt war und flexibel gehandhabt werden konnte.[234] Ein gutes Beispiel dafür ist die Stadt Mannheim, die während der 1960er und 1970er Jahre sukzessive einen »Tonnenmix« einführte, der die funktionalen Erfordernisse verschiedener Siedlungstypen und Abfallarten abbildete.[235]

231 Er bot dabei nicht zuletzt den Vorteil, als Standardtonne dienen zu können und gleichzeitig die Erhebung von Gebühren nach einem Wahrscheinlichkeitsmaßstab zu ermöglichen, was eine Abstimmung auf unterschiedliche Haushaltsgrößen ermöglichte. Lösch, Probleme des Abfallaufkommens, 66.

232 Vortrag Bernhard Irmisch (Direktor des Stadtreinigungsbetriebes der Stadt Mannheim und Vorsitzender der Landesgruppe Baden-Württemberg im VKS Mannheim), 3.–6. 6.1975. BA Koblenz, B 106, Nr. 27094.

233 Stadtreinigungsamt Stuttgart, Müllbeseitigung: Situation, Entwicklung, Maßnahmen (Broschüre Stadt Stuttgart), S. 20. HStA Stuttgart, EA 7/703, Nr. 6.

234 Herbert Oppermann, Hamburg entscheidet sich für das Müllgroßbehältersystem 120/240l, in: Müll und Abfall 11, 1979, Hft. 7, 187–188.

235 Vortrag Bernhard Irmisch (Direktor des Stadtreinigungsbetriebes der Stadt Mannheim und Vorsitzender der Landesgruppe Baden-Württemberg im VKS Mannheim), 3.–6. 6.1975. BA Koblenz, B 106, Nr. 27094.

Diagramm 10: Abfallbehälter der Stadt Mannheim (Stück)

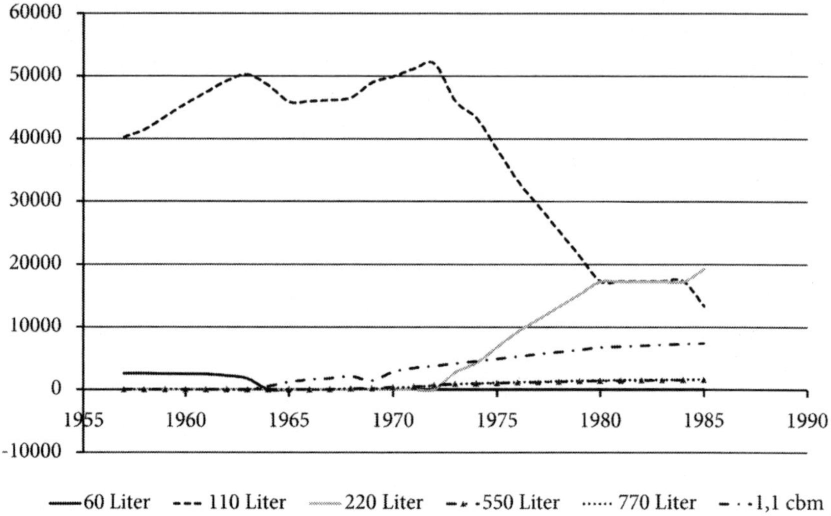

Quelle: Pulver, Abfuhranstalt, 118.[236]

Während die Zahl der 110 Liter-Abfalltonnen in Mannheim seit Beginn der 1970er Jahre drastisch zurückging, stieg parallel dazu die Zahl der MGB 220 an. Offensichtlich ersetzten letztere die 110 Liter-Behälter als Standardtonnen für die Einzelhaushalte. Gleichzeitig wuchs die Zahl der MGB 1,1 kontinuierlich, mit lediglich einer kleinen Delle, die wahrscheinlich den oben beschriebenen Schwierigkeiten bei der Einführung Ende der 1960er Jahre geschuldet war. Zugleich zeigt diese Übersicht noch einmal deutlich, dass die Finanzierung neuer Abfallbehälter aus dem Ordentlichen Haushalt der Kommunen lediglich eine kontinuierliche Einführung neuer Behältersysteme ermöglichte.

Daneben wurden auch noch Großcontainer eingesetzt, die sich besonders für die Entsorgung von Gewerbebetrieben, Behörden sowie Krankenhäuser anboten. Gerade letztere erzeugten große hygienische Probleme, die relativ früh den Einsatz kleiner Verbrennungsanlagen auf die Agenda der Kommunen brachte.[237] Insgesamt betrachtet »überlebten« aber auch kleinere Behälter, insbesondere auf dem Land sowie in Klein- und Mittelstädten, noch geraume Zeit. Bis in die späten 1970er Jahre ließ sich die Faustregel anwenden, dass je größer

236 Zugleich zeigt diese Übersicht aber auch, dass die Aussage, die städtischen Betriebe seien »der Umstellung auf Müllgroßbehälter etwa 10 bis 15 Jahre später« gefolgt, viel zu pauschal ist. Willms, Mlodoch, Wiederaufbau, Wirtschaftswunder, Konsumgesellschaft, 191.

237 Bundesministerium des Inneren (Hrsg.), Bericht der Wibera Wirtschaftsberatung AG Düsseldorf: Untersuchung über die Erfassung und Beseitigung von Abfällen aus Krankenhäusern und ähnlichen Einrichtungen einschließlich Pharma-Abfällen. Berlin 1974, 28 f.

Diagramm 11: Großcontainer Stadt Mannheim (Stück)

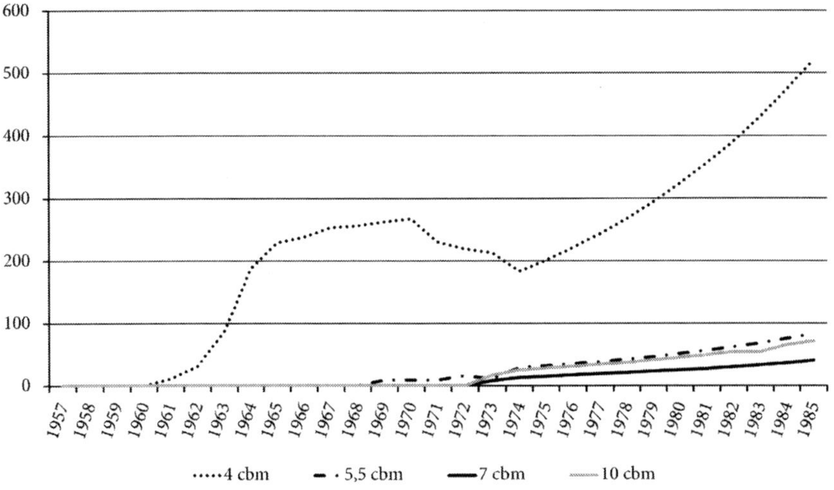

Quelle: Pulver, Abfuhranstalt, 118.

die Städte, umso größer auch die durchschnittlichen Behältergrößen waren.[238] Ab der zweiten Hälfte der 1970er Jahre setzen sich in ländlichen Gemeinden jedoch zunehmend die 240 Liter Großbehälter durch, deren Vorteile bei der Sammeleffizienz sich auf die Dauer nicht ignorieren ließen.

Insgesamt war der technologische »Spurt« der Abfallbehälterentwicklung zu Beginn der 1970er Jahre weitgehend abgeschlossen. Mit dem MGB 1,1 und dem MGB 240 aus Kunststoff hatten sich neue Standardmülltonnen neben der 110 Liter-Tonne etabliert, die jetzt ebenfalls aus Kunststoff gefertigt wurde. Auf diese Weise gelang es den Stadtreinigungsämtern, steigende Abfallmengen mit einer annähernd konstanten Belegschaft einzusammeln.[239] Das Tempo der Einführung erwies sich zwar zwischen den Kommunen als mitunter recht unterschiedlich[240], gleichwohl sollte sich an Größe und Technik der Mülltonnen seit den frühen 1970er Jahren nichts Wesentliches mehr ändern. Auch der MGB 220/240 war im Übrigen in der Bevölkerung nicht unumstritten. Gerade in ländlichen Gebieten, wo vorher deutlich kleinere Tonnen mit 50 Litern und weniger ausgereicht hatten, führte die Einführung der »Müllriesen« (was häufig mit der Übernahme der Müllabfuhr durch private Entsorgungsunternehmen einher-

238 Vgl. Lösch, Probleme des Abfallaufkommens, 271.

239 Mitteilung Stadtreinigungs- und Fuhramt an das Dezernat VII (21.9.1970). SdtA Mannheim, Bauhauptverwaltung, Zugang 52/1979, Nr. 943.

240 So führte die Stadt Bocholt die 120 l und 240 l Plastikmülltonnen erst zu Beginn der 1980er Jahre ein. Jacobs, Bocholter Müllabfuhr, 67.

ging) zu erhöhten Gebühren.[241] In Göppingen wurden 1975 MGB 220 mit Benzin übergossen und angezündet, um ein Final gegen die »Gebührendiktatur« von Landkreis und Privatwirtschaft zu senden.[242]

Trotzdem reichten die verfügbaren Gefäße manchmal nicht aus, besonders wenn um Weihnachten oder Ostern herum ein erhöhtes Abfallaufkommen anfiel. Hier bildeten in den 1960er und 1970er Jahren Papiersäcke eine zumindest kurzfristige Alternative zu den »Mehrweg«-Abfallbehältern, wobei die Papierindustrie emsige Lobbyarbeit leistete.[243] Papiersäcke etablierten sich jedoch lediglich als Puffer, um den vermehrten Müllanfall an den Spitzen abzufedern.[244] Wenn es darum ging, sie als Dauerlösung zu etablieren, schellten nahezu bei der gesamten städtehygienischen Expertenelite die Alarmglocken: Papiersäcke wurden als leicht brennbar, unhygienisch, durchfettend und instabil denunziert.[245] Otto Tope gab überdies zu bedenken, im Falle eines erneuten Krieges würde Zellstoff knapp. Darum sei die Städtehygiene bei der Benutzung von Papiersäcken in einem solchen Fall stark gefährdet.[246]

Auch andere Alternativen konnten sich nicht durchsetzen: So etwa die Müllabwurfschächte in großen Wohnanlagen, die zuerst (mit wenig Erfolg allerdings) nach der Jahrhundertwende in Berlin-Charlottenburg eingeführt worden waren.[247] Diese erlebten in den 1970er Jahren ein kleines »Comeback« und wurden im Olympiadorf in München und in der Mannheimer Herzogenried-Siedlung eingebaut.[248] Diese Schachtsysteme erwiesen sich allerdings als wartungsintensiv, zudem blieb Abfall teilweise an den Schachtwänden kleben, was einen fauligen Geruch in den Wohnungen erzeugte.[249] Darum ließen sich die hohen Kosten für solche Anlagen langfristig nicht rechtfertigen. Die in den USA

241 Schreiben August Hauser an Wilhelm Buggle (25.1.1975). HStA Stuttgart, EA 7/703, Nr. 8.

242 Artikel Stuttgarter Zeitung (3.2.1975). HStA Stuttgart, EA 7/703, Nr. 9; für einen ausführlichen Praxisbericht s. Martin Schwesig, Die Einführung eines neuen Müllsammelsystems in Esslingen am Neckar, in: Müll und Abfall 12, 1980, Hft. 5, 138–147.

243 Schreiben Borelly an den Oberbürgermeister der Stadt Mannheim (18.12.1968). SdtA Mannheim, Bauverwaltungsamt, Zugang 52/1979, Nr. 942.

244 Der Oberbürgermeister der Stadt Mannheim. Vorlage Nr. 569/69: Sauberhaltung des Stadtbildes (23.7.1969). SdtA Mannheim, Bauverwaltungsamt, Zugang 52/1979, Nr. 942.

245 Amtsblatt der Stadt Stuttgart Nr. 10 (7.3.1968): Umstellung auf staubfreie Müllabfuhr vor dem Abschluss. SdtA Mannheim, Bauverwaltungsamt, Zugang 52/1979, Nr. 942.

246 Tope, Papier- und Kunststoffbehälter in der Stadtreinigung.

247 Park, Müllkippe, 25 f. Hösel, Unser Abfall aller Zeiten, 213.

248 Park, Müllkippe, 124; Strobach, Müllbeseitigung aus Wohnungen und Wohnhausanlagen, 128; Schreiben Stadtreinigungsamt an das Dezernat VII (4.10.1974). SdtA Mannheim, Hauptamt, Zugang 35/1981, Nr. 361.

249 Schreiben Klaus Anacker an Hans-Dietrich Genscher (11.2.1971). BA Koblenz, B 106, Nr. 25190; Strobach, Müllbeseitigung aus Wohnungen und Wohnhausanlagen, 92 ff. Vgl auch Simone Egger, »München wird moderner«. Stadt und Atmosphäre in den langen 1960er Jahren. Bielefeld 2013, 354 ff.

populären »Müllwölfe«, in den Abfluss eingebaute Häcksler, die den Hausmüll in eine Art »Brei« verwandelten, der dann problemlos durch die Kanalisation abgeschwemmt werden sollte, konnten zwar manche Experten überzeugen – die Stadt Bochum plante Anfang der 1950er Jahre sogar deren großflächige Einführung, um damit die Entsorgungsfrage in Gänze zu lösen![250] –, trafen aber doch überwiegend auf große Skepsis.[251]

Im Zuge der Einführung neuer Behältersysteme und -kombinationen wurde in den 1970er Jahren auch die Frage eines möglichen Zusammenhangs zwischen Behältergrößen und Abfallaufkommen vermehrt diskutiert. Was als Vermutung bzw. unsystematische empirische Beobachtung öfters in Fachmagazinen geäußert wurde, bekam Validität durch die Untersuchung Bernhard Gallenkempers, der einen solchen Zusammenhang 1977 tatsächlich empirisch nachwies.[252] Seiner Ansicht nach schuf ein größeres Behältervolumen Anreize, Papier und Glas nicht zu trennen sowie Gartenabfälle und Sperrmüll im Hausmüll zu entsorgen. Gerade letztere wären sonst wahrscheinlich im Garten verbrannt worden, was eine weitverbreitete Praxis darstellte, um Tonnenkapazität zu sparen.[253] Zudem verringerten größere Abfallbehälter die Notwendigkeit, Abfälle vor dem Wegwerfen zu verkleinern, was ebenfalls zum Anstieg des Hausmüllvolumens beitrug.[254]

Gleichwohl sollte der Zusammenhang zwischen Behältervolumen und Hausmüllaufkommen nicht überstrapaziert werden. Die Abfallmenge hing gerade in urbanen Räumen hauptsächlich vom Umfang des Konsums ab, und dieser lässt sich schwerlich durch Behältergrößen bestimmt betrachten. Trotzdem geben Gallenkempers Ergebnisse zumindest einen Hinweis darauf, dass etwa Kellerräume eine Art »Limbus« für Dinge sind, bei denen eben noch nicht klar ist, ob sie weiter genutzt werden oder am Ende doch als Abfall enden, und dass in diesem Fall das Behältervolumen für diese Entscheidung offensichtlich eine Rolle spielt.

250 Schreiben Beigeordneter Dr. Ing. W. Hermann an Oberbaudirektor Köster (1.9.1950): Entwurf zur Frage der Müllverwertung auf Grund eines Beschlusses in der Sitzung vom 8.8.1950 im Ministerium für Ernährung, Landwirtschaft und Forsten. Landesarchiv NRW, NW 354, Nr. 1097.

251 Schreiben Ruhrverband und Ruhrtalsperrenverein an das Ministerium für Ernährung, Landwirtschaft und Forsten NRW (23.11.1962). Landesarchiv NRW, NW 354, Nr. 588; Gerhard Dittrich, Was in Neubaugebieten stört, in: Umwelt-Magazin 5, 1975, 46–49; Lösch, Probleme des Abfallaufkommens, 92.

252 Homberg, Abfallwirtschaft, 53 f.

253 Schreiben MELF an den Präsidenten des Landtags Nordrhein-Westfalens (15.1.1975). LA NRW, NW 455, Nr. 784; Schreiben Peter Dreher an Erwin Teufel (24.10.1974). HStA Stuttgart EA 7/703, Nr. 8. Vgl. auch: G. Eder, Einflussgrößenuntersuchung zum Abfallverhalten privater Haushalte – Eine Studie im Rahmen der ›bundesweiten Hausmüllanalyse 1979/80‹. Berichte des Umweltbundesamtes 3, 83. Berlin 1983, 87 f.

254 Lösch, Probleme des Abfallaufkommens, 100 f.

2.3.3 Fahrzeuge, Kompressionssysteme, Umladestationen

Abfallbehälter waren zwar ein wesentlicher Bestandteil der Rationalisierung der Müllsammlung nach dem Zweiten Weltkrieg, zugleich musste der Müll aber auch abgefahren und zur Entsorgung gebracht werden. Dazu brauchte es spezielle Sammelfahrzeuge, die – das implizierte die Bezeichnung »Systemmüllabfuhr« – auf die Abfallbehälter abgestimmt waren. So bezog sich das Patent, das die Grundlage des »Es Em«-Ringsystems von Schmidt & Melmer bildete, beispielsweise nicht auf einen bestimmten Behälter, sondern lediglich auf das Verbindungsstück von Behälter und Sammelfahrzeug, das die staubfreie Entleerung ermöglichte.[255]

Die Motorisierung der Müllabfuhr begann in manchen Städten bereits in den 1920er Jahren. So hatte die Stadt Dortmund nach dem Ersten Weltkrieg elektrische Abfuhrfahrzeuge eingeführt.[256] Generell hatten Elektrofahrzeuge jedoch das Problem geringer Batterielaufzeiten und dadurch eingeschränkter Reichweiten. Nach dem Zweiten Weltkrieg genügten sie nicht mehr den Anforderungen an die moderne Müllabfuhr, als die Sammelgebiete zunehmend größer wurden. Aufgrund dessen führte an der durchgehenden Umstellung auf Kraftfahrzeuge kein Weg mehr vorbei. Die Umstellung erfolgte in westdeutschen Großstädten spätestens in den frühen 1950er Jahren, wobei die Fahrzeuge nun deutlich zuverlässiger geworden waren.[257] Neben Krupp und Daimler-Benz traten jetzt zahlreiche neue Anbieter auf den Plan, so etwa die Firmen Faun und Magirus. Anfang der 1960er Jahre, so stellte eine statistische Untersuchung fest, gab es in der BRD hinsichtlich Nutzlast und Laderaum mindestens 60 verschiedene Fahrzeugtypen.[258] Das Stadtreinigungsamt in Dortmund benutzte im Jahr 1950 Fahrzeuge der Firmen Hansa-Lloyd, Borgward und Faun.[259] In den folgenden Jahren schaffte sich die Stadt dann allerdings vorrangig Fahrzeuge von Magirus an. Die Stadt Mannheim verwendete ausschließlich Fahrgestelle von Daimler-Benz mit einem Kuka-Aufbau.[260] Dazu trugen auch die Firmen bei, indem sie bei Sammelbestellungen erhebliche Preisnachlässe in Aussicht stellten,

255 Gutachten erstattet im Auftrage des Verbandes Städtischer Fuhrparksbetriebe Frankfurt/M. über die Frage: »Stellt die Verwendung von Müllgefäßen, die nicht von der Patentinhaberin bezogen wurden, für Müllschütteinrichtungen nach dem DRP 486 177 einen unzulässigen Eingriff in das dem Patentinhaber zustehende Ausschließungsrecht dar?« (4.7.1949). SdtA Mannheim, Tiefbauamt, Zugang 3/1968, Nr. 953.

256 Bausch, Es herrscht Ordnung, 75.

257 Park, Müllkippe, 58; Erbel, Kaupert, Müll und Abfall, 35 f.

258 Ferber, Kolkenbrock, Neukirchen, Müll, 37 f.

259 Einsatz der Fahrzeuge bei StA 94 M (für Zeitraum 1.4.–30.9.1950). SdtA Dortmund, 170 Stadtreinigungsamt, Nr. 66.

260 Schreiben Städtisches Tiefbauamt an den Oberbürgermeister, SdtA Mannheim, Hauptregistratur, Zugang 1955/1964, Nr. 1582.

was wiederum nicht zuletzt deswegen attraktiv war, weil die Sammelfahrzeuge keineswegs billig waren.[261] Das alles führte zu einer sukzessiven Vereinheitlichung und bereits Mitte der 1970er Jahre hatte laut einer Umfrage immerhin die Hälfte der Kommunen Typenreinheit in ihrem Fuhrpark verwirklicht.[262]

Darüber hinaus ging der Trend seit Mitte der 1950er Jahre zunehmend hin zu Sammelfahrzeugen mit größeren Aufbauten.[263] Diese brachten zwar Schwierigkeiten im alltäglichen Straßenverkehr mit sich, waren jedoch aus dem Grund effizienter, weil die Touren länger wurden und Deponie oder MVA seltener angefahren werden mussten.[264] Das wurde insbesondere in den 1970er Jahren wichtig, als vermehrt geordnete Zentraldeponien für mehrere Kommunen eingerichtet wurden.[265] So setzten sich schließlich sukzessive Fahrzeuge mit mindestens acht, vor allem aber 10 oder 15 cbm Inhalt bzw. acht oder zehn Tonnen Nutzlast durch.[266]

Zwei wesentliche Aspekte waren grundsätzlich für die Konstruktion von Sammelfahrzeugen entscheidend, nämlich der »Kipper«, also die Einrichtung, mit der die Mülltonne und ihr Inhalt in den Wagen geschüttet, und die Kompression, wie der Abfall im Sammelfahrzeug »verdichtet« wurde, um dessen Aufnahmekapazität zu erhöhen und damit die Sammlung insgesamt effizienter zu machen. Für Einschütt-Vorrichtungen gab es spezialisierte Unternehmen, wobei die im Zusammenhang mit der Einführung des MGB 1,1 bereits erwähnte Firma Zöller der Marktführer für hydraulische Kippsysteme in Westdeutschland war.[267] Es war dementsprechend auch kein Zufall, dass die Firma ihr Patent an diesem Behältertyp freigab, weil sie sich dadurch einen größeren Markt für ihr eigentliches Kernprodukt versprach.[268] In den 1960er Jahren wurde die hydraulische Hub-Kipp-Vorrichtung am Sammelfahrzeug zur Norm, in den 1970er Jahren oftmals auch in doppelter Ausführung. Die Handschüttung war ab diesem Zeitpunkt nur noch selten anzutreffen.[269]

261 Vortrag des Magistrats an die Stadtverordneten-Versammlung (27.2.1956). ISG Frankfurt, Stadtkämmerei, Nr. 2060.

262 Rolf Jansen, Reinhard Rudat, Stadtreinigung in der Bundesrepublik Deutschland. Die betrieblichen Rahmenbedingungen und die Arbeitssituation im Urteil der Betroffenen. Dortmund 1978, 7.

263 Hans-Georg Köhler, Probleme der kommunalen Straßenreinigung und Müllabfuhr, in: K. Giesen (Hrsg.), Stadthygiene und Kommunalfahrzeuge. Essen 1967, 41–50, 44 ff.

264 R. Pohle, Einfluss der Vergrößerung des Nutzinhalts von Müllfahrzeugen auf die Zahl der Entladefahrten, in: Kommunalwirtschaft 1980, Hft. 1, 27–29.

265 Schreiben des Städtischen Fuhrparks der Stadt Bochum an den Regierungspräsidenten Arnsberg (3.2.1972). LA NRW, NW 455, Nr. 786.

266 Schreiben Städtisches Tiefbauamt an den Oberbürgermeister, SdtA Mannheim, Hauptregistratur, Zugang 1955/1964, Nr. 1582; Jansen, Rudat, Stadtreinigung in der Bundesrepublik Deutschland, 6.

267 Vetter, Firma Zöller.

268 Willms, Mlodoch, Wiederaufbau, Wirtschaftswunder, Konsumgesellschaft, 49.

269 Jansen, Rudat, Stadtreinigung in der Bundesrepublik Deutschland, 7.

Bei den Kompressionssystemen blieb hingegen weiterhin Kuka führend, deren Marktführerschaft in den 1950er Jahren jedoch durch die Firma Haller in Frage gestellt wurde, die ebenfalls Aufbauten für Sammelfahrzeuge herstellte. Beide Systeme operierten mit einer Drehschnecke innerhalb des Sammelfahrzeugs, um den Müll im Aufbau nach vorne zu verschieben und zu verdichten. Es gab allerdings auch noch konkurrierende Systeme, die den Abfall auf andere Weise zusammenpressten.[270]

Abbildung 6 verdeutlicht die Leistungsfähigkeit eines Kuka-Kompressionssystems, das problemlos in der Lage war, eine Waschmaschine zu »knacken« und zusammen mit dem sonstigen Abfall zu verdichten. Auf diese Weise konnten Sammelfahrzeuge ein Drittel mehr Abfälle als sonst aufnehmen.[271]

Sammelfahrzeuge stellten einen wesentlichen Kostenfaktor der Stadtreinigung dar, was sich sowohl in den Anschaffungs- wie in den Betriebskosten niederschlug. Aus diesem Grund spielten sie eine wichtige Rolle in den Auseinandersetzungen um die Finanzausstattung der Stadtreinigungsämter. Dabei war es ein wichtiges Argument, das die Stadtreinigungsämter in den 1950er Jahren zur Modernisierung ihres Fuhrparks vorbringen konnten, dass ältere Fahrzeuge nicht nur einen größeren Reparatur- und Wartungsaufwand erzeugten (inkl. der damit verbundenen Stillstandszeiten), sondern auch deutlich mehr Benzin verbrauchten und somit zu erhöhten Betriebskosten führten. Durch die größeren Aufbauten konnte außerdem Personal eingespart werden, indem die Touren länger wurden.

Ein weiterer Baustein eines integrierten Systems der Abfallsammlung und -entsorgung stellten mancherorts Umschlagstellen dar, in denen der Abfall aus Sammelfahrzeugen bzw. Wechseltonnenbehältern in größere Sammelbehälter entleert wurde, die dann mit der Eisenbahn zur Müllkippe befördert wurden. Solche Umladesysteme gewannen in den 1970er Jahren vermehrt an Bedeutung, weil angesichts überregionaler Entsorgungslösungen so die Fahrtzeit zu den Abfalldeponien für die teuren Sammelfahrzeuge deutlich verringert werden konnte.[272] Jedoch machten sie beispielsweise für die Stadt Dortmund bis in die 1950er Jahre deshalb Sinn, weil das Wechseltonnensystem nur kurze Touren zuließ und es einen kaum zu rechtfertigenden Aufwand bedeutet hätte, mit den Elektrofahrzeugen zur städtischen Hauptdeponie in Huckarde zu fahren. Allerdings funktionierte das Umladesystem in Dortmund nicht besonders gut, denn es fehlten technische Einrichtungen, um den Inhalt der Waggons ordnungsgemäß auf die Kippe zu entladen. In dem Moment, wo sich die Stadt

270 Otto Hermann Schwabe, Müllabfuhr, ihre Fahrzeuge und Geräte, in: K. Giesen (Hrsg.), Stadthygiene und Kommunalfahrzeuge. Essen 1967, 51–56, 54 f.

271 Schwabe, Müllabfuhr, ihre Fahrzeuge und Geräte, 107 ff.

272 Gutachten über die technischen und wirtschaftlichen Möglichkeiten des Ferntransports von Abfallstoffen. Dornier-System (August 1972). BA Koblenz, B 106, Nr. 25151; Frilling, Mischer, Pütt un Pann'n, 188.

Abbildung 6: Sammelfahrzeug der Firma Faun in den 1970er Jahren (Würzburg). Abdruck mit freundlicher Genehmigung der SASE-GmbH Iserlohn.

motorisierte Sammelfahrzeuge anschaffte, wurde die Deponie darum direkt angefahren bzw. nach Ablagerungsplätzen gesucht, die schneller erreichbar waren. Das führte in der Nachkriegszeit dazu, dass sich zahlreiche Schuttkippen in Behelfsdeponien verwandelten.[273] Diese wiederum waren ein wichtiger Grund dafür, dass die Stadt ihre Deponiesituation in den 1950er Jahren neu zu ordnen versuchte.[274]

Im Vergleich zu den Abfallbehältern gab es bei den Sammelfahrzeugen insgesamt eine etwas größere Diversität. Jedoch war auch hier die Normung wichtig: So wurden die Schüttungen entweder selbst genormt oder sie mussten zu den genormten Behältern passen. Das einheitliche Erscheinungsbild wurde zudem noch dadurch unterstrichen, dass sich in den 1960er Jahren das charakteristische Orange als Standardfarbe für Fahrzeuge und Arbeitsmonturen der Müllabfuhr bundesweit durchsetzte; die Verwendung dieser »Signalfarbe« ging nicht zuletzt auf US-amerikanische Vorbilder zurück.[275]

273 Schreiben Kuzay an das Stadtreinigungsamt (10.12.1947): Betr.: Benutzung der Schuttkippe an der Hallerey in Dortmund. SdtA Dortmund, 170 Stadtreinigungsamt, Nr. 152.

274 Bausch, Es herrscht Ordnung, 83 f.

275 Heinrich Neukirchen, Unfallschutz für Straßenreiniger und Müllwerker, in: Der Städtetag 11, 1958, Hft. 4, 281–285; Gerhard Blumenröther, Dienst- und Schutzbekleidung, in: Kommunalwirtschaft 1981, Hft. 1, 11–14, 12 f.

Bei den Sammelfahrzeugen lässt sich insgesamt eine kontinuierliche Entwicklung hin zu motorisierten Fahrzeugen, größeren Aufbauten und leistungsfähigeren Kompressionssystemen beobachten. Dabei kam es auch hier zu einer zunehmenden Standardisierung, was durch den von wenigen Firmen dominierten Markt begünstigt wurde. Auch hier waren in den 1970er Jahren, ähnlich wie bei den Abfallbehältern, die wesentlichen Innovationen bereits gemacht und Rationalisierungspotentiale größtenteils ausgeschöpft. Wenn grundlegende Verbesserungen ab diesem Zeitpunkt nicht mehr zu erzielen waren, blieb letztlich nur die Arbeitsorganisation in der Müllabfuhr übrig. Diese sollte sich tatsächlich in den 1970er und 1980er Jahren stark verändern.

2.4 Die Arbeitssituation in der Müllabfuhr und die fortschreitende Rationalisierung der Abfallsammlung in den 1970er und 1980er Jahren

Bei den bis hierhin beschriebenen Rationalisierungsmaßnahmen ging es wesentlich darum, durch technische Maßnahmen eine größere Menge Abfall mit weniger Arbeitsaufwand einzusammeln, womit über die Arbeit der Müllwerker selbst aber noch wenig ausgesagt ist. Der folgende Abschnitt beschreibt zunächst die Entwicklung der Müllarbeit nach dem Zweiten Weltkrieg, bevor eine Darstellung der Rationalisierung der Abfallsammlung ab den 1970er Jahren erfolgt. Das lässt sich dadurch rechtfertigen, dass diese Rationalisierung wesentlich mit der Änderung der Arbeitsorganisation und der Konkurrenz zwischen öffentlichen und privaten Entsorgern zusammenhing, während die wesentlichen technischen Innovationen zu Beginn der 1970er Jahre größtenteils bereits vorhanden waren und praktiziert wurden. Traditionell waren es dabei vor allem zwei (negative) Eigenschaften, welche die Arbeit der Müllwerker charakterisierten: Sie war sowohl sehr schwer als auch schlecht angesehen. Auch wenn von der Bevölkerung in den meisten Fällen durchaus anerkannt wurde, dass die Müllwerker eine wichtige Arbeit erledigten, änderte das in der Regel wenig am schlechten Image der Müllabfuhr.

Die Härte der Arbeit hatte wesentlich damit zu tun, dass die Abfallbehälter vor Einführung der Plastikmülltonnen und der Änderung der Abfallzusammensetzung äußerst schwer waren. Sowohl die Asche war ein wesentlicher Gewichtsfaktor, als auch die soliden Stahlblechbehälter. Wie bereits erwähnt wog eine 110 Liter Standardtonne von Schmidt & Melmer bereits leer ca. 30 Kilogramm. Gefüllt konnte sie bei einem hohen Ascheanteil bis zu 85 Kilogramm wiegen und musste i. d. R. von zwei Mann, oftmals mit der Hilfe von Tragegurten, gehoben werden. Besonders wenn die Mülltonnen unzugänglich aufgestellt waren, kam es häufig zu Arbeitsunfällen, vor allem Verletzungen durch die scharfen Kanten des Blechs.[276] Weil die Tonnen besonders in den Innenstadtbezirken oftmals im Keller standen, mussten die Behälter über Treppen gewuchtet werden, wobei es häufig zu Sachbeschädigungen kam.[277] Vor der Durchsetzung hydraulischer Kippsysteme mussten die Behälter zudem hoch gehoben werden, um sie in das Sammelfahrzeug zu entleeren. Ende der 1940er Jahre kamen sogar einige Müllwerker ums Leben, weil Chemikalien im Sammelfahrzeug explodierten.[278] Die Müllabfuhr hat bis heute den höchsten Krankenstand und die höchste Ausfallquote aller Berufsgruppen in der BRD.[279] Der Leiter des Mannheimer Tiefbauamtes seit 1955, Wolfgang Borelly, fasste die Arbeitssituation in der Müllabfuhr im Jahr 1961 wie folgt zusammen:

Die Arbeit der Müllabfuhr vollzieht sich zu einem nicht geringen Teil am Rande des Straßenverkehrs oder sogar innerhalb desselben. Dies bedeutet, dass die Müllarbeiter beim Transport der am Gehwegrand für die Entleerung abgestellten Mülltonnen zum Wagen ständig nicht unerheblichen Verkehrsgefahren ausgesetzt sind. Eine außerordentliche Erschwernis bildet aber auch der unverhältnismäßig lange und mit allerlei Hindernissen gespickte Transportweg für die Mülltonnen auf den einzelnen Grundstücken. Enge, dunkle Gänge, Treppen, nicht feststellbare Türen, im Winter Schnee- und Eisglätte auf den Wegen und offenen Treppengängen sind keine Seltenheit. Wenn man berücksichtigt, dass unter diesen Umständen Mülltonnen von einem Gesamtgewicht bis 85 und mehr Kilogramm transportiert werden müssen, ist der unverhältnismäßig hohe Krankenstand als Folge der außerordentlichen physischen Belastung des Mülltragepersonals verständlich. Durch den Ausfall an Personal infolge Erkrankung, Urlaub, aber auch durch Versetzung in den Ruhestand und der Nichtbesetzung offener Stellen sind die einzelnen mit sechs Mann besetzten Arbeitsgruppen an den Müllwagen häufig so stark unterbesetzt, dass das tägliche Arbeitspensum nicht mehr während der regulären Arbeitszeit, sondern nur noch als Überstunden geleistet werden kann.[280]

In der Nachkriegszeit bildete sich ein Standardsystem der Arbeitsorganisation der Müllabfuhr heraus, das auf die Behälter und Sammelfahrzeuge abgestimmt war. So bestand eine Arbeitskolonne aus vier bis sechs Mann: Es gab den Fahrer des Sammelfahrzeugs, ein oder zwei Müll-Lader holten die Tonnen heran, ein

276 Otto Tope, Sammlung, Abfuhr und Beseitigung von Hausmüll, Gewerbemüll und Schlacke. Frankfurt/M. 1965, 2; Schreiben Tiefbauamt Mannheim an die Stadt Bad Reichenhall (7.8.1956). SdtA Mannheim, Hauptregistratur Zugang 1955/1964, Nr. 1582.

277 Z.B. Schreiben August Süther an den Städtischen Fuhrpark der Stadt Bochum (15.11.1949). SdtA Bochum, NAP 002/38.

278 Schreiben Oberbaudirektor Mann an den Oberbürgermeister der Stadt Mannheim (1.10.1948). SdtA Mannheim, Hauptregistratur, Zugang 1955/1964, Nr. 1581.

279 Die ÖTV gab für den Beginn der 1980er Jahre in Westdeutschland eine Ausfallquote von 30–35 % an: ÖTV (Hrsg.), Rationalisierung und ihre Auswirkungen im Bereich der Städtereinigung (Müllabfuhr). Stuttgart 1983, 26.

280 Borelly, Die Mannheimer Müllabfuhr heute (1961). SdtA Mannheim, Hauptregistratur, Zugang 40/1972, Nr. 291.

oder zwei Lader schafften sie weg, einer war für die (ab den 1960er Jahren zumeist) hydraulische Entleerung in das Sammelfahrzeug verantwortlich.[281] Die Hierarchie wurde zum einen durch den Unterschied zwischen Fahrer und Ladern bestimmt. Der erstere wurde höher entlohnt als die Lader, hatte diesen gegenüber jedoch in den meisten Fällen keine offizielle Weisungsbefugnis. Die Müll-Lader hatten in manchen Städten unter sich einen Vorarbeiter, der aber immer noch weniger verdiente als der Fahrer, der insofern eine herausgehobene Position in der Arbeitsgruppe einnahm.[282] Der Kolonne war ein Abfuhrbezirk zugeordnet, dessen Abfall sie in einer Tour einzusammeln hatte, wobei die Deponie oder Verbrennungsanlage normalerweise zwei- bis dreimal pro Arbeitstag angefahren wurde.[283]

Nach Beendigung der Tour durften die Arbeiter in vielen Stadtreinigungsämtern Feierabend machen, was je nach Größe des Bezirks und der Verkehrssituation teilweise ein durchaus frühes Schichtende bedeutete.[284] Das provozierte kritische Kommentare von Bürgern, die eine solche Praxis weder mit ihrer Arbeitsethik noch mit ihren Abfallgebühren vereinbaren zu können meinten. Besonders drastisch beschrieb das Ende der 1960er Jahre ein anonymer Briefschreiber in Mannheim mit Hang zur Denunziation:

Bei Ihrer Städt. Müllabfuhr möchte ich auch gerne Vorarbeiter werden. Ich hatte jetzt drei Wochen Gelegenheit während meines Urlaubs einen Ihrer Leute von der Müllabfuhr zu beobachten. Diese haben ein schönes Leben. Man könnte glauben, die würden nur halbtags arbeiten. Wenn ich dran denke wie ich mich in meinem Beruf abschinden muss. Aber diese Herren bekommen bestimmt ein gutes Monatsgehalt sonst könnten die sich kein Auto leisten. Um ½ 7 Uhr geht er weg, um ½ 9 Uhr bis um ¾ 10 Uhr schon wieder zuhause, von ½ 12 Uhr bis ¾ 1 Uhr Zuhause und um 14.30 ebenfalls, da wird nicht mehr ins Geschäft gefahren, da ist Feierabend. Nun frage ich sie wie lange da wohl gearbeitet wird bis die Woche herum ist. Abzüglich der Stunden die Zuhause verbracht werden. Zu was bezahlen wir unsere Müllabfuhrgebühren, da legt die Stadt noch drauf. Ich hätte an die Müllabfuhr geschrieben, aber diese Herren tun sich gegenseitig nicht weh. Dieser eine Vorarbeiter, der vielleicht für viele spricht

281 Jansen, Rudat, Stadtreinigung in der Bundesrepublik Deutschland, 14; Lösch, Probleme des Abfallaufkommens, 63.

282 Herbert Heidemann, Mitbestimmung und kommunale Selbstverwaltung. Eine Untersuchung über paritätische Mitbestimmung in kommunalen Institutionen der technischen Infrastruktur, bezogen auf die Müllabfuhr in Bremen. Bremen 1977, 57. In Neumünster hingegen hatte der Fahrer zu Beginn der 1980er Jahre auch die offizielle Funktion eines Vorarbeiters inne. ÖTV, Rationalisierung, 23.

283 Jansen, Rudat, Stadtreinigung in der Bundesrepublik Deutschland, 4; ÖTV, Rationalisierung, 22.

284 Vgl. Rationalisierung in der Berliner Stadtreinigung. Anlage zu: Schreiben Kämmereiamt an das Referat VII (25.10.1957). SdtA Mannheim, Hauptregistratur, Zugang 40/1972, Nr. 291. Prämienlohnsysteme oder andere Entlohnungsformen wurden zwar gelegentlich ausprobiert, setzten sich allerdings nicht flächendeckend durch. Vgl.: Herbert Oppermann, Herbert Schulz, Das Prämienlohnsystem der Hamburger Straßenreinigung. Berlin 1974.

ist [an dieser Stelle Nennung des vollen Namens und der genauen Adresse, R. K.]. Kein Wunder dass die Mülltonnen überlaufen wenn die Herren von der Müllabfuhr die ganze Zeit zuhause sitzen. Da muss etwas unternommen werden.[285]

Das Stadtreinigungsamt rechtfertigte sich gegenüber der Stadtverwaltung damit, dass die Touren zum Teil sehr unterschiedlich ausfielen und es den Müllwerkern erlaubt war, ihre Pausen zuhause zu verbringen. Ansonsten würden sie in Gaststätten einkehren, was teilweise zu erheblichem Alkoholmissbrauch geführt habe.[286] Gleichwohl erscheint eine solche Praxis auf den ersten Blick überraschend, weil die Knappheit an Arbeitskräften seit Mitte der 1950er Jahre das große Problem der Stadtreinigungsämter bei der Bewältigung der »Müll-Lawine« darstellte und die bereits beschriebene technische Rationalisierung genau auf dieses Problem reagierte. Warum wurde den Müllwerkern also ein guter Teil der offiziellen Arbeitszeit erlassen?

Zum einen stellte diese Regelung eine Kompensation für die beschriebenen Arbeitshärten dar und schuf einen wirksamen Anreiz, die Tour schnell zu erledigen. Ende der 1950er Jahre wurde in Mannheim darüber diskutiert, in der Müllabfuhr einen Akkord einzuführen. Das wurde vom Stadtreinigungsamt allerdings mit dem Hinweis abgelehnt, dass die Touren einerseits je nach Verkehrslage und baulichen Gegebenheiten sehr verschieden ausfielen, andererseits das hohe Durchschnittsalter der Belegschaft sowie der hohe Krankenstand einer solchen Maßnahme entgegenständen.[287] Das hohe Durchschnittsalter resultiere daraus, dass »kein allzu großer Andrang« zur Stadtreinigung bestände.[288] Das war ein rechter Euphemismus: Tatsächlich blieben zahlreiche Planstellen unbesetzt.[289]

Die Gründe für den Mangel an Arbeitskräften waren vielfältig. Neben der harten Arbeit spielte das geringe soziale Ansehen der Müllabfuhr bei der Rekrutierung eine große Rolle.[290] Das Mannheimer Stadtreinigungsamt beklagte sich

285 Schreiben Anonymus an den Oberbürgermeister der Stadt Mannheim (16.7.1969). SdtA Mannheim, Bauverwaltungsamt, Zugang 52/1979, Nr. 1463.

286 Schreiben Stadtreinigungs- und Fuhramt an das Dezernat VII (12.8.1969). Stadt Mannheim (16.7.1969). SdtA Mannheim, Bauverwaltungsamt, Zugang 52/1979, Nr. 1463.

287 Schreiben Städtisches Tiefbauamt an den Herrn Oberbürgermeister (18.3.1958). SdtA Mannheim, Hauptregistratur, Zugang 40/1972, Nr. 291.

288 Rationalisierung in der Berliner Stadtreinigung. Anlage zu: Schreiben Kämmereiamt an das Referat VII (25.10.1957). SdtA Mannheim, Hauptregistratur, Zugang 40/1972, Nr. 291.

289 Artikel Mannheimer Morgen (22.12.1961): Müllabfuhr ist schon jetzt im Druck. Kolonnen machen Überstunden mit mehr Fahrzeugen als üblich. SdtA Mannheim, Hauptregistratur, Zugang 40/1972, Nr. 291.

290 So baten beispielsweise verschiedene leitende Angestellte des Stadtreinigungsamtes Dortmund im Jahr 1936 darum, als Betriebshofverwalter, Betriebshofleiter oder Betriebshofmeister tituliert zu werden, statt als Betriebsassistent oder Aufseher. Sie würden eine verantwortungsvolle Tätigkeit ausüben und sahen den Grund für die bisherige Einstufung darin, dass der »Straßenreinigungsbetrieb mit seinem Aufgabenkreis vielfach verkannt wird«.

bereits 1958 darüber, Nachwuchs und Betriebshelfer für die Müllabfuhr seien auf dem Arbeitsmarkt nicht zu bekommen.[291] In den 1960er Jahren wurden mit diesem Gesichtspunkt durchgängig die Rationalisierungsmaßnahmen in der Müllabfuhr gerechtfertigt. Otto Witte, Leiter des Wiesbadener Stadtreinigungsamtes, das 1964 den MGB 1,1 einführte, meinte beispielsweise: »Ich glaube, es gibt keinen Fuhrparksbetrieb, der keine Personalsorgen hat. Je mehr der allgemeine Wohlstand zunimmt, umso weniger werden sich Arbeitskräfte finden, die die nun einmal schwere und ekelerregende Arbeit des Müllwerkers verrichten wollen.«[292] Die BRD erreichte bereits in der zweiten Hälfte der 1950er Jahre annähernd Vollbeschäftigung. Dann aber fand sich kaum noch jemand, der bei der Müllabfuhr arbeiten wollte, wenn er eine Alternative hatte.

Die Kommunen reagierten auf dieses Problem auf verschiedene Weise. Ein naheliegendes Vorgehen war, durch Löhne und soziale Leistungen materielle Anreize zu schaffen. Die Stadt Frankfurt beispielsweise stufte die Arbeiter der Müllabfuhr in den 1950er Jahren in eine höhere Lohngruppe ein, jedoch waren Lohnerhöhungen durch die geringe Qualifikation und das niedrige Ansehen dieser Arbeit Grenzen gesetzt. In der Mainmetropole wurde darauf geachtet, die Hierarchie im Öffentlichen Dienst nicht durcheinander zu bringen, indem Müllwerker plötzlich besser bezahlt wurden als qualifiziertere Mitarbeiter.[293] Das einfache Spiel von Angebot und Nachfrage konnte sich bei den Kommunen also nur bedingt durchsetzen. In Mannheim wurden immerhin die Löhne in der Müllabfuhr während der 1960er Jahre substantiell erhöht, was jedoch den Arbeitskräftemangel nicht beheben konnte.[294] Hinzu kam, dass die Stadtreinigung durchaus nicht »jeden« nahm. Weil die Ämter an dauerhaften Beschäftigungsverhältnissen interessiert waren, wurde vielerorts darauf geachtet, offensichtlich überqualifizierte Bewerber nicht zu beschäftigen. Es musste davon ausgegangen werden, dass diese ein mögliches alternatives Arbeitsangebot sofort annahmen. Darum wurden besonders ab den 1970er Jahren vorwiegend Menschen mit Haupt-, Sonder- oder ganz ohne Schulabschluss eingestellt.[295]

Schreiben E. Lohmann an Stadtrat Delfs (27.2.1936). SdtA Dortmund, 170 Stadtreinigungsamt, Nr. 135.

291 Schreiben Städtisches Tiefbauamt an den Herrn Oberbürgermeister (26.8.1958). SdtA Mannheim, Hauptregistratur, Zugang 40/1972, Nr. 291.

292 Mitteilungen des Verbands kommunaler Fuhrparks- und Stadtreinigungsbetriebe 2/1964. SdtA Dortmund, 170 Stadtreinigungsamt, Nr. 217.

293 Schreiben des Magistrats der Stadt Frankfurt an das Hauptamt der Stadt Köln (17.2.1961). ISG Frankfurt, Magistrat, Nr. 1898.

294 So verdiente ein Müllwerker in Mannheim 1958 noch 1,82 DM pro Stunde, 1966 4,03 DM und 1970 5,24 DM, es kam also durchaus zu substantiellen Lohnsteigerungen. Artikel Mannheimer Morgen (3.1.1958). SdtA Mannheim, Hauptregistratur, Zugang 40/1972, Nr. 291; Mitteilung Stadtreinigungs- und Fuhramt an das Dezernat VII (21.9.1970). SdtA Mannheim, Bauhauptverwaltung, Zugang 52/1979, Nr. 943.

295 ÖTV, Rationalisierung, 29.

Ein anderer Weg bestand in der Anwerbung ausländischer Arbeitskräfte. Seit dem ersten Anwerbeabkommen mit Italien 1955 schloss die BRD mit zahlreichen, vor allem südeuropäischen Ländern Anwerbeverträge ab.[296] In Frankfurt wurden in der zweiten Hälfte der 1950er Jahre bereits ein Wohnheim für Gastarbeiter bei der Müllabfuhr und Straßenreinigung errichtet.[297] Allerdings konnte das Arbeitskräfteproblem der Stadtreinigung damit nur gemildert werden. Die Stadtreinigungsämter stellten Überlegungen an, die Gastarbeiter vertraglich zu binden, ansonsten sei »zu befürchten, dass sie nach dem Vorbild ihrer deutschen Kollegen schnell herausbekamen, wo sie mehr Geld als in der Müllabfuhr verdienen könnten.«[298] Auch wenn ein solches Vorgehen arbeitsrechtlich unzulässig war, zeigte es, dass die Gastarbeiter zumeist sofort eine andere Beschäftigung suchten, wenn sich ihnen die Möglichkeit dazu bot. Neben den bereits genannten Faktoren trugen aber auch die faktisch nicht vorhandenen Aufstiegsmöglichkeiten zum Arbeitskräftemangel bei. Es gab bei der Müllabfuhr weder große Lohnunterschiede noch ausgeprägte Hierarchien. Wer als ungelernter Arbeiter bei der Müllabfuhr eintrat, musste also auf die tariflich ausgehandelten Lohnsteigerungen für den Öffentlichen Dienst vertrauen. Möglichkeiten, durch individuelles Engagement oder Weiterbildung »Karriere« zu machen, existierten praktisch nicht.[299]

Eine empirische Erhebung über das Alter und die soziale Zusammensetzung der Müllabfuhr aus dem Jahr 1976 bestätigt diesen Befund. So wies die Altersstruktur in den Stadtreinigungsbetrieben signifikante Unterschiede zum Durchschnitt der männlichen Erwerbsbevölkerung in der BRD auf (Tab. 8).

Tabelle 8: Altersstruktur in kommunalen Stadtreinigungsbetrieben der BRD

	Altersstruktur					
	Bis 20 Jahre %	20–30 Jahre %	30–40 Jahre %	40–50 Jahre %	51–60 Jahre %	Über 60 Jahre %
Müllwerker	0	10	31	40	14	2
Straßenreiniger	2	18	25	30	17	5
Männliche Erwerbsbevölkerung	8	20	28	23	14	7

Quelle: Jansen, Rudat, Stadtreinigung in der Bundesrepublik Deutschland, 33.

296 Ulrich Herbert, Geschichte der Ausländerpolitik in Deutschland. Saisonarbeiter, Zwangsarbeiter, Flüchtlinge, München 2001.

297 Vortrag des Magistrats an die Stadtverordneten-Versammlung (Juli 1966) betr. Anmietung eines Männerwohnheims in der Frankenallee 222. ISG Frankfurt, Stadtkämmerei, Nr. 2061.

298 Artikel Mannheimer Morgen (2.8.1961): Italiener für die Müllabfuhr? SdtA Mannheim, Hauptregistratur, Zugang 40/1972, Nr. 291.

299 ÖTV, Rationalisierung, 29.

Das hohe Durchschnittsalter ist ein klarer Hinweis darauf, dass die Arbeiter in der Regel sehr lange bei der Müllabfuhr verblieben, was sowohl die geringen Alternativen auf dem Arbeitsmarkt wie die hohe Arbeitsplatzsicherheit verdeutlicht. Der Ausländeranteil unter den Belegschaften betrug 14 Prozent und lag damit signifikant niedriger als in der Straßenreinigung, wo er doppelt so hoch lag.[300] Dabei war auch die Bezahlung in der Straßenreinigung niedriger (weil die Arbeit als leichter galt), was ein wesentlicher Grund dafür war, dass das Verhältnis zwischen diesen beiden Gruppen oftmals als schwierig galt und es nur selten vorkam, dass zwischen den beiden Tätigkeitsfeldern gewechselt wurde. Höchstens wurden Arbeiter, die aus körperlichen Gründen nicht mehr in der Müllabfuhr arbeiten konnten, eine Zeit lang noch in der Straßenreinigung eingesetzt.[301] 75 Prozent, also genau drei Viertel der Beschäftigten in der Müllabfuhr, hatten einen Hauptschulabschluss, 2 Prozent einen Sonderschulabschluss, der Rest gar keinen Schulabschluss. Der formale Bildungsgrad der beschäftigten Ausländer lag niedriger, wobei 42 Prozent einen Hauptschulabschluss und 33 Prozent die Hauptschule ohne Abschluss verlassen hatten.[302] Bei Deutschen wie Ausländern lag das Bildungsniveau der Fahrer über dem der Lader.[303]

Die schwere Arbeit und das niedrige soziale Ansehen der Müllwerker hatten allerdings für diejenigen, die dort beschäftigt waren, auch bestimmte Vorteile. So waren letztere bis in die 1970er Jahre hinein praktisch unkündbar. Das zeigte sich an Fällen, die in anderen Bereichen sicherlich zu arbeitsrechtlichen Konsequenzen geführt hätten, in der Müllabfuhr aber lediglich eine Ermahnung nach sich zogen. So war es übliche Praxis, zu Weihnachten und Neujahr ein Trinkgeld für den jährlichen Dienst einzufordern, was kommunalrechtlich eigentlich nicht erlaubt war, wogegen die Stadtreinigungsämter aber auch nichts machen konnten. Wie es der damalige Leiter des Mannheimer Stadtreinigungsamtes 1960 ausdrückte: »Diesen Brauch kann man nur unter Androhung der Entlassung abstellen, die man sich aber aufgrund der angespannten Lage auf

300 Jansen, Rudat, Stadtreinigung in der Bundesrepublik Deutschland, 14. Konkrete Zahlen für einzelne Städte oder Betriebe sind aus den Quellen nicht zu gewinnen. So schrieb die Stadt Stuttgart in einem Brief an das Bundesinnenministerium 1972, dass die »schwere und nicht attraktive Arbeit« der Müllwerker in Stuttgart heute schon überwiegend von Gastarbeitern bewältigt würde. Schreiben Technisches Referat Stadt Stuttgart an das Bundesinnenministerium (10.11.1972). BA Koblenz, B 106, Nr. 25151. Eine Publikation der ÖTV von 1983 wiederum wies darauf hin, dass in Neumünster überhaupt keine Ausländer in der Müllabfuhr arbeiten würden, weil aufgrund der Textilkrise dort immer Arbeitslosigkeit herrschte und das Stadtreinigungsamt darum keine Rekrutierungsprobleme hatte. Offensichtlich hing der Ausländeranteil also auch von den jeweiligen regionalen Arbeitsmärkten ab. ÖTV, Rationalisierung, 28; Saniter, Köhn, Saubere Zeiten, 57.

301 Jansen, Rudat, Stadtreinigung in der Bundesrepublik Deutschland, 29, 34f.

302 Ebd., 34; vgl. auch Herbert, Geschichte der Ausländerpolitik, 238f.

303 Jansen, Rudat, Stadtreinigung in der Bundesrepublik Deutschland, 34f.

dem Arbeitsmarkt gar nicht leisten kann, zumal diesen Brauch nahezu alle Müllträger pflegen.«[304] Aus Mannheim sind in den 1960er Jahren Fälle überliefert, wo »falsche« Müllmänner das Trinkgeld einstrichen oder eine Kolonne einem Bürger nach Verweigerung des Trinkgeldes seinen Abfall in den Vorgarten kippte.[305] Außer einer Ermahnung sah das Mannheimer Stadtreinigungsamt aber offensichtlich keine Möglichkeit, die Mitarbeiter zu disziplinieren.[306]

Im Laufe der 1960er Jahre veränderte sich der Arbeitsalltag der Müllwerker in mehrfacher Hinsicht. Zunächst wurde die Arbeit leichter. Durch die Einführung von Plastikmülltonnen und MGB 1,1, die erst gerollt und dann hydraulisch entleert wurden, konnten die gröbsten Härten des Arbeitsalltags gemildert werden. Eine 110 Liter Plastikmülltonne wog leer nur noch 6,5 Kilogramm, war also wesentlich leichter als die Fassung aus Metall. Da sich zudem auch das spezifische Gewicht des Abfalls verringerte, brachte eine gefüllte Tonne 1980 im Durchschnitt etwa 23 kg auf die Waage.[307] Das war kein Vergleich mehr zu den Zuständen früherer Zeiten, wo eine Metalltonne bereits leer deutlich schwerer war. Weiter unten soll allerdings gezeigt werden, dass gerade diese Entwicklung eine striktere Leistungspolitik in der Müllabfuhr durchsetzbar machte.

In den 1970er Jahren veränderte sich auch die gesellschaftliche Wahrnehmung der Müllmänner. Das betraf zunächst ganz wesentlich ihre gewerkschaftliche Bedeutung. Bei Durchsicht des ÖTV-Magazins fällt beispielsweise auf, dass die Müllabfuhr in den 1960er Jahren eigentlich kaum thematisiert wurde. Die Einführung der Plastikmülltonnen in Freiburg 1964 wurde positiv erwähnt, weil sie eine Arbeitserleichterung für die Kollegen mit sich brachte, ansonsten aber war die Müllabfuhr in der Gewerkschaftsarbeit praktisch kein Thema.[308] Das änderte sich Ende der 1960er Jahre. So setzten die Müllwerker in Frankfurt 1969 eine Schwerarbeiter-Zulage durch, was in linken Kreisen als Solidarisierungserfolg gewertet wurde.[309] Es war dann aber insbesondere die ÖTV unter der Ägide ihres von 1964 bis 1982 amtierenden Vorsitzenden Heinz Kluncker, welche die Müllwerker als wirksame »Waffe« in Tarifkonflikten entdeckte bzw. sich traute, diese auch tatsächlich einzusetzen. Das war besonders in dem dramatischen Tarifkonflikt 1973/74 der Fall, als es der ÖTV gelang, eine Lohn-

304 Schreiben Scheurer an den Herrn Oberbürgermeister, betr.: Einsammlung von Neujahrsgeldern (29.1.1960). SdtA Mannheim, Hauptregistratur, Zugang 40/1972, Nr. 291.

305 Schreiben Anonym an das Städtische Tiefbauamt Mannheim. SdtA Mannheim, Hauptregistratur, Zugang 40/1972, Nr. 291.

306 Schreiben Scheurer an den Herrn Oberbürgermeister (29.1.1960) betr. Einsammlung von Neujahrsgeldern. SdtA Mannheim, Hauptregistratur, Zugang: 40/1972, Nr. 291.

307 Jansen, Rudat, Stadtreinigung in der Bundesrepublik Deutschland, 23.

308 O. V., Die Mülltonne aus Kunststoff kommt, 24.

309 Autorenkollektiv von ÖTV-Teamern in der Bildungsarbeit, Müllmänner gegen die Dreckarbeit. Erfahrungen von Experten, Kollegen, Genossen, in: Autonomie. Materialien gegen die Fabrikgesellschaft 9/1977, 48–56.

erhöhung von über 10 Prozent im Öffentlichen Dienst durchzusetzen. Der wochenlang nicht geleerte Abfall spielte dabei auch in der Presseberichterstattung eine zentrale Rolle, zumal dieser Müll ja nicht nur gesehen, sondern auch gerochen wurde. Im Übrigen macht der Tatbestand, dass die »Müllwaffe« überhaupt zum Einsatz kommen konnte, deutlich, wie sehr Fragen der Städtehygiene und Seuchenprävention zu diesem Zeitpunkt an Dramatik verloren hatten.[310]

Die Streikwirkung der Müllabfuhr war aber sicherlich nicht der einzige Grund, warum die ÖTV in den 1970er und 1980er Jahren ein wachsames Auge auf die Arbeitsbedingungen in der Müllabfuhr hatte. Insbesondere der Bedeutungszuwachs der privaten Entsorgungsfirmen führte dazu, dass sich sukzessive eine effizientere Arbeitsorganisation durchsetzte, die den erreichten Standard der Humanisierung des Arbeitsalltages in der Müllabfuhr in Frage zu stellen drohte.[311] Neben der generellen Skepsis gegenüber der Privatisierung kommunaler Leistungen spielte dieser Faktor wesentlich mit hinein, um die Ablehnung eines stärkeren Engagements privater Entsorgungsfirmen im kommunalen Bereich zu begründen. Darauf soll im Kapitel über die private Abfallwirtschaft noch zurückgekommen werden.

Zugleich begann sich Ende der 1970er Jahre auch eine kritische Arbeitssoziologie, zumindest in Ansätzen, verstärkt mit der Müllabfuhr zu beschäftigen. Das hatte sicherlich mit ihrem »Image« als sozialer Bodensatz der Gesellschaft zu tun. Zugleich wurde die prekäre soziale Lage auch deswegen interessant, weil sich die traditionelle Schichtung der Gesellschaft sukzessive aufzulösen begann. Die »Proletarier« und »Malocher« verschwanden als Sozialform mehr und mehr aus dem Alltagsleben[312] und es erscheint zumindest naheliegend, dass diese Position durch die Müllwerker gefüllt wurde, was sich angesichts ihrer gestiegenen gewerkschaftlichen Bedeutung auch politisch legitimieren ließ.

In der konkreten empirischen Forschung führte aber gerade diese Perspektive zu widersprüchlichen Diagnosen: Zum einen wurden die Müllmänner aufgrund des schlechten Ansehens ihrer Arbeit in der Gesellschaft und ihrer unterprivilegierten Stellung mit erkennbarer Sympathie behandelt. Zum anderen wurde aber kritisch registriert, dass ihr Bewusstsein mit ihrer objektiven gesellschaftlichen Lage nicht immer Schritt hielt. So begleitete der Soziologe Andreas Renner Ende der 1970er Jahre eine Arbeitskolonne als teilnehmender Beobachter. In seinem Bericht beschrieb er zunächst, hart an der Grenze zum Sozialkitsch, wie Müllwerker in ihrem Arbeitsalltag kleine Gesten der Freundlichkeit und Zuneigung erfuhren (beim Bäcker oder am Kiosk). Dann

310 Christian Reuber, Der Tarifkonflikt im öffentlichen Dienst 1974 (Magisterarbeit, Univ. Frankfurt 2006), 94f.

311 ÖTV, Rationalisierung, 26ff.

312 Vgl. Wolfgang Hindrichs, Uwe Jürgenhake, Christian Kleinschmidt, Der lange Abschied vom Malocher. Sozialer Umbruch in der Stahlindustrie und die Rolle der Betriebsräte von 1960 bis in die neunziger Jahre. Essen 2000.

konnte er es sich allerdings nicht versagen, in kritischem Tonfall zu berichten, die von ihm begleitete Ladegruppe habe Frauen hinterhergepfiffen und deren »Vorzüge« innerhalb der Gruppe laut diskutiert.[313] Gleichwohl boten solche Untersuchungen durchaus Einsichten in den Arbeitsalltag in der Müllabfuhr. Neben der Analyse der Arbeitssituation und der Interaktion zwischen Müllwerkern und Bevölkerung zeigten sie etwa eine relativ starke Segregation zwischen deutschen und ausländischen Arbeitern, die in den Ladegruppen meist unter sich blieben.[314]

Das Ansehen der Müllarbeiter als »letzte Proletarier«[315] führte sogar dazu, dass diese Tätigkeit die Möglichkeit eines Ausbruches aus »bürgerlichen« Lebensumständen zu eröffnen schien. So veröffentlichte der Berliner Musikwissenschaftler Christfried Lenz 1984 einen »Dokumentationsroman« mit dem Titel »Kein Pech Arbeiter zu sein«, in dem er seine Erfahrungen als Kraftfahrer bei der Müllabfuhr des fiktiven Orts »Mallstadt« literarisch aufbereitete.[316] Lenz war vorher Mitglied des Kommunistischen Bundes Westdeutschland (KBW) gewesen, der seine Mitglieder zur Arbeit in den Betrieben aktivieren wollte, um in den Kreisen der Arbeiterschaft zu agitieren, aber auch eine Form der proletarischen Anverwandlung in Gang zu setzen. In dem Buch ging es zwar in erster Linie um die Konflikte des Protagonisten mit der Betriebsleitung und dem Personalrat sowie seine Schwierigkeiten, nach der Lösung vom KBW eine neue politische Orientierung zu finden. Daneben bot das Werk aber auch interessante Einsichten in den Arbeitsalltag der Müllabfuhr: So beschrieb Lenz etwa, wie wenig die deutschen Müllwerker mit türkischen und anderen ausländischen Arbeitern in Kontakt kamen.[317] Weiter führte er aus, die Agitation des KBW sei nicht zuletzt daran gescheitert, dass das Arbeitstempo bei der Müllabfuhr relativ gemäßigt war. Allerdings wurde der Arbeitsdruck durch neue Prämiensysteme bei der Entlohnung zu Beginn der 1980er Jahre sukzessive erhöht:[318] »Für die Arbeiterklasse bedeutete es, dass einigermaßen akzeptabel bezahlte und ausgestattete Arbeitsplätze, wie sie bei den Kommunen durch langjährige Gewerkschafts- und Personalratsarbeit erreicht worden waren, durch miese Jobs ersetzt wurden. Denn Privatunternehmer konnten die Dienstleistungen

313 Andreas Renner, Die Arbeitssituation in der Müllabfuhr. Arbeitsbelastung und Bewältigungsmuster in der Arbeitsgruppe, in: Karl Krahn u. a. (Hrsg.), Immer auf den Punkt. Beiträge zur Arbeitsforschung, Arbeitsgestaltung, Arbeitspolitik. Willi Poehler zum 60. Geburtstag, Dortmund 1994, 165–177, 176.

314 Ulrich Billerbeck, Dreckarbeit und Männerstolz: Müllmänner im Kampf um Anerkennung. Münster 1998, 146 f.

315 Zum Abschied von der »Proletarier« vgl. Thomas Welskopp, Der Wandel der Arbeitsgesellschaft als Thema der Kulturwissenschaften. Klassen, Professionen und Eliten, in: Ders., Unternehmen Praxisgeschichte, 135–168, 141 f.

316 Christfried Lenz, Kein Pech Arbeiter zu sein. Ein Dokumentationsroman. Berlin 1984.

317 Ebd., 18 f.

318 Ebd., 35, 86 f.

im Bereich der Müllentsorgung nur deswegen billiger anbieten, weil sie ihre Arbeiter schlechter bezahlten, länger arbeiten ließen und ihnen weniger soziale Leistungen boten.«[319]

Was Lenz schrieb, traf einen Kernpunkt der Rationalisierung der Müllabfuhr in den 1970er und 1980er Jahren: Die steigende Arbeitslosigkeit, das Vorbild der strikten Leistungspolitik der privaten Konkurrenz sowie die zunehmende Finanzknappheit der Kommunen führten dazu, dass auch in den großstädtischen Stadtreinigungsämtern zahlreiche »Privilegien« der Müllwerker zurückgenommen wurden. Gerade der Umstand, dass die Arbeit in der Müllabfuhr durch Plastikmülltonnen, Großbehälter oder mechanische Schüttvorrichtungen physisch leichter wurde, eröffnete neue Spielräume betrieblicher Leistungspolitik. Trotzdem behielt der Beruf zumindest in den städtischen Betrieben auch in den 1970er und 80er Jahren den entscheidenden Vorzug einer hohen Arbeitsplatzsicherheit, bzw. das verschaffte ihm angesichts der Strukturkrise der westdeutschen Wirtschaft in den 1970er Jahren und der Rückkehr der Arbeitslosigkeit eine ganz neue Attraktivität.[320]

Weiter oben wurde gezeigt, dass die Rationalisierung der Müllsammlung bis Anfang der 1970er Jahre den Fall der Durchsetzung eines relativ einheitlichen Systems darstellte, resultierend aus dem Zusammenspiel der Informations- und Beratungspolitik des VKF, dem Vorhandensein eines Oligopols auf der Seite der Produzenten von Sammelgefäßen und -fahrzeugen sowie der Kooperation bzw. Konkurrenz der Städte untereinander. Diese Entwicklung stellte wesentlich eine technische Rationalisierung dar, wobei die Kosten eine nachgeordnete Rolle spielten. Das war zwar nicht überall im gleichen Maße der Fall. Beispielsweise hatte es das Stadtreinigungsamt in Dortmund sehr viel schwerer als in Frankfurt oder Mannheim, seine finanziellen Ansprüche gegenüber der Stadt geltend zu machen. Jedoch war das wesentliche Problem der Mangel an Arbeitskräften, auf das mit solchen technischen Rationalisierungsmaßnahmen reagiert wurde.

Das führte dazu, dass das System der Abfallsammlung in den Großstädten relativ teuer war.[321] Im Zuge der Nachkriegsprosperität waren die Kommunen in der Lage gewesen, die Leistungsverwaltung sukzessive auszubauen. Gleichzeitig gab es angesichts annähernder Vollbeschäftigung und der geringen Attraktivität der Arbeitsplätze im Bereich der Städtereinigung nicht die Alternative, die technische Rationalisierung zugunsten einer Intensivierung des Arbeitseinsatzes zurückzustellen. Gerade die Definition einer eindeutigen

319 Ebd., 198.

320 Artikel: Hoch die Tonne. Herr Minister spielt Müllmann (6.1.1976). LA NRW, NW 455, Nr. 797.

321 Schreiben Technisches Referat der Stadt Stuttgart an das Bundesinnenministerium (10.11.1972). BA Koblenz, B 106, Nr. 25151.

»best practice« führte dann aber zur Durchsetzung relativ teurer Rationalisierungsprogramme. Dazu trug die direkte Finanzierung über Gebühren bei, die einen klaren Kostenrahmen für die Müllabfuhr vorgab, wobei indes Rationalisierungsinvestitionen (von Stadt zu Stadt unterschiedlich) mitunter auch aus dem Außerordentlichen Haushalt getätigt wurden, die Bürger folglich höchstens vermittelt über ihre Steuergelder dafür zahlten, nicht jedoch mittels ihrer Müllgebühren.[322]

Diese Form der Rationalisierung hatte einen paradoxen Effekt: Auf der einen Seite zielte sie auf Arbeitsersparnis, weil Arbeitskräfte kaum zu bekommen waren, es machte aber durchgreifende Änderungen, was etwa die Planung der Touren anbelangte, sehr schwer. Dass die Arbeiter in der Müllabfuhr kaum wirksam »diszipliniert« werden konnten, zeigte sich nicht zuletzt an der Arbeitszeitgestaltung. So war etwa an dem System, dass ein Sammelfahrzeug für eine bestimmte Tour eingeteilt wurde, nach deren Beendigung die Besatzung Feierabend hatte, in der kommunalen Müllabfuhr bis in die 1980er Jahre kaum zu rütteln. Allerdings erwies sich etwa in Hamburg die Einführung einer Leistungskomponente in der Entlohnung zu Beginn der 1970er Jahre als durchaus vielversprechend. Laut dem Leiter des Städtischen Fuhrparks war das sogar die Voraussetzung dafür, um überhaupt noch Arbeitskräfte zu bekommen, die so ihren Verdienst steigern konnten.[323] Das Stadtreinigungsamt Bochum führte 1975 ein (als »Bochumer Modell« bezeichnetes) Leistungslohnsystem ein, als dessen explizite Zielsetzung formuliert wurde, mit privaten Abfuhrunternehmen »konkurrenzfähig« zu werden.[324] Insgesamt blieben jedoch zahlreiche Rationalisierungspotentiale ungenutzt, die insbesondere die privaten Abfallwirtschaftsunternehmen konsequent ausnutzten. Es war dann aber nicht zuletzt die seit den 1970er Jahren mal »heiße«, mal »kalte« Privatisierungsdiskussion, die schließlich auch die Stadtreinigungsämter der großen Städte zu Anpassungen zwang.

Betrachtet man die Veränderungen der Abfallsammlung seit den 1970er Jahren, so fällt auf, dass diese weniger im technischen Bereich erfolgten. An dem zu Anfang der 1970er Jahre etablierten System von Abfallbehältern verschiedener Größe für verschiedene Zwecke gab es höchstens noch graduelle Veränderungen. Eher fingen in den 1970er und 1980er Jahren auch die eher »rückständigen« Stadtreinigungsämter damit an, anderswo bereits seit längerem etablierte Tonnensysteme ebenfalls einzuführen.[325] Tatsächlich hatte sich dieses System als leistungsfähig und flexibel genug erwiesen, um an weiter steigende Abfall-

322 Haushaltspläne der Stadt Dortmund, Dortmund 1952ff. SdtA Dortmund.

323 Oppermann, Schulz, Prämienlohnsystem, 8f.

324 Enseling, Möglichkeiten und Grenzen eines Leistungslohnsystems in der Müllabfuhr am Beispiel des »Bochumer Modells«, in: Kommunalwirtschaft 1975, Hft. 1, 28–36, 29.

325 Jacobs, Bocholter Müllabfuhr, 67.

mengen angepasst zu werden. Zwar wurden Fahrzeuge und Kompressionssysteme weiter entwickelt, jedoch gab es auch hier nur graduelle Veränderungen gegenüber den bereits erreichten Standards. Was sich aber durchaus veränderte, waren Arbeitsorganisation und Leistungspolitik in der Müllabfuhr, wo es nicht zuletzt das Vorbild der »Privaten« seit den 1970er Jahren war, das die kommunalen Stadtreinigungsämter zu Anpassungen zwang. Während Rationalisierungsmaßnahmen und Innovationen bis zum Ende der 1960er Jahre hauptsächlich in den Städten entwickelt und erprobt wurden, beruhten sie seit den 1970er Jahren wesentlich auf in ländlichen Gebieten und Kleinstädten gewonnenen Erfahrungen.[326]

Das betraf zunächst die »Mitarbeit« der Bevölkerung in der Abfallsammlung. Solange die Abfallgefäße aus Stahlblech gefertigt und darum sehr schwer waren, war es fast unumgänglich, dass die Müllabfuhr sie aus den Kellern holte (und dafür zumeist sehr früh morgens klingelte). Mit Plastikmülltonnen wurde es möglich, die Bürger dazu zu verpflichten, sie am Abend vor der Abfuhr an den Straßenrand zu bringen. Das gestaltete sich in ländlichen Gegenden insofern einfacher, weil hier in den 1960er oder 1970er Jahren eine reguläre Abfallabfuhr häufig überhaupt erst eingeführt wurde, es also keine etablierte Praxis gab, die man hätte ändern müssen. Dabei galt die Bereitstellung der Tonnen vielen Praktikern in den 1970er Jahren noch schlicht als schlechter Leistungsstandard, ein Notbehelf, der sogar die Erinnerungen an Kriegszeiten wachrief.[327] Bis in die unmittelbare Nachkriegszeit war es vielerorts noch üblich gewesen, die Tonnen vor das Haus zu stellen, um der Müllabfuhr die Arbeit zu erleichtern.[328] Eine Untersuchung über die Arbeitssituation in der Stadtreinigung urteilte darum Ende der 1970er Jahre, in Kleinstädten – die nahezu ausschließlich von Privaten entsorgt wurden – müssten die Bewohner »noch« die Tonnen vor der Leerung auf die Straße stellen.[329] Hier wurde übersehen, dass das auch in Großstädten bald normale Praxis werden sollte.[330]

Wozu das führte, lässt sich beispielhaft an der Beschwerde eines älteren Herrn aus Bobstadt in Baden-Württemberg demonstrieren, der sich 1974 über die dort neuerdings private Müllabfuhr echauffierte. Die Firma würde nicht nur verlangen, den Abfallbehälter an die Straße zu stellen (wobei man sich den Termin merken musste). Weil die Abfuhr im Akkord erfolgte, fuhr der Wagen mitunter einfach weiter und der Bürger musste seinen Abfall im Gelände su-

326 Willms, Mlodoch, Wiederaufbau, Wirtschaftswunder, Konsumgesellschaft, 182 ff.

327 Bekanntmachung Städtisches Tiefbauamt (13.4.1946). SdtA Mannheim, Hauptregistratur, Zugang 1955/1964, Nr. 1581.

328 Bekanntmachung Städtisches Tiefbauamt (23.10.1943). SdtA Mannheim, Hauptregistratur, Zugang 1955/1964, Nr. 1581.

329 Jansen, Rudat, Stadtreinigung in der Bundesrepublik Deutschland, 36.

330 Lösch, Probleme des Abfallaufkommens, 69; Artikel Deutsches Allgemeines Sonntagsblatt: Müllmänner in Nöten (29.10.1978). BA Koblenz, B 106, Nr. 69732.

chen. Weil wegen der Leerung früh am Morgen die Behälter bereits am Abend vorher auf die Straße gestellt werden mussten, kam es vor, dass die Behälter umgestoßen wurden oder wegen des Windes einfach umfielen.[331] Für diejenigen, welche die hergebrachten Standards einer regulären Müllabfuhr kannten, bedeutete die Leistungspolitik der privaten Anbieter mitunter tatsächlich einen »Kulturschock«.

Mit der Durchsetzung des Akkords in der Abfallsammlung sank auch die Zahl der Müllwerker, die auf dem Wagen mitfuhren. Im Durchschnitt war die Fahrzeugbesatzung bei Klein- und Mittelstädten bereits in den 1970er Jahren geringer als in den Großstädten.[332] Das hieß übersetzt, dass private Entsorgungsunternehmen in der Regel mit geringeren Besatzungen auskamen als kommunale Stadtreinigungsbetriebe, was nicht zuletzt in der weniger dichten Wohnbebauung in ländlichen Gebieten sowie dem in den Städten nur nach und nach sinkenden Bestand an Metalltonnen begründet war. Bei kleineren Besatzungen hätten die Touren zu lange gedauert, was mehr Sammelfahrzeuge notwendig machte, außerdem hätten letztere den Verkehr ungebührlich lange blockiert. Bei lockerer Bebauung und ausschließlich verwendeten Plastikmülltonnen, die von der Bevölkerung an den Straßenrand gestellt wurden, konnte sich eine Besatzung mit lediglich zwei Ladern, die auch die Schüttung übernahmen, als effizient erweisen. In den 1980er Jahren waren dann sogar immer häufiger Wagenbesatzungen mit lediglich zwei Mann (Fahrer + Lader) zu beobachten.[333]

Insofern zeigten private Entsorgungsunternehmen den kommunalen Betrieben ab den 1970er Jahren gewissermaßen ein Bild ihrer eigenen Zukunft, womit die ÖTV aber keineswegs einverstanden war, zumal sich durch solche Maßnahmen das Arbeitstempo deutlich erhöhte. Die Klagen der Gewerkschaften über die Privatunternehmen liefen darauf hinaus, dass diese ihre Arbeiter ausnutzen und vor allem jüngere Arbeiter »kaputtarbeiten« würden[334], was es allerdings bis zu einem gewissen Grad zu einem Rätsel machte, wie diese Unternehmen dann überhaupt Arbeitskräfte rekrutieren konnten. Ein Grund dafür lag nicht zuletzt darin, dass private Abfallwirtschaftsunternehmen ein relativ immobiles Arbeitskräftepotential in ländlichen Regionen »abschöpften«. Die ÖTV mäßigte ihren Protest gegen die verschärfte Leistungspolitik im Laufe der 1980er Jahre allerdings. Sie erkannte, dass eine gewisse Angleichung an die Standards der »Privaten« auch für die kommunalen Stadtreinigungsämter notwendig war, um der virulenten, im vierten Kapitel dieser Arbeit ausführlich beschriebenen Privatisierungsdiskussion nicht noch mehr Nahrung zu geben.[335]

331 Schreiben K. W. Beisel an das Ministerium für Ernährung, Landwirtschaft und Umwelt (28.7.1974). HStA Stuttgart, EA 7/703, Nr. 8.

332 Jansen, Rudat, Stadtreinigung in der Bundesrepublik Deutschland, 36.

333 ÖTV (Hrsg.), ÖTV-Geschäftsbericht 1980–1983. Stuttgart 1984, 328.

334 ÖTV, Rationalisierung, 26.

335 ÖTV (Hrsg.), ÖTV-Geschäftsbericht 1987–1991. Stuttgart 1992, 740.

Weitere Rationalisierungspotentiale eröffneten sich bei der Fahrt nach Beendigung der Tour zur Deponie bzw. MVA, um den gesammelten Abfall loszuwerden. Je mehr sich in den 1970er Jahren überregionale Entsorgungslösungen durchzusetzen begannen, umso länger wurden im Durchschnitt diese Fahrten, umso mehr Zeit ging verloren und umso mehr Treibstoff wurde verbraucht. Außerdem wurden auf diese Weise die teuren Sammelfahrzeuge ihrem eigentlichen Zweck entzogen, nämlich Abfall zu sammeln.[336] Dieses Problem wurde umso dringlicher, je stärker sich seit den 1970er Jahren geordnete Zentraldeponien durchsetzten, die Sammelgebiete größer und damit die Anfahrt zur Deponie im Durchschnitt länger wurde. Es gab verschiedene technische Wege, dieses Problem anzugehen, u. a. Umladestationen, so dass das teure Fahrzeug mitsamt Besatzung weiter Abfälle sammeln konnte, während ein »normaler« LKW den Abfall zur Entsorgungsanlage brachte.[337]

Die durchgreifende technische und arbeitsorganisatorische Rationalisierung der Müllabfuhr hat allerdings nichts daran geändert, dass Müll heute noch grundsätzlich so gesammelt wird, wie vor hundert Jahren. Grundlegende, die Pfadabhängigkeit der um die Jahrhundertwende etablierten großen technischen Systeme durchbrechende Innovationen hatten letztlich keine Chance. Diese Aussage lässt sich im Übrigen, cum grano salis, auch für den im nächsten Kapitel verhandelten Bereich der Müllentsorgung tätigen: Auch hier waren die grundlegenden Technologien ebenfalls lange bekannt und genauso wurde intensiv über alternative Formen der Entsorgung gestritten. An der traditionellen Dominanz von Deponierung und Verbrennung änderte sich dadurch aber trotzdem lange Zeit nichts. Das heißt allerdings nicht, dass es auf dem Gebiet der Müllsammlung nicht zu entscheidenden Entwicklungen innerhalb des einmal etablierten Systems kam. Gerade die Entwicklung der Sammelgefäße erscheint als ein gutes Beispiel dafür, wie mittels technischer Rationalisierungsmaßnahmen auf die doppelte Problematik steigender Abfallmengen und Arbeitskräfteknappheit reagiert wurde. Gerade diese technischen Rationalisierungsmaßnahmen stellten jedoch die Voraussetzung für eine durchgreifende Verschärfung der Leistungspolitik in der Müllabfuhr dar, die sich in den 1980er Jahren durchsetzte.

336 Hans-Jörg Müller, Neue Kommunalfahrzeuge auf der VKS-Fachausstellung 1977 in Berlin, in: Kommunalwirtschaft 1978, Hft. 1, 29–32.

337 Lösch, Probleme des Abfallaufkommens, 102 f.

3. Wilde Kippen und schmutzige Öfen: Das Problem der Entsorgung

Bis in die 1960er Jahre hinein war die ordnungsgemäße Sammlung des Abfalls das städtehygienische Zentralproblem. Es ging darum, den dezentral anfallenden Hausmüll hygienisch und »staubfrei« so zu sammeln, dass er anschließend (einigermaßen) zentral entsorgt werden konnte. Die Entsorgung selber war dann zwar durchaus kein nebensächliches Problem, galt aber zumindest als technisch lösbar. Diese Lage änderte sich während der 1960er Jahre fundamental. Während nun das Problem der Abfallsammlung als einigermaßen »gelöst« gelten konnte, wurde die Frage der Entsorgung der rapide steigenden Abfallmengen immer dringlicher. Dabei wurden zwei Hauptprobleme identifiziert: Zum einen, geeignete Flächen und Techniken bereitzustellen, um die ansteigenden Abfallmengen ordnungsgemäß zu entsorgen. Zum anderen entstanden seit den 1960er Jahren zunehmend ein Wissen darum und ein Bewusstsein dafür, dass die Entsorgung des Abfalls technisch und ökologisch keineswegs unproblematisch war, was wesentlich mit der veränderten Zusammensetzung des Mülls zu tun hatte. Bald wurde deutlich, dass gerade Deponien nicht nur hygienische Probleme erzeugten, sondern in einem viel weitergehenden Maße Auswirkungen auf Böden, Grundwasser und Luft hatten. Daraus entstanden Probleme rechtlich-administrativer, technischer und ökologischer Natur, welche die ordnungsgemäße Entsorgung des Abfalls zu einem weitaus dringlicheren Problem machten, als es die Sammlung je gewesen war.

Das führte zunächst dazu, dass die Lösung des Abfallproblems allein auf kommunaler Ebene nicht länger geleistet werden konnte. Aus diesem Grund mussten neue Formen der Kooperation zwischen den Kommunen sowie der Verrechtlichung der Abfallwirtschaft zunächst auf Länder-, dann auf Bundesebene entwickelt werden. Zugleich ging mit diesen Prozessen aber auch eine Verwissenschaftlichung der Abfallwirtschaft einher, die von den Leitern der Stadtreinigungsämter, bis Mitte der 1960er Jahre die unbestrittenen Experten auf dem Gebiet der Abfallentsorgung, nicht länger geleistet werden konnte. Durch neue Institute, Lehrstühle, staatlich subventionierte Forschungsaufträge etc. kam es zu einer Vermehrung des Wissens über Arten, Auswirkungen und Gefahren des Abfalls, welche die Problemwahrnehmung und den öffentlichen Diskurs über die Abfallproblematik grundlegend veränderten.

Trotz aller Anstrengungen, langfristig valide Lösungen für die Entsorgungsproblematik zu entwickeln, machte gerade die öffentliche Wahrnehmung des im Abfall verborgenen Gefahrenpotentials die Einrichtung neuer Anlagen zu einer komplizierten Angelegenheit. Die dynamische Entwicklung des Wissens führte dazu, dass die im Zuge der Neuordnung der Abfallentsorgung seit Beginn der 1970er Jahre eingerichteten Anlagen unter Umweltschutzgesichtspunkten als ungenügend erkannt wurden. Darüber hinaus stieß die Entsorgungsinfrastruktur angesichts weiter steigender bzw. seit Mitte der 1980er Jahre konstant hoher Abfallmengen auch kapazitätstechnisch immer öfter an ihre Grenzen. Daraus resultierte ein latenter Krisendiskurs, der sich an konkreten Planungsvorhaben, aber auch an unbefriedigenden Behelfslösungen (wie etwa dem Müllexport in die DDR) entzündete. Eine zufriedenstellende institutionelle und technische Lösung der Entsorgungsproblematik schien Ende der 1980er Jahre insgesamt weiter entfernt als je zuvor.

Im Folgenden werden zunächst die Entsorgungswege bis in die 1950er Jahre nachgezeichnet, bevor ein Abschnitt zur lange Zeit wichtigsten Alternative zu Deponierung und Verbrennung folgt, nämlich der Müllkompostierung. Diese war in den 1950er Jahren bei zahlreichen Praktikern der Abfallwirtschaft äußerst populär. Allerdings zeigte sich bald, dass die Kompostierung aufgrund verschiedener Faktoren keine Lösung für die zunehmenden Entsorgungsprobleme urbaner Ballungsräume darstellte. Anschließend werden die Versuche einer kooperativen Lösung der wachsenden Entsorgungsprobleme behandelt, die im Laufe der 1960er Jahre insbesondere zum Bau zahlreicher Müllverbrennungsanlagen als großstädtischer Entsorgungslösung führten. Anschließend sollen das Zusammenspiel von Verrechtlichung und Verwissenschaftlichung der Abfallentsorgung im Zuge der Entwicklung konkreter Problemlösungen in den 1970er Jahren dargestellt werden. Das Kapitel schließt mit einem Abschnitt über die sich wiederholenden Krisen der Abfallentsorgung in den 1980er Jahren.

3.1 Entsorgungswege bis in die 1950er Jahre

Bis zum Beginn des 20. Jahrhunderts gab es verschiedene Entsorgungswege, wobei mitunter zwischen der Sammlung und der Entsorgung kaum zu trennen war, gerade wenn die natürlichen Gegebenheiten der Städte ausgenutzt wurden.[1] So wurde vielerorts der Abfall mittels über die Rinnsteine geleiteten Wassers aus der Stadt herausgespült, was oftmals zu einer Verschmutzung der umliegenden Flüsse oder Seen führte.[2] In Freiburg wurde der Abfall beispielsweise mit den Exkrementen über die uneingefassten »Bächle« abgeschwemmt.[3] Häu-

1 Gray, Urban Sewage, 279.

2 Osthorst, Abfall als Ware, 109.

3 Wolfgang Reinhard, Lebensformen Europas. Eine historische Kulturanthropologie. München 2004, 134.

fig wurde der städtische Unrat zusammen mit den Fäkalien in Abortgruben geworfen und konnte dann als Dünger in der Landwirtschaft verwendet werden. Diese Möglichkeiten verschwanden allerdings zunehmend, als seit den 1860er Jahren in den großen Städten sukzessive Kanalisationssysteme eingerichtet wurden. Nun konnten die übrig bleibenden festen Haushaltsabfälle nicht mehr zusammen mit den Fäkalien entsorgt werden, zumal allein für sich ihre Tauglichkeit als Dünger oder Bodenverbesserungsmittel sehr viel geringer war.[4] Die Einführung der regulären Müllabfuhr, die, wie gesehen, zumeist im letzten Viertel des 19. Jahrhunderts erfolgte, führte in den meisten Fällen dazu, dass in vielen Städten offizielle Müllablagerungsplätze ausgewiesen wurden, was eine einfache und naheliegende Form der Entsorgung darstellte.[5] Gerade weil sich das Entsorgungsproblem als am dringlichsten in den verdichteten Stadtkernen erwies, sollte der Unrat nach Möglichkeit aus diesen weggeschafft und auf ausgewiesene Ablagerungsplätze verbracht werden. Häufig wurde aber auch in urban verdichteten Räumen der Abfall in Müll- oder Jauchegruben entsorgt, die mehrmals im Jahr entleert wurden.[6]

Gerade in den Randbezirken der Städte gab es jedoch zahlreiche Möglichkeiten, die Abfälle anderweitig zu verwenden. Beispielsweise ließen sich damit im Haushalt gehaltene Kleintiere (v. a. Schweine, Ziegen und Hühner) füttern, wobei eine umfangreiche Tierhaltung in der Stadt mitunter die ordnungsgemäße Abfallentsorgung behinderte.[7] Abfälle konnten häufig auch auf Misthaufen »entsorgt« werden, während insbesondere Metalle zumeist entweder gar nicht weggeworfen, oder von spezialisierten Sammlern/Händlern aus dem Abfall herausgezogen wurden.[8] Auf die Praktiken und Strukturen der »traditionellen« Altstoffsammlung wird im Kapitel über das Recycling noch genauer eingegangen. An dieser Stelle soll der Hinweis genügen, dass über den Schrotthandel, Lumpensammler (Lumpen waren lange Zeit der wichtigste Rohstoff der Papierherstellung) oder die Kompostierung (in den verschiedensten Formen) bereits ein großer Teil des anfallenden Hausmülls abgeschöpft wurde, bevor er endgültig entsorgt werden musste. Dazu trug allerdings auch bei, dass die damalige Zusammensetzung des Hausmülls eine Wiederverwendung oder -verwertung einzelner Abfallfraktionen leichter zuließ, als das bei der sich verändernden Zusammensetzung des Abfalls seit den 1950er Jahren der Fall war.

4 Das führte im Rahmen der ohnehin kontrovers debattierten Schwemmkanalisationssysteme ab den 1860er Jahren immer wieder zu heftiger Kritik. Bauer, Im Bauch der Stadt, 281 ff.; Roland Rösch, »Hier stinkts!«. Heilbronner Latrinengeschichte von 1800 bis 1950. Heilbronn 2011, 27 f.

5 Osthorst, Abfall als Ware, 117.

6 Hösel, Unser Abfall aller Zeiten, 184 f.

7 Reith, Umweltgeschichte der Frühen Neuzeit, 64 f.; Christoph Bernhardt, Umweltprobleme in der europäischen Stadtgeschichte, in: Ders., Environmental Problems, 5–23, 9.

8 Hösel, Unser Abfall aller Zeiten, 207 f.

Die städtischen Müllablagerungsplätze genügten kaum den späteren Anforderungen an die »geordnete Deponie«. So berichtete Heinrich Erhard aus seiner Zeit als Leiter des Stettiner Stadtreinigungsamtes, dass die Bürger dort bis kurz nach dem Ersten Weltkrieg den Abfall in zahlreiche gemauerte Gruben im Stadtgebiet warfen, die dreimal im Jahr von privaten Fuhrunternehmen entleert wurden. Bis dahin war der Abfall längst in Fäulnis übergegangen und bei Entleerung der Gruben setzte regelmäßig eine »Massenflucht« der aufgescheuchten Ratten ein. Letztere wurden von den Arbeitern totgeschlagen und pro Exemplar den Grundstücksbesitzern in Rechnung gestellt.[9] Bei ausgewiesenen Ablagerungsplätzen wurde wenigstens darauf geachtet, dass sich die Kippen in ausreichender Entfernung zu größeren Wohnsiedlungen befanden.[10] Häufig wurde Abfall auch als Verfüllmaterial für Gruben oder andere Aushebungen verwendet. Dieser Aspekt der Abfallentsorgung sollte noch bis in die 1970er Jahre hinein eine Rolle spielen.[11]

Seit den 1890er Jahren kam jedoch eine Alternative zur Ablagerung auf, nämlich die Müllverbrennung, die in Großbritannien bereits seit den 1870er Jahren praktiziert wurde. Die ersten Anlagen wurden 1874 in Nottingham und 1876 in Manchester eröffnet, wobei hier in erster Linie auf Platzmangel reagiert wurde.[12] Bis 1900 entstand dort die beachtliche Zahl von 121 Anlagen.[13] Diese Technik funktionierte auf der Insel besonders gut, weil der britische Abfall einen relativ hohen Anteil im Hausbrand nicht vollständig verfeuerter Kohle enthielt, was den Verbrennungsprozess beförderte.[14] Dass die Stadt Hamburg bei der Verbrennung eine Vorreiterrolle einnahm, hatte allerdings nur bedingt damit zu tun, dass die Hansestadt in mancherlei Hinsicht die »britischste« Stadt Deutschlands war. Vielmehr gehörte die Errichtung einer Müllverbrennungsanlage zu den Maßnahmen, die in Folge der verheerenden Cholera-Epidemie ergriffen wurden, die Hamburg im Jahr 1892 heimsuchte und über achttausend Tote forderte.[15] Der Bau einer solchen Anlage war hier notwendig geworden, weil die umliegenden Gemeinden sich weigerten, den choleraverseuchten Abfall aus Hamburg aufzunehmen. Die 1896 eröffnete Anlage am Bullerdeich war dann die erste Müllverbrennungsanlage auf dem europäischen Festland.[16] Das Hamburger Beispiel wurde von anderen Städten (wie etwa Berlin) zum Vorbild genommen, die sogar Proben ihres Abfalls in die Hansestadt verschickten,

9 Heinrich Erhard, Lebenserinnerungen eines Mülliardärs (Unv. Ms, SdtA Siegen).

10 Hösel, Unser Abfall aller Zeiten, 184f.

11 Niederschrift über die 9. Sitzung der Länderarbeitsgemeinschaft Abfallbeseitigung am 23./24.April 1968 in Stuttgart. LA NRW, NW 354, Nr. 876.

12 Melosi, Garbage in the Cities, 39.

13 Hösel, Unser Abfall aller Zeiten, 186.

14 Erhard, Sammlung, 91.

15 S. dazu: Evans, Death in Hamburg.

16 Urbaner Umweltschutz; Frilling, Mischer, Pütt un Pann'n, 68ff.

um in der dortigen Anlage dessen Brennbarkeit zu testen.[17] Allerdings erwiesen sich gerade in Berlin die Versuche mit der Abfallverbrennung als ein Fehlschlag, weil sich der hiesige Müll als schlecht brennbar erwies, was auf den geringeren Anteil halbverbrannter Kohle im Abfall der Hauptstadt zurückgeführt wurde.[18] Das Testen der Brennbarkeit des Abfalls sollte sich zu Beginn der 1960er Jahre bei der Versuchsanlage in Düsseldorf wiederholen. Das demonstriert, wie bereits erwähnt, die Existenz regionaler »Müllprofile«, die seit den 1960er Jahren dann zunehmend verschwanden.

Die Müllverbrennung erwies sich, trotz großer Hoffnungen, insgesamt als nicht sehr erfolgreich. Bereits bei der Hamburger Anlage am Bullerdeich lief der Verbrennungsprozess weder verlässlich ab noch erwies sich die Energiegewinnung oder der Verkauf der Schlacke als besonders gewinnbringend.[19] Bei anderen Städten sah es noch schlechter aus. Viele Testverbrennungen waren ein Fehlschlag, weil der deutsche Abfall offensichtlich im Regelfall schlechter brannte als der britische, wie insbesondere die Stadt Berlin schmerzhaft erfahren musste.[20] So wurden vor dem Ersten Weltkrieg zwar ca. ein Dutzend Anlagen in Deutschland errichtet, wobei auch die Stadt Frankfurt/M. 1909 eine solche Anlage in Betrieb nahm, die sogar bereits der Energiegewinnung diente.[21] Sie erbrachten aber kaum jemals die erwarteten Ergebnisse. Zudem war es keineswegs unumstritten, dass die Müllverbrennung tatsächlich hygienischer war als die Ablagerung. Müllverbrennungsanlagen wurden vielmehr oftmals gerade vom hygienischen Standpunkt aus kritisiert: Die Verbrennung erzeuge übelriechende bzw. gar giftige Abgase, was noch dadurch verschlimmert werde, dass diese Anlagen sich mitten in Wohngebieten befanden. Zudem müsse der Abfall vor der Verbrennung dort abgelagert werden, was große Belästigungen der Anwohner mit sich brächte.[22] Es gab darüber hinaus auch Stimmen, die kritisierten, durch die Müllverbrennung werde die Verwertung des Abfalls unmöglich gemacht.[23]

Allerdings war die Müllverbrennung auch nach dem Ersten Weltkrieg als Technologie keineswegs ad acta gelegt. In zahlreichen Städten wurden Projekte

17 Marco Heckhoff, Vom Acker zum Ofen. Die Hausmüllentsorgung von den 1880er Jahren bis 1914. Essen 2013, 83.

18 Ebd., 82 ff.

19 Herbold, Wienken, Experimentelle Technikgestaltung, 30.

20 Park, Müllkippe, 21.

21 Carmelita Lindemann, Verbrennung oder Verwertung. Müll als Problem um die Wende vom 19. zum 20. Jahrhundert, in: Technikgeschichte 59, 1992, 91–107, 96 f.; Broschüre: Saubere Zukunft jetzt. ISG Frankfurt, KS 2820.

22 Jones, Spadafora, Waste, Recycling and Entrepreneurship, 40 f.

23 Carl von der Linde, Der innere Wert des Mülls (1906), in: Franz-Josef Brüggemeier, Michael Tokya-Seid (Hrsg.), Industrie-Natur. Lesebuch zur Geschichte der Umwelt im 19. Jahrhundert. Frankfurt, New York 1995, 237; Jones, Spadafora, Waste, Recycling and Entrepreneurship, 14.

geplant, die städtischen Abfälle zu verbrennen. Die Stadt Dortmund beispielsweise stellte 1920 Überlegungen an, eine Müllverbrennungsanlage zu errichten, wobei der Leiter der Dortmunder Müllabfuhr, Stadtbaurat Ladwig, die optimistische Meinung vertrat, dass »die Frage der restlosen Müllverwertung technisch gelöst« sei.[24] Es kam dann allerdings nicht zur Errichtung einer solchen Anlage, unter anderem, weil der Anbieter, das Schmelz- und Hüttenwerk Oberschöneweide bei Berlin, sich als nicht besonders vertrauenserweckend erwies.[25] In Frankfurt war bereits 1909 im Stadtteil Niederrad eine Müllverbrennungsanlage in Betrieb genommen worden, die jedoch im Ersten Weltkrieg ihren Betrieb einstellen musste, weil aufgrund des kriegsbedingten Mangels der Abfall nur noch einen geringen Heizwert aufwies. Nach weiteren betriebsbedingten Problemen wurde die Anlage schließlich 1923 stillgelegt.[26]

Insgesamt waren auch die in den 1920er Jahren unternommen Versuche, Müllverbrennungsanlagen zu errichten, alles andere als ermutigend. Ein gutes Beispiel dafür ist die Stadt Köln, die sich unter der Ägide ihres Bürgermeisters Konrad Adenauer durch den umfangreichen Ausbau der städtischen Infrastruktur auszeichnete. Hier war die Einführung einer Müllverbrennungsanlage bereits gegen Ende des 19. Jahrhunderts diskutiert worden. Anfang der 1920er Jahre wurden Verhandlungen mit der neu gegründeten Müll- und Schlackeverwertungsanstalt AG (Musag) geführt, der Kooperation einer Berliner Firma und der Maschinenbauanstalt Humboldt AG in Köln-Kalk. Im November 1925 beschloss die Stadtverordnetenversammlung schließlich die Errichtung einer Müllverbrennungs- und Müllverwertungsanstalt. Diese Anlage wurde im April 1928 im Niehler Hafen- und Industriegebiet eröffnet, entwickelte sich jedoch rasch zu einem handfesten Skandal. Nicht nur verdiente die Stadt, entgegen anderslautender Versprechungen der Herstellerfirma, kein Geld mit der Anlage, sondern sie musste sogar noch größere Beträge zuschießen. Die Baumaterialproduktion litt unter Absatzproblemen, während wenigstens die Grobmüllverbrennung einigermaßen ordentlich funktionierte.[27] Die Firma Humboldt, obwohl mit der Stadt in keinem direkten Vertragsverhältnis stehend, willigte in einem Vergleich schließlich einer Arbeitsplatzgarantie für zusätzlich 500 bis 600 Beschäftigte in ihren Kölner Werken zu.[28] Im Jahr 1939 wurde die Kölner

24 Zitiert in: Bausch, Es herrscht Ordnung, 54.

25 Ebd.

26 Matthias Gather, Kommunale Handlungsspielräume in der öffentlichen Abfallentsorgung. Möglichkeiten und Grenzen einer aktiven Umweltplanung auf kommunaler Ebene im Raum Frankfurt am Main. Frankfurt/M. 1992, 72; Bauer, Im Bauch der Stadt, 374.

27 Abfallwirtschaftsbetriebe Köln (AWB), 111 Jahre, 55 ff.

28 Darin dürfte ein wichtiger Grund zu finden sein, warum die Firma Humboldt-Deutz ihr profitables Werk in Oberursel 1932 schloss. Vgl. Roman Köster, »Schauspielhaus Oberursel«. Die Geschichte der Motorenfabrik Oberursel 1918–1956, in: Zeitschrift für Unternehmensgeschichte 49, 2004, 67–92, 79 f.

MVA aus Rentabilitätsgründen stillgelegt und der städtische Abfall wieder auf zahlreiche kleinere Kippen im Stadtgebiet verbracht.[29]

Die Fehlschläge der Müllverbrennung führten dazu, dass sie als städtische Entsorgungslösung für längere Zeit ad acta gelegt wurde. Die Technologie galt noch bis Ende der 1950er Jahre als unzuverlässig und zu teuer.[30] Dabei lag ein wesentliches Problem aber auch darin, mit welch überspannten Erwartungen die Verbrennung kommuniziert und oftmals gewissermaßen als Universallösung der Städtehygiene präsentiert worden war. Als sich dann aber weder die Verbrennungstechnologie als zuverlässig erwies noch sich die hohen wirtschaftlichen Erwartungen in die Erzeugung von Energie oder den Verkauf von Schlacke als Baumaterial erfüllten, erschien die Verbrennung nicht länger als gangbare Alternative. Zu Beginn der 1950er Jahre waren nur noch zwei Anlagen in Hamburg in Betrieb.[31]

Was als großstädtische Entsorgungslösung in den 1920er und 1930er Jahren stattdessen verstärkt in den Vordergrund rückte, war das Konzept des »Müllbergs«. Das war insbesondere dort der Fall, wo sich auf städtischem Territorium kein größerer abgebauter Steinbruch oder andere (vorgeblich) geeignete Senken mit natürlicher Schüttkante befanden.[32] So beendete die Stadt Frankfurt in den 1920er Jahren ihr Experiment mit der Müllverbrennung und richtete 1929 offiziell einen Müllberg im Süden des Stadtgebietes ein, der schon bald darauf als »Monte Scherbelino« bekannt war. Bei diesem Ausdruck, der schließlich die halboffizielle Bezeichnung der Deponie wurde, handelte es sich um eine Verballhornung des Ausdrucks »Scherbelberg«; nach dem Zweiten Weltkrieg sollte die Bezeichnung »Monte Scherbelino« dann insbesondere auch als Bezeichnung für die Ablagerungsplätze der Trümmer des Bombenkrieges dienen.[33] Die Stadt Mannheim legte 1928 eine städtische Deponie auf der zwischen Rhein und Neckar gelegenen Friesenheimer Insel an.[34] In Dortmund wurde bereits vor dem Ersten Weltkrieg der Müll auf eine Deponie im Stadtteil Huckarde, den sog. »Deusenberg«, verbracht.[35]

Wie sehr das Entsorgungsproblem in der Zwischenkriegszeit noch vor allem ein Problem der Abfallsammlung war, zeigt sich u.a. daran, dass sich mit den Müllbergen teilweise noch ganz andere Erwartungen verbanden. So richtete das Mannheimer Stadtreinigungsamt in den 1930er Jahren beispielsweise eine An-

29 Abfallwirtschaftsbetriebe Köln (AWB), 111 Jahre, 55ff.

30 Vortrag Oberregierungsbaudirektor Köster (MELF): Die Müllbeseitigung. Eine Forderung der Hygiene und des Wasserhaushalts (26.1.1953). LA NRW, NW 354, Nr. 1098.

31 Hösel, Unser Abfall aller Zeiten, 188; Stadtreinigung Hamburg, 100 Jahre Müllverbrennung in Hamburg 1896–1996. Hamburg 1996, 10ff.

32 Hösel, Unser Abfall aller Zeiten, 185. Saniter, Köhn, Saubere Zeiten, 21, 41.

33 Gather, Kommunale Handlungsspielräume, 73f.

34 Pulver, Abfuhranstalt, 71.

35 Bausch, Es herrscht Ordnung, 83f.

frage an die Kollegen in Leipzig (deren Müllberg bereits Ende des 19. Jahrhunderts angelegt worden war und zu den ersten in Deutschland gehörte[36]), welche Erfahrungen dort gesammelt worden seien. Die Antwort klang geradezu euphorisch: Man hätte hervorragende Erfahrungen mit dem Müllberg gemacht und würde planen, noch einen zweiten anzulegen: Im ansonsten flachen Sachsen würde er der Jugend die Ausübung des Wintersports ermöglichen.[37]

Das Konzept des Müllbergs war Bestandteil der bereits beschriebenen Rationalisierung der Müllsammlung in den 1920er und 1930er Jahren. Um einen Müllberg am Stadtrand zu betreiben bedurfte es einer einheitlichen Sammlung und motorisierter Transportmittel, um den Abfall über weitere Strecken dorthin zu verbringen. Richtlinien des Wasserschutzes wurden dabei zwar nur selten beachtet, zumal verbindliche Standards überhaupt erst in Ansätzen existierten, trotzdem erfolgte hier die Ablagerung des Mülls immerhin kontrolliert und an einem Ort zusammengefasst. Gleichwohl handelte es sich nur bedingt um eine Orientierung an dem in Großbritannien entwickelten Konzept des »controlled tipping« bzw. der »sanitary landfill«, das eine hygienisch einwandfreie Ablagerung kommunaler Abfälle gewährleisten sollte, indem Abfall- und Erdschichten einander abwechselten, wodurch hygienische Probleme und Verwehungen verhindert wurden.[38] Es handelte sich beim Müllberg trotzdem um eine vergleichsweise hygienische Lösung, die durch den zentralen Ablagerungsplatz und die städtische Überwachung zumindest einen graduellen Fortschritt gegenüber der »wilden« Deponierung darstellte. Allerdings wurden solche Lösungen nicht überall verwirklicht. Im Gegenteil: Gerade in mittleren Städten fand zumeist die einfache Ablagerung an häufig eher zufällig ausgewählten Plätzen statt. Mitunter geschah das selbst in Städten mit einem zentralen Ablagerungsplatz, um die Anfahrtswege zur Deponie zu verkürzen.

Der Zweite Weltkrieg führte dann nicht nur, wie bereits beschrieben, zu massiven Problemen bei der Sammlung des Mülls, sondern machte auch die Entsorgung zu einem hygienischen Problem, weil die Bevölkerung gerade in den besonders durch Luftangriffe betroffenen Großstädten den Abfall in den Trümmern zerbombter Häuser entsorgte. Diese spontan entstehenden Kleinkippen sorgten für eine gravierende Geruchsbelästigung, was eine Mannheimer Zeitung im Juli 1944 angesichts der zwischenzeitlich eingestellten Müllabfuhr in der Stadt geradezu poetisch kommentierte:

36 O. V., Der Leipziger Scherbelberg, in: Brüggemeier, Tokya-Seid, Industrie-Natur, 233 f.; Hösel, Unser Abfall aller Zeiten, 184 f.

37 Schreiben Direktion der Stadtreinigung in Leipzig an die Stadt Mannheim (3.10.1934) betr. Frage wg. Erfahrung mit Aufschüttung eines Müllberges. SdtA Mannheim, Tiefbauamt, Zugang 3/1968, Nr. 951.

38 Stokes, Köster, Sambrook, Business of Waste, 74 ff.; Zum Konzept der »Sanitary landfill« in den USA s. Tarr, The Search for the Ultimate Sink, 23 f. Immerhin wurde der Leipziger Müllberg regelmäßig mit Erde abgedeckt. Vgl. Heckhoff, Vom Acker zum Ofen, 39.

Die Fliegen und die Mücken freuten sich über die herrliche Brutstätte und wenn der Deckel hochgeklappt wurde, entflohen sie in dichten Schwärmen – zur Freude der Nachbarn, die sich tagsüber einen immer penetranteren Gestank, nachts das Summen stechblutgieriger Schnaken gefallen lassen durften. Immerhin ging diese Methode noch eher an als jene primitive, die das Heil in den Schuttbergen aus den Mannheimer Fliegerangriffen sah. Auf sie schüttete man Gemüsereste, auf sie kippte man Asche, warf man welke Blumensträuße, leere Konservenbüchsen, Käserinden und Heringsschwänze, Idyllen aus den Gassen orientalischer Hafenstädte, die bei uns zulande nicht gerade sonderlich beliebt sind. Fischsonderzuteilungen gab es (bis auf die Salzheringe) in diesen Wochen Gottseidank nicht.[39]

Allerorten vermischte sich der Hausmüll mit den Schuttmassen und wurde so zu einem ernstzunehmenden Krankheitsherd[40], zumal es in den Städten nun allerorten zu Rattenplagen kam.[41] In Freiburg richtete man zur Entlastung der Stadtverwaltung besondere Müllabladeplätze ein, auf denen allein der nicht verwertbare Hausmüll abgeladen werden sollte, während der Rest möglichst zu kompostieren war. Dieses System scheint jedoch schlecht funktioniert zu haben, weil die Bürger (vor allem Hausfrauen) allerlei Sperrmüll auf den Plätzen entsorgten. So vermeldete eine örtliche Zeitung im März 1945: »Heute, da fast nur noch Ruinen diese einstmals so viel bewunderte Stadt ausmachen, können wir nicht mehr den Ehrgeiz haben, zu den gepflegtesten Städten des Reiches zu zählen. Das ist aber noch lange kein Grund, unsere Stadt als Müllabladeplatz zu betrachten und dadurch die durch anglo-amerikanische Terrorflieger geschändete Stadt noch mehr zu verunzieren.«[42] Die Kriegsumstände erzwangen also ein Mithelfen der Bevölkerung bei der Sammlung und der Entsorgung des Mülls, wobei insgesamt die Hygienestandards, sowohl bei den Bürgern wie bei den Stadtreinigungsämtern, deutlich zurückgingen.[43]

Nach dem Krieg wurden die zahlreichen »spontanen« Müllkippen mit der Wegräumung des Trümmerschutts zumeist ebenfalls beseitigt, was allerdings einige Zeit in Anspruch nahm. In Mannheim wurden die Bewohner noch 1947 aufgefordert, die Abfälle nicht in den Trümmern zu entsorgen.[44] Mit der Beseitigung des Schutts war die Frage der Entsorgung aber selbstverständlich auch nicht dauerhaft gelöst. Dafür wiederum ist die Stadt München ein gutes Beispiel: Nachdem das dortige System der privaten Müllsammlung und -sortie-

39 Artikel Mannheimer Bote (10.7.1944): Ende der Orientidyllen in Mannheim. SdtA Mannheim, Hauptregistratur, Zugang 1955/1964, Nr. 1581.

40 Schreiben Stadtreinigungsamt an StA 20/3 (22.4.1947). SdtA Dortmund, 170 Stadtreinigungsamt, Nr. 58.

41 Münch, Stadthygiene, 283; Frilling, Mischer, Pütt un Pann'n, 154.

42 Zit. in: Rolf-Dieter Müller, Wer zurückweicht wird erschossen! Kriegsalltag und Kriegsende in Südwestdeutschland 1944/45. Freiburg 1985, 55.

43 Kriegstagebuch August Schröder. ISG Frankfurt/M., Tiefbauamt, Nr. 133.

44 Städtischer Informationsdienst (17.1.1947): Keine Abfälle in die Trümmer! SdtA Mannheim, Hauptregistratur, Zugang 1955/1964, Nr. 1581.

rung in Puchheim aus technischen und finanziellen Gründen sowie aufgrund von Bombenschäden nicht mehr fortgeführt werden konnte, suchte die Stadt nach einer Behelfslösung zur Entsorgung des städtischen Unrats.[45] Dabei fand sich eine Kiesgrube in der südwestlich von München gelegenen Ortschaft Neuried, in die ab 1950 gegen Geldzahlungen an die Gemeinde der städtische Abfall abgekippt wurde. Jedoch stellte sich dort bald eine Fliegen- und Rattenplage ein; neben einer starken Geruchsentwicklung bekam auch das Trinkwasser einen fauligen Geschmack. Die Gemeinde gestand ein, sie habe »am Anfang unmöglich die Tragweite ihrer Verantwortung erkennen können, welche die Einfüllung einer so riesigen Kiesgrube mit sich bringt.«[46] Die Stadt München musste sich schließlich nach einer neuen Deponiefläche umsehen, weil in Neuried der Abstand zwischen Grubenboden und Grundwasser lediglich zwei bis drei Meter betrug.[47]

Müllkippen erzeugten somit große hygienische Probleme, die es selbst in Zeiten, als die Zusammensetzung des Hausmülls noch vergleichsweise unbedenklich war, kaum erstrebenswert erscheinen ließen, in ihrer Nachbarschaft zu leben. So war ein Bürger aus dem Frankfurter Stadtteil Sindlingen nicht zu beneiden, der als Anlieger einer dortigen Abfalldeponie seine Erfahrungen im Jahr 1948 drastisch schilderte:

> Waren es erst Grillen, die sich in großer Zahl in den Wohnungen unangenehm bemerkbar machten, sind es neuerdings auch Schaben, Kakerlaken, Ohrschlitzer, Fliegen aller Farben und Ameisen […] Bei warmer Witterung zwitschert es abends und nachts aus allen Fugen und Ritzen der Wohnung. Auf den Bettsimsen und Kopfkissen spaziert dieses ekelhafte Viehzeug herum und in abgestellten Speiseresten findet man sie mitunter. Die Vertilgungsjagden dauern oft bis nachts zwei Uhr und noch länger und morgens kriecht man dann todmüde und zerschlagen aus seinem Bett um seiner Tagesbeschäftigung nachzugehen […][48]

Insofern waren die hygienischen Probleme, die Abfallablagerungen in den Städten, insbesondere in der Nähe von Wohnsiedlungen, erzeugten, in den 1950er Jahren alles andere als neu.[49] Jedoch waren diese Probleme im Rahmen der be-

45 Stadtreinigung. Betr.: Müllgrube in Neuried. Bericht über die Bürgerversammlung am 15.7.1950. SdtA München, Bürgermeister und Rat, Nr. 2781.

46 Schreiben des Gemeinderats Neuried an die Verwaltung der Hausunratsabfuhr der Stadt München (7.7.1950). SdtA München, Bürgermeister und Rat, Nr. 2781.

47 Schreiben Bayerisches Landesamt für Wasserversorgung an das Staatliche Gesundheitsamt München-Land (2.7.1951). SdtA München, Bürgermeister und Rat, Nr. 2781.

48 Schreiben Bauvereinsvorstand FfM-Sindlingen an den Herrn Oberbürgermeister (15.8.1948). ISG Frankfurt/M., Magistrat, Nr. 1.902.

49 Vgl auch den Fall der Nürnberger Deponie Silberbuck, wo eine Baugrube eines während des »Dritten Reichs« nicht fertiggestellten Stadions zu einer Mülldeponie wurde, mit Wasser volllief und bald als »Todes-Teich« bekannt war. Schmidt, Die Nürnberger Abfallwirtschaft, 32 f.

kannten Techniken der Müllentsorgung zu lösen, sie stellten also vor allem ein Problem der Kriegsumstände, des Wiederaufbaus und eines regional nicht überall erreichten technischen Standards der Städtehygiene dar. Dass das Anwachsen der Abfallmengen und die veränderte Zusammensetzung des Abfalls eine völlig neue Problemdimension kreierten, sollte erst Ende der 1950er Jahre allgemein bewusst werden. Bis zu diesem Zeitpunkt bot sich jedoch auch noch eine andere Technologie als Alternative zur Deponierung an.

3.2 Die ewige Alternative? Möglichkeiten und Grenzen der Müllkompostierung

Die Frage der Müllentsorgung erscheint historisch als die Entscheidung zwischen den Alternativen Deponierung und Verbrennung. Es gab während der 1950er Jahre jedoch zahlreiche Experten und Praktiker, die in einer dritten Technologie die Zukunft der Abfallentsorgung sahen, nämlich der Müllkompostierung. Hier sollte der Abfall in etwas Nützliches verwandelt werden, insbesondere Dünger für die Landwirtschaft oder zumindest ein Bodenverbesserungsmittel. Durch den Verkauf an die Landwirte sollte die Kompostierung zudem die städtischen Haushalte entlasten. Während der 1950er Jahre galt diese Technik sogar als wichtigste Alternative zur Deponierung. Dieser Enthusiasmus sollte allerdings rasch verschwinden, denn seit Ende des Jahrzehnts trat immer mehr die Müllverbrennung als Entsorgungstechnologie in den Vordergrund. Das hatte wesentlich mit dem Anwachsen der Abfallmengen, der sich verändernden Zusammensetzung des Mülls und einem neuen Anforderungsprofil für eine effiziente Entsorgungsinfrastruktur zu tun. Nichtsdestotrotz blieb die Kompostierung auch später noch auf der Agenda von Experten, Interessensgruppen und später Bürgerinitiativen als umweltfreundliche Alternative zu den Haupttechnologien der Abfallentsorgung. Sie wurde einer älteren Form von Abfallwirtschaft zugehörig betrachtet, die mit einer »natürlicheren« Weise des Umgangs mit nutzlos gewordenen Konsumüberresten gleichgesetzt wurde. Am Ende implizierte die Propagierung der Kompostierung somit in erster Linie eine Kritik am modernen Massenkonsum und der Wegwerfgesellschaft.

Müllkompostierung war seit langer Zeit, auf ganz »natürliche« Weise gewissermaßen, ein zentraler Bestandteil der urbanen Abfallentsorgung gewesen. Die systematische Verwendung von städtischen Fäkalien und Abfallstoffen zur Düngung ist beispielsweise für Amsterdam und Leiden bereits für das 15. Jahrhundert dokumentiert.[50] Solange es noch keine ausgebauten Systeme

50 Hösel, Unser Abfall aller Zeiten, 197; Vgl. auch Joppe van Driel, Ashes to Ashes. The stewardship of waste and oeconomic cycles of agricultural and industrial improvement, 1750–1800, in: History and Technology 30, 2014, 177–206.

der Abwasserentsorgung gab, landeten die Fäkalien zumeist in Abortgruben, in die häufig auch fester Unrat geworfen wurde. Der Inhalt dieser Abortgruben wurde dann auf die Felder ausgetragen. Aus diesem Grund wurde die Einführung von Kanalisationssystemen auch dafür kritisiert, dass auf diese Weise eine wichtige Düngerquelle verloren gehe.[51] Außerhalb der Stadtzentren, wo die Bebauung weniger dicht wurde, landeten Teile des Abfalls häufig auf dem Misthaufen. Müll wurde als Mittel zur Bodenverbesserung und sehr häufig auch als Tierfutter verwendet, was besonders im Ersten und Zweiten Weltkrieg der Fall war.[52] Darin war Deutschland keineswegs eine Ausnahme. So hat Richard Wines für die USA gezeigt, dass in den Städten der Ostküste bereits in der ersten Hälfte des 19. Jahrhunderts großflächige Netzwerke entstanden, um den städtischen Hausmüll als Dünger nutzbar zu machen, bevor er zunehmend durch (vor allem aus Peru importiertes) Guano verdrängt wurde. Wines spricht in diesem Zusammenhang von einer »recycling mentality«, also einem Bewusstsein für die vielfältigen Möglichkeiten und Wege der Wiedernutzung städtischer Abfälle.[53]

Auch in Deutschland gab es, insbesondere in der zweiten Hälfte des 19. Jahrhunderts, systematische Versuche, Müll zusammen mit Abwässern und Fäkalien mithilfe eines technischen Verfahrens zu Dünger, der sog. »Poudrette«, zu verarbeiten, so etwa in Kiel oder in Bremen.[54] Dort war es vor der Kommunalisierung der Müllabfuhr im Jahr 1900 der Unternehmer Heinrich Alfes (genannt »Schieten-Alfes«), der ab den 1860er Jahren die Müllabfuhr und die Latrinenreinigung in Bremen gegen Entgelt übernahm. Alfes setzte auf eine rudimentäre Form der Mülltrennung, um den biologisch verwertbaren Abfall zu separieren, der dann in einem speziellen Betrieb verarbeitet wurde. Allerdings machte das Aufkommen des künstlichen Düngers Alfes Geschäftsmodell in den 1890er Jahren zunehmend unrentabel.[55] Überhaupt ging die Verwendung des Abfalls in der Landwirtschaft spätestens in diesem Jahrzehnt zurück, wozu, wie bereits erwähnt, die städtischen Kanalisationssysteme beitrugen, indem sie die Fäkalien getrennt abführten und so den Düngewert des Hausmülls minderten.

51 Jones, Spadafora, Waste, Recycling and Entrepreneurship, 38.

52 Weber, Towards »Total« Recycling, 386 f.

53 Richard Wines, Fertilizer in America. From Waste recycling to Resource Exploitation. Philadelphia 1985, 32.

54 Ferdinand Fischer, Die Verwertung der Städtischen und Industrie-Abfallstoffe. Mit besonderer Rücksicht auf Desinfection, Städtereinigung, Leichenverbrennung und Friedhöfe. Leipzig 1875, 110 ff. Über die Poudrette-Fabrikation in Kiel s. Hösel, Unser Abfall aller Zeiten, 202 f.

55 Achim Saur, Der Abfall und die Stadt – oder: Rolle vor und rückwärts, in: Verband kommunaler Unternehmen, 100 Jahre kommunale Städtereinigung, 85–99, 91 f. Vgl. auch Gather, Kommunale Handlungsspielräume, 71.

Zugleich existierte bereits gegen Ende des 19. Jahrhunderts ein wissenschaftlicher Diskurs über die Müllkompostierung, wobei allerdings insbesondere der Berliner Chemiker Johann Heinrich Vogel, der zu den Pionieren der wissenschaftlichen Beschäftigung mit dem Abfall gehörte und 1896 ein voluminöses Werk zur Verwertung städtischer Abfallstoffe veröffentlichte, das Potential des Abfallkompostes angesichts der prospektiven Möglichkeiten der Kunstdüngerherstellung skeptisch einschätzte.[56] Andere Autoren beurteilten die Aussichten der Müllkompostierung allerdings freundlicher.[57] Im Jahr 1915 wurde die erste Kompostierungsanlage, die bereits feste Abfälle und Klärschlamm miteinander kombinierte, in Neumünster in Betrieb genommen, deren Kompostabsatz bis 1925 einigermaßen ordentlich funktionierte, dann aber eingestellt wurde.[58] Obwohl nach dem Krieg auch der Charlottenburger Müll einer landwirtschaftlichen Verwertung zugeführt wurde, sollten die nächsten ernsthaften Versuche der Abfallkompostierung erst wieder in den 1930er Jahren erfolgen.[59]

Ein wichtiger Pionier der Abfallkompostierung war die dänische Maschinenfabrik Dano. Diese Firma war 1912 in Kopenhagen gegründet worden und hatte sich zunächst auf den Bau von Heizöfen spezialisiert und sich darüber mit der Müllverbrennung zu beschäftigen begonnen. Nachdem sich die Ergebnisse jedoch als unbefriedigend und die Kosten als zu hoch erwiesen, begann die Firma nach Alternativen Ausschau zu halten.[60] Im Jahr 1933 fing Dano schließlich damit an, sich mit dem Problem der Umwandlung von in dichtbewohnten Gebieten anfallendem organischem Abfall zu biologisch wertvollem Dünger und Bodenverbesserungsmethoden zu beschäftigen.[61] Dabei entwickelte die Firma ein Verfahren, bei dem der Abfall zerkleinert und in Drehtrommeln, sog. Biostabilisatoren, verbracht wurde. Dort wurde er mit Bakterienkulturen zusammengeführt und ein bestimmter Feuchtigkeitsgrad hergestellt, wodurch sich der natürliche Zersetzungsprozess rapide beschleunigte. Dano betonte, dass es sich dabei um ein hygienisch einwandfreies Verfahren handelte. Wie es die Firma selbst in einer Werbebroschüre ausdrückte: »Versuche mit Ratten haben gezeigt, dass die Ratten, die in einen Käfig eingesperrt wurden und mit Dano-Kompost als einziger möglicher Nahrungsquelle, zu ›Kannibalismus‹ übergingen. Die letzte Ratte starb wegen Hunger.«[62]

56 Johann Heinrich Vogel, Die Verwertung städtischer Abfallstoffe. Berlin 1896, 482 ff.

57 Fischer, Die Verwertung der Städtischen und Industrie-Abfallstoffe, 110 ff.

58 Hösel, Unser Abfall aller Zeiten, 186.

59 Ferdinand Zunker, Die Verwertung des Mülls zur Steigerung der Ernten, in: Die Technik, Bd.3, Nr. 11 (1947), 487–490.

60 Jones, Spadafora, Waste, Recycling and Entrepreneurship, 24 f.

61 Werbebroschüre: Die Dano-Methode zur hygienischen Lösung des Müll-Problems (7.6.1950). LA NRW, NW 132, Nr. 87, Bd. 1.

62 Ebd.

Die erste Kompostierungsanlage nach dem Dano-Verfahren wurde gegen Ende des Zweiten Weltkrieges in Berlin errichtet, jedoch wegen der Kriegseinwirkungen nicht mehr in Betrieb genommen.[63] Nichtsdestotrotz war die Technik der Firma Dano bedeutend für die Entwicklung der Kompostierung in den 1950er Jahren. Es waren insbesondere Dänemark und die Niederlande, Länder mit einem volkswirtschaftlich bedeutenden Agrarsektor sowie einer relativen Knappheit an Flächen, die seit den 1920er/30er Jahren zu Pionieren der Kompostierungstechnologie wurden.[64]

Direkt nach dem Krieg hatten die Städte wenig Zeit, über alternative Technologien der Abfallentsorgung nachzudenken, weil andere Probleme dringlicher erschienen, insbesondere die Reorganisation der Müllsammlung. Als diese jedoch zu Beginn der 1950er Jahre wieder einigermaßen funktionierte, kam es erneut zu einer verstärkten Diskussion über die besten Möglichkeiten der Müllentsorgung. Die Müllkompostierung erschien dabei aus drei Gründen attraktiv zu sein: Erstens litten in Deutschland weiterhin viele Menschen an Unterernährung und viele Praktiker und Politiker fürchteten, aufgrund des Mangels an Dünger (Kunstdünger wurde sogar auf dem Schwarzmarkt verkauft[65]) und Bodenverbesserungsmitteln könnten die Böden an Fruchtbarkeit verlieren. Hier spielten auch zu dieser Zeit verbreitete neomalthusianische Vorstellungen mit hinein, die von einer abnehmenden Fruchtbarkeit der Böden ausgingen.[66] Dünger aus Müll hingegen schien eine überraschende Lösung für dieses Problem anzubieten. Zweitens sahen die Verantwortlichen in den Stadtreinigungsämtern Kompostierung als eine Möglichkeit an, um die städtische Finanzlage zu verbessern, falls sie in der Lage waren, den Mülldünger an Bauern in der Umgebung abzusetzen. Drittens schien die Kompostierung zwei Fliegen mit einer Klappe zu schlagen, weil hier sowohl eine Lösung für die Entsorgung der festen Haushaltsabfälle wie auch des Klärschlammes für diejenigen Kommunen bestand, die bereits eine Kläranlage betrieben, was flächendeckend jedoch erst in den 1970er Jahren der Fall sein sollte.[67]

Das Feld der Kompostierungsbefürworter war innerhalb Deutschlands in zwei Lager gespalten. Zunächst gab es die Gruppe um den Stuttgarter Lehr-

63 Schreiben Kohlschütter an Regierungsdirektor Kuhlewind (23.6.1955), LA NRW, NW 268, Nr. 320.

64 Schreiben Harald Lauenstein an Kuhlewind (19.2.1955). LA NRW, NW 268, Nr. 320; Hösel, Unser Abfall aller Zeiten, 186.

65 Münch, Stadthygiene, 118.

66 Vgl. Schreiben Beigeordneter Dr. Ing. W. Hermann an Oberbaudirektor Köster (1.9.1950): Entwurf zur Frage der Müllverwertung auf Grund eines Beschlusses in der Sitzung vom 8.8.1950 im Ministerium für Ernährung, Landwirtschaft und Forsten. LA NRW, NW 354, Nr. 1097.

67 Probleme der Siedlungsabfallwirtschaft. Denkschrift der Arbeitsgemeinschaft für kommunale Abfallwirtschaft zur Frage der Verwertung von Klärschlamm und Hausmüll. LA NRW, NW 268, Nr. 318.

stuhlinhaber für Siedlungswasserbau, Franz Pöpel (1901–1990). Pöpel, oftmals mit etwas spöttischem Unterton als »Abfallpapst« tituliert, gehörte zu den zentralen Figuren der frühen »wissenschaftlichen« Abfallwirtschaft in der Bundesrepublik der 1950er Jahre. Nach dem Studium der Ingenieurwissenschaft an der TU Braunschweig wurde er 1924 Chefingenieur der Dorr-Gesellschaft in Berlin, einer auf den Bau und die Entwicklung von Kläranlagen spezialisierten Firma, bei der er bis 1944 arbeitete. Die Habilitation erfolgte im selben Jahr an der TU Stuttgart, nachdem ein erster Habilitationsversuch 1941 gescheitert war, weil Pöpel als politisch unzuverlässig galt.[68] 1948 wurde er nach 20-jähriger praktischer Tätigkeit im In- und Ausland auf dem Gebiet der Siedlungswasserwirtschaft auf den Lehrstuhl für Siedlungswasserbau, Straßenbau und Stadtbauwesen an der Technischen Universität Stuttgart als Nachfolger seines akademischen Lehrers Erwin Neumann berufen.[69] Pöpel gründete dort 1951 ein mit Geldern der Rockefeller-Foundation gefördertes Lehrinstitut für Gesundheitswesen und wurde zu einem der sendungsbewusstesten Befürworter der Abfallkompostierung in Deutschland. Er entwickelte dabei nicht nur eine spezielle Kompostierungstechnik, sondern trug darüber hinaus wesentlich zu der frühen Institutionalisierung und Verwissenschaftlichung der Abfallwirtschaft in Westdeutschland bei.

Seine Bemühungen materialisierten sich im Jahr 1952 in der Gründung der Arbeitsgemeinschaft für kommunale Abfallwirtschaft (AkA) unter der Ägide des Deutschen Städtetages, dessen Mitglieder hauptsächlich Ingenieure und Kompostierungsexperten waren. Während Pöpel den Vorsitz übernahm, agierte Hans Straub als Geschäftsführer. Unter dessen Ägide wurde 1948 eine Kompostierungsanlage in Baden-Baden errichtet, die beispielgebend für spätere Anlagen war.[70] Der AkA, der zu den ersten wissenschaftlichen Einrichtungen überhaupt gehörte, die Fragen des Abfalls gesondert diskutierten, sammelte Forschungsergebnisse zur Müllkompostierung und bot seine Expertise den Kommunen an, die über die Errichtung einer Kompostierungsanlage nachdachten. Hier waren allerdings teilweise auch Wissenschaftler beteiligt, die sich bereits während des »Dritten Reiches« damit auseinandergesetzt hatten,

68 Karl-Heinz Hunken, Abwasser- und Abfallpapst – Franz Pöpel, in: Norbert Becker, Franz Quarthal (Hrsg.), Die Universität Stuttgart nach 1945. Geschichte – Entwicklungen – Persönlichkeiten. Stuttgart 2004, 176–177. In dem Text wurde allerdings auch benannt, dass »Wissenschaft im strengen Sinne seine Sache nicht war. Das lag vor allem daran, dass er Selbstzweifel nicht kannte. Sein Sendungsbewusstsein ließ es nicht zu, dass er seine eigenen Erkenntnisse als vorläufige und des ständigen Hinterfragens bedürftige Entwürfe betrachtete.«

69 Franz Pöpel, Der Lehrstuhl für Siedlungswasserbau, Straßenbau und Stadtbauwesen, in: Rektorat der Technischen Hochschule Stuttgart (Hrsg.), 125 Jahre Technische Hochschule Stuttgart. Stuttgart 1954, 106–109, 106f.

70 Eine Arbeitsgemeinschaft für kommunale Abfallwirtschaft. Auszug aus »Abwässer-Dienst«, 3.Jg., Nr. 6, Juni 1952. LA NRW, NW 354, Nr. 1098.

Dünger aus Abfall zu gewinnen, etwa der Agronom Hans Glathe.[71] Das traf aber längst nicht für alle zu. So war, wie bereits erwähnt, Franz Pöpels Habilitation während des »Dritten Reiches« aus politischen Gründen zu verhindern versucht worden.[72]

Signifikanterweise verwendete dieser Arbeitskreis den Begriff der »Abfallwirtschaft«. Mit diesem Begriff war hier bereits der Versuch impliziert, das Weggeworfene nicht einfach nur zu »beseitigen«, sondern es einer produktiven Verwertung zuzuführen. Genauso bezeichnend war allerdings, dass dieser Anspruch im Laufe der 1960er Jahre weitgehend zurückgenommen wurde: Auch wenn etwa bei Müllverbrennungsanlagen bereits früh die Gewinnung von Energie eine wichtige Rolle spielte, so ging es jetzt doch in erster Linie um Abfallbeseitigung. Dementsprechend trug das erste Abfall-Bundesgesetz von 1972, das die Entsorgung regelte, dann auch den Titel Abfall*beseitigungs*gesetz und eben nicht Abfall*wirtschafts*gesetz.[73] Dieser Titel sollte das Gesetz erst im Jahr 1986 bekommen, als mit »Abfallwirtschaft« jedoch bereits in erster Linie »Recycling« gemeint war. Zugleich spielte in den 1950er Jahren, darauf wird im entsprechenden Kapitel zurückgekommen, die direkte Wiederverwendung und -verwertung einzelner Hausmüllfraktionen zumindest für die Stadtreinigungsämter noch kaum eine Rolle, weil sie aufgrund der Notwendigkeit manueller Sortierarbeit als zu teuer galt.[74]

Neben der Gruppe um Pöpel gab es allerdings auch noch die Kompostierungsbefürworter, die von der landwirtschaftlichen Seite her kamen und sich stärker am Dano-Verfahren und an dem in den Niederlanden entwickelten sog. Raspelverfahren orientierten.[75] Diese suchten die Anbindung an die Deutsche Landwirtschaftliche Gesellschaft (DLG), was der Gruppe um Pöpel wiederum vorgeworfen wurde, dass sie gerade keinen Kontakt zur landwirtschaftlichen Seite suchte. Ein zentraler Protagonist dieser Gruppe war der Agrikulturchemiker Hermann Kick, seit 1954 Lehrstuhlinhaber für Agrikulturchemie an der Universität Bonn, der nicht nur die Gruppe um Pöpel harsch kritisierte, son-

71 Uekötter, Die Wahrheit ist auf dem Feld, 265.

72 Hunken, Abwasser- und Abfallpapst, 176f.

73 Verschiedentlich ist ab den 1970er Jahren darauf hingewiesen worden, dass der Begriff der »Abfallbeseitigung« einen Anachronismus darstellt, weil sich der Abfall strenggenommen nicht beseitigen lässt. Der später geläufige Begriff der »Entsorgung« wurde allerdings erst 1970 geprägt und zu diesem Zeitpunkt als Wortschöpfung harsch kritisiert, dann aber in den 1980er Jahren zunehmend geläufig – und fand dann auch Eingangs in das erneuerte Abfallgesetz von 1986. 1985 wählte die Frankfurter Allgemeine Zeitung »Entsorgung« zum Wort des Jahres. Heinrich von Lersner, Die ökologische Wende. Berlin 1991, 10f.

74 Heinrich Erhard, Müllverwertung. Rückblick und Ausblick, in: Der Städtetag 4, 1951, Hft. 2, 55–62, 57.

75 Jan Schmitt-Tegge, Kostenstrukturanalysen und Wirtschaftlichkeitsuntersuchungen bei verschiedenen Verfahren zur Beseitigung kommunaler Abfälle. Berlin 1965, 31f.

dern auch eigene Forschungen zur Müllkompostierung vorantrieb.[76] Die beiden Lager »bekriegten« sich dabei nicht zuletzt durch gegenseitiges Anzweifeln der Tauglichkeit der jeweiligen Kompostierungsergebnisse. So schrieb beispielsweise ein Vertreter der Deutschen Landwirtschaftlichen Gesellschaft im Jahr 1955, dass der Müllkompost aus der Anlage in Baden-Baden an der Universität Bonn genauer untersucht worden sei: »Das Urteil lautete leider: ›für die Landwirtschaft praktisch wertlos‹.«[77] Das wiederum war insofern typisch, weil solchen skeptischen Ergebnissen nicht selten übertrieben optimistische Einschätzungen der Leistungen des Kompostes als Dünger oder doch zumindest als Bodenverbesserungsmittel in den einschlägigen Fachzeitschriften (wie der »Städtetag« oder die »Städtehygiene«) gegenüberstanden.[78] Letztlich sollten allerdings auch die Forschungsergebnisse an der Bonner Universität die hohen Erwartungen an aus Müll gewonnenem Dünger deutlich relativieren.[79]

Seit den späten 1940er Jahren wurden einige Pilotanlagen geplant und errichtet, um die Leistungsfähigkeit der Kompostierung zu demonstrieren.[80] Am bekanntesten waren dabei die zwei Anlagen in Baden-Baden (errichtet 1948, erweitert 1953) und in Duisburg-Huckingen (errichtet 1957). Besonders die Anlage in Baden-Baden erwies sich als innovativ, weil hier eine Technik zur Anwendung kam, in die besonders große Hoffnung gesetzt wurde, nämlich ein von Pöpel entwickeltes Verfahren, bei dem fester Hausmüll und Klärschlamm kombiniert wurden.[81] Die Anlage startete zunächst als eine kleinere Testanlage und wurde 1953 mit Hilfe substantiellen Beihilfen des Bundeswirtschaftsministeriums ausgebaut. So war sie Ende der 1950er Jahre immerhin in der Lage, den Abfall von ca. 60.000 Einwohnern zu verarbeiten.[82]

Die zweite wichtige, frühe Kompostierungsanlage wurde 1957 im Duisburger Stadtteil Huckingen in Betrieb genommen. Das war insofern interessant, weil hier eine Anlage in einer hochindustrialisierten Großstadt errichtet

76 S. Hermann Kick, Zur Geschichte der Agrikulturchemie in Bonn, in: Hermann Ullrich (Hrsg.), 150 Jahre Rheinische Friedrich-Wilhelms-Universität zu Bonn, 1818–1968. Bonner Gelehrte. Beiträge zur Geschichte der Wissenschaften in Bonn. Landwirtschaftswissenschaften. Bonn 1971, 63–70, 69.

77 Schreiben Dr. Meyer an Harald Lauenstein (2.2.1955). LA NRW, Nr. 268, Nr. 320.

78 W. A. G. Westrate, Zur Frage des pflanzenbaulichen Wertes städtischen Müllkompostes, in: Städtehygiene 4/1955, 86–87. Interner Vermerk Köster (September 1954). LA NRW, NW 354, Nr. 1097.

79 Vgl. Hermann Kick, Untersuchungen über die Anwendung von Müll- und Klärschlammkompost sowie Klärschlamm im Landbau sowie im Garten- und Obstbau. Münster 1962.

80 Vgl. dazu verschiedene Schreiben in: Landesarchiv NRW, NW 354, Nr. 1097.

81 Hans Straub, Die Herstellung von Kompost aus Abwasserschlamm und Hausmüll. Bericht über Erfahrungen in einer Versuchsanlage in Baden-Baden. Berichte der Abwassertechnischen Vereinigung 1/1949. LA NRW, NW 354, Nr. 1097.

82 J. Kampschulte, Zur Geschichte des Müllkomposts, zum heutigen Stande der Herstellung nebst Kosten und Bewertung in Deutschland, in: Städtehygiene 4/1955, 82–85, 84.

wurde, die mit schweren Umweltbelastungen zu kämpfen hatte. Die Kommune hatte zudem große Schwierigkeiten mit dem Wasserschutz und konnte deswegen keine zusätzlichen Ablagerungsflächen ausweisen; dementsprechend sollte die Kompostierungsanlage die städtischen Deponien entlasten.[83] Während die Stadtverwaltung die Müllverbrennung als für zu teuer erachtete, hoffte man hier, die Müllentsorgung ohne Kontaminierung des Grundwassers zu gewährleisten. Pöpel und der AkA unterstützten das Vorhaben mit einem positiven Gutachten.[84] Das Land Nordrhein-Westfalen subventionierte das Projekt sogar mit der beträchtlichen Geldsumme von 500.000 DM (bei Gesamtkosten von 1,3 Mio. DM).[85] Jedenfalls zeigt der Fall von Duisburg-Huckingen, dass während der 1950er Jahre ein effizientes Netzwerk von Experten existierte, das Kompostierung als Schlüsseltechnologie zur Lösung des Entsorgungsproblems betrachtete.

Diese »Hochphase« der Müllkompostierung dauerte allerdings nur bis zum Ende der 1950er Jahre, als die modernen Kompostierungsanlagen also gerade erst ihren Betrieb aufgenommen hatten. Dabei war die Kompostierung mit vier wesentlichen Schwierigkeiten konfrontiert, die sie schließlich zu einem Nischendasein verurteilten:

Erstens passte die aufgrund ihrer relativ geringen Verarbeitungskapazität notwendigerweise stark dezentralisierte Struktur der Kompostierungsanlagen nicht mit den Vorstellungen einer leistungsfähigen Entsorgungs-Infrastruktur zusammen, die Experten und Politiker in den 1960er Jahren als Reaktion auf einen stetig anschwellenden Abfallstrom vortrugen. Gesucht wurde vielmehr nach Standorten für Müllverbrennungsanlagen und geordnete Deponien, die im Idealfall den Abfall zahlreicher Kommunen aufnehmen konnten. Kompostierungsanlagen hingegen hatten eine geringere Kapazität, darum wurden viel mehr Anlagen benötigt, die zudem teilweise extreme Geruchsbelästigungen erzeugten. Das war beispielsweise ein zentrales Problem der Anlage in Duisburg-Huckingen, die sich, wie es in einer Großstadt unvermeidlich war, recht nah an mehreren Wohnsiedlungen befand. Als die starke Geruchsentwicklung zu massiven Protesten der Bevölkerung führte[86], griffen die Behörden im Winter 1959 zu der drastischen Maßnahme, die Anlage zu parfümieren (was in den 1960er Jahren beispielsweise auch bei einer Deponie in Aachen versucht wurde).[87] Ein

83 Hans Roßberg, Probleme der Stadtentwässerung und Müllbeseitigung, in: Stadt und Hafen Nr. 23 (5.12.1959). LA NRW, NW 354, Nr. 1097.

84 Vermerk Tillmann (26.1.1956) betr. Müll-Klärschlammverwertung in Duisburg Huckingen. LA NRW, NW 354, Nr. 1097.

85 Ebd.

86 Artikel: Huckingen fordert: Macht keine Experimente auf unserem Rücken, in: Duisburger Generalanzeiger (12.6.1959). SdtA Duisburg 101/384.

87 Volker Grassmuck, Christian Unverzagt, Das Müll-System. Eine metarealistische Bestandsaufnahme. Frankfurt/M. 1991, 39.

solcher Versuch hatte aber überhaupt nur im Winter Aussicht auf »Erfolg«; im Sommer war gegen den Gestank einer solchen Anlage zumindest auf diesem Wege nichts zu erreichen. Das Geruchsproblem der Huckinger Anlage konnte anschließend jedoch durch bauliche Maßnahmen (insbesondere den Einbau von Bodenfiltern) einigermaßen gelöst werden.[88]

Die *zweite* Schwierigkeit bestand darin, dass eine effiziente Kompostierung von Hausmüll in urbanen Ballungsräumen die Kombination mit Klärschlamm notwendig machte. Das wiederum erzeugte besonders dort aber auch große Probleme, weil die Klärschlämme hier oftmals mit Schwermetallen belastet waren.[89] Wurde der Kompost dann als Dünger auf die Felder ausgebracht, wurden diese Schwermetalle in die Nahrungskette zurückgeführt. Da angesichts der zahlreichen Fabrikanlagen etwa im Ruhrgebiet und deren Wasserbedarf an eine befriedigende Lösung für dieses Problem auch nicht im Ansatz zu denken war, musste die großflächige Müllkompostierung mit den an sie geknüpften ökonomischen Hoffnungen schon aus diesem Grund zum Scheitern verurteilt sein.

Die *dritte* Schwierigkeit resultierte aus der Zusammensetzung des Abfalls. Der herkömmliche Hausmüll bestand in Deutschland in den 1950er Jahren zu ca. 30 Prozent aus Asche. Diese Überreste behinderten den Fermentierungsprozess (stellten jedoch ein fast noch größeres Hindernis für die Müllverbrennung dar), weswegen die Asche vor der Kompostierung relativ aufwendig ausgesiebt werden musste.[90] Mit der Verdrängung des Hausbrands durch geschlossene Heizungssysteme wurde der Ascheanteil zwar kleiner, jedoch fielen nun neben Papier und Essensabfällen auch zunehmend Plastikabfälle an. Letztere brauchten sehr lange Zeit zur Fermentierung, was die aufwendige Sortierung vor der Kompostierung notwendig machte, was wiederum Kosten produzierte. Auf der anderen Seite verbesserte sich durch die veränderte Müllzusammensetzung die Brennbarkeit des Abfalls, was die Verbrennung zunehmend attraktiv werden ließ.

Das *vierte* Problem schlussendlich war, dass die Landwirte skeptisch gegenüber aus Abfall gewonnenem Dünger oder Bodenverbesserungsmitteln blieben. Es wurde über gravierende Schwierigkeiten berichtet, den Abfalldünger selbst

88 Geschlossen wurde die Anlage schließlich im Jahr 2000, weil die Anlage »eine ständige Lärm-, Dreck – und Geruchsbelästigung für die Nachbarn« blieb. Artikel: Kompostwerk schließt Ende 2000 – Dreck-und Lärmbelastung, in: Neue Ruhr Zeitung Nr. 32 (8.2.2000). SdtA Duisburg, Zeitungsausschnittsammlung, 721/2.

89 Schreiben Klosterkemper (MELF) an den Innenminister des Landes NRW (1.2.1962). LA NRW, NW 354, Nr. 1096; Schreiben Abteilung II an Abteilung V (im Hause) (8.8.1960) betr.: Beseitigung des im Ruhrgebiet anfallenden Mülls durch Kompostierung für landwirtschaftliche Zwecke. LA NRW, NW 354, Nr. 1096.

90 Gutachten Laatsch: Untersuchungen von Stadtkompost im Jahre 1949 und ihre Bedeutung für die Planung von Kompost und Kläranlagen in Hamburg (o. D., 1949). LA NRW, NW 132, Nr. 878; Auszug aus »Wasser und Boden« 9/1950, 196. LA NRW, NW 354, Nr. 1097.

zu einem äußerst geringen Preis abzusetzen, auch wenn er lediglich als Mittel zur Bodenverbesserung vermarktet wurde. Das galt umso mehr, wie die Knappheit an Kunstdünger in den 1950er Jahren abnahm, die Landwirte also nicht mehr auf Ersatz angewiesen waren.[91] Die Hoffnungen, die Komposterzeugung könnte zu einer substantiellen Einkommensquelle für die Kommunen werden, erwiesen sich als illusorisch.[92]

Aus diesen Gründen blieb von den hohen Erwartungen an die Kompostierung zu Beginn der 1960er Jahre kaum noch etwas übrig. Ihre Befürworter leisteten noch Rückzugsgefechte oder versuchten, alternative Nutzungsmöglichkeiten ins Spiel zu bringen. So schlug Kick 1962 beispielsweise vor, Abfallkompost zur Rekultivierung der durch den Braunkohletagebau im Rheinland zerstörten land- und forstwirtschaftlichen Flächen zu verwenden.[93] Pöpel machte der Stadt Bielefeld in einem Gutachten von 1964 den Vorschlag, eine Kompostierungsanlage mit einer Restmülldeponie zu kombinieren (was die Stadt nicht wollte).[94] Als Entsorgungslösung geriet die Kompostierung aber zunehmend aufs Abstellgleis und der Verband Kommunaler Fuhrparksbetriebe kritisierte den AkA 1960 heftig dafür, sich fast ausschließlich auf die Müllkompostierung konzentriert und andere Entsorgungsmöglichkeiten vernachlässigt zu haben.[95]

Eine solche Kritik war nicht zuletzt darin begründet, dass seit Ende der 1950er Jahre die Müllverbrennung, trotz der zeitgenössisch geschätzten, vier bis fünf Mal höheren Anlagekosten[96], als Entsorgungslösung auf die Agenda zurückkehrte, was insbesondere durch die gravierenden Platzprobleme bei der Abfallentsorgung in den Großstädten begründet war. Im Jahr 1958 begannen etwa die Planungen dafür, ein Heizkraftwerk in Düsseldorf in eine Testanlage für die Müllverbrennung umzuwandeln, die schließlich im Jahr 1961 in Betrieb ging.[97] Im selben Jahr wurde in Essen-Karnap ein zu einer Müllverbrennungsanlage

91 Uekötter, Die Wahrheit ist auf dem Feld, 357 ff.

92 Schreiben Abt. II an Abteilung V im Hause (1.2.1962) betr. Beseitigung des im Ruhrgebiet anfallenden Mülls durch Kompostierung für landwirtschaftliche Zwecke. LA NRW, NW 354, Nr. 1096.

93 Hermann Kick, Der Einsatz von Müllklärschlammkomposten und Klärschlamm bei der Rekultivierung im Tagebergbau. Vortrag gehalten auf dem 2. Internationalen Kongress über Beseitigung und Verwertung fester Siedlungs- und Industrieabfälle vom 22.–26. Mai in Essen (IAM). Landesarchiv NRW, NW 354, Nr. 588.

94 Möller, Abfallpolitik, 133. Hans Straub, Vorsitzender der AkA, plädierte für Verbrennung in Städten, Kompostierung in kleineren Gemeinden. Straub, Gutachten über die Beseitigung der festen Abfallstoffe, 38 f.

95 Herbold, Wienken, Experimentelle Technikgestaltung, 37; vgl. AkA, Die Sammlung.

96 Hans Roßberg, Probleme der Stadtentwässerung und Müllbeseitigung, in: Stadt und Hafen Nr. 23 (5.12.1959). LA NRW, NW 354, Nr. 1097.

97 Artikel Rheinische Post (28.9.1961): Müllverbrennung ohne »dicke Luft«. Versuchsanlage hat sich bewährt. Ende 1963 soll Düsseldorfs Müll restlos verschwinden. LA NRW, NW 354, Nr. 1096.

umfunktioniertes, ehemaliges Steinkohlekraftwerk eröffnet.[98] Hans Baumann, Fuhrparksdirektor der Stadt Frankfurt und Vorsitzender des VKF, sprach in einem Grußwort in einer Festveranstaltung zu Hans Pöpels 60. Geburtstag im Jahr 1960 offen aus, dass bei allen Verdiensten des Jubilars um die Forschungen zur Müllkompostierung der Trend zunehmend zu anderen Entsorgungslösungen gehe.[99] Die Stadt Frankfurt plante zu diesem Zeitpunkt bereits die Errichtung einer Müllverbrennungsanlage in Verbindung mit dem Bauprojekt Nordweststadt.[100] Dementsprechend geriet auch der AkA in eine schwere Krise, löste sich 1967 schließlich auf bzw. fusionierte mit verschiedenen Industrieverbänden zur 1968 gegründeten »Arbeitsgemeinschaft für Abfallbeseitigung« (AfA), in der die Kompostierung nur noch eine untergeordnete Rolle spielte und die auch nicht als ein beratendes Gremium fungierte.[101]

Der Bedeutungsgewinn der Müllverbrennung und die Krise der Kompostierung in den 1960er Jahren bedeuteten allerdings nicht, dass letztere vollständig von der Agenda von Experten und Kommunen verschwand. Während der 1960er Jahre wurden einige neue Anlagen errichtet, die allerdings größtenteils in ländlichen Räumen angesiedelt waren; lediglich in Stuttgart wurde 1961 im Stadtteil Möhringen eine neue Anlage für 1,4 Mio. DM eröffnet, die etwa 10 Prozent des Abfalls der Großstadt verarbeitete.[102] Die Hauptlast der Entsorgung trugen allerdings erst Deponien, ab 1965 dann eine Müllverbrennungsanlage.[103] Es gab auch Mitte der 1960er Jahre noch Experten, die das Potential der Müllkompostierung unterstrichen und insbesondere die im Vergleich zur Müllverbrennung niedrigeren Anlage- und Betriebskosten hervorhoben.[104]

98 Artikel Rheinische Post: Müllverwertung im Kraftwerk (28.9.1961). LA NRW, NW 354, Nr. 1098.

99 Baumann, Von der Möglichkeit, 18 f.

100 Helmuth Thode, Wohin mit dem Müll?, in: Stadt Frankfurt, 100 Jahre Stadtreinigung Frankfurt am Main, 52–68, 58 f.

101 Bundesministerium des Inneren. Projektgruppe Abfallbeseitigung. Broschüre: Brennpunkt Müllproblem (Bamberg 1968). BA Koblenz, B 106, Nr. 29370; Schreiben Straub an Japan Resources Technical Institute (20.3.1970). BA Koblenz, B 106, Nr. 25190; Schreiben Hösel an Eduard Schönleben (27.11.1969). BA Koblenz, B 106, Nr. 25132; Park, Müllkippe, 37.

102 Kurt Glockner, Das Müllkompostierungswerk Stuttgart Möhringen im Dienste der Städtehygiene, in: Städtehygiene 5/1962, 93–98.

103 Schreiben Stadt Stuttgart Bürgermeisteramt an den Städteverband Baden-Württemberg (18.5.1967). HStA Stuttgart, EA 7/703, Nr. 3.

104 Bundesausschuss Technik im Obstbau. Vortrag Hans Willich: Stadtmüll und Klärschlamm eine kommunale Sorge. Humus und Kompost ein Landbauproblem (1965), LA NRW, NW 354, Nr. 590. Später wurde betont, dass dieser Kostenvorteil in erster Linie mit der im Durchschnitt sehr geringen Anlagengröße zusammenhing. Bei größeren Kompostierungsanlagen sei das Verhältnis bei Investitionen und Betriebskosten keineswegs günstig. Bernhard Jäger, Investitions- und Betriebskosten der Müllkompostierung, in: Forschungs- und Entwicklungsinstitut für Industrie- und Siedlungswasserwirtschaft sowie Abfallwirtschaft e. V. Stuttgart, Vor- und Nachteile der Verbrennung, 681–715, 686.

Insbesondere bei den Bundesländern, in denen die Landwirtschaft eine besonders wichtige Rolle spielte, blieb die Kompostierung als »eine volkswirtschaftlich erwünschte und hygienisch einwandfreie Art der Abfallbeseitigung« eine Alternative.[105] Gleichwohl mussten auch in ländlichen Gebieten Kompostierungsanlagen durch eine Deponie oder Verbrennungsanlage ergänzt werden, um die nicht oder nur schwer kompostierbaren Fraktionen des Abfalls zu entsorgen, die über die Jahre immer mehr zunahmen.

Die großen Hoffnungen, die zeitweise in diese Technologie gesetzt wurden, waren durchaus signifikant für zahlreiche, nach dem Zweiten Weltkrieg angedachte Alternativen zur Deponierung. So gab es beispielsweise 1947 eine kurze Debatte über die Möglichkeit, Faulgas aus Abfällen zu gewinnen, um auf diese Weise Treibgas als Ersatz für Benzin zu extrahieren.[106] Der Ingenieur Wilhelm L. Müller machte der hessischen Staatsregierung in den 1950er Jahren ausdauernd den Vorschlag, feste Siedlungsabfälle als Filtermaterial zur Klärung städtischer Abwässer zu verwenden.[107] Wie bei so vielen Vorschlägen und Ideen bestand jedoch das Problem darin, dass hier lediglich viel versprochen wurde, während die allermeisten Verfahren noch unerprobt waren bzw. sich später als technisch nicht machbar herausstellten.[108] Hier hatte die Müllkompostierung prinzipiell einen besseren Stand, weil es sich um ein bereits erprobtes Verfahren handelte und professionelle Firmen sich mit technischen Lösungen zu seiner Verbesserung beschäftigten. Letztlich litt aber auch die Kompostierung an der Diskrepanz zwischen übersteigerter Hoffnung und großer Enttäuschung, die typisch für viele Alternativen zu den Hauptlösungen der Entsorgung war. Wie schon im Fall der Abfallverbrennung nach der Jahrhundertwende wurde in den 1950er Jahren von interessierter Seite so hohe Erwartungen geweckt – die in der Kompostierung mitunter sogar das Allheilmittel für die Nahrungskrise Deutschlands nach dem Krieg sahen –, dass die Ernüchterung fast zwangsläufig folgen musste.

105 Schreiben Bayerisches Staatsministerium für Ernährung, Landwirtschaft und Forsten an die bayerische Landesanstalt für Bodenkultur, Pflanzenbau und Pflanzenschutz (16.10.1968). LA NRW, NW 354, Nr. 877; s.a. Bekanntmachung des Innenministeriums über die Einführung von Merkblättern für die Abfallbeseitigung (August 1968). HStA Stuttgart, EA 7/703, Nr. 3.

106 Gutachten Dr. Ing. R. Reinhold: Gasgewinnung in der Landwirtschaft (24.2.1947). HStA Wiesbaden, Abt. 509, 502.

107 Denkschrift betr. »Verfahren zur Herstellung von Düngemitteln aus städtischen Abfällen« nach dem deutschen Patent Nr. 856 743 von Herrn Wilhelm E. Müller, Frankfurt am Main (Müller-Verfahren). HStA Wiesbaden, Abt. 509, Nr. 1292.

108 Staatliche Chemische Untersuchungsanstalt (7.1.1954): Stellungnahme zur Denkschrift betreffend das Müller-Verfahren nach deutschem Patent Nr. 856 743. HStA Wiesbaden, Abt. 509. Nr. 1292.

3.3 Maßnahmen gegen die »Müll-Lawine«: Wege zur Geordneten Deponie und das »Comeback« der Müllverbrennung in den 1960er Jahren

Das Konzept des Müllbergs oder einer städtischen Zentraldeponie an geeigneter Stelle (etwa in stillgelegten Steinbrüchen oder Abraumhalden) stellte noch in den 1950er Jahren den städtehygienischen »state of the art« dar. Diese Form der Deponierung war, wie beschrieben, zumeist eng verbunden mit einer von städtischer Seite durchgeführten Systemmüllabfuhr, die es ermöglichte, die gesammelten Abfälle an einen zentralen Ablagerungsplatz zu verbringen. Jedoch wurde angesichts steigender Abfallmengen und eines größeren Abfuhrgebietes die Verbringung der städtischen Abfälle bereits zu diesem Zeitpunkt nicht mehr konsequent durchgeführt. Allein schon, um die Fahrtzeiten zur Deponie zu verringern, wurde der Müll zunehmend auch auf zahlreiche Schuttkippen im Stadtgebiet entsorgt. Zugleich erwiesen sich auch die zentralen Ablagerungsplätze seit Ende der 1950er Jahre sowohl aus Platz- wie auch aus Umwelt- und Hygienegründen als den Anforderungen an die Abfallentsorgung häufig nicht länger gewachsen.

Die 1960er Jahre markieren insofern eine wesentliche Umbruchsphase in der Geschichte der Abfallentsorgung. Nachdem sich Abfalldeponien oftmals als zu klein erwiesen und die Müllkompostierung keine Lösung für die sich sukzessive zuspitzenden Entsorgungsprobleme großer Städte darstellte, musste über neue Anlagen, neue technische Lösungen und eine verstärkte Kooperation der Kommunen bei der Lösung des Entsorgungsproblems nachgedacht werden. Es war der Müllnotstand dieses Jahrzehnts, der die Verbrennung wieder zu einer Lösung für urbane Entsorgungsprobleme werden ließ.

3.3.1 Der Entsorgungsnotstand seit Ende der 1950er Jahre

Wie gesehen, konnten die Städte ihr Entsorgungsproblem nicht einfach »externalisieren« und in Nachbargemeinden auslagern, wegen der hygienischen Probleme und des schlechten Ansehens, das Deponien mit sich brachten.[109] Kaum eine umliegende Gemeinde ließ sich selbst gegen entsprechende Geldzahlungen davon überzeugen, den großstädtischen Abfall aufzunehmen. Als weitere Faktoren kamen auch noch die erhöhten Transportzeiten und -kosten hinzu, je weiter eine Deponie von der Stadt entfernt lag. Die Kommunen waren deswegen dazu gezwungen, mit ihrem Abfall selbst fertig zu werden. Das führte jedoch be-

109 Stellungnahme Stadtreinigungs- und Fuhramt der Stadt Augsburg (7.8.1963) betr. Beschwerde der Marktgemeinde Vershofen. SdtA Augsburg, Bestand 49, Nr. 1473/3.

reits in den 1950er Jahren mancherorts zu enormen Problemen, den städtischen Haus- und Gewerbemüll ordnungsgemäß zu entsorgen. Zudem veränderte sich Ende der 1950er Jahre die Wahrnehmung des Abfallproblems. Den Kommunen wurde jetzt klar, dass das Wachstum der Müllmengen nicht am Vorkriegsniveau Halt machen würde, sondern dass das Abfallproblem dabei war, eine völlig neue Dimension zu erreichen. Wie bereits erwähnt, kam zu Beginn der 1960er Jahre die »Müll-Lawine« als Schlagwort auf, das nicht zuletzt auch eine neue Form des metaphorischen Sprechens über den Abfall repräsentierte.[110]

Am gravierendsten erwiesen sich die Probleme in besonders dicht besiedelten und hochindustrialisierten Gebieten wie etwa dem Ruhrgebiet. Letzteres hatte nicht nur mit der flächendeckend stärksten Umweltbelastung durch Schadstoffemissionen zu kämpfen[111], sondern erwies sich auch bald als die Region mit den größten Problemen, geeignete Entsorgungsflächen zu finden. Das hatte mit der Besiedlungsdichte zu tun, was bei der Deponierung etwa dazu zwang, die im Revier ohnehin knappen Waldbestände und »naturbelassenen« Gebiete dafür zu nutzen.[112] Es hing mancherorts aber auch mit dem Wasserschutz zusammen, was etwa die Deponierung in Duisburg stark erschwerte.[113]

Mit diesen Problemen stand das Ruhrgebiet keineswegs allein da: In Berlin wurden die Müllkippen bereits 1957 zum Thema einer parlamentarischen Sitzung, nachdem immer mehr Beschwerden über deren unerträgliche Geruchsbildung eingegangen waren.[114] In Frankfurt wurde die Entsorgungssituation bereits Ende der 1950er Jahre zunehmend kritisch und es entstanden zahlreiche neue Kippen, die über das ganze Stadtgebiet verstreut lagen.[115] In Mannheim war um das Jahr 1960 klar, dass die Kapazität der Zentraldeponie auf der Friesenheimer Insel bald erschöpft sein würde. Im April 1970 berichtete der

110 Artikel Rhein-Neckar Zeitung (1.9.1960): Die Konjunktur hat auch eine Kehrseite. Ersticken wir im Wohlstandsmüll? SdtA Mannheim, Hauptregistratur, Zugang 40/1972, Nr. 291.

111 Uekötter, Von der Rauchplage, 431 ff.; Franz-Josef Brüggemeier, Das unendliche Meer der Lüfte. Luftverschmutzung, Industrialisierung und Risikodebatten im 19. Jahrhundert. Essen 1996, 216ff.

112 In Oberhausen beispielsweise wurde bei einer Ortsbegehung festgestellt, dass die Deponie Hühnerheide über die genehmigte Fläche hinaus sich bereits in ein Naherholungsgebiet ausgeweitet hatte: »Beigeordneter Schwarz erklärte ausdrücklich, dass dies in voller Erkenntnis der mangelnden Erlaubnis vorgenommen würde und auch weiterhin geschehen müsste, da sich der Stadt keine andere Lösung böte.« Vermerk: Ortstermin am 14.6.1972 in Sachen Waldumwandlungsverfahren der Stadt Oberhausen (16.6.1972). LA NRW, NW 455, Nr. 831.

113 Artikel Stadt und Hafen (5.12.1959): Probleme der Stadtentwässerung und Müllbeseitigung. LA NRW, NW 354, Nr. 1097.

114 Park, Müllkippe, 45.

115 Schreiben Jost (Landrat Main-Taunus-Kreis) an den Magistrat der Stadt Frankfurt (26.4.1968) betr.: Verschandelung der Main-Taunus-Landschaft durch wilde Müllablagerungen. ISG Frankfurt, Magistrat, Nr. 1903.

Oberbürgermeister, das Stadtreinigungsamt habe über 200 Grundstücke im Stadtgebiet erfasst, auf denen immer wieder wilde Müllablagerungen festzustellen seien.[116] Die Stadt Dortmund wies zwar Mitte der 1950er Jahre neue Deponieflächen in Huckarde und Grevel aus, jedoch summierte sich die Zahl der dauerhaften Ablagerungen im Stadtgebiet bis zur Neuordnung der Abfallwirtschaft zu Beginn der 1970er Jahre auf stattliche 31.[117]

Viele dieser Kippen wurden auch von der kommunalen Müllabfuhr angefahren, insofern war die Vermehrung der Zahl der Ablagerungen auch der Ausweitung der Abfuhrgebiete in den 1950er Jahren geschuldet sowie dem Interesse, die Fahrtzeiten zu minimieren, die einen wichtigen Zeit- und Kostenfaktor der Müllsammlung darstellten. Zugleich waren die meisten dieser Kippen nicht geplant angelegt, sondern entstanden aus »spontanen« Wegwerfakten, die dann weitere nach sich zogen. Das wurde auch dadurch befördert, dass es in vielen Kommunen bis in die 1970er Jahre keine reguläre Sperrmüllabfuhr gab und die Bürger ihre alten Möbel, Elektrogeräte oder Autowracks häufig einfach in der Landschaft entsorgten Wilde Sperrmüllablagerungen entstanden häufig aber auch dann, wenn die Städte ihre kostenlosen »Sperrmüllaktionen« durch eine reguläre, jedoch kostenpflichtige Sperrmüllabfuhr ersetzten.[118] Auf diese Weise hatten nahezu alle Kleinstädte und Dörfer ihre eigenen Kleindeponien, im Volksmund »Bürgermeisterkippen« genannt.[119] Es machte oftmals auch wenig Sinn, diese Ablagerungen zu entfernen, weil an ihrer Stelle sofort wieder neue entstanden.[120] Die größeren Kommunen wiederum waren mitunter fast dankbar für zumindest einige der wilden Kippen, weil sie mit der Ausweisung neuer Entsorgungsflächen dem anschwellenden Abfallstrom kaum hinterherkamen. Deponien, welche in den 1960er Jahren die Entsorgungsprobleme einer Kommune für zehn oder mehr Jahre lösen sollten, gerieten oftmals bereits nach wenigen Jahren an ihre Kapazitätsgrenzen.[121] In einer 1962 vom Deutschen

116 Schreiben Oberbürgermeister der Stadt Mannheim an die Mitglieder des Gemeinderates (2.4.1970). SdtA Mannheim, Bauverwaltungsamt, Zugang 52/1979, Nr. 936.

117 Schreiben Kuzay an das Stadtreinigungsamt (10.12.1947): Betr.: Benutzung der Schuttkippe an der Hallerey in Dortmund. SdtA Dortmund, 170 Stadtreinigungsamt, Nr. 152. In Bochum gab es 1972 14 städtische und 40 private Ablagerungsplätze. Konzeption zur Beseitigung von Abfällen der Stadt Bochum (1976). SdtA Bochum, Bo Ob 1279.

118 Bausch, Es herrscht Ordnung, 98.

119 Aktenvermerk betr.: Müllkippen im Raum Langenberg-Hattingen (11.2.1972). LA NRW, NW 455, Nr. 778.

120 Schreiben Tiefbauamt an die Stadtverwaltung Abt. II (22.4.1949). SdtA Mannheim, Hauptregistratur, Zugang 1955/1964, Nr. 1581.

121 Möller, Abfallpolitik, 139. Die Laufzeit der 1968 eröffnete Zentraldeponie Emscherbruch war zunächst auf 30 Jahre angelegt, diese musste allerdings bereits drei Jahre später auf 15 Jahre reduziert werden. »Die Grenze soll aus planungstechnischen und planungstaktischen Gründen nicht unterschritten werden.« Vermerk Mertens betr. Abfalldeponie Hühnerheide (5.7.1973). LA NRW, NW 455, Nr. 831.

Städtetag durchgeführten Umfrage unter Gemeinden mit mehr als 10.000 Einwohnern gaben bereits über 15 Prozent von ihnen an, für das nächste Jahr nicht über ausreichend Deponieraum zu verfügen.[122]

Dabei war in den Großstädten die Platzfrage zwar wichtig, aber nicht allein entscheidend. Eine Rolle spielte auch, dass Deponien durch die anwachsende Müllmenge und die veränderte Zusammensetzung des Mülls (insbesondere auch durch die Zunahme an Haushaltschemikalien, Batterien etc.) immer größere Umweltprobleme erzeugten. Ein gutes Beispiel dafür war der »Monte Scherbelino« in Frankfurt, wo die Behörden mit zahlreichen Deponiebränden zu kämpfen hatten. Bei entsprechenden Windverhältnissen führten diese dazu, dass Rauch und Gestank in das Frankfurter Stadtgebiet hineinzogen.[123] Aus diesem Grund wurde Ende der 1950er Jahre auf der Deponie das noch aus den 1930er Jahren stammende Löschsystem erneuert und erweitert.[124] Diese Maßnahme konnte der Öffentlichkeit zwar als technisch fortschrittliche Lösung verkauft werden, stellte aber erkennbar nur einen Notbehelf dar.[125] In Westdeutschland insgesamt nahm die Zahl der Deponiebrände in den 1960er Jahren dramatisch zu, was wesentlich der veränderten Müllzusammensetzung geschuldet war, insbesondere der Zunahme an Batterien und Haushaltschemikalien. Es entstanden aber auch vermehrt Hohlräume durch das ansteigende Müllvolumen.[126] Die Brände führten zu einer starken Geruchsbelästigung wie auch zur Emission umwelt- und gesundheitsschädlicher Substanzen.[127] Ein Bürger aus Scharnhausen in Württemberg berichtete 1967, im Schnitt jede zweite Nacht würde der Qualm von der örtlichen Müllkippe in den Ort hineinziehen und »Schlafstörungen, Atembeschwerden und Brustschmerzen sowie Übelkeit und Kopfschmerzen« hervorrufen.[128] Die Abhilfe durch Bewässerung der Kippen verschärfte wiederum das Problem der Grundwasserkontamination.

Zusammen mit den gravierenden Kapazitätsproblemen, die durch die zahlreichen unhygienischen Behelfskippen nur unzureichend gemildert werden konnten, war das einer der Gründe dafür, dass die Stadt Frankfurt bereits zu

122 Ferber, Kolkenbrock, Neukirchen, Müll, 55.

123 Stadt Frankfurt/M., Das Stadtreinigungsamt Frankfurt am Main. 15 Jahre Wiederaufbau. Frankfurt/M. 1960, 18.

124 Weber, Von wild zu geordnet?, 131 f.

125 Stadt Frankfurt/M., Das Stadtreinigungsamt, 18.

126 Runderlass des Ministeriums für Landwirtschaft und Forsten Rheinland-Pfalz (29.10.1965). BA Koblenz, B 106, Nr. 25178.

127 Hans Baumann, Besondere Verpflichtungen beim Betrieb einer Deponie, in: Institut für Gewerbliche Wasserwirtschaft und Luftreinhaltung e. V. (Hrsg.), Voraussetzungen, Erfordernisse und Verantwortung bei Planung und Betrieb einer Deponie. Köln 1967, 41–56, 46 f.; Möller, Abfallpolitik, 132.

128 Schreiben Reinhart Maurer an den Innenminister des Landes Baden-Württemberg (8.5.1967). HStA Stuttgart, EA 7/703, Nr. 2.

einem frühen Zeitpunkt über eine Müllverbrennungsanlage nachdachte.[129] Die Anfang der 1960er Jahre in Freiburg und Bochum gestarteten, ersten ernstzunehmenden Versuche, eine geordnete Deponie nach britischem oder US-amerikanischem Vorbild anzulegen, also den Müll mit Erdschichten in die Deponie »einzubauen« und mit Planierraupen zu verdichten, reagierten ebenfalls auf dieses Problem[130], zumal der zentrale Müllablagerungsplatz der Stadt Bochum damals nur 70 Meter von einem Krankenhaus entfernt lag.[131] Durch die Verdichtung sollten der Abfall in der Deponie verfestigt und Hohlräume beseitigt werden, in denen sich Insekten und Ratten einnisten sowie Brände schwelen konnten. Anregungen dafür kamen u. a. auch von den amerikanischen Streitkräften, die solche »sanitary landfills« teilweise für ihre in Deutschland stationierten Streitkräfte anlegten.[132]

Insgesamt stieg die Zahl der kontrollierten und unkontrollierten Müllablagerungen während der 1960er Jahre beständig an. Sie waren das allgemein sichtbare Zeichen dafür, dass die Gesellschaft ihr Abfallproblem nicht in den Griff bekam und Deutschland dabei war, wie es ein Gutachten im Auftrag des Bundesinnenministeriums 1963 ausdrückte, auf dem »Gebiet der Abfallbeseitigung ein Entwicklungsland« zu werden.[133] Naturschützer beschwerten sich darüber, dass sie auch in scheinbar naturbelassenen Wäldern immer wieder auf wilde Ablagerungen stießen.[134] Selbst Naherholungsgebiete »vermüllten« zunehmend und allein im Kreis Euskirchen zählte ein engagierter Naturschützer 1971 45 wilde Ablagerungen.[135] Als zu Beginn der 1970er Jahre mit dem Abfallbeseitigungsgesetz eine grundsätzliche Neuordnung der Müllentsorgung angegangen wurde, summierte sich die Zahl der Abfallablagerungen (exakt ließ sich das nicht feststellen) auf geschätzte 50.000, von denen lediglich ein kleiner Teil als »geordnet« bezeichnet werden konnte.[136] Eine Erhebung des Innenministeriums von Nordrhein-Westfalen kam 1969 zu dem Ergebnis,

129 Thode, Wohin mit dem Müll?, 58 f.

130 Baumann, Besondere Verpflichtungen, 55.

131 Artikel Frankfurter Allgemeine Zeitung (7.2.1961): Großstädte ersticken im Müll. Verbrennung oder Kompostierung? Jeder Großstädter produziert 1 cbm Abfall im Jahr. SdtA Mannheim, Hauptregistratur, Zugang 40/1972, Nr. 291.

132 Schreiben US Forces Liason Office, Baden-Wuerttemberg an Interministerial Committee, Ministry of Finance BW (7.1.1963). HStA Stuttgart, EA 7/703, Nr. 1.

133 Bundesministerium des Inneren: Gutachten zum Problem der Behandlung und Beseitigung von Abfallstoffen (1963). BA Koblenz, B 106, Nr. 25150.

134 Engels, Naturpolitik, 60.

135 Schreiben der Landesstelle für Naturschutz und Landschaftspflege an den Innenminister des Landes NRW (19.8.1971). LA NRW, NW 455, Nr. 775.

136 Stellungnahme des Deutschen Rates für Landespflege: Zum Problem der Behandlung von Abfällen (21.10.1970). SdtA Mannheim, Bauhauptverwaltung, Zugang 52/1979, Nr. 944; Programm »Umweltgestaltung – Umweltschutz« der Bundesregierung. Beitrag der Projektgruppe Abfallbeseitigung, 15.5.1971. BA Koblenz, B 106, Nr. 29370.

dass in immerhin 156 Gemeinden des Bundeslandes ausschließlich die »wilde« Deponierung des Abfalls stattfand, wobei sich besonders private Entsorgungsunternehmen unrühmlich hervortun würden.[137]

Die Unterscheidung, was eine »kontrollierte«, was eine »wilde« Ablagerung war, rückte nicht zuletzt durch das Wasserhaushaltsgesetz (WHG) in den Fokus der politischen Debatte.[138] Dieses Gesetz war zwar bereits im Juli 1957 von Bundestag und Bundesrat beschlossen worden, jedoch mussten die Länderparlamente – weil das Grundgesetz auf Bundesebene lediglich ein Rahmengesetz zuließ – erst noch Ausführungsgesetze erlassen bzw. die Landeswassergesetze dem Bundesgesetz anpassen.[139] Das führte zu einer beträchtlichen Verzögerung, so dass das Wasserhaushaltsgesetz nach einer zweifachen Verschiebung schließlich erst im März 1960 in Kraft treten konnte.[140] Dieses Gesetz stellte allein deswegen einen Durchbruch in der Umweltgesetzgebung in Westdeutschland dar, weil hier die jahrzehntelangen Bemühungen um eine einheitliche Wasserschutzgesetzgebung[141] zu einem vorläufigen Abschluss kamen und die unterschiedlichen Ländergesetze auf bestimmte Vorgaben festgelegt werden mussten. Allerdings unterschieden sich die Landeswassergesetze in den Folgejahren teilweise noch erheblich voneinander, was später noch eine Rolle für die Debatte um die Notwendigkeit eines Abfallgesetzes auf Bundesebene spielte.[142]

Das neue Gesetz schuf jedoch keineswegs Rechtssicherheit. Die Folge war, ganz im Gegenteil, eher eine große Verunsicherung, wie seinen Regelungen entsprochen werden konnte. So bestimmte etwa § 34, Absatz 2 WHG, dass Stoffe nur so gelagert werden durften, dass eine »schädliche Verunreinigung des Grundwassers oder eine sonstige nachteilige Veränderung seiner Eigenschaften« nicht zu befürchten sei.[143] Wie der damals maßgebliche juristische Kommentar zum WHG formulierte: »Die technische Entwicklung der letzten Jahrzehnte hat gezeigt, dass das Grundwasser auch vor Einflüssen geschützt werden muss, die nicht nur in dem bewussten Einleiten von Stoffen bestehen […] Die Gefahren, die durch das Versickern solcher Flüssigkeiten aus Tankanlagen und Rohrleitungen, aber auch aus Abfall- und Müllhalden und anderen Ablagerun-

137 Niederschrift über die Besprechung am 9.6.1969 im Innenministerium in Düsseldorf, LA NRW, NW 354, Nr. 877.

138 Herbold, Wienken, Experimentelle Technikgestaltung, 32 ff. Zum Wissensstand hinsichtlich des Wasserschutzes der 1950er Jahre s. Friedrich Sierp, Die gewerblichen und industriellen Abwässer. Entstehung, Schädlichkeit, Verwertung, Reinigung und Beseitigung. Berlin u. a. 1953.

139 Gustav Witzel, Gesetz zur Ordnung des Wasserhaushalts (Wasserhaushaltsgesetz). Kommentar. Berlin, Frankfurt M. 1958, V.

140 Renaud, Bewilligung und Erlaubnis, 5; Herbold, Wienken, Experimentelle Technikgestaltung, 32 ff.

141 Vgl. Bauer, Im Bauch der Stadt, 312 ff.

142 Münch, Stadthygiene, 64 f.

143 Witzel, Gesetz zur Ordnung zur Ordnung des Wasserhaushalts, 94 f.

gen der gewerblichen Wirtschaft durch Auslaugung infolge des Einwirkens von Niederschlagwasser entstehen, mehren sich ständig und machen die Verwendung des Grundwassers als Trinkwasser häufig unmöglich.«[144] Aber wie ließ sich ein solcher Passus angesichts gewaltiger Mengen zumeist »ungeordnet« abgelagerter Abfälle durchsetzen? Vor allem wussten die Behörden viel zu wenig, woraus die Abfälle aus den Haushalten sowie von zahllosen Industriebetrieben, die größtenteils ebenfalls auf den kommunalen Müllkippen entsorgt wurden, eigentlich bestanden.

Dieses Problem war den Verantwortlichen durchaus bekannt. So wusste der Direktor des Duisburger Stadtreinigungsamtes Hans Roßberg bereits 1959, dass nach dem Wortlaut des Wasserhaushaltsgesetzes im Grunde überhaupt kein Abfall in Duisburg mehr abgelagert werden dürfte, was zunächst eine starke Rechtfertigung für die Kompostierungsanlage im Stadtteil Huckingen darstellte.[145] Ein Jahr später vermerkte der nordrhein-westfälische Landwirtschaftsminister Niermann: »Das neue Wasserrecht wird zahlreiche Gemeinden unseres Landes zwingen, die bisherige Müllbehandlung im Interesse einer Sauberhaltung des Grundwassers und des Oberflächenwassers zu überprüfen. In weiten Teilen unseres Landes werden geeignete Plätze für die Stapelung des Mülls infolge der immer dichteren Besiedelung nicht mehr zu finden sein. Auch das Ansteigen der Müllmengen erzwingt eine ordnungsgemäße Lösung.«[146]

Akut wurden solche Fragen jedoch erst einige Jahre später, als sich in Nordrhein-Westfalen ein scharfer Konflikt um die Umsetzung des Wasserhaushaltsgesetzes und die Entsorgung industrieller Abfallstoffe entspann. Der nordrhein-westfälische Innenminister erließ am 21.1.1963 eine Verordnung, in der die Gemeinden erstens angewiesen wurden, nur dann Gelände zur Müllablagerung neu in Anspruch zu nehmen, wenn gesichert war, dass es den Bestimmungen der Paragraphen 26 und 34 des Wasserhaushaltsgesetzes entsprach. Zweitens wurde bestimmt, dass sich die Gemeinden grundsätzlich nur mit der Abkippung des Hausmülls befassen sollten und ihre Müllkippen von Abfallstoffen der Industrie und des sonstigen Gewerbes freihalten sollten, die auf den Deponien in der Regel wahllos durcheinander gemischt wurden: »Gemeinden, die den gewerblichen Unternehmen die Müllbeseitigung abnehmen, nehmen ihnen damit das Risiko der Schadenshaftung nach § 22 WHG ab, wozu im Allgemeinen kein

144 Ebd., 95.

145 Hans Roßberg, Probleme der Stadtentwässerung und Müllbeseitigung, in: Stadt und Hafen Nr. 23 (5.12.1959). LA NRW, NW 354, Nr. 1097; Bereits drei Jahre später schrieb Roßberg allerdings, die Müllkompostierung könne aufgrund betrieblicher Probleme »nicht mehr empfohlen« werden. Hans Roßberg, Müllbeseitigung Duisburg (Vorplanung), 23, Duisburg 1962. SdtA Duisburg, C 220.

146 Schreiben des Ministers für Ernährung, Landwirtschaft und Forsten an den Minister für Bundesangelegenheiten (November 1960). LA NRW, NW 354, Nr. 1097.

Anlass besteht.« Deshalb sollte den Firmen die Beseitigung ihres Mülls grundsätzlich selbst überlassen bleiben.[147]

Nachdem zahlreiche Gemeinden diesen Erlass tatsächlich umsetzten, kam es in einigen Gegenden jedoch zu einem Abfallnotstand und zu scharfen Protesten des Bundesverbands der deutschen Industrie, der auf eine grundsätzliche Regelung der kommunalen Abfallentsorgung auch für die Unternehmen drängte.[148] Viele Unternehmen drohten damit, ihre Standorte in andere Bundesländer zu verlagern, wenn das Wasserhaushaltsgesetz weiterhin so strikt ausgelegt würde.[149] Am Ende wurde der Erlass mehr oder weniger ignoriert, weil sich angesichts der infrastrukturellen Situation der Abfallentsorgung zu Beginn der 1960er Jahre die Vollzugsprobleme als zu groß erwiesen.

Auch wenn die rechtliche Regelung zu Beginn der 1960er Jahre schon aufgrund des mangelnden Wissens und fehlender Anlagen nicht zu durchgreifenden Veränderungen der Abfallentsorgung führen konnte, so zeigte sich um 1960 der Beginn eines Wandels der Form, in der das Abfallproblem verhandelt wurde, die richtungsweisend für spätere Bemühungen wurde. Ein Grundsatzschreiben des damals noch für die Entsorgung fester Haushaltsabfälle zuständigen Innenministers des Landes Nordrhein-Westfalen an die Städtetage der Länder vom Juli 1962 machte deutlich, dass sich auch die gesellschaftliche Wahrnehmung und semantische Fassung des Abfallproblems zu verändern begann. Der Minister betonte, das Entsorgungsproblem habe sich grundlegend gewandelt: »Die bloße Belästigung tritt an Bedeutung hinter den Nachteil zurück, der durch unsachgemäße Behandlung des Mülls nicht nur in der örtlichen Gemeinschaft, sondern auch in der Allgemeinheit in einem umfassenderen Sinn droht, mag es sich dabei um Schäden für das Wasser, Nachteile für die Gesundheit oder um Beeinträchtigung des Natur- und Landschaftsbildes handeln.«[150] Hier wurde das Abfallproblem schon nicht mehr ausschließlich als Problem der Städtehygiene behandelt, sondern in einem umfassenderen Sinn als Umweltproblem, auch wenn die dafür typische Begrifflichkeit noch fehlte.[151]

Dieser Wandel lässt sich für das Problem der Mülldeponien bereits um 1960 herum beobachten. So stellte ein Artikel der »Rhein-Neckar-Zeitung« im September 1960 fest, dass Müllkippen »natürlich [...] ein Rattenparadies [seien]«: »In den Sommermonaten bilden sich dort Millionengeschwader von Fliegen,

147 Ministerieller Runderlass vom 21.1.1963: Beseitigung fester Abfallstoffe. LA NRW, NW 354, Nr. 587.

148 Schreiben Bundesverband der Deutschen Industrie, Landesvertretung Nordrhein-Westfalen an den Minister für Landesplanung, Wohnungsbau und öffentliche Arbeiten des Landes NRW, Joseph Franken (5.5.1965). LA NRW, NW 354, Nr. 586.

149 Ebd.

150 Schreiben Innenminister des Landes Nordrhein-Westfalen an den Städtetag Nordrhein-Westfalen u. a. (19.7.1962). LA NRW, NW 354, Nr. 587.

151 Ebd.

die Krankheitskeime über die ganze Stadt tragen.« Gleichwohl könne man von einer »guten, alten Müllzeit« sprechen, als der Müll noch wesentlich aus organischen Materialien bestand, die rasch zu fruchtbarem Boden verrotteten. »Heute aber steckt der Teufel im Müll: Unzählige Chemikalien, Abfallprodukte von Fabriken, Farbenreste, Öle, Wasch- und Spülmittel, Kunststoffe usw. Manche von diesen sind schon in normalem Zustand schädlich, manche aber werden es erst, wenn sie in den Müllgruben neue, unkontrollierte Verbindungen eingehen.« Es würden sich Gifte bilden, die das Grundwasser verseuchten und den Boden krank machten. »Zahlreiche Müllgruben in der Bundesrepublik sind von einer ›toten Zone‹ umgeben, in der kein Halm mehr wächst. Liegt so eine giftige Grube im Einzugsgebiet der Trinkwasserversorgung einer Gemeinde, so besteht akute Gefahr für Leben und Gesundheit der Gemeinde.« Zwar würden viele Städte Kippen schließen, welche die Trinkwasserversorgung beeinträchtigten, dann stellte sich aber umso dringlicher die Frage, wie die »unverdaulichen Reste unseres Wirtschaftskreislaufs« entsorgt werden sollten.[152]

Indem sich langsam die Einsicht (oder zu diesem Zeitpunkt eher: Ahnung) durchsetzte, dass die wahre Problem- und Gefahrendimension des Abfalls noch gar nicht bekannt war, wurde deutlich, dass neue institutionelle Arrangements zur Lösung der Entsorgungsproblematik gefunden und sehr viel mehr über Abfall geforscht werden musste, als das bislang der Fall war. Das war umso mehr das Gebot der Stunde, weil von einer fortgesetzten drastischen Steigerung der Abfallmengen auszugehen war: So belehrte ein Schweizer Experte die Deutschen im Jahr 1961, dass sie, gemessen an ihrer Wirtschaftskraft, noch viel zu wenig wegwarfen und nicht nur die US-Amerikaner, sondern auch die Skandinavier pro Kopf deutlich mehr Abfall produzierten.[153] Die »Süddeutsche Zeitung« stellte im Dezember 1970 fest, dass der durchschnittliche US-Amerikaner fünfmal mehr Abfall produzierte als sein westdeutscher Pendant.[154] Eine Firma warb 1972 für ihr Kompostverfahren damit, dass jeder Bürger der BRD im Durchschnitt 250 kg Müll erzeuge: »In zehn Jahren werden es 1000 kg sein…«.[155] Im Zuge dessen wurde Müll zunehmend von einem Problem der Städtehygiene zu einem Umweltproblem, wobei kooperative Anstrengungen und das vermehrte Wissen über den Abfall die Entsorgungsproblematik jedoch keineswegs beherrschbarer erscheinen ließen.

152 Artikel Rhein-Neckar Zeitung (1.9.1960): Die Konjunktur hat auch eine Kehrseite. Ersticken wir im Wohlstandsmüll? SdtA Mannheim, Hauptregistratur, Zugang 40/1972, Nr. 291.

153 Artikel Rheinische Post: Müllverwertung im Kraftwerk (28.9.1961). LA NRW, NW 354, Nr. 1098.

154 O.V., Die Müll-Lawine überrollt alles. 50.000 Ablagerungsplätze in der Bundesrepublik sind überschwemmt, in: Süddeutsche Zeitung (9.12.1970).

155 Broschüre Renova: Müssen wir im Müll ersticken? BA Koblenz, B 106, Nr. 25130.

3.3.2 Ansätze für kooperative Lösungen und die Anfänge der »Verwissenschaftlichung« der Abfallwirtschaft in den 1960er Jahren

Platz-, Hygiene- und Umweltprobleme führten dazu, dass seit Ende der 1950er Jahre grundlegend über alternative Lösungen der Abfallentsorgung nachgedacht werden musste. Dabei erwiesen sich zwei Gesichtspunkte als entscheidend: Erstens, dass es in vielen Fällen nicht hilfreich war, wenn jede Kommune für sich allein nach einer Lösung strebte, zumal viele Entsorgungsprobleme gerade daraus resultierten, dass die Kommunen mit ihren Entsorgungsproblemen auf sich allein gestellt waren. Darum sollten angrenzende Gemeinden und Landkreise über gemeinsame Lösungen nachdenken, eventuell Zweckverbände bilden und ihr Wissen und ihre Erfahrungen austauschen. Zweitens, und das war damit eng verknüpft, bedurfte es einer wissenschaftlichen Beratung und neuer Experten, welche die Kommunen über geeignete und vorgeblich sichere Entsorgungslösungen informierten. Die Verwissenschaftlichung der Abfallwirtschaft in den 1960er Jahren hing darum mit verstärkten kooperativen Anstrengungen der Kommunen und Länder eng zusammen.

Vorreiter war dabei das Ruhrgebiet. Das war allerdings weniger deswegen so, weil dort Müllverbrennungsanlagen und andere großräumige Entsorgungslösungen geplant wurden; das war andernorts auch der Fall. Vielmehr setzte sich hier zuerst die Einsicht durch, dass eine valide und dauerhafte Lösung des Entsorgungsproblems nur durch Kooperation der Kommunen erreicht werden konnte. Im Revier kamen dabei mehrere Faktoren zusammen: Zunächst war wichtig, dass hier die Entsorgungsprobleme mit am schärfsten ausgeprägt waren, denn hier grenzte Großstadt an Großstadt. Das Ruhrgebiet besaß darüber hinaus aber auch eine lange Tradition, Verbundlösungen zu planen und schließlich durchzusetzen. So zeigte sich die frühe Beschäftigung mit industriellen Entsorgungsproblemen beispielsweise bei der Gründung der Emschergenossenschaft im Jahr 1904 (und im Zuge dessen der Deklarierung der Emscher als »Abflussrohr« des Ruhrgebiets)[156] oder in der Schaffung des Siedlungsverbands Ruhrkohlenbezirk im Jahr 1920, der vor allem Lösungen für das heillos zersplitterte Verkehrsnetz des Ruhrgebiets entwickeln sollte.[157]

Deswegen war es naheliegend, dass der »Arbeitskreis Ruhr zur Sammlung, Beseitigung und Verwertung von Müll und Stadtkehricht« (allgemein abgekürzt

156 Reulecke, Vom 19. zum 20. Jahrhundert, 244; Brüggemeier, Rommelspacher, Blauer Himmel, 94ff.

157 Zum Ruhrsiedlungsverband s. Andreas Benedict, 80 Jahre im Dienst des Ruhrgebiets. Siedlungsverband Ruhrkohlenbezirk (SVR) und Kommunalverband Ruhrgebiet (KVR) im historischen Überblick. Essen 2000, 32f.

als »Arbeitskreis Müll«), der Verbundlösung für die Entsorgungsprobleme des Ruhrgebietes ausarbeiten sollte, im Jahr 1959 unter der Ägide des Siedlungsverbands gegründet wurde.[158] Dabei handelte es sich um das erste Gremium mit tatsächlicher Planungskompetenz, in dem sich Politiker und Experten zusammenfanden, um gemeinsam über Lösungen für die Entsorgungsproblematik zu beraten. Mitglieder waren 23 Städte sowie der Landkreis Unna. Allein die Stadt Dortmund gehörte nicht dazu, weil sie im Gegensatz zu den anderen Kommunen im Ruhrgebiet über ausreichend Deponiefläche verfügte. So wurde dort erst seit Beginn der 1970er Jahre ernsthaft über die Müllverbrennung nachgedacht[159], die schließlich aus Kostengründen verworfen wurde.[160]

Im Arbeitskreis Müll wurden nicht nur Verbundlösungen für das Entsorgungsproblem diskutiert, sondern auch wissenschaftliche Expertise eingeholt. Dabei spielte neben Pöpel besonders Otto Jaag, Professor für Siedlungswasserwirtschaft an der ETH Zürich, eine wichtige Rolle. Dieser galt in den 1950er und 1960er Jahren als der führende Schweizer Experte auf dem Gebiet der Abfallwirtschaft, der in den 1950er Jahren über den Gewässerschutz zur Beschäftigung mit Deponien gekommen war.[161] Jaag beriet nicht nur die einzelnen Kommunen im Arbeitskreis Müll (angefangen mit der Stadt Essen), sondern fasste seine Ergebnisse auch in einer 1964 veröffentlichten Broschüre mit dem Titel »Die schadlose Beseitigung von Abfällen« zusammen, die als Entscheidungshilfe bei den Beschlüssen über Entsorgungsvorhaben dienen sollte. Während er auf der einen Seite herausstellte, dass die beste individuelle Entsorgungslösung immer stark von den konkreten Umständen abhinge, wurde gleichzeitig die Möglichkeit der »Veraschung« des Mülls insbesondere für Großstädte speziell hervorgehoben.[162] Während Pöpel zu dieser Zeit immer noch die Kompostierung (in Kombination mit der Deponierung) anpries[163], kam dieser Vorschlag den Bedürfnissen der Großstädte offensichtlich eher entgegen.

Jaags Engagement für den »Arbeitskreis Müll« war, neben finanziellen Zusagen der Stadt Essen, ein wesentlicher Grund dafür, dass der jährliche Kon-

158 Schreiben Siedlungsverband Ruhrkohlenbezirk (Hanstedt, Verbandsdirektor) an das Ministerium für Ernährung, Landwirtschaft und Forsten des Landes NRW (28.8.1964). Landesarchiv NRW, NW 354, Nr. 590.

159 Stellungnahme Maschmann zur Frage der Abfallentsorgung in Dortmund (14.5.1974). SdtA Dortmund, 170 Stadtreinigungsamt, Nr. 30; Schreiben der Stadt Dortmund an den Regierungspräsidenten Arnsberg (8.2.1972). LA NRW, NW 455, Nr. 786.

160 Beschluss des Stadtrats der Stadt Dortmund (10.5.1976). SdtA Dortmund, 170 Stadtreinigungsamt, Nr. 31.

161 Zu Jaag s. Rudolf Braun, Dietegen Stickelberger, Otto Jaag. Ein Leben für den Gewässerschutz. Zürich 1982.

162 Die schadlose Beseitigung von Abfällen. Bericht des Arbeitskreises Ruhr zur Sammlung, Beseitigung und Verwertung von Müll und Stadtkehricht (Siedlungsverband Ruhrkohlenbezirk, Essen 1964), LA NRW, NW 354, Nr. 590.

163 Möller, Abfallpolitik, 133.

gress der »Internationalen Arbeitsgemeinschaft Müll« (IAM) im Mai 1962 in Essen ausgerichtet wurde.[164] Bei der IAM handelte es sich um eine internationale Vereinigung von Praktikern und Experten, die wesentlich auf die Initiative Jaags zurückging. Dieser hatte 1955 ein Symposium in Zürich über »aktuelle Fragen der Müllbeseitigung, Müllaufbereitung und Müllverwertung« organisiert, an dem Experten aus zehn europäischen Ländern für eine erste Standortbestimmung teilnahmen. Das Ergebnis war die Gründung der IAM noch im selben Jahr, die bald zu einem einflussreichen Fachverband wurde.[165] Zwar existierte bereits die 1935 gegründete »International Association of Public Cleansing« (INTAPUC) als internationaler Fachverband, der sich jedoch in erster Linie mit Fragen der Abfallsammlung und Techniken der Städtehygiene beschäftigte, während sich die IAM auf Fragen der Entsorgung konzentrierte. 1970 fusionierten die beiden Organisationen dann zur »International Solid Wastes and Public Cleansing Association«, die heute unter der Bezeichnung »International Solid Waste Association« (ISWA) firmiert.[166]

Die Tagung der IAM in Essen hatte insofern Signalcharakter, weil hier nicht die Frage der technisch effizienten Sammlung im Vordergrund stand, sondern Probleme der ordnungsgemäßen Entsorgung. In zahlreichen Vorträgen konnten auch westdeutsche Wissenschaftler ihre Expertise vor einem internationalen Fachpublikum ausbreiten.[167] Insofern markieren die Gründung des »Arbeitskreis Müll« und die Tagung der IAM in Essen sowohl den Beginn verstärkter kooperativer Anstrengungen der Kommunen, als auch einer intensiven wissenschaftlichen Beschäftigung mit der Entsorgungsproblematik. Gerade Jaag erwies sich dabei als ein wesentlicher Impulsgeber der Debatte und agierte zu diesem Zeitpunkt gewissermaßen als »Spiritus Rector« einer akademisch angebundenen, wissenschaftlichen Beschäftigung mit Fragen der Abfallentsorgung.[168]

Zeitlich nahezu parallel zur Tagung der IAM formulierte die »Interparlamentarische Arbeitsgemeinschaft« (IPA) am 13.7.1962 im Bundestag eine kleine Anfrage zum Stand der Entsorgung. Bei der IPA handelte es sich um einen 1953 ins Leben gerufenen Zusammenschluss von Bundes- und Landtagsabgeordneten aus allen Fraktionen, der in den 1960er Jahren zeitweise über 300 Mitglieder

164 Schreiben Internationale Arbeitsgemeinschaft für Müllforschung (IAM) an Minister Niermann (MELF) (29.12.1960). LA NRW, NW 354, Nr. 1096.

165 Ebd.

166 Rundschreiben Arbeitsgemeinschaft für Abfallbeseitigung (18.9.1970). HStA Stuttgart, EA 7/703, Nr. 4; http://www.iswa.org/iswa/organisation/iswa-history [Letzter Zugriff 13.11.2014]. Zur Gründung der Intapuc s. Heinrich Erhard, Lebenserinnerungen eines Mülliardärs (Univ. Ms, SdtA Siegen).

167 S. Programmübersicht, Einladung zum 2. Internationalen Kongress der Internationalen Arbeitsgemeinschaft für Müllforschung (IAM). HStA Stuttgart, EA 7/703, Nr. 1.

168 Braun, Stickelberger, Otto Jaag.

hatte. Die IPA widmete sich zahlreichen Sachthemen, die von der Raumplanung bis hin zum Lärmschutz reichten, und setzte dabei insbesondere auf dem Gebiet des Umweltschutzes wichtige Impulse.[169] In dieser Anfrage wurde zum einen die Frage formuliert, was die Bundesregierung bislang zur Lösung des zunehmend drängenden Abfallproblems unternommen habe, zweitens, ob eine Institution errichtet werden könne, die sich wissenschaftlich mit der Abfallbeseitigung beschäftigte und fachliche Grundsätze für die Errichtung von neuen Entsorgungsanlagen erstellte.[170]

Die Bundesregierung antwortete auf diese Anfrage im Dezember desselben Jahres und bekräftigte darin die Notwendigkeit einer stärkeren wissenschaftlichen Beschäftigung mit Fragen der Abfallbeseitigung als Grundlage der Planung zukünftiger Entsorgungsanlagen. Zugleich wurde darauf hingewiesen, dass eine Lösung der Entsorgungsproblematik nicht durch die Gemeinden allein geleistet werden könne. Vielmehr sei es in vielen Fällen sinnvoll, wenn mehrere Gemeinden sich zu Zweckverbänden zusammenschlössen. Auch wenn verschiedene Mitglieder der IPA diese Antwort als bloße Verklausulierung dessen kritisierten, dass sich die Bundesregierung bislang überhaupt noch nicht mit dem Abfallproblem beschäftigt hatte und auch nicht wusste, was sie genau tun wollte[171], so bekräftigte sie in dieser (von damals führenden Experten der Abfallbeseitigung erarbeiteten) Antwort doch, was der »Arbeitskreis Müll« im Ruhrgebiet bereits vorgemacht hatte.

Entgegen der Skepsis der Mitglieder der IPA kam es relativ schnell zu konkreten Maßnahmen. So wurde im Juli 1963 die heute noch bestehende »Länderarbeitsgemeinschaft Abfallentsorgung« (LAGA) konstituiert, wobei es hier mit der 1956 ins Leben gerufenen »Länderarbeitsgemeinschaft Wasser« (LAWA) ein organisatorisches Vorbild gab. Bereits die Gründung der LAGA, in dem sich Vertreter der hauptsächlich für die Abfallentsorgung zuständigen Länderministerien mehrmals im Jahr trafen, um ihre Aktivitäten zu koordinieren, zeigte, dass die Zuständigkeit für die Entsorgung in Zukunft verstärkt auf eine höhere Ebene, also die des Bundes und der Länder, übergehen würde. Ihre Aufgabe war zunächst die Bestandsaufnahme über die vorhandenen Anlagen zur Abfallentsorgung, insbesondere von Verbrennungs- und Kompostieranlagen, sowie die Sammlung von Informationen über die Leistungsfähigkeit verschiedener Entsorgungstechniken. Darüber hinaus sollten hier Kriterien und Mindestanforderungen für die ordnungsgemäße Entsorgung diskutiert werden.

169 Zur IPA s. Hünemörder, Frühgeschichte, 98 ff.

170 Antrag der Abgeordneten Dr. Schmidt, Bading, Margulies und Genossen (13.7.1962). LA NRW, NW 354, Nr. 587.

171 Dass eine solche Skepsis zu Beginn der 1960er Jahre durchaus typisch war, zeigt auch das Beispiel der Abgasentwicklung. Vgl. Dietmar Klenke, Freier Stau für freie Bürger. Die Geschichte der bundesdeutschen Verkehrspolitik 1949–1994. Darmstadt 1995, 71.

Außerdem sollten die Länder ihre Forschungsaufträge koordinieren, um Doppelungen zu vermeiden.[172]

Darüber hinaus spielte bereits bei der Gründung der LAGA die Schaffung einer Institution, die sich wissenschaftlich und professionell mit Fragen der Abfallbeseitigung beschäftigen sollte, eine zentrale Rolle. Insbesondere die Verantwortlichen aus Nordrhein-Westfalen äußerten die Überzeugung, dass ehrenamtliche Stellen (wie etwa der AkA) einer solchen Aufgabe nicht gerecht werden konnten.[173] Dass der Ernst der Lage jedoch, je nach räumlicher und ökonomischer Struktur des Bundeslandes, auch anders eingeschätzt werden konnte, zeigte die Äußerung eines Vertreters des Landes Bayern. Dieser vertrat die Meinung, ein eigenes Institut zur wissenschaftlichen Behandlung der Abfallentsorgung sei nicht wünschenswert, weil eine solche Organisation die Tendenz zur »Langlebigkeit« habe. Vielmehr solle eine solche Stelle als Referat eines bereits bestehenden Instituts eingerichtet und »nach Erledigung der Aufgaben [...] wieder aufgelöst werden.«[174] Selbst im Jahr 1963 war eine gehörige Portion Optimismus vonnöten, um daran zu glauben, das Problem ließe sich auf diese Weise rasch erledigen. Andere Ländervertreter waren dementsprechend viel skeptischer.[175]

Ebenfalls herrschte keine Einigkeit, wessen Aufgabe die Lösung der Abfallbeseitigung eigentlich sein sollte. Die Vertreter von Bund und Ländern vertraten zunächst die Meinung, es handele sich dabei um eine kommunale Angelegenheit, weswegen die kommunalen Spitzenverbände die zu gründende Zentralstelle in alleiniger Trägerschaft finanzieren sollten. Das stand allerdings in erkennbarem Widerspruch zu der Tatsache, dass die Länder soeben eine *Länderarbeitsgemeinschaft* gegründet hatten, de facto also akzeptierten, dass die Entsorgungsproblematik von den Kommunen nicht länger allein gelöst werden konnte. Dass die Kommunen mit der Lösung des Müllproblems zunehmend überfordert waren, gehörte zu den entscheidenden Argumenten während der 1960er Jahre, die den Handlungszwang der Länder überhaupt erst begründeten. Dementsprechend wurde nach längerer Verhandlung bei der konstituierenden Sitzung der LAGA am 2.7.1963 auch die gemeinsame Verantwortung

172 Niederschrift über die am 2.7.1963 im Bundesministerium für Wohnungswesen, Städtebau und Raumordnung in Bad Godesberg-Mehlem durchgeführte Länderarbeitsgemeinschaft Müllbeseitigung. Landesarchiv NRW, NW 354, Nr. 587; Niederschrift der Länderarbeitsgemeinschaft Abfallbeseitigung über die Sitzung am 14./15.6.1965 in Wiesbaden. LA NRW, NW 354, Nr. 586.

173 Vermerk betr. Müllbeseitigung. Hier: Referentenbesprechung am 24.1.1963 zur Abstimmung der Auffassung der beteiligten Ministerien in der Notwendigkeit einer beratenden Unterstützung der kommunalen Bedarfsträger bei ihren Maßnahmen zur Müll- und Abfallbeseitigung (25.1.1963). LA NRW, NW 354, Nr. 587

174 Niederschrift über eine Länderbesprechung zur Frage der Beseitigung von Abfallstoffen am 10.1.1963 (11.1.1963). LA NRW, NW 354, Nr. 587.

175 Ebd.

von Kommunen und Ländern für die Abfallbeseitigung angenommen, auch wenn deren konkrete Zuweisung zunächst noch unbestimmt blieb.[176] Das hatte durchaus Auswirkungen, weil die Gründung einer wissenschaftlichen Zentralstelle zunächst daran scheiterte, dass sich Länder und kommunale Spitzenverbände nicht einigen konnten, wer eine solche Institution zu welchen Anteilen finanzieren sollte.[177]

Im Jahr 1964 beschloss die LAGA, die Zentralstelle für Abfallbeseitigung (ZfA) ins Leben zu rufen, die ein Jahr später als Teil des Berliner Instituts für Wasser-, Boden- und Lufthygiene (Wabolu) in Berlin geschaffen wurde.[178] Letzteres war 1901 in Berlin als »Königliche Versuchs- und Prüfungsanstalt für Wasserversorgung und Abwasserbeseitigung« gegründet und 1923 in »Preußische Landesanstalt für Wasser-, Boden- und Lufthygiene« umbenannt worden, die 1952 in das neugegründete Bundesgesundheitsamt integriert wurde.[179] Dabei offenbarte diese Institution bereits durch ihren Namen, dass sie aus der »klassischen« Tradition der Städtehygiene entstammte. Die Zentralstelle für Abfallbeseitigung sollte unter ihrem Dach nicht nur zu sicheren und großtechnischen Entsorgungslösungen forschen, sondern vor allem auch den Kommunen Hinweise und Anleitungen geben, wie sie fortschrittliche Entsorgungskonzepte umsetzen konnten.[180] Diese Lösung wurde auch deshalb gewählt, um möglichst schnell ein organisatorisches Dach sowie notwendige Räume und Einrichtungen bereitstellen zu können. Begründet wurde das damit, dass »bei der Dringlichkeit der anstehenden Probleme eine weitere Verzögerung nicht tragbar und eine zentrale Einrichtung wegen der zeitlich beschränkten Aufgabenstellung nicht erst neu zu gründen sei«.[181] Konkret hieß das: Mitte der 1960er Jahre konnte die Abfallentsorgung tatsächlich noch als ein zwar drängendes, aber auch zeitnah zu lösendes und damit erledigtes Problem betrachtet werden. Gleichwohl waren die staatlichen Stellen mit zahllosen Anfragen von

176 Niederschrift über die am 2.7.1963 im Bundesministerium für Wohnungswesen, Städtebau und Raumordnung in Bad Godesberg-Mehlem durchgeführte Tagung der Länderarbeitsgemeinschaft Müllbeseitigung. LA NRW, NW 354, Nr. 587.

177 Schreiben Burghartz, Innenministerium NRW, an den Präsidenten des Landtages NRW (30.11.1963). LA NRW, NW 354, Nr. 588.

178 Zweiter Bericht der Bundesregierung zum Problem der Beseitigung von Abfallstoffen. Beschluss des Bundestages vom 26.10.1962. Protokoll der 44. Sitzung, 1942, Punkt 26. Drucksache IV/587. LA NRW, NW 354, Nr. 586.

179 Hösel, Unser Abfall aller Zeiten, 167; Schreiben Verein für Wasser-, Boden- und Lufthygiene an den Herrn Oberbürgermeister der Stadt Ludwigshafen (9.9.1970). LA Berlin, B Rep 142/09, Nr. 5/24–36. Zum Kaiserlichen Gesundheitsamt vgl. Hardy, Ärzte, 202 ff. Kritisch: Uekötter, Am Ende der Gewissheiten, 55.

180 Niederschrift über die Beratung zur Frage der Bildung einer Zentralstelle für Fragen der Abfallbeseitigung in Bad Godesberg (11.3.1964). LA NRW, NW 354, Nr. 586.

181 Zweiter Bericht der Bundesregierung zum Problem der Beseitigung von Abfallstoffen. Beschluss des Bundestages vom 26.10.1962. Protokoll der 44. Sitzung, 1942. LA NRW, NW 354, Nr. 586.

Kommunen konfrontiert, »die in Wirklichkeit nicht ein noch aus wissen und für die die baldige Bildung des Zentralen Instituts lebensnotwendig ist.«[182]

Ein weiterer wichtiger Schritt hin zur Neuordnung der Abfallbeseitigung war die Schaffung der »Auskunfts- und Beratungsstelle Müll« (ABM), die der Siedlungsverband Ruhrkohlenbezirk 1966 als Nachfolgeorganisation des 1965 aufgelösten »Arbeitskreis Müll« einrichtete. Die ABM, die bei ihrer Gründung immerhin 15 hauptamtliche Mitarbeiter, also deutlich mehr als die ZfA hatte, sollte die Kommunen im Ruhrgebiet beraten sowie Planungen für Entsorgungslösungen im Verbund erstellen.[183] So wurde hier das Konzept für die Zentraldeponie Emscherbruch auf dem Gelände der ehemaligen Zeche Graf Bismarck in Gelsenkirchen entwickelt, die einen substantiellen Teil des industriellen und häuslichen Abfalls aus dem Ruhrgebiet aufnehmen sollte.[184] 1970 erstellte die ABM einen Gesamtplan für die Abfallbeseitigung im Ruhrgebiet.[185]

Die Leitung der Stelle übernahm Werner Schenkel, ein früherer Assistent Franz Pöpels und einer der Protagonisten der »Stuttgarter Schule« der Abfallwirtschaft, also von Bauingenieuren, die an Pöpels Institut an der TH Stuttgart ausgebildet worden waren. Schenkel sollte ab 1974 die Leitung der Abteilung Abfallwirtschaft im neugegründeten Umweltbundesamt übernehmen. Auch wenn Pöpel selbst aufgrund von Krankheit, aber auch aufgrund seiner Fokussierung auf die Kompostierung, in den wissenschaftlichen Abfalldiskursen Mitte der 1960er Jahre keine große Rolle mehr spielte, gab er als Begründer der »Stuttgarter Schule« der Verwissenschaftlichung des Feldes dennoch entscheidende Impulse.[186]

Das war nicht zuletzt deswegen wichtig, weil zu Beginn der 1960er Jahre ein gravierender Mangel an Experten beklagt wurde, die sich fundiert zu Fragen der Abfallbeseitigung bzw. Abfallwirtschaft äußern konnten; ein Umstand, der regelmäßig auf die fehlenden Ausbildungsmöglichkeiten geschoben wurde.[187]

182 Schreiben Kumpf an Abteilungsleiter III BGesM (4.2.1964). BA Koblenz, B 106, Nr. 25189.

183 Vermerk betr.: Mineral-Rohstoff-Handel GmbH, Mühlheim/Ruhr (26.3.1965). LA NRW, NW 354, Nr. 589.

184 Auskunfts- und Beratungsstelle Müll (ABM), Zentraldeponie Emscherbruch.

185 Nordrhein-Westfalen, Pressemitteilung (5.11.1970): Land gab Auftrag für die Entwicklung eines Plans zur überörtlichen Abfallbeseitigung. LA NRW, NW 354, Nr. 876.

186 In Stuttgart wurden teilweise die Beamten des Innenministeriums zu Besuchen der mülltechnischen Kolloquien des Instituts für Siedlungswasserbau abgestellt. Vermerk Referat VIII (November 1966). Besuch mülltechnischer und siedlungswasserwirtschaftlicher Kolloquien an der technischen Hochschule Stuttgart. HStA Stuttgart, EA 7/703, Nr. 2.

187 Das hing u.a. damit zusammen, dass die Abfallsammlung und -entsorgung sowohl eine hygienische wie auch eine ingenieurwissenschaftliche Aufgabe darstellte. In den 1880er und 1890er Jahren fühlten sich die Ingenieure von den medizinischen Hygienikern an die Wand gedrängt, die angeblich nichts von Technik verstünden. Die Verwissenschaftlichung der Abfallwirtschaft in den 1960er Jahren ließe sich vor diesem Hintergrund auch als »zweite« Verwissenschaftlichung der Städtehygiene interpretieren. Vgl. Hardy, Ärzte, 358f.

Hans Baumann, langjähriger Vorsitzender des VKF nach dem Zweiten Weltkrieg, beklagte 1962 ebenfalls, es seien kaum ausgebildete Ingenieure mit biologisch-chemischer Kompetenz zu finden, die zu Fragen der ordnungsgemäßen Abfallentsorgung Auskunft geben konnten. Ein angedachtes Ausbildungsprogramm scheiterte damals jedoch noch an der geringen Beteiligung.[188] Spezialisierte Studiengänge, in denen eine intensive Beschäftigung mit Problemen der Abfallbeseitigung stattfand, gab es noch nicht. Das Regierungspräsidium Nordbaden wollte die zuständigen Beamten des höheren Dienstes 1967 auf eine abfalltechnische Nachschulung schicken, wobei allerdings bereits geahnt wurde, dass es »bei der Vielseitigkeit der Schwierigkeiten der Probleme« noch geraume Zeit dauern würde, bis bestimmte Grundsätze technisch und organisatorisch fixiert werden könnten.[189]

Der Stuttgarter Lehrstuhl für Siedlungswasserbau stellte darum Mitte der 1960er Jahre letztlich das einzig größere Reservoir an Fachleuten bereit, um die neu geschaffenen Institutionen, die sich wissenschaftlich mit Problemen der Abfallentsorgung beschäftigten, personell zu bestücken. Bei Pöpel hatten nicht nur Werner Schenkel und Bernhard Jäger, der mit dem »Ingenieurbüro für Gesundheitstechnik« Mitte der 1960er Jahre ein vielbeschäftigtes Beratungsbüro für Abfallfragen etablierte, gelernt.[190] Vielmehr kam ein Großteil der ursprünglichen Besetzung der ZfA von Pöpels Stuttgarter Lehrstuhl, wobei sein langjähriger Mitarbeiter Michael Ferber die Leitung der Institution übernahm.[191]

Die prägende Figur der ZfA wurde allerdings nicht Ferber, der die Leitung der ZfA bald wieder abgab und zur Stadt Berlin wechselte[192], sondern der aus dem Wabolu-Institut kommende Ingenieur Wilhelm Langer, der 1968 offiziell Leiter der ZfA wurde.[193] Dieser war schon deshalb eine wichtige Figur in der Geschichte der Abfallwirtschaft, weil er sich bereits zu Beginn der 1960er Jahre intensiv mit der Frage des Grundwasserschutzes bei der Ablagerung auseinandergesetzt hatte und mit einigem Recht als »Vater« des Konzeptes der geordneten Deponie in Westdeutschland angesehen werden kann, nachdem er in der Zeitschrift »Städtetag« 1963 grundlegende Richtlinien erstmals beschrieben

188 Protokoll 7. Sitzung des Beirats der Arbeitsgemeinschaft für Abfallbeseitigung am 13.2.1970 (19.2.1970). HStA Stuttgart, EA 7/703, Nr. 4.

189 Schreiben Regierungspräsidium Nordbaden (Koch) an das Innenministerium Baden-Württemberg (30.11.1967). HStA Stuttgart, EA 7/703, Nr. 3.

190 Vgl. Schreiben Regierungspräsidium Südbaden an das das Innenministerium Baden-Württemberg (20.3.1969). HStA Stuttgart, EA 7/703, Nr. 4.

191 Rundschreiben Bundesgesundheitsamt an die zuständigen Ministerien in den Ländern (8.8.1966). BA Koblenz, B 106, Nr. 25178.

192 Park, Müllkippe, 85.

193 Offensichtlich gab es in der ZfA interne Probleme, die sich allerdings anhand der Quellen nicht genauer spezifizieren lassen. Protokoll 11. Sitzung der LAGA (13.5.1969). BA Koblenz, B 106, Nr. 31488.

hatte.[194] Die wichtigen Merkblätter der ZfA, die in der zweiten Hälfte der 1960er Jahre Kriterien definierten, um eine Deponie als »geordnet« zu bezeichnen, trugen unverkennbar Langers Handschrift.[195]

Von besonderer Bedeutung war dabei insbesondere das 1969 veröffentlichte, dritte Merkblatt der ZfA über die »Die geordnete Ablagerung (Deponie) fester und schlammiger Abfälle aus Siedlung und Industrie«, das dieses Entsorgungskonzept bundesweit bekannt machte und von den zuständigen Landesbehörden bald als Richtlinie adaptiert wurde.[196] In diesem Merkblatt wurde u. a. festgestellt, dass der Untergrund einer Deponie vor Inbetriebnahme von Sachverständigen auf seine wasserwirtschaftliche, hydrogeologische und grundbautechnische Eignung hin untersucht werden sollte. Deponien sollten im Zweifelsfall baulich so verändert werden, dass der Abfall dort sicher gelagert werden und das Sickerwasser in Vorfluter abfließen konnte (evtl. nach vorheriger Behandlung). Sie sollten eingezäunt werden, um das Umherfliegen loser Abfälle zu verhindern. Außerdem konnte so sichergestellt werden, dass dort weder unkontrolliert Abfallstoffe deponiert noch Unbefugte die Deponie auf noch Brauchbares durchsuchten. Der Abfall sollte mit speziellen Fahrzeugen verdichtet und Löschsysteme für den Fall von Deponiebränden installiert werden.[197]

Mit diesem Merkblatt wurde sicherlich keine modernen Umweltstandards entsprechende Deponietechnik festgeschrieben – von »Basisabdichtung« war beispielsweise noch keine Rede und es wurde ausdrücklich die gemeinsame Ablagerung von Haus- und Industrieabfällen empfohlen[198], was nach Einschätzung des Deponieexperten Klaus Stief eine Arbeitsbeschaffungsmaßnahme für Generationen von Altlastenforschern darstellte.[199] Gleichwohl kann es als Beginn der Kodifizierung einer geordneten und umwelthygienisch vertretbaren Entsorgung angesehen werden. Das wird besonders deutlich wenn man den Vergleich zu einem zwei Jahre zuvor veröffentlichten Leitfaden eines Ingenieurbüros zieht, der ebenfalls die Planung und Vorbereitung einer Großdeponie behandelte. Neben dem pragmatischen Ratschlag, eine Deponie nicht

194 Langer, Feste Abfallstoffe und Wasserhaushalt.

195 Herbold, Wienken, Experimentelle Technikgestaltung, 42.

196 Gemeinsames Amtsblatt des Innenministeriums, des Finanzministeriums, des Ministeriums für Ernährung, Landwirtschaft, Weinbau und Forsten und der Regierungspräsidien (22.9.1970). SdtA Mannheim, Rechnungsprüfungsamt, Zugang 40/1995, Nr. 269. Vgl. auch Stellungnahme des Deutschen Rates für Landespflege: Zum Problem der Behandlung von Abfällen (21.10.1970). SdtA Mannheim, Bauhauptverwaltung, Zugang 52/1979, Nr. 944.

197 Ebd.

198 Dementsprechend wurde im Baden-Württembergischen Innenministerium vermerkt, dass das Merkblatt »wissenschaftlich« nichts Neues enthielte. Vermerk Referat VIII betr.: Abfallbeseitigung; Einlagerung von Hausmüll in ehemaligen Kiesgruben in der Rheinebene (3.6.1968). HStA Stuttgart, EA 7/703, Nr. 3.

199 Klaus Stief, 40 Jahre Deponietechnik. Ein subjektiver Rückblick, 9ff. [http://www.deponie-stief.de/pdf/litstief_pdf/2009icp_stief_rueckblick2_www.pdf. Letzter Zugriff 5.6.2015].

direkt in einem Wasserschutzgebiet zu planen, wurden als Eigenschaften eines idealen Standorts u. a. angegeben, er solle »möglichst weit in der Hauptwindrichtung vom letzten Dorf entfernt« und nicht der »fruchtbarste Acker der Gegend« sein, schließlich müsse man »sich ja an den Besitzer heranpirschen«.[200] Um den Gemeinderat zu überzeugen, sei dann noch das ein oder andere »Trostpflästerchen« erforderlich.[201] Als Dichtungsmaterial für die Deponie wurde gesiebter Hausmüll empfohlen, der mindestens einen (!) Meter über dem höchsten Grundwasserspiegel geschichtet werden solle. War das gewährleistet, warfen Deponien nach Ansicht der Verfasser aus technischer Sicht keine gravierenden wasserwirtschaftlichen Probleme auf.[202]

Auffällig an diesem Text ist nicht allein die leicht hochnäsige Einstellung gegenüber den Sorgen und Einwänden der Bevölkerung hinsichtlich neuer Entsorgungsanlagen in der Nachbarschaft; diese war in den 1960er Jahren noch weit verbreitet. Vielmehr handelte es sich bei den Annahmen über die Wirksamkeit der Abdichtung von Deponien mit zerkleinertem Hausmüll keineswegs um eine Einzelmeinung, sondern um den durch ein Merkblatt (M7) des VKF legitimierten Wissensstand.[203] Dieses Merkblatt propagierte das sog. »Schichttortenmodell« der Ablagerung, bei dem eine verdichtete Abfallschicht mit Erde abgedeckt wurde, worauf dann die nächste Abfallschicht folgte. Neben den Arbeiten der ZfA war es dabei insbesondere Heribert Pierau vom Wabolu-Institut, der maßgeblich an der Entwicklung der sog. »Rottedeponie« beteiligt war[204], der in einem Artikel im Städtetag 1967 feststellte, dass gleich welcher Bauart jede Deponie vom Niederschlagswasser bis zur Sohle durchdrungen wurde, diese also sehr wohl eine Gefährdung für das Grundwasser darstellte.[205] Trotz solcher Interventionen war der Weg zur umwelthygienisch vertretbaren, geordneten Deponie Ende der 1960er Jahre allerdings noch weit und das Problembewusstsein der meisten Experten und Politiker nicht besonders hoch entwickelt.[206]

200 Bauingenieur IMM, Gesichtspunkte und Erfordernisse bei der Planung einer Deponie, in: Institut für Gewerbliche Wasserwirtschaft und Luftreinhaltung e. V. (Hrsg.), Voraussetzungen, Erfordernisse und Verantwortung bei Planung und Betrieb einer Deponie. Köln 1967, 1–21, 5.

201 Ebd.

202 Ebd, 11.

203 Park, Müllkippe, 63.

204 Kurzbericht über die Tätigkeit der Arbeitsgruppe 1 des IV. IAM Kongresses. 4. Lehrgang zur Weiterbildung von Bediensteten in abwasser- und abfalltechnischen Fragen (27.–29.10.1969). HStA Stuttgart EA 7/703, Nr. 4. Zu Pierau s. Park, Müllkippe, 64.

205 Heribert Pierau, Kritische Bemerkungen zum »Schichttorten-Modell« der geordneten Ablagerung, in: Der Städtetag 20, 1967, Hft. 7, 582–584.

206 So schrieb ein Oberregierungsrat im Innenministerium Baden-Württemberg 1966 in einer Vorlage: »In technischer Hinsicht kann das Problem der Müllbeseitigung aufgrund der Fortschritte und Erkenntnisse in den letzten Jahren weitgehend als gelöst angesehen werden.« Dunz, Staatliche Förderung der Müllbeseitigung. HStA Stuttgart, EA 7/703, Nr. 2.

Ebenfalls Mitte der 1960er Jahre begannen die Länder damit, wissenschaftliche Forschungsprojekte zu den Umweltgefahren der Deponierung zu fördern.[207] So finanzierte das Land Hessen bereits 1964 ein Pilotprojekt zur Auswirkung von Mülldeponien auf das Grundwasser.[208] Am Wabolu-Institut finanzierte das Bundesgesundheitsministerium den Betrieb einer Versuchsdeponie. Das Land Rheinland-Pfalz finanzierte mehrere Versuchsprojekte zu geordneten Deponien an der Universität Mainz.[209] Das waren allerdings erst die zaghaften Anfänge umfassender Forschungsanstrengungen zum Thema Abfall, die in den 1970er Jahren schließlich an Fahrt gewinnen sollten.

Neugeschaffene Institutionen, an Universitäten vergebene Forschungsaufträge und neue Anforderungen an die Entsorgung hatten auch zur Folge, dass sich die Gruppe der für die Abfallwirtschaft maßgeblichen Experten veränderte. Nicht allein der »Arbeitskreis für kommunale Abfallwirtschaft« (AkA) musste, wie bereits beschrieben, zu Beginn der 1960er Jahre wegen seiner Konzentration auf die Kompostierung harte Kritik einstecken. Auch die Leiter der Stadtreinigungsämter, bislang die unbestrittenen Abfallexperten, hatten in den meisten Fällen zur Entsorgungsproblematik keine verlässliche Expertise mehr anzubieten. Äußerten sie sich trotzdem zu solchen Fragen, waren die Resultate nicht selten skurril. Otto Tope beispielsweise, bis 1965 Leiter des Stadtreinigungsamtes in Hannover und Autor des kleinen abfallwirtschaftlichen Klassikers: »Die Mülltonne. Ein Stiefkind der baulichen Städtegestaltung«[210], machte 1966 den Vorschlag, eine 170 km lange Müllpipeline von Hannover nach Wilhelmshaven zu bauen, um den Stadtmüll dort ins Meer zu schütten und zur Neubildung von Land zu verwenden.[211] Dazu merkte allerdings selbst der Leiter des Freiburger Stadtreinigungsamtes Friedrich Arnst in einem internen Schreiben an, die »u-topische« Idee der Müllpipelines würde von seinem »hirnverletzten« Kollegen Tope aus Hannover stammen und sei aufgrund der enormen Belastungen, die ein solches Pipeline-System aushalten müsse, nicht realisierbar.[212] Herbert

207 Schreiben des Hessischen Ministers für Landwirtschaft und Forsten an die für die Wasserwirtschaft zuständigen oberen Landesbehörden (7.7.1964): Vorhaben: »Untersuchung über Auswirkungen der Ablagerungen von Müll, insbesondere Industriemüll auf das Grundwasser«. LA NRW, NW 354, Nr. 588.

208 Protokoll 5. Kolloquium des Instituts zur Förderung der Wassergüte- und Wassermengenwirtschaft (16.11.1970), LA NRW; NW 354, Nr. 876.

209 Schreiben Zentralstelle für Abfallbeseitigung an das Innenministerium Baden-Württemberg (8.6.1966). HStA Stuttgart, EA 7/703, Nr. 2.

210 Tope, Die Mülltonne.

211 Schreiben Consulaat-Generaal der Nederlanden an Ministerialdirigent Klosterkemper (2.10.1964), LA NRW, NW 354, Nr. 589.

212 Schreiben Friedrich Arnst an Bürgermeisteramt Freiburg (18.11.1966). SdtA Freiburg, Städtische Hauptverwaltung, C 5/4162. Arnst selbst wiederum propagierte 1963 ein »Schockwellenverfahren«, bei dem der Müll in unterirdischen Bunkern mittels Druckwellen auf

Mahlke wiederum, durchaus Vertreter einer fortschrittlichen Abfallwirtschaft (u. a. hatte er in Bochum eine der ersten geordneten Deponien in Westdeutschlands geschaffen), entwickelte 1968 eine Vision über die Abfallbeseitigung im Jahr 2000: Er glaubte, an der Jahrtausendwende würde das Entsorgungsproblem nicht länger existieren. Jede Hausfrau könne dann mit Laserpistolen den Abfall zu handlichen Klumpen zusammenschießen, der dann einfach in einen Papierkorb auf der Straße geworfen wurde.[213]

Der Grund für diesen Kompetenzverlust lag nicht zuletzt darin, dass die Leiter der Stadtreinigungsämter in erster Linie Fachleute für die Fragen der städtehygienisch einwandfreien Sammlung des Abfalls waren. Von ihrer Ausbildung, ihrer fachlichen Ausrichtung und ihrem Sprachgebrauch her waren sie in der Welt der Städtehygiene verwurzelt. Ein Denken und eine Sprache, die den Abfall in erster Linie als hygienisches Problem und als Ursache von durch Keime, Viren oder Bakterien verursachten Krankheiten behandelten, war der Entsorgungsproblematik aber nicht länger angemessen. Die doppelt vertikale Problematik von Abfalldeponien, nämlich sowohl das Grundwasser zu kontaminieren als auch schädliche Emissionen in die Luft abzugeben (wobei in den 1960er und 1970er Jahren die Wasserschutzproblematik eine sehr viel stärkere Beachtung fand), ließ sich mit solchen Kategorien nicht erfassen.

Das kam bereits 1963 in einem vom Bundesinnenministerium in Auftrag gegebenen Gutachten zum Ausdruck, das u. a. von Hans Baumann abgefasst worden war. Hier wurde gleich zu Anfang festgestellt, dass die Probleme der Müll- und Abfallbeseitigung ein weites Wissensgebiet ansprachen, beginnend bei der Humanmedizin, der Hygiene, über die reinen Naturwissenschaften (Chemie, Physik) zu den Ingenieurwissenschaften (Verfahrenstechnik, Maschinenbau, Bauingenieurswesen), in der Verwertung der Endprodukte die Botanik, die Landbauwissenschaften, die Veterinärmedizin usw.: »Es ist nicht verwunderlich, dass bisher *keine Fachleute zu finden waren, die das gesamte, damit bestrichene Feld genügend beherrschten.*«[214] Insofern ging mit dem Übergang von der Sammlung zur Entsorgung als dem zentralen Problem der Abfallbeseitigung und der beginnenden Verwissenschaftlichung der Abfallwirtschaft auch

Bruchteile seines Volumens zertrümmert werden sollte. Damit könne das Müllproblem der Städte »mit einem Schlag« gelöst werden. Artikel: Müll unter Beschuss, in: Badische Zeitung (9.11.1963). BA Koblenz, B 106, Nr. 25189.

213 Amtsblatt für den Stadtkreis Mannheim(2.8.1968), Müllabfuhr im Jahr 2000. SdtA Mannheim, Bauverwaltungsamt, Zugang 52/1979, Nr. 940. Im Übrigen scheiterte diese Lösung nicht zuletzt daran, woran viele stoffliche Verwertungsmöglichkeiten des Abfalls scheiterten, nämlich am viel zu hohen Energieaufwand.

214 Bundesministerium des Inneren: Gutachten zum Problem der Behandlung und Beseitigung von Abfallstoffen (1963). BA Koblenz, B 106, Nr. 25150 (Hervorhebungen im Original).

eine Veränderung der Kategorien und der Sprache einher, in der Abfallprobleme verhandelt wurden. Das Vokabular der Städtehygiene zeigte Mitte der 1960er Jahre bereits an, dass man sich technisch nicht mehr auf der Höhe der Zeit befand.

Insgesamt können die 1960er Jahre als die »Sattelzeit« einer abfalltechnischen Entwicklung bezeichnet werden, die in den 1970er und 1980er Jahren zu grundlegenden Veränderungen der Entsorgung führte. Das lag nicht nur daran, dass in dieser Zeit die durch die steigenden Abfallmengen hervorgerufenen Platzprobleme immer dringlicher wurden. Vielmehr führte gerade die Aufmerksamkeitsverschiebung von der Sammlung zur Entsorgung dazu, dass es zu einer sukzessiven Verwissenschaftlichung der Abfallwirtschaft kam, die sich in der Einrichtung neuer Institutionen, eines erhöhten Geldeinsatzes für die Forschung sowie schließlich einem Austausch und Generationswandel der Experten einherging. Damit im Zusammenhang stand schließlich auch eine Veränderung der Sprache und der Kategorien, in denen das Abfallproblem verhandelt wurde.

3.3.3 Entsorgungslösungen in den 1960er Jahren

Wie sah es aber mit konkreten Antworten auf die steigenden Abfallmengen aus? Jedenfalls führten die skizzierten Veränderungen keineswegs dazu, dass sofort und flächendeckend dem technischen Stand der Zeit entsprechenden Entsorgungsanlagen errichtet wurden. Vielmehr resultierten die vermehrten Anstrengungen zur Kooperation und zur Verwissenschaftlichung der Abfallwirtschaft gerade aus der Verunsicherung, wie eine ordnungsgemäße Entsorgung gewährleistet werden konnte. Angesichts des vorläufigen Stands des Wissens und zunächst eng begrenzter finanzieller Mittel sollte es zu einer durch Bund und Länder initiierten Neuordnung der Abfallwirtschaft erst in den 1970er Jahren kommen. Bis dahin waren die Kommunen weiterhin auf sich gestellt, ihre drängenden Entsorgungsprobleme zu lösen. Dabei reagierten insbesondere Großstädte auf die Knappheit an Deponiefläche mit dem vermehrten Bau von Müllverbrennungsanlagen. Diese erlebten in den 1960er Jahren eine Konjunktur, die sich die Abfallpraktiker in den 1950er Jahren kaum hätten vorstellen können.

Warum kam es zu diesem »Comeback« der Müllverbrennung? Hier spielten mehrere Faktoren eine Rolle, die teilweise bereits angesprochen wurden. So fehlte es zunächst schlicht an Alternativen für die Großstädte: Die Deponierung erwies sich als zunehmend problematisch, wobei neben Hygienefragen insbesondere dem Wasserschutz wachsende Bedeutung zukam. Selbst wenn die Kompostierung zu Beginn der 1960er Jahre noch Anhänger hatte und als Alternative verhandelt wurde, lag trotzdem auf der Hand, dass sie keine zufriedenstellende Lösung für das Entsorgungsproblem bot.[215] Die Müllverbrennung wiederum galt als prinzipiell technisch machbar, wofür besonders die Weiterentwicklung der Ölfeuerung wichtig war.[216] Die Leistungsfähigkeit der Technologie demonstrierten insbesondere Anlagen in der Schweiz (Bern 1954, Lausanne 1959), deren Abfall von seiner Zusammensetzung dem deutschen ähnelte.[217] Auch aus diesem Grund war die Beratung durch Otto Jaag wichtig.[218] Darüber hinaus war den Verantwortlichen nicht verborgen geblieben, dass die Zunahme an Verpackungsmaterialien die Brennbarkeit des Abfalls verbesserte. Und schließlich konnte durch Müllverbrennung auch die Müllsammlung effizienter gemacht werden, weil MVAs im Unterschied zu Großdeponien zentraler gebaut werden konnten und darum die Fahrtwege zur Entsorgung kürzer wurden. So erschien es in den 1960er Jahren als weitgehend unproblematisch, Verbrennungsanlagen in direkter Nachbarschaft von Wohnsiedlungen, Schulen oder sogar Krankenhäusern zu errichten.[219]

Die Nachteile der Müllverbrennung lagen zu Beginn der 1960er Jahre allerdings ebenfalls auf der Hand. Abgesehen davon, dass diese Anlagen technisch noch keineswegs ausgereift waren und wenig gesicherte Erfahrungen mit der Verbrennung existierten, kosteten sie sehr viel Geld. Zwar war die Finanzkraft der Kommunen durch den wirtschaftlichen Aufschwung nach dem Weltkrieg gestärkt worden, gleichwohl waren MVAs keine leicht zu stemmenden Investitionen: Mitte der 1960er Jahre war für eine moderne, auf die Erfordernisse einer Großstadt angepasste MVA mindestens 20 Mio. DM zu veranschlagen.[220] In der Antwort auf die erste Kleine Anfrage der Interparlamentarischen Arbeitsgemeinschaft zur Abfallproblematik vom Juli 1962 kam das in gebotener Deut-

215 Vermerk Klosterkemper betr.: Behandlung von Müllfragen auf ministerieller Ebene (16.2.1962). LA NRW, NW 354, Nr. 1096.

216 Helmuth Orth, Rudolf A. Riedlinger, Kommunalwirtschaftliche Bedeutung der Abfallbeseitigung insbesondere durch Müllverbrennung, in: Müll und Abfall 2, 1971, Hft. 5, 122–130, 126ff.

217 Die Schweiz blieb auch danach ein Vorreiter der Müllverbrennung. So existierten dort 1975 bereits 48 Verbrennungsanlagen. Dokumentation: Stand der Abfallverwertung in der Schweiz« (1975). HStA Stuttgart, EA 7/703, Nr. 8.

218 So wurde etwa 1954 eine Anlage in Bern und 1959 in Lausanne eröffnet, die als Referenzgrößen für die 1961 eröffnete Testanlage in Düsseldorf dienten. Artikel Rheinische Post (3.3.1959): Die Schweiz-Fahrt des Mülls. Düsseldorfer studierten moderne Müllverbrennungsanlage. LA NRW, NW 354, Nr. 1098.

219 Ebd.

220 Teilweise wurden von den Kommunen die Kosten noch deutlich höher veranschlagt. So rechnete die Stadt München für die MVA München-Nord mit Kosten von über 60 Mio. DM, wobei hier allerdings eine MVA mit einem Heizkraftwerk kombiniert wurde. Vilma Sturm, Artikel: Der letzte Dreck. Müll und Abfall in unseren Städten. Frankfurter Allgemeine Zeitung Nr. 89 (14.4.1962). Die erste Aufbaustufe der 1968 eröffneten Nürnberger MVA kostete 43 Mio. DM. Rolf Pohle, Reinhard Arndt, Thermische Abfallbehandlung in Nürnberg – Rückblick auf 25 Jahre Müllverbrennung. Nürnberg 1992, 11.

lichkeit zum Ausdruck: es war illusorisch, die Kosten von Entsorgungsanlagen aus den allgemeinen Müllgebühren finanzieren zu wollen. Stattdessen konnten die Gemeinden zufrieden sein, wenn sie in der Lage waren, über Gebühren wenigstens die allgemeinen Betriebskosten der neuen Anlagen zu decken (tatsächlich führte der Bau von Verbrennungsanlagen regelmäßig zu einer deutlichen Erhöhung der Müllgebühren[221]). Dabei sollten die Ausgaben für neue Entsorgungsanlagen als »kontrazyklisches Mittel in Wirtschaftsrezessionen« verwendet werden.[222]

Die Verfasser dieser Antwort wussten, wovon sie sprachen, schließlich handelte es sich um die führende Riege der Leiter der deutschen Stadtreinigungsämter mit dem Vorsitzenden des VKF, Hans Baumann, an ihrer Spitze. Dessen eigenes Stadtreinigungsamt Frankfurt am Main war zu diesem Zeitpunkt gerade dabei, als eine der ersten Großstädte eine moderne Müllverbrennungsanlage zu errichten, die in das Neubaugebiet Nordweststadt integriert war und zudem Energie aus der Verbrennung des Abfalls gewinnen sollte. Aufgrund der enormen Kosten für diese Anlage wusste Baumann, dass zur Lösung der Entsorgungsproblematik auf kommunaler Ebene der Ordentliche Haushalt längst nicht mehr ausreichte[223], auch wenn das Land Hessen, im Gegensatz zu anderen Bundesländern, die Anlage großzügig subventionierte.[224] Um die hohen Investitionen zu rechtfertigen, wurde die Entsorgungsproblematik also gewissermaßen in die Politik der keynesianischen Globalsteuerung »eingemeindet«, die damals die wirtschaftspolitischen Debatten zu bestimmen begann.[225]

Mit solchen Investitionen begannen sich in den 1960er Jahren immer mehr Großstädte zu beschäftigen, deren Deponieraum nicht länger ausreichte und die zugleich über die finanziellen Spielräume zur Errichtung einer Müllverbrennungsanlage verfügten. Dafür mussten jedoch – daran war die Verbrennung in Deutschland lange Zeit gescheitert – erst einmal die technischen Voraussetzungen gegeben und die Brennbarkeit des Abfalls sichergestellt sein. Die 1961 in Betrieb genommene Müllverbrennungsanlage in Essen-Karnap war nach den

221 Pöpel, Einflüsse auf Menge und Zusammensetzung, 194.

222 Stellungnahme zum Problem der Behandlung und Beseitigung von Abfallstoffen (zur Bundestagsdrucksache IV/587 – Antrag der Abgeordneten Schmidt-Wuppertal, Bading, Margulies und Genossen). Erstattet im Auftrag des Bundesministeriums für Gesundheitswesens: Baumann, Glathe, Horstmann, Knoll, Schwann, Schwarz, Schwarz, Straub (Dezember 1962). Landesarchiv NRW, NW 354, N.587; Erster Bericht der Bundesregierung zum Problem der Beseitigung von Abfallstoffen. Beschluss des Bundestages vom 26.10.1962. HStA Stuttgart, EA 7/703, Nr. 1.

223 Vgl. Rechnei-Finanzverwaltung (27.12.1965). ISG Frankfurt/M., Stadtkämmerei, Nr. 1700.

224 Schreiben Gottfried Hösel an Bremer GmbH (4.4.1966). HStA Stuttgart, EA 7/703, Nr. 2.

225 S. dazu Alexander Nützenadel, Stunde der Ökonomen. Wissenschaft, Politik und Expertenkultur in der Bundesrepublik 1949–1974. Göttingen 2005.

MVAs in Hamburg die erste größere Anlage, die nach dem Zweiten Weltkrieg in der Bundesrepublik in Betrieb genommen wurde.[226] Dabei handelte es sich um eine von dem Ingenieur Weyrauch sowie den Firmen Babcock & Wilcox und Hochtief verantwortete Umrüstung eines alten RWE-Steinkohlekraftwerks, die fünf Mio. DM kostete, im Vergleich zu anderen MVAs der 1960er Jahre also noch relativ preisgünstig war.[227] Gleichwohl scheint die Konstruktion zunächst vergleichsweise wenig Interesse bei anderen Stadtreinigungsämtern geweckt zu haben, obwohl es sich damals um die größte Anlage in ganz Europa handelte, in der zugleich auch Klärschlamm verbrannt wurde.[228]

Die im Jahr 1961 in Betrieb genommene Müllverbrennungsanlage in Düsseldorf wurde hingegen explizit mit dem Ziel geplant, sowohl neue Verbrennungstechnologien zu testen wie auch als Versuchsanlage zu dienen, in der andere Städte die Brennbarkeit ihres Abfalls ausprobieren konnten. Die Planungen für die Düsseldorfer Anlage waren im Jahr 1958 begonnen worden und die Ingenieure der dortigen Stadtwerke hatten einen stillgelegten Teil des Kraftwerks Flingern speziell auf Düsseldorfer Bedürfnisse hin umkonstruiert.[229] Dabei hatten sich verschiedene Systeme aus dem Ausland als ungeeignet erwiesen, nachdem die Brennbarkeit des Düsseldorfer Mülls in den entsprechenden Anlagen getestet worden war.[230] Das Düsseldorfer System bestand aus einer Aufgabevorrichtung und mehreren, schräg nebeneinander angeordneten Trommelrosten, auf denen der Abfall erst getrocknet und schließlich verbrannt wurde. Aus der Schlacke wurden Metalle mit einem Magnetabscheider aussortiert, der Rest entweder deponiert oder als Wegebaumaterial weiterverwendet.[231] Immerhin konnten mit dieser Anlage bereits ca. 40 Prozent des im Düsseldorfer Stadtgebiet anfallenden Mülls verbrannt werden.[232]

226 Frilling, Mischer, Pütt un Pann'n, 169 ff.

227 Niederschrift über die Sitzung des Arbeitskreises »Abfallbeseitigung« am 27.4.1965. BA Koblenz, B 106, Nr. 25178; Artikel Rheinische Post: Müllverwertung im Kraftwerk (28.9.1961). LA NRW, NW 354, Nr. 1098.

228 Vermerk Referent ORBR Ruchay (29.5.1972): Vorlage für Herrn Minister. LA NRW, NW 455, Nr. 828.

229 Bericht über die Düsseldorfer Müllverbrennungsanlage (o. D.). LA NRW, NW 455, Nr. 797.

230 Artikel Rheinische Post (3.3.1959): Die Schweiz-Fahrt des Mülls. Düsseldorfer studierten moderne Müllverbrennungsanlage. LA NRW, NW 354, Nr. 1098.

231 Zu den verschiedenen Verfahren der Müllverbrennung in den 1960er Jahren s. K. C. Shin, Definition und Beschreibung der Verfahren der Müllverbrennung, in: Forschungs- und Entwicklungsinstitut für Industrie- und Siedlungswasserwirtschaft sowie Abfallwirtschaft e. V. Stuttgart (Hrsg.), Vor- und Nachteile der Verbrennung und der Kompostierung von kommunalen Abfällen. Berlin 1975, 3–23.

232 Artikel Rheinische Post (28.9.1961): Müllverbrennung ohne »dicke Luft«. Versuchsanlage hat sich bewährt. Ende 1963 soll Düsseldorfs Müll restlos verschwinden. LA NRW, NW 354, Nr. 1096.

Nach Eröffnung der Anlage wurden per Eisenbahn tausende Tonnen von Abfall durch Westdeutschland geschickt, um die Brennbarkeit jeweiliger regionaler Müllaufkommen zu testen. Dabei stellte sich der großstädtische Abfall u. a. deswegen als geeignet für die Verbrennung heraus, weil er hohe Anteile nicht kompostierbarer, dafür aber brennbarer Substanzen enthielt, die sich »für den ununterbrochenen ganzjährigen Betrieb eines Heizkraftwerkes« direkt anboten.[233] Nach dem »Düsseldorfer System« wurden schließlich Anlagen u. a. in Stuttgart, Rosenheim, Berlin, Hagen und Kassel gebaut.[234] Die Düsseldorfer Anlage selbst wurde zu einer vollwertigen MVA erweitert, die 1965 in Betrieb ging.[235]

Zu Beginn der 1960er Jahre begannen dementsprechend zahlreiche westdeutsche Großstädte, Müllverbrennungsanlagen zu planen, die sich zu diesem Zeitpunkt als wesentliche Alternative zur Deponierung herauskristallisierten. So wurden erste Planungen der Stadt Mannheim, eine Müllverbrennungsanlage zu errichten, im Jahr 1960 bekannt.[236] Bereits ein Jahr später gab es konkrete Planungen mit der Rhein-Neckar GmbH, einer Tochterfirma der Mannheimer Stadtwerke, eine solche Anlage zu bauen und sie gleichzeitig zur Energie- und Wärmegewinnung für die Kommune zu nutzen.[237] Bereits 1959 begann die Stadt Frankfurt die Müllverbrennungsanlage als Teil eines integrierten Versorgungskonzepts für die Nordweststadt zu planen, einer zu Beginn der 1960er Jahre fertig gestellten modernen Großsiedlung, die bezeichnenderweise um ein Einkaufszentrum – das Nordwestzentrum – herum entwickelt wurde.[238]

Damit standen Frankfurt und Mannheim nicht allein. Neben Hamburg, das unter den deutschen Städten die längsten und kontinuierlichsten Erfahrungen mit der Müllverbrennung hatte, fingen um 1960 auch zahlreiche andere Großstädte – München, Stuttgart, Bonn, Ludwigshafen, Nürnberg – damit an, Müllverbrennungsanlagen zu planen. West-Berlin hatte durch seine geographische Lage inmitten der DDR ebenfalls große Platzprobleme, die am Ende aber auch durch die 1967 in Betrieb genommene Anlage in Berlin-Ruhleben nur teilweise gelöst werden konnten. Im Jahr 1974 wurde ein Abfallverbringungsvertrag mit der DDR geschlossen, das Abfallproblem also gewissermaßen externalisiert[239], während dort wiederum drei Deponien exklusiv für West-Müll errichtet wur-

233 Borelly, Die Mannheimer Müllabfuhr heute (1961). SdtA Mannheim, Hauptregistratur, Zugang 40/1972, Nr. 291.

234 Park, Müllkippe, 48 f.

235 Artikel Düsseldorfer Zeitung: Abfallberge werden zu Asche (30.1.1965). LA NRW, NW 354, Nr. 590.

236 Artikel Badische Neueste Nachrichten (20.9.1960): Die Stadt plant Bau einer Müllverbrennungsanlage. SdtA Mannheim, Hauptregistratur, Zugang 40/1972, Nr. 291.

237 Schreiben Gas- und Wasserwerke Rhein-Neckar AG an das Städtische Tiefbauamt (27.9.1961). SdtA Mannheim, Hauptregistratur, Zugang 40/1972, Nr. 291.

238 Andrea Gleiniger, Die Frankfurter Nordweststadt. Geschichte einer Großsiedlung. Frankfurt/M. 1995.

239 Park, Müllkippe, 84 ff.

den.[240] Unter den Großstädten waren es zu Beginn der 1960er Jahre allein Dortmund, Hannover und Köln, die über genug Deponieraum verfügten und deren Handlungsdruck darum vergleichsweise gering war.[241]

Die Planung, Finanzierung und Errichtung von Verbrennungsanlagen nahm üblicherweise fünf Jahre und länger in Anspruch. So konnte die Stadt Frankfurt ihre MVA erst im Jahr 1966 in Betrieb nehmen. Die 26 Mio. DM teure Anlage hatte vier Kessel, konnte täglich 360 Tonnen Müll verfeuern und war nach einem von der Schweizer Firma Roll entwickelten Verfahren konstruiert. Zugleich belieferte sie die Nordweststadt mit Energie. Ebenfalls eine »Waste to Energy«-Lösung stellte die im selben Jahr in Betrieb genommene Anlage in Mannheim dar, die (wie vordem die städtische Deponie) auf der Friesenheimer Insel errichtet worden war. Die Rhein-Neckar GmbH errichtete dort ein Doppelheizkraftwerk, das seine Wärme der Stadt Mannheim zur Verfügung stellte und Strom an die Stadtwerke lieferte.[242]

Die 1960er Jahre stellten insofern eine erste Hochzeit des Baus neuer Müllverbrennungsanlagen dar, nachdem die Anlagen in Essen und vor allem in Düsseldorf die Tauglichkeit der Technologie im Prinzip demonstriert hatten. Tabelle 9 verdeutlicht, dass in den 1960er Jahren zahlreiche solcher Anlagen mit hohem Investitionsvolumen errichtet wurden. Die meisten Neubauten von Müllverbrennungsanlagen fanden in der zweiten Hälfte der 1960er Jahre statt. Räumliche Schwerpunkte lassen sich vor allem in dicht besiedelten Regionen wie dem Ruhrgebiet oder dem Rhein-Main-Gebiet ausmachen.[243] Zugleich zeigte sich allerdings auch, dass die Verbrennungstechnologie noch längst nicht ausgereift war.[244] So hatte beispielsweise die Stadt Mannheim große Schwierigkeiten mit ihrer Anlage, die nicht in der Lage war, die geplanten Abfallmengen zu verbrennen und zeitweise sogar ganz ausfiel.[245] Von den drei Kesseln konnten bis Ende der 1960er Jahre überhaupt nur zwei aufgrund von

240 Ebd., 90.

241 Allgemeine Zeitung: Großstädte ersticken im Müll. Verbrennung oder Kompostierung? Jeder Großstädter produziert 1 cbm Abfall im Jahr (7.2.1960). SdtA Mannheim, Hauptregistratur, Zugang 40/1972, Nr. 291; Winfried Osthorst, Die De-Kommunalisierung der Abfallwirtschaft in den Städten. Sieben Fallstudien. Zwischenbericht des Forschungsprojekts »Die De-Kommunalisierung städtischer Infrastrukturen am Beispiel der Müllentsorgung«. Bremen 2001, 76; Saniter, Köhn, Saubere Zeiten, 59.

242 Vertrag zwischen der Gas- und Wasserwerke Rhein-Neckar AG und der Stadt Mannheim (25.10.1966). SdtA Mannheim, Rechnungsprüfungsamt, Zugang 40/1995, Nr. 269.

243 Vgl. ebd., 31.

244 Später wurde dazu u.a. angemerkt, dass gerade die Expertise aus dem Ausland häufig zu teuren Fehlentscheidungen geführt habe. Bundesministerium des Inneren. Projektgruppe Abfallbeseitigung. Broschüre: Brennpunkt Müllproblem (Bamberg 1968). BA Koblenz, B 106, Nr. 29370.

245 Schreiben Tiefbauamt an Referat VII (22.3.1967). SdtA Mannheim, Bauhauptverwaltung, Zugang 52/1979, Nr. 943.

Tabelle 9: Müllverbrennungsanlagen in Westdeutschland 1958–1975

Jahr	Standort (Jahr der Erweiterung)	Angeschlossene Einwohner
1958	Hamburg (1963/68)	600.000
1961	Essen-Karnap	1.300.000
	Düsseldorf (Versuchsanlage)	
1962	München (1964/1983)	750.000
1963	Glückstadt	13.000
1964	Mannheim (1973)	330.000
	Neustadt/Holstein	35.000
	Rosenheim (1970)	200.000
1965	Düsseldorf (1972)	833.000
	Stuttgart (1970)	625.000
1966	Bonn-Bad Godesberg	80.000
	Braunschweig	220.000
	Eutin	20.000
	Frankfurt/M.	900.000
	Hagen	350.000
1967	Berlin-Ruhleben (1971/72)	1.100.000
	Darmstadt (1978)	140.000
	Ludwigshafen	200.000
1968	Landsweiler-Reden	60.000
	Nürnberg (1980)	480.000
1969	Kassel	350.000
	München II	750.000
	Solingen	255.000
1970	Bremen	590.000
	Iserlohn (1973)	300.000
	Leverkusen	360.000
	Neufahrn/Freising (1970)	50.000
	Offenbach	500.000
1971	Eberbach	26.000
	Neunkirchen (1977)	50.000
	Zirndorf (Fürth) (1977)	82.000
1972	Landshut (1981)	60.000
	Oberhausen-Lirich (1985)	1.000.000

Jahr	Standort (Jahr der Erweiterung)	Angeschlossene Einwohner
1973	Hamburg II	600.000
1974	Pinneberg (1978)	281.000
1975	Krefeld Kempten Kiel-Süd (1980) Göppingen	400.000 308.000 274.000 255.000

Quelle: K. C. Shin, Müllverbrennungsanlagen in der BRD, in: Forschungs- und Entwicklungsinstitut für Industrie- und Siedlungswasserwirtschaft sowie Abfallwirtschaft e. V. Stuttgart (Hrsg.), Vor- und Nachteile der Verbrennung und der Kompostierung von kommunalen Abfällen. Berlin 1975, 25–35, 29 f.; Jäger, Gutachten für das Bayerische Staatsministerium, 7 f.; Martin Kaimer u. a., Bewerten von thermischen Abfallbehandlungsanlagen. Planung, Genehmigung, Konzept und Betrieb. Berlin 1999, 44 ff.

Korrosionsschäden zeitlich parallel betrieben werden[246], wobei die Betreibergesellschaft mit dem Stufenwanderrost ein offensichtlich störanfälliges Verfahren gewählt hatte.[247] Das erzeugte nicht nur Kosten für die Stadt und trieb die Müllgebühren in die Höhe, es machte auch die Entsorgung des übrig gebliebenen Abfalls zu einem schwierigen Problem.[248] Weil im Stadtgebiet nach Schließung der Deponie auf der Friesenheimer Insel keine geeignete Fläche zur Verfügung stand, musste der übrig gebliebene Müll für teures Geld in der Nachbarstadt Ludwigshafen verbrannt werden.[249] Solche Korrosionsprobleme traten im Übrigen bei anderen MVAs ebenfalls auf und galten nicht zuletzt als Resultat von Waste to Energy-Lösungen.[250]

Allein schon aufgrund mangelnder Zuverlässigkeit, starkem Verschleiß und langen Stillstandszeiten lösten die Müllverbrennungsanlagen die Entsorgungs-

246 Schreiben Stadtreinigungs- und Fuhramt (Irmisch) an das Dezernat VII (19.11.1970). SdtA Mannheim, Zugang 52/1979, Nr. 944.

247 Dieter Schlag, Verbrennung von häuslichen Abfällen. Eine Einführung in die Technik. Karlsruhe 1988, 36 f.

248 Stellungnahme Borelly an Dezernat VII (25.9.1970). SdtA Mannheim, Bauhauptverwaltung, Zugang 52/1979, Nr. 944; Bericht Stadtreinigungs- und Fuhramt Irmisch an Dezernat VII (21.9.1970). SdtA Mannheim, Bauhauptverwaltung, Zugang 52/1979, Nr. 944. Zur Kostenentwicklung s.: Betriebswirtschaftliche Rechnung der Müllabfuhr für die Zeit 1966 bis 1970. SdtA Mannheim, Bauhauptverwaltung, Zugang 52/1979, Nr. 943.

249 Schreiben Stadtreinigungs- und Fuhramt (Irmisch) an das Dezernat VII (19.11.1970). SdtA Mannheim, Bauhauptverwaltung, Zugang 52/1979, Nr. 944.

250 Ergebnis der Ermittlungen über Anfall von PVC-Abfällen und Einwegflaschen sowie deren Auswirkung auf die Abfallbeseitigung (Juli 1969). BA Koblenz, B 106, Nr. 29370.

problematik der großen Städte also nur teilweise. Mitunter konnten sie, wenn die städtische Deponie in der Zwischenzeit bereits geschlossen worden war, die Entsorgungsschwierigkeiten sogar noch verschärfen – und das geschah bereits, bevor die Frage toxischer Emissionen von MVAs ab Mitte der 1970er Jahre zu einem exzeptionellen Problem in der Öffentlichkeit wurde.[251] Insofern bot sich mit der Müllverbrennung zwar prinzipiell eine Lösung für den westdeutschen Entsorgungsnotstand an, jedoch waren die Anlagen teuer, technisch keineswegs verlässlich und in der Regel nur für großstädtische Agglomerationen geeignet. Auf die Deponierung konnte auf absehbare Zeit nicht verzichtet werden.[252]

Gerade sie galt in der zweiten Hälfte der 1960er Jahre aber als zunehmend problematisch: Nicht nur wegen der großen Zahl der »wilden« Ablagerungen, sondern auch, weil ihre Gefahren zunehmend ins Bewusstsein rückten. Das Konzept der »geordneten Deponie« aus dem bereits erwähnten dritten Merkblatt der ZfA antwortete nicht zuletzt auf dieses Problem. Dabei gab es allerdings um die Mitte der 1960er Jahre noch durchaus ein spannungsreiches Nebeneinander von ruhigem Planungsoptimismus und steigendem Gefahrenbewusstsein hinsichtlich der Neuregelung der Abfallentsorgung. Der nordrhein-westfälische Wirtschaftsminister Gerhard Kienbaum schrieb 1966 einen Brief an seinen Kollegen aus dem Innenministerium, in dem er darlegte, welche Möglichkeiten es für eine geordnete Abfallentsorgung gab: So sollten im Ruhrgebiet Bergsenken verfüllt und Deiche mit Hausmüll verstärkt werden. Es ginge darum, »die Beseitigung fester Abfallstoffe aus einem bisher ausschließlich belastenden in ein positives, landschaftsgestaltendes Arbeitsgebiet« zu verwandeln.[253] Auch der Frankfurter Monte Scherbelino wurde nach Schließung der Deponie im Jahr 1968 begrünt und in einen Romantikpark umgestaltet.[254] Auf der anderen Seite wiesen Experten bereits zu diesem Zeitpunkt darauf hin, dass das Müllproblem sich zu einem guten Teil aus seiner veränderten Zusammensetzung ergab. So führte ein Referent des Innenministeriums aus, Fortschritte der Technik, die Ausbreitung des Wohlstands und die Änderung der Lebensgewohnheiten hätten dazu geführt, dass der Abfall heute nicht mehr ge-

251 Die Frage der Emission von Schwebstoffen und Salzsäure spielte bereits in der zweiten Hälfte der 1960er Jahre bei der Bewertung von MVAs eine gewisse Rolle. Jedoch sollte erst die Dioxin-Problematik MVAs tatsächlich auf die politische Agenda bringen. Vgl. Artikel Mannheimer Morgen: Müllberge bereiten Kopfzerbrechen. SdtA Mannheim, Bauverwaltungsamt, Zugang 52/1979, Nr. 940.

252 Rundschreiben des Innenministers NRW an die beteiligten Fachressorts NRW (4.1.1969). LA NRW, NW 354, Nr. 877. Die Deponierung wurde hier als »Normalmethode« bezeichnet; Stellungnahme des Deutschen Rates für Landespflege: Zum Problem der Behandlung von Abfällen (21.10.1970). SdtA Mannheim, Bauhauptverwaltung, Zugang 52/1979, Nr. 944.

253 Schreiben des Ministers für Wirtschaft, Mittelstand und Verkehr des Landes NRW (Kienbaum) an den Innenminister des Landes NRW (4.5.1966). LA NRW, NW 354, Nr. 586.

254 Gather, Kommunale Handlungsspielräume, 90.

danken- und gefahrlos einfach abgelagert werden könne, wobei er insbesondere die Zunahme von Verpackungen und Kunststoffen als einen wesentlichen Faktor benannte.[255]

Die daraus resultierenden Schwierigkeiten lassen sich an einem konkreten Projekt demonstrieren, nämlich der Zentraldeponie Emscherbruch, die seit Mitte der 1960er Jahre auf dem Gelände der stillgelegten Zeche Graf Bismarck 7/8 in Gelsenkirchen geplant wurde und auf der Industrie- und Haushaltsabfälle der Städte Essen, Gelsenkirchen, Gladbeck, Mülheim, Recklinghausen, Wanne-Eickel und Bochum entsorgt werden sollten.[256] Im Februar 1968 erwarb der SVR das Gelände für 18,8 Mio. DM und investierte nochmals 1 Mio. DM in den Ausbau des Geländes, wonach die Deponie im Herbst desselben Jahres in Betrieb genommen werden konnte. Diese Summe stellte im Übrigen nahezu die Hälfte des damaligen Jahresetats des SVR dar, was verdeutlicht, dass die Abfallwirtschaft ein wesentliches Standbein – ein Mitglied nannte es sogar einmal ein »besonders dickes Elefantenbein«[257] – des SVR darstellte.[258] Explizit wurde darüber hinaus in einer Broschüre der Stadt Gelsenkirchen gedankt, die im Gegensatz zu vielen anderen Kommunen bereit war, sich für den Zweck des Wohlergehens des Ruhrgebiets zu opfern.[259]

Aus damaliger Sicht hatte der Standort der Deponie Emscherbruch große Vorteile. So konnte durch die Lage im unmittelbaren Einzugsgebiet der Emscher auf allzu kostspielige Sicherungsmaßnahmen für Grund- und Oberflächenwasser verzichtet werden. Wie bereits erwähnt, war die Emscher seit Beginn des 20. Jahrhunderts offiziell als Abwasserkanal des Ruhrgebiets deklariert, hinsichtlich des Wasserschutzes war hier also ohnehin nicht viel zu gewinnen.[260] Im Zusammenspiel mit der Müllverbrennungsanlage in Essen-Karnap sollte die Zentraldeponie eine langfristige Lösung der Abfallentsorgung in einem Einzugsgebiet von 1,8 Mio. Einwohnern sicherstellen. Ihre Laufzeit war im Zuge der Planung auf 30 Jahre berechnet worden. Jedoch mussten die Laufzeitangaben sehr rasch nach Eröffnung der Deponie im Jahr 1968 nach unten korrigiert werden. Bereits ein Jahr später war nur noch von 15 Jahren Laufzeit die Rede, eine Angabe, die laut Schenkel aus »planungstechnischen Gründen« nicht

255 Niederschrift über das 1. Interministerielle Koordinierungsgespräch auf dem Gebiet der Abfallbeseitigung am 19.10.1965, LA NRW, NW 354, Nr. 586.

256 Werner Schenkel, Die Zentraldeponie Emscherbruch in Gelsenkirchen. Sonderdruck aus Müll und Abfall 1971. LA NRW, NW 455, Nr. 778.

257 Hans-Lothar Kranz, Ansprache (Anlage 3 zur Niederschrift der Verbandsversammlung am 27.3.1981), 13. SdtA Bochum, Bo OStD 502.

258 Fritz-Hellmut Hirt, Ansprache (Anlage 6 zur Niederschrift der Sitzung der Verbandsversammlung am 28.10.1981), 3. SdtA Bochum, Bo OStD 504.

259 Werner Schenkel, Die Zentraldeponie Emscherbruch in Gelsenkirchen. Sonderdruck aus Müll und Abfall 1971. LA NRW, NW 455, Nr. 778.

260 Ebd.

weiter reduziert werden sollte.[261] Der ABM hatte sich massiv gegen das Begehren zahlreicher Kommunen im Ruhrgebiet zu erwehren, die ihren Abfall auf der Zentraldeponie entsorgen wollten, was ihre Laufzeit weiter nach unten gedrückt hätte.[262]

Die Pionierrolle der Zentraldeponie Emscherbruch bestand darin, dass sie die erste geordnete große Zentraldeponie als überkommunale Entsorgungslösung darstellte und insofern ein Vorbild für die vielen Zentraldeponien war, die im Zuge der Neuordnung der Abfallwirtschaft in den 1970er Jahren geschaffen wurden. Als moderner Deponietyp war sie eine Reaktion darauf, dass die Ablagerung, nicht zuletzt aufgrund der hohen Kosten der Müllverbrennung, als Entsorgungsweg weiterhin unumgänglich war. Bereits die Giftmüllskandale der frühen 1970er Jahre, auf die im nächsten Abschnitt genauer eingegangen werden soll, zeigten jedoch, wie unzulänglich die Deponietechnik zu diesem Zeitpunkt noch war. Es war noch nicht in das Bewusstsein der Ingenieure und planenden Behörden vorgedrungen, wie komplex Deponien als Bauwerke tatsächlich waren und wie lang der Weg zu einer einigermaßen umweltgerechten Entsorgung noch war. Dieser Lernprozess sollte schmerzhaft werden.

3.4 Die Verrechtlichung und Neuordnung der Abfallwirtschaft in den 1970er Jahren

Bis zum Beginn der 1970er Jahre investierten insbesondere die Großstädte sehr viel Geld in Anlagen zur Lösung ihrer Entsorgungsprobleme. Die Müllmassen insgesamt konnten so aber kaum gebändigt werden, weil die Abfallmengen nicht nur in den Großstädten, sondern zunehmend auch in Kleinstädten und auf dem Land stark anstiegen und die bestehenden Entsorgungsanlagen dafür schlicht nicht ausgelegt waren. Wie bereits beschrieben, wurde gegen Ende der 1960er Jahre die Zahl der wilden Deponien zunehmend unübersichtlich und die Unzulänglichkeiten der Abfallbeseitigung erzeugten einen wachsenden Problemdruck. In dem Maße, wie die Kooperation der Kommunen und deren wissenschaftliche Beratung durch die ZfA und andere Stellen zur Lösung des Problems nicht ausreichten, wurde klar, dass der Staat sich einschalten musste. Das äußerte sich einerseits in der umfassenden rechtlichen Regulierung der Abfallbeseitigung, beginnend mit dem Abfallbeseitigungsgesetz von 1972. Andererseits wurden in diesem Jahrzehnt durchgreifende Maßnahmen zur Lösung der Entsorgungssituation ergriffen, die zur Schaffung zahlreicher neuer Groß-

261 Vermerk Mertens betr. Abfalldeponie Hühnerheide (5.7.1973). LA NRW, NW 455, Nr. 831.

262 Schreiben Schmitz (Siedlungsverband Ruhrkohlenbezirk) an den Chef der Staatskanzlei des Landes NRW (19.10.1972). LA NRW, NW 455, Nr. 831.

deponien, Sondermülldeponien und Müllverbrennungsanlagen führten. Allerdings ließen sich diese angesichts eines vermehrten Wissens um die Gefahren der Abfallentsorgung und einer zunehmend kritischen Öffentlichkeit immer schwieriger durchsetzen – und so waren die 1970er Jahre auch davon geprägt, dass parallel zu den Anstrengungen zur Lösung des Abfallproblems auch Kritik und Protest gegen alte und neue Entsorgungsanlagen stark anwuchsen.

3.4.1 Giftmüllskandale

Ein Umstand, der die Gefahrenwahrnehmung der Abfallentsorgung in den 1970er Jahren in besonderer Weise beeinflusste, stand allerdings nur indirekt mit der Entsorgung des Hausmülls im Zusammenhang: Die zahlreichen Giftmüllskandale, die zu Beginn der 1970er Jahre bekannt wurden und in der Bevölkerung eine große Verunsicherung auslösten, hatten in der Regel mit Abfällen aus der chemischen Industrie zu tun. Jedoch prägten diese Vorkommnisse die Wahrnehmung des Abfallproblems in den 1970er Jahren insgesamt und waren längst nicht nur auf den Bereich Chemiemüll beschränkt.

Dabei waren toxische Abfälle keineswegs eine Erfindung der späten 1960er Jahre. Schon beim frühneuzeitlichen Bergbau fielen gefährliche Reststoffe an.[263] Der Aufbau der chemischen Industrie in der zweiten Hälfte des 19. Jahrhunderts brachte zahlreiche Abfälle hervor, die zum Schaden von Mensch und Natur in Flüsse oder auf Halden abgekippt wurden.[264] Insbesondere die intensivierte Rüstungsproduktion der beiden Weltkriege führte zu einem erhöhten Aufkommen an gefährlichen Abfallstoffen. Arsen- oder cyanidhaltige Abfälle, Kampfstoff- oder Treibhausabfälle wurden oftmals einfach in den nächstgelegenen Kiesgruben deponiert. Diese Ablagerungen wurden teilweise erst Jahrzehnte später entdeckt, als man erhöhte Schadstoffkonzentrationen im Grundwasser nachwies, und waren auch für einige der Altlastenskandale zu Beginn der 1980er Jahre verantwortlich.[265] Die für den ökonomischen Aufschwung der BRD so bedeutsame chemische Industrie erzeugte große Mengen gefährlicher Abfallstoffe, die oftmals ungeordnet abgelagert, verbrannt oder in Flüsse (besonders den Rhein) verklappt wurden.[266] Es lässt sich also kaum davon sprechen, dass es sich zu Beginn der 1970er Jahre um ein neues Phänomen handelte. Ab diesem Zeitpunkt wurde Giftmüll jedoch aus verschiedenen Gründen zu einem in der Öffentlichkeit viel beachteten Thema, das große Ängste in der

263 Reith, Umweltgeschichte der frühen Neuzeit, 53.

264 Bauer, Im Bauch der Stadt, 326f.

265 Bericht über die Auswertung der Erfahrungen im Zusammenhang mit der Hanauer Giftmüllaffäre (Januar 1974). BA Koblenz, B 106, Nr. 65269; Ralph Baumheier, Altlasten als aktuelle Herausforderung der Kommunalpolitik. München 1988, 61.

266 Vgl. Bauer, Im Bauch der Stadt, 368ff.

Bevölkerung auslöste und die Wahrnehmung des Abfallproblems in entscheidender Weise prägte.

Der prominenteste unter den frühen Giftmüllskandalen der 1970er Jahre war die Entdeckung der illegalen Ablagerung von Natriumcyanid im Bochumer Stadtteil Gerthe. Im Februar 1971 war die Stadt Bochum zunächst von Anwohnern darauf aufmerksam gemacht worden, dass auf einer Schuttkippe gefährliche Abfälle unsachgemäß in Fässern abgelagert würden. Die Firma Orm Fairtec hatte ein nasschemisches Verfahren zur Entgiftung von Härtesalzrückständen entwickelt und die Genehmigung, die (dann angeblich ungefährlichen) Rückstände auf der Kippe abzulagern; die Stadt Bochum plante übrigens, die Kippe zu einem Teil ihres Grüngürtels zu machen. Bald jedoch war Orm Fairtec bei rasant steigender Nachfrage nicht mehr in der Lage, den Prozess technologisch zu beherrschen, und fing damit an, die Härtesalzrückstände unbehandelt abzulagern. Ein bestochener Wärter der Kippe hatte dies zugelassen.

Der Skandal bekam bald auch eine politische Dimension, weil die DKP sich des Themas annahm und die mangelnde Aufarbeitung der Vorgänge durch die verursachende Firma und die Behörden anmahnte. Nachdem es zunächst nur um einige wenige Fässer mit Giftmüll ging, stellte die DKP in einer Pressemitteilung Anfang August 1971 heraus, dass sich auf der Kippe noch sehr viel mehr Fässer befanden.[267] Mit Hilfe eines ehemaligen Mitarbeiters der Firma Orm Fairtec konnten diese schließlich lokalisiert werden, womit der Vorgang in seiner ganzen Dimension erst sichtbar wurde: Insgesamt lagerten auf dem Gelände der Schuttkippe ca. 2.500 Fässer mit Härtesalzrückständen. Zudem hatte die Firma auch noch weitere Schadstoffe in drei Klärteiche auf der Kippe eingeleitet. Weil die Giftstoffe bereits drohten, das örtliche Grundwasser zu kontaminieren, konnte eine Gefährdung der Bevölkerung nicht länger ausgeschlossen werden.

Der Bochumer Vorfall warf in mehrfacher Hinsicht gravierende Probleme auf: Zunächst stellte die Entsorgung des Giftmülls die Behörden vor große technische und logistische Probleme; schließlich mussten die »Pipeline-Pioniere« der Bundeswehr aus Wuppertal eingeschaltet werden.[268] Als großes Problem erwies sich aber auch, dass es an Lagerstätten für die Giftstoffe fehlte. Dementsprechend verlief die finale Entsorgung des Giftes alles andere als ideal. Das Wasser der Bochumer »Müllteiche« wurde mittels einer Pipeline in die Emscher gepumpt und floss von dort in den Rhein. Die giftigen Salze sollten zunächst auf einer Deponie in Hoheneggelsen in der Nähe von Hildesheim gelagert werden, wo bereits die Rückstände des Nievenheimer Arsenschlamms deponiert

267 Vermerk Hösel: Ablagerung von Natriumcyaniden in Bochum (11.8.1971). BA Koblenz, B 106, Nr. 25134.

268 Stadt Bochum: Giftige Industrieabfälle auf der Schuttkippe Bochum Gerthe Gewerkenstraße (1971). LA NRW, NW 455, Nr. 768.

wurden: In Dormagen-Nievenheim hatten Rheinschiffer über längere Zeit giftige Abfälle illegal entsorgt. Nach massiven Protesten der dortigen Bewohner wurde davon jedoch Abstand genommen.[269]

Am Ende wurden die meisten Fässer im Oktober 1972 im Atlantik südlich der Azoren verklappt.[270] Diese Lösung war von Seiten des Nordrhein-Westfälischen Arbeitsministeriums, zuständig für den Katastrophenschutz, zunächst ausgeschlossen worden: Die Deutschen seien dafür »zu sehr die internationalen Musterknaben« in Sachen Umweltschutz.[271] Die Stadt Bochum nutzte jedoch (unter wohlwollender Mitwisserschaft des Landwirtschaftsministeriums[272]) die unklare Rechtslage aus, zumal die Stadtverwaltung im Laufe des Jahres 1972 unter erheblichen Druck aus der Bevölkerung geraten war: Die Giftfässer, die nur notdürftig gesichert weiterhin auf der Kippe in Gerthe verblieben waren, sollten endlich verschwinden. Schließlich wählte die Stadt die für sie schnellste und möglicherweise billigste Lösung, obwohl der Abschluss des Osloer Abkommens zum Schutz der Meere vom Februar 1972 die Entsorgung problematischer Abfälle auf See stärker geregelt hatte. Das Bundesverkehrsministerium hatte für diesen Vorgang eine Ausnahmegenehmigung erteilt.[273]

Die Verantwortlichen der Firma Orm Fairtec konnten wegen Verstoßes gegen das Wasserhaushaltsgesetz und Betruges zwar erstinstanzlich verurteilt werden, das erwies sich jedoch als alles andere als trivial. Der fragliche § 38 des Wasserhaushaltsgesetzes, der das unbefugte Einleiten von schädigenden Substanzen in ein Gewässer unter Strafe stellte, war aus dem Grund schwierig anzuwenden, weil eine bestimmte Verschmutzung konkret auf ihren Verursacher zurückgeführt werden musste. Das war aber kaum möglich, wenn auf bestimmten Kippen gleich mehrere Entsorger giftige Abfälle deponierten. Im Bochumer Fall funktionierte der Nachweis, weil lediglich die Firma Orm Fairtec auf der

269 Schreiben MELF an den Präsidenten des Landtags Nordrhein-Westfalen (24.6.1975). LA NRW, NW 455, Nr. 824.

270 Schreiben Stadt Bochum an den Bundesverkehrsminister (9.10.1972). LA NRW, NW 455, Nr. 835.

271 Artikel Westdeutsche Allgemeine Zeitung: Für Musterknaben der Atlantik Tabu (27.8.1971), in: LA NRW, NW 455, Nr. 768.

272 Protokoll Besprechung im Ministerium für Ernährung, Landwirtschaft und Forsten am 22.9.1972 (29.9.1972). SdtA Bochum, Bo OB 1274. Bezeichnenderweise veröffentlichte das Ministerium für Landwirtschaft, Ernährung und Forsten am 13. Oktober 1972 eine Pressemitteilung, in welcher der Minister »mit Bedauern und Bestürzen« zur Kenntnis genommen haben wollte, dass Bochum den Abtransport der Fässer angeordnet habe. Der Minister habe davon erst Kenntnis bekommen, als der Transport der Fässer auf einen Binnenschiff nahezu abgeschlossen war. Pressemitteilung NRW: Minister Deneke ist über Versenkung der Giftfässer im Meer bestürzt (13.10.1972). SdtA Bochum, Bo OB 1274.

273 Vermerk Kanis: Die juristischen Aspekte von Bochum (24.10.1972). LA NRW, NW 544, Nr. 769; Schreiben Minister Deneke an Marion Schult (28.10.1972). LA NRW, NW $55, Nr. 769; Schreiben Bundesminister für Verkehr an die Stadt Bochum (29.9.1972). LA NRW NW 455, Nr. 835.

Gerther Schuttkippe gefährliche Substanzen abgelagert hatte. Das war aber in der Realität der Sondermüllentsorgung zu Beginn der 1970er Jahre eher die Ausnahme.

Bei der juristischen Aufarbeitung des Bochumer Giftmüllskandals offenbarten sich somit gravierende rechtliche Probleme: Es bestanden erhebliche Lücken in den bestehenden Gesetzen und Verursacher problematischer Abfälle konnten nur unter großen Schwierigkeiten für Umweltschäden zur Rechenschaft gezogen werden.[274] Das meinte nicht nur die rechtliche Verantwortung, sondern auch die finanzielle. Aus diesem Grund blieb die Stadt Bochum, finanziell ohnehin nicht auf Rosen gebettet, auf den Kosten der Entsorgung des Gerther Desasters in Höhe von 2,5 Mio. DM größtenteils sitzen.[275] Hinzu kam, dass diese Skandale auch das Problem der Zuständigkeit von Landesseite erneut aufwarfen. So verlangte die Stadt Bochum vom Landwirtschaftsministerium eine finanzielle Unterstützung, dort wusste man aber gar nicht, ob man überhaupt zuständig sei.[276] Solange diese Frage aber nicht geklärt war, ließen sich auch keine Mittel zuweisen. Das war ein wichtiger Grund dafür, dass die zersplitterten Kompetenzen in der Abfallfrage zu Beginn der 1970er Jahre eindeutig zugewiesen wurden.

Das im Frühjahr 1972 beschlossene Abfallbeseitigungsgesetz, auf das im nächsten Abschnitt ausführlich eingegangen wird, schien die unklare Rechtslage zunächst zu beseitigen. Der Nordrhein-Westfälische Landwirtschaftsminister Diether Deneke behauptete sogar selbstgewiss, ein Fall wie Bochum könne »nie« mehr vorkommen.[277] Das sollte sich jedoch sehr schnell als Trugschluss erweisen: 1973 wurden die Aktivitäten des Hanauer Entsorgungsunternehmers Friedrich Plaumann bekannt, der sein auf die Entsorgung von Sondermüll spezialisiertes Abfuhrunternehmen 1970 gegründet hatte und den Abfall seiner Kunden gegen eine Gebühr übernahm. Anstatt die giftigen Abfälle jedoch ordnungsgemäß zu entsorgen, kippte Plaumanns Firma die Abfälle zumeist auf normale Hausmülldeponien in der Hanauer Umgebung ab.[278]

274 So forderte die Stadt Bochum in einer Resolution vom März 1973, im Zuge einer Novellierung des Abfallbeseitigungsgesetzes bei der Entsorgung nicht nur Anlagen zu genehmigen, sondern auch die darin arbeitenden Personen zu zertifizieren. LA NRW, NW 354, Nr. 883.

275 Schreiben Regierungspräsident Arnsberg an den Oberstadtdirektor der Stadt Bochum (6.3.1972). SdtA Bochum, Bo OB 1274; Vgl. die detaillierte Chronik der Ereignisse (o. D.). SdtA Bochum, Bo OB 1274.

276 Vermerk Czychowski MELF betr. Ablagerung cyanidhaltiger Abfallstoffe in Bochum Gerthe (5.10.1971). LA NRW, NW 455, Nr. 768.

277 UK Umwelt (11/71): In Hessen ist die Beseitigung von Giftmüll gesetzlich geregelt. BA Koblenz, B 106, Nr. 29730.

278 Hanauer Giftmüllskandal. Bericht der durch Beschluss des Kabinetts vom 24.9.1973 eingesetzten Kommission zur Untersuchung der unerlaubten Ablagerung von industriellen Sonderabfällen. BA Koblenz, B 106, Nr. 65269.

Was zunächst als ein Umweltskandal mit klarer Verantwortlichkeit erschien, erwies sich im Laufe des Prozesses gegen Plaumann als äußerst komplex. So waren die Firmen, die ihn beauftragt hatten, keineswegs die unschuldigen Opfer eines betrügerischen Dienstleisters geworden. Vielen war nämlich sehr wohl bewusst, dass ihr Sondermüll nicht ordnungsgemäß entsorgt wurde – allein schon deswegen, weil Plaumann äußerst günstig arbeitete. So berichtete ein Zeuge in dem Prozess, einer der Kunden habe Plaumann darauf hingewiesen, dass es sich bei einer Abfall-Ladung um eine äußerst gefährliche Substanz handelte, die »wirklich verbrannt« werden müsse.[279] Diese Mitwisserschaft der beauftragenden Unternehmen sowie dass nicht ausgeschlossen werden konnte, dass auch andere Firmen illegal gefährliche Abfälle auf Hausmülldeponien entsorgt hatten, ließen den Nachweis einer spezifischen Verunreinigung nach § 38 WHG nicht machbar erscheinen, so dass Plaumann schließlich nur wegen Betruges verurteilt werden konnte.[280] Allerdings musste aufgrund des Hanauer Giftmüllskandals der Hessische Landwirtschafts- und Umweltminister Werner Best im Oktober 1973 zurücktreten, der somit das erste prominente politische »Opfer« eines Umweltskandals in der BRD wurde. Dieser hatte im November 1971 behauptet, in Hessen sei die Beseitigung von Giftmüll gesetzlich geregelt, weshalb ein Fall wie in Bochum hier nicht möglich sei.[281]

Das Argument, dass die abfallproduzierenden Firmen oftmals genau wussten, dass ihre Abfälle nicht ordnungsgemäß entsorgt wurden, spielte auch in der Revision des Bochumer Giftmüllprozesses eine wichtige Rolle. Diese wurde damit begründet, dass im ersten Verfahren lediglich zwei der vielen Kunden von Orm Fairtech gehört worden seien. Dabei hätten die Firmen den Sondermüll nur loswerden wollen, »egal wie«. Hierin wird ein wesentlicher Hintergrund der Giftmüllskandale deutlich, der in der Debatte mitunter keine große Rolle spielte, tatsächlich aber von enormer Bedeutung war. Mit dem Beschluss neuer Gesetze und der Erstellung technischer Anleitungen war nämlich noch keineswegs die Infrastruktur geschaffen, um diesen neuen Bestimmungen auch zu entsprechen, zumal immer mehr Kommunen die Entsorgung industrieller Abfallstoffe auf städtischen Kippen verweigerten.[282] Hier drängte die Zeit, bei Sonderabfällen vielleicht noch stärker als beim »normalen« Hausmüll (der

279 Urteil im Namen des Volkes gegen den Kaufmann Siegfried Plaumann wegen Betruges u. a. (16.12.1976). BA Koblenz, B 106, Nr. 65269.

280 Lobin, Über Plaumanns Schuld…, 12 f.; Artikel Münstersche Zeitung (12.3.1975): Noch einmal Cyanid-Affäre. LA NRW, NW 455, Nr. 836.

281 UK Umwelt (11/71): In Hessen ist die Beseitigung von Giftmüll gesetzlich geregelt. BA Koblenz, B 106, Nr. 29730; Artikel Abendzeitung München (7.10.1975). BA Koblenz, B 106, Nr. 65269.

282 Bericht über die Auswertung der Erfahrungen im Zusammenhang mit der Hanauer Giftmüllaffäre (Januar 1974). BA Koblenz, B 106, Nr. 65269. So verwies der BDI in einer Stellungnahme zum Altölgesetz von 1968 darauf, dass bei der Entsorgung von Altölen die Kostenfrage zwar im »Einzelfall« ebenfalls eine Rolle bei der Entsorgung gespielt habe, jedoch

ebenfalls viele problematische Substanzen enthielt), während die Kontrollen gleichzeitig lax blieben. Es war genau diese Situation, welche die Grundlage für das »Geschäftsmodell« von Plaumann und anderen bildete.[283]

Die Giftmüllskandale hatten zunächst nur bedingt mit dem Problem des Hausmülls zu tun, denn tatsächlich ging es hier in erster Linie um »Sondermüll«, eine Begriffsprägung, die im Zuge der Vorbereitung des Abfallbeseitigungsgesetzes von 1972 juristisch mit Leben gefüllt wurde.[284] Gleichwohl waren die Giftmüllskandale auch für die Entsorgung des Hausmülls aus verschiedenen Gründen relevant: So prägten die verschiedenen Enthüllungen über tatsächliche oder angebliche Giftmüllablagerungen das Bild der Gefährlichkeit der Abfälle generell, nicht nur der industriellen. Das war auch deshalb der Fall, weil viele der Skandale der frühen 1970er Jahre – der »Spiegel« deckte in dieser Zeit eine ganze Reihe von Giftmüllablagerungen auf – damit zu tun hatten, dass Abfälle auf regulären Hausmüllkippen abgelagert wurden (deswegen betonte der Ausdruck »Sondermüll« auch gerade den Aspekt, dass bestimmte Abfälle *nicht* zusammen mit dem Hausmüll, also auch nicht auf regulären Deponien entsorgt werden sollten[285]). Damit bekamen auch Hausmülldeponien eine neue Gefahrendimension, weil niemand – auch nicht die Experten – bestimmen konnte, wer was wann darauf genau abgekippt hatte.[286]

Zudem trugen die Giftmüllskandale wesentlich dazu bei, dass sich in der ersten Hälfte der 1970er Jahre eine steigende öffentliche Beunruhigung und Sensibilität in der Wahrnehmung der Gefährlichkeit von Abfällen entwickelte. Neben der medial vermittelten Häufung der Fälle (obwohl die Belastungen vorher kaum wesentlich geringer gewesen sein dürften) hielten nun eine ganze Reihe chemischer Substanzen in den öffentlichen Diskurs Einzug, die offensichtlich äußerst gefährlich waren: Chloride, Furane, Cyanide, später dann Dioxine. Besonders das »Dioxin« (womit in der öffentlichen Debatte vor allem

gerade für kleinere Betriebe die technischen Fragen der Entsorgung eine viel größere Rolle spielten. Stellungnahme des BDI zum Entwurf eines Gesetzes über die Überwachung des Verbleibs ölhaltiger und ähnlicher Abfallstoffe (Altölgesetz) (4.6.1968). HStA Stuttgart, EA 7/703, Nr. 3.

283 Schreiben Regierungspräsident Düsseldorf an den MAGS Nordrhein-Westfalen (29.9.1972): LA NRW, NW 455, Nr. 822.

284 Ministerialrat Thomas Weinheimer (MELF), Die Novelle des Abfallbeseitigungsgesetzes unter besonderer Berücksichtigung der Frage der Sonderabfälle (4.6.1975). VKS-Bundestagung, 3.–7.7.1975 in Friedrichshafen. LA NRW, NW 354, Nr. 886; Battelle-Institut Frankfurt/M., Arbeitsvorschlag: Verwertung von Sondermüll. Planung einer Zentralstelle für Erfassung und optimale Aufbereitung von Sondermüll (Januar 1972), 1. BA Koblenz, B 106, Nr. 25164.

285 Ministerialrat Thomas Weinheimer (MELF), Die Novelle des Abfallbeseitigungsgesetzes unter besonderer Berücksichtigung der Frage der Sonderabfälle (4.6.1975). VKS-Bundestagung, 3.–7.7.1975 in Friedrichshafen. LA NRW, NW 354, Nr. 886.

286 Artikel Welt am Sonntag (15.8.1971): Giftmüll-Lawine. Stündlich drei neue Alarme. LA NRW, NW 455, Nr. 832.

das sog. »Seveso-Gift« 2,3,7,8 TCDD gemeint war) sollte im Rahmen der sich zuspitzenden Debatte um die Emissionen von Müllverbrennungsanlagen in der zweiten Hälfte der 1970er Jahre eine wichtige Rolle spielen. Die Giftmüllskandale sensibilisierten die Öffentlichkeit also für gefährliche Substanzen, über die wenige Jahre zuvor praktisch noch nichts bekannt war. Wer aufmerksam die Berichte des »Spiegels« und anderer Printmedien aus dieser Zeit las, sah sich bald überall von Chemikalien und Giften umgeben, von denen man zumeist nicht wusste, wie schädlich sie tatsächlich waren.[287]

Darüber hinaus zeigten die Skandale auf, dass bei der rechtlichen Regulierung der Abfallentsorgung vieles im Argen lag. Die Prozesse gegen die Entsorgungsunternehmer erwiesen sich ja nicht zuletzt deswegen als peinlich für die Obrigkeit, weil hier auf Unzulänglichkeiten der bestehenden Gesetze und zersplitterte bzw. unklare Zuständigkeiten mehr als deutlich hingewiesen wurde.[288] Zwar lag zwischen der Aufdeckung des Bochumer und des Hanauer Vorfalls der Erlass des Abfallbeseitigungsgesetzes, das aber solche Fälle offensichtlich nicht verhindern konnte, zumal Umweltvergehen im Strafrecht zu diesem Zeitpunkt noch kaum eine Rolle spielten. Zu der mangelnden rechtlichen Regulierung kamen also auch noch Vollzugsprobleme, die spätestens seit Inkrafttreten des Wasserhaushaltsgesetzes 1960 stete Begleiter der Entsorgungsproblematik waren.

Schlussendlich stellte sich aber auch die Frage, ob die veröffentlichten Fälle nicht lediglich die Spitze des Eisberges markierten.[289] So wurden im Zuge des Bochumer Skandals nahezu stündlich neue Giftmüllablagerungen an zahlreichen Orten in der BRD entdeckt.[290] Das Giftmüllproblem hatte überdies eine kapitalismuskritische Note, weil insbesondere die DKP das Thema öffentlichkeitswirksam ausnutzte und immer wieder darauf hinwies, die eigentlichen Verursacher dieser Abfälle, die »Großkonzerne«, müssten dafür zur Kasse gebeten werden.[291] Das stellte für die Behörden auch deswegen ein Problem dar, weil die Partei tatsächlich immer wieder Fälle illegaler Ablagerungen und Behördenversagens aufdeckte und sich diese Angriffe darum nur schwer als politisch motiviert zurückweisen ließen.[292]

287 Ulrich Beck, Risikogesellschaft. Auf dem Weg in eine andere Moderne. Frankfurt/M. 1986, 38 ff.

288 Vermerk Kanis: Die juristischen Aspekte von Bochum (24.10.1972). LA NRW, NW 455, Nr. 769.

289 Schreiben Verband Privater Städtereinigungsbetriebe an das Bundesinnenministerium (10.8.1971). BA Koblenz, B 106, Nr. 31489.

290 O. V., Artikel: Umweltschutz, der vor dem Fabriktor endet. Die Arsenschlammaffäre zeigt das Leck zwischen Gewerbeaufsicht und der Kontrolle von Abfalltransporten, in: Süddeutsche Zeitung (3.8.1971).

291 Zur Rolle der DKP vgl. die Eingaben in: BA Koblenz, B 106, Nr. 64100.

292 Z. B.: Vermerk Hösel: Industriemülldeponie Kohlkaul (6.1.1975). BA Koblenz, B 106, Nr. 64100.

Neben den tatsächlich vorhandenen kriminellen Motiven einzelner Personen wurden die Giftmüllskandale aber überhaupt erst möglich, weil mit neuem Wissen und (schließlich) neuen Gesetzen noch keineswegs die Entsorgungsinfrastruktur vorhanden war, um gefährliche Abfälle ordnungsgemäß zu entsorgen. Vieles wurde nun als Sondermüll deklariert, was vorher ohne weiteres Nachdenken »konventionell« entsorgt worden wäre. So wurde 1967 in Hamburg eine Spezialverbrennungsanlage für gewerbliche und industrielle Abfälle errichtet, die auf ein Abfallaufkommen von 130.000 cbm im Jahr 1963 berechnet war, während bei Inbetriebnahme die Hamburger Firmen aber bereits 400.000 cbm ablieferten.[293] Bei den Industrieunternehmen des Ruhrgebietes fielen im Jahr 1971 geschätzte 600.000 t industrieller Sondermüll an, für die es keine adäquaten Entsorgungskapazitäten gab.[294] Das zeigt aber eben auch, dass die Firmen oftmals selbst nicht wussten, wie sie ihre gefährlichen Abfälle ordnungsgemäß entsorgen konnten.[295] Sogar für ein Großunternehmen wie die Degussa, die bei Giftmüllskandalen immer wieder als Abfallverursacher im Fokus stand, war das eine äußerst komplexe Aufgabe, die sich nicht von heute auf morgen erledigen ließ.[296]

Der Verband Privater Städtereinigungsbetriebe (VPS), der durch die Giftmüllskandale besonders betroffen war (sowohl Orm Fairtec als auch Plaumann waren »Private«), drückte das Grundproblem im Jahr 1974 in einem offenen Brief in bemerkenswerter Klarheit aus:

Wenn im Jahr 1968 noch 98 % der in Haus, Gewerbe und Industrie anfallenden Abfälle auf primitive Art und Weise ohne besondere Vorsichtsmaßnahmen beseitigt worden sind, kann man heute […] keine perfekte Behandlung und endgültige Abla-

293 Wolfgang Müller-Haeseler: Müll. Last des Fortschritts, in: Frankfurter Allgemeine Zeitung (20.11.1975).

294 Vermerk über ein Vorgespräch mit Vertretern der Studiengesellschaft Umweltschutz Gelsenberg Mannesmann am 4.11.1971 im MELF (10.11.1971). LA NRW, NW 455, Nr. 782.

295 Schreiben Menke-Glückert an Willi Gässler (BDI) (20.3.1972). BA Koblenz, B 106, Nr. 25178.

296 Vermerk betr. Cyanidhaltige Härtesalzrückstände von ausländischen Kunden der Fa. Degussa (2.8.1972). LA NRW, NW 455, Nr. 778; Grundsätzlich wurde von den Kommunen betont, dass Großunternehmen weniger Probleme mit der Entsorgung ihrer problematischen Abfälle hatten und in den meisten Fällen eigene Verbrennungsanlagen hatten und auch bereits intensiv industrielles Recycling praktizierten. Hingegen hatten gerade kleinere Unternehmen große Schwierigkeiten mit der Entsorgung. Vgl. Konzeption Abfallbeseitigung in der Stadt Bochum (1975), 3. SdtA Bochum, Bo OB 1279. Für das Beispiel Volkswagen s. Manfred Grieger, Going round in Circles? The Disposal of PVC and Plastic at the Volkswagen Plant in Wolfsburg between Industrial Incineration and Landfilling since 1955, in: Jahrbuch für Wirtschaftsgeschichte 2009, 81–98. Zu Paradoxien und Problematiken des »Umweltbewusstseins« von Unternehmen vgl. eindrücklich Ann-Kristin Bergquist, Dilemmas of Going Green. Company Strategies in the Swedish Mining Company Boliden 1960–2000 (Paper Green Capitalism Conference Wilmington/Delaware 2014).

gerung auch spezifischer kritischer Stoffe erwarten. Hierfür fehlen einfach die Voraussetzungen, was Zahl und Kapazität der heute vorhandenen Anlagen, aber auch die besondere Technologie für die Behandlung angeht. Fachleuten ist bekannt, dass noch Jahre benötigt werden, die Voraussetzungen hierfür umfassend zu schaffen. Bis dahin müssen alle Beteiligten, Gesetzgeber, Regierungsstellen, kommunale Körperschaften, Abfallproduzenten und die in der Aufgabe tätigen, qualifizierten Fachunternehmen bereit sein, die gestellten Aufgaben auf bestmögliche Art und Weise zu bewerkstelligen. Die Notwendigkeit müssen Öffentlichkeit und Wortführer der Öffentlichkeit zur Kenntnis nehmen.[297]

Dieser »Realismus« mochte berechtigt sein, er machte aber zugleich deutlich, dass jetzt erst bewusst wurde, was offensichtlich über Jahrzehnte gängige Entsorgungspraxis gewesen war.[298] In der ersten Hälfte der 1970er Jahre entwickelte sich also nicht nur ein zunehmendes Umweltbewusstsein der Bevölkerung[299], sondern parallel dazu stiegen auch das Wissen über und die Gefahrensensibilität gegenüber dem Abfall. Beides zusammen bildete später die Grundlage für die Proteste gegen neue Entsorgungsanlagen. Gerade letztere bedurfte es jedoch für eine »ordnungsgemäße« Entsorgung, für Sonderabfälle aber auch für »normalen« Hausmüll. Notwendig dafür war aber auch ein neuer rechtlicher Rahmen, der mit dem Abfallbeseitigungsgesetz von 1972 geschaffen wurde.

3.4.2 Der lange Weg zum Abfallbeseitigungsgesetz

Als der Entsorgungsnotstand zu Beginn der 1960er Jahre akut und zugleich bewusst wurde, dass Abfalldeponien nicht nur hygienische Probleme mit sich brachten, stellte sich für die Verantwortlichen in den Kommunen und der Landespolitik zwangsläufig die Frage, welche rechtlichen Regelungen existierten, die ihnen eine Handhabe gegen Abfallproduzenten und -entsorger gaben.

297 Offener Brief Verband Privater Städtereinigungsbetriebe an die Gesetzgeber in Bund und Ländern (20.5.1974). LA NRW, NW 354, Nr. 883.

298 Um nur ein Beispiel aus den Akten zu zitieren: 1967 berichtete die Chemische Fabrik Bruno Vogelmann Crailsheim an das Innenministerium, wie Heizöltanks gereinigt wurden: »Alle 5 Jahre muss ein Tank geöffnet und vollkommen gereinigt werden. Bei dieser Gelegenheit wird eine Reinigungsfirma Schlamm und Wasser auspumpen. Die Firma weiß genau, wo dieser trübe Rest unschädlich gemacht werden muss. Er wird auf einem Schuttplatz ausgegossen und angezündet. Was nicht verbrennt, verarbeitet sich dort unter dem Einfluss von Luft und Feuchtigkeit.« Chemische Fabrik Bruno Vogelmann Crailsheim. Crailit-TK Heizöltankschutzmittel. Zusammenstellung von Informationen aus unseren regelmäßigen Mitteilungen. HStA Stuttgart EA 7/703, Nr. 3.

299 So wies z. B. der Landesbezirk des DGB NRW darauf hin, dass »das Umweltbewusstsein […] gerade in der Bochumer Bevölkerung auf Grund dieser Ereignisse stark gewachsen« sei. Schreiben Landesbezirk NRW des DGB an den Landwirtschaftsminister NRW Deneke (21.3.1973). SdtA Bochum, Bo 30/111.

Wenn sich dabei ein Konsens herausbildete, dann höchstens der, dass die rechtliche Lage ziemlich unübersichtlich war: Jedenfalls wurde in den jeweiligen Bestandsaufnahmen in der Regel festgestellt, dass eine ganze Reihe von Gesetzen für die Regelung der Abfallentsorgung in Frage kamen.[300] An erster Stelle stand dabei das Wasserhaushaltsgesetz, das, wie gesehen, bereits Anfang der 1960er Jahre prinzipiell einen legislativen Rahmen für die Deponierung bot, mit entscheidenden Vollzugsdefiziten allerdings. Daneben spielten das Bundesseuchengesetz, das Tierkörperbeseitigungsgesetz oder das 1968 erlassene Altölgesetz eine wichtige Rolle. Gewerbeordnungen stellten einen Hebel bereit, die Entsorgungspraxis von gewerblichen Unternehmungen rechtlich zu regulieren.[301] Die kommunale Abfallentsorgung hingegen wurde in der Regel durch Kommunalordnungen geregelt, die allerdings in den seltensten Fällen spezifische Angaben zu Art und Technik der Entsorgung machten. Mitunter wurde auch auf das noch aus dem Jahr 1935 stammende Reichsnaturschutzgesetz verwiesen.[302] Auch wenn es manche Verantwortliche gab, die diesen gesetzlichen Rahmen als durchaus ausreichend empfanden, so waren die existierenden Vollzugsdefizite nicht zuletzt durch das Fehlen eines einheitlichen legislativen Rahmens für die Abfallbeseitigung begründet: Ohne ein übergreifendes Gesetz fiel es schwer, bestimmte Standards konsequent durchzusetzen, zumal wenn eine kritische Öffentlichkeit noch weitgehend fehlte, die sowohl über die juristische Expertise wie auch über die Möglichkeit verfügte, spezifischen Anliegen Gehör zu verschaffen.

Noch wichtiger war allerdings die Frage, wie die Abfallentsorgung überhaupt geregelt werden konnte, wenn auf diesem Gebiet offensichtlich gewaltige Wissenslücken existierten. So stellte das nordrhein-westfälische Innenministerium 1962 fest, dass das Wasserhaushaltsgesetz sowie weitere Gesetze und kommunalrechtliche Vorschriften zwar einen prinzipiell ausreichenden rechtlichen Rahmen für die Lösung des Abfallproblems bereitstellten, sich die Anwendungen der Vorschriften jedoch »in einem Ermessensspielraum [vollzöge], der Gelegenheit zu ministerieller Erläuterung und zu Richtlinien für die Wahl des jeweils besten Mittels zur Erreichung des zu erstrebenden Zieles gibt.« Als Reaktion auf diesen »Ermessensspielraum« sollte eine wissenschaftliche Arbeits-

300 Im Innenministerium NRW wurde im Zuge solcher Überlegungen auch das erste staatliche Abfallgesetz in Europa überhaupt rezipiert, nämlich das italienische Gesetz über das »Sammeln, Abfahren und die Verwertung des gemeindlichen Mülls« von 1941, das offensichtlich aus den Autarkieanstrengungen der faschistischen Kriegswirtschaft resultierte. LA NRW, NW 354, Nr. 1096.

301 Bundesministerium des Inneren. Projektgruppe Abfallbeseitigung. Broschüre: Brennpunkt Müllproblem (Bamberg 1968). BA Koblenz, B 106, Nr. 29370.

302 Vermerk Kanis: Vorlage für Herrn Minister Deneke (5.6.1972). LA NRW, NW 455, Nr. 778.

gruppe eingesetzt werden, die Richtlinien für die richtige Abfallentsorgung erarbeitete.[303] Von der wissenschaftlichen Beschäftigung mit der Entsorgungsproblematik wurde also erwartet, Hinweise zu bekommen, wie die Entsorgung der Abfälle sinnvoll rechtlich geregelt werden konnte.

Die uneinheitliche Rechtslage war aber nicht das einzige Problem. Hinzu kam, dass auf Länderebene die Zuständigkeit für Fragen der Abfallentsorgung nicht einheitlich geregelt war.[304] So trafen bereits im Februar 1962 die Vertreter verschiedener Ministerien in Nordrhein-Westfalen zusammen, um die Zuständigkeiten untereinander zu klären. Resultat war, dass sowohl das Innenministerium durch seine Gesundheits- und Kommunalabteilung in dieser Frage involviert war, sich aber auch das Landwirtschaftsministerium, insbesondere hinsichtlich Fragen des Gewässerschutzes, für Fragen der Abfallentsorgung zuständig erklärte.[305] Zusätzlich lag die Frage der atomaren Abfälle in der Verantwortung des Arbeitsministeriums, das sich sowohl für den Arbeits- wie für den Katastrophenschutz verantwortlich zeichnete. Gleichwohl besaßen die Innenministerien der Länder bis zur einheitlichen Neuregelung der Kompetenzen auf Landesebene (als die Verantwortung auf die jeweiligen Landwirtschafts- bzw. Umweltministerien der Länder überging) aufgrund der Verantwortlichkeit für kommunale Angelegenheiten in der Regel die primäre Zuständigkeit für dieses Feld und entsandten deshalb auch Vertreter in die LAGA.[306]

Die zersplitterte Rechtslage und die unklaren Zuständigkeiten waren die wichtigsten Gründe dafür, dass im Bundesgesundheitsministerium bereits im Juli 1965 mit den Planungen für ein Bundesgesetz zur Abfallentsorgung begonnen wurde. Konkreter Anlass war allerdings die Anfrage des Abgeordneten Otto Schmidt aus Wuppertal, einem führenden Mitglied der Interparlamentarischen Arbeitsgemeinschaft, hinsichtlich der Frage der Verwendung unaufbereiteter Fäkalien zur Düngung von Obst und Gemüse. Das nahm der Ministerialrat im Bundesgesundheitsministerium Gottfried Hösel zum Anlass, ein Gesetz zur »hygienisch einwandfreien Beseitigung fester und flüssiger Abfall-

303 Schreiben Innenminister des Landes Nordrhein-Westfalen an den Städtetag Nordrhein-Westfalen u. a. (19.7.1962). Landesarchiv NRW, NW 354, Nr. 587.

304 Direkt nach dem Zweiten Weltkrieg war die Zuständigkeit vollständig unübersichtlich, weil die Abfallbeseitigung sich auch noch mit Fragen der Trümmerbeseitigung beschäftigte. Vgl. Schreiben Oberbaurat Köster an Headquarter Mil Gov. Land Northrhine-Westphalia, Principal Controller Civil Engineering Public Utilities (11.11.1947). LA NRW, NW 354, Nr. 1096.

305 Vermerk Klosterkemper betr.: Behandlung von Müllfragen auf ministerieller Ebene (16.2.1962). LA NRW, NW 354, Nr. 1096; Bundesministerium des Inneren: Gutachten zum Problem der Behandlung und Beseitigung von Abfallstoffen (1963). BA Koblenz, B 106, Nr. 25150.

306 Schreiben Gustav Niermann an die Internationale Arbeitsgemeinschaft für Müllforschung z.Hd. Prof. Jaag (26.1.1962). LA NRW, NW 354, Nr. 1096.

stoffe« vorzubereiten.[307] In der ersten Besprechung wurde allerdings schon auf das entscheidende juristische Problem hingewiesen, dass nämlich der Bund laut § 74 Grundgesetz für die Abfallbeseitigung gar nicht zuständig war, sondern die Länder. Daran war bereits im Jahr 1953 der Entwurf einer bundeseinheitlichen »Fäkalien-Verordnung« gescheitert und auch später wachten die Länder durchaus eifersüchtig über ihre grundgesetzlich garantierten Kompetenzen.[308]

Trotzdem setzte sich im Gesundheitsministerium die Meinung durch, eine umfassende Regelung des Abfallproblems könne nicht einfach durch die Ergänzung bestehender Gesetze geleistet werden, vielmehr bedürfe es einer »großen Lösung«.[309] Zugleich wurde festgestellt, dass die Vorbereitung eines solchen Gesetzes einige Zeit in Anspruch nehmen würde, womit man Recht behalten sollte: Aus verschiedenen Gründen dauerte es noch sieben Jahre, nämlich bis zum Juni 1972, bis das »Abfallbeseitigungsgesetz« in Kraft treten konnte. Bis dahin hatten sich allerdings die Rahmenbedingungen der Abfallproblematik, ihre Bedeutung in der öffentlichen Wahrnehmung und auch die Sprache, in der sie verhandelt wurde, deutlich verändert.

Die ersten, wesentlich von Gottfried Hösel erarbeiteten Entwürfe dieses Gesetzes waren noch tief in der Welt der Städtehygiene verwurzelt. Das konnte allerdings nicht verwundern, war Hösel doch aus dem Wabolu-Institut ins Bundesgesundheitsministerium gewechselt.[310] Abfallstoffe wurden hier definiert als »alle zur Beseitigung oder zur gärtnerischen, landwirtschaftlichen und forstwirtschaftlichen Verwertung anfallenden Stoffe, z. B. Hausmüll, Industrierückstände, Klärschlamm und Fäkalien.«[311] Gefordert wurde die unschädliche und hygienische Beseitigung der Abfälle. In einer ersten, ebenfalls von Hösel verfassten Begründung des Gesetzes vom Dezember 1967 wurde darauf hingewiesen, dass ein erheblicher Teil der Abfallstoffe »in seuchenhygienischer Hinsicht sehr gefährlich« sei. Würde besonders Klärschlamm zusammen mit Hausmüll

307 Ergebnisbericht über die Hausbesprechung am 13. Juli 1965 über die Verwendung von Fäkalien und gesundheitsschädlichen Abwässern (20.7.1965). BA Koblenz, B 106, Nr. 31487. Bereits im Juli 1964 hatte Hösel in einem internen Schreiben festgestellt: »Die Lösung der Probleme auf dem Gebiet der Abfallbeseitigung ist immer mehr zu einer politischen Frage geworden; das haben die Bundestagsanfragen in letzter Zeit deutlich gezeigt. Wenn diese Fragen nicht sofort energisch angepackt werden, können unserem Haus beträchtliche Schwierigkeiten entstehen.« Schreiben Hösel an UAL III A (18.7.1964) betr. Kosten für Sachverständige. BA Koblenz, B 106, Nr. 25150.

308 Vermerk Hösel: Besprechung im Bundesgesundheitsministerium am 13.7.1965 (13.7.1965) betr. Beseitigung fester und flüssiger Abfallstoffe in hygienischer Hinsicht. BA Koblenz, B 106, Nr. 31487.

309 Ergebnisbericht über die Hausbesprechung am 13. Juli 1965 über die Verwendung von Fäkalien und gesundheitsschädlichen Abwässern (20.7.1965). BA Koblenz, B 106, Nr. 31487.

310 Vgl. Bericht über die Feier anlässlich des 60jährigen Bestehens des Instituts für Wasser-, Boden und Lufthygiene (18.4.1961). LA Berlin, B REP. 142/09, Nr. 5/24–36.

311 Entwurf Abfallgesetz (Stand 12.5.1967). BA Koblenz, B 106, Nr. 31487.

deponiert, gerieten diese Lagerplätze »zu einem die Gesundheit von Mensch und Tier bedrohenden Reservoir von Krankheitskeimen.« Als weitere Gefahren, die von Müllplätzen ausgingen, nannte der Text schwer zu bekämpfende Brandherde, unerträgliche Staub- und Geruchsbelästigung für Anwohner im weiten Umkreis, Verschandelung des Landschaftsbildes und damit Minderung des Erholungswertes der Landschaft sowie die Minderung des Wertes von Grund und Boden in der Umgebung. Lediglich der Hinweis auf »gefährliche Verunreinigungen von Grund- und Oberflächenwasser« wies auf spezifische »Umwelt«-Gefahren hin.[312]

Ende des Jahres 1967 lag somit bereits ein erster, vorläufiger Gesetzentwurf vor, der aber recht wenig mit dem späteren Abfallbeseitigungsgesetz zu tun hatte und sich auch in die Umweltgesetzgebung der frühen 1970er Jahre schlecht eingefügt hätte. Es sollte aber ohnehin noch längere Zeit dauern, bis das Abfallbeseitigungsgesetz von den zuständigen Gremien in Bundestag und Bundesrat beraten werden konnte. Das hatte vor allem politische und institutionelle Gründe: So bat das Justizministerium darum, die Verhandlung des Gesetzes wegen »der Arbeit an dringlichen Gesetzentwürfen, die noch in dieser Legislaturperiode verabschiedet werden sollen«, zu verschieben.[313] Die Bundestagswahl 1969 brachte dann eine SPD/FDP-Koalition unter Willy Brandt als Bundeskanzler an die Macht, was eine Neuverteilung der Kompetenzen in der Umweltpolitik mit sich brachte: So wurden die für Umweltfragen zuständigen Abteilungen aus dem Gesundheits- und Arbeitsministerium ausgelagert und im Bundesinnenministerium zusammengefasst.[314] Hösel, der bis dahin die abfallpolitischen Maßnahmen des Bundesgesundheitsministeriums koordiniert hatte, wechselte zusammen mit vielen anderen Referenten in das Bundesinnenministerium.[315] Zudem wurde 1970 mit Heinrich von Lersner ein Jurist Vorsitzender der Abteilung Wasser und Abfall, dem von nun an die Erstellung des Gesetzes federführend unterlag.[316]

Die Verhandlungen über das Abfallbeseitigungsgesetz wurden aber auch durch das ungelöste Problem der gesetzgeberischen Zuständigkeit wesentlich verzögert. So äußerten die Länder-Vertreter auf einer Sitzung der LAGA im Oktober 1969, dass sie nach »reiflicher Überlegung« zu der Ansicht gelangt seien, dass ein Bundesgesetz auf dem Gebiet der Abfallbeseitigung im Hinblick auf

312 Schreiben Hösel an die betr. Referenten Bundesgesundheitsministerium (13.12.1967) betr. Gesetz über unschädliche Sammlung, Beseitigung und Verwertung von Abfallstoffen (Abfallbeseitigungsgesetz. BA Koblenz, B 106, Nr. 31487.

313 Schnellbrief des Bundesgesundheitsministeriums an das Bundeskabinett (12.5.1969). BA Koblenz, B 106, Nr. 31488.

314 Hünemörder, Frühgeschichte, 155.

315 Schreiben Hösel an Eduard Schönleben (27.11.1969). BA Koblenz, B 106, Nr. 25132.

316 Zu Lersner: http://www.umweltbundesamt.de/presse/presseinformationen/heinrich-freiherr-von-lersner-gestorben [Letzter Zugriff 14.1.2015].

die beschränkte Gesetzgebungskompetenz des Bundes »sehr unzweckmäßig« sei. Besser sollten Ländergesetze beschlossen werden, die sich an einem Musterentwurf orientierten. Der an der Sitzung teilnehmende Hösel reagierte darauf sichtlich genervt und wies darauf hin, dass die Länderarbeitsgemeinschaft an den Vorbereitungen »sofort und ohne Einschränkungen« seit nunmehr dreieinhalb Jahren beteiligt worden sei. Zudem könnten Ländergesetze ein umfassendes Bundesgesetz nicht ersetzen.[317]

Das hinderte einige konservativ regierte Länder (insbesondere Bayern und Rheinland-Pfalz) nicht daran, auf der Länderkompetenz zu beharren, als die politischen Verhandlungen über das Abfallbeseitigungsgesetz im November 1970 wieder aufgenommen wurden. Sie wurden dabei nicht zuletzt dadurch motiviert, dass in dieser Zeit nicht nur in der Frage der Abfallbeseitigung, sondern bei zahlreichen Sachfragen die Gesetzgebungskompetenz des Bundes ausgeweitet werden sollte.[318] Dementsprechend wurde in einer Besprechung der zuständigen Ressorts der Länder von diesen angemerkt, dass der Bund nach § 74 GG die Kompetenz für die einheitliche Regelung der Abfallfrage nicht besaß, es sich hierbei vielmehr um Ländersache handele. Darum musste der Beschluss eines Bundesgesetzes zur Abfallbeseitigung mit einer Änderung des § 74 GG einhergehen.[319] Dieser Gesichtspunkt gab dem Gesetz eine sehr viel größere politische Sprengkraft, als inhaltlich gerechtfertigt war, da es prinzipiell inhaltlich von nahezu allen Beteiligten über die politischen Fraktionsgrenzen hinweg befürwortet wurde. Die Übertragung von Länderkompetenzen auf den Bund stellte jedoch ein kniffliges Problem dar, zumal insbesondere ein Land wie Bayern, das traditionell auf seine föderale Eigenständigkeit großen Wert legte, mit einer solchen Lösung schon aus Prinzip nicht sympathisierte. Dieser Kompetenzkonflikt sollte im Folgenden die Debatte über das Abfallbeseitigungsgesetz wesentlich bestimmen. Er gipfelte schließlich im Jahr 1971 im Beschluss von Landesabfallgesetzen in Hessen, Bayern, Rheinland-Pfalz und Baden-Württemberg, die dann nach Inkrafttreten des Bundesabfallgesetzes novelliert werden mussten.[320]

317 Protokoll 12. Sitzung der LAGA in Hannover 16./17.10.1969. BA Koblenz, B 106, Nr. 31488.

318 Niederschrift über die 368. Sitzung des Rechtsausschusses am 6.4.1971. BA Koblenz, B 106, Nr. 31488.

319 Simon Meyer, Die Entwicklungslinien des Rechts der Abfallentsorgung im Spannungsfeld von Wettbewerb und hoheitlicher Lenkung. Frankfurt/M. u. a. 2010, 56.

320 Bodo A. Baars, Neues Abfallrecht in Hessen. Regelungsmöglichkeiten und Regelungsnotwendigkeiten nach Inkrafttreten des neuen Abfallgesetzes des Bundes, in: Forschungs- und Entwicklungsinstitut für Industrie- und Siedlungswasserwirtschaft sowie Abfallwirtschaft e. V. in Stuttgart (Hrsg.), Konsequenzen aus dem neuen Abfallgesetz des Bundes für Landkreise und kreisfreie Städte. 51. Abfalltechnisches Kolloquium. Berlin 1987, 23–39, 24 f.; Thomas Barbian, Umweltpolitik in Hessen. Handlungsspielräume der rot-grünen Koalition in der Abfallwirtschaft. London 1990, 111.

Dass es den Ländern am Ende nicht gelang, ein Bundesgesetz zur Abfallbeseitigung zu verhindern, hatte mehrere Gründe. Einer davon war, dass der Umweltschutz zu Beginn der 1970er Jahre unter Federführung des von Hans-Dietrich Genscher verantworteten Innenministeriums auf die Agenda der neu gewählten SPD/FDP-Koalition gesetzt wurde. Genscher selbst war zwar alles andere als ein »Überzeugungstäter« und hatte zum Umweltschutz ein eher pragmatisches, polittaktisches Verhältnis; er diente vor allem der Stärkung des sozial-liberalen Profils der FDP.[321] Gerade das zeigt jedoch, dass das Thema zu diesem Zeitpunkt offensichtlich Zugkraft hatte: Die Politik reagierte auf ein in der Bevölkerung vorhandenes Bedürfnis, mehr für den Schutz der natürlichen Umwelt zu tun.[322] Das kam im 1970 verabschiedeten Sofortprogramm zum Ausdruck, in dem die Bundesregierung ihre Handlungsabsichten zum Umweltschutz formulierte und für verschiedene Problembereiche spezifizierte. Wesentlich war dabei, dass hier das Abfallproblem ganz selbstverständlich neben anderen Bereichen wie dem Gewässerschutz und der Luftreinhaltung behandelt wurde. In dieser Parallelisierung, die offensichtlich keiner weiteren Erklärung bedurfte, wurde der Müll ganz selbstverständlich als Umweltproblem konturiert. Die Umweltsemantik war, darauf soll weiter unten noch zurückgekommen werden, also nicht zuletzt in der Lage, vormals durchaus heterogene Risikofelder inhaltlich zu verbinden.

Hinzu kamen weitere Faktoren: So war es auch unter den Ländern umstritten, inwiefern ein Bundesgesetz zur Regelung der Abfallentsorgung notwendig war. Während besonders Bayern und Rheinland-Pfalz auf ihrer Länderkompetenz beharrten, plädierten (neben dem Bund) vor allem die Vertreter Nordrhein-Westfalens für eine bundeseinheitliche Regelung. Die Vertreter des bevölkerungsreichsten Bundeslandes fürchteten dabei nicht zuletzt, dass bestimmte Länder ihre Entsorgungsprobleme auf andere abwälzen könnten; dieses Argument war dort bereits seit den Konflikten um den Vollzug des Wasserschutzgesetzes geläufig.[323] Zudem plädierte auch die Industrie für eine Regelung auf Bundesebene, um eine möglichst hohe Planungs- und Rechtssicherheit für die Firmen zu erreichen.[324] Und schließlich waren es nicht zuletzt die Giftmüllskandale in Bochum, Hanau und anderswo, die ein starkes politisches und öffentliches Interesse an einem Bundesgesetz erzeugten.[325]

321 Edda Müller, Innenwelt der Umweltpolitik. Sozial-liberale Umweltpolitik – (Ohn) macht durch Organisation? Opladen 1986, 58.

322 Vgl. dazu Westermann, Consumer Citizens, 493 ff.

323 Schreiben Bundesverband der Deutschen Industrie, Landesvertretung Nordrhein-Westfalen an den Minister für Landesplanung, Wohnungsbau und öffentliche Arbeiten des Landes NRW, Joseph Franken (5.5.1965). LA NRW, NW 354, Nr. 586.

324 Schreiben Bundesverband der Deutschen Industrie an die Landesvertretungen (20.8.1969). LA NRW, NW 455, Nr. 771.

325 Meyer, Entwicklungslinien, 59 f.

Insofern kam der Vorgang im Jahr 1971 nach einigen Verzögerungen (ein dem Endresultat vergleichbarer Gesetzentwurf lag bereits im Herbst 1970 vor[326]) schließlich in Gang. Nach Verabschiedung der genannten Landesabfallgesetze im Sommer 1971 fanden Bund und Länder im Herbst diesen Jahres zu einer Kompromisslösung, die im Februar 1972 zunächst zu einer Abänderung des § 74 GG führte, der nun die konkurrierende Gesetzgebungskompetenz des Bundes für die Abfallbeseitigung festschrieb. Die Länder blieben damit weiterhin für die rechtliche Regelung der Abfallbeseitigung zuständig, wenn auf Bundesebene keine anderslautenden Vorschriften erlassen wurden. Damit wurde das Abfallbeseitigungsgesetz des Bundes also als Rahmengesetz konzipiert, das im März 1972 im Bundestag verabschiedet wurde. Nachdem das Gesetz auf Initiative Bayerns noch den Vermittlungsausschuss durchlief (wo sich das Land mit seinen Änderungsvorschlägen nicht durchsetzen konnte), trat es im Juni 1972 schließlich in Kraft.

Aus politischer Sicht ist auffällig, dass, wie bei anderen Umweltgesetzen aus dieser Zeit, »Umweltschutz« zu Beginn der 1970er Jahre als Ziel über die Fraktionsgrenzen hinweg akzeptiert und der Entscheidungsprozess parteipolitisch kaum kontrovers war.[327] Die Arbeitsgruppe zur Ausarbeitung des Gesetzes im Innenausschuss des Bundestages wurde von Herbert Gruhl (CDU) geleitet, dem vehementesten Verfechter eines stärkeren Umweltschutzes in seiner Partei. Gruhl veröffentlichte 1975 das Buch »Ein Planet wird geplündert«, das zu den erfolgreichsten und wirkmächtigsten Schriften der westdeutschen Umweltbewegung zählte, und in dem auch die Abfallproblematik eine (kleine) Rolle spielte.[328] Er trat 1978 aus der CDU aus und wurde zwei Jahre später zum Mitbegründer der Grünen. Nach internen Konflikten verließ er die junge Partei allerdings bald wieder und gründete dann die Ökologisch-Demokratische Partei (ÖDP), um ökologische Anliegen mit eher konservativen gesellschaftspolitischen Vorstellungen zu verbinden.[329]

Gruhl wies in der Bundestagssitzung vom 2.3.1972 darauf hin, dass das Abfallbeseitigungsgesetz das erste größere Umweltgesetz sei, das im Bundestag verabschiedet wurde. Für die Durchführung des Gesetzes wären die Länder verantwortlich, wobei es generell wünschenswert sei, dass die »Gebiete eines Sammelbezirks möglichst groß« sein sollten. Hier wurde also die vom Gesetzgeber beabsichtigte Schaffung großer, zentraler Entsorgungseinrichtungen noch einmal besonders unterstrichen. Der Abgeordnete Müller von der SPD

326 Entwurf eines Gesetzes über die Beseitigung von Abfallstoffen (Abfallbeseitigungsgesetz) (6.11.1970). BA Koblenz, B 106, Nr. 31488.

327 Müller, Innenwelt der Umweltpolitik, 81.

328 Herbert Gruhl, Ein Planet wird geplündert. Die Schreckensbilanz unserer Politik. Frankfurt/M. 1975, 115 ff.

329 Zu Gruhl s. Silke Mende, Geschichte der Gründungsgrünen, 73 ff.; Uekötter, Am Ende der Gewissheiten, 106 f.

in Mülheim/Ruhr lobte insbesondere die faire Zusammenarbeit und die gebotene Gründlichkeit der Beratung: »Die Mitwirkung des Ministeriums und des Vorsitzenden der Länderarbeitsgemeinschaft Abfall war für uns alle nicht nur arbeitserleichternd, sie macht auch gleichzeitig unser Bemühen verständlich, das Beratungsergebnis auf sichere Füße zu stellen. Schließlich, so denke ich, drücken die erfolgten Veränderungen ein wenig von dem Selbstverständnis dieses Parlaments aus, das sich nicht als Zustimmungsmaschine, sondern als beratendes Arbeitsgremium versteht.« Die allgemeine Harmonie wurde lediglich durch einen SPD-Abgeordneten getrübt, der die Frage stellte, wie sich das Abfallgesetz im Kontext einer bislang kaum vorhandenen EG-Umweltpolitik ausnehmen würde. Welche Rolle würde es spielen, dass »die BRD zum Vorreiter in Sachen Umweltschutz wird?«[330]

Die Vorbereitung des Gesetzes erst im Bundesgesundheits-, dann im Bundesinnenministerium wiederum lässt sich als ein langwieriger Lernprozess beschreiben, der sich weniger deswegen als kompliziert erwies, weil ein klar definiertes Problemfeld juristisch behandelt werden musste, sondern weil es dieses Problemfeld überhaupt erst zu begreifen und zu erkunden galt. So beauftragte das Bundesinnenministerium verschiedene Forschungsinstitute mit Gutachten zu allgemeinen und speziellen Aspekten der Entsorgungsproblematik. Dabei stellten die Beamten geradezu schockiert fest, dass neben dem Haus- und Sondermüll noch zahlreiche andere Abfälle anfielen, für deren Entsorgung ebenfalls noch keine Lösung existierte. Unklar war beispielsweise, was mit der rapide zunehmenden Zahl an Autowracks angestellt werden sollte oder der gigantischen Masse an Altreifen. Was sollte mit den Abfällen der Bundeswehr und der in Westdeutschland stationierten alliierten Truppen geschehen? Einigermaßen fassungslos konstatierte man, dass in der Landwirtschaft anfallende Gülle und andere tierische Abfälle die quantitativ größte Abfallfraktion überhaupt darstellte, deren Entsorgung aufgrund der chemischen Intensivlandwirtschaft auch keineswegs unproblematisch war.[331]

Es war diese, geradezu überwältigende Dimension des Abfallproblems, die dazu führte, dass im Bundesinnenministerium bereits frühzeitig über Alternativen zur Deponierung oder Verbrennung des Abfalls nachgedacht wurde. Mehr noch, die Gedankenspiele im Ministerium erscheinen im historischen Kon-

330 Auszug aus dem Beschluss des Deutschen Bundestages vom 2.3.1972 zum Abfallbeseitigungsgesetz (Umweltschutz 7.7.1972/16/10). LA NRW, NW 455, Nr. 767.

331 Programm »Umweltgestaltung – Umweltschutz« der Bundesregierung. Beitrag der Projektgruppe Abfallbeseitigung (15.5.1971). BA Koblenz, B 106, Nr. 29730. Der Deutsche Bauernverband protestierte im Rahmen der Vorbereitung des Gesetzes scharf dagegen, dass nach § 12 des AbfG Jauche, Gülle und Stallmist nur nach vorheriger Desinfektion bzw. Entgiftung wieder auf die Felder aufgebracht werden durften. Schreiben Westfälisch-Lippischer Landwirtschaftsverband an Ministerpräsident Kühn (15.3.1972), LA NRW, NW 455, Nr. 766.

text zeitgenössischer Debatten als beinahe revolutionär.[332] So spielte neben der Kompostierung insbesondere das Recycling einzelner Hausmüllfraktionen bereits eine wichtige Rolle und es wurden verschiedene Gutachten dazu in Auftrag gegeben. Darüber hinaus wurde auch das Problem des wachsenden Kunststoffabfalls kritisch diskutiert und insbesondere die Zunahme an Einwegplastikflaschen mit Sorge zur Kenntnis genommen.[333] In eine Entwurfsfassung wurde sogar das Verbot von Plastik-Einwegflaschen hineingeschrieben, was allerdings zu scharfen Protesten der Verbände und kontroversen Diskussionen im Bundestag führte.[334] Am Ende schaffte es immerhin ein Verbotsvorbehalt in das Gesetz, dessen § 14 bestimmte, dass der Gesetzgeber es sich vorbehalte, bestimmte Verpackungen aus Kunststoff zu besteuern bzw. sogar ganz zu verbieten, wenn sich deren Entsorgung als zu aufwendig erwies.[335]

Auch wenn sich von diesen Debatten im Abfallbeseitigungsgesetz nur wenig wiederfinden lässt, kann dieses in seiner konkreten Gestalt trotzdem als Resultat des skizzierten Lernprozesses beschrieben werden, der sich Ende 1971, als das Gesetz im Innenausschuss abschließend diskutiert wurde, als noch keineswegs abgeschlossen erwies. Alle Beteiligten wussten, dass eine Novellierung des Gesetzes nur eine Frage der Zeit war.[336] Von besonderer Bedeutung war zunächst, dass man von einem substantiellen Abfallbegriff[337] abging und nun die Kombination eines »objektiven« mit einem »subjektiven« Abfallbegriff bevorzugte, die sich erstmals im August 1969 in den Akten findet und sich offensichtlich an einer Schweizer Bestimmung orientierte.[338] Diese Definition, die als

332 Niederschrift über die Besprechung am 2.7.1969 im Bundesgesundheitsministerium Bad Godesberg (Oktober 1969). BA Koblenz, B 106, Nr. 29370.

333 Ergebnis der Ermittlungen über Anfall von PVC-Abfällen und Einwegflaschen sowie deren Auswirkung auf die Abfallbeseitigung (Juli 1969). BA Koblenz, B 106, Nr. 29370.

334 Schreiben Bundesvereinigung der kommunalen Spitzenverbände an das Bundesinnenministerium (18.10.1971). BA Koblenz, B 106, Nr. 31489.

335 Nach Aussage von Staatssekretär Hartkopf handelte es sich dabei um eine Vorsorgemaßnahme, wenn die Industrie zu keiner ordentlichen Lösung gelangte. Schreiben Sander (BDI) an den Bundesinnenminister (1.8.1972). BA Koblenz, B 106, Nr. 25178.

336 Friedrich K. Schneider, Änderung des Abfallbeseitigungsgesetzes: Die Novellierung stand von vornherein fest, in: Umwelt-Magazin 4, 1974, Hft. 5, 17.

337 So bestimmte die Satzung der Stadt Frankfurt/M. von 1960 Abfall als »feste Abfallstoffe aus Wohnungen, Krankenhäusern, Anstalten und Heimen, Verwaltungsbauten, Schulen, geschäfts- und sonstigen Räumen«. Ferner Abfälle aus »Gewerbebetrieben aller Art, soweit diese Abfälle zur Unterbringung in Mülltonnen geeignet sind.« Mitteilungen des Deutschen Städtetages (14.2.1961). SdtA Mannheim, Hauptregistratur, Zugang 42/1975, Nr. 1093; Die Satzung der Stadt Mannheim bestimmte Müll 1964 als »Unrat, der auf Grundstücken üblicherweise anfällt (z.B. Hauskehricht, Asche, Küchenabfälle, Lumpen, Papier, Kartonage, Scherben, Dosen)«. Satzung für die Müllabfuhr der Stadt Mannheim (18.6.1964). SdtA Mannheim, Hauptregistratur, Zugang 42/1975, Nr. 1093.

338 Vorschlag für die Neufassung einiger Vorschriften des Entwurfs eines Gesetzes über die Beseitigung von Abfallstoffen (Abfallbeseitigungsgesetz) (15.8.1969). BA Koblenz, B 106, Nr. 31487.

Abfälle sowohl Dinge bestimmte, die jemand entsorgen wollte, wie auch solche, die objektiv zu entsorgen waren, stellte eine Verbesserung gegenüber den »substantiellen« Abfallbegriffen dar, die in der Regel in Kommunalordnungen verwendet wurden.[339] Vor allem war diese Bestimmung ausreichend flexibel. Substanzen, deren Zusammensetzung und Gefährlichkeit man noch nicht kannte, konnten so erfasst werden, genauso wie mit der »objektiven« Komponente ein Vollzugsrecht der Behörden gegenüber entsorgungsunwilligen Abfallbesitzern postuliert wurde.

Die wichtigste Regelung des neuen Gesetzes fand sich aber in § 3 AbfG, der die Verantwortung der Gemeinden für die Sammlung und Entsorgung der Abfälle in ihrem Gebiet festschrieb, wobei diesen sowohl das Recht zugestanden wurde, dafür Gebühren zu erheben wie auch diese Aufgaben Dritten zu übertragen; damit war insbesondere die private Abfallwirtschaft gemeint, die auf diesen Zusatz gedrängt hatte.[340] Diese Regelung war durchaus radikal, weil sie nicht nur eine reguläre Müllabfuhr für das gesamte Bundesgebiet verpflichtend machte, sondern insbesondere Industrieunternehmen von der Verantwortung für die Entsorgung ihrer Abfallstoffe entlastete. Sie entsprach jedoch der im Ministerium vorherrschenden Ansicht, dass nur durch die Zuweisung klarer Verantwortlichkeiten eine durchgreifende administrative Regelung der Abfallbeseitigung erreicht werden könne.[341]

Weiter wurde mit dem Gesetz postuliert, dass die Länder zeitnah sowohl Ausführungsgesetze zu erlassen wie auch sog. »Abfallbeseitigungspläne« zu erstellen hatten, welche die Entsorgung in einem Bundesland insbesondere für ländliche Räume koordiniert regelte, d.h. auch zur Errichtung neuer Entsorgungsanlagen führte. Die »Beseitigung« des Abfalls (ab Mitte der 1970er Jahre hieß es dann »Entsorgung« statt »Beseitigung«) sollte in dafür geeigneten Anlagen, insbesondere geordneten Deponien erfolgen. Daneben enthielt das Gesetz weitere Regelungen, die sich insbesondere mit der Klassifizierung und dem Transport der Abfälle beschäftigten.

Eine wesentliche Begriffsprägung, die in der Vorbereitung des Abfallbeseitigungsgesetzes geschaffen wurde, war der Begriff »Sonderabfälle«, der zwar bereits früher verwendet, nun aber spezifiziert wurde[342]: Er beschrieb solche

339 Mitteilung des Deutschen Städtetages betr. Neuer Satzung der Stadt Frankfurt/M. (14.2.1961). SdtA Mannheim, Hauptregistratur, Zugang 42/1975, Nr. 1093.

340 VPS: Stellungnahme eines Gesetzes über die unschädliche Sammlung und Beseitigung von Abfallstoffen (Abfallbeseitigungsgesetz) (27.5.1968). BA Koblenz, B 106, Nr. 25177.

341 Werner Schenkel, Abfallwirtschaftspolitik in der Bundesrepublik, in: Forschungs- und Entwicklungsinstitut für Industrie- und Siedlungswasserwirtschaft sowie Abfallwirtschaft e.V. in Stuttgart (Hrsg.), Abfallwirtschaft heute und morgen. Festkolloquium aus Anlass des 65. Geburtstages von Herrn o. Prof. Dr. R. Braun. Berlin 1985, 19–46, 24f.

342 So bezeichnete der Duisburger Stadtbaudirektor Roßberg in einem Vorplanungsgutachten zur Müllbeseitigung in Duisburg von 1962 »Sondermüll« als »Abfälle von Märkten sowie von Schlacht- und Viehhöfen«, die mengenmäßig nicht ins Gewicht fielen aber »durch-

Abfälle, die aufgrund ihrer Menge oder Gefährlichkeit nicht zusammen mit Hausmüll entsorgt werden durften. Zunächst war an die Verwendung des Begriffs »Giftmüll« gedacht worden, wovon aber u. a. deswegen Abstand genommen wurde, weil der Ausdruck »Gift« nicht eindeutig fixiert war. Als Alternative wurde auch der Begriff der gefährlichen Stoffe in Anlehnung an den Begriff der gefährlichen Güter ins Spiel gebracht, der im europäischen Verkehrsrecht bereits klarer umrissen erschien. Die Bezeichnung Sondermüll setzte sich am Ende durch, weil alternative Begriffe wie der des »gefährlichen« Mülls oder des »Giftmülls« nicht nur Abgrenzungs- und juristische Probleme aufwarfen: Sie sollten zudem auch Emotionen wecken, »die es den Beteiligten schwer machen dürften, die nötigen Abfallbeseitigungsmaßnahmen noch zu verwirklichen«, wie es ein Ministerialrat aus dem Landwirtschaftsministerium in NRW in wünschenswerter Klarheit ausdrückte.[343]

Insgesamt wurde mit dem Abfallbeseitigungsgesetz ein umfassender rechtlicher Rahmen für die Abfallbeseitigung geschaffen, womit der Staat sich dazu verpflichtete, das Entsorgungsproblem zu lösen. Gerade angesichts dessen, dass die Abfallentsorgung seit jeher ein kommunales Problem gewesen war, das legislativ, finanziell und technisch in deren Verantwortung belassen wurde, bedeutete das neue Gesetz einen grundlegenden Neuanfang. Das hatte allerdings auch Folgekosten: auf diese Weise wurde eine »end of pipe«-Politik etabliert, in der sich insbesondere die Erzeuger problematischer Abfälle ihrer Verantwortung durch eine Geldzahlung vergleichsweise einfach entledigen konnten. Einen Anreiz, »bereits bei der Planung des Produktionsprozesses auf die Erleichterung der späteren Entsorgung Rücksicht zu nehmen«, wie es der Deutsche Städtetag in einer Eingabe forderte, hatten sie darum nur bedingt.[344] Auch die private Entsorgungswirtschaft sollte diesen Aspekt später als Vehikel einer grundsätzlichen Kritik am Abfallbeseitigungsgesetz verwenden, wobei ihr allerdings der Umstand, dass der Staat überhaupt die umfassende Regelung der Abfallbeseitigung für sich reklamierte, offensichtlich ein viel größerer Dorn im Auge war.[345]

Für ein differenzierteres, »moderneres« Gesetz, das die Stoffkreisläufe umfassender in den Blick nahm und die Verantwortung breiter verteilte, war die

weg sehr unästhetisch und unangenehm« seien. Hans Roßberg, Müllbeseitigung Duisburg (Vorplanung), S. 7, Duisburg 1962. SdtA Duisburg, C 220. Der Hannoveraner Baurat Cohnert verwendete den Begriff »Sondermüll« synonym mit potentiell gefährlichen Industrieabfällen. Schreiben Cohnert an Kruse (31.10.1969). BA Koblenz, B 106, Nr. 25190.

343 Ministerialrat Thomas Weinheimer (MELF), Die Novelle des Abfallbeseitigungsgesetzes unter besonderer Berücksichtigung der Frage der Sonderabfälle (4.6.1975). VKS-Bundestagung, 3.–7.7.1975 in Friedrichshafen. LA NRW, NW 354, Nr. 886.

344 Entschließung des Deutschen Städtetages (14.3.1972). LA NRW, NW 455, Nr. 766.

345 Bericht von der Jahreshauptversammlung des VPS in Berlin, 10./11.10.1974. BA Koblenz, B 106, Nr. 69731.

Zeit aber wohl einfach noch nicht reif. Zunächst galt es, das Entsorgungsproblem mengenmäßig in den Griff zu bekommen und eine umfassende Regelung für einen Gegenstand zu finden, den man weder umfänglich erfasste noch vollständig verstand. Die intensiven Überlegungen im Bundesinnenministerium zu den Fragen Recycling, Mehrwegflaschen oder Produktverantwortung zeigen, dass es an Vorstellungs- und Innovationskraft bei den Verantwortlichen durchaus nicht mangelte. Die Frage war allerdings, was politisch durchsetzbar war und was dem primären Zweck genügte, für den das Gesetz geschaffen worden war. Auf diese Weise jedoch schuf das Abfallbeseitigungsgesetz eine legislative Pfadabhängigkeit, die grundlegende Änderungen äußerst schwierig machte. Dementsprechend konnte, trotz dreier Novellierungen in den Jahren 1977, 1981 und 1985, in denen vor allem der Transport und die Behandlung von Sondermüll präziser und verschärft geregelt wurden[346], das Gesetz erst 1986 grundlegend neu gefasst werden.

3.4.3 Der Vollzug des Abfallbeseitigungsgesetzes und die Neuordnung der Abfallwirtschaft in den 1970er Jahren

Die umfassende Regelungskompetenz und -verantwortung, die sich der Staat mit dem Abfallbeseitigungsgesetz aufbürdete, wurde dadurch noch verstärkt, dass die Länder – auch um der verfassungsrechtlichen Problematik zu genügen – jeweils eigene Ausführungsgesetze erließen. Dabei hatten sich die Ländervertreter in der LAGA auf eine wichtige Abweichung von den Bestimmungen des Bundesgesetzes geeinigt, nämlich dass nicht die Gemeinden, sondern die Landkreise für die Entsorgung zuständig sein sollten[347], womit die Zuständigkeit also der nächsthöheren Gebietskörperschaft übertragen wurde. Auch gegen diese Regelungen erhob sich scharfer Protest der Kommunen, die kritisierten, dadurch würde ihnen die Hoheit über ihre Entsorgungsaufwendungen aus der Hand genommen. Das waren aber letztlich nur die Kollateralschäden einer von dem politischen Willen getragenen Gesetzgebungspraxis, die Entsorgung möglichst zentral und umfassend zu regeln.[348] Zugleich war bereits 1971 in den Ländern auch die Zuständigkeit für die Abfallbeseitigung eindeutig gefasst worden. So waren ab diesem Zeitpunkt die jeweiligen Landwirtschaftsministerien dafür

346 Werner Reiland, Helmut Birn, Das neue Abfallbeseitigungsrecht 1977. Abfallbeseitigungsgesetz in der Änderungsfassung vom 21.6.1976 (BGBl 1601) mit Richtlinien zur Beseitigung von Sonderabfällen (Informationsschrift Sonderabfälle). Kissing 1977[3], 51 ff.

347 Stichworte für MD Krampe (10.1.1975) betr. 14. Arbeitstagung der Wasser- und Abfallwirtschaftsverwaltung. LA NRW, NW 455, Nr. 863; Doedens u. a., Die Zuständigkeit der Landkreise, 9 ff.

348 Schreiben Nordrhein-Westfälischer Städte- und Gemeindebund an Diether Deneke (3.10.1972). LA NRW, NW 455, Nr. 766.

zuständig[349], die in Hessen oder Baden-Württemberg bald um den Titel »Umwelt« ergänzt wurden. Bayern schuf 1970 ein eigenes Landesministerium für Umwelt und Landesentwicklung.[350] Hessen besaß ab 1971 ein Ministerium für Landwirtschaft und Umwelt, Baden-Württemberg seit 1972 ein Ministerium für Ernährung, Landwirtschaft und Umwelt.[351]

Der umfassende Regelungsanspruch war allerdings das eine, der Vollzug das andere. Wie anhand des Wasserhaushaltsgesetzes beschrieben, klafften zwischen dem Wortlaut des Gesetzes und seiner Umsetzung mitunter große Lücken. Gerade in diesem Punkt jedoch stellte die Abfallproblematik den Staat, etwa im Vergleich zur Luftreinhaltung, vor besondere Herausforderungen. Hier genügte es nicht, salopp formuliert, Filter in Schornsteine einzubauen. Vielmehr mussten neue Infrastrukturen geschaffen und bestehende technische Systeme ausgebaut werden, die dauerhaft betrieben wurden, also nicht nur einmalige Investitionen notwendig machten, sondern fortlaufend hohe Kosten produzierten. Insofern war den Verantwortlichen vollkommen bewusst, und sie schrieben es auch in das Gesetz, dass mit der rechtlichen Neuordnung der Abfallwirtschaft zugleich ein hoher Planungsaufwand verbunden war. Erst durch die Schaffung neuer Entsorgungskapazitäten ließen sich die Probleme in den Griff bekommen – und das erschien nun als genuine Aufgabe des Staates.

Es ist dieser Umstand, der das Abfallbeseitigungsgesetz hinsichtlich der vor allem zwischen Frank Uekötter und Kai Hünemörder geführten Debatte, inwiefern das Jahr 1972 eine Zäsur in der deutschen Umweltpolitik darstellt, als einen Sonderfall erscheinen lässt. Während Hünemörder dafür plädiert, in den neuen Umweltgesetzen zu Beginn der 1970er Jahre den Beginn einer Umweltpolitik der BRD im engeren Sinne zu erblicken[352], betont Uekötter, dass auf dem von ihm intensiv erforschten Gebiet der Luftreinhaltung wichtige Gesetze und Verordnungen bereits vor dem 1974 schließlich in Kraft getretenen Imissionsschutzgesetz existierten, es sich bei den umweltpolitischen Anstrengungen der sozialliberalen Bundesregierung also zu einem guten Teil um Symbolpolitik handelte.[353] Für die Bereiche Wasserschutz und Luftreinhaltung lassen sich für beide Standpunkte gute Argumente anführen. Auf dem Gebiet der Abfallbesei-

349 Vermerk Referat III A 3 (1.9.1971). LA NRW, NW 455, Nr. 779.

350 O.V., Umweltministerium seit 1970, in: Umwelt-Magazin. Sonderausgabe: 25 Jahre Umwelt-Magazin. Entwicklung, Erfolg und Erwartung im Umweltschutz. Würzburg 1996, 16; Hasenöhrl, Zivilgesellschaft, 271 f.

351 Bärbel Häcker, 50 Jahre Naturschutzgeschichte in Baden-Württemberg. Zeitzeugen berichten. Stuttgart 2004, 125.

352 Kai F. Hünemörder, 1972 – Epochenschwelle der Umweltgeschichte?, in: Franz-Josef Brüggemeier, Jens Ivo Engels (Hrsg.), Natur- und Umweltschutz nach 1945. Konzepte, Konflikte, Kompetenzen. Frankfurt, New York 2005, 124–144.

353 Uekötter, Von der Rauchplage, 480 ff.; Ders., Umweltgeschichte, 74. Zu ähnlichen Problemen im US-amerikanischen Umweltrecht s. Karl Boyd Brooks, Before Earth Day. The Origins of American Environmental Law, 1945–1970. Kansas 2009, 128 f.

tigung waren es aber die hohen Kosten des Vollzugs, die einem Bundesgesetz besondere Bedeutung zukommen ließen. Die Heterogenität und Vielschichtigkeit der Abfallproblematik, die aus der juristischen Binnenlogik eine umfassende Regelung der Entsorgung nahelegte, eliminierte alternative Adressaten, auf die der Vollzug wenigstens teilweise abgewälzt werden konnte. Insofern stellte das Abfallbeseitigungsgesetz deutlich mehr dar, als eine bloße Zusammenfassung und Neuformulierung rechtlicher Vorschriften, die vorher bereits in der einen oder anderen Form existierten.

Gleichwohl begannen die Maßnahmen zur Neuordnung der Abfallwirtschaft und der Beseitigung wilder Ablagerungsstellen nicht erst im Juni 1972. Bereits vorher hatte sich ein gestiegenes Problembewusstsein gegenüber dem Abfall darin manifestiert, dass mit der Beseitigung von wilden Müllkippen zumindest begonnen wurde. Manche Gemeinden schlossen sich bereits in den 1960er Jahren zu Zweckverbänden zur Abfallbeseitigung zusammen[354], von den Anstrengungen im Ruhrgebiet unter der Ägide des Siedlungsverbandes wurde bereits berichtet. Beim Planungsinstrument der Abfallbeseitigungspläne, das mit dem Bundesgesetz kodifiziert wurde, war das Bundesinnenministerium bereits im Frühjahr 1970 an die Länder herangetreten, diese im Vorgriff auf das neue Gesetz aufzustellen.[355] Das Land Rheinland-Pfalz entwickelte bereits im Frühjahr 1971 einen »Generalplan Abfallbeseitigung«.[356]

Erst das Abfallbeseitigungsgesetz schuf indes einen verbindlichen legislativen Rahmen und die notwendige Rechtssicherheit für eine durchgreifende Neuorganisation der Entsorgung. Dabei wurde insbesondere mit den Abfallbeseitigungsplänen ein planungsrechtliches Instrument geschaffen, das Gemeinden und Kreise dazu verpflichtete, eine leistungsfähige Entsorgungsinfrastruktur zu errichten, wobei die entsprechenden Maßnahmen von Seiten des Landes koordiniert wurden. Leistungsfähig meinte indes, darauf wiesen insbesondere Umweltaktivisten in den 1970er Jahren zunehmend hin, in erster Li-

354 Schreiben Oberkreisdirektor der Stadt Iserlohn an den Regierungspräsidenten Arnsberg (10.2.1972). LA NRW, NW 455, Nr. 786; Schreiben Landratsamt Ahrweiler an Hans-Dietrich Genscher (6.11.1970). BA Koblenz, B 106, Nr. 25134. Lösch, Probleme des Abfallaufkommens, 120 f.

355 Schreiben des Hessischen Ministers für Landwirtschaft an des Ministerium für Landwirtschaft, Weinbau und Forsten des Landes Rheinland-Pfalz (8.2.1971). HStA Wiesbaden, Abt. 509, Nr. 2323b; Auszug Protokoll 13. Sitzung der Länderarbeitsgemeinschaft Abfallbeseitigung am 16./17.4.1970 in Bremen. HStA Stuttgart, EA 7/703, Nr. 4; Auszug aus dem Sachmaterial zum Umweltschutzbericht Baden-Württemberg 1971. LA NRW, NW 455, Nr. 779. Interessant an diesem Dokument ist, dass hier bereits die Vorläufigkeit der Planung kritisch reflektiert wurde: So dürfe die erste Planungsstufe nur auf zehn Jahre angelegt sein, weil »in dieser Zeit sich die abfalltechnische Situation in einer solchen Weise verändert haben wird, wie dies derzeitig noch nicht abzusehen ist; außerdem darin, dass sich die Abfalltechnik in diesem Zeitraum erheblich weiterentwickelt haben wird.«

356 Schreiben Hösel an Landratsamt Ahrweiler (31.3.1971). BA Koblenz, B 106, Nr. 25134.

nie die Schaffung großer zentraler Anlagen. »Kleinräumige« Lösungen, insbesondere die Kompostierung, wurden damit, abgesehen von den Ländern Bayern und Baden-Württemberg, wo etwa in Weinanbaugebieten Kompostierungsanlagen in die Abfallbeseitigungspläne hineingeschrieben wurden, endgültig in ein Nischendasein abgedrängt.[357] Insofern lässt sich in der Neuordnung der Abfallentsorgung sowohl eine Orientierung an Konzepten der Raumordnung als auch ein starkes Moment zentralistischer Planung erkennen. Beides war durchaus typisch für die Politik der späten 1960er und frühen 1970er Jahre.[358]

Dabei war zunächst das Land für die grundsätzliche Rahmenplanung verantwortlich, entschied also über die Standorte und Einzugsgebiete von Entsorgungsanlagen. Anschließend lag es in der Verantwortung der Kreise bzw. kreisfreien Städte, konkrete Planungen durchzuführen, um die Entsorgungseinrichtungen zu realisieren. Die Umsetzung der Abfallbeseitigungspläne sah allerdings von Land zu Land unterschiedlich aus. In Hessen beispielsweise wurden die Regierungsbezirke in Entsorgungsbezirke unterteilt, für die wiederum zentrale Anlagen geplant wurden.[359] Während für die großen Städte weiterhin auf (größtenteils bereits bestehende) Verbrennungsanlagen gesetzt wurde, waren für die ländlichen Regionen geordnete Deponien vorgesehen, die von zu gründenden Zweckverbänden benutzt und betrieben werden sollten. In dieser auf dem Papier durchaus konsequenten Vorgehensweise lässt sich allerdings auch die Ursache für die teilweise dramatischen Defizite der hessischen Abfallwirtschaft in den folgenden Jahren erblicken: Durch die Konzentration auf vergleichsweise wenige Anlagen wurden starke Pfadabhängigkeiten geschaffen, die zu einem unbedingten Festhalten an einmal getroffenen Standortentscheidungen führten.[360] Extremfälle wie die Grube Messel oder die Zentraldeponie Buchschlag, auf beide Fälle wird noch zurückgekommen, lassen sich u. a. dadurch erklären.

In Baden-Württemberg wurde eine ähnliche Vorgehensweise gewählt. Auch hier wurde der Abfall in den Großstädten Stuttgart und Mannheim verbrannt (eine weitere MVA wurde 1975 in Göppingen in Betrieb genommen), ansonsten jedoch für geordnete Zentraldeponien optiert. Das hatte wesentlich damit zu tun, dass hier die Änderungen im Zuge der Neuordnung der Abfallentsorgung

357 Pressemitteilung (11.12.1972): Umweltminister Dr. Brünner legt Plan zur Abfallbeseitigung vor. HStA Stuttgart EA 7/703, Nr. 6.

358 Ariane Leendertz, Ordnung schaffen. Deutsche Raumplanung im 20. Jahrhundert. Göttingen 2008, 360 ff.; Gabriele Metzler, Konzeptionen politischen Handelns von Adenauer bis Brandt. Politische Planung in der pluralistischen Gesellschaft. Paderborn u. a. 2005, 355 ff.

359 Vermerk betr. Neuordnung der Abfallbeseitigung in den Planungsräumen Rhein Main, Taunus und Untermain (10.12.1971). HStA Wiesbaden, Abt. 509, Nr. 2331a.

360 Gather, Kommunale Handlungsspielräume, 94 ff.

besonders einschneidend ausfielen. So hatte das Land im Herbst 1972 erstmals den Abfallbeseitigungsplan veröffentlicht, der bis zum Herbst 1974 modifiziert und dann durchgreifend wirksam wurde. Das Land verkündete die Absicht, zusätzlich zu bestehenden 29 Anlagen, die weiterbetrieben werden sollten, 51 Neuanlagen zu schaffen. Das war eine gewaltige Planungsaufgabe, wobei die Einzugsgebiete für die Hausmüllentsorgung etwa 15–20 km umfassen sollten.[361] Überall mussten geeignete Standorte ausfindig gemacht werden, worüber die zuständigen Wasserschutzbehörden zunehmend an ihre Belastungsgrenzen gerieten.

In Nordrhein-Westfalen war im Vergleich dazu die Planung sehr viel kleinteiliger und es sollten deutlich weniger neue Anlagen geschaffen werden. 1974 sprach ein Ministerialbeamter von insgesamt zehn neuen Anlagen[362], wobei hier so stark wie ansonsten nur noch in Bayern auf die Müllverbrennung gesetzt wurde. Im Ruhrgebiet blieb die Errichtung neuer und die Koordination bestehender Anlagen weiterhin in der planungstechnischen Obhut von SVR und ABM. Das hatte damit zu tun, dass NRW um einiges dichter besiedelt war als Hessen und allein schon aufgrund der Menge des anfallenden Mülls weniger Spielräume für großräumige Planungen bestanden. Zudem waren die ausgeprägten Entsorgungsprobleme in diesem Bundesland ein Grund dafür, dass koordinierte Planungen hier im Vergleich zu anderen Bundesländern weiter fortgeschritten waren und aufgrund der hohen Zahl an Großstädten Müllverbrennungsanlagen eine wichtigere Rolle spielten. So gab es 1975 in NRW beispielsweise bereits zehn größere MVAs, während in Hessen vier, in Baden-Württemberg lediglich zwei in Betrieb waren.[363] In dieser Situation kann im Übrigen auch ein wesentlicher Grund dafür erblickt werden, warum die Proteste gegen die Neuordnung der Abfallwirtschaft hier sehr viel schwächer ausfielen, als es speziell in Baden-Württemberg der Fall war. Ganz abgesehen davon, dass die Menschen in NRW seit langer Zeit mit einer hohen Umweltbelastung zu leben gelernt hatten.

Die Heterogenität der in den jeweiligen Ländern ausgearbeiteten Abfallbeseitigungspläne erwies sich in mancherlei Hinsicht als ein Problem. So bestand für die einzelnen Bundesländer ein starker Anreiz, von Entsorgungsanlagen in anderen Bundesländern zu profitieren und die damit verbundenen Kosten

361 Referat Dunz, Die Entwicklung der Abfallbeseitigung in Baden-Württemberg, Protokoll Landesgruppetagung VKS in Villingen-Schwenningen (14.2.1975), 17ff. HStA Stuttgart, EA 7/703, Nr. 8. Zur Entwicklung des Abfallbeseitigungsplans Baden-Württemberg s. W. Dunz, Der neue Teilplan Hausmüll des Landes Baden-Württemberg, in: Forschungs- und Entwicklungsinstitut für Industrie- und Siedlungswasserwirtschaft sowie Abfallwirtschaft e. V. in Stuttgart (Hrsg.), Abfallwirtschaftliche Lösungen für die Praxis. 52. Abfalltechnisches Kolloquium. Stuttgart 1987, 21–34.

362 Schreiben Mertens an Referat III B 5 MELF (13.9.1974). LA NRW, NW 455, Nr. 837.

363 Shin, Müllverbrennungsanlagen in der BRD, 29f.

und politischen Durchsetzungsprobleme zu vermeiden. Der Verband der Chemischen Industrie forderte darum bereits im Jahr 1975, dass die Länder ihre Abfallbeseitigungspläne stärker koordinieren müssten.[364] Dabei spielte jedoch mit zunehmender Planungsdauer auch der zu erwartende Widerstand gegen neue Abfallbeseitigungsanlagen eine wichtige Rolle. In Baden-Württemberg, dessen Bevölkerung besonders protestfreudig war, wurde das in den 1980er Jahren geradezu endemisch und führte zu einer gravierenden Knappheit besonders an Anlagen zur Entsorgung von Sonderabfällen.[365]

So schwierig sich im konkreten Fall die Durchsetzung neuer Deponien und Verbrennungsanlagen gestaltete, so wurden jedoch langsam Fortschritte erzielt. Das äußerte sich zunächst darin, dass bestimmte, als offiziell deklarierte Deponien schnell wuchsen, während ein Großteil der »wilden« Müllkippen beseitigt oder wenigstens geschlossen werden konnte. So wurden in Baden-Württemberg von 1972 insgesamt gezählten 3.774 wilden Kippen bis 1975 über 3.000 geschlossen.[366] Allein im Regierungsbezirk Tübingen waren das bis zu diesem Jahr 466 wilde Müllablagerungen. Übrig blieben dort dann noch 47 Ablagerungen, von denen zwölf als »geordnet« bezeichnet werden konnten. Das war zwar noch keineswegs der angestrebte Idealzustand, stellte aber eine signifikante Verbesserung gegenüber den Zuständen früherer Zeiten dar.[367] Genauso wurden beispielsweise auch in den Städten des Ruhrgebiets die meisten der zahllosen städtischen und privaten Kleinkippen beseitigt sowie neue Zentraldeponien ausgewiesen.[368] 1975 waren in der BRD von vormals geschätzten 50.000 Deponien noch ca. 4.500 übrig[369], eine Zahl, die sich bis 1980 auf 2.765 reduzierte.[370] Die wilden Ablagerungen, vormals ein vertrautes Bild im Straßenbild westdeutscher Großstädte, waren größtenteils verschwunden.

364 Verband der Chemischen Industrie e.V.: Jahresbericht 1974/75 (15.3.1975). LA NRW; NW 354, Nr. 886; Zum konkreten Fall der gegenseitigen Sondermüllverschickung zwischen Baden-Württemberg und Rheinland-Pfalz s. Vermerk Referat VII MELU (2.8.1975) betr. Abfallbeseitigung für Baden-Württemberg, Teilplan »Industrielle Sonderabfälle«. HStA Stuttgart, EA 7/703, Nr. 35. Z.T. nahmen die Länder damals Sonderabfälle anderer Länder aber sogar recht gern an, um die Rentabilität ihrer bestehenden Entsorgungsanlagen zu verbessern.

365 Horst P. Sander, Abfallbeseitigung und -verwertung in Gesetzgebung und Verwaltungspraxis, in: Institut für gewerbliche Wasserwirtschaft und Luftreinhaltung e.V. (Hrsg.), Nutzung industrieller Abfälle. Recycling und umweltfreundliche Technologien als Beitrag zum Umweltschutz. Köln 1974, 1–24, 3f.

366 Artikel Schwarzwälder Bote (19.8.1975). HStA Stuttgart, EA 7/703, Nr. 35.

367 Artikel Unbekannte Zeitung (19.12.1975), 500 Müllplätze weniger. HStA Stuttgart, EA 7/7903, Nr. 35.

368 Z.B. Stadt Bochum: Zentrale Abfalldeponie Bochum-Kornharpen. Erläuterungsbericht (1976). SdtA Bochum, Bo OB 1279.

369 Umweltbundesamt, Fünf Jahre Abfallwirtschaftsprogramm. Berlin 1980, 6f.

370 Hansjürgen Hoffmann, Moderne Deponietechnik, in: Umwelt-Magazin 13, 1983, Hft. 6, 42–44, 42. Dabei lag ca. die Hälfte der Deponien in Bayern. Rat der Sachverständigen für Umweltfragen, Umweltgutachten 1978. Stuttgart, Mainz 1978, 196f.

Das alles kostete allerdings nicht zuletzt sehr viel Geld. Bereits 1971 bezifferte ein internes Dokument des Bundesinnenministeriums, das auch in den zuständigen Länderministerien zirkulierte, die Kosten der Abfallbeseitigung auf über 2,8 Mrd. DM, wobei je eine Milliarde für Zentraldeponien und Müllverbrennungsanlagen verausgabt werden sollte.[371] Am Ende vermittelte eine solche Prognose aber höchstens eine schwache Ahnung der tatsächlichen Kosten der Entsorgung, die sich aufgrund der langjährigen Planungen und notwendigen Neuplanungen allerdings kaum seriös quantifizieren lassen. Jedenfalls ließ das nordrhein-westfälische Landwirtschaftsministerium 1975 mitteilen, in Westdeutschland würden sich die jährlichen Kosten für die Hausmüllentsorgung bereits auf 2,5 Mrd. DM subsummieren.[372] Zur Gegenfinanzierung konnten die Kosten jedoch nicht vollständig auf die Benutzer der Anlagen abgewälzt werden, weil dies zu einer geradezu dramatischen, keineswegs sozialverträglichen Erhöhung der Abfallgebühren geführt hätte. Zudem war es schon aus begründetem Eigeninteresse nicht sinnvoll, die Belastungsgrenzen der Wirtschaft im Hinblick auf die Entsorgungsgebühren auszutesten. Wie der zuständige Referent im nordrhein-westfälischen Landwirtschaftsministerium das Dilemma zusammenfasste: »Finanzielle Gesichtspunkte spielen bei der Abfallbeseitigung eine wesentliche Rolle. Umweltverträgliche Abfallbeseitigung ist teurer als bisher, teure Abfallbeseitigung führt zur Reduzierung von Abfällen, zu teure Abfallbeseitigung verlockt wieder zu Nacht- und Nebelaktionen.«[373]

Dabei setzten insbesondere die Städte weiterhin und vermehrt auf die Müllverbrennung. In den 1970er Jahren gab es bald keine größere Kommune mehr, in der über die Verbrennung nicht zumindest diskutiert wurde. Das war sogar in Dortmund der Fall, das aufgrund seiner – zumindest für die Entsorgung günstigen – Randlage im Ruhrgebiet und des vergleichsweise großen Stadtgebietes eigentlich ausreichend Entsorgungsfläche zur Verfügung hatte. Trotzdem beinhaltete das vom ABM erstellte, integrierte Entsorgungskonzept auch für die Stadt Dortmund die Errichtung einer Müllverbrennungsanlage als Ergänzung zu den bereits bestehenden Deponien in Huckarde und Grevel, die zunehmend an ihre Kapazitätsgrenzen gerieten. Abgesehen davon, dass die Deponie Grevel zur Zentraldeponie für die Stadt ausgebaut wurde, erwies sich im

371 Schreiben Hösel an Menke-Glückert (27.1.1971). BA Koblenz, B 106, Nr. 29730; Finanzierung der Abfallbeseitigung BMI (o. D. 1971). LA NRW, NW 455, Nr. 767; Allerdings hatte das Land Baden-Württemberg die Kosten für eine Neuorganisation der Abfallentsorgung in dem Bundesland bereits im Februar 1966 auf 770 Mio. DM beziffert, was ein deutlich realistischerer Wert war. Protokoll Verhandlungen des Landtags von Baden-Württemberg, 4. Wahlperiode, 53. Sitzung (24.2.1966), 2817. HStA Stuttgart, EA 7/703, Nr. 2.

372 Landespresse- und Informationsdienst (13.5.1975), Über 2,5, Mrd. DM für die Hausmüllbeseitigung jährlich. LA NRW, NW 455, Nr. 819.

373 Referent Mertens: Vorlage für Herrn Minister (31.3.1976). LA NRW, NW 455, Nr. 791.

Übrigen gerade die Definition von Kapazitätsgrenzen in den kommenden Jahren des fortgesetzten Abfallnotstandes als äußerst dehnbar.

Die Errichtung von Großdeponien führte auch zu Änderungen in der Organisation der Müllsammlung. So schlossen sich zahlreiche kleinere Kommunen in den 1970er Jahren zu Zweckverbänden zusammen, die Sammlung und Entsorgung gemeinsam durchführten. Nicht nur, dass dies explizit vom Gesetzgeber gewünscht war: es lag schlicht nahe, wenn mehrere Gemeinden an eine Deponie angeschlossen waren, Sammlung und Entsorgung gemeinsam zu organisieren.[374] Das Problem bestand allerdings darin, dass ein Standort für die Zentraldeponie ausgewählt werden musste. Dessen Anwohner hatten in den sauren Apfel zu beißen, während alle anderen davon profitierten. Insofern steckte in der Organisation der Zweckverbände der Keim für harte und emotionale Auseinandersetzungen.

Insgesamt wurde mit dem Abfallbeseitigungsgesetz und den nachfolgenden Landesabfallgesetzen ein Planungsprozess in Gang gesetzt, der die Entsorgungsinfrastruktur während der 1970er Jahre grundlegend veränderte. Allerdings wurden diese Pläne keineswegs immer so umgesetzt, wie sich das die zuständigen Beamten in den Jahren zu Beginn der 1970er Jahre erhofft hatten.[375] Es kam zu Verzögerungen und der Engpass an Einrichtungen sollte schließlich in diversen Entsorgungskrisen kulminieren. Mit dem Ausschluss der »wilden« Entsorgung und der Option für eine zentralisierte Entsorgungsinfrastruktur wurden alternative Möglichkeiten der Entsorgung größtenteils ausgeschlossen. Gerade das jedoch führte zum Notstand, wenn bestimmte Anlagen ausfielen oder hoffnungslos überfüllt waren. Aus dieser Lage resultierte ein permanenter politischer Druck, der die hochemotionalen Debatten über neue Abfallbeseitigungsanlagen erheblich befeuerte.

3.4.4 Die fortschreitende Verwissenschaftlichung der Abfallwirtschaft

Für die Umsetzung geordneter Deponiekonzepte und moderner Entsorgungsanlagen brauchte es nicht nur Gesetze und Rahmenpläne, sondern auch eine genügende Anzahl an Fachleuten. Jedoch hatte sich zu Beginn der 1970er Jahre an dem bereits zehn Jahre zuvor beklagten Expertenmangel auf dem Gebiet der Abfallwirtschaft wenig geändert. Die 1968 gegründete Arbeitsgemeinschaft für Abfallbeseitigung (AfA), die Nachfolgeorganisation des AkA, wies auf dieses Problem 1970 in einem Brandbrief hin. Sie machte insbesondere darauf auf-

374 Satzung des bergischen Abfallbeseitigungsverbandes (17.11.1975). LA NRW, NW 455, Nr. 775.

375 Peter Knauer, Die Abfallbeseitigungspläne der Länder, in: Müll und Abfall 10, 1978, Hft. 5, 130–138, 132 f.

merksam, dass die Beschäftigung mit Problemen der Wasserversorgung und Abfallbeseitigung im Ingenieursstudium absolut unterrepräsentiert sei. Lediglich an der Universität Stuttgart würden Siedlungswasserbau und Siedlungswasserwirtschaft im Zusammenhang mit der Abfallbeseitigung systematisch gelehrt, an drei anderen Technischen Universitäten (u.a. Karlsruhe) würde dieses Feld immerhin durch Lehraufträge abgedeckt.[376]

Diesen Mangel an Fachkräften beklagten auch die zuständigen Ministerien. Die LAGA stellte im Oktober 1969 fest, dass in zehn Jahren schätzungsweise 600 auf die Abfallwirtschaft spezialisierte Ingenieure benötigt würden und niemand wüsste, woher diese kommen sollten.[377] Nachdem 1971 die Zuständigkeit für die Abfallwirtschaft an die Landwirtschaftsministerien übergegangen war, klagten diese ebenfalls über einen gravierenden Mangel an Fachkräften. Das nordrhein-westfälische Landwirtschaftsministerium musste im Oktober 1971 auf einen Schlag zwölf Planstellen besetzen, davon zwei des höheren, fünf des gehobenen Dienstes.[378] Auch Herbert Gruhl wies im Kontext der Beratungen zum Abfallbeseitigungsgesetz darauf hin, die Wissenschaft müsse stärker gefördert werden: »Es wurde von Fachleuten und Sachverständigen betont, dass alle Gesetze nichts nützen werden, wenn nicht etwa die zehnfache Zahl an gut ausgebildeten Kräften zur Verfügung stehen wird, um die Aufgaben der Überwachung und Beratung sowie der Bedienung von Anlagen im Betrieb wahrzunehmen.«[379]

Auch wenn das Bundesinnenministerium zahlreiche Forschungsprojekte zu Fragen der Abfallentsorgung oder Fragen der Beseitigungslogistik förderte, etablierte sich die Abfallwirtschaft an den Universitäten nur langsam, wobei jedoch die Technischen Universitäten ein etwas stärkeres Engagement an den Tag legten. 1973 betrug die Zahl der Dozenten an den Hochschulen in der Bundesrepublik, die auf den Bereich Abfall spezialisiert waren, gerade einmal sechs (1988 waren es dann immerhin schon 49).[380] Immerhin setzte neben Stuttgart die Universität Gießen einen Schwerpunkt auf die wissenschaftliche Abfallwirtschaft, als sich 1973 verschiedene Universitätsinstitute zu einem mülltechnischen Kolloquium zusammenschlossen.[381] Am Institut für Technischen

376 Denkschrift Hans Straub: Denkschrift der Arbeitsgemeinschaft für Abfallbeseitigung (1970): Ausbildung von Fachleuten auf dem Gebiet der Abfallbeseitigung. LA NRW, NW 455, Nr. 773.

377 Protokoll 12. Sitzung der Länderarbeitsgemeinschaft Abfallbeseitigung am 16./17.10. 1969. HStA Stuttgart, EA 7/703, Nr. 4.

378 Schreiben MELF an den Finanzminister NRW (21.10.1971). LA NRW, NW 455, Nr. 779.

379 Proklamation Herbert Gruhl (CDU/CSU), Jetzt Abfallgesetz zügig beraten (10.11.1971). BA Koblenz, B 106, Nr. 31489.

380 Herbold, Wienken, Experimentelle Technikgestaltung, 75.

381 Schreiben Karl Heinz Knoll an Gottfried Hösel (23.1.1973). BA Koblenz, B 106, Nr. 25192.

Umweltschutz an der TU Berlin wurde das Fachgebiet Abfallwirtschaft seit 1974 von Karl Thomé-Kozmiensky vertreten, einer über Jahrzehnte dominanten Figur der Abfallwirtschaft.[382]

Auch der internationale Austausch wurde in den 1970er Jahren gefördert. So trafen sich besonders europäische und amerikanische Experten nicht nur auf den Tagungen der ISWA, sondern auch internationale politische Organisationen engagierten in Fragen des Umweltschutzes und des Beitrags der Abfallwirtschaft dazu. So richtete beispielsweise der Economic and Social Council der Vereinten Nationen 1975 eine internationale Abfallkonferenz in Hamburg aus.[383] Auch auf Ebene der Europäischen Gemeinschaft fand ein intensiver Informations- und Erfahrungsaustausch statt, wobei besonders die rechtliche Regulierung der Abfallentsorgung sowie Recyclingfragen ausführlich diskutiert wurden. 1977 wurde ein eigener EG-Ausschuss für Abfallwirtschaft gegründet, in dem besonders Fragen des Recyclings verhandelt wurden.[384] Bereits 1974 war der OECD-Ausschuss »Abfallwirtschaft« gegründet worden, um Probleme des Recyclings zu verhandeln.[385]

Dieser »Expertenaustausch« zeigte sich auch im Bereich der Fachzeitschriften. So rief der Erich Schmidt Verlag 1969 eine neue Fachzeitschrift (und eine Schriftenreihe) mit dem Titel »Müll und Abfall« ins Leben, die sich von ihrem Fokus und ihrer fachlichen Kooperation deutlich vom »Städtetag« und der »Städtehygiene« unterschied. Zum einen lag der Fokus weniger auf kommunalen Problemen, sondern auf übergreifenden abfall- und speziell entsorgungstechnischen Zusammenhängen. Zum anderen kooperierte die Zeitschrift nicht mit dem VKF (der eine solche Kooperation aufgrund der Bindung an den Städtetag abgelehnt hatte), sondern mit der ZfA.[386] Letztere sollte der Zeitschrift u.a. Arbeitsergebnisse überlassen, um »Müll und Abfall« zum zentralen Publikationsorgan für die wissenschaftliche Abfallwirtschaft auszubauen.[387]

Die Anstrengungen, die wissenschaftliche Beschäftigung mit Fragen der Abfallbeseitigung auf eine neue institutionelle Grundlage zu stellen, wurden bereits im Vorfeld der Erarbeitung des Abfallbeseitigungsgesetzes diskutiert. Schon 1971 stand zur Debatte, auf Bundesebene eine leistungsfähige Anstalt für Abfall zu errichten, wofür die ZfA »personell und finanziell nicht geeignet«

382 Park, Müllkippe, 117.

383 Vermerk Innenministerium Abt. UB III 5 betr. ECE-Seminar 1975 über feste Abfälle (23.10.1974). BA Koblenz, B 106, Nr. 27097.

384 Niederschrift über die 1. Sitzung des Ausschusses für Abfallwirtschaft (2.3.1977). BA Koblenz, B 106, Nr. 69771.

385 BA Koblenz. Zur Internationalisierung des Umweltschutzes auf europäischer Ebene vgl. Schulz-Walden, Anfänge globaler Umweltpolitik, 153.

386 Schreiben Erich Schmidt-Verlag an das Innenministerium Baden-Württemberg (14.8.1968). HStA Stuttgart, EA 7/703, Nr. 4.

387 Niederschrift über die 15. Sitzung der Landesarbeitsgemeinschaft Abfallbeseitigung am 22. und 23. Oktober 1970 in Saarbrücken. BA Koblenz, B 106, Nr. 58708.

erschien.[388] Neben der allem Anschein nach schlechten Verständigung mit dem Leiter der Einrichtung, Wilhelm Langer, spielten die geringe Bezahlung und die schlechte räumliche und materielle Ausstattung eine Rolle, weshalb immer wieder spezialisierte Ingenieure abgeworben wurden. Aufgrund des Mangels an Fachkräften in der Abfallwirtschaft konnten die Mitarbeiter der ZfA sich ihre Positionen beinahe aussuchen. Im Sommer 1971 beschäftigte das Institut zeitweise nur noch zwei Fachleute.[389] Darüber hinaus spielte es aber offensichtlich auch eine Rolle, dass letzteres beim Bundesgesundheits- und nicht beim Bundesinnenministerium angesiedelt war. Das Wabolu-Institut sollte schließlich erst nach der Auflösung des Bundesgesundheitsamtes 1994 in das Umweltbundesamt integriert werden.[390]

Nachdem das Innenministerium zunächst geplant hatte, neben einem Bundesinstitut für Umweltfragen zwei selbständige Institute für Abfallwirtschaft und Immissionsschutz zu schaffen, setzte sich im Herbst 1973 eine integrierte Lösung durch.[391] Nach ausführlichen Standortdebatten – zwischenzeitlich waren Frankfurt und Mannheim im Gespräch[392] – erhielt Berlin den Zuschlag, was wegen der Regelungen des Viermächteabkommens allerdings Probleme aufwarf und intensive diplomatische Vorarbeiten notwendig machte.[393] Leiter des Umweltbundesamtes wurde Heinrich von Lersner (FDP), der das Amt bis 1995, also gute 21 Jahre, leiten sollte. Der aus Stuttgart stammende Lersner, der bereits seit 1970 die abfalltechnischen Gesetzesvorhaben im Bundesinnenministerium koordinierte, hatte zunächst Jura studiert, bevor er 1961 seine politische Laufbahn begann. Im Jahr 1970 wurde er Unterabteilungsleiter mit der Verantwortung für die Bereiche Wasser und Abfall, 1973 dann von Hans-Dietrich Genscher zum Leiter der Bundesstelle für Umweltfragen, der Vorläuferinstitution des Umweltbundesamtes, ernannt.[394]

War somit bereits der Leiter des Umweltbundesamtes im Bereich der Abfallwirtschaft engagiert, so wurde mit Werner Schenkel ein renommierter Fach-

388 Bericht über die Sitzung des Innenausschusses des Bundestags (8./9.11.1971). BA Koblenz, B 106, Nr. 31489; Schreiben Hösel an Menke-Glückert (27.1.1971). BA Koblenz, B 106, Nr. 29370.

389 Vermerk Referat U I 6 (Dr. Hösel) betr. Sofortmaßnahmen der Bundesregierung zur Errichtung einer Bundesanstalt für Abfallwirtschaft (23.7.1971). BA Koblenz, B 106, Nr. 58708.

390 Ebd.

391 Protokoll 21. Sitzung der Länderarbeitsgemeinschaft Abfallbeseitigung (10.–11.5.1973 in Ulm). LA NRW, NW 455, Nr. 767.

392 Ergebnisvermerk über das zwischen den Staatssekretären Manger-König und Hartkopf am 2.3.1972 geführte Gespräch über das Institut für Wasser-, Boden- und Lufthygiene des Bundesgesundheitsamts. BA Koblenz, B 106, Nr. 58709.

393 Protokoll der 23. Sitzung der Länderarbeitsgemeinschaft Abfallbeseitigung am 14. und 15.3.1974 in Bad Hersfeld. BA Koblenz, B 106, Nr. 58708.

394 http://www.umweltbundesamt.de/presse/presseinformationen/heinrich-freiherr-von-lersner-gestorben [Letzter Zugriff 14.1.2015).

mann zum Direktor der Abfallwirtschaftlichen Abteilung ernannt, einer von drei Abteilungen neben dem Immissions- und Wasserschutz. Schenkel hatte sich seine Reputation als langjähriger Leiter der Auskunfts- und Beratungsstelle Müll beim Ruhrsiedlungsverband erworben.[395] Zugleich wurde im Sommer 1974 die ZfA in diese Abteilung integriert, was mit der »Entmachtung« ihres Leiters Wilhelm Langer einherging, die dieser nur unter scharfem Protest akzeptierte.[396] Tatsächlich war es äußerst bitter für ihn, dass die neue Institution nun die finanzielle und personelle Ausstattung bekam, für die er selbst jahrelang vergeblich gekämpft hatte: Während die ZfA maximal vier Fachleute beschäftigte, sollten im UBA mittelfristig allein in der Abteilung Abfallwirtschaft 122 Stellen geschaffen werden![397]

Die Abteilung Abfallwirtschaft des Umweltbundesamtes sollte das Bundesinnenministerium bei allen relevanten Sachfragen beraten, darüber hinaus jedoch auch eine Datenbank zur Abfallwirtschaft aufbauen und die Öffentlichkeit über Umweltfragen aufklären. Die Abteilung sollte Merkblätter herausgeben und eigene Forschung betreiben, vor allem aber Forschungsvorhaben koordinieren und finanziell unterstützen.[398] Insofern war die Schaffung des Umweltbundesamtes für die Verwissenschaftlichung der Abfallwirtschaft und die Behebung des Fachkräftemangels von zentraler Bedeutung. Die Abteilung unterstützte kurz nach ihrer Einrichtung bereits mehr als ein Dutzend Forschungsprojekte zum Thema Abfallentsorgung und Recycling.[399]

Das wichtigste und öffentlichkeitswirksamste Projekt aus der Frühzeit der Abteilung stellte allerdings das »Abfallwirtschaftsprogramm 75« der Bundesregierung dar. Die Ursprünge dieses Programms können bereits in den Debatten im Vorfeld der Erarbeitung des Abfallbeseitigungsgesetzes gesehen werden. Wie bereits erwähnt, wurden im Bundesinnenministerium, insbesondere im Rahmen der im Dezember 1970 gegründeten »Projektgruppe Abfallbeseitigung«, innovative Lösungen für die Entsorgungsproblematik diskutiert[400], die

395 Zu Schenkel vgl. die Laudatio von Klaus Stief, Werner Schenkels Beiträge zur Entwicklung der Deponietechnik. www.deponie-stief.de/ppt/litstief/schenkel_dgaw.ppt [Letzter Zugriff 8.6.2015].

396 Schreiben Bundesinnenminister (i.A: Dr. Kölble) an Wilhelm Langer (15.4.1976). BA Koblenz, B 106, Nr. 58709.

397 Schreiben Bundesinnenministerium an die Zentralstelle für Abfallbeseitigung (7.9.1973). BA Koblenz, B 106, Nr. 58709. Zu den Personalplanungen des UBA s.a. Müller, Innenwelt der Umweltpolitik, 70f.

398 Bundesgesetzblatt (24.7.1974): Gesetz über die Einrichtung eines Umweltbundesamtes. BA Koblenz, B 106, Nr. 69718.

399 BMI: Zusammenstellung der eingereichten Forschungs- und Untersuchungserträge auf dem Gebiet der Abfallwirtschaft (15.2.1975). BA Koblenz, B 106, Nr. 69718.

400 Entwurf: Aufgaben der Projektgruppe »Abfallbeseitigung« (7.12.1970). BA Koblenz, B 106, Nr. 29370; Projektgruppe Abfallbeseitigung. 1. Arbeitssitzung am 15./16.12.1970 in Frankfurt. BA Koblenz, B 106, Nr. 29370.

jedoch aus den beschriebenen Gründen keinen Eingang in das Abfallbeseitigungsgesetz fanden. Diese Diskussionen blieben trotzdem nicht fruchtlos, sondern mündeten 1973 im Projekt eines »Recyclingprogramms«, das vom Innenministerium als Fortsetzung des Umweltprogramms der Bundesregierung von 1971 kommuniziert wurde.[401] Im Zuge der Vorbereitung dieses Programms wurden mehrere Arbeitsgruppen eingerichtet, die jeweils bestimmte Abfallfraktionen behandelten. So wurde u.a. ein Arbeitskreis für Kunststoffabfälle, für Metalle und metallhaltige Abfälle, metallhaltige Schwämme und toxische Abfälle geschaffen.[402] Die Vermeidung und Wiederverwertung von Abfällen sowie die unschädliche Entsorgung gefährlicher Abfälle standen dabei im Vordergrund, wobei der Begriff »Recycling« zur Beschreibung dieser Aktivitäten schließlich nicht mehr ausreichte. Nachdem bereits die Abteilung im UBA den Namen »Abfallwirtschaft« trug, verhalf auch das Programm diesem Begriff zu einem Comeback. Traditionell war er eigentlich mit der Müllkompostierung verbunden, bekam nun aber einen sehr viel umfassenderen Sinn: Er stand als Chiffre für eine Politik, die sich nicht einfach mit kontinuierlich steigenden Abfallmengen abfand und sich nicht ausschließlich auf geeignete Möglichkeiten ihrer großtechnischen »Beseitigung« konzentrierte, sondern auch Abfallvermeidung und Recycling als Lösungsstrategien betrachtete. Auch in den USA wurde übrigens der im Jahr 1965 erlassene »Solid Waste Disposal Act« 1976 durch den »Resource Recovery Act« ersetzt.[403]

Ab 1974 wurde die Vorbereitung des Abfallwirtschaftsprogramms durch das Umweltbundesamt übernommen und nach einigen Verzögerungen schließlich Ende 1975 der Öffentlichkeit vorgestellt.[404] Das Programm formulierte als Ziel zunächst die Verringerung der Abfälle durch den rationelleren Einsatz von Rohstoffen, aber auch die Steigerung der sinnvollen Nutzung von Abfällen sowie die ökologisch unbedenkliche Entsorgung der Abfälle und konsequente Durchführung des Verursacherprinzips.[405] Damit hatte sich das Bundesinnenministerium gewissermaßen selbst unter Zugzwang gesetzt und musste in den Folgejahren Rechenschaft darüber ablegen, welche Fortschritte auf diesen Gebieten gemacht wurden. Das Abfallwirtschaftsprogramm markiert insofern den

401 Ergebnisvermerk betr. Recyclingprogramm der Bundesregierung, Referat U B I 6 BMI (16.7.1973). BA Koblenz, B 106, Nr. 25165.

402 Verband der Chemischen Industrie e.V.: Jahresbericht 1974/75 (15.3.1975). LA NRW; NW 354, Nr. 886.

403 Egon Keller, Gutachten: Recycling in den USA (Mai 1973). BA Koblenz, B 106, Nr. 25164; Chris J. Magoc, Environmental Issues in American History. A Reference Guide with Primary Documents. Westport, London 2006, 247 ff.

404 Schreiben Gottfried Hösel an Wolfgang Schäufele (18.6.1975). BA Koblenz, B 106, Nr. 58838.

405 Bernd-Dieter Friedrich, Die Ziele des Abfallwirtschaftsprogramms, in: Umwelt-Magazin 5, 1975, Hft. 6, 10–13.

Beginn einer stärkeren staatlichen Intervention in alternative Formen der Wiederverwendung und -verwertung.

Allerdings musste dieses Engagement ab Mitte der 1970er Jahre mit zunehmend begrenzten finanziellen Mitteln auskommen. Die Ölkrise 1973/74 sowie die Wirtschaftskrise 1975 schränkten die finanziellen Handlungsspielräume ein und von den anfangs durchaus großzügigen Finanzierungszusagen für das Umweltbundesamt blieb am Ende wenig übrig. Zudem verlor der Umweltschutz Mitte der 1970er Jahre unter dem neuen Bundeskanzler Helmut Schmidt zunehmend seinen politischen Stellenwert. Wie insbesondere Edda Müller argumentiert hat, war es besonders die Klausurtagung auf Schloss Gymnich 1975, die diesbezüglich zu einer Kehrtwende und der Favorisierung ökonomischer Interessen vor ökologischen führte.[406] Von den hochfliegenden Vorhaben bei Gründung des Umweltbundesamtes mussten darum deutliche Abstriche gemacht werden.[407]

Insgesamt jedoch kam es während der 1970er Jahre zu einer kontinuierlich verstärkten wissenschaftlichen Beschäftigung mit Fragen der Abfallwirtschaft, die dazu führte, dass die in den 1960er Jahren noch vorherrschenden, einfachen Entsorgungslösungen immer seltener vertreten wurden. Es entwickelte sich ein Bewusstsein dafür, wie schwierig das Problem der Basisabdichtung von Deponien war und dass es eine komplexe Ingenieursaufgabe darstellte, zu verhindern, dass Schadstoffe das Grundwasser kontaminierten. Viele, vormals als sicher deklarierte geologische Barrieren galten nun keineswegs länger als unbedenklich. Zusätzlich rückte während der 1970er Jahre, auch angesichts sukzessive verschärfter Richtlinien für den Wasserschutz, das Problem der Sickerwasserbehandlung in den Vordergrund. Die Deponiefrage verband sich insofern auch weiterhin (und verstärkt) mit Fragen des Wasserschutzes.

Allerdings galt gerade bei den auf die Abfallwirtschaft spezialisierten Ingenieuren die Deponierung ohnehin als suboptimale Lösung. Die meisten Experten optierten stattdessen für die Verbrennung, die als zwar teure, ansonsten aber in jeder Hinsicht überlegene Technologie angepriesen wurde. Das hatte sicherlich auch damit zu tun, dass durch solche Anlagen in der Abfallwirtschaft zunehmend sehr viel Geld steckte. Es hing aber auch damit zusammen, dass gerade die Ingenieure im Feld oftmals ein stark ausgeprägtes technisches Gestaltungsbewusstsein pflegten. Während Deponien als »prinzipiell einfachste« Entsorgungsmethode angesehen wurden, galten Verbrennungsanlagen als geschlossene Systeme (mit einer unvermeidbaren Öffnung allerdings: dem Schornstein) und darum als technisch besser beherrschbar.

406 Müller, Innenwelt der Umweltpolitik, 97 ff.; Radkau, Ära der Ökologie, 522.

407 Ansprache Staatssekretär Dr. Hartkopf vor den Mitarbeitern des UBA am 6.9.1976. BA Koblenz, B 106, Nr. 69718.

Gerade diese technische Beherrschbarkeit sollte – es wird noch darauf zurückgekommen – von Umweltaktivisten und Kritikern seit Mitte der 1970er Jahre grundlegend in Frage gestellt werden. Vielleicht erwiesen sich darum die Debatten über MVAs auch als am emotionalsten, weil hier der technische Gestaltungsanspruch der Ingenieure herausgefordert wurde, während gegenüber der Deponie auch viele Ingenieure zunehmend skeptisch eingestellt waren. Werner Schenkel reflektierte diesen Tatbestand in einer Abhandlung aus dem Jahr 1974, als er vermerkte, »dass der Müllkippe das Odium des technisch unvollkommenen Verfahrens, das Stigma der offensichtlichen Umweltverschmutzung anhängt. Jeder ›umweltbewusste‹ Bürger nimmt diese zum Teil katastrophalen Verhältnisse zum Anlass nach Besserung zu rufen, und sieht diese Verbesserung meist in der Wahl einer anderen Methode. Die mangelnden Kenntnisse, die schlechten Beispiele, die fehlende Lobby, der geringe Prestigewert und unsere Technikfreundlichkeit lassen die Methode der geordneten Deponie als antiquiert, rückständig und umweltfeindlich erscheinen.«[408]

3.4.5 Der Abfall als Umweltproblem

Bei der Lektüre sowohl der relevanten Akten der Stadtreinigungsämter wie auch der zuständigen Landesministerien bzw. des Bundesinnenministeriums fällt auf, dass sich um das Jahr 1970 herum der Tonfall in den Briefen, die Bürger mit einem »Anliegen« an die Behörden und Ministerien schrieben, deutlich veränderte. Vormals ging es in solchen Schreiben in erster Linie um wilde Ablagerungen oder darum, dass die neue Plastiktonne nicht in den Behälterschrank passte. Oftmals schrieben die Ehemänner im Auftrag ihrer Gattin. Jetzt hingegen forderten die Bürger neue Lösungen zur Bekämpfung der Müll-Lawine. Dabei ging es um verstärktes Recycling, weniger Konsum, neue Wege der Abfallentsorgung. Aber auch die äußere Form dieser Schreiben veränderte sich. Nicht nur angesichts eines mitunter »rotzigen« Tonfalls, sondern auch, weil sie teilweise auf Papierfetzen oder auf Butterbrotpapier abgefasst wurden. So notierte 1978 ein Referent im Bundesinnenministerium, nachdem er ein mit Fettflecken übersätes Schreiben zu bearbeiten hatte, dieses würde nicht beantwortet: »Selbst ein Minister hat Anrecht auf ein gewisses Niveau!«[409]

Dieser Wandel blieb nicht auf das alternative Milieu beschränkt. Vielmehr zeigte sich ein neuer Zugang zum Abfallproblem auch bei den Politikern und Beamten, die in ihren Kommunen mit gravierenden Entsorgungsproblemen zu

408 Werner Schenkel, Die geordnete Deponie von festen Abfallstoffen. Theoretische Grundlagen und praktische Durchführung. Berlin 1974, 9.

409 Schreiben Katzung an Maihofer (14.1.1978). BA Koblenz, B 106, Nr. 69733.

kämpfen hatten. Bezeichnend ist in dieser Hinsicht ein Schreiben des Gemeindedirektors der Gemeinde Senne bei Bielefeld an das Bundesinnenministerium aus dem Jahr 1970, der sich emotional über die durch Einwegflaschen erzeugten Müllprobleme und die Notwendigkeit, abbaubare Kunststoffe zu entwickeln, äußerte: »Sollte es zu einer solchen Lösung nicht kommen, dürfte die Umweltverschmutzung durch derart feste Stoffe so zunehmen, dass die Menschen eines Tages nur noch in (sic) Müll leben. Reale Vision: Müllberge – in ihnen laufen Ratten herum mit menschlichem Gesicht. Sie kauen auf Plastikflaschen.«[410]

Diese Veränderung passt zu einer in der Forschung oft thematisierten verstärkten Aufmerksamkeit für den Umweltschutz seit Ende der 1960er Jahre, die sich in der Ausbildung einer Umweltbewegung niederschlug, die sich sukzessive von den eher konservativ geprägten Traditionen des Naturschutzes löste.[411] Zugleich kam der Umweltschutz verstärkt auf die Agenda der Politik, sei es mit den verschiedenen Gesetzesinitiativen Richard Nixons zu Beginn seiner ersten Amtszeit oder damit, dass der Umweltschutz im Wahlkampf des Jahres 1969 in der BRD explizit zum Thema gemacht wurde. Dadurch wurde der Begriff »Umweltschutz« (eine nahezu wörtliche Übersetzung des in den USA verwendeten Begriffs »Environmental Protection«) überhaupt erst bekannt und popularisiert, von dem viele Bürger bis dahin noch überhaupt nichts gehört hatten.[412] Mit dem »Sofortprogramm Umweltschutz« von 1970 bzw. dem »Umweltprogramm« von 1971 setzte die sozialliberale Koalition bereits früh Akzente, denen der Erlass zahlreicher Umweltgesetze – neben dem Abfallbeseitigungsgesetz etwa auch das Imissionsschutzgesetz von 1974 – folgten.[413]

Diese Veränderung wurde in der Forschung intensiv diskutiert, wobei verschiedene Faktoren als Erklärung ins Spiel gebracht wurden. Oftmals wurde beispielsweise auf den »Wertewandel« verwiesen, der zeitgenössisch vor allem durch das Buch »The Silent Revolution« des amerikanischen Sozialpsychologen Ronald Inglehart von 1977 prominent gemacht wurde, der Umweltbewusstsein als Merkmal einer postmaterialistischen Wertorientierung bezeichnete.[414] Neben der inhaltlichen Kritik an Inglehart, die sich vor allem auf seinen zwar eingängigen, aber auch simplifizierenden Rückgriff auf die Bedürfnishierarchien nach Abraham Maslow bezog und stattdessen etwa die Bedeutung

410 Schreiben Gemeindedirektor Lampe (Senne) an das Bundesinnenministerium (11.8.1970). BA Koblenz, B 106, Nr. 25132.

411 Engels, Naturpolitik, 324 ff.

412 Müller, Innenwelt der Umweltpolitik, 55.

413 Schulz-Walden, Anfänge globaler Umweltpolitik, 43 ff.; Zur BRD grundlegend: Hünemörder, Frühgeschichte, 154 ff., 182 ff.; Kloepfer, Umweltrechtsentwicklungen in Deutschland, 103 f.

414 Ronald Inglehart, The Silent Revolution. Changing Values and Political Styles among Western Publics. Princeton 1977.

des Bildungsgrads stärker hervorhob[415], ist die historische Erklärungskraft des Konzepts in der aktuellen historischen Debatte in die Kritik geraten. Zumindest wurde davor gewarnt, den Wertewandel unbesehen als historische Erklärung zu verwenden, zumal dieser selbst wiederum erklärt werden müsste.[416]

Streng genommen geht das Konzept des Wertwandels davon aus, dass die Thematisierung von Umweltfragen bzw. des Umweltschutzes eine gesellschaftliche Konstruktion darstellt, die sich zwar auf reale Gefährdungen der Umwelt bezieht, davon jedoch nicht abhängig ist. Ansonsten hätten etwa die massiven Umweltgefährdungen in industriellen Kernzonen des 19. Jahrhunderts bereits viel schärfere Proteste provozieren müssen.[417] Dagegen hat Joachim Radkau allerdings argumentiert, dass die Abstraktion von den tatsächlichen Umweltgefahren in die Irre führe: Seiner Ansicht nach habe die Umweltverschmutzung in den 1960er Jahren schlicht überhandgenommen und darum verstärkte Aufmerksamkeit bzw. Proteste förmlich erzwungen.[418] Zwar stellt auch Radkau nicht in Abrede, dass Umweltprobleme gesellschaftlich konstruiert und verhandelt werden, jedoch plädiert er dafür, die Zunahme der Umweltverschmutzung als wesentlichen Faktor miteinzubeziehen.[419]

Dabei stehen allerdings sowohl Radkaus Argumentation wie auch der Rekurs auf den Wertewandel vor dem Problem, eine relativ abrupte Veränderung erklären zu müssen. So dürfte es schwer fallen, ein Maß anzugeben, wann die Umweltbelastung eine kritische Grenze überschreitet, die den Protest unvermeidlich macht. Zustände in manchen Entwicklungsländern oder in China machen deutlich, dass diese Schwelle mitunter sehr hoch liegt. Aber auch der Wertwandel, ob in der Fassung Ingleharts oder etwa der von Helmut Klages, ist eher als eine längerfristige Entwicklung zu begreifen. Jedenfalls hat der Schweizer Umwelthistoriker Patrick Kupper den Bedeutungsgewinn dieser Thematik am Ende der 1960er Jahre zum Anlass genommen, die Zunahme des objektiven Problemdrucks mit dem Konzept des »fundamentalen Lernens« des Wirtschafts-

415 Helmut Klages, Die gegenwärtige Situation der Wert- und Wertewandelsforschung – Probleme und Perspektiven, in: Ders., Hans-Jürgen Hippler, Willi Herbert (Hrsg.), Werte und Wandel. Ergebnisse und Methoden einer Forschungstradition. Frankfurt, New York 1992, 5–39.

416 Rüdiger Graf, Kim Christian Priemel, Zeitgeschichte in der Welt der Sozialwissenschaften. Legitimität und Originalität einer Disziplin, in: Vierteljahrshefte für Zeitgeschichte 59, 2011, 479–508. Für das linksalternative Milieu s. auch Sven Reichardt, Authentizität und Gemeinschaft. Linksalternatives Leben in den siebziger und frühen achtziger Jahren. Berlin 2014, 74f., 156ff.

417 Vgl. dazu Franz-Josef Brüggemeier, Natur, Gesundheit, Eigentum. Zur Entwicklung des Umweltbe-wusstseins in Deutschland im 19. und 20. Jahrhundert, in: Kloepfer, Schübe des Umweltbewusstseins, 1–17, 12f.

418 Radkau, Was ist Umweltgeschichte?, 27. Kritisch dazu: Uekötter, Am Ende der Gewissheiten, 103f.

419 Radkau, Ära der Ökologie, 160f.

historikers Hans-Jörg Siegenthaler zu verbinden, demzufolge sich als Folge drastischer oder kumulativer Erfahrungen die grundlegenden Kategorien ändern, mit denen die Welt wahrgenommen wird.[420] Damit bietet Kupper eine Lösung dafür an, wie sich ein längerfristiger Wertewandel mit einer vergleichsweise kurzfristigen Veränderungsdynamik verbinden lässt.[421] Für Kupper spielten dabei insbesondere medial dramatisierte »Aktivierungsereignisse« eine zentrale Rolle[422], die ein bereits latent angelegtes Umweltbewusstsein verstärkten und durch die Integrationsvokabel »Umwelt« kommunikativ anschlussfähig machten.[423] Das passt im Übrigen recht gut zusammen mit der Auffassung des 1972 ins Leben gerufenen Sachverständigenrats für Umweltfragen, der in seinem Jahresgutachten von 1978 die Zeit bis zum Ende der 1960er Jahre als »Latenzphase« des Umweltschutzes bezeichnete.[424]

Was kann die Abfallproblematik zu dieser Debatte beitragen? Zunächst kann der Müll, wie im Abschnitt über die 1960er Jahre gezeigt, als Beispiel für ein Umweltproblem dienen, das aufgrund eines steigenden Aufkommens, knapper Entsorgungskapazitäten, der sich verändernden Zusammensetzung sowie des zunehmenden Wissens um die von der Ablagerung ausgehenden Risiken einen immer höheren Problemdruck erzeugte und zunehmende Aufmerksamkeit erzwang. Müllprobleme, wie sie sich während der 1960er Jahre sukzessive entwickelten, waren in Deutschland bis dahin unbekannt. Durch die veränderte Zusammensetzung des Abfalls erzeugte dieser bei der Entsorgung zudem neue Risiken, die sich in den Kategorien der Städtehygiene nicht länger fassen ließen. Vermehrtes geologisches, biologisches und chemisches Wissen spielte dabei eine wichtige Rolle.

Das war sicherlich auch ein Grund für die semantische Umbettung des Abfallproblems, die im Wesentlichen in der zweiten Hälfte der 1960er Jahre stattfand. Im Zuge dessen wurde der Abfall, der vormals ein Gegenstand der Städtehygiene gewesen war, als Umweltproblem reformuliert. Unterstützt wurde das sicherlich durch den steigenden Problemdruck und neue, objektive Risiken. Die gesellschaftliche Verhandlung des Abfalls ist aber auch ein Beispiel für die genuine Leistungsfähigkeit der Umweltsemantik selbst, die es ermög-

420 Patrick Kupper, Die »1970er Diagnose«. Grundsätzliche Überlegungen zu einem Wendepunkt der Umweltgeschichte, in: Archiv für Sozialgeschichte 43, 2003, 325–348.

421 Vgl. Hans-Jörg Siegenthaler, Regelvertrauen, Prosperität und Krisen. Die Ungleichmäßigkeit wirtschaftlicher und sozialer Entwicklung als Ergebnis individuellen Handelns und sozialen Lernens. Tübingen 1993.

422 Schulz-Walden, Anfänge globaler Umweltpolitik, 43 f.

423 Vgl. Brüggemeier, Schranken der Natur, 251 f.

424 Rat der Sachverständigen für Umweltfragen, Umweltgutachten 1978. Vgl. auch Radkau, Ära der Ökologie, 171 ff. Zum Umweltrat: Christian Hey, 35 Jahre Gutachten des SRU. Rückschau und Ausblick, in: Hans-Joachim Koch, Christian Hey (Hrsg.), Zwischen Wissenschaft und Politik. 35 Jahre Gutachten des Sachverständigenrats für Umweltfragen. Berlin 2009, 161–279.

lichte, den Abfall mit anderen Gefahren- und Risikobereichen thematisch zu verkoppeln und als interdependente Problemfelder zu behandeln.[425] Die Globalmetaphern der frühen Umweltbewegung (etwa das Logo des ersten »Earth Day« im April 1970 in den USA, auf dem zwei Hände eine Weltkugel umfassten, die durch die Bilder der Mondmission Apollo 11 einen ikonischen Status erlangt hatte[426]), brachten diesen integrativen Effekt besonders eindrücklich zum Ausdruck.

Mit dieser semantischen Umbettung wurden nicht einfach nur neue Worte für alte Probleme gefunden, wie manche Akteure im Feld mutmaßten.[427] Damit einher ging auch eine inhaltliche Verschiebung, die für die Verhandlung des Abfallproblems von großer Bedeutung war. Durch die Verkopplung mit anderen Gefahren- bzw. Risikofeldern wurde das Abfallproblem von einem begrenzten, technisch zu lösenden Problem zu einem Aspekt einer umfassenden Gefährdung des Planeten. Die Umweltsemantik besaß dabei insofern einen selbstverstärkenden Charakter, weil jedes Umweltproblem mit anderen verknüpft war und auf diese verwies. Konkreter formuliert: Wenn eine Abfalldeponie das Grundwasser vergiftete oder durch Brände die Luft verpestete, fand zugleich der Verweis auf die generelle Problematik von Wasser- und Luftverschmutzung statt, was dem Entsorgungsproblem eine ganz neue Dimension gab. Dass daraus keineswegs immer eine größere organisatorische Einheit der Umweltbewegung resultierte, steht freilich auf einem anderen Blatt.[428]

Der inhaltliche Wandel, der mit dieser semantischen Umbettung einherging, lässt sich zunächst in Abgrenzung zu den Denkweisen und Begriffen der Städtehygiene fassen, die in erster Linie auf Schmutz, Gestank, Ungeziefer und die daraus resultierenden Seuchengefahren abzielte. Dabei handelte es sich in der Regel um lokal begrenzte Probleme, die mittels technischer Maßnahmen in den Griff bekommen werden konnten. Notwendig dafür war die *Aufklärung* der Bürger, aber auch der verantwortlichen Personen, die für die Durchsetzung gesundheitspolitischer Maßnahmen verantwortlich waren. Dann jedoch erschien die assanierte Stadt zu verwirklichen. Das erklärt zu einem guten Teil auch die Rhetorik der Städtehygiene, die oftmals farbige Beschreibungen

425 Vgl. Jens Ivo Engels, Umweltschutz in der Bundesrepublik – von der Unwahrscheinlichkeit einer Alternativbewegung, in: Reichardt, Siegfried, Das Alternative Milieu, 405–422, 415.

426 Lersner, Die ökologische Wende, 15; Elke Seefried, Towards the Limits to Growth? The Book and its Reception in West Germany and Britain 1972–73, in: Bulletin of the German Historical Institute 33, 2011, 3–37, 12f. Gut damit zusammen passte aber auch die durch die amerikanische Ökologin Barbara Ward popularisierte Metapher des »Spaceship Earth«, die eine Schicksalsgemeinschaft der Erdbewohner evozierte, wobei die Erde nur ein kleines Vehikel im Kosmos darstellte. Radkau, Ära der Ökologie, 139f.

427 Uwe Förster, Was ist Recycling?, in: Umwelt-Magazin 4, 1974, Hft. 4, 40–41, 41.

428 Radkau, Ära der Ökologie, 173.

früherer Zustände, als die Städte noch stanken und vor Schmutz starrten, mit der Sauberkeit und Luftigkeit eines bereits erreichten oder erreichbaren Standards kontrastierten.[429]

Was den Abfall als Umweltproblem ausmachte war hingegen, dass sich seine schädlichen Wirkungen (im Falle von Deponien, später dann auch von Müllverbrennungsanlagen) nicht mehr lokal eingrenzen und externalisieren ließen. Das lag zum einen daran, dass Deponien, indem sie das Grundwasser kontaminierten, ihre Gifte über eine weite Fläche in dessen Fließrichtung ausbreiteten. Zudem konterkarierte die Zunahme der Abfallmengen und wilden Deponien den räumlich begrenzten Charakter des Abfallproblems: Es handelte sich allein deswegen um kein lokales Problem mehr, weil die Kippen eben »überall« auftraten, weil sie sich vermehrten und weil sie brannten. Aus diesem Grund ist Hünemörder auch zu widersprechen, der das Abfallproblem gerade wegen seines angeblich lokalen Charakters aus seiner Darstellung der frühen westdeutschen Umweltpolitik ausschließt.[430] Als ab Mitte der 1970er Jahre die Emissionen von Müllverbrennungsanlagen verstärkt in den Fokus der öffentlichen Debatte rückten, konnte von einer räumlich begrenzten Problematik ohnehin nicht mehr gesprochen werden. So war es einer der wesentlichen kommunikativen Anknüpfungspunkte der Umweltdebatte gewesen, dass in Schweden Ende der 1960er Jahre eine um ein vielfaches höhere Schadstoffmenge in der Luft gemessen wurden, als das Land selbst erzeugte.[431]

Der Hygiene- und der Umweltdiskurs unterschieden sich weiter darin voneinander, dass sie sich auf unterschiedliche Gefahrenträger bezogen: Bakterien, Viren und Keime auf der einen Seite, chemische Stoffe und »giftige« Substanzen auf der anderen. So spielte etwa der »Gift«-Begriff im städtehygienischen Diskurs nur eine geringe Rolle. Während sich diese Träger im einen wie im anderen Fall auf Gefahren bezogen, die nicht unbedingt mit den Sinnen entdeckt werden konnten, so waren die in der Städtehygiene identifizierten Gefahren normalerweise doch an materielle Träger gebunden.[432] Roch es streng, schmeckte das Wasser faulig, gab es Ungeziefer und Ratten, dann war offensichtlich auch die Gefahr der Krankheitsübertragung hoch. Im Umweltdiskurs wurde es

429 Dafür beispielhaft: Erhard, Aus der Geschichte der Städtereinigung; Weyl, Überblick über die historische Entwicklung.

430 Hünemörder, Frühgeschichte, 15. Der Autor rechtfertigt die Ausklammerung »lokaler« Umweltprobleme dadurch, »dass sich nicht in der Lärm- und Abfallfrage, sondern insbesondere in der regionalen Luft- und Wasserverschmutzung der grenzüberschreitende Charakter der ›Nebenfolgen‹ des Wachstumsbooms der Nachkriegszeit« zeigte.

431 Ebd., 147 f.

432 Eine Ambivalenz ergab sich beim Abfall nicht zuletzt daraus, dass er – abseits der Umweltrisiken – weiterhin hygienische Probleme erzeugte. Insofern galt er zugleich als ein »sichtbares« (was ihn eher mit dem Problemfeld »Lärm« verband) und »unsichtbares« Umweltproblem. Vgl. Müller, Innenwelt der Umweltpolitik, 118.

tendenziell aber gerade dann gefährlich, wenn bestimmte Substanzen nicht »rochen«, weil es schleichende, leise, unsichtbare Gifte gab.[433]

Zudem veränderte sich mit dem Umweltdiskurs auch die zeitliche Dimension der Gefährdung: sie wurde langfristiger. So wurde immer wieder darauf hingewiesen, dass etwa die Auswirkungen von Deponien auf das Grundwasser häufig erst nach vielen Jahren sichtbar wurden.[434] Wer aber konnte nach einer solchen Zeitspanne noch bestimmte Phänomene einer konkreten Verursachung zurechnen? Konnte es wirklich beruhigen, wie ein Autor der Zeitung »Christ und Welt« 1970 feststellte, dass selbst bei Müllverbrennungsanlagen, die sich mitten in Wohnsiedlungen befanden (wie z. B. in Rosenheim), über keine Beeinträchtigungen der Bevölkerungen berichtet wurden, wenn sich solche Auswirkungen tatsächlich erst nach vielen Jahren offen zeigten?[435]

Das war vor allem deswegen dramatisch, weil am Ende der menschliche Körper ins Spiel kam, der durch Umweltverschmutzung einer vormals unbekannten Form von Risiken ausgesetzt wurde. Bakterien, Viren und Keime verursachten Krankheiten oder auch nicht. Sie entfalteten ihre Wirkung in der Regel aber sofort und lagerten sich, anders als chemische Gifte, nicht ab, machten nicht erst nach Jahren und Jahrzehnten krank. Die amerikanische Umwelthistorikerin Kate Brown hat in diesem Zusammenhang vom menschlichen Körper als »last sink«, als letzter Ablagerungsstätte, gesprochen. Die von ihr untersuchten Fälle der Plutoniumfabriken in den USA und der Sowjetunion ermöglichen allerdings eine vergleichsweise eindeutige Zurechnung solcher Schädigungen.[436] Bei der Vielzahl von Umweltgefahren, zehntausenden von Substanzen, über deren Auswirkungen wenig bis nichts bekannt war, erschien das nahezu unmöglich. Ulrich Beck hat darum in seinem Buch »Risikogesellschaft« zurecht darauf hingewiesen, dass eine wesentliche Risikodimension der Umweltverschmutzung in der Unmöglichkeit bestand, zu messen, wie sehr und durch welche Substanzen individuelle Körper belastet seien.[437] Damit wurde aber nicht nur die »Umwelt« an sich, sondern auch der menschliche Körper zum Gegenstand umfassender,

433 Vgl. die z. B. von François Walter unterschiedene »mikrobielle« und »industrielle« Umweltbelastung. François Walter, Umweltbewusstsein und das Verhältnis zur Natur: Entwicklungen in der Schweiz und in Frankreich seit dem 19. Jahrhundert, in: Kloepfer, Schübe des Umweltbewusstseins, 19–34, 22. Artikel: Müllplätze vergiften das Trinkwasser, in: Schwäbische Zeitung Nr. 82 (10.4.1970), HStA Stuttgart EA 7/703, Nr. 4.

434 Schreiben Kaiser (MELF, Referat III A 2) an Zitzmann (21.8.1970). LA NRW, NW 455, Nr. 779.

435 Schlippenbach, PVC, 27.

436 Kate Brown, Plutopia. Nuclear families, atomic cities, and the great Soviet and American plutonium disasters. Oxford 2013; Dies., The Last Sink: The Human Body as the Ultimate Radioactive Storage Site (Conference Paper Whose Waste Whose Problem, Rachel Carson Center, München 2014).

437 Beck, Risikogesellschaft, 34.

gleichwohl diffuser Zuschreibungen und Ängste. Zum Symbol dafür wurde die Krankheit Krebs, deren konkrete Verursachung schwer zu bestimmen war, die aber gerade durch ihren oftmals langfristigen und schmerzhaften Verlauf besonders starke Emotionen weckte.[438]

Solch diffuse, gerade darum aber umso wirkmächtigere Zuschreibungen begannen in den 1970er Jahren, den Diskurs über das Abfallproblem zu dominieren. Das hatte zunächst mit der exponentiellen Zunahme des Wissens über gefährliche Substanzen im Abfall zu tun. Im Jahr 1965 hatte das Bayerische Landwirtschaftsministerium beispielsweise eine Liste mit gefährlichen Substanzen veröffentlicht, die gerade einmal achtzehn Substanzen aufführte.[439] Mitte der 1970er Jahre konnten solche Gefahrenkataloge bereits mehrere tausend Titel umfassen.[440] Damit lässt sich ein grob umrissener Zeitraum zwischen Mitte der 1960er und Mitte der 1970er Jahre identifizieren, in dem das Wissen um den Abfall, über in ihm enthaltene Substanzen und deren Gefahrenpotenziale, geradezu »explodierte«. Doch bezog sich dieser Wissenszuwachs nicht nur auf den Abfall an sich, sondern zunehmend auch auf Entsorgungsanlagen. Je mehr man beispielsweise über Mülldeponien lernte, umso offensichtlicher wurde, was für komplexe Bauwerke diese waren und wie schwierig ihre Abdichtung. Vom skizzierten wasserwirtschaftlichen Optimismus, der beim VKF und vielen Wissenschaftlern noch in der zweiten Hälfte der 1960er Jahre vorgeherrscht hatte, blieb am Ende der 1970er Jahre wenig übrig.

Auch Müllverbrennungsanlagen gerieten ab Mitte der 1970er Jahre vermehrt in die Kritik, nachdem sie lange Zeit als zwar teure, aber vergleichsweise umweltfreundliche Entsorgungslösung gegolten hatten. Dafür wurden sie ab diesem Zeitpunkt zum eigentlichen Fokus des Gefahrendiskurses. Während man bei Kohlekraftwerken immerhin wusste, *was* dort verbrannt wurde, war das bei Müllverbrennungsanlagen eben nicht oder wenigstens nicht immer der Fall. Zudem wurden die jeweiligen Substanzen nicht einzeln, sondern im Gemisch verfeuert, wobei ebenfalls große Unklarheiten bestanden, welche chemischen

438 S. dazu: Westermann, Plastik und politische Kultur, 293 ff.; Radkau, Natur und Macht, 300 ff.

439 Anhang Bayerisches Staatsministerium des Inneren: Beseitigung von Hausmüll und ähnlichen Abfällen in kommunalen Anlagen (Sonderveröffentlichung Bayerisches Staatsministerium des Inneren, August 1965). SdtA Augsburg, Bestand 49, Nr. 1473. Mit der Aufstellung einer solchen Liste reagierte man auf eine 1964 virulente Debatte, wo insbesondere Industrieunternehmen, die potentiell gefährliche Abfälle erzeugten, um die Aufstellung eines Abfallkatalogs als Grundlage einer ordnungsgemäßen Entsorgung gebeten hatten. Schreiben Hanns Spohn an das Bundesministerium für Gesundheitswesen Gottfried Hösel (17.1.1964). BA Koblenz, B 106, Nr. 25178.

440 Niederschrift über die Sitzung des Abfallrechtsausschusses am 6./7.5.1976 in Goslar (26.5.1976). BA Koblenz, B 106, Nr. 65262; Abfallkatalog 1978: Einteilung der ausgeschlossenen Abfälle nach Kategorien. LA NRW, NW 455, Nr. 801.

Verbindungen so neu entstanden, sowohl im Verbrennungsprozess als auch bei der Vermischung der Abgase.[441]

Gerade am Beispiel der Müllverbrennungsanlagen lässt sich verdeutlichen, wie eng zunehmendes Wissen mit gleichzeitigem Nicht-Wissen korreliert war. Je mehr man über die Zusammensetzung, die Verbrennungseigenschaften, das Verhalten der Abfälle auf der Deponie lernte, umso mehr wurde bewusst, wieviel man (noch) nicht wusste. Dabei handelte es sich um ein typisches Phänomen »reflexiver Modernisierung«, wobei gerade der stattgefundene Wissenszuwachs ein starkes Argument gegen die technische Beherrschbarkeit von Entsorgungsprozessen lieferte: Wenn vor zehn Jahren die Entsorgung noch als problemlos angesehen werden konnte, dann nur aufgrund des geringen Kenntnisstandes der damaligen Zeit. Wer aber konnte garantieren, dass der Lernprozess seitdem abgeschlossen war? Zumal man ja nicht wissen konnte, was man nicht wusste: »Nichtwissen« und »Nichtwissenkönnen« spielten darum in den 1970er Jahren zwangsläufig eine zentrale Rolle in der Argumentation der Gegner von Entsorgungsanlagen.[442]

Das war besonders deshalb der Fall, weil »Nichtwissen« oftmals automatisch mit Gefahr assoziiert wurde. Wenn etwa in einer weitverbreiteten Darstellung zum Abfallproblem zu lesen war, von 500.000 chemischen Verbindungen, die eine Müllverbrennungsanlage emittierte, seien höchstens 10.000 überhaupt bekannt, dann zeigte das nur allzu deutlich, dass gerade diejenigen, die einen pragmatisch-technischen Ansatz verfolgten, über die Gefährlichkeit einer Anlage überhaupt keine verlässliche Aussage treffen konnten.[443] Eine Bielefelder Bürgerbewegung argumentierte zu Beginn der 1980er Jahre in bezeichnender Widersprüchlichkeit, die meisten von einer MVA emittierten Substanzen seien zwar unbekannt, aber »unvorstellbar giftig«.[444] Nichtwissen erzeugte durch die Assoziation mit Gefahr Ängste, die ein wichtiges »Bindemittel« der Proteste gegen Entsorgungsanlagen darstellten.[445]

441 Harald Friedrich, Müllverbrennung. Eine ökologisch verantwortbare Technologie?, in: Schiller-Dickhut, Friedrich, Müllverbrennung, 9–68, 33f. Im Übrigen war der Abfall als heterogenes Gemisch auch eines der wesentlichen Probleme für die Verbrennung an sich. Vgl. Ergebnis der Ermittlungen über Anfall von PVC-Abfällen und Einwegflaschen sowie deren Auswirkung auf die Abfallbeseitigung (Juli 1969). BA Koblenz, B 106, Nr. 29370.

442 Der von Uekötter und Lübken herausgegebene Sammelband »Managing the Unknown« behandelt letzteres vor allem als Nichtwissen über Ressourcenvorkommen und damit als vorranging praktisches Problem. Frank Uekötter, Uwe Lübken, Managing the Unknown. Essays on Environmental Ignorance. New York, Oxford 2014.

443 Grassmuck, Unverzagt, Müll-System, 173.

444 Möller, Abfallpolitik, 153.

445 Zur integrierenden Funktion von Angst vgl. auch Judith Michel, »Die Angst kann lehren, sich zu wehren« – Der Angstdiskurs der westdeutschen Friedensbewegung in den 1980er Jahren, in: José Brunner (Hrsg.), Politische Leidenschaften. Zur Verknüpfung von Macht, Emotion und Vernunft in Deutschland. Tel Aviver Jahrbuch für Deutsche Geschichte 38, 2010, 246–269, 262.

Die Differenz von Wissen und Nichtwissen, technischer Beherrschbarkeit und nicht beherrschbarem Risiko bestimmte den Abfalldiskurs in den 1970er und 1980er Jahren, wobei der Soziologe Reiner Keller diesbezüglich zwischen »strukturkonservativen« und »kulturkritischen« Positionen unterschieden hat: Während auf »strukturkonservativer« Seite die existierenden Zustände zumeist als befriedigend empfunden bzw. die technische Lösbarkeit spezifischer Probleme im Rahmen des bestehenden Systems propagiert wurde, galt dem »kulturkritischen« Abfalldiskurs das bestehende System der Entsorgung generell als verfehlt. Darum führte jede Maßnahme zur Lösung eines Problems höchstens zu einer Problemverschiebung. Notwendig war stattdessen ein fundamentaler Neuansatz, der tendenziell auf eine grundlegende Änderung des Produktions- und Konsumtionsregimes des modernen Kapitalismus hinauslief.[446]

Der »kulturkritische« Abfalldiskurs wurde besonders von Umweltgruppen und Aktivisten gepflegt, seine Argumente und Motive aber auch von einer kritischen Öffentlichkeit und Presse aufgegriffen und multipliziert, zumal er mit eingängigen Sprachbildern (»Müll-Lawine«, »Wegwerfgesellschaft«, »Wohlstandsmüll«) operierte. Das äußerte sich nicht nur in politischen Debatten, sondern insbesondere in einem zunehmenden Protest gegen neue Entsorgungsanlagen, deren Tauglichkeit wiederum mit wissenschaftlichen Argumenten bestritten wurde. Die daraus resultierende Dialektik von Expertise und Gegenexpertise trug erheblich zum wissenschaftlichen Fortschritt auf dem Gebiet der Abfallwirtschaft bei und verhinderte in vielen Fällen tatsächlich die Realisierung ungeeigneter Entsorgungsanlagen. Sie führte aber auch zu einer Problematisierung des Wissens über Abfall überhaupt: Wenn jede Expertise mit einer Gegenexpertise gekontert werden konnte, ließ sich jedes Argument konsequenterweise auf dahinter stehende »Interessen« zurückführen. Das legitimierte allerdings nicht nur den Protest, sondern auch die planenden Behörden: Letztere konnten durch den Hinweis auf das »St. Florians«-Prinzip oder das »NIMBY«-Syndrom Proteste pauschal abqualifizieren.

Diejenigen, die sich professionell mit technischen Lösungen für die Entsorgungsproblematik beschäftigten, waren (wenig überraschend) eher dem »strukturkonservativen« Abfalldiskurs zuzuordnen. Gleichwohl gab es auch hier zahlreiche Facetten und Veränderungen. So wurde in den 1960er Jahren beispielsweise eine Bürgerbeteiligung von den zuständigen Experten noch rundweg abgelehnt bzw. auf ein Minimum reduziert. Durchaus bezeichnend ist in diesem Zusammenhang eine Auseinandersetzung im Innenministerium NRW aus dem Jahr 1965, wo darüber debattiert wurde, wer bei der Planung einer Deponie Einsicht in die Grundwasserkarten bekommen sollte. Ein Ministerialrat erhob jedenfalls schwere Bedenken dagegen, dass die Planungskarten für die Lagerung von Abfallstoffen in einer zu hohen Auflage gedruckt und somit evtl.

446 Keller, Müll.

einem Personenkreis zugeführt würde, der nicht in der Lage war, Grundwasserhöhengleichen zu lesen.[447] Mitreden konnten und sollten also nur »Experten«, wobei die Abgrenzung zwischen Experte und Laie solange unproblematisch war, wie die durch die Errichtung neuer Entsorgungsanlagen betroffenen Bürger nicht selbst anfingen, sich eine Expertise anzueignen bzw. sich alternative Forschungspositionen etablierten, die dem abfalltechnischen Mainstream kritisch gegenüberstanden.

Dass die Entsorgungsproblematik als technisch lösbare Frage verhandelt wurde, war indes bereits Ende der 1960er Jahre in der Politik nicht mehr durchgängig der Fall. Die beschriebenen Anstrengungen im Bundesinnenministerium zur rechtlichen Regelung der Abfallproblematik offenbarten ein Gefahrenbewusstsein, das weit über das vieler Ingenieure und Praktiker im Feld hinausging.[448] Dementsprechend fühlten sich besonders die Leiter der Stadtreinigungsämter durch die sich zu diesem Zeitpunkt zunehmend entwickelnde »Müllpanik« geradezu in ihrer Ehre gekränkt und sahen ihre jahrzehntelange Arbeit, eine moderne, hygienisch einwandfreie Müllabfuhr zu gewährleisten, entwertet. Der Direktor des Freiburger Stadtreinigungsamtes, Friedrich Arnst, protestierte 1970 z. B. vehement gegen einen Fernsehbericht des ZDF mit dem Titel »Die Müllawine«. Nicht nur hatte von Lersner in der Reportage zweimal den despektierlichen Ausdruck »Müllkutscher« verwendet. Vielmehr, so beklagte sich Arnst, werde das Abfallproblem unnötig dramatisiert, zumal »bisher kein Beweis für eine nachhaltige Grundwasserverunreinigung im Umkreis einer Müllablagerung erbracht ist«. Und weiter: »Die Müllabfuhr und -beseitigung ist mit den heutigen technischen Mitteln zufriedenstellend zu lösen, wenn die Betriebsmittel mit einem entsprechenden Investitionsaufwand auf den jeweiligen Stand der Technik gebracht werden können.«[449] Damit handelte es sich beim Müllproblem also weniger um die unerwünschten »Schattenseiten des Überflusses« (so der Titel einer Schweizer Dokumentation aus dem Jahr 1968), sondern schlicht um eine Frage der Unterfinanzierung.[450]

447 Vermerk Köster: Bearbeitung einer Planungskarte für die Lagerung von Abfallstoffen (Müll u. a.) im Hinblick auf den Schutz des Grundwassers (13.12.1965). Landesarchiv NRW, NW 354, Nr. 586.

448 Das war nicht zuletzt deswegen eine spannungsreiche Konstellation aufgrund des strukturellen Problems der »organisatorischen Trennung von rechtlicher Entscheidungskompetenz und technischem Fachwissen«. Renate Mayntz u. a., Vollzugsprobleme der Umweltpolitik. Empirische Untersuchung der Implementation von Gesetzen im Bereich der Luftreinhaltung und des Gewässerschutzes. Wiesbaden 1978, 48.

449 Abschrift Schreiben Fuhrparkbetriebe Stadt Freiburg i. Br. an das Zweite Deutsche Fernsehen, Mainz (24.4.1970). HStA Stuttgart, EA 7/703, Nr. 4.

450 Diese Meinung vertrat 1973 explizit auch Werner Schenkel: »Für mich ist gegenwärtig die Ordnung der Abfallbeseitigung weniger ein technisches Problem mit der Wahl der geeigneten Verfahren als vielmehr ein finanzielles.« Werner Schenkel, Geld, viel Geld für die Abfallwirtschaft, in: Umwelt-Magazin 3, 1973, Hft. 5, 23–24, 23 f.

Diese pragmatische Haltung vieler Abfallexperten wurde allerdings in den 1970er Jahren zunehmend in Frage gestellt. Das hatte zunächst mit zahlreichen Planungsverfahren und massiven Bürgerprotesten zu tun. Experten, Politiker, politische Beamte waren nun zunehmend gezwungen, sich auf einen »Diskurs« einzulassen, wobei die Debatten um neue Entsorgungsanlagen und die Neuordnung der Abfallwirtschaft die von Keller beschriebene Differenzierung des Abfalldiskurses oftmals überhaupt erst hervorbrachten. Anders formuliert: Die Vertreter der planenden Behörden konnten nach außen hin kaum anders als »strukturkonservativ« argumentieren, während sich interne Debatten teilweise deutlich differenzierter gestalteten. Gerade die öffentliche Debatte führte in vielen Fällen zu starken Polarisierungen.

Dass die Lösung der Abfallproblematik hohe Investitionen erforderlich machte und darum in diesem Bereich viel Geld im Spiel war, schuf allerdings starke Anreize, solche diskursiven Polarisierungen zu unterlaufen. Wenn Arnst, wie oben erwähnt, das Abfallproblem vor allem als eines der Unterfinanzierung betrachtete, so übersah er dabei, dass gerade die mediale Dramatisierung der Müllproblematik wesentlich dazu beitrug, die finanzielle Ausstattung der Abfallentsorgung zu verbessern. Besser verstanden hatte das der Hamburger Ingenieur Hans Reimer, Autor des 1971 erschienenen Buches »Müllplanet Erde«. Hierbei handelte es sich vordergründig um einen der vielen »Öko-Reißer« der frühen 1970er Jahre: Zu Beginn wurden in einer dramatisierenden Sprache die Gefährdungen der Umwelt durch Luft- und Wasserverschmutzung sowie die anschwellenden Abfallströme evoziert. Wenig später suggerierte Reimer jedoch, die Lösung dieser Probleme sei letztlich eine Frage des Geldes. In welcher kritischen Auseinandersetzung mit der Umweltverschmutzung wurde damals schon optimistisch festgestellt, »dass für die überwiegende Zahl der heute bekannten Abfälle eine befriedigende, d.h. umweltschonende Beseitigung möglich ist. [...]«?[451] Unerschrocken schrieb Reimer: »Man darf getrost zur Regel erheben und feststellen: Es gibt für jeden Dreck eine Beseitigungsmethode!«[452] Dem Problem des Atommülls widmete Reimer zwei Seiten und stellte nicht allein fest, dass das negative Image der Kernenergie allein aus der Assoziation mit Kernwaffen herstamme, sondern beschrieb auch die technische Seite der Beseitigung des Atommülls als weitgehend unproblematisch.[453]

Am Ende reduzierte sich das Abfallproblem für Reimer letztlich auf die Bereitschaft der Gesellschaft, ein bis zwei Prozent ihres Wohlstandes für dessen umweltgerechte Beseitigung zu opfern. Reimer hatte verstanden, dass im kulturkritischen Abfalldiskurs eine Kapitalisierungsquelle lag, und so wurde das Buch mit dem dramatischen Titel unter der Hand zu einer Werbeschrift für

451 Hans Reimer, Müllplanet Erde. Hamburg 1971, 198.
452 Ebd.
453 Ebd., 102f.

Reimers eigene unternehmerische Aktivitäten. Dieser betrieb nämlich unter dem Namen Goepfert, Reimer und Partner (GRP) ein Ingenieurbüro, das seit den 1970er Jahren an der Planung zahlreicher Müllverbrennungsanlagen beteiligt war. Im Jahr 2002 wurde Reimer zu fünf Jahren Haft verurteilt, weil er »Beratungshonorare« für die Planung solcher Anlagen, de facto Bestechungsgelder der ausführenden Firmen, nicht ordnungsgemäß versteuert hatte.[454] Der Umweltschutz wandelte also in der Abfallwirtschaft, nicht zuletzt aufgrund der hohen Geldsummen, die für die Planung und Errichtung von Entsorgungsanlagen aufgewendet werden mussten, mitunter auf ganz eigenen merkantilen Pfaden. Dieser Gesichtspunkt spielte in den Debatten um neue Entsorgungsanlagen während der 1970er Jahre jedoch noch kaum eine Rolle. Erst während der 1980er Jahre wurde zunehmend thematisiert, dass die wissenschaftlichen Experten der Abfallwirtschaft mitunter eine unangemessene Nähe zu Kommunen und Großanlagenbauern pflegten.[455]

3.4.6 Proteste gegen Entsorgungsanlagen: Umweltbewegung, Bürgerinitiativen und der Müll

Die umfassende Neuplanung der Abfallentsorgung mit Vollzug des Abfallbeseitigungsgesetzes stieß auf erheblichen Widerstand aus der Bevölkerung. Nahezu mit Verkündigung der Abfallbeseitigungspläne liefen in den zuständigen Ministerien die ersten Protestschreiben ein, welche die vorgesehenen Standorte als absolut ungeeignet für eine Deponie oder Verbrennungsanlage betrachteten sowie die Kompetenz der planenden Beamten in Zweifel zogen.[456] Bald formierten sich an vielen Orten Bürgerinitiativen, die gegen neue Anlagen demonstrierten, Einwände im Planungsprozess machten oder ein ordentliches Planungsverfahren teilweise überhaupt erst erzwangen.[457] Sie ließen Gegengutachten erstellen und ihre Mitglieder eigneten sich zunehmend eine abfalltechnische Expertise an, die von den Unbedenklichkeitsbeteuerungen der planenden Ingenieure und Politiker oftmals wenig übrig ließ. Das hatte dann auch Konsequenzen für die Planung von Entsorgungsanlagen generell. Die Behörden wiederum mussten auf die Proteste reagieren, weil es sonst immer schwieriger wurde, neue Entsorgungsanlagen überhaupt noch durchzusetzen.

454 Insa Gall, Martin Kopp, Hamburger Schlüsselfigur im Müll-Klüngel. Hans Reimer gerät immer mehr ins Zwielicht, in: Die Welt (14.3.2002).

455 Friedrich, Müllverbrennung, 15 ff.

456 Schreiben Erich Hein an Sautter, Innenministerium Baden Württemberg (25.4.1973). HStA Stuttgart, EA 7/703, Nr. 31.

457 Referent Kanis III A6. Vorlage für Herrn Minister (August 1974) betr. Bürgerinitiative im Raum Metternich gegen die geplante Sondermülldeponie. LA NRW, NW 455, Nr. 788.

Widerstand gegen Entsorgungsanlagen hatte es bereits in den 1960er Jahren gegeben, zumal die Belästigung durch Mülldeponien nicht, wie im Bereich der Luftreinhaltung, durch eine Politik der hohen Schornsteine baulich gemildert oder verlagert werden konnte.[458] Bereits 1967 schrieb ein Ingenieur, man dürfte nicht die Aversion außer Acht lassen, die »alle mit der Deponieeinrichtung auch nur im entferntesten konfrontierten Bevölkerungsteile gegen diese beeinflusst.« Dabei sollten diese seiner Ansicht nach eigentlich froh sein, dass die stinkenden und rauchenden »wilden« Kippen nun verschwänden, welche in großer Zahl die Landschaft verschandelten: »Jedoch die Gedankenverbindung zu diesen wilden Kippen ist es gerade, die vielen die Vorstellung aufzwingt, dieser neuerliche Deponieberg müsste noch um ein vielfaches mehr rauchen und stinken.«[459] Eine im Jahr 1961 durchgeführte Befragung westdeutscher Kommunen kam zu dem Ergebnis, dass in 55 Prozent der Gemeinden mit mehr als 10.000 Einwohnern Beschwerden gegen die Ablagerung von Müll eingereicht worden seien, wobei diese Statistik allerdings nichts darüber aussagt, ob es dabei um wilde Kippen oder die Belästigung durch reguläre Deponien ging.[460] Diese frühen Proteste speisten sich teilweise auch daraus, dass viele Bürger alternative Entsorgungslösungen bevorzugten. So opponierte 1965 in Kronberg im Taunus eine »Interessensgemeinschaft zur Wahrung der Grund- und Bürgerrechte« gegen die Errichtung einer Verbrennungsanlage, weil sie die Kompostierung befürwortete.[461] Bei der Kompostierung handelte es sich damals um ein »Steckenpferd« konservativer Naturschutzkreise, die hinter der Opposition gegen die Errichtung einer MVA im Taunus standen.

Wer in der Phase der Neuorganisation der Abfallwirtschaft zu Beginn der 1970er Jahre konkret gegen neue Entsorgungsanlagen protestierte, ist nicht ganz leicht zu kategorisieren. Zunächst gab es die Gemeinden, die bereits mit einer erheblichen Umweltbelastung zu kämpfen hatten und sich durch Standortentscheidungen ungerecht behandelt fühlten. Das war etwa beim Protest gegen eine Müllverbrennungsanlage in Oberhausen-Lirich[462] oder auch bei den Bürgern im Raum Esslingen-Plochingen der Fall, die durch die dort konzentrierte Industrie bereits mit einer hohen Luftbelastung leben mussten und sich darum dagegen wehrten, dass ihre Gemeinde Standort einer Zentraldeponie

458 Dazu Uekötter, Von der Rauchplage, 218 ff.

459 Bauingenieur IMM, Gesichtspunkte, 1.

460 Michael Ferber, Auswertung ausgewählter Kapitel der Müllstatistik 1961 nach Bundesländern. Sachverständigengutachten über Ergebnisse der Müllstatistik 1961 erstattet im Auftrag des Bundesministeriums für Gesundheitswesen. Berlin 1965, 242.

461 Schreiben Interessengemeinschaft zur Wahrung der Grund- und Bürgerrechte an Elisabeth Schwarzhaupt (10.10.1965). BA Koblenz, B 106, Nr. 25189.

462 Vermerk Mertens: Bürgerinitiativen gegen die Errichtung der MVA Oberhausen (6.10.1972). LA NRW, NW 455, Nr. 828.

wurde.[463] Weiter gab es die Landgemeinden, die bislang nur mit recht geringen Schadstoffbelastungen umgehen mussten und plötzlich mit einer Deponie leben sollten, die nicht nur ihre Lebensqualität und den Wert ihrer Immobilien beeinträchtigte, sondern auch ihren ländlichen Charakter irreversibel zu verändern drohte. Dafür spielten nicht nur die Belästigungen durch die Anlage selbst eine Rolle, sondern auch deren verkehrstechnische Erschließung und das Aufkommen schwerer Nutzfahrzeuge. Allerdings entwickelten sich gerade auch dort Proteste, wo die Behörden tatsächlich ungeeignete Standorte auswählten und Planungen im »Hauruckverfahren« durchdrücken wollten.

Prinzipiell gab es immer Gründe, gegen neue Entsorgungsanlagen zu protestieren, weil diese grundsätzlich Umweltgefahren und weitere Unannehmlichkeiten mit sich brachten. Gleichwohl war der Widerstand bei ländlichen Gemeinden besonders stark ausgeprägt und in Nordrhein-Westfalen die Protesthäufigkeit signifikant niedriger als in Hessen oder Baden-Württemberg. Ein Grund dafür bestand darin, dass in NRW die Neuregelung der Abfallbeseitigung aufgrund der höheren Siedlungsdichte bereits deutlich früher in Angriff genommen worden war. Die Siedlungsdichte bedingte es außerdem, dass nur an vergleichsweise wenigen Stellen überregionale Zentraldeponien für Zweckverbände neu geschaffen werden mussten, wo diese (wie etwa im Landkreis Iserlohn) noch nicht existierten.[464] Das westliche Ruhrgebiet beispielsweise verbrachte einen Großteil seiner Abfälle auf die 1968 eröffnete Zentraldeponie Emscherbruch oder ließ ihn verbrennen. In Baden-Württemberg und Hessen mussten die Behörden jedoch mit einem massiven Widerstand der Bevölkerung umgehen, der gerade in ländlichen Regionen besonders heftig war.[465] Die Stuttgarter Nachrichten berichteten im November 1975 davon, die Bürgerinitiativen würden überall wie Pilze aus der Erde sprießen und prognostizierten ein »heißes Mülljahr 1976«.[466]

Teilweise speiste sich der Protest aus tatsächlichen Unzulänglichkeiten der Planung, wenn ungeeignete Flächen ausgewählt, die Planungsprozesse schlecht kommuniziert oder inkompetent durchgeführt wurden. So beschwerte sich ein

463 Schreiben Ewald Meurisch an Emmy Horstmann (25.7.1969). BA Koblenz, B 106, Nr. 25132; Schreiben Kurt Schaal an den Minister für Ernährung, Landwirtschaft und Umwelt (18.1.1973). HStA Stuttgart, EA 7/703, Nr. 31.

464 Schreiben MELF an den Minister für Wirtschaft, Mittelstand und Verkehr des Landes NRW (15.5.1974) betr. Große Anfrage der CDU-Fraktion: Strukturelle und wirtschaftliche Lage im Ruhrgebiet (15.5.1974). LA NRW, NW 455, Nr. 823.

465 Z.B. Schreiben Wilhelm Schultz an Fuß (BMI) (25.5.1972). BA Koblenz, B 106, Nr. 25192; Schreiben Vorsitzender der Bürgerinitiative zum Schutze des Strombergs an Hans-Dietrich Genscher (7.11.1973). BA Koblenz, B 106, Nr. 25193; Erich Hein, Bericht über die geplante Mülldeponie Kahlenberg in Ringsheim des Zweckverbandes Abfallbeseitigung Kahlenberg in Emmendingen, Landratsamt (April 1973). BA Koblenz, B 106, Nr. 25193.

466 Artikel: Keiner will den »Schwarzen Peter«, in: Stuttgarter Zeitung Nr. 264 (15.11.1975). HStA Stuttgart EA 7/703, Nr. 35.

Chemieingenieur in Ringsheim 1973 darüber, der Planungsverantwortliche für die Errichtung einer Zentraldeponie habe noch nicht einmal Abitur.[467] Mitunter wurden Entsorgungsanlagen aber auch aus ganz anderen Gründen abgelehnt. In Bisingen/Zollernalbkreis beispielsweise sollte eine Mülldeponie nur 500 Meter von einer KZ-Gedenkstätte entfernt errichtet werden.[468] Der Protest führte, nachdem sich das französische Konsulat eingeschaltet hatte, zur Ablehnung des Standorts. Dieser wurde dann allerdings durch einen geologisch weniger geeigneten ersetzt, was wiederum neue Proteste provozierte.[469]

Dabei boten die Behörden tatsächlich immer wieder Angriffsflächen: 1974 berichtete der »Spiegel« in einem großen Giftmüllartikel im Jahr 1974 über einen Wissenschaftler, der nicht nur Gutachten im Auftrag von Hoechst und anderen Chemiefirmen erstellte, sondern zugleich als Ministerialrat im Landwirtschafts- und Umweltministerium für Gewässerschutz und Deponien zuständig war und somit den Genehmigungsstempel auf seine eigenen Gutachten setzte.[470] Wütenden Widerspruch löste es aus, dass die Behörden mitunter selbst bei heiklen Sondermülldeponien lediglich ein Plangenehmigungsverfahren statt eines Planfeststellungsverfahrens einleiteten, was der Sachproblematik in keiner Weise angemessen war.[471] Im August 1975 zogen 400 Bewohner mit Traktoren aus Vaihingen vor das Ludwigsburger Landratsamt, um gegen die geplante Mülldeponie im Weinbaugebiet zu demonstrieren, wobei u. a. die Forderung aufgestellt wurde, die »Großkopferten aufzuhängen – besser heute als morgen«.[472]

In ihren Protestformen lassen sich kaum Besonderheiten ausmachen, die den Widerstand gegen Deponien von solchen etwa gegen Atomkraftwerke unterschieden hätten. In Baden-Württemberg wurden diese Proteste seit Mitte der 1970er Jahre sogar als direkte Imitation des Protestes gegen den geplanten Neubau eines Atomkraftwerkes in Wyhl betrachtet, der insbesondere von Jens Ivo Engels als Initialzündung und »training ground« neuer Protestformen im

467 Erich Hein, Bericht über die geplante Mülldeponie Kahlenberg in Ringsheim des Zweckverbandes Abfallbeseitigung Kahlenberg in Emmendingen, Landratsamt (April 1973). BA Koblenz, B 106, Nr. 25193.

468 Schreiben Ewald Schuler an das Ministerium für Ernährung, Landwirtschaft und Umwelt (24.1.1973). HStA Stuttgart, EA 7/703, Nr. 31.

469 Vermerk Schellhorn MELU (19.3.1974). HStA Stuttgart, EA 7/703, Nr. 31.

470 O. V., Türkischer Honig. Es kann auch Cyanid sein, in: Der Spiegel Nr. 20, (13.5.1974), 54–68. Vgl. Dokumentation über die Gefährdung von Menschen und die Verseuchung der Umwelt durch die Chemiemüll-Deponie Sprendlingen im Landkreis Mainz-Bingen (1974). BA Koblenz, B 106, Nr. 64100.

471 Resolution der Gemeinde Mechernich gegen die vorgesehene Industriemüll-Deponie bei Antweiler (10.12.1973). LA NRW, NW 455, Nr. 788.

472 Artikel: Protest gegen Müll mit Rätschen und Weinbergböllern, in: Stuttgarter Zeitung (8.8.1975). HStA Stuttgart, EA 7/703, Nr. 35.

Umweltschutz der 1970er Jahre beschrieben worden ist.[473] Allerdings erheischten nur relativ wenige Projekte solch überregionale Aufmerksamkeit, dass es dort zu der charakteristischen »Durchmischung« von Aktivisten und besorgten Ortsansässigen kam. Ein solcher Fall war etwa der Protest im hessischen Dreihausen in der Nähe von Marburg, wo eine Bürgerinitiative 1977 erfolgreich gegen die Einrichtung einer Sondermülldeponie protestierte. Hier reisten neben Marburger Studenten Protestierer aus der gesamten Bundesrepublik an. Mit »Klaus der Geiger« trat auch eine Ikone des gesellschaftlichen Protests gegen Atomkraftwerke auf.[474]

Dieser Fall ist allerdings auch deswegen interessant, weil er deutlich macht, welche Rolle wissenschaftliche Expertise in den Konflikten um Entsorgungsanlagen spielte. Den von der hessischen Landesregierung in Auftrag gegebenen Gutachten, welche die Tauglichkeit des ausgesuchten Standorts für eine Deponie feststellten, standen die von der Bürgerinitiative beauftragten Gutachten entgegen, die zu dem gegenteiligen Ergebnis kamen. Die Öko-Institute, deren erstes 1977 in Freiburg gegründet wurde, stellten gewissermaßen die institutionalisierte Gegen-Expertise dar.[475] Insofern war in der zweiten Hälfte der 1970er Jahre das Spiel von Gutachten und Gegengutachten bereits etabliert, das auch die Konflikte um Deponien und Müllverbrennungsanlagen in den 1980er Jahren zunehmend bestimmen sollte.

Zugleich wurden die Proteste aber auch durch das vermehrte Wissen über die Risiken der Abfalldeponierung befeuert und die Bürgerinitiativen dadurch argumentativ weiter munitioniert. So musste der Landkreis Ravensburg im Jahr 1975 Investitionen in Millionenhöhe abschreiben, weil das Geologische Landesamt ein früheres positives Bodengutachten über die Deponie Obermoorweiler bei Wangen, an deren Ausbau bereits intensiv gearbeitet wurde, revidierte.[476] Damit stand der Kreis unvermittelt unter massivem Handlungsdruck, neue Ablagerungsflächen zu finden. Im November 1976 lief die vom Landwirtschaftsministerium als vorbildlich gepriesene Deponie Düsseldorf-Hubbelrath bei einem Starkregen über und ließ hunderte Forellen in einem nahegelegenen Fischteich verenden, was zu massiven Anwohnerprotesten führte.[477] Offen-

473 Artikel Dietmar Rothwanger, Stunde der Müll-Wahrheit, in: Stuttgarter Zeitung (3.11.1975), HStA Stuttgart, EA 7/703, Nr. 35. Engels, Naturpolitik, 350 ff.

474 Konrad Peil, Wie eine Bürgerinitiative eine große Umweltzerstörung verhinderte. Mülldeponie Dreihausen, Dokumentation. Marburg 1981, 122.

475 1980 gründete sich dann die Arbeitsgemeinschaft ökologischer Forschungsinstitute als Zusammenschluss von zunächst 15 kritischen Instituten. Park, Müllkippe, 131.

476 Artikel Dietmar Rothwanger, Stunde der Müll-Wahrheit, in: Stuttgarter Zeitung (3.11.1975), HStA Stuttgart, EA 7/703, Nr. 35.

477 Überblick (o. D. 1973 nach Aktenstelle): Geordnete Abfallbeseitigungsanlagen in Nordrhein-Westfalen. LA NRW, NW 455, Nr. 829; Artikel Düsseldorfer Nachrichten (13.11.1976). LA NRW, NW 455, Nr. 830.

sichtlich war die Deponie Hubbelrath doch nicht so »geordnet«, wie es von offizieller Seite hieß.

Die Proteste richteten sich zunächst vor allem gegen Deponien und weniger gegen Verbrennungsanlagen.[478] Das lässt sich zum einen durch die viel geringere Zahl von MVAs erklären. Gleichwohl ist es frappierend, dass zu Beginn der 1970er Jahre die Müllverbrennung auch bei Umweltschutzverbänden noch wohlgelitten war. Das zeigte sich beispielsweise an einer Eingabe der »Deutschen Wanderjugend«, die gegen die »asoziale Einwegflasche« protestierte und zum Kampf gegen die »NUNKIs« (Nacht- und Nebel-Kipper) aufrief. Gleichzeitig propagierte sie aber die Verbrennung wegen der Volumenreduktion und der Energiegewinnung als optimale Entsorgungslösung.[479] Die »Deutsche Gesellschaft für Umweltschutz« aus Konstanz forderte 1973 in einer Eingabe neben Recyclingmaßnahmen auch die Errichtung von Müllverbrennungsanlagen (mit Waste to Energy-Konzept) auf stillgelegten Bahnhöfen der Bundesbahn.[480] Die Bürgerinitiative »pro grün« aus dem Dortmunder Norden protestierte 1974 gegen den Ausbau der Deponie Grevel zu einer Zentraldeponie und forderte stattdessen die Errichtung einer Verbrennungsanlage, ebenfalls mit energetischer Nutzung.[481] Die ebenfalls engagierte »Bürgerinitiative Dortmund Nord-Ost« schrieb an den zuständigen Minister, man sei »für umweltfreundliche Müllbeseitigungsanlagen wie Müllverbrennungsanlagen […], die nicht in Wohn- und Naherholungsgebieten liegen«.[482] Die angebliche Umweltfreundlichkeit von MVAs konnte sogar ins Spiel gebracht werden, um die deutlich höheren Kosten einer solchen Anlage gegenüber der Ablagerung zu rechtfertigen. Ein Göppinger Landrat meinte hinsichtlich der 1975 in Betrieb genommenen Anlage, zukünftige Generationen würden hoffentlich erkennen (da der Umweltschutz Mitte der 1970er Jahre aus der Mode gekommen schien[483]), was für eine wegweisende und umweltfreundliche Lösung hier verwirklicht worden sei, zumal die Anlage die Stadt mit Strom und ein nahegelegenes Krankenhaus mit Wärme versorgte.[484]

478 Es gab gleichwohl auch Bürgerinitiativen gegen Verbrennungsanlagen. Neben der erwähnten BI gegen die MVA Oberhausen-Lirich z. B. eine 1971 gegründete Initiative gegen eine zweite MVA in Berlin. Park, Müllkippe, 81.

479 Eingabe Deutsche Wanderjugend an Hans-Dietrich Genscher (11.2.1971). BA Koblenz, B 106, Nr. 25190.

480 Schreiben Deutsche Gesellschaft für Umweltschutz an den Bundesminister für Forschung und Technologie (3.4.1973). BA Koblenz, B 106, Nr. 25193.

481 Rosemary Callmann, Statt Grün-Gürtel ein Müll-Monaco?, in: Die Zeit (21.6.1974), Nr. 26.

482 Schreiben Bürgerinitiative Dortmund Nord-Ost an den Regierungspräsidenten Arnsberg (28.12.1974). LA NRW, NW 455, Nr. 841.

483 Müller, Innenwelt der Umweltpolitik, 97 ff.

484 Artikel: Dr. Goes: Grußworte vom Landrat, in: NWZ (20.6.1975). HStA Stuttgart, EA 7/703, Nr. 35.

Allerdings gab es auch in der ersten Hälfte der 1970er Jahre sporadische Proteste gegen Verbrennungsanlagen, wobei diese aber eher beispielhaft für ein im Vergleich zu ländlichen Regionen oftmals »handzahmes« Protestverhalten in urbanen Ballungsräumen waren. Hier hatte die Bevölkerung seit langem mit einer hohen Umweltbelastung zu leben, was die Toleranzschwelle offensichtlich stark angehoben hatte.[485] Ein gutes Beispiel dafür ist die »Interessensgemeinschaft West-Oberhausen« (IWO), die 1969 aus Protest gegen die geplante Müllverbrennungsanlage in Oberhausen-Lirich gegründet wurde, in der der Müll aus Oberhausen, Duisburg, Dinslaken und vier weiteren Gemeinden verbrannt werden sollte.[486] Vorsitzender der Initiative war ein Apotheker und ihr Sprecher ein Arzt, aus Sicht des Ministeriums also respektable Leute. Wie ein Referent des Innenministeriums anmerkte: »Nach Auskunft des Zweckverbandes sind die vielen Einwendungen und Proteste auf sehr sachlicher und von Seiten der IWO sehr sachkundiger Grundlage geführt worden. Es ist nicht zuletzt das Verdienst der IWO, dass diese Anlage einen so hohen Schornstein, so umfangreiche Elektrofilteranlagen und so strenge Auswurfbegrenzungen hat. Damit hat die IWO ihr eigentliches Ziel, eine weitere Umweltgefährdung in Oberhausen zu verhindern, erreicht. Es soll heute gutes Einvernehmen herrschen. Die IWO und damit auch die gesamte Liricher Bevölkerung ist zur Einweihungsfeier ins Festzelt geladen.«[487] Ein solch harmonischer Abschluss war bei den Protesten gegen Entsorgungsanlagen in den 1970er und 1980er Jahren eher die Ausnahme.

Dass Müllverbrennungsanlagen umweltschädliche Wirkungen haben konnten, war durchaus bereits bekannt. Die Befürchtungen richteten sich damals jedoch in erster Linie auf Salzsäure-Emissionen, die vor allem als Problem für die Funktionsfähigkeit der Anlagen galten.[488] So wurde seit Ende der 1960er Jahre darüber diskutiert, dass die Verbrennung bestimmter Kunststoffe (insbesondere PVC) zur Korrosion der Kessel führte, was angesichts der technischen Anfälligkeit der frühen MVAs ein großes Problem darstellte.[489] Jedoch wurde auch die Emissionsbelastung durch Salzsäure (HCl) bereits thematisiert.[490] 1972 wies

485 Vgl. Brüggemeier, Rommelspacher, Blauer Himmel, 73.

486 Artikel: Neue Anlage ein Beispiel für interkommunale Zusammenarbeit, in: Westdeutsche Allgemeine Zeitung Nr. 235 (10.10.1972). SdtA Duisburg, Zeitungsausschnittsammlung, 721.

487 Vermerk Mertens: Bürgerinitiativen gegen die Errichtung der MVA Oberhausen (6.10.1972). LA NRW, NW 455, Nr. 828.

488 Niederschrift über die Besprechung am 2.7.1969 im Bundesgesundheitsministerium betr. Einsatz, Verbrauch, Ersatz und Beseitigung von Kunststoffmaterialien. BA Koblenz, B 106, Nr. 31488.

489 Niederschrift über die Besprechung am 2.7.1969 im Bundesgesundheitsministerium Bad Godesberg.BA Koblenz, B 106, Nr. 29370; Westermann, Plastik und politische Kultur, 304.

490 Park, Müllkippe, 103f.

beispielsweise ein Regierungsdirektor aus dem Bundesinnenministerium dezidiert auf die Luftbelastung durch Müllverbrennungsanlagen hin: »Wenn die gesundheitlichen Auswirkungen beim Menschen nur schwer nachzuweisen sind, die rasche Zerstörung von Bauwerken, die Jahrhunderte gut überstanden hatten, bietet deutlichere Hinweise.«[491] Der Ingenieur Hans Bohne schrieb 1975 in einem Sammelband zur Müllverbrennung, das wesentliche Problem bestände in der Emission von Salzsäure, die zu Wuchsschäden in der Vegetation führen könne, wobei in Zukunft auch Fluorkohlenwasserstoffe eine zunehmende Gefahrenquelle darstellen würden.[492]

Die Verbrennungsbefürworter betonten während der 1970er Jahre allerdings nahezu einstimmig, dass solche Schadstoffe aufgrund ihrer geringen Konzentration keine negativen Einflüsse auf den Menschen haben konnten. Hans Reimer, bekennender Apologet der Müllverbrennung, stellte im selben Sammelband wie Bohne fest: »Obgleich die genannten Emissionen, besonders hinsichtlich SO_2, HCl und HF in Anbetracht der Schädlichkeit dieser Gase nicht unbedeutend sind, sollte man für die Beurteilung ihrer umweltschädlichen Bedeutung unbedingt berücksichtigen, dass am Gesamtaufkommen der betreffenden Schadgase und Feststoffemissionen Müllverbrennungen nur einen völlig untergeordneten Anteil haben.«[493]

Mitte der 1970er Jahre war es mit der vorgeblichen »Umweltfreundlichkeit« von Müllverbrennungsanlagen vorbei. So startete die Bürgerinitiative Umweltschutz in NRW im Jahr 1975 eine Kampagne, in der die Verbrennung als »umweltfeindlich, energievergeudend und rohstoffverschwendend« bezeichnet wurde. Nach Angabe der Initiative lösten sich achtzig Prozent des Mülls in giftige Gase auf. Als Alternativen wurden Recycling und Kompostierung ins Spiel gebracht.[494] Die Proteste blieben allerdings nicht zuletzt deswegen sporadisch, weil in der zweiten Hälfte der 1970er Jahre kaum neue Anlagen gebaut wurden. Allerdings wurden jetzt die problematischen Emissionen der bestehenden MVAs verstärkt thematisiert und insbesondere die Verbrennung von PVC kontrovers diskutiert, nachdem seit 1973 zahlreiche Krankheits- und Todesfälle in Kunst-

491 Arnold Hoschützky, Die Müll-Lawine sinnvoll stoppen, in: ANS-Mitteilungen Nr. 37, 1973 (Sonderteil Müll- und Kompostbereitung).

492 Hans Bohne, Wirkung der einzelnen Schadstoffe aus Müllverbrennungsanlagen auf die Umwelt, in: Forschungs- und Entwicklungsinstitut für Industrie- und Siedlungswasserwirtschaft sowie Abfallwirtschaft e. V. Stuttgart (Hrsg.), Vor- und Nachteile der Verbrennung und der Kompostierung von kommunalen Abfällen. Berlin 1975, 203–233, 232 f.

493 Hans Reimer, Prognosen über die zukünftige Entwicklung der Emission aus Müllverbrennungsanlagen, in: Forschungs- und Entwicklungsinstitut für Industrie- und Siedlungswasserwirtschaft sowie Abfallwirtschaft e. V. Stuttgart, Vor- und Nachteile der Verbrennung und der Kompostierung, 249–255, 253.

494 Artikel Kölner Stadt-Anzeiger (21.5.1975): Verbrannter Müll vergiftet die Luft. LA NRW, NW 455, Nr. 819.

stoffbetrieben bekannt geworden waren.[495] Der Chemieunfall im italienischen Seveso machte 1976 zum ersten Mal den Begriff »Dioxin« einer breiteren Öffentlichkeit bekannt.[496] Diese Angst- und Reizvokabel sollte aber erst in den 1980er Jahren eine zentrale Rolle in der Auseinandersetzung um MVAs spielen.

Es machte die Auseinandersetzung um Müllverbrennungsanlagen insgesamt kompliziert, dass die von ihnen emittierten Rauchgase nach Maßgabe von Gesetzen und Verordnungen zum Immissionsschutzgesetz bewertet wurden, die für die Komplexität der bei der Müllverbrennung entstehenden Substanzen nicht ausgelegt waren. So legte die 1974 erneuerte TA Luft zwar Grenzwerte für Staub, Salzsäure oder Kohlenmonoxid fest.[497] Wie aber sah es mit Substanzen aus, die von der TA Luft gar nicht über Grenzwerte erfasst wurden?[498] Musste der Hinweis, dass die Anlage die Anforderungen der TA Luft erfüllte, dann nicht geradezu zynisch klingen?[499] Bei der Diskussion um Müllverbrennungsanlagen spielte darum wiederum »Nichtwissen« eine besondere Rolle, zumal es sich hier um komplexe großtechnische Anlagen handelte, in denen heterogene Stoffgemische verbrannt wurden. Gerade die Diskussion um konkrete Projekte führte jedoch zu einer Polarisierung der Positionen. Die Befürworter der Verbrennung betrachteten sie als eine problemlose, nachgerade harmlose Technologie, während die Gegner sie ab Mitte der 1970er Jahre zunehmend als »Giftschleudern« verunglimpften.[500]

Wie reagierten die Behörden auf die Proteste? Hier sind unterschiedliche Verhaltensweisen zu beobachten. Zunächst bestand die übliche Vorgehensweise darin, ein ordnungsgemäßes Planfeststellungsverfahren einzuleiten und durchzuführen, was jedoch, wie gesehen, oftmals starke Proteste mit sich brachte. Ein interner Streitpunkt waren die langen Planungszeiträume, die bereits in den 1970er Jahren zwischen zwei und acht Jahren in Anspruch nahmen.[501] Der Sachverständigenrat für Umweltfragen bemängelte in seinem Umweltgutachten

495 Westermann, Plastik und politische Kultur, 239 ff.

496 Die Problematik war vorher allerdings bereits bekannt. Nachdem die Dioxine in den 1950er Jahren erstmals fachlich beschrieben wurden, fand 1973 ein großes Symposium zur Dioxinproblematik in den USA statt. Der Love Canal-Skandal sensibilisierte die amerikanische Öffentlichkeit ebenfalls für das Thema. Dieter Bleniek, Dioxin – Was ist das? Woher kommt es?, in: Mensch und Umwelt (August 1985), 5–9, 5; Radkau, Ära der Ökologie, 153.

497 Karl J. Thomé Kozmiensky, Fritz Widmer, Thermische Behandlung von Haushaltsabfällen – Stand und Tendenzen, in: Karl J. Thomé-Kozmiensky (Hrsg.), Thermische Behandlung von Haushaltsabfällen. Berlin 1978, 1–30, 28.

498 Zur soziologischen Problematik von Grenzwerten s. Niklas Luhmann, Grenzwerte der ökologischen Politik. Eine Form von Risikomanagement, in: Hiller, Krücken, Risiko und Regulierung, 195–221.

499 Friedrich, Müllverbrennung, 36 f.

500 Artikel Kölner Stadt-Anzeiger (21.5.1975): Verbrannter Müll vergiftet die Luft. LA NRW, NW 455, Nr. 819.

501 Schenkel, Stand der Abfallbeseitigung des Bundes, 299.

von 1974, »übertriebene Auflagen der Behörden« würden die Standortsuche für Deponien verzögern.[502] Im Zuge der Novellierung des Abfallbeseitigungsgesetzes war u. a. angedacht, mit dem Bau von Abfallbeseitigungsanlagen bereits beginnen zu können, wenn das Planfeststellungsverfahren noch nicht abgeschlossen worden war.[503] Planungstechnische Tricks kamen generell aber überhaupt nicht gut an und die Verantwortlichen mussten sich die Behandlung ihrer »Untertanen« von oben herab sehr schnell abgewöhnen, wollten sie die bestehenden Konflikte lösen. Eine Alternative war höchstens, neue Projekte besser zu kommunizieren. Ein Beispiel für angewandte kommunikative Strategien war der Rems-Murr-Kreis, in dem die Anlage geordneter Deponien besonders heftig umstritten war. Hier veröffentlichte die Gemeinde 1975 eine Broschüre »Wohin mit dem Müll?«, in der die genaue Planung für den Kreis beschrieben wurde. Weiter war zu lesen: »Umweltschutz und Müllbeseitigung sind eine Gemeinschaftsaufgabe, die ohne Toleranz und Gemeinschaftssinn nicht bewältigt werden kann.« Es handelte sich also um den moralisch aufgeladenen Appell an die Bevölkerung, das Eigeninteresse zurückzustellen.[504]

Doch solche kommunikativen Strategien waren nicht nur relativ leicht zu durchschauen, es gab auch immer noch die Möglichkeit, auf alternative Formen der Abfallentsorgung zu verweisen, die eine Deponie oder MVA evtl. ganz überflüssig machten. In Dreihausen verwies die Bürgerinitiative immer wieder auf die Kompostierung, die allerdings gerade bei Sondermüll nun wirklich wenig Sinn machte.[505] Am Ende war auch sehr viel Frustration bei den Behörden vorhanden. So wurde beispielsweise im Ausschuss Abfalltechnik der LAGA 1978 die Frage diskutiert, inwiefern man ein Forschungsvorhaben zu den Motiven der Ablehnung von Abfallbeseitigungsanlagen in Auftrag geben solle. Das wurde allerdings mit Skepsis aufgenommen, weil man befürchtete, dieses würde nur »erneutes Aufrühren und Anheizen […] der Sache nicht dienlicher Emotionen« mit sich bringen.[506]

502 Vorlage Unterabteilungsleiter UB III (27.6.1974) betr. Maßnahmen der Bundesregierung zur Abfallbeseitigung. BA Koblenz, B 106, Nr. 27094.

503 Gesetzentwurf des Bundesrates: Entwurf eines Gesetzes zur Änderung des Abfallbeseitigungsgesetzes (12.10.1974). LA NRW; NW 345, Nr. 878.

504 Broschüre: Wohin mit dem Müll? (Dezember 1975). HStA Stuttgart, EA 7/703, Nr. 35.

505 Peil, Bürgerinitiative, 80.

506 Ausschuss Abfallforschung, Abfalltechnik. Niederschrift der 5.Sitzung am 24./25.4.1978 in Würzburg. LA NRW, NW 455, Nr. 801.

3.4.7 Alternativen zu Deponie und Verbrennung

Wenn Deponierung und Verbrennung gleichermaßen problematisch erschienen, dann lag die Frage nach einer alternativen technischen Lösung nahe, die das Abfallproblem vielleicht sogar ganz löste. Wie im Abschnitt über die Kompostierung bereits angesprochen, ist die Geschichte der Müllentsorgung auch ein Friedhof technischer Utopien, also fundamentaler Neuansätze zur Lösung der Abfallproblematik. So meinte der Stuttgarter Ingenieur Friedrich Frei zu Beginn der 1970er Jahre, die ultimative Lösung für das Entsorgungsproblem gefunden zu haben, als er sein Verfahren anpries, Hausmüll zu »versteinern« und in Baustoffe umzuwandeln. Wegen des gewaltigen Energieaufwandes war das Verfahren jedoch vollkommen unwirtschaftlich.[507] Ein Ingenieur des Battelle-Instituts aus Frankfurt stellte 1969 sein Verfahren der »Müllverhüttung« vor, bei dem der Abfall metallurgisch zu einem Ferro-Metall reduziert werden sollte, wobei als Nebenprodukt ein brennbares Gas entstand, das wiederum zur Energiegewinnung genutzt werden konnte.[508] Auch dieses Verfahren ließ sich, u.a. aufgrund ungelöster verfahrenstechnischer Probleme, nicht realisieren.[509]

Diese »Alternativen« scheiterten in der Regel an technischen Unzulänglichkeiten, aber auch daran, dass mitunter komplett unrealistische Behauptungen hinsichtlich ihrer Leistungsfähigkeit aufgestellt wurden. Ganz davon abgesehen bestand für die vielen »Projektemacher« aber auch kein Ankommen gegen die starke Pfadabhängigkeit, die aus bestehenden Entsorgungslösungen, hohen getätigten Investitionen und langen Planungszeiträumen resultierte. Schon aus diesem Grund gab es wenige »echte« oder zumindest dauerhaft verhandelte Alternativen zu Deponie und Verbrennung. Die beiden wichtigsten waren dabei die Pyrolyse sowie eine »alte Bekannte«, nämlich die Kompostierung. Während es bei letzterem Verfahren allerdings von vornherein klar war, dass damit allein die Müllmassen nicht gebändigt werden konnten, schien die Pyrolyse lange Zeit ein Verfahren mit großer Zukunft zu sein. Es konnte allerdings die Hoffnungen nie erfüllen und scheiterte sowohl an Emissionen wie an verfahrenstechnischen Problemen.

Als Pyrolyse wurden Verfahren zur »Verflüssigung« bzw. »Vergasung« des Hausmülls bezeichnet. Erste Ansätze dazu firmierten zu Beginn der 1960er Jahre unter dem Schlagwort der »Müllschmelze«, das Verfahren kam jedoch

507 Schreiben Frei an das Ministerium für Landwirtschaft und Umwelt (27.11.1972) (Handschriftlicher Vermerk Dunz auf dem Brief). HStA Stuttgart, EA 7/703, Nr. 6.

508 Vermerk Hösel betr. Besprechung mit Herrn Gwodsz (21.8.1969). BA Koblenz, B 106, Nr. 25134.

509 Zentralstelle für Abfallbeseitigung: Stellungnahme zum Vorschlag eines rückstandslosen Abfallbeseitigung des Batelle-Instituts (4.3.1971). BA Koblenz, B 106, Nr. 25134.

zunächst nicht über ein rudimentäres Versuchsstadium hinaus.[510] Bei den seit Ende der 1960er Jahre als Pyrolyse bezeichneten Verfahren wurden Abfallstoffe bei hohen Temperaturen und unter Luftausschluss in brennbare Gase bzw. brennbare Teere und Öle transformiert.[511] Zur Erprobung des Verfahrens wurden verschiedene Versuchseinrichtungen in den USA, in Holland und den skandinavischen Ländern eingerichtet.[512] Mitte der 1970er Jahre galt die Pyrolyse als ein interessantes Verfahren, »dessen Möglichkeiten bisher nur in Andeutungen sichtbar« seien.[513] Jedoch war man mittlerweile immerhin so weit, die Pyrolyse in Demonstrationsverfahren zu erproben.[514]

Es zeigte sich jedoch bald, dass die Pyrolyse die hohen Erwartungen nicht erfüllen konnte. So wurde z. B. 1975 in Berlin an der Technischen Universität eine Versuchsanlage errichtet, die jedoch wenig zufriedenstellende Ergebnisse erbrachte. So erforderte die notwendige Zerkleinerung des Abfalls bereits ein hohes Maß an Energie und die Vorgänge innerhalb des Pyrolysereaktors waren schwierig zu beherrschen. Vor allem aber erzeugte die Anlage ähnlich starke Emissionen wie die einfache Verbrennung. Das wiederum machte eine Rauchgaswäsche notwendig, was die Kosten erhöhte und außerdem Sondermüll produzierte. 1979 wurde die Berliner Anlage stillgelegt.[515]

Das waren typische Probleme: So sehr alternative Verfahren der Abfallbehandlung bzw. -entsorgung als Alternative aus den verschiedensten Gründen erwünscht waren, so sehr blieb die Leistungsfähigkeit der Pyrolyse hinter den Erwartungen zurück.[516] Das hinderte zwar viele Kritiker geplanter Entsorgungsanlagen nicht daran, die Pyrolyse als mögliche Alternative ins Spiel zu bringen.[517] Die unbefriedigenden Erfahrungen mit dem Verfahren machten es jedoch für die planenden Behörden leicht, solche Vorschläge vom Tisch zu wischen. Bezeichnenderweise hielt der Bochumer Soziologe Hermann Korte auf der Fachmesse »Entsorga« 1980 einen Vortrag, in dem er die Überbewertung neuer Abfalltechnologien in den Medien als »Pyrolysephänomen« bezeichnete.[518]

510 Schmitt-Tegge, Kostenstrukturanalysen, 46f.; Park, Müllkippe, 52.

511 Park, Müllkippe, 116.

512 Konrad Fichtel, Hausmüll-Pyrolyse: Vier Verfahren können erprobt werden, in: Umwelt-Magazin 5, 1975, Hft. 4, 42–50.

513 Konzeption zur Beseitigung von Abfällen der Stadt Bochum (1975), 8. SdtA Bochum, Bo Ob 1279.

514 Fichtel, Hausmüll-Pyrolyse, 42; Oktay Tabasaran, Pyrolytische Behandlung von Hausmüll und Klärschlamm, in: Umwelt-Magazin 6, 1976, Hft. 2, 81–84.

515 Park, Müllkippe, 118f.

516 Lösch, Probleme des Abfallaufkommens, 138f.

517 ÖTV (Hrsg.), Qualitatives Wachstum. Umweltschonende und rohstoffsichernde Abfallwirtschaft. Vorschläge der Gewerkschaft ÖTV für die Entwicklung der Müllbeseitigung zur Abfallwirtschaft. Stuttgart 1985, 19.

518 Manuskriptband Abfallwirtschaft und Medien, Entsorga 1980. BA Koblenz, B 106, Nr. 69717.

Die andere wesentliche Alternative, die seit den späten 1960er Jahren wieder auf die Agenda von Umweltbewegung und Bürgerinitiativen kam, war die Kompostierung. Das war nicht völlig aus der Luft gegriffen und keineswegs allein dem Mangel an Alternativen geschuldet. Nachdem diese Technologie seit Ende der 1950er Jahre de facto keine große Rolle als Hauptlösung für die Entsorgungsprobleme spielte, wurden seit Mitte der 1960er Jahre wieder vermehrt Kompostierungsanlagen errichtet. Als technisch innovativ galt dabei etwa die 1965 in Betrieb genommene Anlage in Schweinfurt, die ein Kompostwerk mit einer Müllverbrennungsanlage kombinierte. Der Werbeprospekt der Anlage mobilisierte noch einmal die semantischen Motive, welche die Komposteuphorie der 1950er Jahre ausgezeichnet hatten: »Betriebsleitung und Belegschaft machen es sich zur vornehmsten Aufgabe, Komposte zu schaffen, die dem Gartenbau und Weinbau, der Forstwirtschaft und der Landwirtschaft als begehrte, ständig fließende Humusquellen zur Verfügung stehen sollen.«[519]

Auch wenn hier wohl mehr der Wunsch Vater des Gedankens war, so erschien das in Schweinfurt entwickelte und angewandte »Brikollare«-Verfahren durchaus innovativ und wurde bei der Diskussion um Alternativen zu Deponien und MVAs immer wieder ins Spiel gebracht. Bei diesem Verfahren wurde ein Hausmüll-Klärschlamm-Gemisch stark verdichtet, wodurch es sich erhitzte und »entseuchte«. Das Endprodukt waren Briketts, die als Bodenverbesserungs- oder Düngemittel verwendet werden konnten.[520] Weitere, seit den späten 1960er Jahren intensiv diskutierte Verfahren waren das sog. »Prat-Verfahren«, das u. a. in Anlagen in Frankreich und Japan angewandt wurde, oder das »Knet- und Atmungsverfahren«, das von Eberhard Spohn in der Kompostierungsanlage in Blaubeuren am Bodensee entwickelt worden war und das letzterer insbesondere über die Kanäle des »Arbeitskreises zur Nutzbarmachung von Siedlungsabfällen« anpries.[521]

1973 gab es immerhin 19 Kompostierungsanlagen in Westdeutschland, die zusammen 475.000 Tonnen festen Hausmüll und 110.900 Tonnen Klärschlamm verarbeiteten; insgesamt war das der Abfall von 1,6 Millionen Menschen. Die sich verändernde Zusammensetzung des Mülls machte es aber auch für Klein- und Mittelstädte notwendig, eine Kompostierungsanlage mit einer MVA oder einer Deponie zu kombinieren. Die neuen Kompostierungsanlagen in Schweinfurt, Hanau oder Heidelberg, die seit Mitte der 1960er Jahren errichtet wurden, waren Beispiele dafür. Von den größeren Städten waren es immer noch allein Stuttgart und Duisburg, die Kompostierungsanlagen betrieben, die aber nur für

519 Wilhelm Hilpert, In Schweinfurt bleibt kein Müll mehr übrig, in: Süddeutsche Zeitung Nr. 312 (30.12.1965).

520 Lösch, Probleme des Abfallaufkommens, 136.

521 Schreiben Fuß (BMI) an den Bundesminister für Wirtschaft und Finanzen (23.8.1972). BA Koblenz, B 106, Nr. 25130.

wenige Stadtteile arbeiteten und das auch nur in Kombination mit Müllverbrennungsanlagen bzw. Großdeponien. Gleichwohl war die Kompostierung auch in den 1970er Jahren keineswegs »erledigt«. Es handelte sich um eine Nischentechnologie, die in ländlichen Regionen durchaus Sinn machte.

Tabelle 10: Kompostierungsanlagen in der BRD 1945–1975

Jahr	Standort	Angeschlossene Einwohner	Restebeseitigung
1948/1953	Baden-Baden	50.000	Verbrennung
1953	Blaubeuren	22.000	Deponie
1957	Duisburg-Huckingen	88.000	Deponie
1958	Kreuznach	45.000	Deponie
1961	Stuttgart	40.000	Verbrennung
1963	St. Georgen	17.000	Verbrennung
1965	Schweinfurt	90.000	Verbrennung
1966	Landau	110.000	Verbrennung
1967	Eberbach	k.A.	Dep.+Verbrennung
1970	Alzey	100.000	Verbrennung
	Heidenheim	85.000	Verbrennung
1971	Kehl	37.000	Deponie
	Wiesloch	100.000	Deponie
1973	Flensburg	180.000	Deponie
	Heidelberg	170.000	Verbrennung
	Sylt	65.000	Deponie
1974	Ennepetal	50.000	Deponie
	Pinneberg	300.000	Verbrennung

Quelle: D. Bardtke, Müllkompostanlagen in der BRD, in: Forschungs- und Entwicklungsinstitut für Industrie- und Siedlungswasserwirtschaft sowie Abfallwirtschaft e.V. Stuttgart (Hrsg.), Vor- und Nachteile der Verbrennung und der Kompostierung von kommunalen Abfällen, Bd.2. Berlin 1975, 433–442, 439.

Auch wenn es schwer fällt, angesichts der insgesamt relativ geringen Zahl angeschlossener Einwohner von einer Konjunktur der Kompostierung in den 1970er Jahren zu sprechen, so zeigt diese Übersicht trotzdem, dass diese Entsorgungstechnologie in dieser Zeit keineswegs zu den Akten gelegt war. Sie waren, wie oben beschrieben, keine Lösung für die Entsorgungsprobleme von Großstädten und die nichtkompostierbaren Restmengen mussten weiterhin konventionell entsorgt werden. Gerade in ländlichen Regionen jedoch, vorzugsweise in Süddeutschland, wurden in der ersten Hälfte der 1970er Jahre einige neue Anlagen errichtet. Insofern machte es teilweise durchaus Sinn, wenn Umweltinitiativen sie als Alternative zu konventionellen Entsorgungswegen ins Spiel brachten.

Tabelle 11: Anzahl und Leistungsfähigkeit von Kompostierungsanlagen in der BRD 1945–1975

Jahr	Anzahl	Angeschlossene Einwohner	Müllmengen (1000t)	Klärschlammmengen (1000t)	Gesamtkompost (1000 cbm)
1953	2	72.000	11,8	1,3	2.150
1957	3	160.000	27,8	5,3	2.150
1961	5	255.000	50,8	7,1	26.200
1963	6	272.000	50,8	7,1	27.725
1965	7	362.000	67,8	32,1	47.975
1967	9	472.000	92,8	32,1	63.975
1969	9	472.000	92,8	32,1	63.975
1970	11	657.000	123,8	43,1	79.175
1971	14	899.000	190,8	48,4	96.175
1972	14	899.000	190,8	48,4	96.175
1973	17	1.314.000	360,8	110,9	121.175
1974	19	1.664.000	475,8	110,9	133.175

Quelle: Bardtke, Müllkompostanlagen in der BRD, 442.

Die Einstellung der Wissenschaft zum Thema Kompostierung blieb weiterhin ambivalent. Viele Experten kritisierten die Kompostierung aus diversen Gründen. Selbst der Initiator des Wettbewerbs »Unser Dorf soll schöner werden«, Graf Lennart Bernadotte, klang nicht sehr euphorisch: »Bei der Beurteilung der Müllkompostierung, deren Vorteile im geringeren Flächenbedarf, einer Hygienisierung der Abfallstoffe und der Erzeugung verwendbaren Komposts liegen, darf nicht übersehen werden, dass der Vorgang teurer als die Ablagerung ist, und die Verwendung vom örtlichen Bedarf abhängig ist. Durch den Verrottungsvorgang wird das Volumen verringert. Es werden etwa 20–40 % Vol. Kompost gewonnen, während je nach Verfahren 15–30 % Reststoffe verbleiben, die verbrannt oder geordnet abgelagert werden müssen.«[522] Ein anderes Problem bestand darin, dass bevor sich eine dauerhafte und verlässliche Infrastruktur

522 Stellungnahme des Deutschen Rates für Landespflege: Zum Problem der Behandlung von Abfällen (21.10.1970). SdtA Mannheim, Bauhauptverwaltung, Zugang 52/1979, Nr. 944, 6.

des Glasrecyclings seit den späten 1970er Jahren etablierte, Glasscherben im Hausmüll (die nur sehr schwierig aussortiert werden konnten) kompostierten Müll als Dünger oder Bodenverbesserungsmittel beinahe unbrauchbar machten.[523] Zudem erwiesen sich die Emissionen von Müllverbrennungsanlagen, bei denen der Abfall vorher von den kompostierbaren Bestandteilen befreit worden war, als äußerst toxisch.[524]

Als das zentrale Problem galt jedoch weiterhin die Belastung des Komposts mit Schwermetallen, was Anfang der 1970er Jahre zu einer heftigen Debatte führte.[525] Das Battelle-Institut, dessen wissenschaftliche Expertise für das Bundesinnenministerium in der ersten Hälfte der 1970er Jahre wichtig war, merkte in einer Studie an, die Ansicht, Kompostierung wäre besonders umweltfreundlich, sei einfach falsch, »denn es ist ja bekannt, das Frischkompost schon in geringen Mengen auf die meisten Pflanzen schädlich wirkt und daher nicht von vornherein als harmlos gelten kann.«[526] Selbst das Umweltministerium Baden-Württembergs, in dessen Abfallbeseitigungsplänen die Kompostierung eine wichtige Rolle spielte, stellte 1975 fest, dass aufgrund der bei ihrer Herstellung verwendeten Klärschlämme die Komposte so hohe Schadstoffkonzentrationen aufwiesen, dass sie »nicht auf Dauer in der Landwirtschaft« verwendet werden könnten.[527]

Es gab allerdings auch Advokaten der Kompostierung in der Wissenschaft. Während nur die wenigsten die Kompostierung weiterhin als allein seligmachende Lösung der Müllentsorgung betrachteten, wurde sie von vielen als vernünftige Ergänzung zu Deponierung und Verbrennung bewertet. Ein Ingenieur beispielsweise veröffentlichte 1973 einen Artikel im Magazin »Umwelt«, einem vom VDI herausgegebenen Fachjournal für Ingenieure zu Fragen des technischen Umweltschutzes, worin er die Müllverbrennung als zu teuer, wenig verlässlich und umweltschädlich kritisierte. Dieser Artikel provozierte allerdings einen Leserbrief, in dem sich wiederum ein anderer Ingenieur darüber beklagte, widerstreitende Meinungen in verschiedenen Artikeln, die sich mit der Müll-

523 O. Siegel, Beurteilung der verschiedenen Kompostierungsverfahren und der Verwendung von Kompost bezüglich der Anreicherung von Schwermetallsalzen und kanzerogenen Stoffen im Boden, in: Forschungs- und Entwicklungsinstitut für Industrie- und Siedlungswasserwirtschaft sowie Abfallwirtschaft e. V. Stuttgart, Vor- und Nachteile der Verbrennung und der Kompostierung von kommunalen Abfällen, Bd. 2, 597–642, 635 ff.

524 O. Stickelberger, Beseitigung fester und flüssiger Reststoffe aus Müllkompostanlagen, in: Forschungs- und Entwicklungsinstitut für Industrie- und Siedlungswasserwirtschaft sowie Abfallwirtschaft e. V. Stuttgart, Vor- und Nachteile der Verbrennung und der Kompostierung von kommunalen Abfällen, Bd. 2, 477–508, 491 ff.

525 O. V., Giftige Krume, in: Der Spiegel Nr. 14 (2.4.1973), 161–162.

526 Schreiben Battelle-Institut an Gottfried Hösel (10.7.1973). BA Koblenz, B 106, Nr. 25151.

527 Vermerk Referat VII MELU (7.10.1975) betr. Abfallbeseitigungsplan Teilplan Hausmüll, hier: Kompostwerke. HStA Stuttgart, EA 7/703, Nr. 8.

verbrennung/Kompostierung beschäftigten, würden die Leserschaft verwirren und die Reputation der Zeitschrift beschädigen.[528]

Insgesamt verfestigte sich in den 1970er Jahren die Meinung der Experten, dass Kompostierung eine Lösung lediglich für ländliche Räume und Kleinstädte darstellte – wegen der großen Bedeutung der Landwirtschaft und der damals noch stärker »traditionellen« Zusammensetzung des Mülls. Ein gutes Beispiel dafür ist ein System, das in den frühen 1970er Jahren von der Firma Fahr entwickelt wurde und darauf basierte, Kompostierung mit neuen abfallwirtschaftlichen Lösungen für ländliche Gemeinden zu verbinden.[529] Die grundlegende Idee bestand darin, dass Bauern ihren Traktor mit einem eigens konstruierten Anhänger benutzen sollten, um den Abfall auf dem Land einzusammeln, um ihn anschließend zu kleinen, dezentralen Kompostierungsanlagen zu transportieren. Der Kompost sollte dann anschließend als Bodenverbesserungsmittel verwendet oder an andere Höfe verkauft werden. Auf diese Weise sollten die Bauern nicht nur zur Sammlung und Entsorgung des Abfalls beitragen, sondern auch – angesichts der Agrarkrise dringend notwendig – ihr Einkommen auf diese Weise aufbessern.[530]

Das Problem mit dem Fahr-System war allerdings, dass es die soziale und ökonomische Transformation ländlicher Räume nicht ausreichend antizipierte, die sich Ende der 1960er Jahre noch einmal beschleunigte. Mehr und mehr Bürger mit Arbeitsstellen im sekundären oder tertiären Sektor (die regelmäßig in Supermärkten oder Einkaufszentren ihren Bedarf des täglichen Lebens befriedigten), wohnten auf dem Land, was durch die mittlerweile voll etablierte Motorisierung und den Ausbau des Straßennetzes ohne größere Einschränkungen möglich war.[531] Diese Menschen produzierten mehr oder weniger dieselbe Art und die vergleichbare Menge an Abfall wie die in Groß- oder Mittelstädten. Ihr Müll enthielt also auch zunehmend Kunststoffe, die die Kompostierung dadurch behinderten, dass sie entweder eine aufwendige Sortierung notwendig machten oder den Prozess der Fermentierung verlangsamten. Obwohl das Fahr-System zu Beginn der 1970er Jahre auch in der Politik populär war, sprach Mitte der 1970er Jahre kaum noch jemand davon.[532] Stattdessen übernahmen Privatfirmen zunehmend die Aufgabe der Abfallsammlung und -entsorgung von Dörfern und Kleinstädten.

528 Arnold Hoschützky, Müllverbrennung nur als Ausnahme. Die Rolle des Abfalls im umweltökologischen Gesamtkreislauf, in: Umwelt-Magazin 3, 1973, Hft. 6, 13–16.

529 Maschinenfabrik Fahr AG: Vorschläge zum Umweltschutz im ländlichen Raum (März 1972). BA Koblenz, B 106, Nr. 27079.

530 Ebd.

531 Klenke, Freier Stau, 51 ff.

532 Eine Ausnahme war die Deponie in Böhringen-Radolfzell, die durch die Kompostierung nach dem System Fahr ergänzt werden sollte. Vermerk Referat V II MELU (2.3.1976) betr. Mülldeponie Böhringen-Radolfzell. HStA Stuttgart, EA 7/703, Nr. 35.

Neben den fortgesetzten Debatten unter Experten waren es besonders Umweltbewegung und Bürgerinitiativen, welche die Müllkompostierung als Alternative zu Deponierung und Verbrennung in den 1970er Jahren für sich entdeckten.[533] Das lag zum einen daran, dass Kompostierung als »natürlichste« Form der Müllentsorgung (bzw. -verwertung) galt. Bereits die frühen Befürworter der Müllkompostierung bedienten sich organischer Kreislaufmetaphern und gerade unter Anthroposophen hatte sie zahlreiche Anhänger.[534] Aber das war es nicht allein: Kompostierung schien darüber hinaus eine grundsätzliche Alternative zu den sich in den 1970er Jahren herausbildenden, zentralisierten Formen der Abfallentsorgung aufzuzeigen.[535] Das spielte nicht zuletzt eine Rolle im Zuge des Abfallbeseitigungsgesetzes, das zu einer drastischen Reduzierung der »wilden« Müllkippen und der Einrichtung von geordneten Großdeponien führte und außerdem die kommunale Selbstverwaltung entscheidend schwächte.[536] Dass nun in erster Linie die Länder durch die Abfallbeseitigungspläne für die Standorte großer Entsorgungsanlagen verantwortlich waren, führte zwar aufs Ganze gesehen zu einer deutlichen Verbesserung der Entsorgungssituation. Zugleich wurden auf diese Weise aber gewaltige Anlagen, »Pyramiden« und »Kathedralen« des Konsumzeitalters geschaffen, die zum Inbegriff der unerwünschten Nebenfolgen des Massenkonsums wurden.[537]

Vor diesem Hintergrund machte gerade das, was eines der wesentlichen Hindernisse der Durchsetzung der Kompostierung in den 1950er Jahren gewesen war, nämlich die vergleichsweise geringe Anlagenkapazität und die daraus resultierende, dezentrale Entsorgungsinfrastruktur, die Kompostierung für konservative Naturschutz-Gruppen als auch für linksgerichtete Bürgerinitiativen attraktiv. Ein Beispiel für erstere war der »Arbeitskreis zur Nutzbarmachung von Siedlungsabfällen« (ANS), der 1968 gegründet wurde und nach Auflösung der AkA zum Sammelbecken der Kompostierungsadepten wurde.[538] Der ANS versuchte, die Kompostierung mittels Publikationen und zahlreichen Schreiben an die Ministerien anzupreisen. In seiner Frühzeit, mittlerweile ist der ANS eine »normale« wissenschaftliche Vereinigung, waren seine Verlautbarungen inspiriert von einem konservativen Naturschutz-Gedanken. Kompostierung war ein

533 Teilweise protestierten Bürgerinitiativen aber auch gegen Kompostierungsanlagen, weil diese mit einer starken Geruchsbelastung einhergingen. Artikel Dietmar Rothwange, Stunde der Müll-Wahrheit, in: Stuttgarter Zeitung (3.11.1975), HStA Stuttgart, EA 7/703, Nr. 35.

534 O. V., Artikel Umweltschutz ohne Mythos, in: ANS-Mitteilungen 35/1972, 301 (Sonderteil Müll und Kompostbereitung).

535 Wilhelm Schulte (Die Bürgerinitiative) an Biswenger, Regierungspräsidium Südwürttemberg (7.8.1972). HStA Stuttgart, EA 7/703, Nr. 31.

536 Osthorst, De-Kommunalisierung.

537 Herbold, Wienken, Experimentelle Technikgestaltung, 27.

538 Schreiben ANS an das Bayerische Ministerium für Ernährung, Landwirtschaft und Forsten (20.2.1970). HStA Stuttgart, EA 7/703, Nr. 4.

Mittel, die natürliche Substanz des Lebens gegen Geschäftsinteressen zu bewahren. Dementsprechend ging es der Organisation auch nicht um »Gewässerschutz«, sondern um »Bodengesundheit«.[539]

Dass die Debatte dabei nicht immer besonders »sachlich« verlief, steht auf einem anderen Blatt. So ließ der ANS grundsätzlich kein Argument gegen die Kompostierung gelten und sah nicht selten dunkle Mächte am Werk, die ihre Durchsetzung verhinderten. Wie es eine Aktivistin des rechtslastigen »Weltbund zum Schutz des Lebens«, der damals eng mit dem ANS kooperierte[540], in einem Schreiben an das Bundesinnenministerium ausdrückte: »Wie mag es kommen, dass man an den meisten Stellen entweder nur von Verbrennung etwas weiß, auf jeden Fall meist nur diese in Betracht zieht? Warum ist über die Vorzüge der Kompostierung so wenig bekannt? Immer noch werden Absatzschwierigkeiten vordergründig ins Feld geführt. Sollte hier unterschwellig die Lobby der Kunstdünger- und Verbrennungsanlagenindustrie erfolgreich am Werke sein?«[541] Diesen Verdacht äußerte auch der Generalsekretär der Arbeitsgemeinschaft für Abfallbeseitigung, Hans Straub, der meinte, die angebliche Gesundheitsgefährdung durch Müllkompost sei »mehr oder weniger ein Gerücht«, das »von der Ruhr-Stickstoff in großem Umfang verbreitet« worden sei.[542] Dass bei der Option für bestimmte Entsorgungslösungen immer auch ökonomische Interessen eine Rolle spielen sollten, war ein stetes Motiv in den Konflikten um die richtige Abfallbeseitigung.

Auch linke Umweltgruppen entdeckten die Kompostierung seit den späten 1960er Jahren für sich. Dabei war es eines ihrer wichtigsten Ziele, die dezentrale Struktur der früheren Abfallwirtschaft zu erneuern. Große, zentrale Anlagen lehnten sie ab; eine Argumentation durchaus vergleichbar mit den Plädoyers für eine dezentrale Energieversorgung heutzutage.[543] Die Schaffung von Großdeponien und Müllverbrennungsanlagen hatten diese Entsorgungsanlagen gewissermaßen als Sinnbild der Nebenfolgen der Konsumgesellschaft konstituiert. So wurde in den 1970er Jahren nicht nur die Rede von Verbrennungsanlagen als »Kathedralen« der Konsumgesellschaft *en vogue*, auch Deponien galten nun zunehmend als »Wahrzeichen bundesdeutschen Konsums« und »Pyramiden« des Konsumzeitalters.[544] Für die Deponie Hubbelrath fanden

539 Ebd.

540 Schreiben Junker an Dunz (31.12.1967). HStA Stuttgart, EA 7/703, Nr. 3; Radkau, Ära der Ökologie, 227.

541 Schreiben Horstmann an Gottfried Hösel (1.7.1969). BA Koblenz, B 106, Nr. 25132.

542 Schreiben Straub an die Gesellschaft für Strahlen- und Umweltforschung mbH (9.7.1973). BA Koblenz, B 106, Nr. 25130.

543 Zum allgemeinen Hintergrund: Osthorst, Abfall als Ware, 166f.; Mende, Geschichte der Gründungsgrünen, 268.

544 Artikel Mannheimer Morgen (3.12.1969): Guter Unrat ist teuer. Im Kehricht der Städte liegt selten Profit. SdtA Mannheim, Bauverwaltungsamt, Zugang 52/1979, Nr. 940.

die »Düsseldorfer Nachrichten« gleich eine ganze Kaskade von Bezeichnungen: »Müllungetüm«, »ungeheure Mülldeponie«, »Super-Müllberg«, »Müll-Gebirge«.[545] Das war nicht ganz ohne Ironie: Waren diese Anlagen als Symbole der Nebenfolgen eines schrankenlosen Konsums doch überhaupt erst geschaffen worden, um mit dessen Auswirkungen zurechtzukommen!

Kompostierung diente als wesentliches Argument gegen den oft wiederholten Vorwurf, Umweltgruppen und Bürgerinitiativen hätten keine Alternative zu den großtechnischen Entsorgungslösungen anzubieten und würden lediglich dem NIMBY-Prinzip (»Not In My BackYard«) folgen. Zwar waren sich immerhin einige Aktivisten der Probleme und Grenzen der Kompostierungstechnologie durchaus bewusst, aber das war nicht der springende Punkt, denn das Grundproblem wurde stärker in der Produktion als in der Entsorgung des Abfalls gesehen. Das Plädoyer für die Kompostierung implizierte die Rückkehr zu einer »natürlicheren« Form des Konsums. Wenn Plastik, Scherben oder Schwermetalle die Qualität des Komposts beeinträchtigten, sollten sie vorher bereits heraussortiert und recycelt oder, noch besser, in der Produktion vollständig vermieden werden. Hier waren es wiederum experimentelle Anlagen, die als Vorbild für alternative Formen der Müllentsorgung dienten. So kombinierte beispielsweise die Brikollare-Anlage in Biel in der Schweiz Kompostierung mit anderen Formen der Abfallbehandlung. Jedoch führte gerade der Rechtfertigungszwang von Umweltgruppen häufig dazu, die Leistungsfähigkeit von alternativen Entsorgungsmöglichkeiten drastisch zu übertreiben. Analog zum »Pyrolysephänomen« gab es also auch ein »Kompostierungsphänomen«. Das wiederum befeuerte das Spiel von Expertise und Gegenexpertise, das typisch für die emotional aufgeladene Atmosphäre von Umweltdebatten in den 1970er Jahren war.

3.5 Die vielen Krisen der Abfallentsorgung in den 1980er Jahren

Insgesamt wurde die Entsorgung angesichts fortgesetzt wachsender Abfallmengen, eines zunehmenden Wissens um die Risiken des Abfalls sowie die Neuordnung der Beseitigung in den 1970er Jahren ein zunehmend umstrittenes Feld. Trotzdem zog Heinrich von Lersner am Ende der 1970er Jahre ein versöhnliches Resümee: Die Neuorganisation der Abfallwirtschaft sei in Westdeutschland zu einem »gewissen Abschluss« gekommen: »Hierbei hat sich gezeigt, dass das Instrumentarium des Abfallrechts ausreicht, um, bei Wahrung der Beteiligungsinteressen der Allgemeinheit (Planfeststellungsverfahren), wenn auch teilweise

545 Artikel Düsseldorfer Nachrichten (13.11.1976); Artikel Düsseldorfer Nachrichten: Protest gegen Müll-Gebirge (11.12.1976). LA NRW, NW 455, Nr. 830.

mit hohem zeitlichen und finanziellem Aufwand, eine hinreichende Entsorgungsstruktur sicherzustellen.«[546] Angesichts der Entwicklungen in den 1980er Jahren sollte sich dieses Fazit als zu optimistisch erweisen.

Im Jahr 1980 veröffentlichte das Umweltbundesamt eine Bilanz nach fünf Jahren Abfallwirtschaftsprogramm. Positiv wurde vermerkt, dass es gelungen sei, die Zahl der Deponien deutlich zu verringern. Während indes der umwelttechnische Standard der Deponierung durch Basisabdichtung, Sickerwasserreinigung, Entgasungsanlagen etc. deutlich zugenommen habe, »scheint der Widerstand der Bevölkerung gegen die Errichtung der Deponien trotzdem zuzunehmen.« Weiter wurde geäußert: »Es besteht die Gefahr, dass übertriebene Anforderungen, aus Sorge um die Umwelt oder aus bloßem Eigennutz, die kontrollierte und geordnete Abfallbeseitigung auf Deponien vielerorts behindert.«[547] Damit war ein zentrales Thema der 1980er Jahre benannt. In der Tat wurde die Abfallentsorgung während dieser Dekade ein nicht zur Ruhe kommendes, umweltpolitisches Kampffeld.

3.5.1 Altlasten

Wie schon zu Beginn der 1970er Jahre bei den Giftmüllskandalen wurde die öffentliche Debatte über die Entsorgungsproblematik auch zu Beginn der 1980er Jahre von einem Thema dominiert, das zunächst in erster Linie mit der Ablagerung von Sondermüll zu tun hatte, aber generell den Umgang mit Deponien beeinflusste und den jahrzehntelangen, sorglosen Umgang mit Abfällen bewusst machte. Die Verbindung zu den Giftmüllskandalen der frühen 1970er Jahre bestand bei der Altlastenproblematik aber auch darin, dass bereits damals betont wurde, die umweltschädliche Entsorgung gefährlicher Stoffe sei nicht erst Ende der 1960er Jahre begonnen worden, sondern jahrzehntelang übliche Praxis gewesen. Aber auch das Wissen um möglicherweise gefährliche Ablagerungen änderte wenig daran, dass die meisten ungeordneten Ablagerungen während der 1970er Jahre auf einfachste Art und Weise »rekultiviert« wurden. Das war im Grunde der »state of the art« der späten 1960er Jahre: Bereits das Merkblatt M3 der ZfA von 1967 hatte postuliert, dass die landschaftliche Gestaltung von Deponien nach ihrer Nutzung wichtig sei.[548] In der Praxis meinte das zumeist, geschlossene Ablagerungen mit Erde zu bedecken, vielleicht zu bepflanzen

546 Schreiben Heinrich von Lersner an den Bundesinnenminister (17.8.1979). BA Koblenz, B 106, Nr. 70539.

547 Ebd.

548 Gemeinsames Amtsblatt des Innenministeriums, des Finanzministeriums, des Ministeriums für Ernährung, Landwirtschaft, Weinbau und Forsten und der Regierungspräsidien (22.9.1970). SdtA Mannheim, Rechnungsprüfungsamt, Zugang 40/1995, Nr. 269.

(wenn das Deponiegas eine Bepflanzung zuließ), am Ende in vielen Fällen schlicht zu vergessen.[549]

Diese Praxis wurde allerdings bereits am Ende der 1970er Jahre problematisiert.[550] Keineswegs zufällig wurde zu diesem Zeitpunkt in vielen Kommunen mit der separaten Sammlung von Batterien und anderen Haushaltschemikalien begonnen, weil diese auch nach vielen Jahren auf den Deponien noch große Probleme erzeugten.[551] Verfeinerte Messtechniken sowie ein vermehrtes Wissen über Schadstoffbelastungen erschwerten zunehmend die Praxis der einfachen Rekultivierung. Der Sachverständigenrat für Umweltfragen erhob in seinem Jahresgutachten von 1978 die Forderung, Altablagerungen auf schädliche Langzeitwirkungen zu untersuchen.[552] Im Jahr 1979 begann das Landwirtschaftsministerium in Nordrhein-Westfalen damit, die Standorte von Ablagerungen umweltschädlicher Produktionsrückstände zu erfassen, womit neben Abfallablagerungen auch ehemalige Fabrikanlagen gemeint waren.[553] Gerade in Nordrhein-Westfalen erwies sich das Problem der Altlasten aufgrund der Vielzahl an Industriebetrieben als besonders drängend. Die LAGA wurde im selben Jahr von der Umweltministerkonferenz damit beauftragt, baldmöglichst einen Bericht über die Ermittlung und Behandlung von Altlasten zu erstellen. In der Folgezeit kam es zur Gründung zahlreicher Arbeitsgruppen, die sich intensiv mit diesem Thema beschäftigten.[554]

Nahezu zeitgleich wurde in den USA ein Fall bekannt, der gewissermaßen zur »Mutter« aller Altlastenskandale wurde, nämlich Love Canal an den Niagara-Fällen. Hier war ein nicht fertig gebauter Schiffskanal bis in die 1960er Jahre von der Firma Hooker Chemicals als Deponie benutzt worden, bevor das Gelände für einen symbolischen Dollar an die örtliche Schulbehörde verkauft wurde, die darauf anschließend ein Schulzentrum errichtete.[555] Bei den Schulkindern begannen jedoch nach einiger Zeit schwere gesundheitliche Probleme aufzutreten, die schließlich zu einer genaueren Untersuchung des Geländes und der Schließung der Schule führten, nachdem eine gravierende

549 Vermerk Referat VII (5.3.1975) betr. Rekultivierte alte Mülldeponien (3.10.1975). HStA Stuttgart, EA 7/703, Nr. 8; Park, Müllkippe, 59, 97 f.

550 Uwe Neumann, Gerhard van Ooyen, Rekultivierung von Deponien und Müllkippen. Grundlagen für die Praxis der Rekultivierungsplanung. Berlin 1979, 23 ff.

551 Park, Müllkippe, 180, 182.

552 Sachverständigenrat für Umweltfragen, Umweltgutachten 1978, 212 ff.

553 Ralph Baumheier, »Altlasten« als umweltpolitisches Problem. Siegen 1987, 3 f.

554 Manfred Schuldt, Organisatorische, politische, rechtliche, finanzielle Rahmenbedingungen und Perspektiven der Sanierung kontaminierter Standorte, in: Meinfried Striegnitz (Hrsg.), Sanierung von Altlasten, Deponien und anderen kontaminierten Standorten. Erfahrungen und Problemstellungen. Loccum 1986, 154–160, 155 f.

555 Craig E. Colten, Peter N. Skinner, The Road to Love Canal. Managing Industrial Waste before EPA. Austin 1996, 53, 68, 147.

Belastung des Bodens festgestellt worden war. Der Love Canal-Skandal machte den wenig umweltgerechten Umgang mit Industriemüll bewusst, der über Jahrzehnte, trotz eines durchaus vorhandenen Wissens um mögliche Gefährdungen, die Regel gewesen war.[556] Er führte zur »Superfund«-Gesetzgebung, wobei die Unternehmen zu einem Drittel an der Finanzierung der Sanierungskosten von Altablagerungen beteiligt wurden – was nebenbei ein wichtiger Grund dafür war, dass ihre Aufmerksamkeit für den Umweltschutz in den 1980er Jahren erkennbar zunahm.[557] Ein solches Finanzierungsmodell wurde in der Folgezeit immer wieder auch für Westdeutschland diskutiert, dort aber – nicht zuletzt aufgrund unterschiedlicher rechtlicher Voraussetzungen – nicht umgesetzt.[558]

In der BRD waren es zu Beginn der 1980er Jahre vor allem vier Fälle, welche die Altlastenproblematik zu einem vielbeachteten Thema in der Öffentlichkeit machten. Zunächst ging es um das Gelände der ehemaligen Kokerei Dorstfeld II/III in Dortmund, auf dem ab 1979 über 200 Eigenheime gebaut wurden. Zwei Jahre später wurde allerdings entdeckt, dass sich hier gefährliche Produktionsrückstände der Kokerei befanden.[559] 1983 wurde bekannt, dass im Bielefelder Stadtteil Brake zahlreiche Häuser auf einer ehemaligen »wilden« Deponie für Industrieschlämme errichtet worden waren. Das führte dort zu einem handfesten Skandal und der bundesweit erstmaligen Einrichtung eines städtischen Umweltamtes, das mit Uwe Lahl zudem mit einem »Grünen« und bekannten Befürworter des Umweltschutzes besetzt wurde.[560] Ebenfalls im Jahr 1983 wurden Dioxine auf der Deponie Georgswerder bei Hamburg gefunden, wo neben Hausmüll auch Chemieabfälle der Firma Boehringer abgelagert wurden. Gleichfalls vielbeachtet war der Fall der Sondermülldeponie in Gerolsheim in Rheinland-Pfalz, wo jahrelang ungeordnet Chemieabfälle u.a. der Firma Hoechst abgekippt worden waren.[561]

Das Besondere an den Altlastenskandalen in Dortmund und Bielefeld war, dass hier die Kommunen stark involviert waren. Für sie stellten diese Fälle jedoch weniger deswegen ein Problem dar, weil sie ein schlechtes Licht auf sie warfen: Viel wichtiger war, dass Altlasten für sie eine große, nur schwer abschätzbare Kostenbelastung bedeuteten. In Dortmund-Dorstfeld und Bielefeld-Brake befand sich das kontaminierte Gelände im Besitz der Stadt und es stellte sich die Frage, was diese von den problematischen Ablagerungen gewusst hatte bzw. gewusst haben konnte. Dass Kokereien keine ökologischen Muster-

556 Ebd.

557 Andrew J. Hoffman, From Heresy to Dogma. An Institutional History of Corporate Environmentalism. San Francisco 1997, 114f.

558 Wolfgang Föste, Altlasten. Die Zeitbombe im Boden tickt. Frankfurt/M. 1990, 12f.

559 Ebd., 66f.; Homberg, Abfallwirtschaft, 11.

560 Möller, Abfallpolitik, 146.

561 Park, Müllkippe, 135f.

betriebe darstellten, war beispielsweise durchaus bekannt (allein im Ruhrgebiet gab es 250 Kokerei-Altstandorte[562]). Im Zuge der gerichtlichen Aufarbeitung dieser Fälle musste die Kommune den Hausbesitzern ihre Immobilien abkaufen und diese anschließend abreißen lassen, was Kosten im zweistelligen Millionenbereich verursachte.[563] Die Ruhrgebietsstädte gründeten 1985 eine Arbeitsgruppe, um der Gefahr zu begegnen, durch die Altlastenproblematik in die Insolvenz getrieben zu werden.[564]

Tabelle 12: Bis Anfang 1989 in der BRD erfasste Altlasten

Bundesland	**Gesamtzahl der Verdachtsflächen**	**Altablagerungen**
Baden-Württemberg	6.500	k.A.
Bayern	555	73
Berlin	1.925	1.539
Bremen	243	169
Hamburg	1.840	290
Hessen	5.184	61
Niedersachsen	6.200	k.A.
NRW	12.448	3.809
Rheinland-Pfalz	7.528	k.A.
Saarland	3.596	1.868
Schleswig-Holstein	2.358	k.A.

Quelle: Föste, Altlasten, 20.

Das zunehmende Wissen um die Gefährlichkeit unkontrollierter Abfallablagerungen führte in den 1980er Jahren zu einer detektivischen Suche nach potentiell gefährlichen Ablagerungen, die schließlich in die zehntausende gingen.[565] Relativ einfach aufzufinden waren dabei frühere offizielle und semioffizielle Mülldeponien. Schwieriger wurde es bei »informellen« Ablagerungen, die später einfach aufgeschüttet und dann als Baugrund verwendet wurden. Abfall-

562 Michael Vagedes, Abfallwirtschaft im Ruhrgebiet, in: Schenkel, Abfallwirtschaft in großen Städten, 81–85, 83. Vgl. auch Brüggemeier, Rommelspacher, Blauer Himmel, 87 f.

563 Zum Umgang der Stadtverwaltungen in Dortmund und Bielefeld mit dem Altlastenproblem s. Baumheier, Altlasten als kommunalpolitische Herausforderung, 54 ff.

564 Ders., »Altlasten« als umweltpolitisches Problem, 5.

565 Walter Heinz, Die Erkundung der Stoffgefährlichkeit ehemaliger Hausmülldeponien am Beispiel dreier Modellstandorte in Baden-Württemberg. Karlsruhe 1993, 40 ff.

experten wurden auf diese Weise gewissermaßen zu »Historikern«, um problematischen Resten auf die Spur zu kommen.[566]

Zwar sollten die Altlasten der 1980er Jahre lediglich ein Vorspiel zu den gigantischen Sanierungsprojekten der 1990er Jahre auf dem Gebiet der DDR, etwa den Überresten des Uran-Bergbaus im Erzgebirge, darstellen.[567] Nach der Wiedervereinigung investierte die Bundesrepublik die gewaltige Summe von 80 Mrd. DM zur Sanierung der DDR-Altlasten, nach Joachim Radkau bis heute die, finanziell betrachtet, größte Umweltaktion aller Zeiten.[568] Trotzdem hielt die Altlastenproblematik während der gesamten 1980er Jahre das Gefahrenpotential von Deponien in der Öffentlichkeit präsent und wurde insbesondere im Rahmen von Konflikten um neue Entsorgungsanlagen immer wieder thematisiert. Sie zeigte, dass man den Abfall zwar verscharren, verbergen konnte – und ihn trotzdem nicht losbekam. Die »freudianische« Deutung der Konsumgesellschaft fand nirgendwo einen so klaren Ausdruck wie im Problem der Altlasten.

3.5.2 Problematische Technik: Debatten um die Entsorgung

In den 1980er Jahren setzte sich fort, was bereits in den 1970er Jahren eine wesentliche Konsequenz der Verwissenschaftlichung der Abfallwirtschaft gewesen war: Zunehmendes Wissen um den Abfall führte dazu, die Sicherheit und Umweltverträglichkeit von Entsorgungstechnologien verstärkt in Frage zu stellen. Von »unproblematischer« Entsorgung konnte in den 1980er Jahren schlichtweg nicht mehr die Rede sein, zumal die Proteste gegen neue Entsorgungsanlagen keineswegs abnahmen (die gegen neue MVAs nahmen in den 1980er Jahren sogar erst richtig Fahrt auf). Jetzt ging es vielmehr um die Einschätzung und Beherrschung existierender Risiken. Die mitunter gewaltige Emotionalität der Konflikte ergab sich nicht zuletzt daraus, dass sich der Protest der Umweltaktivisten, insbesondere auch der Partei *Die Grünen*, vor allem gegen die Ver-

566 Klaus Schlottau, Umweltgeschichte und Altlasten. Zur anhaltenden Relevanz gefährdender Stoffe, in: Patrick Masius, Ole Sparenberg, Jana Sprenger (Hrsg.), Umweltgeschichte und Umweltzukunft. Zur gesellschaftlichen Relevanz einer jungen Disziplin. Göttingen 2009, 87–150. Das war mitunter durchaus wörtlich zu nehmen. So beauftragte das Bundesinnenministerium 1979/80 das Bundesarchiv damit, Auskunft über die Art und Menge der im Zweiten Weltkrieg unkontrolliert entsorgten Kampfmittel zu geben. Hösel, Bericht: Art und Menge der nach dem 2. Weltkrieg vernichteten bzw. beseitigten chemischen Kampfstoffe, in: Müll und Abfall 12, 1980, Hft. 10, 317 f.

567 Petra Hiller, Risikoregulierung durch Verhandlungssysteme. Das Beispiel der Regulierung ökologischer Altlasten in den neuen Bundesländern, in: Dies., Krücken, Risiko und Regulierung, 147–157, 147.

568 Radkau, Die Ära der Ökologie, 535.

brennung richtete, die von den Ingenieuren wiederum als am ehesten zu beherrschende Technologie eingeschätzt wurde.[569]

Die Problematisierung der Deponietechnik hatte, wie gesehen, bereits in den 1970er Jahren begonnen und setzte sich im nachfolgenden Jahrzehnt kontinuierlich fort. Die vorrangige Aufgabe bestand darin, die Probleme Basisabdichtung und kontaminierte Sickerwässer in den Griff zu bekommen. So stellte eine Studie des Instituts für Ökologische Chemie der Gesellschaft für Strahlen- und Umweltforschung in München 1981 fest, dass auch bei ordnungsgemäß geordneten Deponien Schadstoffe in die Umwelt gelangen konnten. Chemiker fanden noch im Umkreis von mehreren hundert Metern bei einer eigentlich als vorbildlich geltenden Deponie organische Fremdstoffe im Sickerwasser.[570] Die Forscher kamen zu dem Ergebnis: »Organische Fremdstoffe verlassen den Bereich von Mülldeponien und sind in Sickerwasser und Boden nachweisbar.«[571]

Zwar ließ sich der Untergrund der Deponie mit Plastikfolien abdichten, aber niemand konnte sicher sagen, wie lange diese halten würden. Es war bekannt, dass Kunststoffe alterten und durch die Masse der Deponie enorme Kräfte auf die Abdichtung einwirkten.[572] Durch scharfe Materialien konnten die Folien Risse bekommen, der Boden unter der Abdichtung trocknete aus, wurde rissig und gefährdete dadurch die Abdichtung.[573] Die seitliche Abdichtung war noch schwieriger zu gewährleisten bzw. brachte wiederum erneute Nachteile mit sich, insbesondere die Behinderung der natürlichen Zersetzungsprozesse in der Deponie. Aus diesem Grund konnte sich das von manchen Umweltaktivisten geforderte Konzept der »Hochsicherheitsdeponie«, also ein umfassendes Betonbett für den Müll zu schaffen, nicht allein wegen der hohen Kosten nicht durchsetzen. Insgesamt musste man feststellen, dass die Vorgänge, die in einer Deponie stattfanden, schwer zu verstehen und kaum zu kontrollieren waren. Mitte der 1980er Jahre gaben viele Ingenieure immerhin zu, nicht exakt zu wissen, was im Deponiekörper genau vor sich ging.[574]

Das war nicht zuletzt deswegen ein Problem, weil diese Vorgänge langfristig kontrolliert werden mussten. Die Altlastenproblematik zeigte, dass Deponien noch nach Jahrzehnten Schadstoffe emittierten. Die Selbstreinigungsfähigkeit von Wasser und Boden, auf die man vormals optimistisch vertraut

569 Friedrich, Müllverbrennung, 33 ff.

570 Klaus Dallibor, Müllbeseitigung – noch nicht ohne Risiko, in: Umwelt-Magazin 11, 1981, 36.

571 Ebd.

572 Stief, Anforderungen an die Wirksamkeit, 10 f.

573 Heinz Steffen, Marc-Joachim Prabucki, Risikoschätzung bei der Planung neuer Deponien, in: Peter A. Wilderer, Peter Eisner (Hrsg.), Die Deponie des 21. Jahrhunderts. München 1992, 53–74, 66 ff.

574 Weber, Von wild zu geordnet?, 145 f.

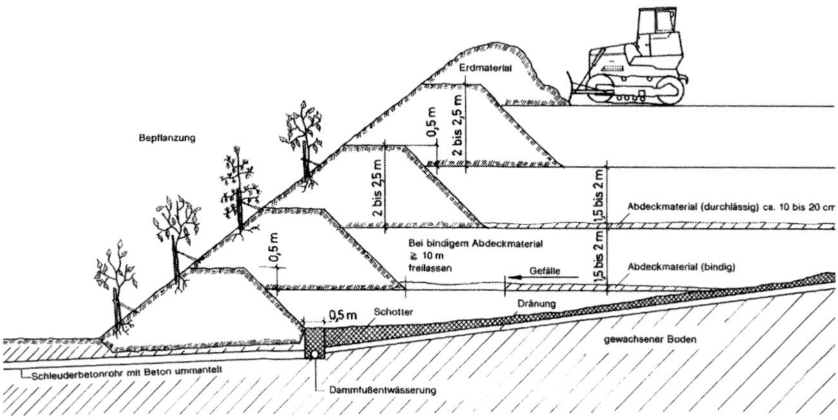

Abbildung 7: Schema einer Geordneten Deponie (1990). *Quelle:* Sattler, Emberger, Behandlung, 117.

hatte, war offensichtlich stark überschätzt worden.[575] Die geologische Barriere, auf die in den 1960er und 1970er Jahren so viel Wert gelegt wurde, trat in ihrer Bedeutung für die Deponiesicherheit zunehmend in den Hintergrund. Deponien brauchten somit selbst nach ihrer Stilllegung eine jahrzehntelange Nachsorge, zumal organische Zersetzungsvorgänge aufgrund der sich ändernden Müllzusammensetzung (vor allem des steigenden Kunststoffanteils) jetzt immer länger dauerten.[576] Das warf im Übrigen auch ein neues Licht auf die Kostenfrage: Deponien wurden durch Drainagesysteme, Kläranlagen zur Behandlung des Sickerwassers, Plastikfolien, Bentokies etc. (zusammengefasst als Multibarrierenkonzepte[577]) zunehmend komplex und damit teuer. Ein Problem bestand zudem darin, dass viele von ihnen nicht dem Stand der Technik entsprachen, nur eine partielle, in manchen Fällen überhaupt keine Basisabdichtung besaßen.[578] Diese nachträglich einzubauen war äußerst aufwendig, wenn überhaupt möglich.

575 Krohn, Rekursive Lernprozesse, 75.

576 Manfred Popp, Moderne Abfallwirtschaft beginnt an der Quelle. Neue Forschungskonzepte für den Umweltschutz, in: Arbeitsgemeinschaft der Großforschungszentren (Hrsg.), Forschungsthemen Heft 5: Abfall und Umwelt. Bonn 1992, 7–9, 7.

577 Werner Schenkel, Abfallnotstand – Kooperative Lösungen, in: Hans-Jürgen Zech/Hartwig Blume (Hrsg.), Abfallnotstand – Kooperative Lösungen. Produktions- und Sonderabfälle: Vermeidung, Verwertung, Entsorgung. Karlsruhe 1989, 20–32, 29.

578 Umweltbundesamt, Hausmülldeponien in der Bundesrepublik Deutschland. Berlin 1991, 85ff.

Wären die Sickerwasserproblematik und das Problem der Basisabdichtung nicht schon genug gewesen, kam in den 1980er die Erkenntnis hinzu, dass die Gasemissionen von Deponien alles andere als ein nebensächliches Problem darstellten. In den 1970er Jahren war ihnen noch nicht viel Beachtung geschenkt worden. Werner Schenkel beispielsweise schrieb in seinem Leitfaden zur geordneten Deponie von 1974 zu dem Thema nur wenige lapidare Sätze: Das abgelagerte organische Material zersetze sich langsam infolge anaerober chemischer und biologischer Prozesse, »es entstehen Gase, Temperaturen, humine und mineralische Reststoffe. Über die Zusammenhänge und Abläufe ist noch sehr wenig bekannt.«[579] Bei der Rekultivierung von Altdeponien in der zweiten Hälfte der 1970er Jahre zeigten sich allerdings bereits Probleme, weil diese aufgrund von Gasemissionen mitunter kaum vernünftig bepflanzt werden konnten.[580] Besonders die Methanemissionen wurden jetzt vermehrt als Gesundheits- und Umweltproblem wahrgenommen.[581]

Diese Emissionen waren beinahe noch schwerer als das Sickerwasserproblem in den Griff zu bekommen. In den USA hatte es, auch aufgrund der dort im Durchschnitt größeren Deponien, bereits Ende der 1960er Jahre Versuche gegeben, Deponiegas als Erdgas zu verwenden oder zu verstromen. Mitte der 1970er Jahre wurden in der BRD erstmals Versuche zur Nutzung des Deponiegases unternommen.[582] Hierbei traten allerdings regelmäßig Probleme auf: Eine 1982 in Betrieb genommene Verstromungsanlage auf der Braunschweiger Deponie musste nach noch nicht einmal 1.000 Betriebsstunden stillgelegt werden, weil massive Korrosionsschäden an den Gasmotoren auftraten.[583] Mittels sog. Rottedeponien, bei denen eine mehrmonatige, ungelenkte Kompostierung des Hausmülls vor der Verdichtung stattfand, konnte ein Großteil der Methanemissionen zwar vermieden werden. Jedoch hatte dieser Deponietyp, neben anderen Problemen, in der Regel einen viel zu großen Flächenbedarf.[584]

Trotzdem wurden in den 1980er Jahren erstmals tatsächlich Deponien geschaffen, die strengeren Kriterien des Umweltschutzes zumindest ansatzweise genügten, die also eine mehrschichtige Basisabdichtung hatten, die das Sickerwasser über Rohrsysteme auffingen und klärten sowie das entstehende Methan

579 Schenkel, Die geordnete Deponie, 41.

580 Park, Müllkippe, 97 f.

581 Ebd., 98 f.

582 Park, Müllkippe, 99 f., 172.

583 Heribert Dernbach, Entgasung der Deponie Braunschweig sowie Nutzung des Gases in Blockheizkraftwerken. Braunschweig 1984, 11 f. Vgl. auch Gerhard Rettenberger, Untersuchung zur Entstehung, Ausbreitung und Ableitung von Zersetzungsgasen in Abfallablagerungen. Berlin 1982.

584 Lösch, Probleme des Abfallaufkommens, 131 f.; Bernd Jourdan u. a., Hausmülldeponie Schwäbisch-Hall. Homogenisierung und Verrottung des Mülls vor der Ablagerung. Schwäbisch-Hall 1982, 230.

verwerteten oder abfackelten.[585] Aus der Sicht heutiger Abfallexperten ist der Beginn einer sachgemäßen Deponierung überhaupt erst in den 1980er Jahren zu verorten.[586] Die grundlegenden Probleme dieser Entsorgungstechnik ließen sich aber letztlich nicht vollständig lösen: Kunststoff-Folien oder mineralische Abdichtungen waren nicht in der Lage, Schadstoffe dauerhaft vom Grundwasser fernzuhalten.[587] Das Problem der Gasemissionen erwies sich ebenfalls als nicht vollständig beherrschbar.

Der große Vorteil von Deponien war stets gewesen, die einfachste Methode der Entsorgung zu sein, »zu der die geringsten Fachkenntnisse gehören, um einigermaßen über die Runden zu kommen«, wie es der Ingenieur Klaus Stief, im Umweltbundesamt für Deponien zuständig, 1978 ausgedrückt hatte.[588] Nun aber entwickelten sich Deponien zunehmend zu komplexen Bauwerken, deren Verlässlichkeit und Sicherheit für Jahrzehnte zu garantieren war. Zwei Wissenschaftler fassten es in einem zeitgenössischen Aufsatz dahingehend zusammen, »dass es einerseits nur problematische Standorte gibt und andererseits bei jedem vorgeschlagenen Standort mit begründeten Widerständen zu rechnen ist.«[589] Die 1982 erschienene zweite Auflage einer vom Umweltbundesamt herausgegebenen Broschüre über den Kostenvergleich verschiedener Formen der Entsorgung von Siedlungsabfällen ergab, dass Deponien ihren prinzipiellen Kostenvorteil gegenüber Müllverbrennungsanlagen nach und nach einbüßten: Aufgrund steigender Kosten der Sicherung und Abdichtung der Deponien, zunehmender Sammlungs- und Transportkosten bei zentralen Anlagen sowie Erlösen der Verbrennung durch Erzeugung von Strom und Wärmeenergie.[590]

Dieses Gutachten wurde allerdings von bekannten Befürwortern der Müllverbrennung erstellt, die allein deshalb kaum eine unparteiische Expertise zu Papier brachten, weil sie am Bau von MVAs oftmals gut verdienten. Das war auch bei Bernhard Jäger der Fall, der mit seinem Mannheimer »Institut für Gesundheitstechnik« seit Mitte der 1960er Jahre zahlreiche Kommunen beim Bau von neuen Entsorgungsanlagen, insbesondere Verbrennungsanlagen, beraten hatte. Wenn Jäger im Jahr 1985, inmitten einer intensiven Debatte über die Schadstoff- und Dioxinbelastungen durch MVAs, in einem Gutachten für

585 Peter Scheiner, Rettet uns vor der Müllawine! Weißenhorn 1987, 92 f.

586 Stief, 40 Jahre Deponietechnik.

587 Eva-Maria Krüger, Stabilität mineralischer Basisabdichtungen von Hausmülldeponien bezüglich des Ausbreitungsverhaltens anorganischer Schadstoffe. Karlsruhe 1989, 98 f.

588 Stief, Zum Stand der Ablagerung von Abfällen, 152.

589 H. Ellerbrock, H.O. Hangen, Abfallbilanz der Bundesrepublik Deutschland, in: Geographische Rundschau 37 (1985), 569–576, 572.

590 Peter Hillebrand, Hans Reimer, Kostenstrukturuntersuchung verschiedener Verfahren zur Beseitigung von Siedlungsabfällen. Umweltforschungsplan des Bundesministers des Inneren – Abfallwirtschaft. Berlin 1982, Tab. 77.

das Bayerische Umweltministerium selbstgewiss feststellte, dass die Abfallverbrennung »seit ihrer ersten Anwendung vor über 100 Jahren [...] zu einer technischen Perfektion entwickelt [wurde], die heute kaum noch Fragen offen lässt«[591], konnte es dann verwundern, wenn Gutachten der Planungsbehörden oftmals als parteiisch geschmäht wurden?[592]

Ein in der Tat großer Vorteil von Müllverbrennungsanlagen gegenüber Deponien bestand darin, dass sie den Aufbau einer dezentralen Entsorgungsinfrastruktur ermöglichten. MVAs hatten einen viel geringeren Flächenbedarf, konnten näher an der Stadt und in größerer Zahl errichtet werden, wobei die Nähe zum Wärmebedarfsträger auch für die Energienutzung Sinn machte.[593] Sie verkürzten auf diese Weise die Transportwege vom Sammelbereich zur Entsorgung, was alles andere als ein nebensächliches Problem war[594]: Nicht nur erhöhten lange Wege die Kosten und die Schadstoffbelastung, sie führten auch zum Verlust an Arbeitszeit, in der Fahrer und Müllfahrzeuge nicht für die Sammlung verfügbar waren. Gerade darin lag allerdings auch eines der Probleme der Müllverbrennung, dass die Entsorgungsanlagen viel näher am Bürger befanden, in Frankfurt etwa direkt in einem Wohngebiet. Als die Stadt Frankfurt Anfang der 1980er Jahre damit begann, eine zweite Verbrennungsanlage im Osthafen zu planen, war das einer der entscheidenden Kritikpunkte an diesem Projekt, das am Ende erfolgreich verhindert werden konnte.[595]

Auf der Habenseite der Müllverbrennung in den 1980er Jahre standen beträchtliche Fortschritte, was die Filtertechnik bzw. Rauchgaswäsche anging, auch wenn letztere noch mit verfahrenstechnischen Schwierigkeiten, Korrosion und anderen Problemen zu kämpfen hatte.[596] Diese Fortschritte betrafen zum einen Techniken der »Diagnostik«, nämlich überhaupt einmal festzustellen, welche chemischen Verbindungen mit potenziell schädlichen Auswirkungen im Verbrennungsprozess entstanden, etwa im Hinblick auf die zwei besonders relevanten toxikologischen Substanzklassen der PAH (Polyzyklische aromatische Kohlenwasserstoffe) und PCB (Polychlorierte Biphenyle).[597] Zum anderen wurden seit Mitte der 1970er Jahre Elektrofilter (die belastete Stäube

591 Jäger, Gutachten für das Bayerische Staatsministerium, 76.

592 Elvira Spill, Notstand im Allgäu. Kempten ist am schlimmsten dran, in: Spill, Wingert, Brennpunkt Müll, 12–26, 19f.

593 Park, Müllkippe, 41.

594 Uwe Lahl, Schadstoffe und Ressourcen, in: Schiller-Dickhut. Friedrich, Müllverbrennung, 85–100, 94f.

595 Gather, Kommunale Handlungsspielräume, 93ff.; Hans Hettler, Wir kippen eine Müllverbrennungsanlage, in: Schiller-Dickhut, Friedrich, Müllverbrennung, 109–116.

596 Jäger, Die thermische Behandlung von Hausmüll, 37.

597 Vgl. beispielsweise: Manfred Kutzke, Untersuchungen zur Emission polyzyklischer aromatischer Kohlenwasserstoffe und polychlorierter Biphenyle an zwei Müllverbrennungsanlagen. Hamburg 1985, 95f.

abschieden) zunehmend durch Gaswascheinrichtungen ergänzt[598], die Trockenwäsche durch die zwar energieintensive, jedoch weitaus effektivere Nasswäsche ersetzt.[599]

Auf diese Weise wurden zunehmend Technologien entwickelt, um die Emissionsprobleme von Müllverbrennungsanlagen wirksam zu bekämpfen. Zudem wurden Waste to Energy-Konzepte, also die Energiegewinnung aus der Müllverbrennung, verbessert. Während bei den meisten frühen MVAs die Strom- und Wärmegewinnung überhaupt nicht gut funktioniert hatte, klappte das bei modernen Anlagen deutlich besser.[600] Gleichwohl verschlangen Verbrennungsanlagen enorme (und steigende) Investitionssummen. So waren für eine MVA bereits Anfang der 1980er Jahre je nach Bauart Kosten in Höhe von 100 bis 150 Mio. DM zu veranschlagen. Sie lohnten sich deswegen auch erst ab einem Müllaufkommen von jährlich über 200.000 Tonnen Abfall, was ungefähr der Abfallproduktion einer Stadt mit 100.000 Einwohnern entsprach.[601] Um den jeweils aktuellen Anforderungen des Umweltschutzes zu genügen mussten zudem die bestehenden Anlagen nach und nach mit modernen Filteranlagen nachgerüstet werden. Eine prinzipiell vorhandene Filtertechnologie bedeutete ja noch lange nicht, dass die MVAs sofort entsprechend nachgerüstet wurden.[602] In vielen Fällen wurde eine solche Nachrüstung erst durch die deutlich verschärfte Fassung der TA Luft von 1986 forciert.[603]

Oftmals geschah eine solche Nachrüstung im Zuge der Sanierung einer MVA (die nach etwa 20 Jahren Betriebslaufzeit erforderlich war) und die ebenfalls viel Geld verschlang. Die Kosten für die Generalsanierung der MVA in der Frankfurter Nordweststadt 1987 beliefen sich beispielsweise auf stattliche 270 Mio. DM.[604] Das Stadtreinigungsamt Frankfurt ließ verlautbaren, das eigentliche Entsorgungsproblem bestände nicht in der Abfallmenge, sondern in den Umweltauflagen. Die Erneuerung der Frankfurter Anlage sei u.a. deswegen so teuer gewesen, weil die in der TA Luft festgelegten Grenzwerte um mindestens 50 Prozent unterschritten werden sollten. Ein Drittel der Kosten wurden allein

598 So wurde die ersten großtechnischen Abgaswaschanlagen 1975 in die MVAs in Krefeld und Kiel eingebaut. Lothar Barniske, Horst Voßköhler, Stand der Abfallverbrennung in der Bundesrepublik Deutschland, in: Müll und Abfall 10, 1978, Hft. 5, 157–166, 165.

599 R. Graf u.a., Verfahrensauswahl für die Gasreinigung von Abfallverbrennungsanlagen, in: Bundesministerium für Forschung und Technologie (Hrsg.), Thermische Verfahren der Abfallwirtschaft. Energiegewinnung und Umweltverträglichkeit. Bonn 1985, 101–143, 115f.

600 Pautz, Pietrzeniuk, Abfall und Energie, 38.

601 Thilo C. Koch, Jürgen Seeberger, Ökologische Müllverwertung. Handbuch für optimale Müllkonzepte. Karlsruhe 1984, 80.

602 Werner Schenkel, Die Bedeutung der Schadstoffemissionen bei der thermischen Abfallbehandlung in der Bundesrepublik Deutschland, in: Müll und Abfall 12, 1980, 355–360, 355.

603 Park, Müllkippe, 177; 100 Jahre Müllverbrennung in Hamburg, 13 u. 15.

604 Stadtreinigungsamt Frankfurt, Saubere Zukunft jetzt, 6f. ISG Frankfurt, KS 2820.

für den Umweltschutz aufgewendet. Das war nachvollziehbar, denn schließlich lehrte die Erfahrung, dass die Grenzwerte in Zukunft noch weiter verschärft werden würden, was bei einer anvisierten Lebensdauer der Anlage von 20 Jahren bis zur nächsten Sanierung von höchster Relevanz war.[605]

Die Kostenfrage spielte im öffentlichen Diskurs über Verbrennungsanlagen allerdings nicht die Hauptrolle. Wichtiger war das Problem der Emissionen, das wesentlich zu dem politischen Druck beitrug, ohne den die Nachrüstung vieler MVAs deutlich langsamer vor sich gegangen wäre. Hierbei wiederum spielte (neben den Schwermetallen wie Cadmium etc.) besonders die Angst- und Reizvokabel »Dioxin« eine zentrale Rolle, das als »Ultragift« oder »Supergift« große Besorgnisse in der Bevölkerung auslöste.[606] Wie im letzten Abschnitt bereits kurz angerissen wurde das Thema Dioxine zuerst im Rahmen des Unfalls in einem Chemiewerk im italienischen Seveso 1976 einer breiteren Öffentlichkeit bekannt. Bei diesem Unfall wurde eine signifikante Menge 2,3,7,8 TCDD freigesetzt, ein Dioxin, das in der Folgezeit als »Seveso-Gift« bekannt wurde.[607] Hierbei handelte es sich aber allem Anschein nach um eine lokal begrenzte Kontamination und ein Politikum stellten vor allem der desaströse Umgang der Firma Roche mit dem Unglück dar sowie dessen »Überreste«: Die sog. »Sevesofässer« absolvierten in den 1980er Jahren eine Odyssee über europäische Deponien und wurden am Ende auf der berüchtigten Deponie Schönberg in der DDR gesichtet.[608]

Wie bereits der Titel des erfolgreichen Buches »Seveso ist überall« von Egmont Koch und Fritz Varenholt evozierte, blieb die Dioxin-Problematik aber nicht auf ein Chemiewerk in Italien beschränkt.[609] Vielmehr wurden Dioxine in den 1980er Jahren vor allem unter dem Gesichtspunkt ihrer »Ubiquität« verhandelt, nämlich als schwer abbaubare Umweltgifte, die bei einer Vielzahl alltäglicher chemischer Verbrennungsprozesse entstehen und in die Umwelt gelangen konnten. Vor allem darum rückte auch die Forderung nach einem Verbot von PVC, das wesentlich für die Dioxinbelastung verantwortlich gemacht wurde, in den 1980er Jahren wieder verstärkt in den Blickpunkt.[610] Der Politologe Hans-Jochen Luhmann fasste den Wandel von der lokalen Kontamination zur

605 Ebd.

606 Vgl. O. V., Giftmüll im Griff?, in: Umwelt-Magazin 13, 1983, Hft. 8, 16–19; Hans-Dieter Degler, Dieter Uentzelmann, Supergift Dioxin. Der unheimliche Killer. Hamburg 1984.

607 Radkau, Ära der Ökologie, 251 f.

608 Harries, Praxis, 54 f.; Matthias Baerens, Ulrich von Arnswald, Die Müll-Connection. Entsorger und ihre Geschäfte. München 1993, 116.

609 Egmont R. Koch, Fritz Varenholt, Seveso ist überall. Die tödlichen Risiken der Chemie. Köln 1978.

610 Schreiben Bornemann (Verband kunststofferzeugender Industrie e. V.) an Curilla (9.7.1984). BA Koblenz, B 295, Nr. 10831. Westermann, Plastik und politische Kultur, 304 f.; Monika Jagels-Sprenger, Der Fall PVC. Ein ungewisses Risiko und seine rechtliche Bewältigung. Bremen 1994, 41 ff.

Ubiquität unter das Schlagwort »Von Seveso zur Muttermilch«[611]: Die Belastung der Muttermilch mit Schadstoffen und Giften potenzierte die Problematik des Körpers als »last sink« offensichtlich noch einmal.

Dass MVAs hinsichtlich der Problematik von Dioxinen, Furanen und anderen gefährlichen Gruppen chemischer Verbindungen besonders im Vordergrund standen, hatte damit zu tun, dass letztere nicht unbedingt im Abfall bereits enthalten sein mussten, sondern mitunter erst im Verbrennungsprozess entstanden. So hatte der Chemiker Otto Hutzinger bereits 1977 die Entstehung gefährlicher, potentiell krebserregender Verbindungen in holländischen Müllverbrennungsanlagen als prozessspezifisch nachgewiesen.[612] In den USA waren von MVAs emittierte Dioxine zu Beginn der 1980er Jahre ein großes Thema[613] und ihr Nachweis ließ auch in der BRD nicht lange auf sich warten. Im Sommer 1984 wurden solche Verbindungen beispielsweise im Filterstaub der MVA in Darmstadt und bald darauf auch bei anderen Anlagen gefunden.[614] Auch auf der Hamburger Deponie Georgswerder, auf der u.a. die Chemiefirma Boehringer ihre Rückstände deponierte, fand man Spuren von Dioxinen.[615] Im September 1984 besetzten Aktivisten für mehrere Stunden die Schornsteine der Bielefelder Müllverbrennungsanlage, die damals als »state of the art« galt, um gegen die Dioxinproblematik zu protestieren.[616] Dass solche Substanzen prozessspezifisch entstehen konnten, wurde erneut damit in Verbindung gebracht, dass die verbrannten Abfälle ein heterogenes Stoffgemisch darstellten, von dem unbekannt war, wie die einzelnen Materialien in der Verbrennung miteinander reagierten.[617]

Für das Umweltbundesamt sowie die zuständigen Ministerien stellten die Dioxine ein schwerwiegendes Problem dar. Das Umweltbundesamt war dem Umweltschutz verpflichtet, wollte sich als »nachgeordnete Behörde«[618] aber

611 Hans-Jochen Luhmann, Die Entdeckung der Gefahr einer ubiquitären Dioxin-Verbreitung. Ein Beispiel einer latent schleichenden Katastrophe?, in: Günther Altner u.a. (Hrsg.), Jahrbuch Ökologie 1993. München 1992, 215–227, 222.

612 J. Jäger, Organische Stoffe im Hausmüll als Vorprodukte zur Dioxin-Entstehung bei der Verbrennung (1984). BA Koblenz, B 295, Nr. 10831.

613 Edward J. Walsh, Rex Warland, D. Clayton Smith, Don't Burn It Here. Grassroots Challenges to Trash Incinerators. University Park 1997, 8ff.

614 Deutsche Presse-Agentur, Darmstädter Dioxin-Funde lösen in Südhessen Müll-Dilemma aus (Aug. 1984). BA Koblenz, B 295, Nr. 10831; Park, Müllkippe, 179.

615 Park, Müllkippe, 135f.

616 Radkau, Ära der Ökologie, 252.

617 Friedrich, Müllverbrennung, 33f.

618 Handschriftliche Anmerkung zu Stellungnahme UBA: Probleme der Fachaufsicht BMI – UBA (5.10.1976). BA Koblenz, B 106, Nr. 69718. In dieser Stellungnahme hatte die Leitung des UBA u.a. gefordert, das BMI solle sich aus fachlichen Angelegenheiten größtenteils heraushalten, was von der zuständigen Abteilung im BMI als »Frechheit« empfunden wurde.

möglichst nicht in Gegensatz zum Innenministerium bringen.[619] Das war eine schwierige Lage: So brachte der »Spiegel« 1984 einen Artikel zu dem Thema, der einen Report des Umweltbundesamtes mit dem Titel »Sachstand Dioxine« zitierte. Diesem zufolge sei in der Flugasche von Müllverbrennungsanlagen eine Dioxin-Konzentration ermittelt worden, die in Seveso zu Evakuierungen geführt habe.[620] Die Botschaft war klar: Erkenntnisse über die Gefährlichkeit von Dioxinen wurden vor der Öffentlichkeit verheimlicht und die offiziellen Stellen wussten bereits, wie gefährlich MVAs tatsächlich waren.[621] Der Bericht des Umweltbundesamtes selbst bestätigte zwar den Nachweis von Dioxinen in der Flugasche von MVAs, stellte aber ausdrücklich fest, dass »bei den in der Umwelt und in der Nahrungskette ubiquitär vorkommenden TCDD-Konzentrationen eine Gefährdung des Menschen nicht in Betracht« gezogen werden müsse. Das wiederum wurde vom WDR-Magazin Monitor aufgegriffen, das einen kritischen Bericht über die Emissionen von MVAs sowie Dioxinfunde auf der Deponie Georgswerder brachte und damit für erhebliche politische Unruhe sorgte.[622]

In den Jahren 1984 und 1985 erreichte die Dioxin-Angst ihren Höhepunkt. Publikationen wie der Titel »Supergift Dioxin – Der unheimliche Killer« von 1985 suggerierten, dass Dioxine überall waren und bei allen Verbrennungsvorgängen, bei denen Chlor, Kohlenstoff und Wasserstoff beteiligt waren, entstehen konnten. Wie giftig diese Dioxine jeweils waren, wusste man nicht, jedoch konnte schon »ein einziges Dioxin-Molekül Krebs verursachen«.[623] Dementsprechend forderte der Kieler Toxikologe Otmar Wassermann plakativ den »Grenzwert null« für Dioxine, wohlwissend, dass damit im Grunde die vollständige Verbannung der Chemie aus dem Alltag gefordert wurde. Dioxine wurden Mitte der 1980er Jahre zum Inbegriff einer fundamentalen Kritik an einer chemiebasierten Lebensweise mit ihren unkalkulierbaren Risiken.[624]

Wie ging man von »offizieller« Seite damit um? Einerseits war man bemüht, auf die Ängste zu reagieren, sie aber auch nicht zu sehr hochkochen zu lassen. So erhob die Umweltministerkonferenz der Länder 1984 die Forderung, Grenzwerte für Dioxine und Furane zu erlassen.[625] Das war bislang vor allem an der Komplexität der Thematik gescheitert. Das Bundesgesundheitsministerium

619 Manfred Gust, Gegen Emissionen aus Müllverbrennung, in: Umwelt-Magazin 13, 1983, Hft. 5, 46–52.

620 O. V., Dioxin: Weiträumige Verseuchung, in: Der Spiegel Nr. 4 (23.1.1984), 88–91.

621 Uwe Fritsche, Lilo Schebeck, Verbrennen heißt nicht Vernichten, in: Arbeitskreis Chemische Industrie u. a. (Hrsg.), Dioxin. Tatsachen & Hintergründe. Köln 1984, 54–60, 55.

622 Schreiben WDR, Redaktion Monitor an Zimmermann (13.2.1984). BA Koblenz, B 295, Nr. 10831. Vgl. auch Meyer, Entwicklungslinien, 114f.

623 Degler, Uentzelmann, Supergift Dioxin, 18.

624 Otmar Wassermann, Dioxin – Krankheitssymptom einer Industriegesellschaft, in: Arbeitskreis Chemische Industrie, Dioxin, 7–12, 8f.

625 22. Umweltministerkonferenz am 29./30.Mai in Berlin: Dioxine in Abgasen und Rückständen von Müllverbrennungsanlagen. BA Koblenz, B 295, Nr. 10831.

wies z. B. darauf hin, dass die Bevölkerung unter Dioxin allein das sog. »Seveso-Gift« verstehen würde. Dabei handelte es sich um die Bezeichnung für alle Angehörige einer Stoffklasse, die mehrere hundert Stoffe umfasse.[626] Von 44 MVAs in der BRD waren damals in 28 Anlagen bereits Dioxinmessungen vorgenommen worden, in weiteren 14 waren solche Untersuchungen vorgesehen.[627] Ob das jetzt viel oder wenig war, hing wie so oft vom eingenommenen Standpunkt ab. Das Vorkommen von PCB und HCB war allerdings zu diesem Zeitpunkt noch nicht systematisch untersucht worden.[628] So bestand die offizielle Linie zunächst darin, die Begriffe zu klären. Immer wieder erfolgte der Hinweis darauf, dass in MVAs verschiedene Gruppen chemischer Substanzen im Verbrennungsprozess entstanden, die erforscht werden sollten. Nach Möglichkeit sollten dann mittels der auf dem Bundesimmissionsschutzgesetz basierenden TA Luft, die 1986 deutlich verschärft wurde, Grenzwerte aufgestellt und geeignete Techniken (Rauchgasentstaubung und Schadgasabscheidung) entwickelt werden.[629] Bei dem sog. »Seveso-Gift« war hingegen davon auszugehen, dass es nur in geringsten Spuren vorkomme, weshalb der »Acceptable Daily Intake« (ADI) kein Problem darstelle.

Gerade mit einem Konzept wie dem »ADI« konnten die Kritiker allerdings wenig anfangen, weil sich bei hochgiftigen Substanzen wie bestimmten Furanen oder Dioxinen eine konkrete Gefährdung auch bei kleinsten Mengen nicht ausschließen ließ, zumal wegen unkalkulierbarer Langzeitwirkungen. Es wurde teilweise grundsätzlich darüber gestritten, ob die Festsetzung von Grenzwerten überhaupt Sinn machte.[630] Für die Befürworter der Müllverbrennung war das wiederum kein Argument: Sie warfen den Kritikern vor, allein deren »Nachteile mit den vermeintlichen Vorteilen anderer Verfahren« zu vergleichen.[631] Bei den gefährlichen chemischen Verbindungen in den Schornsteinen handele es sich um »Spuren«, die angesichts der allgemeinen Umweltbelastung praktisch nicht ins Gewicht fielen. Ein Experte bezeichnete es als »Tragik der Chemiker«, immer sensiblere Messverfahren zu entwickeln und problemlos die Nadel im Heuhaufen finden zu können – was am Ende ihre eigene Arbeit erschwerte.[632] Zudem würden die Risiken der Verbrennung massiv übertrieben. Wie es ein Ingenieur vom Bundesministerium für Forschung und Tech-

626 Bundesminister für Jugend, Familie und Gesundheit: Schriftliche Anfrage des Abgeordneten Becker (1.8.1984). BA Koblenz, B 295, Nr. 10831.

627 BMI, Beantwortung der schriftlichen Anfrage des Abgeordneten Sielaff (8.8.1984). BA Koblenz, B 295, Nr. 10831.

628 Ebd.

629 Schlag, Verbrennung von häuslichen Abfällen, 60 ff.

630 Otmar Wassermann, Toxikologische Bewertung von Emissionen aus Deponien und Müllverbrennungsanlagen, in: Schiller-Dickhut, Friedrich, Müllverbrennung, 69–84, 79 f.

631 Knobloch, Probleme und Zukunft der Müllverbrennung, 18.

632 Scheiner, Rettet uns, 32.

nologie umschrieb: »Gehen wir einmal davon aus, dass ein gefährlicher oder bösartiger Mensch auf der Erde lebt – dies ist der Konzentrationsbereich über den wir hier bei 2,3,7,8 TCDD diskutieren – so kann daraus auch nicht der Schluss gezogen werden, dass dies ein besonders gefährlicher Sachverhalt sei (die tatsächliche Konzentrationsdichte bei der Erdbevölkerung dürfte erheblich größer sein).«[633]

Hier verband sich ein technisches Lösungsbewusstsein mit einem »aufklärerischen« Anspruch, der die Ängste gegenüber solchen Anlagen aber nicht wirksam eindämmen konnte – zumindest nicht bei den Protestierenden, die sich gegen neue Anlagen wehrten. Das »Konzentrations-Argument« wurde von den Kritikern der Müllverbrennung auch weiterhin und vermehrt mit dem »Nichtwissens-Argument« gekontert. Wie es wiederum der in der Umweltbewegung prominente Toxikologe Otmar Wassermann 1989 bildhaft ausdrückte:

> In einem großen Saal sind die Wände in kleiner Schrift – Schreibmaschinenschrift – dicht mit den Namen der in Emissionen, Chemiemüll, Abwässern etc. enthaltenen Stoffen – anorganische (auch radioaktive) und organischen – beschrieben. Die Chemiker stehen im Dunkeln. Sie sind mit einigen Stabtaschenlampen ausgerüstet, die auf der Wand nur eng begrenzte Flächen ausleuchten, auf denen sie einige Namen mit chemischen Stoffen erkennen können. Die Lampen sind ihre verschiedenen analytischen Methoden. Nur für einen kleinen Teil der vorhandenen Stoffe haben sie Methoden. Die außerhalb des beleuchteten Feldes im »Dunkeln« liegenden Stoffe sehen sie nicht. Toxikologisch sind jedoch auch diese relevant, denn sie wirken selbstverständlich auch ohne analytisch erkannt worden zu sein.[634]

Neben der Emissionsproblematik gab es noch weitere Argumente, um Verbrennungsanlagen abzulehnen. Neben den hohen Kosten spielte es eine Rolle, dass es in Westdeutschland nur wenige Großanlagenbauer gab, die für die Errichtung von MVAs in Frage kamen. Gemutmaßt wurde darum, dass hinter den projektierten Anlagen die Interessen großer Firmen wie Babcock oder auch RWE standen. Dass diese Unternehmen, die bereits bei der Atomwirtschaft stark in der Kritik standen, auch am Bau von Verbrennungsanlagen beteiligt waren, setzte der ganzen Misere aus Sicht der Kritiker nur die Krone auf.[635] Zudem wurde auch oftmals ein Argument vorgebracht, das bereits gegen die ersten deutschen Verbrennungsanlagen um 1900 verwendet wurde, dass sie nämlich Recyclingmöglichkeiten zunichtemachten und den Sondermüll vermehrten.[636]

633 Klaus Komorowski, Thermische Verfahren der Abfallwirtschaft für eine sichere und umweltfreundliche Entsorgung, in: VDI-Gesellschaft Energietechnik (Hrsg.), Statusbericht Thermische Verfahren der Abfallwirtschaft. O.O. 1985, 3–10, 9.

634 Wassermann, Toxikologische Bewertung, 76.

635 Friedrich, Müllverbrennung, 9 ff.; Charlotte Weyers, Hermann Dierkes, Müllnotstand. Fakten und Argumente für die Gegenwehr und ökologische Alternativen. Köln 1992, 29 ff.

636 Schmidt, Abfallinfarkt?, 17.

Insofern wurden sowohl die Deponierung als auch die Müllverbrennung während der 1980er Jahre als Entsorgungstechnologien zunehmend umstritten und problematisch. Umso misslicher war es aber darum, dass weit und breit keine echte Alternative in Sicht war. Als »neues«, in der Entwicklung befindliches Verfahren blieb die Pyrolyse zwar auf der Agenda – die Länder Bayern und Baden-Württemberg bezuschussten Mitte der 1980er Jahre z. B. Versuchsanlagen in Günzburg und Aalen.[637] Aber auch hier erwies sich die Technik als problematisch, Schadstoffemissionen und verfahrenstechnische Probleme bekam man nicht in den Griff.[638] Die Kompostierung blieb eine Nischentechnologie, die zwar an Bedeutung gewann, seit in der zweiten Hälfte der 1980er Jahre organische Abfälle vermehrt getrennt gesammelt wurden. Sie stellte aber eben keine Lösung für die Entsorgungsproblematik generell dar und bis heute werden damit lediglich 10 Prozent der gesamten Hausmüllmengen abgeschöpft.[639]

3.5.3 Das Abfallwirtschaftsgesetz 1986

Mit dem Inkrafttreten des Abfallbeseitigungsgesetzes im Juni 1972 war die rechtliche Regulierung der Abfallwirtschaft keineswegs abgeschlossen. Vielmehr war den beteiligten Personen von vornherein klar, dass die Novellierung des Gesetzes nur eine Frage der Zeit war und die rechtliche Vermessung des Feldes überhaupt erst begonnen hatte.[640] Erste Schritte hin zu einer Novellierung wurden dementsprechend bereits im Jahr 1974 unternommen, wobei eine diesbezügliche Initiative des Landes Hessen vor allem auf den Hanauer Giftmüllskandal zurückging. Die erste Novellierung des Abfallbeseitigungsgesetzes, die im Juni 1976 den Bundestag passierte und Anfang 1977 in Kraft trat, zielte dann auch vor allem auf die verbesserte Kontrolle des Transports und der Entsorgung gefährlicher Industrieabfälle. Das Feld der Hausmüllentsorgung war davon noch kaum betroffen.[641]

Ein grundsätzlicherer Ansatz wurde bei der zweiten Novellierung verfolgt, die das Bundesinnenministerium 1979 mit den betroffenen Verbänden und Interessengruppen diskutierte und die eigentlich noch vor der Bundestagswahl

637 Scheiner, Rettet uns. 89.

638 Park, Müllkippe, 171.

639 Osthorst, Abfall als Ware, 152 f.; Gerd Landsberg, Die Entwicklung der Abfallgebühren aus kommunaler Sicht unter Berücksichtigung neuer Anforderungen, in: Abfallentsorgungs-Gesellschaft Ruhrgebiet mbH (Hrsg.), Sozialverträglichkeit von Müllgebühren. Bonn 1996, 16–27, 21.

640 Schneider, Änderung des Abfallbeseitigungsgesetzes, 17.

641 Bericht des Innenausschusses zu dem vom Bundesrat eingebrachten Entwurf eines Gesetzes zur Änderung des Abfallbeseitigungsgesetzes (Drucksache 7/2593) (1979). BA Koblenz, B 106, Nr. 70539.

1980 verabschiedet werden sollte. Neu am Entwurf der zweiten Novellierung war, dass neben das Beseitigungsgebot ein Verwertungsgebot gestellt werden sollte, das die entsorgungspflichtigen Körperschaften zu einer wirtschaftlich vertretbaren Verwertung der Abfälle verpflichtete. Dagegen liefen jedoch nicht nur die Verbände der privaten Entsorgungswirtschaft, sondern auch das Bundeswirtschaftsministerium Sturm, das sich hier offensichtlich als ordnungspolitischer Verteidiger des liberalen Wettbewerbsgedankens fühlte.[642] Gerade die privaten Abfallwirtschaftsunternehmen befürchteten, den Kommunen würde mit einer solchen Regelung ein Werkzeug in die Hand gegeben, um die Privatunternehmen aus der Altstoffwirtschaft zu verdrängen.[643] Auch wenn das BMI eine solche Absicht vehement bestritt, war der Protest insofern erfolgreich, als die Novellierung des Gesetzes auf die Zeit nach der Bundestagswahl 1980 verschoben wurde. In der 1981 durch den neukonstituierten Bundestag beschlossenen Neufassung fand sich das Verwertungsgebot dann nicht mehr.[644] Die dritte Novellierung wiederum, die im Februar 1985 in Kraft trat und wegen ihrer inhaltlichen Fokussierung auch »Seveso«- oder »Schönberg«-Novelle genannt wurde, reagierte vor allem auf das Problem des Exports von Sonderabfällen.[645] Konkreter Anlass waren vor allem die verschlungenen Wege der in Fässern eingelagerten, hochgiftigen Überreste des Seveso-Unglücks, die schließlich auf der Deponie Schönberg entdeckt wurden, einer in der DDR zwischen Rostock und Lübeck gelegenen Deponie.

Im Zuge der Erarbeitung der dritten Novelle des AbfG war indes bereits klar geworden, dass die Zeit reif war, einen grundsätzlich neuen Weg zur rechtlichen Regulierung der Abfallwirtschaft zu beschreiten.[646] Schon im Rahmen der Debatte zur zweiten Novellierung des AbfG 1979 hatte Heinrich von Lersner angemahnt, es gelte, »das Abfallbeseitigungsrecht zu einem Abfallwirtschaftsrecht« fortzuentwickeln. Das ließ sich damals jedoch noch nicht durchsetzen.[647] Mitte der 1980er Jahre hingegen, nicht zuletzt vor dem Hintergrund der Debatte um Umweltgifte, Waldsterben oder besonders auch das Reaktorunglück

642 Schreiben Lauffer (BWM) an den Bundesinnenminister (4.10.1979). BA Koblenz, B 106, Nr. 79539.

643 Thomas Doms, Abfallgesetz unter der Lupe. Kritische Analyse der Verordnungen und Auslegungen, in: Umwelt-Magazin 10, 1980, Hft. 6, 12–15, 12. Stellungnahme Verband Privater Städtereinigungsbetriebe zum Entwurf eines 2. Gesetzes zur Änderung des Abfallbeseitigungsgesetzes (12.9.1979). BA Koblenz, B 106, Nr. 70539.

644 Philip Kunig, Gerfried Schwermer, Ludger-Anselm Versteyl, Abfallgesetz – AbfG. München 1988, 6f.

645 Walter Frenz, Die Verwirklichung des Verursacherprinzips im Abfallrecht. Berlin 1996, 35.

646 Kunig, Schwermer, Versteyl, Abfallgesetz – AbfG, 9.

647 Schreiben Heinrich von Lersner an den Bundesinnenminister (17.8.1979). BA Koblenz, B 106, Nr. 70539.

von Tschernobyl im April 1986, wurde ein Neuansatz im Abfallrecht durchsetzbar.[648] Eine solche Neufassung sollte dem Tatbestand gerecht werden, dass mittlerweile die Infrastrukturen des Recyclings zunehmend ausgebaut wurden und die Verbrennung effizienter zur Gewinnung von Strom und Wärme genutzt wurde. Darum konnte von einer reinen »Abfallbeseitigung« (ohnehin ein anachronistischer Begriff, der jetzt durch den Ausdruck »Abfallentsorgung« ersetzt wurde) nicht mehr die Rede sein, zumal man alternative Formen der Abfallnutzung und Kreislaufwirtschaft gerade fördern wollte. Darum sollte sich die Neufassung zunächst einmal nicht am bisherigen Gesetzestext orientieren, sondern tatsächlich einen neuen Ansatz gegenüber dem Abfallproblem entwickeln.[649]

Das daraus schließlich resultierende »Gesetz über die Entsorgung und Wiederverwertung von Abfällen« (Abfallwirtschaftsgesetz), das nach über einjähriger Beratung am 18.6.1986 vom Bundestag beschlossen wurde und am 1.11.1986 in Kraft trat, nahm nicht allein den Begriff »Abfallwirtschaft« in den Gesetzestitel auf. Es wies in der Tat erkennbare Unterschiede gegenüber dem alten Gesetz auf und entwickelte dieses weiter. Was sich dabei zunächst grundlegend änderte, war die normative Fundierung des Gesetzes, das mit der Trias Abfallvermeidung, Abfallverwertung, Entsorgung eine Zielhierarchie postulierte und damit deutlich machte, dass sich der Charakter des Gesetzes fundamental ändern sollte: An die Stelle der ordnungspolitisch-hoheitlichen Regelung der Entsorgungsfrage traten Bemühungen um die Abfallvermeidung bzw. die Rückführung unvermeidbarer Abfälle in den Produktlebenszyklus.[650]

Gleichwohl war das Gesetz nur bedingt ein wirklicher Neuentwurf. Der Abfallbegriff blieb derselbe und das Gesetz erfüllte weiterhin den Zweck, für den es ursprünglich geschaffen worden war, nämlich eine ordnungsgemäße Entsorgung der anfallenden Abfälle zu gewährleisten. Die entscheidende Änderung, an der sich auch die hitzigsten Kontroversen entzündeten, betraf die Neufassung des § 14. Dieser hatte im Abfallbeseitigungsgesetz den Verbotsvorbehalt zum Verpackungsabfall enthalten, wurde nun aber stärker in Richtung eines »Recyclingparagraphen« ausgestaltet. Umweltverbände hatten im Vorfeld des Gesetzes ein Pflichtpfand gefordert, um den zunehmenden Anteil an Einwegverpackungen einzudämmen, der mittlerweile auch in »Mehrwegoasen« wie den Bierflaschen anstieg.[651] Ein solches Pflichtpfand wurde allerdings, obwohl

648 Zu den 1980er Jahren als »Jahrzehnt der Umwelt« in der BRD s. Uekötter, Am Ende der Gewissheiten, 24, 118f. (zu den umweltpolitischen Veränderungen in Folge des Tschernobyl-Unglücks).

649 Kunig, Schwermer, Versteyl, Abfallgesetz – AbfG, 9.

650 Ebd.

651 Michael Breitenacher, Klaus Grefermann, Heinrich Wurzbacher, Wettbewerbliche Auswirkungen möglicher staatlicher Eingriffe in den Markt für Getränkeverpackungen. Gutachten im Auftrag des Bundesministeriums für Wirtschaft (Bonn). München 1986, 16.

in einer ersten Entwurfsfassung enthalten[652], nicht in das Gesetz aufgenommen, was von Umweltverbänden als Sieg der Getränkelobbyisten und »Lex Aldi« verspottet wurde.[653] Allerdings enthielt der Paragraph weitergehende Regelungen zur Vermeidung von Abfällen und Einwegverpackungen sowie der Förderung des Recyclings.[654]

Im Jahr 1986 konnte man aber vielleicht noch nicht wissen, dass die Kritik am Abfallwirtschaftsgesetz an den wesentlichen Spezifika des Abfallrechts vorbeizielte. Schon in der ursprünglichen Fassung von 1972 hatte der Gesetzestext lediglich einen ordnungspolitischen Rahmen geschaffen, der durch Merkblätter und Technische Anleitungen inhaltlich konkretisiert wurde. Diese hatten sich oftmals als wirkmächtiger erwiesen als das eigentliche Gesetz. Das war jetzt noch viel stärker der Fall: Im Fall des Abfallwirtschaftsgesetzes sollten die eigentlich entscheidenden Änderungen durch die sukzessive im Nachgang des Gesetzes erlassenen Technischen Anleitungen (TA) erfolgen, insbesondere die TA Abfall (1991) und die TA Siedlungsabfall (1993), der wohl einflussreichsten Verordnung in der Geschichte der Abfallwirtschaft der Bundesrepublik. überhaupt.[655] Diese schufen den Rahmen für die umfassenden Veränderungen, welche der Abfallwirtschaft seit den 1990er Jahren ein neues Gesicht geben sollten.

Zugleich machte das Abfallwirtschaftsgesetz deutlich, dass der Staat in Zukunft nicht mehr allein auf dem Feld der Entsorgung ordnungspolitisch eingreifen, sondern verstärkt auch im Feld des Recyclings intervenieren würde. Das sollte ab 1990 durch die Einführung des »Grünen Punktes« und des »Dualen Systems Deutschland« (DSD) sehr deutlich werden. Bei dieser Maßnahme ging es im Übrigen nur teilweise um die Rückgewinnung von Wertstoffen. Vielmehr handelte es sich auch um eine Reaktion darauf, dass die Entsorgungsanlagen durch die konstant hohen Abfallmengen zunehmend an ihre Kapazitätsgrenzen gerieten. Weil neue Entsorgungsanlagen nur schwer durchzusetzen waren, stellte das DSD wesentlich einen Lösungsversuch für das Mengenproblem der deutschen Abfallwirtschaft dar. Die sich gegen Ende der 1980er Jahre zuspitzende Abfallkrise zeigte ihre Wirkung.

652 Park, Müllkippe, 138.

653 O. V., Tolles Ergebnis, in: Der Spiegel Nr. 8 (17.2.1986), 26–27; Barbian, Umweltpolitik in Hessen, 139 f.

654 Kunig, Schwermer, Versteyl, Abfallgesetz – AbfG, 470 ff.

655 Meyer, Entwicklungslinien, 145 ff.

3.5.4 Die Entsorgungskrisen der 1980er Jahre

Heinrich von Lersner konnte am Ende der 1970er Jahre noch ein halbwegs optimistisches Fazit hinsichtlich der Entsorgungssituation in der Bundesrepublik ziehen. Sein für die Abfallwirtschaft zuständiger Direktor Werner Schenkel meinte zu diesem Zeitpunkt in ähnlicher Manier, der legislative Prozess sei abgeschlossen, es gehe nun darum, die noch notwendigen Anlagen in einem vernünftigen Zeitraum zu realisieren.[656] Zehn Jahre später wäre ihnen ein solcher Optimismus wohl deutlich schwerer gefallen, denn nicht allein wurden Entsorgungsanlagen in der öffentlichen Debatte immer umstrittener: Zugleich geriet auch die Infrastruktur, die seit den frühen 1970er Jahren zur Neuordnung der Abfallentsorgung geschaffen wurde, zunehmend an ihre Grenzen. Besonders seit Mitte der 1980er Jahre wurde immer häufiger eine Abfallkrise ausgerufen, die im Wesentlichen das Resultat eines anhaltend hohen Hausmüllaufkommens, der begrenzten Kapazität bestehender Entsorgungsanlagen sowie der großen Schwierigkeiten darstellte, neue Entsorgungsanlagen gegen die Bevölkerung durchzusetzen.[657]

Die Planung von Deponien hatte dabei wesentlich mit dem Problem der administrativen Pfadabhängigkeit zu kämpfen. Der Planungsprozess einer Großdeponie dauerte lange, nicht zuletzt deswegen, weil die Planfeststellungsverfahren angesichts einer kritischen Öffentlichkeit aufwendig und kleinteilig verliefen. Deponien mussten an geeigneten Stellen errichtet werden, hatten einen enormen Flächenverbrauch und erforderten die verkehrstechnische Erschließung des Standorts. Aus diesen Gründen kamen nur vergleichsweise wenige Standorte für eine Großdeponie in Frage. Zudem wurde die Zahl der Standorte klein zu halten versucht, um die Auseinandersetzungen mit den betroffenen Bürgern zu minimieren, was wiederum bedeutete, dass die Deponien umso größer sein mussten. Diese Dynamik wiederum schuf einen starken Anreiz, an einmal getroffenen Standortentscheidungen beinahe um jeden Preis festzuhalten. Dieses Verhalten erschien gerade den Kritikern der Deponierung als eine irrationale Interessenspolitik gegen die Bürger, deren Wohl den »Großkopferten« scheinbar egal war. Die skizzierte Konstellation führte mit einer gewissen Zwangsläufigkeit zu pathologischen Lernprozessen, als deren Resultat sich die verschiedenen Interessensgruppen am Ende oftmals nichts mehr zu sagen hatten.

656 Werner Schenkel, Zukünftige Entwicklungslinien der Abfallwirtschaft. Vortrag am 30.5.1979. BA Koblenz, B 106, Nr. 69732.

657 So nahm das Restvolumen der öffentlichen Abfalldeponien zwischen 1982 und 1987 um beinahe die Hälfte ab. Gather, Kommunale Handlungsspielräume, 41.

Tabelle 13: Anzahl der Anlagen zur Entsorgung von Hausmüll in der BRD 1977–1990

Anlagentyp	1977	1980	1982	1984	1987	1990
Hausmülldeponien	1.355	530	439	385	332	290
Müllverbrennungsanlagen	43	44	44	46	47	50
Kompostierungsanlagen	17	16	15	28	60	218

Quelle: Lee, Abfallwirtschaft, 33.

Dafür gibt es kaum ein besseres Beispiel als den Fall der »Grube Messel«, der die hessische Landespolitik beinahe zwei Jahrzehnte in Atem hielt. Die nordöstlich von Darmstadt gelegene Tagebaugrube bei dem Örtchen Messel war seit den 1870er Jahren ein Abbaugebiet zunächst für Braunkohle, dann für Ölschiefer gewesen.[658] Bereits Ende der 1960er Jahre wurde sie jedoch als möglicher Standort einer Mülldeponie ins Spiel gebracht und schon 1971 war sie in einer ersten Studie der hessischen Landesregierung zur Abfallbeseitigung im Raum Stakenburg als Großdeponie vorgesehen. Dafür bot sich die Grube Messel aufgrund ihrer Größe und ihrer zentralen Lage im Rhein-Main-Gebiet scheinbar an.

Ob die Grube Messel wirklich ein guter Standort für eine Großdeponie war, konnte allerdings mit guten Gründen bezweifelt werden. Das betraf zum einen die geologischen Voraussetzungen, wobei sich der Ölschiefer als natürliche Abdichtung nicht sonderlich eignete, der Untergrund sich als instabil erwies und sich immer wieder größere Risse auftaten. Hinzu kam aber noch etwas anderes: Die Grube Messel war eine archäologische Fundstätte von Weltrang. In den 1970er Jahren wurden dort, konserviert durch den Ölschiefer, Fossilien aus dem Eozän aufgefunden, welche die Grube Messel heute zum UNESCO-Weltnaturerbe machen. Seit Mitte der 1970er Jahre gab es darum beständig Konflikte um diesen möglichen Deponiestandort. Während die amtierende sozialliberale Koalition in Wiesbaden bis 1984 unbeirrt an ihm festhielt, setzten die Grünen während ihrer kurzfristigen Regierungskoalition mit der SPD (1985–1987) immerhin eine Überprüfung durch.[659]

Nach dem Ende der Koalition wurde jedoch wieder mit Messel als Zentraldeponie geplant und bereits kontinuierlich Abfälle dort deponiert, was zeitweise zu einem regelrechten »Wettrennen« zwischen Müll und Fossilien führte. Parallel wurden die Bedenken gegen die Eignung des Standorts immer substanzieller: In der zweiten Hälfte der 1980er Jahre konnte eigentlich nicht mehr ernsthaft

658 Manfred Raab, Müll oder Fossilien? Der Kampf um den Erhalt der Fossilienfundstätte Grube Messel. Eine historisch-politische Dokumentation. Messel 1996, 7.
659 Barbian, Umweltpolitik in Hessen, 157 ff.

behauptet werden, der Ölschiefer-Untergrund sei für die Ablagerung von Abfällen geeignet, was die planenden Behörden – mangels Alternativen – jedoch nicht daran hinderte, die Planung und den Bau der Deponie voranzutreiben. Erst 1991 wurde der Spuk beendet und die Grube Messel als Standort aufgegeben.[660]

Dabei handelte es sich sicherlich um einen Extremfall, der aber trotzdem nicht alleine stand. Ähnlich gelagert war z. B. der Konflikt um eine Deponie in Mainhausen, wo seit den frühen 1970er Jahren zugleich ein Kraftwerk, ein Zementwerk und eine Sondermülldeponie geplant wurden, wobei der vorgesehene Standort für letztere unterhalb des Grundwasserspiegels lag. Hier handelte es sich um einen der längsten Abwehrkämpfe gegen eine Sondermülldeponie in der BRD überhaupt (wobei gerade diese stark umstritten waren). Der Konflikt zwischen der Gemeinde Mainhausen und der Hessischen Industriemüll GmbH dauerte in diesem Fall über zwanzig Jahre: 1972 war das erste Planfeststellungsverfahren eröffnet worden, 1994 verkaufte die Hessische Industriemüll GmbH das betreffende Gelände schließlich an die Gemeinde Mainhausen-Mainflingern, die es in ein Naturschutzgebiet umwandelte. Die Gemeinde bezifferte die Kosten für ihren »Abwehrkampf« auf 12 Mio. DM.[661]

Die Konflikte um geplante Deponien und MVAs hatten auch Auswirkungen auf bestehende Einrichtungen, was sich anhand der ebenfalls in Hessen befindlichen Deponie Buchschlag demonstrieren lässt: Diese Deponie war Ende der 1960er Jahre angelegt worden und hatte ursprünglich eine vergleichsweise knapp begrenzte Laufzeit: Eigentlich sollte sie im Jahr 1976 bereits erschöpft sein und danach geschlossen werden. Der Mangel an Entsorgungseinrichtungen führte jedoch dazu, dass Buchschlag während der gesamten 1980er Jahre in Betrieb blieb und einen Großteil des Abfalls aus der Umgebung Frankfurts aufnahm. Die Lage spitzte sich zu, als Frankfurts Müllverbrennungsanlage 1987 saniert wurde, weshalb Buchschlag jetzt auch noch den Abfall der Mainmetropole aufnehmen musste. Bis die Deponie Buchschlag im Sommer 1990 endgültig geschlossen wurde, war sie zur größten Deponie Europas herangewachsen.[662]

Wenn Großdeponien auf starke Widerstände stießen, lag es nahe, verstärkt auf die Verbrennung zu setzen, die viele Nachteile der Deponierung vermied: Der Flächenverbrauch war geringer und die verkehrstechnische Erschließung durch die größere Nähe zu den Städten weniger aufwendig. Tatsächlich schien der Trend während der 1980er Jahre verstärkt zur Verbrennung zu gehen. So

660 Raab, Müll oder Fossilien, 97.

661 Gemeinde Mainhausen (Hrsg.), 30 Jahre Räumung Mainhausen 3. Zur Erinnerung an das Hüttendorf gegen die geplante Mülldeponie (Pressebroschüre Mainhausen 2011). Vgl. auch Harries, Praxis, 183.

662 Osthorst, De-Kommunalisierung, 59.

Abbildung 8: Mülldeponie Emscherbruch 1980er Jahre. *Quelle:* www.gelsenkirchener-geschichten.de [Letzter Zugriff 15.6.2015].

wurde in den Abfallbeseitigungsplänen der Länder 1981 festgelegt, dass die Zahl der MVAs zwischen 1985 und 1990 von 43 auf 53 aufgestockt werden sollte. Die Politik setzte in den 1980er Jahren also zunehmend auf die MVAs und das nicht mehr allein als Entsorgungslösung für urbane Ballungsräume: In Bayern, dessen Siedlungsstruktur nicht gerade großstädtisch geprägt war, wurden Mitte der 1980er Jahre bereits über 50 Prozent der Siedlungsabfälle verbrannt. Mitte der 1990er Jahre waren es bereits 70 Prozent.[663]

Jedoch legen es die oben gemachten Ausführungen zur Emissionsproblematik nahe, dass auch der Bau von Müllverbrennungsanlagen hochgradig umstritten war und scharfe Proteste provozierte. Diese führten dazu, dass der Bau von Anlagen verhindert oder zumindest stark verzögert werden konnte. Darum waren auch für MVAs langfristige und komplizierte Planungsprozesse erforderlich. Zwar gab es auch Beispiele für schnelle Verfahren; beispielsweise nahm das Planfeststellungsverfahren bei der MVA in Essen-Karnap, die 1987 nach einer Generalsanierung wieder eröffnet wurde, lediglich ein Jahr in Anspruch.[664]

663 Kaimer, Schade, Bewerten von thermischen Abfallbehandlungsanlagen, 44 ff.

664 Schenkel, Abfallnotstand, 35: Zur neuen MVA Essen-Karnap: H. Fahlenkamp, Konzept der Rauchgasreinigungsanlage für das Müllheizkraftwerk Essen-Karnap, in: Bundesministerium für Forschung und Technologie, Thermische Verfahren der Abfallwirtschaft, 175–192, 175 f.

In der Regel dauerte das Planfeststellungsverfahren für eine MVA jedoch mindestens drei Jahre und oftmals deutlich länger.[665] Viele Projekte wurden durch hartnäckigen Widerstand auch verhindert. So etwa die zweite Frankfurter MVA, die Anfang der 1980er Jahre im Osthafen geplant und deren Bau aufgrund jahrelanger Bürgerproteste gestoppt wurde.[666] Ein anderes Beispiel ist eine geplante MVA in Berlin-Britz, die ebenfalls aufgrund massiven Widerstands aus der Bevölkerung nicht realisiert wurde.[667]

Tabelle 14: Neu in Betrieb genommene Müllverbrennungsanlagen 1975–1994

Jahr	**Standort (Jahr der Erweiterung)**	**Angeschlossene Einwohner**
1976	Wuppertal (1986)	750.000
1977	Bremerhaven (1987/1990) Hameln (1984/1991)	700.000 250.000
1978	Bamberg (1981/1989) Ingolstadt (1983/1992)	400.000 500.000
1981	Bielefeld (1989/1992) Herten (1989)	550.000 300.000
1982	Schwandorf (1992)	1.250.000
1984	Würzburg (1995)	350.000
1986	Hamm	586.000
1987	Burgau (Pyrolyse)	112.000
1988	Coburg	270.000
1991	Weißenhorn	150.000
1992	Bonn	300.000
1993	Augsburg Schweinfurt	587.000 1.000.000
1994	Burgkirchen	737.000

Quelle: Kaimer, Schade, Bewerten von thermischen Abfallbehandlungsanlagen, 44 ff.

665 Gather, Kommunale Handlungsspielräume, 58.
666 Ebd., 93 f.; Barbian, Umweltpolitik in Hessen, 161 f.
667 Park, Müllkippe, 149.

Die Proteste hatten zur Folge, dass sich sowohl neue Deponien als auch MVAs immer schwerer durchsetzen ließen. Während die Zahl der Deponien jedoch während der 1980er Jahre kontinuierlich sank, stieg die Zahl der MVAs immerhin leicht an. Gleichwohl zeigen diese Zahlen, dass von einem »Siegeszug« der Müllverbrennung bis Mitte der 1990er Jahre eigentlich kaum gesprochen werden kann. Nach dem Fall der Mauer unkten sogar einige Umweltaktivisten, die Großanlagenbauer wollten in den Neuen Bundesländern all die Anlagen errichten, deren Bau sie im Westen nicht hatten durchsetzen können.[668] Diagramm 12 zeigt jedenfalls, dass sich der »Bauboom« bei Müllverbrennungsanlagen ab Mitte der 1970er Jahre zunächst abschwächte, wobei allerdings nachträgliche Kapazitätserweiterungen miteinzuberechnen wären.

Dementsprechend änderte sich während der 1980er Jahre auch das Verhältnis von deponiertem und verbranntem Hausmüll nur langsam. Vorreiter bei der Verbrennung waren vor allem NRW (im Ruhrgebiet wurden im Jahr 1990 bereits ca. 80 Prozent der Siedlungsabfälle verbrannt[669]) und Bayern, während es beispielsweise in Niedersachsen bis Mitte der 1990er Jahre nur eine einzige MVA gab.[670]

Das alles bildete den Hintergrund dafür, dass in der zweiten Hälfte der 1980er Jahre immer öfter der »Müllnotstand« oder »Abfallinfarkt« ausgerufen wurde.[671] Es gab große Schwierigkeiten, geeignete Standorte für Deponien und Verbrennungsanlagen zu lokalisieren und diese dann auch durchzusetzen. Gleichzeitig stießen die bestehenden Anlagen immer öfter an ihre Kapazitätsgrenzen. In Stuttgart erwies sich die Müllverbrennungsanlage seit Mitte der 1980er Jahre als zunehmend störanfällig und war nicht mehr in der Lage, den gesamten Stadtmüll Stuttgarts aufzunehmen.[672] In Dortmund mussten 1991 die Deponien Huckarde und Grevel aufgrund von Überfüllung geschlossen werden, weshalb die Stadt bis 1993 ihren Müll auf der (sich immer noch in Betrieb befindlichen!) Zentraldeponie Emscherbruch deponierte.[673] Die Stadt Frankfurt zog ab 1988 auch den Müllexport in die DDR in Erwägung, was den grünen Umweltdezernenten der Stadt, Tom Königs, in arge Erklärungsnot brachte.[674] Die Stadt Hamburg verbrachte vom Ende der 1980er Jahre bis Mitte der 1990er

668 Weyers, Dierkes, Müllnotstand, 51.

669 Vagedes, Abfallwirtschaft im Ruhrgebiet, 83.

670 Kaimer, Schade, Bewerten von thermischen Abfallbehandlungsanlagen, 44 ff.

671 Z. B. Wulf Schmidt, Abfallinfarkt?; Weyers, Dierkes, Müllnotstand; Matthias Gather, Hundert Jahre Müllnotstand. Der lange Weg wiederkehrender Ratlosigkeit in Frankfurt am Main, in: Die alte Stadt 4, 1991, 358–369, 368. Zu den Begriffsvariationen s. Harries, Praxis, 51 f.

672 Heinz-Dieter Junginger, Probleme der Abfallwirtschaft am Beispiel Stuttgart, in: Universität Hohenheim (Hrsg.), Ökologische Probleme in Verdichtungsgebieten. Tagung über Umweltforschung an der Universität Hohenheim. Stuttgart 1987, 91–98, 92.

673 Herbold u. a., Entsorgungsnetze, 223 f.

674 Gather, Kommunale Handlungsspielräume, 166 ff.

Diagramm 12: In Betrieb genommene Müllverbrennungsanlagen 1958–1994

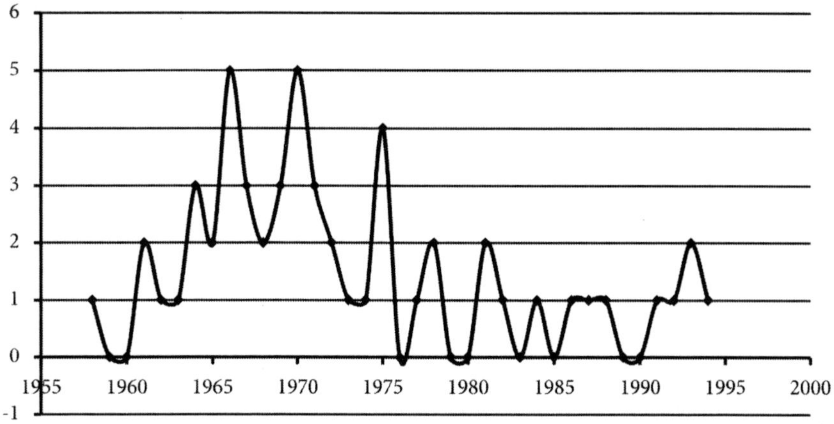

Quelle: Kaimer, Schade, Bewerten von thermischen Abfallbehandlungsanlagen, 44ff.

Diagramm 13: Entsorgungswege des Hausmülls in der BRD 1977–1990 (in Prozent)

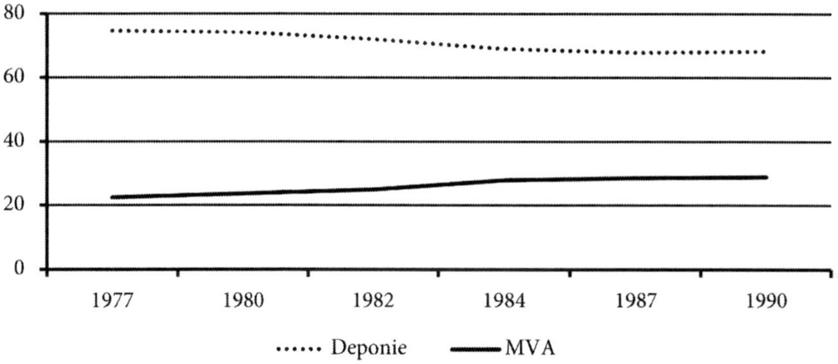

Quelle: Lee, Abfallwirtschaft, 35.

Jahre ungefähr die Hälfte ihres Hausmülls und ihrer hausmüllähnlichen Gewerbeabfälle auf die Deponie Schönberg in Mecklenburg-Vorpommern.[675] Immer häufiger wurde der Abfallexport als der »letzte Notanker einer desolaten Willensbildung«[676] (Werner Schenkel) in Erwägung gezogen.

Diese Lage schuf einen permanenten Druck, der die Debatten um neue Entsorgungsanlagen sicherlich nicht einfacher machte. Das große Problem be-

675 Frilling, Mischer, Pütt un Pann'n, 168.
676 Zit. in: Barbian, Umweltpolitik in Hessen, 186.

stand darin, dass die Argumente aller Seiten ihre Berechtigung hatten. So verwiesen Umwelt- und Bürgerinitiativen vor allem auf die Emissionsproblematik und konnten sich zunehmend auf eine wissenschaftlich fundierte Gegenexpertise berufen. In vielen Fällen handelte es sich nicht um die Kritik von Dilettanten, sondern es bildeten sich Experten-Netzwerke heraus, welche die Kritiker der Verbrennung argumentativ munitionierten.[677] So war z. B. der 1989 veröffentlichte Sammelband »Müllverbrennung – ein Spiel mit dem Feuer«, auf den sich die Kritiker immer wieder bezogen, von promovierten Chemikern und Toxikologen abgefasst worden.[678] Zudem bemühten sich Umweltinitiativen um professionellen juristischen Beistand.[679] Und auch mit dem Vorwurf der Fundamentalkritik war es so eine Sache: Wenn die Umweltinitiativen mit ihrer Feststellung Recht hatten, dass es keine befriedigende und umweltverträgliche Form der Entsorgung gab: War es dann nicht wirklich geboten, die Produktionsmodi der Konsumgesellschaft fundamental zu verändern?

Es gab darüber hinaus auch noch andere begründete Argumente gegen MVAs. So konnte beispielsweise auf die enormen Kosten solcher Anlagen und das – angeblich oder tatsächlich – »verfilzte« Feld des Großanlagenbaus verwiesen werden. Davon abgesehen, dass Bürgerinitiativen mitunter dazu neigten, arg verschwörungstheoretisch eine großangelegte Konspiration von Politik und Großanlagenbauern zu konstruieren, existierte in dem Bereich tatsächlich ein signifikantes Korruptionsproblem. So berichtete der »Spiegel« bereits 1976 über eine überdimensionierte MVA, die auf Betreiben der SPD und der gewerkschaftseigenen Baugesellschaft »Neue Heimat« in Bremen errichtet werden sollte und dem Magazin als genuines Beispiel kommunaler Fehlplanung erschien.[680] Dem Dezernent der Stadt Hamm für »Wirtschaftsförderung, Sport und Müllbeseitigung« wurde 1986 nicht allein deswegen der Prozess gemacht, weil er statt einem Doktortitel gleich zwei gefälscht hatte: Bei der Untersuchung seiner Unterlagen fand man heraus, dass »Dr. Dr. Masanneck« einen hochdotierten Beratervertrag mit der Firma Babcock abgeschlossen hatte und daraufhin als Befürworter solcher Anlagen u. a. in Bockum-Hövel aufgetreten war.[681] In Berlin geriet ein SPD-Politiker in Verdacht, allzu enge Beziehungen zu einem Anlagenbauer zu unterhalten und dessen Interessen im Senat zu för-

677 Als Beispiel: Bund Naturschutz Bayern (Hrsg.), Wohin mit dem Restmüll? Alternativen zu Müllverbrennung und Mischmülldeponie. Regensburg 1993. Die Beteiligten dieser Publikation waren nahezu ausschließlich studierte (bzw. promovierte) Chemiker, Ingenieure oder Physiker.

678 Schiller-Dickhut, Friedrich, Müllverbrennung.

679 Weyers, Dierkes, Müllnotstand, 101 f.

680 O. V., Richards Rache, in: Der Spiegel Nr. 23 (31.5.1976), 117–118.

681 Roland Kirbach, Ein tüchtiger Dezernent. »Dr. Dr.« Masanneck und der Müll der Korruption, in: Die Zeit Nr. 18 (25.4.1986).

dern.[682] In den 1990er und 2000er Jahren sollten mehrere Korruptionsfälle bekannt werden (am bekanntesten dabei sicherlich der Fall Trienekens), die zumindest Hinweise darauf geben, dass in dem Bereich ein strukturelles Korruptionsproblem existierte.

Dabei standen neben den Politikern auch die Ingenieure und Techniker an den Universitäten in Verdacht, mit den Großanlagenbauern unter einer Decke zu stecken. Die Techniker wiederum wurden nicht müde, darauf hinzuweisen, dass die Kritiker mit falschen Argumenten operierten. Wie es ein Ingenieur 1991 ausdrückte:

> Die Ingenieure, Manager, Arbeiter und Gutachter tuen ihre Arbeit, sei es bei der Versorgung, sei es bei der Entsorgung; sie tuen sie auch als Bürger und mit voller Verantwortung. Ihnen gegenüber stehen Gruppen, die oft genug von der Sache nichts verstehen, sich aber – natürlich auch als Bürger – anmaßen, den Fachleuten ihre fachliche und vor allem auch moralische Inkompetenz nachzuweisen. Und dazwischen stehen die verunsicherten Bürger mit ihren Politikern in den Räten und dazugehörigen Verwaltungen, die es nun einmal allen Bürgern offensichtlich recht machen müssen.[683]

Ein Vertreter der privaten Entsorgungswirtschaft blies im selben Jahr ins gleiche Horn:

> Alle wollen Umweltschutz, halten Entsorgen aber für ökologisch fragwürdige end-of-pipe-Technologie. Die Ingenieure bei Edelhoff [Entsorgungsfirma, R. K.] fühlen sich als Umweltschützer, wollen Umweltschutz wie alle anderen auch. Edelhoff räumt hunderttausendtonnenweise den Schmutz weg, der die Umwelt gefährdet, wird aber von denjenigen, die nach Piktogramm und Nanogramm die Reste messen, diskriminiert, als sei dies etwas Ruchloses. Die Ingenieure der Entsorger wollen Umweltschutz mit Anlagen, die sie bauen möchten, die sie aber kontinuierlich in einen Investitionsstau schieben, weil viele, die sich als die eigentlichen Umweltschützer verstehen, diesen Anlagenbau blockieren mit Klagen durch alle Instanzen.[684]

Unter den Ingenieuren und Technikern wuchs offensichtlich die Ungeduld mit den Bürgerinitiativen, die ihnen die Arbeit erschwerten, ohne zu wissen, worüber sie eigentlich redeten.[685] Werner Schenkel, der in seinen späteren Jahren selbst zu abfallwirtschaftlichen Reformprojekten mit einem gewis-

682 Park, Müllkippe, 170.

683 H. Bonnenberg, Entscheidungsstrukturen in der Abfallwirtschaft und ihre Beeinflussung, in: VDI-Gesellschaft Energietechnik (Hrsg.), Prozessführung und Verfahrenstechnik der Müllverbrennung. Düsseldorf 1991, 25–37, 29.

684 Matthias Raith, Infrastrukturerfordernisse und -probleme einer flächendeckenden Entsorgung, in: Ernst U. von Weizäcker (Hrsg.), Weniger Abfall – Gute Entsorgung. Konflikte um den Abfall. Karlsruhe 1991, 90–96, 91.

685 Jürgen Zimmermann, Müllverbrennung. Was Sie schon immer über Müllverbrennung und deren Alternativen wissen wollten. Düsseldorf 1996, 114f.

sen esoterischen Einschlag neigte, schrieb im Jahr 1989, die »Realisten« in der Abfallwirtschaft würden die »drei V« (Abfall Vermeiden, Vermindern, Verwerten) mittlerweile verabscheuen, weil sie störend bei der Tagesarbeit, also dem Planen und Durchsetzen von Behandlungs- und Beseitigungsanlagen empfunden würden.[686]

Zwischen den Fronten standen wiederum Behörden und Politiker, die letztlich keine andere Wahl hatten, als sich um die Schaffung zusätzlicher Entsorgungskapazitäten zu bemühen. Schon um eine weitere Verhärtung der Fronten zu vermeiden, wurde versucht, verstärkt auf die Sorgen und Ängste der Bürger einzugehen und diese in den Planungsprozess einzubinden, zumal sie gelernt hatten, dass Bürgerinitiativen vormals stabil erscheinende politische Mehrheiten kippen konnten.[687] Nach Herbold und Wienken dienten solche Maßnahmen dazu, Planungsvorgängen insgesamt eine höhere Legitimität zu verleihen.[688] Das war im konkreten Fall jedoch nur selten von Erfolg gekrönt, denn an den grundlegenden Problemen der Errichtung von Entsorgungseinrichtungen änderte sich dadurch letztlich nichts. Genauso wenig im Übrigen wie an der Notwendigkeit von Standortentscheidungen, die zur Unzufriedenheit der Anrainer neuer Anlagen ausfallen mussten.[689] Aus diesem Grund wurde möglicherweise nicht ganz zu Unrecht gemutmaßt, dass solche Maßnahmen weniger das Ziel verfolgten, tatsächlich zu einer für alle Parteien akzeptablen Lösung zu gelangen (was evtl. gar nicht möglich war). Vielmehr ging es darum, die Abwehrfront der Gegner von Entsorgungsanlagen zu spalten, also letztlich eine »Entsolidarisierung« durch Partizipation zu erreichen.[690] Allein blieb das nicht unbemerkt und auch deswegen trugen partizipative Versuche mitunter wenig zur Befriedung der Debatte bei.[691]

Insgesamt wurden die Debatten um die Entsorgung seit Mitte der 1980er Jahre immer emotionaler. Gegenüber standen sich Umwelt- und Bürgerinitiativen, die sich in Fundamentalopposition übten, Techniker, welche die Bedenken und Ängste oftmals engstirnig und unbegründet fanden, schließlich Politiker, die schlicht mit dem Problem konfrontiert waren, dass Entsorgungsmöglichkei-

686 Schenkel, Abfallnotstand, 25.

687 Osthorst, Abfall als Ware, 154.

688 Herbold, Wienken, Experimentelle Technikgestaltung, 22 ff.

689 Zu diesem Problem: Luhmann, Grenzwerte der ökologischen Politik, 208 f.; Park, Müllkippe, 133.

690 So argumentiert Hendrik Vollmer, partizipative Mediationsverfahren hätten nicht dazu gedient, eine Einigung über Risikowahrnehmungen herzustellen, sondern Risikowahrnehmungen zu fragmentieren. Hendrik Vollmer, Zur Akzeptanzorientierung des Verwaltungshandelns in Risikokonflikten, in: Hiller, Krücken, Risiko und Regulierung, 11–38, 33 f.

691 Ludwig G. Schorer, Historie der BI-Weißenhorn, in: Kongress der Bürgerinitiative gegen Müllverbrennung Weißenborn e. V. (Hrsg.), Müllverbrennung und Mensch. Kongressreader. Illertissen 1994, 8–14, 8 f.

ten auf jeden Fall geschaffen werden mussten.[692] Gerade die zweite Hälfte der 1980er Jahre stellt dabei ein gutes Beispiel für die von Reiner Keller ausgearbeitete Unterscheidung zwischen einem »strukturkonservativen« und einem »kulturkritischen« Abfalldiskurs dar.[693] Eine Vermittlung und ein Kompromiss waren dazwischen nur schwer möglich.

692 Eine Detailanalyse dieser Situation für das hessische Beispiel bei Barbian, Umweltpolitik in Hessen.

693 Keller, Müll. Im Übrigen gab es auch kritische Stimmen, die die typischen sprachlichen Motive der Bürgerinitiativen mit anderen Inhalten füllten. So veröffentlichte der Journalist Peter Scheiner 1987 ein Buch mit dem Titel »Rettet uns vor der Müllawine!«, das er dem »mündigen Bürger« widmete. Dahinter verbarg sich jedoch ein Plädoyer gegen die Bürgerinitiativen, die bloß keine Entsorgungsanlage in ihrer Nachbarschaft haben wollten, sowie achtlose Bürger, die sich nicht darüber im Klaren waren, dass Konsumieren gleichbedeutend damit war, Abfälle zu produzieren. Scheiner, Rettet uns, 6.

4. Wege aus der Nische: Die private Entsorgungswirtschaft

Im Jahr 1967 reagierten die Behörden der Stadt Mannheim einigermaßen irritiert, als sie mehrere Briefe der Firma Altvater erhielten, in denen das aus Bad Dürkheim in Rheinland-Pfalz stammende Unternehmen nicht nur, beinahe im Stile einer Siegesmeldung, verkündete, in welchen Klein- und Mittelstädten es bereits für die Abfallsammlung und -entsorgung zuständig war. Vielmehr unterbreitete die Firma der Stadt das Angebot, diese Aufgabe auch für Mannheim zu übernehmen, und dies angeblich deutlich effizienter und kostengünstiger als das kommunale Stadtreinigungsamt.[1]

Die Mannheimer Verantwortlichen bezweifelten allerdings stark, dass ein mittelständisches Unternehmen wie Altvater, das hauptsächlich den Müll in Kleinstädten einsammelte, theoretisch überhaupt in der Lage sei, die Entsorgung einer Großstadt zu gewährleisten. Wie der damalige Leiter des Mannheimer Stadtreinigungsamtes wusste, handelte es sich aber auch kaum um ein seriöses Angebot, zumal nicht ernsthaft damit gerechnet werden konnte, dass eine Stadt wie Mannheim Ende der 1960er Jahre ihre Müllabfuhr privatisierte.[2] Vielmehr stellten die Schreiben Altvaters in erster Linie eine Provokation dar: Es ging um einen Hinweis darauf, dass hier neue Akteure in der Abfallwirtschaft auf der Bühne erschienen, die sich nicht länger mit den Brotkrumen begnügen wollten, die vom Tisch der öffentlichen Entsorger fielen.

Die Schreiben Altvaters stehen gewissermaßen symbolisch für den Beginn einer scharfen Konkurrenz zwischen öffentlichen und privaten Entsorgern, die bereits Mitte der 1970er Jahre zu einer intensiven Privatisierungsdebatte führte und in den 1980er Jahren kommunale Stadtreinigungsämter zunehmend dazu zwang, sich hinsichtlich technischer Ausstattung, Arbeitsorganisation und betrieblicher Leistungspolitik an der privaten Konkurrenz zu orientieren. In den 1990er Jahren sollte es dann schließlich zu einem Einbruch der »Privaten« in das Hoheitsgebiet der kommunalen Entsorger, der großen Städte, und einer Privatisierungswelle der kommunalen Stadtreinigungsämter kommen. Diese wurden in den meisten Fällen ausgegliedert und verblieben dann entweder als

1 Schreiben Altvater & Co. Transporte an die Stadtkämmerei der Stadt Mannheim. SdtA Mannheim, Bauhauptverwaltung, Zugang 52/1979, Nr. 1463; Schreiben Altvater & Co Transporte an die Stadtverwaltung Mannheim (27.8.1968). SdtA Mannheim, Bauhauptverwaltung, Zugang 52/1979, Nr. 1463.

2 Schreiben Kommunaler Fuhrparks- und Stadtreinigungsbetriebe (Baumann) an die Stadt Ludwigshafen. SdtA Mannheim, Bauhauptverwaltung, Zugang 52/1979, Nr. 1463.

Eigenbetrieb im städtischen Besitz, kooperierten als Public Private Partnership (PPP) mit privaten Entsorgungsunternehmen oder wurden gleich von einem privaten Entsorger übernommen.

Hinter dieser Entwicklung verbarg sich nicht zuletzt die Professionalisierung einer Branche, die in den 1960er und frühen 1970er Jahren einen noch eher »halbseidenen« Eindruck gemacht hatte. Hier herrschten oftmals raue Sitten und es waren in den allermeisten Fällen Privatunternehmen, die für die Giftmüllskandale der frühen 1970er Jahre verantwortlich waren. Allerdings konnten sich gerade die Unternehmen in einem harten, von einer starken Konzentrationsbewegung gekennzeichneten Wettbewerb behaupten, die nicht nur technisch innovativ waren, sondern die verstanden hatten, dass illegale Praktiken vielleicht kurzfristige Gewinne ermöglichten, aber keine Grundlage für ein langfristig erfolgreiches Geschäftsmodell bildeten. Firmen wie Rethmann, Edelhoff oder Alba, die in den 1970er Jahren auch technologisch zu Branchenführern wurden, überstanden den harten, von einer ausgeprägten Konzentrationsbewegung begleiteten Wettbewerb. Sie wurden darüber zu größeren Mittelständlern oder sogar Großunternehmen.

4.1 Die private Entsorgungswirtschaft bis zum Beginn der 1970er Jahre

Wie im Kapitel über die Müllsammlung beschrieben, kam es im letzten Viertel des 19. Jahrhunderts zu einem Kommunalisierungsprozess der Abfallsammlung, der zur Gründung städtischer Regiebetriebe führte. Häufig ging das mit einer Ablösung privater Vertragsnehmer einher, denen oftmals nicht unbedingt freundliche Worte hinterhergerufen wurden: Sie galten als Inbegriff eines niedrigen städtehygienischen Standards, der angeblich erst durch die Kommunalisierung angehoben wurde. So reagierte die Kommune in Freiburg, als sie im Jahr 1887 die Müllabfuhr in eigene Regie übernahm, auf Klagen über sanitäre Probleme und die unzureichende Leistung von Privatfirmen, die vorher die Abfuhr erledigt hatten.[3] In Paderborn war es ähnlich, wo nach Aussage der Stadt ebenfalls die Unzufriedenheit mit den Leistungen der Privaten den Anlass für die Kommunalisierung im Jahr 1905 bildete, »nachdem alle Bemühungen zur Sauberhaltung der Stadt an der Unzuverlässigkeit der Beauftragten gescheitert waren.«[4]

3 Hugo Dietrich, 90 Jahre kommunale Müllabfuhr in Freiburg, in: Stadt Freiburg (Hrsg.), 90 Jahre kommunale Müllabfuhr in Freiburg im Breisgau. Freiburg 1977, 11–25, 11 f.

4 Karin Schiermeier, Über 100 Jahre saubere Arbeit in Paderborn. Abfallentsorgung und Stadtreinigung im Wandel der Zeit, in: Verband kommunaler Unternehmen, 100 Jahre kommunale Städtereinigung, 219–226, 219.

Auch wenn diese Rhetorik nicht selten der Selbstrechtfertigung des Munizipalsozialismus diente, so hatte sie doch insofern einen realen Hintergrund, als die meisten der privaten Vertragsnehmer Bauern aus der Umgebung waren, die weder die Expertise noch das Kapital besaßen, um eine technisch avancierte Müllabfuhr zu gewährleisten. Hier hatten die Städte tatsächlich bessere Voraussetzungen, weil sie (in Preußen besonders nach Erlass des Kommunalabgabegesetzes von 1893) über die größeren Finanzmittel verfügten und häufig Ingenieure mit der Organisation der Stadtreinigung beauftragten, die über eine andere technische Expertise verfügten als der »gemeine« Landwirt.

Allerdings war der Kommunalisierungsprozess nur partiell bzw. graduell: In vielen Fällen wurde der Unrat lediglich aus den Stadtzentren abgeholt, während bestimmte Stadtteile entweder überhaupt keine Müllabfuhr besaßen oder wie bisher privat entsorgt wurden. Darüber hinaus gab es durchaus weiterhin private Abfuhren, so etwa in Berlin, wo die Wirtschaftsgenossenschaft Berliner Grundbesitzer (WBG) 1895 eine eigene Kooperative zur Abfallsammlung gründete. In der Hauptstadt wurde die Müllabfuhr nach Einführung der staubfreien Abfuhr von vier Privatfirmen betrieben.[5] Nach der Insolvenz der WBG im Jahr 1922 wurde mit der BEMAG (Berliner Müllabfuhr AG) eine neue Gesellschaft gegründet, an der die Stadt zunächst 25 Prozent der Anteile hielt. Bis 1927 wurde dieser Anteil auf 85 Prozent erhöht, bevor die BEMAG unter den Nationalsozialisten 1933 als Amt in die Stadtverwaltung integriert wurde.[6] Ein anderes Beispiel für eine privat betriebene Abfallsammlung war Bremen, wo die Abfallsammlung seit den 1860er Jahren von dem Unternehmer Heinrich Alfes betrieben wurde, der die organischen Bestandteile des Abfalls zu einem Düngemittel, der sog. »Poudrette« verarbeiten ließ. Auch wenn Alfes' Firma diese Tätigkeit über viele Jahre ausübte und somit langjährige Erfahrung hatte, waren es am Ende hygienische Probleme und die daraus resultierenden zahlreichen Beschwerden der Bevölkerung, die schließlich zur Kommunalisierung der Müllabfuhr im Jahr 1900 führten.[7]

Die längste Geschichte einer privat betriebenen Müllabfuhr unter den Großstädten hatte München. Hier war die Abfallsammlung nur während der Jahre 1891 und 1896 in kommunaler Hand und es war die Kommune, die in dieser Zeit mit technischen und hygienischen Problemen zu kämpfen hatte. Aus diesem Grund wurde diese Aufgabe 1897 der Firma Harbeck aus dem nahegelegenen Ort Puchheim übertragen, welche die Abfuhr in München mit der Errichtung einer Müllsortieranlage verband, wo verwertbare Bestandteile des städtischen Abfalls per Hand aussortiert wurden. Die Puchheimer Einrichtung blieb über Jahrzehnte eine der ganz wenigen Sortieranlagen auf dem euro-

5 Jones, Spadafora, Waste, Recycling and Entrepreneurship, 8; Park, Müllkippe, 19.
6 Jones, Spadafora, Waste, Recycling and Entrepreneurship, 11 f.
7 Saur, Der Abfall, 87 ff.

päischen Festland, das System war allerdings keineswegs rentabel. Vielmehr musste die Stadt München die Firma Harbeck dauerhaft subventionieren. Allerdings wäre die Übernahme dieser Aufgabe durch die Stadt München wiederum mit hohen Kosten verbunden gewesen, so dass die Müllabfuhr erst 1950 kommunalisiert wurde.[8]

Die Privatbetriebe wurden im Zuge der Kommunalisierung der Städtereinigung zurückgedrängt. Allerdings engagierten sie sich weiterhin auf anderen Gebieten, die direkt oder indirekt mit der Abfallbeseitigung zu tun hatten. So dominierten private Firmen etwa den Altstoffhandel und waren führend bei speziellen Entsorgungstechnologien, vor allem der Verarbeitung des Mülls zu Kompost oder auch der Müllverbrennung. In der Zwischenkriegszeit waren allerdings auch das nicht unbedingt lukrative Geschäftsfelder; besonders die Müllverbrennung war vor dem Ersten Weltkrieg sehr viel euphorischer beurteilt worden, während diese Technologie, nach den gemachten Erfahrungen verständlich, in der Zwischenkriegszeit skeptisch betrachtet wurde. Hinzu kam, dass besonders der Zweite Weltkrieg mit intensiven Eingriffen des Staates in die Abfall- und Altstoffwirtschaft einherging, die Privatunternehmen oftmals aus dem Markt drängten.[9]

Wenn sich Privatfirmen für die Abfallsammlung verantwortlich zeichneten, dann höchstens in Kleinstädten, welche die Investitionen in den Aufbau einer kommunalen Müllabfuhr scheuten.[10] Die Beauftragung von Firmen für die Müllabfuhr in Kleinstädten hatte bereits Heinrich Erhard in einer 1930 erschienenen Broschüre diskutiert. Letzterer war allerdings, wenig verwunderlich, ein vehementer Verfechter des kommunalen Regiebetriebs und wollte in erster Linie Wege aufzeigen, wie Kleinstädte eine kommunale Müllabfuhr zu vertretbaren Kosten organisieren konnten. Das demonstrierte er nicht zuletzt an einem Beispiel, das ihm besonders gut vertraut war, nämlich Weidenau/Sieg, dem Sitz der Firma Schmidt & Melmer. Hier hatte die Kommune in den 1920er Jahren einen privaten Abfuhrunternehmer mit der Müllsammlung betraut, dessen Pferdefuhrwerk sich für die steilen Gassen jedoch als ungeeignet erwiesen hatte. Am Ende war die Kommune gezwungen, dem Unternehmer einen Aufschlag zu bezahlen.[11] Hier findet sich bereits früh eines der zentralen Argumente für den kommunalen Regiebetrieb, dass nämlich bei Finanzproblemen des privaten Entsorgers dieser durch die Stadt subventioniert werden musste, wollte sie nicht plötzlich ohne Müllabfuhr dastehen.

8 Münch, Stadthygiene, 234 ff.

9 Friedrich Huchting, Abfallwirtschaft im Dritten Reich, in: Technikgeschichte 48, 1981, 252–273, 260 ff.

10 Z. B. Rösch, »Hier stinkts!«, 82 ff.

11 Heinrich Erhard, Die Müllabfuhr in Kleinstädten. Feudingen/Westf. 1930.

Bis in die 1950er Jahre lässt sich von einer Zurückdrängung des Privatbetriebs sprechen und das galt nicht nur für Deutschland. So meinte ein Ingenieur 1947: »Während die Ansicht, dass lediglich der reine Kommunalbetrieb den Anforderungen genügt, in allen Teilen der Welt anerkannt wird, ist diese in Amerika noch etwas umstritten, wo vielfach noch Privatbetrieb anzutreffen ist [...].«[12] In Deutschland war es unter den größeren Städten zu diesem Zeitpunkt einzig die Stadt München, wo der Abfall auch im Stadtzentrum durch ein Privatunternehmen gesammelt wurde, bevor 1950 auch dort die Kommunalisierung erfolgte. Insgesamt war die Abfallwirtschaft zu diesem Zeitpunkt durchaus ein »Paradebeispiel für eine aus Gründen polizeilicher Gefahrenabwehr motivierte Form sozialstaatlicher Leistungserbringung«, wie es ein Jurist Mitte der 1990er Jahre ausdrückte.[13]

Ab den 1950er Jahren kam es jedoch nach und nach zu einer Revitalisierung der privaten Entsorgungswirtschaft, wobei die Firmen im wahrsten Sinne des Wortes klein anfingen. Oftmals handelte es sich lediglich um eine Person mit einem LKW, welche die Abfallentsorgung, Fäkalienabfuhr etc. im Nebengewerbe erledigte.[14] Während in den Städten kein Platz für sie war, begannen sie zunehmend Nischen in ländlichen Regionen zu besetzen. Sei es, dass ein Landwirt jemanden brauchte, der seinen Tank auspumpte, oder ein Industriebetrieb jemanden, der die Produktionsrückstände vom Gelände schaffte. Norbert Rethmann, eine der bemerkenswertesten Unternehmerpersönlichkeiten der Branche, führte seinen Erfolg u. a. darauf zurück, dass er die vielfältigen Entsorgungsprobleme kleinerer Firmen, Landwirte, Geschäfte früh erkannt habe und für sie seine Dienstleistung anbot.[15] Neben der Hausmüllsammlung in Dörfern und kleineren Gemeinden beruhte der Aufstieg der privaten Entsorgungswirtschaft wesentlich darauf, sich früh auf die Abfuhr gewerblicher Abfälle zu spezialisieren.

Es ist instruktiv, einen Blick auf die Entstehungsgeschichte einiger privater Entsorgungsunternehmen zu werfen, die insbesondere während der 1970er Jahre zu zentralen Akteuren der Abfallwirtschaft wurden. So gründete Gustav Edelhoff (1900–1986) im Jahr 1952 das »Institut für Gruben- und Kanalreinigung« im sauerländischen Iserlohn, wobei er sich auf die Entleerung von

12 Schreiben Paul Erhardt an den Wirtschaftsminister des Landes NRW (25.9.1947). LA NRW, NW 354, Nr. 1096.

13 Thomas Mann, Privatisierung der Abfallentsorgung, in: Karl Thomé-Kozmiensky (Hrsg.), Management der Kreislaufwirtschaft. Berlin 1995, 148–155, 151.

14 Vgl. z. B. Michael Uhr, Historische Fundstücke aus der Landgemeinde Dürwiß aus der ersten Hälfte des 20. Jahrhunderts, in: Verband kommunaler Unternehmen, 100 Jahre kommunale Städtereinigung, 121–130, 121.

15 Vorstand der Rethmann AG & Co., »Verantwortung übernehmen und unternehmerisch handeln«. Ein Buch über den Unternehmer Norbert Rethmann, sein Unternehmen und eine großartige Leistung. Selm 1999, 44 f.

Fäkaliengruben spezialisierte und ihren Inhalt als »Edeldünger« weiterverkaufte.[16] Edelhoff kannte sich in diesem Bereich gut aus, war er doch seit 1927 Leiter des Iserlohner Stadtreinigungsamtes gewesen. Ab 1954 übernahm er zunächst in einigen kleineren Gemeinden in der Umgebung von Iserlohn die Müllabfuhr und benannte seine Firma in »Unternehmen für Städtereinigung« um. Im Jahr 1962 entsorgte Edelhoff rund 575.000 Einwohner, im selben Jahr wurde das Dienstleistungsangebot um die maschinelle Kanal- und Straßenreinigung ergänzt.[17] Seinen Anstrengungen war es schließlich zu verdanken, dass sich die 28 Gemeinden des Kreises Iserlohn 1965 zu einem Abfallzweckverband zusammenschlossen, der die Aufgabe der Sammlung und Entsorgung des anfallenden Abfalls einem privaten Anbieter übertrug, der kaum überraschend Edelhoff selbst war. Dabei hatte das Unternehmen durchaus günstige Vertragsbedingungen ausgehandelt: Der Vertrag war lediglich jährlich mit einer Frist von drei Jahren kündbar, was Planungssicherheit garantierte.[18]

Das Unternehmen erlebte seit dem Ende der 1950er Jahre ein rasches Wachstum. 1962 besaß die Firma 31 Spezialfahrzeuge, davon 23 Müllwagen, deren Zahl bis 1972 auf 273 und die Zahl der Mitarbeiter von 107 auf 420 gestiegen war. Hatte der Umsatz 1962 erst 1,3 Mio. DM betragen, lag er 1972 bereits bei 30 Mio. DM. Nicht zuletzt dieser Erfolg schuf die Voraussetzungen dafür, dass Gustav Edelhoff zu einem der öffentlichkeitswirksamsten Repräsentanten der privaten Abfallwirtschaft aufstieg. So fungierte er von 1961 bis 1971 als Vorsitzender des 1961 gegründeten Verbands Privater Städtereinigungsunternehmen (VPS, seit 1986 BDE) und er spielte eine zentrale Rolle im Professionalisierungsprozess der Branche während der 1960er und 1970er Jahre. So war er, was durch seine Nähe zur SPD erleichtert worden sein dürfte[19], wesentlich daran beteiligt, dass sich die private Abfallwirtschaft, vertreten durch den VPS, 1975 mit der ÖTV auf einen Tarifvertrag für die Branche einigen konnte.

Die Firma Rethmann, deren Familienholding heute neun Mrd. Euro Umsatz macht und zu der mit Remondis einer der größten deutschen Entsorgungsbetriebe gehört, wurde im Jahr 1934 als Speditionsunternehmen von Josef Rethmann im münsterländischen Selm gegründet. Dieser führte dabei alle

16 Zu Edelhoffs Biographie s. Meyer, Entwicklungslinien, 59 (passim).

17 O. V., Edelhoff 40 Jahre. Bielefeld 1992, 20ff.

18 Schreiben Oberkreisdirektor der Stadt Iserlohn an den Regierungspräsident Arnsberg (10.2.1972). LA NRW, NW 455, Nr. 786.

19 So war Gustav Edelhoff mit dem langjährigen Landwirtschaftsminister von NRW Diether Deneke (SPD) gut bekannt, wie Referent Bruno Mertens intern vermerkte: »Im übrigen hat mich die Umgebung von Gustav Edelhoff sen. wissen lassen, dass es Old Man Gustav nach den schönen Begegnungen mit Minister und Ministerium (Neujahrsempfang, Orden) in erster Linie gedrängt hat, sich zu Weihnachten erkenntlich zu zeigen und bescheiden anzufragen, wann er mal wieder einen ehrlichen Schnaps mit dem Minister trinken kann.« Vermerk Bruno Mertens für das Pressereferat Frau Courts (14.1.1977). LA NRW, NW 455, Nr. 797.

möglichen Tätigkeiten aus und betätigte sich u.a. auch als Bierkutscher. 1959 übernahm die Firma in der Gemeinde Selm die staubfreie Müllabfuhr, 1963 wurde der Abfallzweig von der Spedition getrennt und als Rethmann Städtereinigung verselbständigt. 1969 übernahm Norbert Rethmann (*1939) die Leitung der Firma, die in diesem Jahr auch zum ersten Mal mehr als eine Mio. DM Umsatz machte. Nicht zuletzt durch zahlreiche Übernahmen kleinerer Entsorgungsfirmen expandierte Rethmann vor allem in den nordwestdeutschen Raum, und hatte sich zu Beginn der 1980er Jahre mit 85 Mio. DM Umsatz (1983) als eines der vier größten privaten Entsorgungsunternehmen in der BRD etabliert.[20]

Das eingangs bereits erwähnte Unternehmen Altvater war 1948 von Jacob Altvater in Bad Dürkheim gegründet worden und hatte sich zunächst auf die Grubenleerung spezialisiert. Die Firma operierte bereits in den 1950er Jahren bis in den Schwarzwald und an den Bodensee. 1958 fing sie damit an, Abfälle zu entsorgen.[21] Als Jacob Altvater sein Unternehmen 1963 an den Herforder Mülltonnenhersteller Sulo verkaufte, entsorgte es bereits den Abfall von über 400 Gemeinden in Rheinland-Pfalz. Die Firma hatte zu diesem Zeitpunkt 240 Mitarbeiter und 82 Fahrzeuge in Betrieb. 1967 entsorgte Altvater dann bereits 428 Vertragsgemeinden und besaß mehr als 70 Großraummüllwagen. Durch den Verbund mit Sulo konnte die Firma damit werben, die neu hinzukommenden Gemeinden preisgünstig mit standardisierten Sammelgefäßen auszustatten.[22]

Die Firma Alba, als letztes Beispiel, wurde 1968 von dem Ingenieur Franz J. Schweitzer in West-Berlin unter dem Namen »Recyclinggesellschaft für Rohstoffgewinnung« (RGR) in Berlin gegründet. Die Firma ist insofern ein Sonderfall, weil das Unternehmen in einer Großstadt mit einer kommunalen Müllabfuhr ansässig war und sich bereits frühzeitig, neben der Entsorgung von gewerblichen Abfällen, auf Recycling spezialisierte.[23] Dabei war die Firma ab 1973 wesentlich an der Entwicklung des »Berliner Modells« beteiligt, eines der frühesten »Hol«-Systeme des Recyclings von Hausmüll in der BRD. Dass dabei ein privates Entsorgungsunternehmen mit Gruppen aus der »linken Szene« zusammenarbeitete, war für diese Branche mehr als ungewöhnlich.[24]

Diese Beispiele zeigen, dass die Branche von vergleichsweise kleinen, lokal orientierten Unternehmen dominiert wurde, die ihrer Mehrzahl in den 1950er

20 Vorstand der Rethmann AG & Co., Verantwortung übernehmen, 52 ff.

21 Sybille Jeschonek, Aufbruch: Die private Entsorgungswirtschaft, in: BDE (Hrsg.), 1961–2001: 40 Jahre BDE. Von der Stadthygiene zur Kreislaufwirtschaft. Eine Zeitreise mit der Entsorgungswirtschaft. Köln 2001, 50–69, 58 f.

22 Schreiben Altvater & Co. Transporte an die Stadtkämmerei der Stadt Mannheim. SdtA Mannheim, Bauhauptverwaltung, Zugang 52/1979, Nr. 1463.

23 Park, Müllkippe, 109.

24 Ebd.

und 1960er Jahren gegründet worden waren.[25] Dazu gehörten, neben den genannten, beispielsweise die Firmen Holtmeyer in Georgsmarienhütte, Wagner im Rhein-Lahn-Gebiet, Trienekens am Niederrhein oder Nehlsen in Bremen.[26] Nur wenige Firmen wie etwa Neelsen aus Kiel, das in den 1970er Jahren neben Pforzheim die einzige deutsche Großstadt war, in der ein privater Entsorger die Müllabfuhr durchführte, konnten auf eine längere Tradition zurückblicken.[27] Es handelte sich in der Regel um Familienunternehmen, die aus ländlichen Regionen stammten und regional begrenzte Entsorgungsaufgaben übernahmen, wobei ihre Tätigkeit lange Zeit auch regional begrenzt blieb. Dass private Firmen zu überregionalen Entsorgern wurden, war vor allem das Resultat des ausgeprägten Konzentrationsprozesses der Branche in den 1990er Jahren.[28]

Es ist gleichwohl ein Hinweis auf eine dynamische Entwicklung der Branche, dass im Jahr 1961 der Verband Privater Städtereinigungsbetriebe (VPS) in Offenbach gegründet wurde, der seit 1986 als BDE (Bundesverband der Deutschen Entsorgungs-, Wasser- und Rohstoffwirtschaft) firmierte. Die Initiative zur Gründung des VPS ging wesentlich von Gustav Edelhoff, Jacob Altvater und einigen anderen Entsorgungsunternehmern aus, die auf diese Weise ein Gegenstück zum VKF schaffen und die politische Schlagkraft der privaten Entsorger stärken wollten.[29] Der Verband startete mit 41 Firmen, zehn Jahre später waren in ihm bereits 275 Unternehmen organisiert. Im Jahr 1980 betrug die Zahl der Mitgliedsfirmen bereits ca. 500.[30]

Der Zeitpunkt der Gründung des VPS im Jahr 1961 war keineswegs zufällig. Ein Jahr zuvor war das Wasserhaushaltsgesetz in Kraft getreten, das nicht nur bei den Gemeinden, sondern auch bei vielen Unternehmen zu einer großen Verunsicherung führte, wie sie ihre Abfälle ordnungsgemäß entsorgen konnten. So beklagte sich der Deutsche Städtetag bereits 1962 über die »lebhafte Weise«, mit der Privatunternehmen Firmen ihre Entsorgungslösungen anboten, die nach seiner Ansicht oftmals unseriös waren, in jedem Fall aber sorgfältig

25 Neben den Größen der Branche gab und gibt es zudem zahlreiche kleinere Recycling-Unternehmen. So etwa die Firma Warnecke aus Oelde in Westfalen, die kurz nach dem Ersten Weltkrieg 1920 als kleiner Schrotthändler anfing und sich in den 1970er Jahren zunehmend auf Metallrecycling spezialisierte. Vgl. Rainer A. Krewerth, Die Warneckes. Eine westfälische Familiensaga. Vom Rohproduktenhandel zum Recycling. Oelde 1995.

26 Jeschonek, Aufbruch, 59.

27 Rudolf Trum, Der Weg in die Entsorgungswirtschaft. Leistungen der privaten Städtereiniger, in: Bundesverband der Deutschen Entsorgungswirtschaft, Von der Städtereinigung, 29–52, 29 f.; Breer, Mlodoch, Willms, Asche, Kehricht, Saubermänner, 192 f.

28 Jörg Fischer, Die Konzentrationsprozesse in der deutschen Entsorgungswirtschaft und ihre Konsequenzen für die Volkswirtschaft. Berlin 1999, 19.

29 Trum, Der Weg in die Entsorgungswirtschaft, 39 f.

30 Jörg Mueller, Expansion: Konsolidierung und Wachstum, in: BDE, 1961–2001. 40 Jahre BDE, 70–95, 84. ÖTV (Hrsg.), ÖTV-Geschäftsbericht 1980–1983. Stuttgart 1984, 328.

von unabhängiger Seite geprüft werden mussten.[31] Hier wird ein erster wichtiger Wachstumsmarkt für die privaten Entsorger sichtbar, nämlich die Abfuhr von industriellen Abfällen. Dabei lag aber gleichfalls auf der Hand, wo die potentielle Probleme lagen: Die abfallproduzierenden Firmen zahlten den Entsorgern das Geld nicht nur für die Dienstleistung, sondern auch für die Übernahme der Verantwortung für die Abfälle. Durch billige Entsorgung konnten die Abfallfirmen ihre Marge erhöhen, und das schuf Anreiz zu kriminellen Handlungen.

Während die Privatwirtschaft auf dem Gebiet der industriellen Abfälle bald dominierend wurde (Ende der 1970er Jahre wurden etwa 80 Prozent der industriellen Abfälle durch Privatfirmen entsorgt), etablierte sie sich auf dem Feld der Hausmüllabfuhr erst nach und nach. Durch die ländliche Industrialisierung sowie die sich ändernde Bevölkerungsstruktur, die Urbanisierung bzw. Suburbanisierung ländlicher Gemeinden, fiel zunehmend mehr Abfall an, der nicht mehr ohne weiteres verbrannt, abgekippt oder in den Stoffkreislauf zurückgeführt werden konnte. Viele Kleinstädte oder Dörfer benötigten darum eine reguläre Müllabfuhr, auch deswegen, weil eine funktionierende Infrastruktur einen Anreiz für den Zuzug neuer Bürger darstellte.[32] Es machte für die Gemeinden aber wenig Sinn, die Müllabfuhr selbst zu organisieren. Es war billiger, ein Privatunternehmen damit zu beauftragen, das den Hausmüll mehrerer Gemeinden abholte und dadurch Kostenvorteile hatte. Eine Alternative wäre höchstens die Kooperation gewesen, die jedoch oftmals an verwaltungstechnischen Problemen sowie der »Kirchturmpolitik« vieler Gemeinden scheiterte, die mit ihren direkten Nachbarn lieber nicht zusammenarbeiten wollten.[33]

Indem private Unternehmen nach und nach die Aufgabe der Abfallsammlung und -entsorgung in bestimmten Gemeinden übernahmen, akkumulierten sie großflächige Entsorgungsgebiete. Dadurch stellte sich die Aufgabe der Abfallsammlung für viele private Unternehmen völlig anders dar, als das für die kommunalen Stadtreinigungsämter der Fall war. Während es für letztere das schwierigste Problem darstellte, den Abfall dicht gebauter Siedlungsstrukturen ordnungsgemäß zu entsorgen, war die Hauptanforderung für die privaten Abfallwirtschaftsunternehmen den Hausmüll in großräumigen Gebieten möglichst effizient einzusammeln. Dadurch lag die Fahrtzeit pro geleertem Abfallbehälter hier deutlich höher. Nicht zuletzt aus diesem Grund mussten die privaten Entsorger hohes Augenmerk auf rationelle Sammlungstechniken

31 Schreiben Deutscher Städtetag an die unmittelbaren Mitgliedsstädte und die Landesverbände (28.5.1962). LA NRW, NW 354, Nr. 587.

32 Mahlerwein, Modernisierung der ländlichen Gesellschaft, 27.

33 Mitteilungen des Verbands Kommunaler Fuhrparks- und Stadtreinigungsbetriebe 3/1972: 1912–1972, 60 Jahre VKF. BA Koblenz, B 106, Nr. 69727.

und neue Formen der Arbeitsorganisation richten. Die so erworbene Expertise stellte in den 1970er Jahren ein wichtiges Argument in der Auseinandersetzung mit den kommunalen Stadtreinigungsämtern dar.

Insgesamt gab es mehrere Voraussetzungen, die den Aufstieg der privaten Entsorgungswirtschaft in den 1960er und 1970er Jahren bedingten. Die ländliche Industrialisierung einhergehend mit einer größeren Aufmerksamkeit für Fragen des Wasserschutzes eröffnete ein lukratives Geschäftsfeld für private Entsorger. Die »Urbanisierung« bzw. »Suburbanisierung« ländlicher Regionen schuf die Voraussetzung für den Einstieg solcher Firmen in den Bereich der Hausmüllabfuhr. Die zunehmende Verbreitung motorisierter Nutzfahrzeuge und die verkehrstechnische Erschließung ländlicher Regionen machte es für private Firmen wiederum überhaupt erst möglich, eine rentable Dienstleistung anzubieten. Dabei profitierten die privaten Abfallwirtschaftsunternehmen von dem Vorhandensein bzw. der Kontrolle über einfache und kostengünstige Deponien.[34] Das war allerdings auch ein Grund für das schlechte Ansehen, das die »Privaten« bei den Behörden genossen, dass sie nämlich gerade zu Beginn alles andere als Agenten des Umweltschutzes waren.

4.2 Professionalisierung als Branchenstrategie: Die private Entsorgungswirtschaft in den 1970er Jahren

Die Etablierung privater Firmen in der Entsorgungswirtschaft verlief in den 1960er Jahren noch weitgehend unbemerkt von den staatlichen Stellen. Hin und wieder beschwerten sich Kommunen über unseriöse Geschäftspraktiken[35], jedoch stellten Privatunternehmen für die Behörden schon deswegen kein größeres Problem dar, weil die gravierenden Entsorgungsprobleme in den urbanen Ballungsgebieten auftraten – und hier dominierten die kommunalen Entsorger. Noch bis in die späten 1970er Jahre herrschte im Bundesinnenministerium die Ansicht vor, dass die private Entsorgungswirtschaft im Hinblick auf die Hausmüllentsorgung eine vernachlässigbare Größe darstellte.[36]

Auf einem Gebiet sah das jedoch anders aus, und gerade das erwies sich als problematisch. Bei den zahlreichen Giftmüllskandalen der frühen 1970er Jahre hatten nahezu ausschließlich Privatunternehmen ihre Finger im Spiel. In den einschlägigen Artikeln des »Spiegel« zu dem Thema wurden diese in ungünstigster Weise portraitiert[37], wobei die Realität vieler Unternehmen in der

34 Jones, Spadafora, Waste, Recycling and Entrepreneurship, 4.

35 Niederschrift über die Besprechung am 9.6.1969 im Innenministerium Düsseldorf, LA NRW, NW 354, Nr. 877.

36 Vermerk Bundesminister des Inneren betr. Jahrestagung 1977 des VPS (13.9.1977). BA Koblenz, B 106, Nr. 69732.

37 O. V., Türkischer Honig.

privaten Entsorgungswirtschaft dabei wohl durchaus getroffen wurde: Viele Firmen wurden im wahrsten Sinne des Wortes von »Müllkutschern« geleitet, die noch oft genug selbst hinter dem Steuer ihres Entsorgungsfahrzeuges saßen. Die Branche war bekannt für ihre rauen Sitten und hohe Korruptionsanfälligkeit. So wurden teilweise – wie im Fall des Bochumer Giftmüllskandals – Deponiewärter bestochen oder Ladungen falsch deklariert.[38] Das Bild der Branche, das dabei entstand, karikierte der VPS 1974 selbst folgendermaßen: »Die Innung der Müllentsorger, Müllvernichter, Mülltransporteure, eine miteinander verfilzte Gruppe von bedenkenlosen Unternehmern, dubiosen Krautern und schlitzohrigen Alleshändlern.«[39]

Diese »Randerscheinungen« eines zunehmend florierenden Geschäftsfeldes warfen für die Branche gravierende Probleme auf. Es fiel dem VPS schwer, sich als Garant der Städtehygiene zu inszenieren, wenn besonders zu Beginn der 1970er Jahre nahezu täglich private Entsorger mit Giftmüllskandalen in Verbindung gebracht wurden. Sie konnten noch so oft betonen, es handele sich dabei lediglich um »schwarze Schafe«, wenn diese Schafe mit der privaten Abfallwirtschaft insgesamt identifiziert wurden.[40] Die privaten Entsorger hatten dann auch schlechte Argumente, wenn es um die Aushandlung von Entsorgungsverträgen mit den Kommunen ging und die Zuverlässigkeit der Firmen in Zweifel stand. Das alles nötigte die private Entsorgungswirtschaft und den VPS dazu, eine konsequente Professionalisierungsstrategie zu verfolgen.

Ein wesentlicher Baustein dieser Strategie war es, sich öffentlich von den Nestbeschmutzern zu distanzieren. Es galt, sich nicht nur als Befürworter einer fachgerechten Entsorgung, sondern tatsächlich als deren Vorreiter zu präsentieren. So schrieb Gustav Edelhoff beispielsweise bereits 1968 einen Brief an Gottfried Hösel, indem er sich darüber beschwerte, dass die Firmen in der Abfallwirtschaft keinerlei Qualifikationen nachweisen mussten: »Wohin diese unglaubliche Sorglosigkeit führen wird und welche schädlichen, leider auch irreparablen Folgen hieraus – vielfach erst nach Jahrzehnten – entstehen werden, kann man zwar immer wieder in düsteren Prognosen vernehmen, doch ernsthafte Konsequenzen haben Gesetzgeber oder Aufsichtsbehörde bislang leider nicht gezogen.«[41]

Zu dieser Professionalisierung gehörte nach Ansicht des VPS wesentlich die Spezialisierung. In Zukunft dürfe es nicht mehr möglich sein, dass »Dachdecker, Anstreicher, Installateure, Fliesenleger u. a. in der Durchführung ihrer

38 Vermerk Hösel: Ablagerung von Natriumcyaniden in Bochum (11.8.1971). BA Koblenz, B 106, Nr. 25134.

39 Offener Brief Verband Privater Städtereinigungsbetriebe an die Gesetzgeber in Bund und Ländern (20.5.1974). LA NRW, NW 354, Nr. 883.

40 Ebd.

41 Schreiben Edelhoff an Hösel (12.3.1968). BA Koblenz, B 106, Nr. 25177.

Spezialarbeiten gelegentlich auch Abfälle befördern.«[42] Der VPS plädierte für eine Konzessionierung der mit der Abfallentsorgung befassten Privatunternehmen, deren Zahl der Verband auf etwa 1.000 beschränkt sehen wollte.[43] Das wurde zu einer Standardforderung des VPS in den 1970er Jahren, wobei diese Konzessionierung – das war offensichtlich als Spitze gemeint und wurde auch so verstanden – auch für kommunale Stadtreinigungsämter gelten sollte.[44] Für den VPS galt es darum aber besonders, die eigenen Mitgliedsunternehmen genau unter die Lupe zu nehmen, um sicherzustellen, dass diese nicht in illegale Aktivitäten verstrickt waren. So wies der Verband darauf hin, die für die Giftmüllskandale verantwortlichen Firmen seien allesamt keine Mitglieder des VPS gewesen.[45]

Bis in die frühen 1970er Jahre gab es eine weitgehend friedliche Koexistenz von öffentlichen und privaten Entsorgungsbetrieben und eigentlich auch keinen Grund, warum sie miteinander in Konflikt geraten sollten, denn ihre Aufgabenbereiche und Hoheitsgebiete schienen strikt getrennt.[46] Das wurde jedoch durch das Abfallwirtschaftsgesetz von 1972 anders, das die Auseinandersetzungen zwischen privaten und öffentlichen Entsorgern während der gesamten 1970er Jahre bestimmen sollte: Stein des Anstoßes war besonders § 3 AbfG, der es den Gemeinden zur Pflicht machte, für eine ordnungsgemäße Sammlung und Beseitigung der Abfälle zu sorgen, wobei in einem spezifizierenden Passus festgelegt war, dass sie sich zur Erfüllung dieser Aufgabe »Dritter« bedienen durften.[47]

Das Abfallbeseitigungsgesetz war im Vorfeld intensiv mit den betroffenen Interessengruppen diskutiert worden, wobei nicht zuletzt die Gemeindeverbände große Bedenken hinsichtlich der Verpflichtung äußerten, die Sammlung und Entsorgung der Abfälle zu gewährleisten.[48] Damit erhob nicht zuletzt die Interessenvertretung der Gruppe Einwände gegen die Neuregelung der Ab-

42 Schreiben Schulte (VPS) an das Bundesinnenministerium (29.12.1972). BA Koblenz, B 106, Nr. 25177.

43 Schreiben Verband Privater Städtereinigungsbetriebe an Annemarie Renger und Bundesratspräsident Filbinger (28.5.1974). LA NRW, NW 354, Nr. 883.

44 Ebd.

45 Offenes Schreiben Schulte (Bundesgeschäftsführer VPS) an Frau Bundestagspräsidentin Renger und Bundesratspräsident Filbinger (28.5.1974). BA Koblenz, B 106, Nr. 69731. Der frühere Geschäftsführer des VPS, Rudolf Trum, vermerkte es 1986 mit »Erstaunen und Genugtuung«, dass nur in zwei oder drei Fällen VPS-Mitglieder in Giftmüllskandale verwickelt gewesen seien. Trum, Der Weg in die Entsorgungswirtschaft, 43.

46 So enthielt z. B. der Leitfaden zur Abfallwirtschaft von Alfons Erbel und Walter Kaupert, die eng mit dem VKF verbunden waren, einen Mustervertrag für die Übertragung der Müllabfuhr an Privatfirmen. Erbel, Kaupert, Müll und Abfall, 131 f.

47 Willms, Mlodoch, Wiederaufbau, 103.

48 Schreiben Bundesvereinigung der kommunalen Spitzenverbände an das BMI (18.10. 1971). BA Koblenz, B 106, Nr. 31489.

fallbeseitigung, die aus Sicht einer anderen Gruppe, nämlich der privaten Abfallwirtschaft, am meisten von dem Gesetz profitieren sollte. Der VPS hatte schließlich ebenfalls gegen diese Regelung protestiert, wobei er es sich auf die Fahnen schrieb, dass der Zusatz, die Gemeinden könnten sich zur Erfüllung ihrer Beseitigungspflicht Dritter bedienen, auf Initiative des Verbandsvorsitzenden Gustav Edelhoff in das Gesetz aufgenommen worden sei.[49]

Das Gesetz wurde trotz dieses Zusatzes von der privaten Abfallwirtschaft harsch kritisiert, weil es den Kommunen ermöglichte, bestehende Verträge mit privaten Entsorgungsfirmen zu kündigen. Das schien nicht zuletzt deswegen relevant, weil das Gesetz zeitlich annähernd mit der kommunalen Gebietsreform zusammenfiel.[50] Das führte oftmals dazu, dass bislang von privaten Firmen entsorgte Gemeinden nun zum Hoheitsgebiet kommunaler Stadtreinigungsämter wurden. Von diesem Recht machten einige Kommunen in den 1970er Jahren tatsächlich Gebrauch, nicht zuletzt auch in Fällen, wo die kommunale Müllabfuhr auf eingemeindete Gebiete ausgeweitet wurde, die vorher von einer Privatfirma entsorgt worden waren.[51] Dieser Praxis wurde allerdings durch ein Urteil des Oberverwaltungsgerichts Lüneburg vom 26.1.1977 ein Ende gesetzt. Die Firma Horst Marthen aus dem Emsland hatte gegen den Landkreis Bentheim geklagt, der die Firma von ihren Entsorgungsaufgaben entbunden hatte. Das Gericht stellte fest, es sei für private Unternehmen unzumutbar, hochspezifische Investitionen in Fahrzeuge oder Behälter zu tätigen und gleichzeitig jederzeit damit rechnen zu müssen, ihre Geschäftsgrundlage zu verlieren. Insofern genossen die Unternehmen von nun an Schutz vor willkürlichen staatlichen Eingriffen nach § 14 GG.[52] Gegen diese Entscheidung legten die Länder Revision ein, die jedoch abgelehnt wurde.[53] Im Juni 1977 entschied der Bundesgerichtshof, dass ein privates Entsorgungsunternehmen Entschädigung für entgangenen Gewinn nach Kündigung des Entsorgungsvertrages durch den Kreis hatte. Das Gericht begründete seine Entscheidung gerade mit der durch das AbfG eröffneten Möglichkeit, sich Dritter bei der Entsorgung zu bedienen: Eine Vertragserfüllung sei der Gemeinde deshalb ohne weiteres möglich.[54]

In der Branche etablierte sich in den Jahren nach 1972 eine negative Interpretation des Abfallbeseitigungsgesetzes, das immer wieder als »Enteignungs-

49 Willms, Mlodoch, Wiederaufbau, 107 ff.

50 S. dazu die grundlegende Arbeit von Mecking, die allerdings auf den Abfall nicht eingeht.

51 Willms, Mlodoch, Wiederaufbau, 107.

52 Ausfertigung Urteil Oberverwaltungsgericht Lüneburg in der Verwaltungsrechtssache der Firma Horst Marthen, Lingen/Ems gegen den Landkreis Grafschaft Bentheim (30.3.1977). LA NRW, NW 455, Nr. 816.

53 Schreiben Bayerisches Staatsministerium für Landesentwicklung und Umweltfragen an den Bundesinnenminister (16.8.1977). LA NRW, NW 455, Nr. 818.

54 Niederschrift über die Sitzung des Abfallrechtsausschusses der LAGA am 20./21.2.1978 in Münster. LA NRW, NW 455, Nr. 794.

gesetz«[55] oder gar »Unternehmensbeseitigungsgesetz«[56] bezeichnet wurde. Gerade idealtypisch formulierte das eine 2014 erschienene Publikation des »SASE«-Instituts, einer Bildungsinstitution der privaten Entsorgungswirtschaft: Dieses mit »heißer Nadel« gestrickte und auf die Giftmüllskandale der frühen 1970er Jahre reagierende Gesetz sei aus zwei Gründen unzureichend gewesen: Zum einen sei das Prinzip der freien Marktwirtschaft ausgehebelt und Privatfirmen aus einem Bereich verdrängt worden, den sie in Eigeninitiative aufgebaut hätten. Gleichzeitig hätte es das Gesetz versäumt, klar definierte Schutzziele für Wasser, Boden, Luft und Ressourcen zu formulieren.[57] Insgesamt habe es sich um ein mehr oder weniger planwirtschaftliches Gesetz gehandelt, das den privaten Entsorgern die Luft abgeschnürt und dabei noch nicht einmal einen substantiellen Beitrag zum Umweltschutz geleistet habe.[58]

Diese Auffassung ist wenig überzeugend.[59] Zunächst war das Gesetz, wie bereits ausführlich dargestellt, durchaus kein Schnellschuss, sondern das Resultat mehrjähriger Vorbereitung und intensiver Beratung mit den Fachverbänden. Es reagierte auch weniger auf die Giftmüllskandale zu Beginn der 1970er Jahre als auf den generellen Entsorgungsnotstand in Westdeutschland. Die Giftmüllskandale trugen lediglich zu dem politischen Druck bei, der gegen die Widerstände einiger Bundesländer die Verabschiedung eines Bundesgesetzes überhaupt erst ermöglichte. Dabei ging es darum, einen legislativen Rahmen zu schaffen, der zudem noch durch Ländergesetz konkretisiert werden musste, mit dem die Entsorgung effektiv kontrolliert werden konnte. Dass das Gesetz noch nicht in allen Punkten der Weisheit letzter Schluss darstellte, war den Verantwortlichen durchaus bewusst.[60] Das primäre Ziel des Abfallbeseitigungsgesetzes war es jedoch, der öffentlichen Hand die Kontrolle über die Entsorgung zu sichern bzw. ihre Aufsichtspflicht zu konstituieren. Das Verursacherprinzip zu stärken wäre zu diesem Zeitpunkt gleichbedeutend damit gewesen, diese Kontrolle wieder aus der Hand zu geben.[61]

Ebenfalls wenig fundiert ist die Kritik, Ziel des Gesetzes sei es gewesen, die privaten Entsorger aus dem Geschäft zu drängen. Angeblich war es nur der intensiven Lobbyarbeit des VPS zu verdanken, dass der Zusatz, die öffentlichen Körperschaften könnten sich zur Erledigung ihrer Entsorgungspflicht Dritter bedienen, »mühselig und in letzter Sekunde« in das Gesetz aufgenommen

55 So etwa die Aussagen von Gustav-Dieter Edelhoff und Rudolf Trum in: Meyer, Entwicklungslinien, 87 f.

56 Informationsschrift Edelhoff u.a. 1979/80: Gerechtigkeit für die »Dritten«. BA Koblenz, B 106, Nr. 69732.

57 Willms, Mlodoch, Wiederaufbau, 108.

58 Ebd.

59 Anders (ganz auf Linie des BDE): Meyer, Entwicklungslinien, 60.

60 Schneider, Änderung des Abfallgesetzes, 17.

61 Schenkel, Abfallwirtschaftspolitik, 24 f.

wurde.[62] Davon abgesehen, dass sich diese Lobbyarbeit (zumindest in den offiziellen Akten) auf wenige Schreiben des VPS an die damit befassten Ministerien beschränkte[63], lässt sich in den Akten mit keiner Zeile eine bewusste Benachteiligung der Privatfirmen erkennen. Mehr noch (und das war für die Branche wahrscheinlich schwerer zu akzeptieren): die private Entsorgungswirtschaft war hier noch überhaupt kein Faktor. Insofern ist Heinrich von Lersner Recht zu geben, der auf der Jahrestagung des VPS 1974 vor wütenden Delegierten meinte, damals sei auf die Privaten schlichtweg kein Gedanke verschwendet worden.[64] Er war (wohl mit Recht) der Meinung, eine Beauftragung Dritter sei (schon aus pragmatischen Gründen) auch ohne den entsprechenden Zusatz im Gesetz möglich gewesen. Der Öffnungsklausel habe es darum eigentlich gar nicht bedurft.

In Nordrhein-Westfalen machte sich das Landwirtschaftsministerium die Mühe, in Vorbereitung des Landesabfallgesetzes dessen konkrete Auswirkungen genauer unter die Lupe zu nehmen und stellte fest, dass die Panik, die viele Vertreter der privaten Entsorgungswirtschaft und der Abfallverwertungsbetriebe (wie z.B. der Papierwirtschaft) an den Tag legten, in den meisten Fällen übertrieben war. So wurde etwa die Meinung geäußert, ohne den Einschub, dass die Gemeinden sich »zur Beseitigung Dritter bedienen« dürften, wäre das Ende der privaten Abfallwirtschaft besiegelt gewesen.[65] Es wurden Grenzfälle konstruiert, bei denen die Abgrenzung von Abfall und Wirtschaftsgut unscharf erschien, oder extreme Beispiele als übliche Praxis genommen.[66] Bruno Mertens, Referent im nordrhein-westfälischen Landwirtschaftsministerium, wurde diesbezüglich im Jahr 1974 intern sehr deutlich:

Mit dem Anlaufen der Abfall-Börse in NW sind mehrere Interessenverbände aufgestanden und haben gegen ›diesen Angriff‹ auf ihren Markt gewettert. Diese Leute

62 Mueller, Expansion, 77.

63 Vgl. Meyer, Entwicklungslinien, 59; VPS: Stellungnahme eines Gesetzes über die unschädliche Sammlung und Beseitigung von Abfallstoffen (Abfallbeseitigungsgesetz) (27.5. 1968). BA Koblenz, B 106, Nr. 25177. Eine spätere Eingabe des VPS vom November 1971 versicherte die »uneingeschränkte Zustimmung zu dem Plan, ein Bundesabfallgesetz herauszubringen« gerade als Reaktion auf die Giftmüllskandale. Die Aufgabenübertragung an Dritte wurde in diesem Schreiben gar nicht mehr erwähnt, was darauf hindeutet, dass dieser Passus unumstritten war. Vielmehr wurden staatliche Investitionen in die Abfallwirtschaft gefordert sowie eine Zertifizierung leistungsfähiger Abfallwirtschaftsbetriebe. Schreiben Verband Privater Städtereinigungsbetriebe an die Damen und Herren der Bundestagsausschüsse (22.11.1971). BA Koblenz, B 106, Nr. 31489.

64 Bericht von der Jahreshauptversammlung des VPS in Berlin, 10./11.10.1974. BA Koblenz, B 106, Nr. 69731.

65 Meyer, Entwicklungslinien, 87 f.

66 Z.B. Schreiben BDI (Abteilung Umweltfragen) an das Bundesinnenministerium (25.9.1979). BA Koblenz, B 106, Nr. 70539; Sander, Abfallrecht. Grundsätzlich: Andreas Kersting, Die Abgrenzung zwischen Abfall und Wirtschaftsgut. Düsseldorf 1992, 201 ff.

konnten an der langen Leine mit süßen Briefen […] beruhigt werden und haben in Einzelgesprächen eingesehen, dass letztlich ihrem Markt nichts Böses widerfährt. Beim Papier – so meine ich – kann das wohl nicht anders sein. Herr Orth [Altpapierhändler, R. K.] z. B., der täglich vorübergehend Altpapiergroßbesitzer ist, versteckt das Papier nicht in seinem Garten, sondern bringt es so schnell wie möglich auf den Markt und in den Handel. Was soll's also! In der Abfallwirtschaft geschieht nichts, was das Altpapier auf seinem Wege zum Recycling hindert.[67]

Für Mertens war die Frage, wann Altpapier Abfall ist und wann nicht, zwar ein »reizvolles akademisches Unterfangen«, das Ministerium könne es sich jedoch nicht leisten, sich von »merkantil orientierten Sonntagsjuristen« die Zeit stehlen zu lassen.[68]

Bei einer nüchternen Betrachtung stellt sich in der Tat die Frage, worin die »Enteignung« der privaten Abfallwirtschaft bestanden haben soll. Zwar gab es in der Tat Fälle, wo unter Berufung auf das Bundesabfallgesetz bzw. das nachfolgende Landesabfallgesetz bestehende Verträge mit privaten Entsorgern gekündigt wurden. Das konnte etwa dann der Fall sein, wenn eine Gemeinde oder ein Kreis ein integriertes Abfallgesamtkonzept durchsetzen oder wenn eine Gemeinde ihr Abfuhrgebiet erweitern wollte. In Nordrhein-Westfalen erließ das zuständige Landwirtschaftsministerium im November 1974 einen Runderlass, der bestimmte, dass »das private Verkehrsgewerbe nur noch dann tätig werden darf und kann, wenn es von der abfallbeseitigungspflichtigen Körperschaft hierzu beauftragt wird; ob private Unternehmen überhaupt noch – und wie lange – auf diesem Gebiet tätig sein dürfen, hängt einzig und allein vom Ermessen der zur Abfallbeseitigung verpflichteten Kommune ab.«[69]

Die abfallwirtschaftliche Realität nach Erlass des Gesetzes sah allerdings zumeist ganz anders aus. § 3 AbfG implizierte nämlich einen, später auch gerichtlich festgestellten Anschlusszwang an die Müllabfuhr. Angesichts dessen, dass zum Zeitpunkt des Inkrafttretens des Gesetzes erst schätzungsweise 75 Prozent der Bundesbürger an eine reguläre Müllabfuhr angeschlossen waren, kam es zu einer deutlichen Erweiterung des Geschäftsfelds der Entsorgung.[70] Zwar rechnete Gustav Dieter Edelhoff (der Sohn Gustav Edelhoffs und sein Nachfolger als Leiter des gleichnamigen Unternehmens) im Nachhinein vor, wieviel Aufträge er durch das Abfallbeseitigungsgesetz verloren habe: Das Unternehmen büßte ihm zufolge ca. ein Viertel seines Umsatzes allein dadurch ein, dass hausmüllähnliche Abfälle aus Industrie und Gewerbe in die Satzungen der kommunalen

67 Schreiben Mertens an Weinheimer (10.10.1974), Betr.: Papier – Abfälle – Altpapierhandel. LA NRW, NW 455, Nr. 767.

68 Ebd.

69 Schreiben Verband des Verkehrsgewerbes Nordrhein-Westfalen an das Wirtschaftsministeriums Nordrhein-Westfalen (18.3.1977). LA NRW, NW 455, Nr. 816.

70 O. V., Mehr Freiheit mehr Konservendosen, in: Der Spiegel Nr. 49 (29.11.1971), 62–78, 65.

Entsorger aufgenommen wurden.[71] Andere Firmen hätten sogar bis zu 35 Prozent ihres Umsatzes verloren.[72] Edelhoffs Ausführungen sind allerdings zutiefst missverständlich: Was er hier anprangerte war nämlich kein absoluter Geschäftsrückgang, sondern nur die Aussicht, ansonsten ein noch besseres Geschäft gemacht haben zu können. Auf diesen Tatbestand wies ein ÖTV-naher Politikwissenschaftler im Jahr 1991 explizit hin, als er das Abfallbeseitigungsgesetz, genau entgegengesetzt zur Interpretation des VPS, als »Privatisierungsgesetz« bezeichnete:

Betrachtet man das Ausmaß, in dem heute Privatunternehmen in der eigentlich hoheitlich zu denkenden Aufgabenerfüllung der Abfallwirtschaft tätig sind, so muss man feststellen, dass das Abfallbeseitigungsgesetz 1972 nicht nur die Abfallbeseitigung als hoheitliche Aufgabe der beseitigungspflichtigen Körperschaften festschrieb, sondern dass es eben auch einen großen Schub der indirekten Privatisierung gebracht hat. Das Gesetz erwies sich also nicht nur als reines Organisationsgesetz, sondern indirekt auch als Privatisierungsgesetz. Bei vielen Landkreisen schuf es erst die Nachfrage nach umfassenden und professionellen Entsorgungsleistungen, die die damals schon bestehenden, meist jedoch noch recht kleinen privaten Müllabfuhrunternehmen quasi als risikolose, weil jederzeit durch die Entgelt-Gebührenkopplung abgedeckte Leistungen anboten. Auf der Seite der privaten Müllunternehmen schuf dieses Gesetz die Bedingungen für die Entwicklung zu großen, oft tiefgestaffelten Entsorgungsunternehmen und für die Expansion in Richtung auf eine moderne private Entsorgungswirtschaft. Der Markt einer großunternehmerischen und großtechnischen Entsorgungswirtschaft wurde also durch dieses Gesetz erst geschaffen.[73]

Diese Meinung, wenngleich zugespitzt formuliert, hat durchaus ihre Berechtigung. Zwar wäre angesichts der veränderten Bevölkerungsstruktur auf dem Land und damit zusammenhängenden Entsorgungsproblemen auf kurz oder lang die reguläre Müllabfuhr auf alle Gemeinden ausgeweitet worden. Das wäre jedoch langsamer erfolgt und letztere hätten mehr Zeit gehabt, sich darauf einzustellen und evtl. eigene Entsorgungsinfrastrukturen aufzubauen. So schuf das

71 Meyer, Entwicklungslinien, 65.

72 Informationsschrift Edelhoff u.a. 1979/80: Gerechtigkeit für die »Dritten«. BA Koblenz, B 106, Nr. 69732. »Wenn die Bundesregierung jedoch tatsächlich im Sinn gehabt haben sollte, mit der Kann-Verfügung für ›Dritte‹ im Abfallbeseitigungsgesetz den Weg zu einer breiten Nutzung der privatwirtschaftlich aufgebauten Kapazitäten zu öffnen, so ist sie entweder schnell wieder davon abgekommen oder sie hat vor jener Lobby von Politikern und politischen Beamten kapituliert, deren prinzipielle Gegnerschaft gegen alles Markwirtschaftliche soweit geht, dass sie sogar eine eigene – selbstverständlich auch wettbewerbsfeindliche – Abfallideologie entwickelten.«

73 Gerhard Himmelmann, Ökologische Gestaltungsmöglichkeiten durch öffentliche Unternehmen – das Problem der Organisation am Beispiel der Abfallwirtschaft, in: Monika Wulf-Mathies (Hrsg.), Im Wettstreit der Ideen. Reform des Sozialstaats. Bonn 1991, 205–224, 208.

Abfallbeseitigungsgesetz jedoch eine Situation der Überforderung für viele Gemeinden, die einen starken Anreiz für die Beauftragung privater Entsorgungsunternehmen schuf.[74] Angesichts der zunehmend angespannten finanziellen Lage vieler Kommunen konnte die Beauftragung eines Privatunternehmens (trotz üblicher Vertragslaufzeiten von ca. zehn Jahren) flexibler gehandhabt werden als die Errichtung eines Stadtreinigungsamtes. Zudem verstanden es die privaten Firmen durchaus geschickt, ihre Leistungen als »Rundum-Sorglos-Paket« für die Gemeinden anzupreisen.[75]

Der Prozess der »Privatisierung« der westdeutschen Entsorgungswirtschaft wurde durch das Abfallbeseitigungsgesetz nicht verursacht, aber beträchtlich beschleunigt. Die Branche erlebte in den 1970er Jahren dementsprechend ein beträchtliches Wachstum. Genaue Zahlen sind nicht verfügbar, jedoch entsorgten 1973 private Unternehmen nach Angaben des VPS etwa 40 Prozent des Hausmülls und ca. 70 Prozent des Industriemülls, wobei die Branche ca. 4–5.000 Beschäftigte hatte.[76] Im Jahr 1980 waren es 50 Prozent des Hausmülls, über 70 Prozent der Gewerbeabfälle und 90 Prozent des Sondermülls.[77] Wie schon im Falle des Wasserhaushaltsgesetzes profitierte die private Abfallwirtschaft von neuen Gesetzen und Verordnungen und wusste diese für sich zu nutzen.[78] Insofern geht, und das gilt bis heute, die Selbstinszenierung der privaten Entsorgungswirtschaft als Hüterin des freien Wettbewerbs an ihren eigenen Interessen eigentlich eher vorbei.

Dabei erwiesen sich viele Firmen als durchaus innovativ. Mehr noch: In den 1970er Jahren übernahmen sie zunehmend, was die Sammlung des Abfalls betraf, die Technologieführerschaft von den öffentlichen Stadtreinigungsämtern. Auf die Einführung des MGB 220/240, die wesentlich auf die Firmen Edelhoff und Rethmann zurückging, wurde im zweiten Kapitel bereits eingegangen. Die Bedeutung dieses Tonnentyps lag dabei nicht zuletzt darin, dass sich mit ihm ein spezifisches System der Abfallsammlung etablierte: Der MGB 240 fungierte als Standardtonne, die von den Bewohnern am Abend vor der Leerung an den

74 Damit machte der VPS explizit Werbung und pries die private Stadtreinigung als Möglichkeit der Entlastung der Kommunen an, die sich »einem überbordenden Aufgabenfeld« gegenübersehen. Beiheft Jahreshauptversammlung VPS 10./11.10.1974 in Berlin. BA Koblenz, B 106, Nr. 69731.

75 Schreiben Altvater & Co. Transporte an die Stadtkämmerei der Stadt Mannheim. SdtA Mannheim, Bauhauptverwaltung, Zugang 52/1979, Nr. 1463.

76 Schreiben VPS an Genscher (15.6.1973). BA Koblenz, B 106, Nr. 25177; Schreiben VPS an den Bundesminister für Arbeit und Sozialordnung (20.3.1973). BA Koblenz, B 106, Nr. 69731.

77 Jürgen Klowait, Die Beteiligung Dritter an der Abfallentsorgung. Baden-Baden 1995, 24.

78 So startete der VPS beispielsweise bald nach Inkrafttreten des Abfallbeseitigungsgesetzes eine Werbekampagne, in der die Gemeinden an § 3 Abs. 2 AbfG aufmerksam gemacht wurden und man darauf hinwies, Privatfirmen seien diese »Dritten«. Willms, Mlodoch, Wiederaufbau, 106.

Straßenrand gerollt werden musste.[79] Weil bei dünner Besiedlung, im Vergleich zur Wegstrecke betrachtet, nur relativ wenige Behälter entleert werden mussten, konnte die Besatzung der Sammelfahrzeuge sukzessive reduziert werden. Die Expertise der privaten Entsorgungsunternehmen bestand somit vor allem in einer effizienten Logistik, während die Städtehygiene – nicht zuletzt aufgrund der sich ändernden Zusammensetzung des Mülls – eine zunehmend geringe Rolle spielte.

In den Städten fiel es bedeutend schwerer, solche Änderungen konsequent durchzuführen, weil die Pfadabhängigkeit durch etablierte Technologien, die Ausgabenpolitik der städtischen Haushalte sowie die Opposition der Gewerkschaften fundamentale Änderungen der Organisation der Abfallsammlung erschwerten. Privatfirmen nisteten sich gerade in Bereichen ein, wo die »stehenden Heere« der kommunalen Regiebetriebe versagten.[80] In den 1970er Jahren ergab sich daraus zunehmend eine »Effizienzlücke« zwischen öffentlichen und privaten Entsorgern, was seit Mitte des Jahrzehnts eine intensiv geführte Privatisierungsdebatte provozierte.

4.3 Privatisierungsdebatten

Die Professionalisierung der Branche in den 1970er Jahren war insgesamt erfolgreich. Es gelang der privaten Abfallwirtschaft, ihr durch die Giftmüllskandale lädiertes Image zu verbessern und sich von den unseriösen »Krautern« zu distanzieren. Damit stellte sich auf kurz oder lang aber eine ganz andere Frage: Wenn sich private Entsorgungsfirmen insgesamt als zuverlässige Dienstleister erwiesen, warum sollten sie die Müllabfuhr nicht auch in größeren Städten übernehmen? War es schon in der zweiten Hälfte der 1960er Jahre eine Strategie von Altvater und anderen Firmen gewesen, solche Übernahmen anzugehen, forcierte der VPS ab Mitte der 1970er immer wieder Privatisierungsdebatten.[81] Dabei stellte die Müllabfuhr insgesamt einen der frühesten Fälle in der Geschichte der BRD dar, wo über die Privatisierung kommunaler Leistungen gestritten wurde.

79 Wiegand, NKT und die Normung des MGB 240.

80 Berkenhoff, Der VPS-Part an der Stadtreinigung in der Bundesrepublik, in: Kommunalwirtschaft 1980, Hft. 8, 220–222, 222.

81 So stellte beispielsweise ein FDP-Abgeordneter in der Fragestunde des Bundestags am 30.3.1979 die Frage, ob der Bundesregierung bekannt sei, wie viele Haushalte und wie viel Prozent des Industrie- und Gewerbemülls durch private Städtereiniger entsorgt würden. Gottfried Hösel vermerkte dazu intern: »Es gibt Anhaltspunkte, dass der VPS Köln die Fragen initiiert hat […]. Ein Risiko war damit nicht verbunden, da der Verband weiß, dass die Bundesregierung keine eigenen Zahlen hat und auf die Zahlen des VPS zurückgreifen muss.« Interner Vermerk Gottfried Hösel (März 1979). BA Koblenz, B 106, Nr. 69732.

Einen ersten Höhepunkt erreichte diese Debatte 1975. Stein des Anstoßes war ein Artikel des Wirtschaftsjournalisten (und späteren Ministerpräsidenten von Nordrhein-Westfalen) Wolfgang Clement, der im September 1975 in der »Rheinischen Post« schrieb, ein Privatunternehmen könne in Dortmund die jährliche Abfuhr einer 110-Liter-Mülltonne um 40 DM billiger anbieten als das kommunale Stadtreinigungsamt. Angesichts dessen, dass die Dortmunder Müllgebühr 1975 bei etwas unter 100 DM im Jahr lag, hätten 40 DM weniger also eine Entlastung der Haushalte bei den Abfuhrgebühren um mehr als ein Drittel bedeutet. Insofern handelte es sich keineswegs um marginale Beträge. Zugleich machte der Artikel von Clement aber auch deutlich, wie »politisiert« die Müllabfuhr im Laufe der letzten Tarifkonflikte geworden war. So argwöhnte er, die ÖTV widme den Stadtreinigungsämtern deshalb so große Aufmerksamkeit, um ihre »Müll-Basis« zu stärken und im Falle eines Streiks die Müllberge als »Bürgerschockmittel« einzusetzen.[82]

Die Stadt Dortmund dürfte nicht ganz zufällig in das Fadenkreuz der privaten Entsorgungswirtschaft geraten sein. Auf der einen Seite handelte es sich um eine Stadt mit im Vergleich zu anderen Großstädten vergleichsweise niedrigen Abfallgebühren, weil sie ihren Müll nicht in einer Verbrennungsanlage, sondern auf zwei Deponien entsorgte. Dortmund galt, wie es eine Lokalzeitung 1991 ausdrückte, »müllpolitisch als Preisparadies«.[83] Zudem wurden in Dortmund, anders als in Mannheim oder Frankfurt, die Abfuhrfahrzeuge über den außerordentlichen Haushalt finanziert, flossen also nicht in den Berechnungsmaßstab für die Gebühren ein. Diese Fakten waren zwar nur Eingeweihten bekannt, gleichwohl trugen sie zur politischen Brisanz dieser frühen Privatisierungsdebatte bei. Zudem war die Dortmunder Müllabfuhr nicht gerade für ihren hohen Leistungsstandard bekannt. Bezeichnend war es in dieser Hinsicht, wenn Landwirtschaftsminister Deneke auf dem Düsseldorfer »Tag der Müllwerker« 1977 der Bielefelder Müllabfuhr für ihre »ausgezeichneten Dienste«, der Dortmunder Müllabfuhr hingegen lediglich für ihre »Dienste« dankte.[84] Ein Vergleich mit Frankfurt zeigt, dass sich die Ruhrmetropole ihre Müllabfuhr insgesamt deutlich weniger kosten ließ.

Eine latente Privatisierungsdiskussion hatte es in den Kommunen bereits seit der zweiten Hälfte der 1960er Jahre gegeben. So antwortete der Vorsitzende des VKS Hans Baumann auf das eingangs zitierte Angebot der Firma Altvater von 1967, die Müllabfuhr für die Städte Mannheim und Ludwigshafen zu übernehmen, auf durchaus bezeichnende Weise. Seiner Meinung nach sollten Städte

82 Wolfgang Clement, ÖTV will die Müllabfuhr nicht den Privaten überlassen (8.9.1975). SdtA Dortmund, 170 Stadtreinigungsamt, Nr. 129.

83 Bausch, Es herrscht Ordnung, 121.

84 Manuskript Rede Minister MELF Neujahrsempfang (3.1.1977). LA NRW, NW 455, Nr. 798.

Diagramm 14: Im Ordentlichen Haushalt ausgewiesene Ausgaben der Stadtreinigung in Frankfurt und Dortmund 1952–1972 (DM)

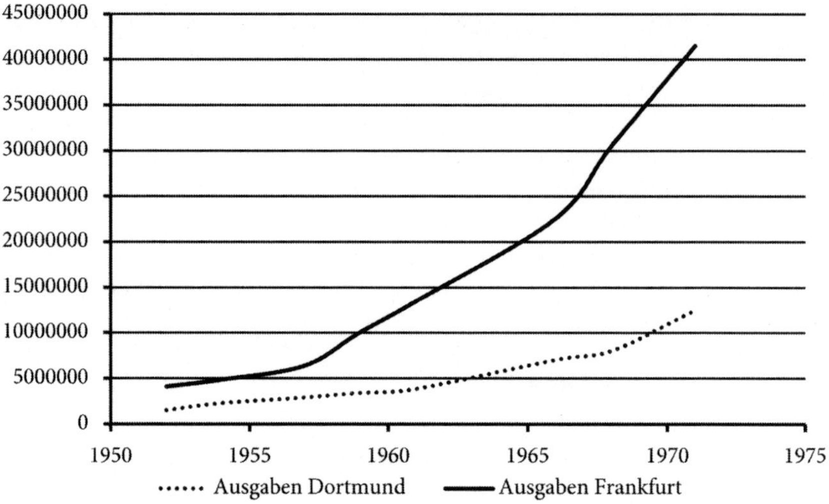

Quelle: Haushaltspläne der Stadt Frankfurt, 1952 ff.; Haushaltspläne der Stadt Dortmund, 1952 ff.

dieser Größenordnung die Müllabfuhr grundsätzlich in eigener Regie betreiben und zwar selbst dann, »wenn die an sich sekundäre Kostenfrage durch Privatunternehmer günstig beeinflusst werden sollte.«[85] Neben der Frage der »Volksgesundheit« spielte aus Baumanns Perspektive auch die Frage der Leistungsgarantie eine wichtige Rolle: »Durch irgendwelche Ereignisse kann der Unternehmer ausfallen, so dass dann die Stadt vor der praktisch unlösbaren Aufgabe steht, ohne einen vorhandenen Betrieb die Abfälle abzufahren und zu beseitigen.«[86] Dabei war es übrigens nicht nur in der BRD so, dass die kommunale Müllabfuhr bereits in den 1970er Jahren Gegenstand von Privatisierungsdebatten wurde. Auch in den USA rückte diese Branche als eine der ersten in den Fokus, obwohl dort Privatfirmen während der ersten Hälfte des 20. Jahrhunderts in weitaus geringerem Maße durch kommunale Regiebetriebe verdrängt worden waren, als das in Westdeutschland und anderswo der Fall war.[87]

85 Schreiben Kommunaler Fuhrparks- und Stadtreinigungsbetriebe (Baumann) an die Stadt Ludwigshafen (11.4.1967). SdtA Mannheim, Bauhauptverwaltung, Zugang 52/1979, Nr. 1463.

86 Ebd.

87 Vgl. Tim Schanetzky, Abschied vom Progressivismus? Privatisierung in Ronald Reagans Amerika, in: Frei, Süß, Privatisierung, 34–50, 43.

Angesichts einer zunehmenden Finanznot der städtischen Haushalte Mitte der 1970er Jahre konnte sich der VKS jedoch nicht mehr auf einen solch apodiktischen Standpunkt zurückziehen. Der Gegensatz von »Hoheitsverwaltung« und »Leistungsverwaltung« trat jetzt immer stärker hervor.[88] Neben dem üblichen Hinweis darauf, die Abfallbeseitigung sei eine Hoheitsaufgabe und im Sinne der Städtehygiene müsse ein Leistungsstandard garantiert werden, bestand eine wesentliche Abwehrstrategie der kommunalen Entsorger darin, die Kostenkalkulation der Privaten zu bezweifeln. So betonte der Leiter des Mannheimer Tiefbauamtes Irmisch in einem Beitrag aus dem Jahr 1977, dass die privaten Abfallwirtschaftsunternehmen bei den von ihnen vorgelegten Kostenkalkulationen viele Leistungen der Stadtreinigungsämter einfach unter den Tisch fallen ließen. Zudem wies er auf das Beispiel der Stadt Kiel hin, wo nach der Eingemeindung die kommunale Müllabfuhr zusammen mit einem privaten Entsorgungsunternehmen den Hausmüll einsammelte. Hier sollte der private Entsorger laut Irmisch gerade nicht billiger arbeiten als das kommunale Stadtreinigungsamt.[89]

Ein weiteres Argument des VKS gegen die Privatisierung war ein juristisches: Auch wenn die Gemeinden die Aufgabe der Abfallbeseitigung einer dritten Partei übertrugen, entband sie das nicht von der Verantwortung für die Abfallbeseitigung. Das konnte gravierende Konsequenzen haben, wenn beispielsweise der private Entsorger insolvent ging. Zudem blieben die Entsorgungsanlagen in der Regel in kommunaler Hand, so dass es zu einer unnötigen Zersplitterung der Zuständigkeiten käme, zumal der dadurch erhöhte Verwaltungsaufwand zusätzliche Kosten produziere.[90] Bezweifelt wurde überdies, ob die Privatunternehmen überhaupt ein wirkliches Interesse an der Garantie eines hohen städtehygienischen Standards hatten. Auf einer Tagung des VKS 1975 kursierten Glossen zur Privatisierung, in denen scherzhaft eine Übertragung der Aufgaben des Landwirtschaftsministeriums an den Deutschen Bauernverband ins Spiel gebracht wurde.[91]

88 Heidemann, Mitbestimmung und kommunale Selbstverwaltung, 25 f.

89 Bernhard Irmisch, Grenzen und Möglichkeiten der Privatisierung von Stadtreinigungsleistungen, in: Der Städtetag 30, 1977, Hft.1, 53–55. Die Privaten verwiesen wiederum auf die Fälle Gifhorn, Viersen oder Pforzheim, wo das der Fall gewesen sei. Meyer, Entwicklungslinien, 80 f.

90 Ulrich Doose, Hans-Joachim Müller, Abfallbeseitigung durch öffentlich-rechtliche Körperschaften. Rechtliche und organisatorische Überlegungen, in: Kommunalwirtschaft 1978, Hft. 5, 164–168. Die Haftungsfrage war übrigens alles andere als trivial. So stellte ein Beamter des Bundesinnenministeriums 1974 fest, dass die Beseitigungsplicht der beseitigungspflichtigen Körperschaft auch bei einer Aufgabenübertragung an Dritte nicht erlösche. Falls der private Dritte die Abfälle jedoch nicht ordnungsgemäß entsorgte, musste er dafür haften, wovon eine zusätzliche Haftung der beseitigungspflichtigen Körperschaft aber unbenommen bliebe. Reg—Dir. Mensing, Verfahrensrechtliche Regelung der Abfallbeseitigung (1974). BA Koblenz, B 106, Nr. 69731.

91 Vermerk Mertens (30.10.1975). LA NRW, NW 455, Nr. 797.

Was in dieser Debatte bezeichnenderweise nur selten ernsthaft bestritten wurde[92], war, dass die privaten Entsorgungsbetriebe in der Regel tatsächlich effizienter und billiger arbeiteten als die kommunalen Entsorger. Selbst wenn Irmisch und andere nicht daran glaubten, dass die Privaten ihre Leistungen für geringere Gebühren anbieten konnten, war das keineswegs in Abrede gestellt. Der mitunter etwas schamhaft verschwiegene Grund dafür bestand darin, dass erstere gegenüber den öffentlichen Entsorgern steuerlich benachteiligt wurden, denn private Entsorgungsbetriebe waren umsatzsteuerpflichtig, öffentliche nicht. Das hatte mit der steuerrechtlichen Differenzierung zwischen einem Hoheits- und einem Gewerbebetrieb zu tun: Die öffentlichen Entsorgungsbetriebe galten als Hoheitsbetriebe, soweit sie (überwiegend) der Ausübung öffentlicher Gewalt dienten, zugleich aber nicht gewerblich tätig wurden. Das bedeutete konkret, dass die öffentlichen Entsorger einen beträchtlichen Steuervorteil gegenüber den Privatunternehmen genossen; in den 1970er Jahren betrug die Umsatzsteuer anfangs 10 Prozent, ab 1978 13 Prozent.[93] Diese Situation ist bis heute einer der entscheidenden Konfliktpunkte zwischen öffentlichen und privaten Entsorgern geblieben, wobei letztere wiederholt darauf hinwiesen, dass diese Regelung ihrer Ansicht gegen den Grundsatz steuerlicher Gleichbehandlung verstieß.[94]

Warum konnten die »Privaten« trotz der höheren Steuerbelastung behaupten, sie seien kostengünstiger als die öffentlichen Entsorger? Gerade das war ein großer Streitpunkt, der immer wieder zu erregten Diskussionen führte. Auf den Gesichtspunkt, dass diese Unternehmen besonders auf dem technischen Gebiet der Sammlung der Abfälle innovativ waren, wurde bereits hingewiesen. Genauso aber waren sie auch auf kostengünstige Entsorgungsmöglichkeiten angewiesen. Investitionen in spezielle Deponien, Verbrennungsanlagen etc. trieben die Kosten in die Höhe, was einen starken Anreiz schuf, nach möglichst billigen Entsorgungslösungen Ausschau zu halten. In der Regel lief das dann auf einfache Deponierung hinaus, die in den 1960er und 1970er Jahren und auch später noch unbestritten viel kostengünstiger war als die Verbrennung.[95]

92 Interner Vermerk BMI (März 1979). BA Koblenz, B 106, Nr. 69732.

93 Bernd Aschfalk, Besteuerung und Abfallwirtschaft. Auswirkungen des Steuerrechts auf die Abfallbeseitigung. Berlin 1983, S. 48 ff; Protokoll der Sitzung des VPS – UBA am 5.4.1979 im Umweltbundesamt (11.6.1979). BA Koblenz, B 106, Nr. 69732.

94 Aschfalk, Besteuerung, 171 f.; Markus Berkenheide, Die kommunale Abfallentsorgung – ein Betrieb gewerblicher Art. Auswirkungen des Übergangs vom Hoheitsbetrieb zum Betrieb gewerblicher Art auf Besteuerung, Gebühren und Rechnungslegung. Lohmar, Köln 2000, 40 ff.; Heinz Wirz, Aufwärts ohne Ende? Entwicklung der Abfallgebühren in Nordrhein-Westfalen seit 1985, in: Abfallentsorgungs-Gesellschaft Ruhrgebiet mbH, Sozialverträglichkeit von Müllgebühren, 6–15, 10; Meyer, Entwicklungslinien, 46 f.

95 Schreiben O. Herbold, Inkomex an die Stadtverwaltung Heidelberg (30.5.1967). HStA Stuttgart, EA 7/703, Nr. 2.

Gerade das provozierte aber Kritik: Privaten Entsorgungsunternehmen wurde immer wieder vorgeworfen, sie würden den Abfall nicht sachgerecht bzw. oftmals sogar illegal entsorgen.[96] Aus diesem Grund war es ein wichtiger Gesichtspunkt der Professionalisierungsstrategie der Branche, auf eine sachgerechte Entsorgung zu achten, ohne gleichzeitig die Kosten aus dem Ruder laufen zu lassen. Die Firma Edelhoff beispielsweise betrieb 1972 bereits sieben geordnete Deponien.[97] Der VPS hob immer wieder bestimmte »Leuchtturmprojekte« hervor, wie etwa den Betrieb einer fortschrittlichen Rottedeponie in Wangen/Allgäu durch die Firma Altvater.[98] Auch eine 1973 in Flensburg eröffnete Müllkompostierungsanlage, die sieben Mio. DM gekostet hatte, wurde von einem Privatunternehmen errichtet, worauf der VPS stolz hinwies.[99] Das dürften jedoch, zumindest in den 1970er Jahren, eher die Ausnahmen gewesen sein.

Ein weiterer Grund dafür, dass die privaten Abfallwirtschaftsunternehmen billiger arbeiten sollten als die kommunalen Entsorger, wurde ebenfalls kritisch betrachtet. Seit Mitte der 1970er Jahre bemängelte die ÖTV kontinuierlich die Arbeitssituation in der privaten Abfallwirtschaft: Die Firmen würden ausschließlich jüngere Leute beschäftigen, die dann durch die strikte Leistungspolitik sukzessive »kaputtgearbeitet« würden.[100] Abgesehen davon, dass die ÖTV die Arbeitssituation in der privaten Müllabfuhr oftmals bewusst in düsteren Farben malte, wurde hier implizit ein weiterer Vorteil der privaten Entsorgungsbetriebe deutlich: Diese Firmen profitierten von spezifischen regionalen Arbeitsmärkten für gering qualifizierte Beschäftigte, die in ihrer Heimatregion verbleiben wollten. Während in den Städten jüngere Arbeitskräfte für die Müllabfuhr kaum zu bekommen waren, war das in ländlichen Regionen offensichtlich eher möglich.

Ein anderer Vorwurf der ÖTV in den frühen 1970er Jahren lautete, dass in der Branche Dumpinglöhne gezahlt würden. Ein wichtiger Schritt hin zur Professionalisierung, der unter den Mitgliedsunternehmen des VPS allerdings stark umstritten war, stellte darum der Abschluss eines allgemein geltenden Tarifvertrages für die private Abfallwirtschaft mit der ÖTV dar. Auf diesen konnte man sich mit der Gewerkschaft im Jahr 1975 einigen, der erste Man-

96 O. V., Türkischer Honig.

97 Abfallablagerungsplätze mit Müllverdichtungsfahrzeugen (Stand Herbst 1972): Deponien der Stadtreinigung KG Edelhoff. BA Koblenz, B 106, Nr. 27094.

98 Schreiben Altvater GmbH an Dunz (26.10.1972). HStA Stuttgart EA 7/703, Nr. 31.

99 Schreiben VPS an Hans-Dietrich Genscher (15.6.1973). BA Koblenz, B 106, Nr. 25177.

100 »Ein Vergleich mit privaten Müllabfuhrunternehmen lässt erkennen, dass das Durchschnittsalter dort niedriger ist. Hier spiegelt sich die heute gängige Praxis privater Unternehmen wider: Es werden nur junge Arbeitnehmer eingestellt, die kurzfristig in der Lage sind, extrem hohe Leistungen zu erfüllen. Schon nach wenigen Jahren ist ihre Arbeitskraft allerdings so verschlissen, dass sie ihr Tagessoll nicht mehr erfüllen können und den Betrieb verlassen müssen. Ältere Kollegen lassen sich aus diesem Grund in diesen Betrieben kaum finden.« ÖTV, Rationalisierung, 26.

teltarifvertrag folgte ein Jahr später. Die besondere Bedeutung eines solchen Tarifvertrages hatte Gustav Edelhoff bereits 1969 auf einer Tagung des VPS herausgestellt[101], nachdem sein Unternehmen gerade als erstes der privaten Entsorgungsbranche einen solchen mit der ÖTV abschlossen hatte. Rethmann und einige andere Firmen folgten 1971.[102] Dabei spielte jedoch nicht nur Edelhoffs politische Nähe zur SPD eine Rolle: Vielmehr war ihm bereits früh klar geworden, dass die Branche ohne eine solche Einigung große Probleme haben würde, ihr »Schmuddelimage« abzulegen. Professionalisierung bedeutete eben auch, dass nicht in allen Bereichen die billigste Lösung zugleich die beste war. Zugleich war ein Tarifvertrag die Voraussetzung dafür, dass sich die private Abfallwirtschaft vom Status einer Nebenerwerbsbranche emanzipierte. Norbert Rethmann, damals Vizepräsident des VPS, fasste das 1974 sehr präzise zusammen:

Die privaten Unternehmer haben in früherer Zeit die verschiedenen Aufgaben der Städtereinigung und Abfallbeseitigung vielfach nebenher und aus den unterschiedlichsten Berufssparten kommend, wie Land- und Bauwirtschaft, Transportwesen, Kraftfahrzeughandwerk, Kohlenhandel usw. wahrgenommen. Inzwischen sind Bedeutung und Dienstleistungsumfang erheblich gewachsen. Für Sammlung, Beförderung und Beseitigung fester und flüssiger Abfälle sind infolge gesteigerter Anforderungen komplizierte technische Ausrüstungen und spezielle Technologien notwendig geworden. Die privaten Städtereinigungsunternehmen sind zu einer eigenen Städtereinigungsbranche geworden, der auch im Tarif- und im Sozialbereich Rechnung getragen werden muss. Der Bundesverband der Städtereinigungsunternehmer wird [...] die Funktion eines Arbeitnehmerverbands übernehmen und eigenes Tarifrecht schaffen müssen.[103]

Tatsächlich war die Lohnsituation in der privaten Abfallwirtschaft Mitte der 1970er Jahre eher zweischneidig. Die gezahlten Löhne unterschieden sich teilweise deutlich voneinander, was nicht zuletzt von den jeweiligen regionalen Arbeitsmärkten abhing. Der von der ÖTV erhobene Vorwurf des Lohndumpings traf dabei auf die Branche nur teilweise zu, denn es gab sowohl Firmen, die ihre Mitarbeiter über Tarif bezahlten, wie solche, die darunter blieben.[104] Gerade diejenigen Firmen, die in strukturschwachen, ländlichen Gebieten operierten, waren gegenüber dem Abschluss eines einheitlichen Tarifvertrages jedoch äußerst skeptisch, weil das für sie eine substantielle Erhöhung der Lohnkosten mit sich gebracht hätte. Daneben gab es auch noch andere Gründe, einem Arrangement mit der ÖTV negativ gegenüberzustehen. Wie im zweiten Kapitel

101 Willms, Mlodoch, Wiederaufbau, 148 f.

102 Vorstand der Rethmann Ag & Co., Verantwortung übernehmen, 38 f.

103 Bericht von der Jahreshauptversammlung des VPS in Berlin, 10./11.10.1974. BA Koblenz, B 106, Nr. 69731.

104 Willms, Mlodoch, Wiederaufbau, 148 f.

dieser Arbeit bereits angesprochen, kam es 1973/74 zu einem dramatischen Tarifkonflikt im öffentlichen Dienst, bei dem es der ÖTV gelang, Lohnerhöhungen von über zehn Prozent durchzusetzen.[105] Das vor Augen, stellte sich aber für privatwirtschaftliche Unternehmen die Frage, ob sie mit einer so mächtigen und konfliktbereiten Gewerkschaft wirklich über die Löhne ihrer Arbeiter und Angestellten verhandeln wollten. Diese Debatte war ein wichtiger Grund dafür, dass die privaten Entsorger aus Bayern bereits 1973 »sezessionierten«, den VPS verließen und den »Verband bayerischer Städtereinigungsbetriebe« gründeten. 1978 schloss sich dieser Verband dem VPS allerdings wieder an.[106] Nach der Einigung mit der ÖTV scherte zudem eine ganze Reihe von Firmen aus und weigerte sich, mit der Gewerkschaft die Lohntarife auszuhandeln. Auch diese Strategie ließ sich jedoch nur kurzfristig durchhalten.[107]

Durch die Einigung mit der ÖTV war ein wichtiger Konfliktpunkt beseitigt, was freilich nicht bedeutete, dass die Kritik der Gewerkschaft an der privaten Entsorgungswirtschaft anschließend nachgelassen hätte. Ihr Verhältnis blieb weiterhin angespannt, zumal sich die Privatisierungsdebatte in den 1980er Jahren noch einmal intensivierte. Fundamental verschlechterte sich zudem das Verhältnis der privaten Entsorgungswirtschaft zur Politik, das gegen Ende der 1970er Jahre in einen regelrechten Kleinkrieg auszuarten drohte. Dabei ging es nicht um vergleichsweise nebensächliche Fragen wie der, welcher Politiker auf der Tagung des VKS und des VPS sprechen würde (wobei stets eine latente Geringschätzung der privaten Abfallwirtschaft durch die Politik durchschien[108]). Der große Streitpunkt blieb vielmehr die rechtliche Regulierung.

Das hatte damit zu tun, dass sich der VPS zunehmend auf die (leicht larmoyante) Strategie versteift hatte, sich als vernachlässigtes Stiefkind der Politik zu inszenieren: Immer wieder wurde beklagt, die rechtliche Regulierung der Abfallwirtschaft würde den privaten Entsorgern ihr Geschäft kaputtmachen, das sie sich als ehrliche Geschäftsleute in mühsamer Arbeit aus kleinsten Anfängen aufgebaut hätten. Dabei war die Politik keineswegs durchweg gegen die private Abfallwirtschaft eingestellt: Das Land Niedersachsen propagierte beispielsweise schon 1973 das »Betreibermodell« (heute unter der Bezeichnung »Public Private Partnership«, PPP, geläufig) als Lösung für die Entsorgungsprobleme der Gemeinden.[109] In der Auseinandersetzung um die Dortmunder Stadtrei-

105 S. dazu Reuber, Tarifkonflikt.

106 Willms, Mlodoch, Wiederaufbau, 144.

107 ÖTV, Qualitatives Wachstum, 15.

108 Vermerk Bundesminister des Inneren betr. Jahrestagung 1977 des VPS (13.9.1977). BA Koblenz, B 106, Nr. 69732.

109 Himmelmann, Ökologische Gestaltungsmöglichkeiten, 211 f. Es dürfte aber zu weit gehen, mit dem Autor von einem »breiten politischen Rückhalt« der privaten Abfallwirtschaft zu sprechen.

nigung sprangen Politiker den privaten Firmen bei.[110] Werner Schenkel sprach am Ende der 1970er Jahre durchaus wohlwollend über die private Abfallwirtschaft, zumal er mit Gustav Edelhoff seit seiner Zeit bei der ABM auf gutem Fuß stand.[111] Schließlich besaß die private Abfallwirtschaft im FDP-geführten Bundeswirtschaftsministerium unter Otto Graf Lambsdorff einen Fürsprecher, das sich beständig gegen eine stärkere Regulierung der Abfallwirtschaft wandte.[112] Selbst im Bundesinnenministerium herrschte die längste Zeit eher ein gar nicht einmal böse gemeintes Desinteresse vor.

Das Verhältnis zum Innenministerium verschlechterte sich allerdings massiv im Zuge der 1979 geplanten zweiten Novellierung des Abfallbeseitigungsgesetzes, dessen Entwurf im zentralen § 3 ein Verwertungsgebot vorsah. Der VPS kritisierte die Maßnahme polemisch als Versuch der »Verstaatlichung der Abfallwirtschaft« und argumentierte, damit stände die »Lebensgrundlage« der Privatwirtschaft in Frage. Zwar führte nicht zuletzt die Lobbyarbeit des VPS dazu, dass die Novellierung 1979 scheiterte und das erneuerte Gesetz ohne das Verwertungsgebot erst nach der Bundestagswahl im Oktober 1980 den Bundestag passieren konnte. Mit dem Innenministerium hatte es sich der VPS danach jedoch erst einmal verscherzt.[113] Als der VPS seine Jahrestagung in Essen 1980 mit der Ausrichtung einer internationalen Fachmesse verband, erhob das Ministerium massive Einwände dagegen, dass Vertreter des Umweltbundesamtes auf der Veranstaltung Vorträge hielten.[114]

Dem scharfen Protest des VPS gegen das geplante Verwertungsgebot lag die Befürchtung zugrunde, dass damit die Kommunen eine Handhabe bekamen, in den sich entwickelnden Markt für das Hausmüllrecycling zu intervenieren. Das war nicht völlig aus der Luft gegriffen: So plante der kommunale Entsorgungsbetrieb der Stadt Berlin 1979, in das hauptsächlich von der Firma RGR (später Alba) betriebene Geschäft mit dem Hausmüllrecycling einzusteigen, wogegen die Firma und der VPS scharf protestierten.[115] Das Innenministerium wiederum beharrte darauf, dass die Privaten wieder einmal den Teufel an die Wand malten und aus kommerziellen Interessen ein Gesetz torpedierten, das in erster Linie dem Schutz der Umwelt dienen sollte.[116] Aus dieser verfahrenen Lage gab es offensichtlich keinen rechten Ausweg.

110 Artikel Rheinische Post Düsseldorf (8.9.1975): ÖTV will die Müllabfuhr nicht Privaten überlassen. SdtA Dortmund, 170, Stadtreinigungsamt, Nr. 129.

111 Schenkel, Stand der Abfallbeseitigung, 302; Schenkel, Abfallwirtschaft – Gestern, heute, morgen, 57.

112 Schreiben Lauffer (Bundeswirtschaftsministerium) an das Bundesinnenministerium (4.10.1979). BA Koblenz, B 106, Nr. 70539.

113 Schreiben Wolbeck an Baum und Hartkopf (23.7.1980). BA Koblenz, B 106, Nr. 69717.

114 Schreiben Baum an Umweltbundesamt (10.3.1980). BA Koblenz, B 106, Nr. 69717.

115 Park, Müllkippe, 113 f.

116 Schreiben Wolbeck an Baum und Hartkopf (23.7.1980). BA Koblenz, B 106, Nr. 69717.

Wogegen sich die staatlichen Stellen aber sicherlich mit Recht verwahrten, waren die ständigen Klagen darüber, die Regulierung würde die Branche in den Ruin treiben. Das Baden-Württembergische Umweltministerium machte seinem Ärger 1979 in einer internen Stellungnahme Luft: Ständig sei die Politik mit Klagen und Anschuldigungen der privaten Entsorger konfrontiert, ohne dass diese dafür jemals belastbare Beweise auf den Tisch legten: »Richtig ist vielmehr, dass die Mitgliedsfirmen beider Verbände [VPS und BPS – Bundesverband Privater Sonderabfallbeseitiger, R. K.] florieren [...]. Im Übrigen machen Mitglieder beider Verbände keinerlei Anstrengung zur Steigerung der Abfallverwertung. Sie betreiben, von einzelnen Ausnahmen abgesehen, Abfallbeseitigung auf technologisch niedrigster und ökonomisch erfolgversprechendster Weise. Ohne die Legitimität einer solchen optimalen Chancennutzung in Frage stellen zu wollen, sollte diese Tendenz vom Umweltminister nicht honoriert werden.«[117]

4.4 Auf dem Weg zum Umweltschutz? Die private Entsorgungswirtschaft seit den 1980er Jahren

Dass die Branche florierte ließ sich in der Tat schlecht bestreiten. Während der 1970er Jahre hatte sich die Zahl der Einwohner, deren Hausmüll durch private Städtereinigungsunternehmen abgeholt wurde, auf beinahe 30 Mio. ungefähr verdoppelt. 80.000 Gewerbebetriebe wurden durch die Privaten entsorgt. Diese betrieben am Ende der 1970er Jahre 102 Deponien für Hausmüll, 11 Sondermülldeponien und 41 weitere Deponien.[118] Zu diesem Zeitpunkt wurde aber auch zunehmend klar, dass sich die Struktur der Branche veränderte: So stellte eine interne Studie der Firma Rethmann 1981 fest, dass die Hausmüllentsorgung in der BRD von der beachtlichen Zahl von insgesamt ca. 500 Unternehmen durchgeführt wurde. Von diesen Unternehmen setzten allerdings 420 unter 50, 17 Unternehmen zwischen 50 und 100, vier Unternehmen zwischen 100 und 250 und vier Unternehmen über 250 Fahrzeuge ein (die Firma Rethmann gehörte dabei mit Edelhoff zu den vier größten privaten Entsorgern in der BRD).[119] Auch wenn der Konzentrationsgrad vorerst gering blieb, entwickelten sich in den 1970er Jahren offensichtlich einige Firmen deutlich schneller als andere und es bildeten sich Branchenführer heraus, die in einem mit harten Bandagen geführten Wettbewerb bessere Karten hatten.

117 Stellungnahme Umweltministerium betr. Gespräch mit dem Bundesverband Privater Sonderabfallbeseitiger (3.12.1979). BA Koblenz, B 106, Nr. 70539.

118 Protokoll Sitzung am 28.6.1978 im Umweltbundesamt betr. Zusammenarbeit zwischen dem VPS und dem UBA (16.8.1978). BA Koblenz, B 106, Nr. 69732.

119 Vorstand der Rethmann Ag & Co., Verantwortung übernehmen, 70.

Diagramm 15: Umsatz Rethmann-Gruppe 1963–1990 (DM)

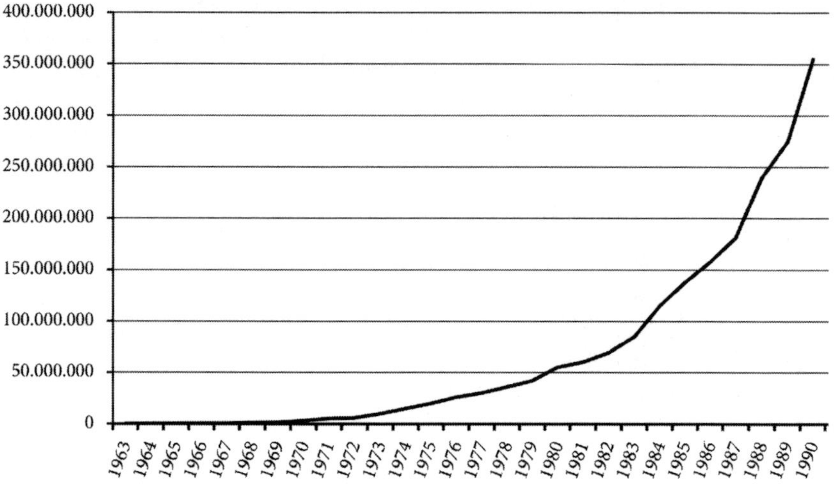

Quelle: Rethmann AG & Co, Verantwortung übernehmen, 140.

Die Professionalisierung der Branche ging in den 1980er Jahren unvermindert weiter. Die privaten Abfallwirtschaftsunternehmen investierten zunehmend in die Entsorgungsinfrastrukturen, wobei insbesondere die Sonderabfallbeseitigung einen hohen Stellenwert hatte. Es gab aber auch andere Projekte: So eröffnete beispielsweise die Firma Trienekens aus Viersen im Rheinland 1981 die größte europäische Sortieranlage für Hausmüll, die eine Abfallreduktion um über 30 Prozent erreichen sollte.[120] Ein wesentlicher Schritt war auch die Etablierung der Fachmesse »Entsorga«, die der VPS 1980 in Essen das erste Mal ausrichtete und die wesentlich auf die Initiative Gustav-Dieter Edelhoffs zurückging. Sie war gedacht als Konkurrenz zu der seit 1966 durchgeführten Fachmesse IFAT der kommunalen Entsorgungsbetriebe, die traditionell in München stattfand.[121] Erneut machte die private Abfallwirtschaft deutlich, dass sie sich auf dem Gebiet der Abfallsammlung als Innovationsführer verstand.[122]

Gleichwohl wies die oben zitierte Stellungnahme des Umweltministeriums Baden-Württemberg auf ein zentrales Dilemma der privaten Abfallwirtschaft hin: Es handelte sich um gewinnorientierte Unternehmen, die ihre Kosten möglichst niedrig halten wollten. Wenn das aber dazu führte, dass etwa Entsorgungsanlagen nicht sachgerecht geführt wurden oder bei der Abfallsammlung

120 Bernd Wimmer, Von der Abfallbeseitigung zur Abfallwirtschaft, in: Kommunalwirtschaft 1982, Hft. 1, 42–47, 43 f.

121 O. V., 1981 – das IFAT-Jahr, in: Umwelt-Magazin 10, 1980, Hft. 8, 16.

122 Berkenhoff, der VPS-Part.

Schwierigkeiten auftraten, bekam die Branche ein Problem. Sie verschärfte dieses Dilemma aber selbst noch dadurch, dass sie seit dem Ende der 1970er Jahre damit anfing, sich zunehmend als Sachwalter des Umweltschutzes zu präsentieren. So veröffentlichte der VPS beispielsweise 1977 ein Broschüre mit dem Titel »Für unsere Umwelt«, die sich vom Tonfall zunächst wenig von Flugblättern diverser Umweltschutzorganisationen unterschied: »Die Welt, in der wir leben, ist ständig bedroht. Unsere Erde braucht Hilfe. [...] Wir alle müssen über die natürlichen Voraussetzungen, über gesetzgeberische Rahmenbedingungen, über technische, wissenschaftliche und nicht zuletzt auch finanzielle Probleme des Umweltschutzes nachdenken – und wir müssen handeln!«[123] Auf den nächsten Seiten folgte dann eine Tätigkeitsbeschreibung der privaten Entsorger, die besonders den professionellen Charakter der Branche hervorhob: »Wir sind eben Spezialisten. Krauter und Glücksritter haben bei uns keine Chance. Auch darauf sind wir stolz!«[124]

Die Professionalisierungsstrategie der Branche bekam am Ende der 1970er Jahre insofern eine neue Richtung. Bislang zielte sie vor allem auf eine Zertifizierung sowie die Sicherung sachgemäßer Dienstleistungen, wobei das Handeln der Privaten hier nicht immer frei von Widersprüchen war. So wurden etwa staatliche Kontrollen und Behördenbesuche von Betrieben und Entsorgungseinrichtungen abgelehnt, weil sie den Betriebsablauf störten. Viele Firmen fühlten sich vom Staat gegängelt und empfanden zahlreiche Umweltauflagen als nicht durch das Abfallbeseitigungsgesetz gedeckt.[125] Dass die Betonung des Umweltschutzes jedoch durchaus lukrativ sein konnte, merkte die Branche recht früh. Das zeigte sich an der Außendarstellung der Fachmesse »Entsorga«, die, als sie 1980 das erste Mal durchgeführt wurde, noch eine »reinrassige« Städtereinigungsmesse war. Als Logo wurde ein fröhliches Känguru im Blaumann verwendet. Im Jahr 1985 präsentierte sich die Messe dann jedoch bereits mit dem bekannten Recycling-Kreislaufsymbol.[126] Die Firma Rethmann wählte zu einem ähnlichen Zeitpunkt einen Baum als Firmensymbol, der ausdrücken sollte, dass es sich um ein gesundes Unternehmen handelte, das sich bemühte, die Umwelt zu erhalten.[127] Das kann durchaus als ein allgemeiner Trend bezeichnet werden. Finn Arne Jørgensen hat in seiner Geschichte des norwegischen Getränkeautomatenherstellers Tomra in den 1980er Jahren ein ganz ähnliches »Greening« der Außendarstellung des Unternehmens beobachtet.[128]

123 Abgedruckt in Willms, Mlodoch, Wiederaufbau, 146.

124 Ebd., 147. Ein anderes Beispiel: O. V., Nehlsen – im Dienste des Umweltschutzes. Portrait eines modernen Dienstleistungsunternehmens, in: Kommunalwirtschaft 1982, Hft. 4, 138.

125 Doms, Abfallgesetz unter der Lupe, 14f.

126 Gustav Dieter Edelhoff, Entsorga ’80. Der Weg zur Abfallwirtschaft, in: Umwelt-Magazin 10, 1980, Hft. 6, 10–11, 10.

127 Rethmann AG & Co, Verantwortung übernehmen, 52.

128 Jørgensen, Making a Green Machine, 94ff.

Eine solche Selbstinszenierung erschien, angesichts des damals noch schlechten Images der privaten Entsorger, möglicherweise »gewollt«. Sie gewann allerdings dadurch an Glaubwürdigkeit, dass sich die private Entsorgungswirtschaft seit Mitte der 1970er Jahre neben der Industriemüll- und Hausmüllentsorgung ein drittes wichtiges Tätigkeitsfeld zu erschließen begann, nämlich das Recycling insbesondere von Fraktionen des Hausmülls. Auf die genauen Hintergründe dieser Entwicklung wird im nächsten Kapitel eingegangen. Jedenfalls kam es in den frühen 1970er Jahren aufgrund einer günstigen Preisentwicklung zu ersten systematischen Sammlungen von Altpapier und Altglas in den Städten, die sehr häufig von Privatfirmen durchgeführt wurden. Das war auch deswegen möglich, weil die kommunalen Stadtreinigungsämter dafür keine Kapazitäten besaßen, gleichzeitig aber dem Umweltbewusstsein der Bürger entsprechen wollten. Aufgrund volatiler Preise blieb das Hausmüllrecycling in den 1970er Jahren allerdings ein unsicheres Geschäft und nur vereinzelt etablierten sich dafür stabile Infrastrukturen. Dabei ragte besonders West-Berlin heraus, wo die Firma RGR im Rahmen einer von der Berliner Stadtreinigung initiierten »Arbeitsgruppe Recycling« 1973 ein Pilotprojekt mit farbigen Tonnen zur getrennten Sammlung verschiedener Abfallfraktionen durchführte.[129] An dem als »Berliner Modell« bekannten Projekt beteiligten sich zunächst 20.000 Haushalte über einen Zeitraum von zwei Jahren. Im Jahr 1978 waren bereits ca. 50.000 und 1981 ca. 100.000 Haushalte am Berliner Modell beteiligt. Dieses System, durch Gebühren finanziert, wurde zur Grundlage eines der erfolgreichsten Recyclingunternehmen der BRD.[130]

In den 1980er Jahren etablierten sich, nicht zuletzt aufgrund einer zunehmenden Bereitschaft der Kommunen, Recyclinganstrengungen zu subventionieren, dauerhafte Infrastrukturen für das Recycling von Hausmüll. Die private Abfallwirtschaft spielte dabei eine entscheidende Rolle: Auf diesem Gebiet konnte sie ihre Expertise, die sie sich durch das effiziente Sammeln in großräumigen Gebieten erworben hatte, voll ausspielen. Die Unternehmen besaßen Erfahrung darin, die gesammelten Materialien zu vermarkten, woran viele kommunale Stadtreinigungsämter scheiterten.[131] Indem sie das Recycling in zahlreichen Kommunen durchführten, konnten sie gegenüber den Verarbeitungsbetrieben (Papierfabriken, Glashütten etc.) zudem eine größere Marktmacht entwickeln.

Dieses dritte Standbein war für die private Abfallwirtschaft auch aus dem Grund wichtig, weil das Recycling es ihr zum ersten Mal ermöglichte, in das

129 Park, Müllkippe, 109.

130 Vgl. Franz J. Schweitzer, u.a., Ein privates Unternehmen in der Entsorgungswirtschaft. Berlin 1994, 17 ff.

131 O. V., Recycling – ein Geschäft für Spezialisten. Interview mit Karl J. Thomé-Kozmiensky, in: Umwelt-Magazin 12, 1982, Hft. 8, 16–17.

Hoheitsgebiet der kommunalen Entsorger einzudringen. Sie sammelten zwar nicht den regulären Hausmüll, dafür aber Papier, Glas, Weißblech oder Kleidung. Während zu Beginn der 1980er Jahre von den Großstädten nur Pforzheim und Kiel privat entsorgt wurden[132], waren letztere ansonsten ein »closed shop« und die Müllabfuhr wurde ausschließlich durch kommunale Entsorgungsbetriebe betrieben. Das wachsende Recyclinggeschäft wurde jedoch zunehmend zu einer Domäne der privaten Abfallwirtschaft und nur wenige Stadtreinigungsämter, wie etwa das in Frankfurt/M., engagierten sich auch in diesem Bereich.[133] Aus diesem Grund wurde allerdings selbst das (prinzipiell konsensfähige) Recycling mitunter kritisch betrachtet. So meinte die ÖTV-Vorsitzende Monika Wulf-Mathies Mitte der 1980er Jahre, private Entsorgungsunternehmen würden sich nur die »Rosinen rauspicken« und die Drecksarbeit weiterhin den öffentlichen Entsorgern überlassen.[134] Das war allerdings insofern ungerecht, weil die Privaten gerne auch die »Drecksarbeit« übernommen hätten. Gerade das durften sie aber nicht.

Das Nebeneinander von öffentlichen und privaten Entsorgern in den Städten sorgte dafür, dass die Privatisierungsdebatte während der 1980er Jahre beständig weiterköchelte. Für die ÖTV blieb daher die Abwehr solcher Bestrebungen ein Hauptarbeitsgebiet.[135] So veröffentlichte sie beispielsweise 1982 zwei Studien über die Rationalisierung im niedersächsischen Neumünster und im Landkreis Göttingen, in denen die arbeitsorganisatorischen Veränderungen der Müllabfuhr durch Privatisierung scharf kritisiert wurden.[136] Die private Abfallwirtschaft beeilte sich wiederum, diese Vorwürfe als haltlos bzw. als Generalisierung einzelner Vorkommnisse zurückzuweisen.[137] Trotz der Tarifeinigung blieben die Beziehungen zwischen der Gewerkschaft und der privaten Abfallwirtschaft also gespannt. Das hatte nicht zuletzt damit zu tun, dass aufgrund der ansteigenden Arbeitslosigkeit und der schwierigen finanziellen Lage vieler Kommunen sich auch die öffentliche Müllabfuhr zunehmend an den Techniken und Praktiken der Arbeitsorganisation der privaten Abfallwirtschaft orientieren musste.[138] Dementsprechend legte die Gewerkschaft in den 1980er Jahren verstärkt eine aggressive Haltung gegenüber der privaten Abfallwirtschaft an den Tag, die als Vorbild für die prinzipielle Infragestellung sozialer Errungenschaften in den Kommunen in den 1980er Jahren galt.

132 Lösch, Probleme des Abfallaufkommens, 118f.

133 Gather, Kommunale Handlungsspielräume, 120ff.

134 Scheiner, Rettet uns, 48; Zur Rede von den »Rosinen« vgl. O. V., Verband Privater Städtereinigungsbetriebe wehrt sich, in: Kommunalwirtschaft 1981, Hft. 2, 61.

135 ÖTV (Hrsg.), Geschäftsbericht 1976–1979. Stuttgart 1980, 486.

136 ÖTV, Rationalisierung.

137 Meyer, Entwicklungslinien, 80ff.

138 O.V., Nachlese zur VKS-Bundestagung 1985 in Essen, in: Der Städtetag 38, 1985, Hft. 9, 611–614, 611.

Auch wenn die Müllabfuhr der großen Städte bis Mitte der 1990er Jahre ein »closed shop« blieb: Die Tendenzen hin zur Privatisierung verstärkten sich bereits in den 1980er Jahren erkennbar. Bereits 1985 vereinbarte der VPS mit den kommunalen Spitzenverbänden, dass beim Recycling auf kommunaler Ebene bindende Vereinbarungen getroffen werden sollten, ob die Kommune sich selbst auf dem Gebiet des Recyclings engagierte oder dieses Feld den Privaten überließ.[139] Darüber hinaus richteten die Kommunen in der zweiten Hälfte der 1980er Jahre bereits vermehrt GmbHs ein, um die auf die investierten Beiträge gezahlte Umsatzsteuer als Vorsteuer geltend machen zu können. Insbesondere Müllverbrennungsanlagen wurden in dieser Weise oftmals in Form einer GmbH betrieben.[140] Ende der 1980er Jahre wurde dann sogar von Seiten der Gewerkschaften zugestanden, dass die bisherige organisatorische Fassung der Stadtreinigungsämter, nämlich als Teil der städtischen Verwaltung zu fungieren, zu gravierenden Nachteilen gegenüber den privaten Entsorgungsunternehmen geführt hatte. So plädierte der Politologe Gerhard Himmelmann dafür, die Stadtreinigungsämter als Eigenbetriebe auszugründen und ihnen eine größere Flexibilität sowohl hinsichtlich ihrer Investitionen, ihrer Gebührengestaltung wie auch der Arbeitsorganisation zuzugestehen. Auf der anderen Seite sollten aber, indem die Stadtreinigung in kommunaler Hand gehalten wurde, die mutmaßlichen Nachteile der Beauftragung privater Firmen vermieden werden: etwa die langfristige Vertragsbindung, Entgeltnachforderungen während der Vertragslaufzeit oder die ungewissen Folgen im Falle eines Konkurs des Vertragsnehmers. Außerdem sollte auf diese Weise sichergestellt werden, dass das Primat der Ökologie über die Ökonomie in jedem Fall gewährleistet blieb.[141] Angesichts einer kaum noch zu leugnenden Effizienzlücke zwischen privaten und öffentlichen Entsorgern am Ende der 1980er Jahre schien eine solche Lösung als das geringere Übel.[142]

Im Jahr 1990 hatte sich die private Entsorgungswirtschaft als Wirtschaftszweig voll etabliert. Sie entsorgte 53 Prozent des Hausmülls, 70 Prozent der hausmüllähnlichen Gewerbeabfälle und 90 Prozent des Sondermülls. Die Branche hatte einen Gesamtumsatz von geschätzten 15–20 Mrd. DM und beschäftigte mehr als 35.000 Personen.[143] Die Expansion der Branche war jedoch noch lange nicht zuende. Der Neuaufbau der Abfallwirtschaft in den Neuen Bundesländern wurde wesentlich von den Privaten gestaltet. Auch die zunehmende Bedeutung des Recyclings (u. a. im Rahmen des »Dualen Systems Deutschland«)

139 O. V., Zusammenarbeit mit den Privaten bei der Abfallverwertung vereinbart, in: Der Städtetag 38, 1985, Hft. 9, 630. Vgl. auch Saniter, Köhn, Saubere Zeiten, 73 f.

140 Osthoff, Abfall als Ware, 72 f.

141 Himmelmann, Ökologische Gestaltungsmöglichkeiten, 220 f.

142 Vgl. Karl Lauschke, Staatliche Selbstentmachtung. Die Privatisierung von Post und Bahn, in: Frei, Süß, Privatisierung, 108–123, 121 f.

143 Weyers, Dierkes, Müllnotstand, 32 f.; Trum, Der Weg in die Entsorgungswirtschaft, 52.

eröffnete neue Betätigungsfelder. Zugleich setzten sich in den 1990er Jahren in der Branche immer mehr die Großbetriebe durch. Kurz vor der Jahrtausendwende war in einer Publikation des BDE schon fast in beschwörenden Worten zu lesen, die Branche eröffne immer noch Chancen für den Mittelstand.[144]

Schließlich gelang es den privaten Abfallwirtschaftsunternehmen auch, in das Hoheitsgebiet der kommunalen Entsorger einzudringen. Einen Dammbruch bedeutete dabei eine Ausführungsverordnung zum Abfallwirtschaftsgesetz von 1986, die den Kommunen nahelegte, die Abfallsammlung an private Anbieter zu übertragen, wenn diese die Aufgabe effizienter und preiswerter als kommunale Anbieter erledigen konnten. Das führte zunächst allerdings vor allem dazu, dass viele Städte ihr Stadtreinigungsamt als eine GmbH oder AG im städtischen Besitz ausgründeten. In Duisburg wurde diese Form der »Privatisierung« sogar von der ÖTV forciert, um das »Amt 70« nicht zum Spielball privater Entsorgungsfirmen werden zu lassen.[145] Die Müllabfuhr in Dortmund wurde im Jahr 1992 als »Entsorgungsgesellschaft Dortmund GmbH« ausgegliedert. Die Stadt Frankfurt bildete 1997 zusammen mit der Firma Remondis, der Abteilung Hausmüll der Rethmann-Gruppe, ein Public Private Partnership, wobei die Stadt 51 Prozent und Rethmann 49 Prozent der Anteile hielten. Diese Rechtskonstruktion bot dabei den Vorteil, die technische und logistische Expertise der privaten Abfallwirtschaft mit den Steuervorteilen eines Hoheitsbetriebs zu kombinieren. Das war das erste Mal, dass ein privater Entsorger die Müllabfuhr in einer westdeutschen Großstadt übernahm.[146] Die Stadt Köln folgte mit einem ähnlichen Modell mit der Firma Trienekens wenig später. Das Abfall- und Kreislaufwirtschaftsgesetz, das 1996 in Kraft trat, stärkte die Privatisierungsmöglichkeiten weiter und schwächte die grundsätzliche Entsorgungsverantwortung der öffentlichen Hand.[147]

Die insgesamt turbulente Entwicklung der privaten Abfallwirtschaft in den 1990er und 2000er Jahren kann hier nicht detailliert dargestellt werden.[148] Von zentraler Bedeutung war jedoch ein starker Konzentrationsprozess, der dadurch beschleunigt wurde, dass Energiekonzerne wie RWE Ende der 1990er Jahre massiv in die private Abfallwirtschaft investierten, was für sie aufgrund der Kopplung mit der Müllverbrennung auch Sinn zu machen schien. Es dauerte jedoch nur wenige Jahre, bis sie sich aus diesem Geschäft wieder weitgehend zurückzogen. Firmen wie Edelhoff, Rethmann oder Alba haben diesen Konzentrationsprozess jedenfalls überstanden und sind mittlerweile zu verschachtelten, tief integrierten und hochgradig diversifizierten Großunternehmen gewor-

144 Schweitzer u. a., Ein privates Unternehmen, 99.

145 O. V., ÖTV forciert Privatisierung der Müllabfuhr, in: Rheinische Post Nr. 249 (25.10. 1990).

146 Rethmann AG & Co, Verantwortung übernehmen, 84 f.

147 Mann, Privatisierung der Abfallentsorgung, 152.

148 Vgl. Osthorst, Abfall als Ware, 229 ff.

den.[149] Gleichwohl ist auf dem Gebiet der städtischen Müllabfuhr der Konflikt zwischen »Öffentlichen« und »Privaten« keineswegs eindeutig entschieden. Nicht zuletzt aufgrund der weiterhin fehlenden Umsatzsteuerpflicht der öffentlichen Entsorger und nicht zuletzt auch, weil diese in ihren Praktiken und Techniken viel von den privaten Abfallwirtschaftsunternehmen gelernt haben, sind sie mittlerweile wieder durchaus konkurrenzfähig. Eine daraus resultierende Bewegung der Re-Kommunalisierung wird jedoch insbesondere von der Europäischen Union skeptisch betrachtet. Bis in die jüngste Zeit blieb dementsprechend (etwa im Zuge des »Papierkriegs« von 2008) das Verhältnis zwischen privaten und öffentlichen Entsorgern angespannt.[150]

149 Vgl. dazu Eric Schweitzer, Ordnungspolitische Probleme der Abfallwirtschaft. Die historischen Ursachen, eine komparative Analyse und der Versuch einer differenzierten wettbewerbspolitischen Neustrukturierung der unterschiedlichen Bereiche der Entsorgungswirtschaft. Berlin 1990, 105 ff.; Fischer, Konzentrationsprozesse, 41, 49.

150 Vgl. Ulrich Karpenstein, Haushaltsabfälle zwischen Privatisierung und Kommunalisierung. Wertstoffsammlungen aus abfall-, europa- und verfassungsrechtlicher Perspektive. Berlin 2009.

5. Von der Altstoffsammlung zum Recycling

Recycling[1] ist heute ein ubiquitäres Phänomen und mittlerweile haben sich die Menschen daran gewöhnt, drei, vier oder gar fünf Tonnen vor dem Haus stehen zu haben. Neben den skandinavischen Ländern, die ebenfalls vergleichsweise früh, nämlich in den 1970er Jahren, mit dem noch genauer zu charakterisierenden »modernen« Recycling von Hausmüll begannen, war die Bundesrepublik Deutschland ein Vorreiter dieser Entwicklung.[2] In einem allgemeinen Sinne gesprochen ist Recycling historisch jedoch alles andere als neu. Vermutlich seit Anbeginn der Zivilisation haben Menschen Dinge, die ihre ursprünglich zugedachte Funktion verloren haben, einer alternativen Verwendung zugeführt. Jedoch leuchtet intuitiv ein, dass das heutige, großflächige und industrielle Recycling eine völlig andere Qualität besitzt, als traditionelle Formen der Wiederverwendung und -verwertung.[3] Außerdem sind die Zeiten noch gar nicht so lange her, in denen fast überhaupt keine Fraktionen des Hausmülls wiederverwertet wurden, sondern nahezu alles weggeworfen wurde, und das Weggeworfene dann wiederum einfach auf der Deponie oder in der Müllverbrennungsanlage landete.

Die Geschichte des Recyclings von Hausmüll in Westdeutschland ist insofern zweigeteilt: Zunächst gilt es zu erklären, warum nach dem Zweiten Weltkrieg mit der traditionellen Wiederverwertung aufgehört wurde, was keineswegs selbstverständlich erscheint; in vielen Städten Großbritanniens existierten die traditionellen Infrastrukturen der Altstoffwirtschaft beispielsweise noch bis zum Ende der 1960er Jahre.[4] Dann stellt sich jedoch die Frage, warum seit Ende der 1960er Jahre sporadisch, seit Ende der 1970er Jahre intensiv und subventioniert mit dem Recycling bestimmter Hausmüllfraktionen (besonders Papier und Glas) wieder begonnen wurde und warum sich in den 1980er Jahren schließlich eine dauerhafte Recyclinginfrastruktur etablierte, die durch das

1 Das Kapitel stellt eine deutlich erweiterte und überarbeitete Fassung des Aufsatzes dar: Roman Köster, Abschied von der »verlorenen Verpackung«. Das Recycling von Hausmüll in Westdeutschland nach dem Zweiten Weltkrieg, in: Technikgeschichte 81, 2014, 33–60.

2 Jørgensen, 14ff. Zum Recycling als »Ersatzhandlung«: Windmüller, Kehrseite der Dinge, z.B. 40, 43; Herbert Wittl, Recycling. Vom neuen Umgang mit den Dingen. Regensburg 1996, 120; Marianne Gronemeyer, Im freien Wertverfall. Wachstumslogik und Müllproblematik, in: Politische Ökologie 129/Juni 2012, 24–29.

3 Deswegen macht es beispielsweise nur begrenzt Sinn, Formen der Wiederverwendung bzw. -verwertung, die in Entwicklungsländern praktiziert werden, als Vorbild für entwickelte Industriegesellschaften anzupreisen.

4 Stokes, Köster, Sambrook, Business of Waste, 125f.

»Duale System« mit mehr oder weniger großem Erfolg dann auch auf Kunststoffe ausgeweitet wurde.

Das folgende Kapitel beschreibt die Geschichte des Recyclings von Hausmüll in Westdeutschland nach dem Zweiten Weltkrieg und beschäftigt sich dabei insbesondere mit der Entstehung und Ausprägung der heute bestehenden Recyclinginfrastrukturen. Es soll erklärt werden, warum die traditionellen Formen des Wiederverwertens und des Altstoffhandels verschwanden und sich die »Wegwerfgesellschaft« durchsetzte. Weiter soll es darum gehen, welche Prozesse und Entscheidungen zur Etablierung des Recyclings von Hausmüll (insbesondere von Glas und Papier) führten. Dass Techniken des Recyclings (wieder) eingeführt wurden, soll über die Betrachtung miteinander verwobener technischer, ökonomischer und politischer Faktoren sowie einem steigenden Umweltbewusstsein erklärt werden.

In einem knappen historischen Überblick wird dabei zunächst auf die »traditionelle« Altstoffwirtschaft eingegangen. Anschließend werden die Gründe diskutiert, warum diese nach dem Zweiten Weltkrieg verschwand und Mitte der 1960er Jahre schließlich kaum noch Hausmüllfraktionen wiederverwertet wurden. Das änderte sich allerdings Ende der 1960er Jahre, was insbesondere an zwei »Schlüsselereignissen« gezeigt werden soll, nämlich der »Ex und hopp«-Kampagne der deutschen Getränkeindustrie 1967 sowie der Ende der 1960er Jahre getroffenen Entscheidung der Deutschen Bundespost, alte Telefonbücher nicht mehr zurückzunehmen. Es waren dann in den 1970er Jahren vor allem die zunehmenden Kapazitätsprobleme der Entsorgungsanlagen, ein zunehmendes Umweltbewusstsein der Bevölkerung sowie die zeitweise hohen Preise auf den Märkten für Sekundärrohstoffe, die zur Einrichtung erster Recyclinginfrastrukturen führten. »Reine« Marktlösungen erwiesen sich allerdings als zum Scheitern verurteilt und es war am Ende nicht zuletzt die Intervention des Staates, welche den Aufbau dauerhafter Recyclinginfrastrukturen während der 1980er Jahre ermöglichte.

5.1 Die traditionelle Altstoffwirtschaft

Warum werden Dinge, die außer Gebrauch geraten sind, »recycelt«? Zur Beantwortung dieser Frage ist gerade für die Frühe Neuzeit zunächst zwischen »Wiederverwenden« und »Wiederverwerten« zu unterscheiden, ob Gegenstände also direkt wiederverwendet, umgenutzt oder stofflich verwertet werden.[5] Für beides gab es langgeübte Praktiken sowie Märkte, die während des Mittelalters und der Frühen Neuzeit zumeist regional begrenzt blieben, sich während des 19. Jahrhunderts jedoch räumlich ausweiteten. Der Handel mit manchen Ma-

5 Weber, Entschaffen, 7 ff.

terialen wurde vor dem Ersten Weltkrieg sogar teilweise zu einem globalen Geschäft, bevor der Staat während der beiden Weltkriege die Altstoffwirtschaft für die Kriegsanstrengungen in die Pflicht nahm.

Hinsichtlich der Wiederverwendung hat Georg Stöger für die Beispiele Wien und Salzburg im 17. und 18. Jahrhundert die Entwicklung von Märkten für Gebrauchtwaren rekonstruiert.[6] Susan Strasser wiederum hat in »Waste and Want« aufgezeigt, dass insbesondere fahrende Händler mit »Schubkarren« bzw. Verkaufswagen gebrauchte Waren anboten, bevor sie dann ab den 1870er Jahren zunehmend verschwanden.[7] Der klassische Handel mit gebrauchten Waren erfolgte vor allem mit getragener Kleidung, mit Möbeln und Haushaltsgegenständen. Hier spielten nicht zuletzt Frauen als Käufer und Anbieter solcher Waren eine zentrale Rolle. Dieser Handel stand überdies eng mit der Entwicklung des Pfandleihgewerbes in Zusammenhang, wie Laurence Fontaine am Beispiel der Stadt Paris im 18. Jahrhundert gezeigt hat.[8] Dabei war das Handeln mit gebrauchten Waren aber keineswegs ausschließlich ein Knappheitsindikator. Vielmehr dienten gerade Sekundärmärkte für Bekleidung dazu, die individuellen Konsumoptionen zu erweitern. Wie Fontaine weiter zeigen konnte, ging es dabei sehr häufig nicht um eine dauerhafte Nutzung: Die Kleidungsstücke wurden in der Regel rasch weiterverkauft und »zirkulierten« somit.[9]

Dieser Handel mit Gebrauchtwaren befand sich spätestens in der zweiten Hälfte des 19. Jahrhunderts auf dem Rückzug.[10] Dabei spielte zunächst ein breiter werdendes Angebot an Konsumgütern eine wichtige Rolle, die sich viele Menschen jetzt auch leisten konnten. In den USA waren nach Strasser nicht zuletzt die Warenhäuser für das Verschwinden der Straßenhändler verantwortlich, welche die wichtigsten Anbieter von Gebrauchtwaren waren.[11] Seit dem Ende des 19. Jahrhunderts wurden verstärkt hygienische Bedenken gegen den Handel mit gebrauchter Bekleidung vorgetragen.[12] Dieser konnte sich allerdings in Nischen auch während des 20. Jahrhunderts behaupten. Einerseits, indem so insbesondere ärmeren Familien der Erwerb preisgünstiger Waren ermöglicht, andererseits, indem seit den 1960er Jahren gebrauchte Kleidung von Jugendlichen und Subkulturen verstärkt nachgefragt wurde.[13]

6 Georg Stöger, Sekundäre Märkte? Zum Wiener und Salzburger Gebrauchtwarenhandel im 17. und 18. Jahrhundert. Wien 2011.

7 Strasser, Waste and Want, 106 ff.

8 Fontaine, The Exchange of Second Hand Goods.

9 Ebd.

10 Reinhold Reith, Georg Stöger, Western European Recycling in a Long-term Perspective, in: Jahrbuch für Wirtschaftsgeschichte 56, 2016, Hft. 1, 267–290.

11 Strasser, Waste and Want, 106 ff.

12 Manuel Charpy, The Scope and Structure of Nineteenth-century Second-hand Trade in Parisian Clothes Market, in: Fontaine, Alternative Exchanges, 127–151, 145 f.

13 Strasser, Waste and Want, 283 ff.

Zu unterscheiden davon ist die stoffliche Verwertung von Abfällen, indem etwa Knochen verarbeitet oder Lumpen für die Papierherstellung gesammelt wurden, bevor sich in der zweiten Hälfte des 19. Jahrhunderts der Holzschliff als Grundstoff mehr und mehr durchsetzte.[14] Besonders wichtig war dabei auch die Sammlung von Metallen, die aufgrund ihrer Knappheit relativ hohe Preise erzielten, zudem aber meistens auch vergleichsweise einfach zu verwerten waren. Im Laufe der Industrialisierung entwickelte sich der Schrotthandel zunehmend zu einem professionell und großräumig betriebenen Geschäft, zumal mit dem Siemens-Martin-Verfahren eines der leistungsfähigsten Verfahren der Stahlerzeugung auf eine kontinuierliche Schrottzufuhr angewiesen war.[15]

Gerade für diese stoffliche Verwertung von Abfällen hat Reinhold Reith auf eine wesentliche ökonomische Relation hingewiesen, nämlich die relativen Kosten von Kapital und Arbeit. Konkreter formuliert: Wenn Rohmaterialien vergleichsweise teuer und Arbeit billig bzw. reichlich verfügbar war, dann wurden Abfälle eher einer stofflichen Verwertung zugeführt. Das zeigt zunächst, dass die traditionelle Altstoffwirtschaft primär ökonomisch motiviert war, was sich an einzelnen Fallbeispielen wie etwa dem Lumpenhandel eindrücklich demonstrieren lässt. So hat etwa Marion W. Gray für Berlin und Umgebung gezeigt, dass die steigende Nachfrage nach Papier ab dem späten 18. Jahrhundert zu einer starken räumlichen Ausweitung des Lumpenhandels führte.[16] Auch wenn der Altstoffhandel lange Zeit hauptsächlich eine Form der prekären Selbständigkeit unterständischer Schichten darstellte[17] (in Paris etwa gab es die sog. »Chiffoniers«, die den städtischen Abfall nach brauchbaren Gegenständen und Materialien durchsuchten[18]), führten ökonomische Anreize mitunter zur Entwicklung großflächiger Sammel- und Handelsnetze, die teilweise einen durchaus professionellen Charakter annehmen konnten.[19] Gleichwohl, darauf haben Geoffrey Jones und Andrew Spadafora hingewiesen, machte es die Volatilität solcher Märkte für Unternehmer schwer, hier dauerhaft zu bestehen.[20]

14 Mathias Mutz, Managing Resources. Water and Wood in the German Pulp and Paper Industry (1870s–1930s), in: Jahrbuch für Wirtschaftsgeschichte 32, 2009, 45–68.

15 Ulrich Wengenroth, Unternehmensstrategien und technischer Fortschritt. Die deutsche und die britische Stahlindustrie 1865–1895. Göttingen 1986, 37 ff. Zum Schrotthandel vgl. Georg Hafner, Der deutsche Schrotthandel und die Probleme seiner neueren Entwicklung. Ein Beitrag zur Frage der Rohstoffversorgung der deutschen Eisenindustrie. Rostock 1935.

16 Gray, Urban Sewage, 279.

17 Z.B. Reinhold Reith, »altgewender, humpler, kannenplecker«. Recycling im späten Mittelalter und in der Frühen Neuzeit, in: Roland Ladwig (Hrsg.), Recycling in Geschichte und Gegenwart. Freiberg 2003, 41–79.

18 Simson, Kanalisation und Städtehygiene, 38 f.

19 Gray, Urban Sewage, 279.

20 Jones, Spadafora, Waste, Recycling and Entrepreneurship, 3 f.

Das verdeutlicht, dass das von Reith angesprochene Verhältnis der relativen Kosten von Kapital und Arbeit wiederum von den »Infrastrukturen« des Altstoffhandels abhing, d.h. wie großflächig gesammelt wurde, wer professionelle Expertise im Sammeln von Altmaterialen besaß und an wen die verarbeiteten oder nicht-verarbeiteten Materialien am Ende abgesetzt werden konnten. So lässt sich anhand der Verarbeitung von Knochen beispielsweise zeigen, dass sich ein vergleichsweise einfach zu verarbeitender Sekundärrohstoff vor 1914 zu einem globalen Handelsgut entwickeln konnte, der hauptsächlich in Lateinamerika abgesetzt wurde.[21] Ein eher randständiges, nichtsdestotrotz instruktives Beispiel ist das sog. »Goldschlägerhäutchen«, ein Teil des Rinderdarms, das millionenfach bis hinauf nach Sibirien gesammelt wurde, um zur Hülle von Luftschiffen verarbeitet zu werden.[22] Ein besonders prominenter Fall schließlich ist das peruanische Guano, ein tierisches Exkrement, das besonders ab den 1830er Jahren als Dünger global abgesetzt wurde.[23] Insgesamt lässt sich somit von einer Professionalisierung des Altstoffhandels während der zweiten Hälfte des 19. Jahrhunderts sprechen. Besonders bei Materialien, die leicht zu verarbeiten waren und gute Preise erbrachten (vor allem Schrott, aber auch Tierabfälle), entwickelten sich internationale Verwertungsindustrien.[24]

Sowohl mit den relativen Kosten von Kapital und Arbeit wie mit den Infrastrukturen des Altstoffhandels im Zusammenhang steht, was Richard Wines als »Recycling Mentality« bezeichnet hat, nämlich ein Bewusstsein und ein Gespür für die Möglichkeiten der Wiedernutzung und Wiederverwertung von Dingen und Materialien, die eigentlich außer Gebrauch geraten sind.[25] Ob es Sinn macht, solche Praktiken und Mentalitäten als Teil einer vormodernen »Moral Economy« normativ zu bewerten, sei dahingestellt.[26] Allerdings erscheint die Vermutung plausibel, dass sich eine solche Recyclingmentalität eher in von Knappheit und Armut geprägten Zeiten ausprägen konnte. Zudem konnten sich Praktiken des Wiedernutzens vor allem dann etablieren, wenn stabile Absatzmöglichkeiten für Sekundärprodukte bestanden. Insofern, so die Überlegung, ist die »Recyclingmentalität« von den relativen Kosten von Kapital und Arbeit sowie den Infrastrukturen des Altstoffhandels keineswegs unabhängig. Signifikanterweise verloren die Netzwerke der Abfallverwertung von Städten

21 Weber, Towards »Total« Recycling, 377 ff.

22 Peter Kleinheins, Wolfgang Meighörner, Die großen Zeppeline: Die Geschichte des Luftschiffbaus, Berlin, Heidelberg 2005, 49.

23 Wines, Fertilizer in America, 32.

24 S. z.B. Hermann Stern, Die geschichtliche Entwicklung und die gegenwärtige Lage des Lumpenhandels, Erlangen 1914; W. Silberschmidt, Müll (mit Hauskehricht), in: Theodor Weyl (Hrsg.), Städtereinigung. Handbuch der Hygiene. Leipzig 1912^{2}, 573–714, 622 ff.

25 Wines, Fertilizer in America, 32.

26 Ruth Oldenziel, Mikael Hård, Consumers, Tinkerers, Rebels. The People Who Shaped Europe. Basingstoke, New York 2013, 238 ff.

der amerikanischen Ostküste, die Wines als zentrales Beispiel für die von ihm diagnostizierte Recyclingmentalität anführt, mit dem Aufkommen des Guano relativ schnell an Bedeutung.[27] Insofern spielten diverse Formen der Recyclingmentalität sicherlich eine wichtige Rolle für die Wiederverwertung, beispielsweise in Form eines ausgeprägten Sparsamkeitsverhaltens als Reaktion auf Kriegserfahrungen. Diese Mentalität konnte, dafür sind die 1960er Jahre in der BRD ein gutes Beispiel, in ökonomischen Prosperitätsphasen jedoch auch rasch wieder verschwinden.

Ein weiterer Faktor schließlich, ohne den die Geschichte der Altstoffwirtschaft – aber auch des modernen Recyclings – nicht angemessen beschrieben werden kann, ist die Intervention des Staates. Das zeigte sich während des 20. Jahrhunderts besonders ausgeprägt in Kriegszeiten, als von staatlicher Seite radikal in die Altstoffwirtschaft eingegriffen und diese für die Kriegsanstrengung eingespannt wurde. Während des Ersten Weltkrieges wurden beispielsweise Hausfrauen und Schulkinder »aktiviert«, um einen weiteren Beitrag zur Kriegsanstrengung zu leisten. So erfolgte in Freiburg bereits Ende 1914 der Aufruf, Küchenabfälle zu sammeln. Das war kein Einzelfall: In vielen Städten wurden die Küchenabfälle zentral gesammelt, um sie als Tier-, insbesondere Schweinefutter zu verwenden.[28] Zahlreiche Sammel- und Sparsamkeitsaufrufe an die Bevölkerung, vor allem an die Hausfrauen, dienten, wie Heike Weber gezeigt hat, nicht zuletzt der inneren Mobilmachung und Stärkung der »Heimatfront«.[29]

Während der Kriegsjahre wurden zahllose Verordnungen erlassen, die das Einsammeln von Rohstoffen aus Haushaltungen zum Ziel hatten. Der damalige Leiter des Stettiner Stadtreinigungsamtes Heinrich Erhard meinte, angesichts der zahllosen Sammlungen von Eisen, Zinn, Kupfer oder Aluminium aus privaten Haushaltungen sei er während des Krieges zunehmend zu einem »Trödler« geworden.[30] Auf die zunehmende Textilknappheit während des Krieges (aufgrund des großen Bedarfs an Uniformen sowie den Einschränkungen der Bekleidungswirtschaft infolge des Krieges[31]) wurde mit Sammlungen von Altkleidern reagiert, die anschließend repariert wurden. Diese Aktionen wurden vor allem von Schulkindern ausgeführt.[32] Seit dem Frühjahr 1915 wurden Aktionen gestartet, um knappe und kriegswichtige Metalle aus den Haushaltungen einzusammeln, insbesondere Kupfer, Nickel, Messing, Zinn und Aluminium.[33]

27 Wines, Fertilizer in America; Gregory T. Cushman, Guano and the Opening of the Pacific World. A Global Ecological History. Cambridge, New York 2013, 23 ff.

28 Vgl. Heinrich Erhard, Lebenserinnerungen eines Mülliardärs (Unv. Ms. SdtA Siegen).

29 Weber, Towards »Total« Recycling.

30 Heinrich Erhard, Lebenserinnerungen eines Mülliardärs (Unv. Ms. SdtA Siegen).

31 Heinz Pilgrim, Die Herford-Bielefelder Konfektionsindustrie. Leipzig 1927, 36 f.

32 Roger Chickering, Freiburg im Ersten Weltkrieg. Totaler Krieg und städtischer Alltag 1914–1918, Paderborn u. a. 2009, 180 f.

33 Ebd., 183 f.

Im Zweiten Weltkrieg wurden diese Anstrengungen nochmals intensiviert. Bereits mit der Installierung des Vierjahresplans Ende 1936 wurde versucht, die Altstoffsammlung staatlich zu zentralisieren. Verfügt wurde dabei die Sammlung und Wiederverwertung von Metallen, aber auch von Papier oder Textilien in allen Gemeinden mit mehr als 35.000 Einwohnern.[34] Zudem schuf Göring das Amt des Reichskommissars für die Altstoffverwertung, der die Aktivitäten des Staates im Bereich der Altstoffwirtschaft koordinierte.[35] Das im Jahr 1937 erlassene Gesetz über die Verarbeitung von Altmaterial legte zusätzlich fest, dass Sekundärrohstoffe vor ihrer Wiederverwertung gesäubert und desinfiziert werden mussten, um potentiellen Hygieneproblemen infolge der verstärkten Wiederverwertung entgegenzuwirken.[36] Die staatliche Zentralisierung der Altstoffwirtschaft wurde noch dadurch »unterstützt«, dass die Branche von jüdischen Händlern dominiert wurde, die zum Opfer der nationalsozialistischen Verfolgungspolitik wurden.[37] Während des Krieges wurden die Sammelanstrengungen, die der Staat den Bürgern, insbesondere Schulklassen und Hausfrauen aufbürdete, massiv ausgeweitet, wobei speziell die diversen Metallsammelaktionen von lautem propagandistischem Aufwand begleitet waren.[38] 1940 wurde in immerhin 160 Gemeinden der Hausmüll systematisch nach Metallen, Knochen und Lumpen sortiert. Auch Glas, Textilien, Altpapier und Küchenabfälle wurden intensiv gesammelt.[39]

Auch wenn die Einschaltung der NSV sowie von Freiwilligen oder Schulkindern sicherlich der inneren Mobilmachung dienten[40], so hat die amerikanische Historikerin Anne Berg zurecht darauf hingewiesen, dass der tatsächliche Nutzen dieser Aktionen doch recht gering war und sie im Laufe des Krieges zunehmend Unmut in der Bevölkerung erzeugten – etwa wenn Hausfrauen ihre Kleiderkarten zum Altpapier gaben, weil sie dafür ohnehin keine Anziehsachen mehr erwerben konnten.[41] Dass viele der freiwilligen Sammelaktionen, gerade von Küchenabfällen, die als Schweinefutter verwendet werden sollten, mitunter

34 Park, Müllkippe, 31.

35 Rudolf Petzold, Die Altstoffe und die Rohstoffversorgung Deutschlands. Leipzig 1941, 1f.

36 Berg, The Nazi Ragpickers, 13.

37 Susanne Köstering, »Pioniere der Rohstoffbeschaffung«. Lumpensammler im Nationalsozialismus, in: Werkstatt Geschichte 17, 1997, 45–65, 45ff.

38 Park, Müllkippe, 24ff.; Frilling, Mischer, Pütt un Pann'n, 135ff.; Malte Zierenberg, Stadt der Schieber. Der Berliner Schwarzmarkt 1939–1950. Göttingen 2008, 164.

39 Heike Weber, Ökonomie, Ökologie oder Ideologie? Motivationen für das Recycling von Altpapier im 20. Jahrhundert. In: Günther Schulz, Reinhold Reith (Hrsg.), Wirtschaft und Umwelt vom Spätmittelalter bis zur Gegenwart. Stuttgart 2015, 153–180, 163ff.; Petzold, Altstoffe, 38ff.

40 Berg, The Nazi Ragpickers, 21f.

41 Irene Guenther, Nazi Chic? Fashioning Women in the Third Reich. New York 2004, 226f.

recht chaotisch verliefen, dürfte erklären, warum für die Altstoffsammlung während des Krieges zunehmend die kommunalen Stadtreinigungsämter in die Pflicht genommen wurden, die spätestens ab 1942 allerdings ebenfalls mit einer gravierenden Knappheit an Arbeitskräften zu kämpfen hatten. Das ökonomisch gesehen die Sammlungen mit teilweise hohen Verlusten operierten, steht nochmals auf einem anderen Blatt.[42]

Auch in anderen Ländern führte die Ökonomie des Krieges zu einer besonderen Aufmerksamkeit für die möglichen Verwendungen des Abfalls. Aus diesem Grund etwa erließ das faschistische Italien unter Mussolini 1942 das erste staatliche Abfallgesetz in Europa überhaupt.[43] Im Übrigen wurden während des Krieges nicht nur Metalle gesammelt, sondern auch Altpapier, Glas, Spinnstoffe etc. Hier machte man auch erste Erfahrungen damit, dass »Hol«-Systeme deutlich bessere Ergebnisse erbrachten als »Bring«-Systeme: Die NSDAP-Ortsgruppen, die bei der Sammlung von Haus zu Haus gingen, erzielten mitunter das Drei- bis Vierfache der Ergebnisse derjenigen, welche die Abfallstoffe zu einer Sammelstelle bringen ließen.[44]

Direkt nach dem Zweiten Weltkrieg wurde Altpapier oftmals gegen andere Waren eingetauscht und die Militärregierung versuchte, dies zu unterbinden.[45] In München wurde die Firma Harbeck, welche die Müllsortieranlage in Puchheim betrieb, immerhin noch bis 1948 weiterbeschäftigt. Dabei ist gerade anhand der Puchheimer Müllsortierung ein wichtiger Gesichtspunkt zu beobachten: Die Anlage rentierte sich im Prinzip seit ihrer Einrichtung 1898 nicht und die Kommune musste ständig Geld hinzuschießen.[46] Gleichwohl wurde der Vertrag mit der Firma aus dem Grund mehrmals verlängert, weil die Opportunitätskosten für die Kommune zu hoch erschienen. Die Übernahme der Abfuhr des Hausmülls wurde von letzterer 1950 einerseits mit der fehlenden Rentabilität der Puchheimer Anlage, aber auch mit einer notwendigen Leistungsverbesserung begründet.[47] Gleichwohl ist Puchheim ein gutes Beispiel für die Beharrungskraft einmal etablierter Infrastrukturen der Altstoffsammlung. Gerade

42 Berg, The Nazi Ragpickers, 24.

43 Auszug aus »Das italienische Gesetz über das Sammeln, Abfahren und Verwertung des gemeindlichen Mülls« von Adolf Heilmann, Berlin. LA NRW, NW 354, Nr. 1096.

44 SD-Bericht: Ergebnis der Reichs-Spinnstoffsammlung (23.9.1941). LA Detmold, M18, Nr. 16.

45 Schreiben W.H. Stanley an Oberbürgermeister Bielefeld (4.7.1946). StdA Bielefeld 103,001 Besatzungsamt, Nr. 0032 I.

46 Generell scheinen Versuche der Kommunen, den städtischen Müll zu verwerten, vor dem Ersten Weltkrieg wenig erfolgreich gewesen zu sein. So scheiterte auch in Nürnberg ein Versuch mit der Müllsortierung an den hohen Kosten sowie hygienischen Problemen. Schmidt, Nürnberger Abfallwirtschaft, 23.

47 Referat 13. Betr.: Erhöhung der Hausunratsabfuhrgebühren. An die Stadtratsfraktionen der SPD, BP, CSU, KPD (7.3.1950). SdtA München, Bürgermeister und Rat, Nr. 2781.

dass diese jedoch durch den nationalsozialistischen Vierjahresplan und die Kriegswirtschaft zerstört wurden, bietet eine wichtige Erklärung dafür, warum es die Altstoffwirtschaft in Westdeutschland nach 1945 schwer hatte, sich zu reorganisieren.

5.2 Das Ende der traditionellen Wiederverwertung

Das »traditionelle« Wiederverwerten verschwand seit Mitte der 1950er Jahre erstaunlich schnell. Der profitable Metallhandel reorganisierte sich wieder, das Auslesen von Bestandteilen des Hausmülls verschwand jedoch sukzessive. Anfang der 1950er Jahre beispielsweise hatte die Stadt Dortmund noch für einen jährlichen Betrag von 1.200 DM die städtische Müllkippe an einen Kriegsversehrten verpachtet, der die Kippe nach verwertbaren Materialien durchforstete.[48] Bereits in der Mitte des Jahrzehnts tauchte dieser Posten in den städtischen Unterlagen nicht mehr auf. Ähnliches ist für die Stadt Frankfurt zu beobachten, die noch während der 1950er Jahre und zu Beginn der 1960er Jahre einen privaten Vertragspartner damit beauftragt hatte, Nichteisenmetalle und Metalldosen auf der zentralen Müllkippe der Stadt auszulesen, was 1960 immerhin 4.000 Tonnen erbrachte.[49] In Wuppertal gab es Anfang der 1950er Jahre eine Diskussion darüber, ob und in welcher Form die verschiedenen anfallenden, verwertbaren Altstoffe gesammelt werden sollten. Vor allem das Sortieren war ein großes Problem, wobei es zu (wenigstens damals) wenig praktikablen Vorschlägen kam, etwa dass die Müllwerker eine Verwertungsgesellschaft gründen sollten, die über Subunternehmer die Sammlung beauftragte.[50] Die »Klüngelskerle«, ein in der Nachkriegszeit bekanntes Phänomen im Ruhrgebiet[51], verschwanden im Laufe der 1960er Jahre aus dem Stadtbild. Das Sammeln von Altpapier wurde zunächst zu einer Möglichkeit für Kinder, sich das Taschengeld aufzubessern, bevor auch sie damit aufhörten.[52]

Alfons Erbel und Walter Kaupert schrieben 1965 in einem Leitfaden zur Abfallsammlung: »Vor und während des Zweiten Weltkrieges hatte die Altstoffauslese noch wirtschaftliche Bedeutung, sie wird erstaunlicherweise auch heute noch in anderen Ländern wie England sehr intensiv betrieben.« Solche Sammler könne man durchaus gewähren lassen, jedoch solle man aus versicherungs-

48 Denkschrift über die Einrichtung einer neuen Müllabfuhreinrichtung in der Stadt Dortmund (1951). SdtA Dortmund, Bestand 170, Nr. 221.

49 Stadtreinigungsamt Frankfurt, 15 Jahre Wiederaufbau, 18.

50 AWG, Müllgeschichte im Wuppertal, 40 f.

51 Willms, Modloch, Wiederaufbau, 35.

52 Artikel Stuttgarter Zeitung (9.1.1974): Altpapier landet tonnenweise auf dem Müll. SdtA Mannheim, Bauverwaltungsamt Zugang 52/1979, Nr. 950.

technischen Gründen mit ihnen einen Vertrag schließen. Vor allem aber sollten Kinder und Minderjährige von der Altstoffauslese auf dem Abladeplatz ausgeschlossen sein.[53] Das war offensichtlich dazu gedacht, sie daran zu hindern, mit dieser gefährlichen Tätigkeit ihr Taschengeld aufzubessern. Hingegen gab es gerade in nordenglischen Städten noch bis zum Ende der 1960er Jahre ausgebaute und professionelle Strukturen der Wiederverwertung von Papier, Glas und anderen Altstoffen aus dem Hausmüll.[54]

Die Frage, warum das »traditionelle« Wiederverwerten in den 1950er und 1960er Jahren verschwand, ist deshalb nicht ganz einfach zu beantworten, weil dieser Vorgang von den Stadtreinigungsämtern und anderen Stellen nur selten reflektiert wurde. Allgemein wurde darauf verwiesen, solche Sammlungen könnten nicht rentabel durchgeführt werden, ohne dies jedoch im Einzelnen genauer auszuführen.[55] Trotz der Probleme des empirischen Nachweises sollen an dieser Stelle mehrere Erklärungen angeboten werden, welche die sich gegenseitig ergänzende Eigenlogik bestimmter Entwicklungen betonen. Dabei wird das Verschwinden der Altstoffsammlung zunächst in Zusammenhang mit der generellen Steigerung der Abfallmengen nach dem Zweiten Weltkrieg gebracht, deren Gründe bereits im ersten Kapitel thematisiert wurden. Das Verschwinden der Altstoffwirtschaft soll jedoch auch durch andere Faktoren wie die staatliche Intervention (insbesondere während des »Dritten Reiches«) sowie steigende Hygienestandards erklärt werden, welche die vorangegangene Darstellung ergänzen.

Eine *erste* Erklärung liegt in der allgemeinen Wohlstandssteigerung bis in die 1970er Jahre, die mit der Verknappung und Verteuerung des Faktors Arbeit einherging. Kurz gesagt: Die Menschen hörten auf wiederzuverwerten, weil sie es sich leisten konnten.[56] Dabei ist auch der Erwartungshorizont des einzelnen Konsumenten zu beachten. Der Wirtschaftspsychologe George Katona wies Anfang der 1960er Jahre darauf hin, dass bei den meisten Amerikanern die Erfahrung und Furcht vor einer ökonomischen Depression schon seit Mitte der 1950er Jahre der Erwartung eines wachsenden bzw. zumindest gleichbleibenden Wohlstands gewichen war.[57] Mit einer gewissen zeitlichen Verzögerung dürfte ähnliches auch für die BRD zu konstatieren sein.

Das äußerte sich nicht zuletzt darin, dass bereits Ende der 1950er Jahre allgemein beobachtet wurde, die Bevölkerung würde mittlerweile Dinge zum Abfall geben, die früher noch in der ein oder anderen Form hätten wiederver-

53 Erbel, Kaupert, Müll und Abfall, 54.

54 Stokes, Köster, Sambrook, Business of Waste, 125 f.

55 So bereits Erhard, Müllverwertung, 57; Erbel, Kaupert, Müll und Abfall, 54; Schmitt-Tegge, Kostenstrukturanalysen, 36.

56 Reith, altgewender, humpler, kannenplecker. Zum Wirtschaftswunder s. Lindlar, Das missverstandene Wirtschaftswunder, 21 f.

57 Katona, Die Macht des Verbrauchers, 53.

wendet werden können.[58] Immer häufiger landeten Mehrwegflaschen auf dem Müll[59], obwohl auf sie ein Pfand bestand. Gleichzeitig waren die Müllpraktiker seit dem Erreichen der Vollbeschäftigung Ende der 1950er Jahre sowie der Streichung des Samstages als regulärer Arbeitstag in den Stadtreinigungsämtern ab dem Herbst 1957 selbst mit dem Problem konfrontiert, dass die Rekrutierung von Arbeitskräften zunehmend schwieriger wurde.[60] Bereits zu diesem Zeitpunkt setzte sich unter den Verantwortlichen der deutschen Stadtreinigungsämter die Meinung durch, dass das Wiederverwerten von Hausmüll keine Zukunft mehr besaß, weil es auf manueller Sortierarbeit basierte. Diese war teuer und schmutzig, weshalb sie kaum noch jemand leisten wollte.[61] Hinzu kam, dass solche Tätigkeiten am untersten Ende der sozialen Hierarchie angesiedelt waren.

Der *zweite* Erklärungsansatz zielt auf die Entstehung neuer Produkte und Distributionsweisen, wobei als wichtigste Änderungen die steigende Bedeutung des Versandhandels sowie die sich seit Ende der 1950er Jahre zunehmend durchsetzende Selbstbedienung im Einzelhandel zu nennen sind. Diese ermöglichten den Aufbau einer rationalen, großflächigen Logistik[62], deren »economies of scale« höhere Umschlagmengen und niedrigere Preise ermöglichte. Das war die Voraussetzung einer massiven Konzentration im Einzelhandel und dem rapiden Wachstum von Einzelhandelsketten. Auf diese Weise fielen nicht nur die Produktverpackungen als Abfall an, sondern in wachsenden Mengen auch Vorverpackungen. Dadurch musste aber die Wiederverwertung schon an der zunehmenden Masse des evtl. Wiederzuverwertenden scheitern. Anders gesagt: Die erste Verpackung ließ sich noch als Gefäß verwenden, die zweite vielleicht auch noch, aber die dritte und vierte? Stattdessen wurde der Akt des Wegwerfens zur Voraussetzung des Konsums, wollte man nicht mit dessen Folgen direkt konfrontiert werden.[63]

Die *dritte* Erklärung liegt in der Veränderung von Stadtstrukturen. Vor dem Zweiten Weltkrieg war die öffentliche Müllabfuhr häufig auf die Stadtzentren begrenzt gewesen, die zumeist eine enge Bebauung und hygienische Probleme aufwiesen. Äußere Stadtbezirke oder angrenzende Gemeinden ähnelten hingegen oftmals Dörfern, in denen kaum Müll anfiel bzw. der anfallende Müll im Ofen verbrannt, im eigenen Garten auf dem Kompost entsorgt oder an Hühner

58 Artikel Mannheimer Morgen (3.1.1958). SdtA Mannheim, Hauptregistratur, Zugang 40/1972, Nr. 291.

59 Schreiben Kruse an Abteilung III, BMI (19.7.1973). BA Koblenz, B 106, Nr. 25165.

60 Stadtkanzlei Hauptamt. Organisationsabteilung. Frankfurt am Main, (15.12.1963): Organisationsuntersuchung beim Stadtreinigungsamt – Städtischer Fuhrpark. ISG Frankfurt/M., Magistrat, Nr. 1898.

61 Schmitt-Tegge, Kostenstrukturanalysen, 36.

62 Wildt, Am Beginn der »Konsumgesellschaft«, 189; Banken, Was es im Kapitalismus gibt.

63 Vgl. Steins, Desorganisationsprobleme.

Diagramm 16: Bruttoproduktionswert der deutschen Verpackungsindustrie 1952–1991 (DM)

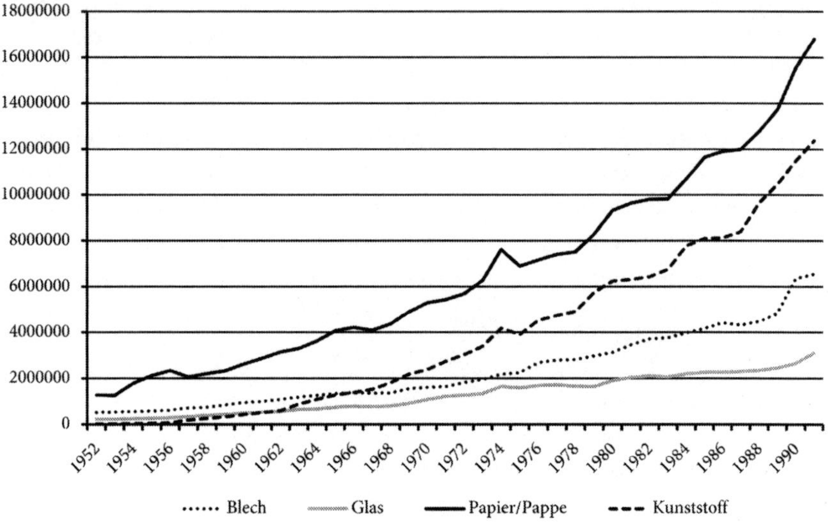

Quelle: Nast, Die stummen Verkäufer, 342 f.

und andere Kleintiere verfüttert werden konnte. Das änderte sich jedoch im Zuge des Wiederaufbaus deutscher Städte nach dem Zweiten Weltkrieg.[64] Zudem wurde auch auf diese Stadtteile nach dem Weltkrieg die reguläre Müllabfuhr ausgedehnt, so dass auch hier nun der Müll geordnet eingesammelt und deponiert wurde.[65]

Eine *vierte* Erklärung schließlich hat mit den Infrastrukturen des Altstoffhandels zu tun. Der Versuch der Nationalsozialisten, den Handel mit Sekundärrohstoffen radikal in den Dienst der Autarkiepolitik zu stellen, zerstörte die bis dahin bestehenden Strukturen des Altstoffhandels.[66] Hinzu kam, dass viele Akteure dieser Branche aus rassistischen Gründen verfolgt wurden. Die die Altstoffmärkte ersetzenden staatlichen Strukturen wurden in der BRD, anders als in der DDR, wo die staatliche Sammlung und Erfassung von Sekundärrohstoffen auch nach dem Krieg intensiv betrieben wurde[67], in den 1950er Jahren

64 Kramper, Neue Heimat, 154.

65 Auszug aus Niederschrift über die Stadtratssitzung am 19.6.1951: Neue Gemeindeverordnung über die Müllabfuhr der Stadt Mannheim. SdtA Mannheim, Hauptregistratur, Zugang 1955/1964, Nr. 1582. In diesem Dokument wird im Übrigen deutlich, dass der Anschlusszwang an die städtische Müllabfuhr nicht zuletzt daraus resultierte, dass die hergebrachten Praktiken der Müllentsorgung und -verwertung nicht mehr funktionierten.

66 Huchting, Abfallwirtschaft.

67 Möller, Der Traum vom ewigen Kreislauf, 61–89.

jedoch nicht wiederbelebt bzw. die Städte entledigten sich nach dem Krieg rasch der ihnen durch den Staat zusätzlich auferlegten Sammel- und Verwertungspflichten.[68] Dabei erscheint es grundsätzlich wahrscheinlicher, dass bestehende Strukturen trotz mangelnder Rentabilität länger bestehen, als dass solche neu aufgebaut werden, wenn die Ertragsaussichten gering erscheinen.[69] So betrieb die Stadt Glasgow noch bis Ende der 1960er Jahre eine Müllsortieranlage, obwohl sie seit zehn Jahren kaum mehr rentabel arbeitete und mehrfach Betreiberwechsel erlebte. In der schottischen Großstadt, die seit den 1920er Jahren einen relativen ökonomischen Abstieg erlebt hatte, wurde schließlich zu einem Zeitpunkt mit der Wiederverwertung aufgehört, als in Westdeutschland damit erneut begonnen wurde.[70]

Eine *fünfte* Erklärung hat mit Veränderung der Abfalldeponierung zu tun. So wurde bereits in den 1950er Jahren die Sorge ausgesprochen, dass Kinder, die oftmals Altpapier und andere Materialien einsammelten, sich auf den Müllabladeplätzen verletzen könnten.[71] Diese wurden im Übrigen im Zuge der Durchsetzung des Konzepts der geordneten Deponie seit den späten 1960er Jahren immer schwerer zugänglich, weil sie zunehmend eingezäunt wurden.[72] Dabei wurde nicht zuletzt damit argumentiert, auf diese Weise sollten »Umweltbelästigungen« vermieden werden.[73] Das war insofern nicht aus der Luft gegriffen, weil auf den Deponien häufig Kabelummantelungen und andere Materialien abgebrannt wurden, um an die gesuchten Metalle zu gelangen. Solche Praktiken waren ein Grund für die zahllosen Deponiebrände der 1960er Jahre.[74] Hinzu kam, dass eine Auslese von wiederverwertbaren Materialien durch Pächter aus Gründen der Betriebssicherheit nicht länger erlaubt war, wenn auf der Deponie mit schwerem Gerät, insbesondere Planierraupen und Verdichtungsfahrzeugen, hantiert wurde. Durch die Verdichtung des Mülls wurde im Übrigen auch die Auslese an sich stark erschwert.[75]

68 Münch, Stadthygiene, 117.

69 In der DDR hingegen war es gerade das Zusammenspiel von Rohstoffknappheit mit staatlicher Intervention, das hier ein Wiederaufleben der Altstoffverwertung ermöglichte. Vgl. Dirk Maier, »Mehr Achtung für den Lumpenmann« – Altstofferfassung und Materialwirtschaft in der DDR der 1950er und 1960er Jahre, in: Fansa, Wolfram, Müll, 131–139.

70 Vgl. Stokes, Köster, Sambrook, The Business of Waste, 95ff.

71 Erbel, Kaupert, Müll und Abfall, 54; Zu Kindern als »Agenten« der Müllverwertung s. auch Strasser, Waste and Want, 114ff.

72 Saniter, Köhn, Saubere Zeiten, 60.

73 Artikel Berliner Tagesspiegel: Unbefugte sollen nichts mehr von der Müllkippe wegtragen können (16.5.1972). HStA Stuttgart, EA 7/703, Nr. 6.

74 Stief, 40 Jahre Deponietechnik.

75 Schreiben Dunz an Otto Czepluch (24.7.1974). HStA Stuttgart, EA 7/703, Nr. 6; Die Stadt Karlsruhe berichtete 1969, sie habe das Pachtverhältnis mit einem Altmaterialhändler wegen der Unfallgefahr durch Planierraupen beenden müssen. Schreiben Stadt Karlsruhe an das Rechnungsprüfungsamt der Stadt Mannheim (22.7.1969). SdtA Mannheim, Rechnungsprüfungsamt, Zugang 40/1995, Nr. 269.

Ein *sechster* Erklärungsansatz schließlich ist empirisch schwerer zu fassen, vor allem deswegen, weil in den vorhandenen Selbstzeugnissen von Hausfrauen aus den 1950er und 1960er Jahren das Thema »Wegwerfen«, ganz im Gegensatz zu Waschen und Putzen, praktisch nicht vorkommt. Es erscheint jedoch plausibel, einen Zusammenhang zwischen der Technisierung und »Rationalisierung« der Hausarbeit seit den 1950er Jahren, steigenden Reinlichkeitsstandards und zurückgehender Wiederverwendung herzustellen. In der Literatur zur Entwicklung der Hausarbeit wird häufig darauf hingewiesen, dass die Erleichterung der Hausarbeit durch technische Hilfsmittel, insbesondere Waschmaschine und Staubsauger, nicht dazu geführt habe, dass den Hausfrauen mehr Zeit zur freien Verfügung geblieben sei. Vielmehr sei der technologisch induzierte Zeitgewinn durch höhere Reinlichkeitsansprüche aufgezehrt worden.[76] Hier liegt die Vermutung nahe, dass das Wiederverwerten unter demselben Nexus von schneller Erledigung und erhöhtem Anspruch litt. Zum einen war es weniger hygienisch, etwas wiederzuverwerten anstatt es neu zu kaufen, zum anderen wurde dadurch (wiederum tendenziell) mehr Zeit konsumiert als beim ohnehin zu erledigenden Einkauf. Auch aus diesem Kontext heraus wäre die Entstehung der Wegwerfmentalität alltagspraktisch zu erklären.[77]

Insgesamt war die Ausprägung der »Wegwerfgesellschaft« nicht nur durch die Zunahme des Abfallaufkommens charakterisiert, sondern auch durch das Verschwinden der Wiederverwertung. Dabei handelte es sich um eine vielschichtige Entwicklung, die sich nicht auf einen Faktor reduzieren lässt. Gerade vor diesem Hintergrund erscheint es jedoch umso erstaunlicher, dass es seit Ende der 1960er Jahre zu verstärkten Bemühungen kam, bestimmte Fraktionen des Hausmülls dem Stoffkreislauf wieder zuzuführen. Dazu mussten allerdings bestimmte Entwicklungen gebremst werden, die ansonsten zwingend zu einer weiteren Steigerung des Hausmüllaufkommens geführt hätten.

5.3 Die Infragestellung der »Wegwerfgesellschaft« am Ende der 1960er Jahre

Die mit der Ausprägung der Konsumgesellschaft einhergehenden Veränderungen führten zu dem Problem anschwellender Abfallströme und schwindenden Deponieraums. Die Großstädte, in denen im Vergleich zu ländlichen Regionen und Kleinstädten damals noch signifikant mehr Müll anfiel, hatten diesbezüglich besonders große Sorgen: Aus Mangel an Platz, aufgrund von Hygiene- und Umweltproblemen sowie den immer zahlreicheren »wilden« Kippen, auf

76 Lindner, Rationalisierungsdiskurse und Aushandlungsprozesse, 97 ff.
77 Vgl. Strasser, Waste and Want, 266 ff.

denen ohne behördliche Genehmigung der Abfall entsorgt wurde.[78] Dieses Entsorgungsproblem stellte allerdings nur einen Grund für die Entscheidung der staatlichen Institutionen dar, in das Feld der Abfallwirtschaft einzugreifen. Hinzu kamen steigende Energiepreise und eine gewachsene Aufmerksamkeit für ökologische Themen. Erst diese Überlagerung von Problemlagen führte dazu, dass Recycling zurück auf die Agenda von Entsorgern, Politik, öffentlicher Meinung sowie schlussendlich auch der Produzenten kam.

Das betraf zunächst wesentlich das Problem des zunehmenden Verpackungsmülls. Dieses war seit Beginn der 1960er Jahre als Problem erkannt worden, jedoch sah man sich vor dem Hintergrund der Durchsetzung der Selbstbedienung außer Stande, daran wirksam etwas zu ändern. Schließlich war damit die Ausbildung großräumiger Logistikstrukturen verbunden, für die der Kosten- und Energieaufwand der Verpackungsproduktion sowie das Transportgewicht eine zunehmend wichtige Rolle spielte. Nicht zuletzt verlangten auch die Konsumenten nach preisgünstigen, ansprechend verpackten Waren. Als der BDI 1963 einen Arbeitskreis »Abfallbeseitigung« ins Leben rief, stellte dieser in seiner konstituierenden Sitzung in aller Deutlichkeit fest, dass »sich die Wirtschaft mit der gegenwärtigen Tendenz nach Verpackungsluxus nicht nach den Wünschen der Abfallbeseitigung richten« könne.[79]

Im Jahr 1967 wiederum hatte die deutsche Verpackungsindustrie selbstgewiss eine Marketingkampagne mit dem sprechenden Titel »Ex und hopp« lanciert, in der die Vorzüge des problemlosen Wegwerfens von Einwegplastikflaschen angepriesen wurde.[80] Auch hier schienen wiederum die USA den Westdeutschen das Bild ihrer eigenen Zukunft zu zeigen: In den 1960er Jahren wurden hier Glasflaschen sukzessive durch Dosen verdrängt, was zu einem deutlich steigenden Abfallaufkommen führte.[81]

In Westdeutschland stellte sich die Lage allerdings um einiges komplizierter dar. 1967, also im selben Jahr wie die »Ex und hopp«-Kampagne, verkündeten die Getränkehandelsorganisationen, dass sie das traditionelle Pfandsystem für Glasflaschen von alkoholischen Getränken abschaffen wollten.[82] Insbesondere Selbstbedienungsläden und Glashütten drängten die Brauereien und an-

78 Niederschrift über das 1. Interministerielle Koordinierungsgespräch auf dem Gebiet der Abfallbeseitigung am 19.10.1965. LA Düsseldorf, NW 354, Nr. 586.

79 Vermerk Hösel betr. Bildung eines Arbeitskreises für Fragen der Abfallbeseitigung beim BDI (23.10.1963). BA Koblenz, B 106, Nr. 25178.

80 Hans Onasch, Ist die Umstellung auf Einwegflaschen aus Kunststoff verantwortbar? Beurteilung aus Sicht einer Stadtreinigung, in: Städtehygiene 10, 1968, 228–230; Schreiben Bürgermeisteramt der Stadt Stuttgart an Städteverband Baden-Württemberg (18.5.1967), SdtA Mannheim, Bauverwaltungsamt, Zugang 52/1979, Nr. 1463.

81 Friedel, American Bottles.

82 Zum internationalen Kontext s. Jørgensen, Making a Green Machine.

Tabelle 15: Prozentuale Anteile der Packmittelproduktionsmenge in der BRD 1963–1972

	1963	1971	1972
Papier und Pappe	48,8	45,5	45,4
Weißblech	10,9	7,1	7,0
Leichtmetall	1,5	1,7	1,7
Kunststoff	3,8	10,6	11,4
Glas	35,0	35,1	34,5

Quelle: Otto Scharfenstein, Packmittelproduktion unter dem Aspekt des Müllaufkommens, in: Umwelthygiene 2, 1974, 34–37, 34.

dere Getränkehersteller dazu, ausschließlich Einwegflaschen zu verwenden.[83] Diese Nachricht führte bei den kommunalen Entsorgungsbetrieben zu dramatischen Reaktionen. Besonders in den Städten, die sich in den 1960er Jahren mit hohen Investitionen verbundene Müllverbrennungsanlagen angeschafft hatten, löste diese Ankündigung nahezu eine Panik aus. In Hamburg wurde befürchtet, dass die Einführung der Einweg-Bierflasche dort einen Extra-Bedarf von 58.000 Mülltonnen, 23 Sammelfahrzeugen und 140 Arbeitskräften erzeugen würde.[84] In Stuttgart wurde nicht nur ein massives Anwachsen der Abfallmenge befürchtet, sondern auch, dass die Kompostierungsanlage im Stadtteil Möhringen aufgrund des zu erwartenden stark steigenden Anteils an Glasbruch im Hausmüll ihren Kompost nicht mehr absetzen konnte.[85] Der Direktor des Stadtreinigungsamtes der Stadt Mannheim schätzte, durch diese Maßnahme würde die in der MVA der Stadt zu verfeuernde Müllmenge gewichtsmäßig um nahezu ein Drittel ansteigen.[86] Das war zumal ein Problem, weil die damals verfügbare, noch wenig erprobte Technologie der Müllverbrennung sich nicht als besonders verlässlich erwiesen hatte.[87] Ein signifikanter Teil des anfallenden Abfalls musste deshalb anderswo deponiert werden.[88]

83 Schreiben Städteverband Baden-Württemberg (Asmuss) an die Städte Stuttgart und Mannheim (27.4.1967). SdtA Mannheim, Bauhauptverwaltung, Zugang 52/1979, Nr. 1463.

84 Artikel Mannheimer Morgen: Wohin mit immer mehr Müll? Wege zu einer hygienischen Abfallbeseitigung (7.7.1969). SdtA Mannheim, Bauverwaltungsamt, Zugang 52/1979, Nr. 940.

85 Schreiben des Bürgermeisteramts der Stadt Stuttgart an den Städteverband Baden-Württemberg. SdtA Mannheim, Bauhauptverwaltung, Zugang 52/1979, Nr. 1463.

86 Schreiben Tiefbauamt an das Dezernat VII (29.6.1967). SdtA Mannheim, Bauverwaltungsamt, Zugang 52/1979, Nr. 1463.

87 Z. B. Schreiben Tiefbauamt an das Referat VII (22.3.1967). SdtA Mannheim, Bauverwaltungsamt, Zugang 52/1979, Nr. 943.

88 Bundesministerium des Inneren. Projektgruppe Abfallbeseitigung. Broschüre: Brennpunkt Müllproblem (Bamberg 1968). BA Koblenz, B 106, 29370. Schreiben Tiefbauamt an das Dezernat VII (29.6.1967). SdtA Mannheim, Bauverwaltungsamt Zugang 52/1979, Nr. 1463.

In Westdeutschland kam als Besonderheit gegenüber den USA hinzu, dass sich die industriellen Lobbygruppen nicht einig waren. So erwies sich die Mehrheit der deutschen Brauwirtschaft als ein vehementer Gegner dieser Maßnahme.[89] Aufgrund spezifischer historischer Umstände war die Brauindustrie der Bundesrepublik von zahlreichen, regionalen Klein- und Kleinstbrauereien geprägt und man befürchtete zurecht, dass eine solche Maßnahme eine weitere Konzentration fördern würde, die sich in den 1960er Jahren bereits deutlich intensiviert hatte.[90] Zudem stand die Möglichkeit im Raum, dass die Unternehmen bei der vermehrten Produktion von Einwegflaschen für die gestiegenen Verbrennungskosten zur Kasse gebeten werden könnten.[91] Aufgrund dieser Widerstände blieb das Pfandsystem schließlich erhalten.

Zugleich kann dieser Vorgang jedoch als ein wichtiger Wendepunkt in der Geschichte der Abfallentsorgung und des Recyclings interpretiert werden. Hier wurde klar, dass die Politik und die Kommunen nicht einfach dem Willen der Akteure von Distribution und Verpackungsproduktion ausgeliefert waren. Dass diese Einsicht in den Hochzeiten des Wirtschaftswunders keineswegs selbstverständlich war, zeigte die Aussage eines Vertreters der Stadt Stuttgart aus dem Jahr 1967: »Die Entwicklung in Richtung der ›verlorenen Packung‹ und damit auch der Einwegflasche wird sich nicht aufhalten lassen, wenn sich dadurch der Handel wirtschaftlicher gestalten lässt.«[92]

Nun aber öffnete sich ein Feld für den regulierenden Eingriff des Staates und tatsächlich wurde seit Ende der 1960er Jahre das Feld der Abfallwirtschaft sehr viel stärker reguliert, als das vorher der Fall gewesen war.[93] Im Abfallbeseitigungsgesetz vom Sommer 1972 spielte Recycling zwar keine Rolle, weil es hier in allererster Linie darum ging, den ordnungsgemäßen Transport und die regelkonforme Deponierung des Abfalls gesetzgeberisch zu gewährleisten.[94] Jedoch war das Thema in der Vorbereitung und Planung des Gesetzes durchaus wich-

89 Vgl. Vermerk Hösel betr. Wegwerf-Flasche (13.7.1971). BA Koblenz, B 106, Nr. 25190.

90 Lothar Ebbertz, Die Konzentration im Braugewerbe der Bundesrepublik Deutschland. Entwicklung und Ursachen. Frankfurt/M. 1992.

91 O.V., Rücklaufflasche beim Bier auch in Zukunft dominierend, in: Brauwelt 47 (12.6.1968), 878; Otto Scharfenstein, PVC-Einwegflaschen und Müllverbrennung, in: Brauwelt 52 (28.6.1968), 957f.

92 Schreiben des Bürgermeisteramts der Stadt Stuttgart an den Städteverband Baden-Württemberg (18.5.1967). SdtA Mannheim, Bauverwaltungsamt, Zugang 52/1979, Nr. 1463. Vgl. auch: Ergebnis der Ermittlungen über Anfall von PVC-Abfällen und Einwegflaschen sowie deren Auswirkung auf die Abfallbeseitigung (Juli 1969). BA Koblenz, B 106, Nr. 29370.

93 So hatte der Landtag Baden-Württemberg 1970 in einem Ausschuss noch festgestellt, dass bei der Verpackungsfrage »bestimmte Grundrechte« berührt würden: »Zur Zeit könne man die Einwegflasche und das Anbieten bestimmter Verpackungsstoffe nicht verbieten. Protokoll Sitzung des Ausschusses für Verwaltung und Wohnungswesen (21.4.1970). HStA Stuttgart, EA 7/703, Nr. 4.

94 Karl-Heinz Bälder, Recht der Abfallwirtschaft. Gesamtdarstellung einschließlich technischer und wirtschaftlicher Aspekte. Bielefeld 1979, 124ff.

tig, als es darum ging, sich Gedanken über die langfristigen Lösungsmöglichkeiten des Entsorgungsproblems zu machen.[95] Das fand seinen Niederschlag jedoch lediglich im Verbotsvorbehalt des § 14 AbfG, das den Gesetzgeber berechtigte, den Verkauf von Einwegflaschen aus Kunststoff notfalls zu unterbinden. Allerdings, das ist zu ergänzen, wären gesetzliche Richtlinien für das Recycling damals mit dem Problem einer noch kaum vorhandenen Infrastruktur der Wiederverwertung konfrontiert gewesen. Wie im dritten Kapitel anhand der Giftmüllskandale gezeigt wurde, schufen bereits die neuen Richtlinien für die Abfallentsorgung aufgrund fehlender Entsorgungskapazitäten einen starken Anreiz für illegale Handlungen.[96]

Hinzu kam eine sich ändernde Einstellung der Bevölkerung gegenüber dem Recycling. Das zeigte sich signifikant an den Briefen, die Bürger an Städte, Behörden und Ministerien schrieben. In den 1950er und 1960er Jahren ging es bei diesen Schreiben in erster Linie um praktische Probleme: Ein dauerhafter Streitpunkt war die Größe der Müllgefäße und dass diese mitunter vom Nachbar mitgenutzt wurden. Die Einführung von Gemeinschaftsmülltonnen sorgte, wie gesehen, in den 1960er Jahren ebenfalls für Verstimmungen.[97] Gleichwohl waren diese Briefe in der Regel höflich formuliert und atmeten den Geist eines grundsätzlichen Respekts vor den Autoritäten. Zumeist schrieben die Ehemänner für ihre Gattin, eigentlich ja die Hauptverantwortliche der häuslichen Müll- und Trennarbeit.[98]

Das änderte sich zu Beginn der 1970er Jahre. Andrea Westermann hat am Beispiel von Akten aus dem Bundesarchiv in Koblenz gezeigt, dass zu Beginn der 1970er Jahre in solchen Briefen ein ganz anderer Ton angeschlagen wurde, was sich nicht zuletzt auch in der äußeren Form zahlreicher Schreiben zeigte.[99] In Mannheim erhielt der Bürgermeister (der übliche Adressat solcher Schreiben) 1971 einen Brief geschrieben aus Sicht einer Glasflasche, die in expressiven Worten darum bat, recycelt zu werden.[100] Das nun allerdings auch eher »Bürgerliche« zu unkonventionellen Protestformen Zuflucht nahmen, zeigt etwa der Fall des Harburger Bauamtsmitarbeiters Hermann Michalsky, der seit 1969 un-

95 Bundesminister für das Gesundheitswesen: Niederschrift über die Besprechung am 2.7.1969 im Bundesministerium für Gesundheitswesen in Bad Godesberg (Oktober 1969). BA Koblenz, B 106, Nr. 29370.

96 Vgl. Bericht über die Auswertung der Erfahrungen im Zusammenhang mit der Hanauer Giftmüllaffäre (Januar 1974). BA Koblenz, B 106, Nr. 65269. Gerd Lobin, Über Plaumanns Schuld…, in: Umwelt-Magazin 6, 1976, Hft. 1, 12 f.

97 Schreiben Friedrich Pommer an die Leitung des Städtischen Tiefbauamtes. Abteilung Stadtreinigung (25.4.1967). SdtA Mannheim, Bauverwaltungsamt, Zugang 52/1979, Nr. 1463.

98 Vgl. die Schreiben in SdtA Mannheim, Hauptregistratur, Zugang 40/1972, Nr. 291.

99 Westermann, When Consumer Citizens spoke up.

100 Anonyme Zuschrift (22.7.1971). SdtA Mannheim, Bauverwaltungsamt, Zugang 52/1979, Nr. 1463.

ter dem Decknamen »Kademu« (»Kampf den menschlichen Unzulänglichkeiten!«) die Behörden mit Denkschriften zum Thema Recycling bombardierte.[101]

Die Überlegungen im Innenministerium zu den Themen Getrenntsammlung und Recycling sollten zwar erst in den 1980er Jahren (vor allem mit dem Abfallwirtschaftsgesetz von 1986) Eingang in die Bundesgesetzgebung zur Abfallentsorgung finden. Jedoch fanden sie starken Widerhall im sog. Abfallwirtschaftsprogramm der Bundesregierung von 1975, in dem Recycling als eine wesentliche Möglichkeit zur Lösung des bundesdeutschen Abfallproblems benannt wurde.[102] Das Abfallwirtschaftsprogramm führte u. a. zur Auflegung des »Bundesrecyclingmodells«, bei dem in Tübingen und Reutlingen neue Formen der maschinellen Abfalltrennung erprobt werden sollten, um so das Risiko für die Kommunen bei der Übernahme moderner Sortiertechnologien zu verringern.[103] Spätestens seitdem war Recycling als umweltschonende und energiesparende Alternative zum einfachen Wegwerfen etabliert. Allerdings wurde dieses Programm zu einem Zeitpunkt veröffentlicht, als nicht nur der Elan der Politik für den Umweltschutz erlahmt war. Auch die anfängliche Euphorie um das Recycling, besonders von Glas und Papier, war zu diesem Zeitpunkt deutlich abgekühlt.[104]

5.4 Erste Infrastrukturen für Hausmüll-Recycling in den 1970er Jahren: Das Scheitern der Marktlösung

Die Politik der kommunalen wie nationalen Ebene genauso wie die Konsumenten waren Mitte der 1970er Jahre dem Recycling als Technik zur Lösung der Müllprobleme gegenüber aufgeschlossen. Das war besonders deswegen der Fall, weil die Abfallmengen bis ca. Mitte der 1980er Jahre durchgehend stiegen und die Entsorgungskapazitäten knapp blieben. Von einem Abschied von der »Wegwerfgesellschaft« konnte mithin keine Rede sein. Dass Recycling von Hausmüll schließlich auch umgesetzt wurde, ergab sich aber zunächst vor allem durch zeitweise lukrative Preise auf den Märkten für Sekundärrohstoffe, die das technisch-ökonomische Hauptproblem von Recycling – nämlich das arbeits- und transportintensive Einsammeln, Zurückführen und Trennen der Materialien – zu kompensieren versprachen.

101 Schreiben Kademu an Hans-Dietrich Genscher (7.1.1974). BA Koblenz, B 106, Nr. 25193.

102 Umweltbundesamt (Hrsg.), Materialien zum Abfallwirtschaftsprogramm. Berlin 1975/76.

103 Pressemitteilung Staatssekretär im Umweltministerium Erwin Teufel: Zukunftsweisendes Projekt nicht gefährden (14.10.1976). HStA Stuttgart 7/703, Nr. 35; Arbeitsprogramm Umweltbundesamt 1976/77, 54. BA Koblenz, B 106, Nr. 69742.

104 Müller, Innenwelt der Umweltpolitik, 97 ff.

Die ersten Versuche gingen von caritativen Organisationen aus, die bereits in der Sammlung von Alttextilien engagiert waren und hierfür auf ihre weitläufige Infrastruktur und freiwilliges Mithelfen wohlfahrtsorientierter Mitbürger zurückgreifen konnten. So begannen caritative Verbände Ende der 1960er Jahre beispielsweise damit, die Einsammlung von Telefonbüchern zu organisieren, um sie einer Wiederverwertung zuzuführen. Diese nicht primär an ökonomischem Gewinn orientierten Verbände reagierten darauf, dass die Bundespost es zunehmend ablehnte, gebrauchte Telefonbücher zurückzunehmen, weil sich der logistische Aufwand und die Lagerungskosten als zu hoch erwiesen.[105] Bei 34 Mio. Einheiten pro Jahr handelte es sich dabei um eine Papiermenge, die durchaus ins Gewicht fiel.[106] Die gemeinnützigen Gesellschaften sollten noch bis in die 1980er Jahre ein wichtiger Akteur in der Recyclingwirtschaft bleiben, bevor sie zunehmend von privaten Abfallwirtschaftsbetrieben verdrängt wurden. Das gilt mittlerweile sogar für den Bereich der Altkleidersammlung, die in den 1960er Jahren auf caritative Sammler übergegangen war, nachdem Westdeutschland damit angefangen hatte, Altkleider zu exportieren.[107]

Neben den caritativen Verbänden engagierten sich aber noch zahlreiche weitere Akteure im Bereich der Wertstoffsammlung. So gab es beispielsweise zahlreiche Sportvereine, die versuchten, ihre finanzielle Ausstattung durch das Einsammeln von Altpapier und Altglas zu verbessern; so konnte beispielsweise der »Erste Sodener Schwimmclub« mittels Altpapiersammlung in den 1970er Jahren sein Clubhaus finanzieren.[108] Darüber hinaus spielte Recycling aber auch in der linken Subkultur eine wichtige Rolle und aus diesem Bereich kamen zahllose Recyclinginitiativen.[109] So organisierte beispielsweise der »Arbeitskreis Umweltschutz« zu Beginn der 1970er Jahre die ersten Altpapiersammlungen in Konstanz.[110]

105 Schreiben Werner Best (Hessischer Minister für Landwirtschaft und Umwelt) an Georg Leber (Bundesminister für das Post- und Fernmeldewesen) (28.5.1971). BA Koblenz, B 106, Nr. 25134.

106 Arbeitskreis für Umweltschutz (Aku): Recycling von Fernsprechbüchern. BA Koblenz, B 106, Nr. 64099.

107 Michael Höft, Das Kilo für 1,20 Dollar. Das große Geschäft mit den Kleiderspenden aus Deutschland, in: Zeit-Online (4.11.2011); Schreiben Walter Kretschmar an das Bundesinnenministerium (28.4.1971). BA Koblenz, B 106, Nr. 25181.

108 Schreiben Erster Sodener Schwimmclub an das Bundesministerium für Forschung und Technologie (7.2.1977). BA Koblenz, B 106, Nr. 58839.

109 Zur linken Alternativökonomie s. Reichardt, Authentizität und Gemeinschaft, 319ff.; Dieter Rucht, Das alternative Milieu in der Bundesrepublik. Ursprünge, Infrastruktur und Nachwirkungen, in: Reichardt, Siegfried, Das Alternative Milieu, 61–84, 69. Vgl. auch Park, Müllkippe, 132.

110 Schreiben Arbeitskreis Umweltschutz an die Damen und Herren des Technischen und Umweltausschusses des Konstanzer Kreistages (25.10.1973). BA Koblenz, B 106, Nr. 25193.

Dabei war in den Selbstverständigungsprozessen in der Politik über das Recycling zu Beginn der 1970er Jahre noch überhaupt nicht klar, was eigentlich die Hauptziele waren. Während auf der einen Seite die Einsparung von Energie und Rohstoffen genannt wurden[111], so wurde auf der anderen Seite verschiedentlich betont, dass Altpapier und Glas zwar ein Mengenproblem darstellten, jedoch von ihrer Beschaffenheit in der Entsorgung eigentlich unproblematisch waren. Heinrich von Lersner, damals noch Abteilungsleiter für Wasser und Abfall im Bundesinnenministerium, merkte auf einer LAGA-Sitzung vom Mai 1973 an, bei diesen Abfallfraktionen bestände »weder ein Rohstoffproblem noch wird bei der Entsorgung die Biosphäre übermäßig beeinträchtigt«.[112] Gleichwohl sei das Abfallproblem von »erheblicher politischer Bedeutung«. Deshalb müsse unbedingt wissenschaftlich untersucht werden, welches staatliche Instrumentarium zur Lenkung des Abfallflusses geschaffen werden könnte: »Die Fachleute sollen sich die Initiative nicht aus der Hand nehmen lassen.«[113]

Hier zeigt sich, dass die vielen lokalen Recyclinginitiativen durchaus in der Lage waren, Druck auf die politischen Entscheidungsträger auszuüben. Die Beamten im Bundesinnenministerium waren während der 1970er Jahre mit zahlreichen (im Bundesarchiv mehrere Aktenordner umfassenden) Eingaben zu Fragen des Recyclings konfrontiert. Offensichtlich gab es eine Vielzahl engagierter Bürger, welche die Verschwendung von Rohstoffen und die durch den anschwellenden Abfallstrom zunehmenden Umweltprobleme nicht länger hinnehmen wollten. Dabei schrieben beispielsweise auch zahlreiche Schulklassen an das Ministerium, weil sie das Thema »Recycling« im Unterricht behandelten und um Informationen baten.[114] Mitte der 1970er Jahre gab es also bereits einen intensiven gesellschaftlichen Diskurs über dieses Thema.

Warum Innovationen im Bereich des Recyclings allerdings zunächst schwer zu realisieren waren und oft scheiterten, soll am Fallbeispiel des Altpapiers demonstriert werden. Dazu ist zunächst zu bemerken, dass Papier, zusammen mit Kunststoffen, die Abfallfraktion war, die am stärksten seit den 1950er Jahren zugenommen hatte.[115] So war der Verbrauch von 1,6 Mio. Tonnen im Jahr 1950 auf 7,6 Mio. Tonnen im Jahr 1970 angestiegen und hatte dabei sogar die Wachstumsraten des Nettosozialprodukts deutlich übertroffen.[116] Nach einzelnen An-

111 Roland Turowski, Recycling – eine bemerkenswerte Alternative, in: Kommunalwirtschaft 1978, Hft. 1, 7–11.

112 Protokoll 21. Sitzung der Länderarbeitsgemeinschaft Abfallbeseitigung (10.–11.5.1973 in Ulm). LA NRW, NW 455, Nr. 767

113 Ebd.

114 Z.B. Schreiben der Realschule Freyung, Klasse 8b an Bundesinnenministerium (18.1.1977); Schreiben Wilfried von Duijnhoven (Klasse 10, Hauptschule Jülich) an das Bundesinnenministerium (7.1.1977). BA Koblenz, B 106, Nr. 58838.

115 S. auch Wolfgang Schneider, Sekundärrohstoff Altpapier. Markt- und Marktentwicklung in der Bundesrepublik Deutschland. Dortmund 1988, 52.

116 Bundesministerium des Inneren, Verwertung von Altpapier, 9.

gaben bestand Ende der 1970er Jahre zwischen 20 und 25 Prozent des großstädtischen Hausmüllvolumens aus Altpapier.[117] Angesichts weiter wachsender Abfallmengen und knappen Deponieraums stellte das Papier im Müll also allein schon ein Mengenproblem dar.

Gleichzeitig hatte Westdeutschland bereits im Jahr 1970, wenn auch mit knappem Abstand, die höchste Altpapierrücklaufquote der Welt, die bei etwas weniger als 30 Prozent lag. Allerdings stammte dieses Altpapier nur in ganz seltenen Fällen aus dem Hausmüll, sondern von Kaufhäusern oder Industriebetrieben. Ein großer Teil des Altpapiers, das als Überrest in Produktion und Gewerbe anfiel, wurde also schon länger gesammelt und wieder in die Produktion zurückgeführt. Die Sammlung hatte hier den technischen und ökonomischen Vorteil, große Mengen vergleichsweise sortenrein erfassen zu können. Die Vermischung verschiedener Papiersorten stellte beim Hausmüll ein entscheidendes Problem der Sammlung dar.[118]

Die Sammlung von Papier aus dem Hausmüll wurde jedoch besonders im Zuge der Ölkrise immer attraktiver, weil die Altpapierpreise in die Höhe schnellten und vergleichsweise hohe Preise aufgrund einer dauerhaften Energieknappheit scheinbar zu erwarten waren. Diese Erwartung erwies sich allerdings als trügerisch, weil der Preis für das Sekundärmaterial Altpapier von zahlreichen Faktoren beeinflusst wurde: Nachfrage und Angebot von Papier generell, von Altpapier im Speziellen, dem Preis des Holzschliffes, dem technischen Stand und den Kapazitäten von Aufbereitungsanlagen.[119] Neben der Abhängigkeit von den Faserstoffpreisen ließ dabei vor allem ein Überangebot an Altpapier die Preise oftmals einbrechen. Die Lagerhaltung der Papierhersteller, eigentlich dazu gedacht, Preisschwankungen auszugleichen, konnte Preisstürze durch eine Verschärfung des Überangebots zu bestimmten Zeitpunkten sogar noch verschärfen.[120] Hinzu kamen Währungsschwankungen, besonders nach dem Zusammenbruch des Währungssystems von Bretton-Woods 1971/73. Stand beispielsweise der Dollar niedrig, bestand für amerikanische Papierhändler ein starker Anreiz, überschüssige Altpapiermengen in Europa abzusetzen, was dort wiederum zu einem schwer zu kalkulierenden Überangebot führte. Das war ein Grund dafür, dass die Altpapierpreise 1978 einen historischen Tief-

117 Stadt Dortmund, Umweltschutzmaßnahmen des Stadtreinigungsamtes der Stadt Dortmund. Dortmund 1989, 12.

118 Schneider, Sekundärrohstoff Altpapier, 74.

119 So wurde der niedrige Altpapierpreis im Jahr 1978 vor allem durch den schwachen Dollar bestimmt. Schreiben Regierungsbezirk Detmold an das MELF (18.5.1978). LA Düsseldorf, NW 455, Nr. 826. Zum Altpapierpreis generell s. Bayerisches Staatsministerium für Landesentwicklung und Umweltfragen: Studie zur Verwertung von Altpapier (1978). BHStA München, Bayerisches Landesamt für Umweltschutz, Nr. 141.

120 Vgl. dazu die sehr differenzierte Analyse in: Kommission der Europäischen Gemeinschaft, Vorentwurf Altpapier in der Europäischen Gemeinschaft. Synthesebericht und Aktionsvorschläge (Arbeitsdokument, 16.8.1977). BA Koblenz, B 106, Nr. 69771.

Diagramm 17: Pro Kopf-Verbrauch von Papier in Westdeutschland 1950–1970 (Kg)

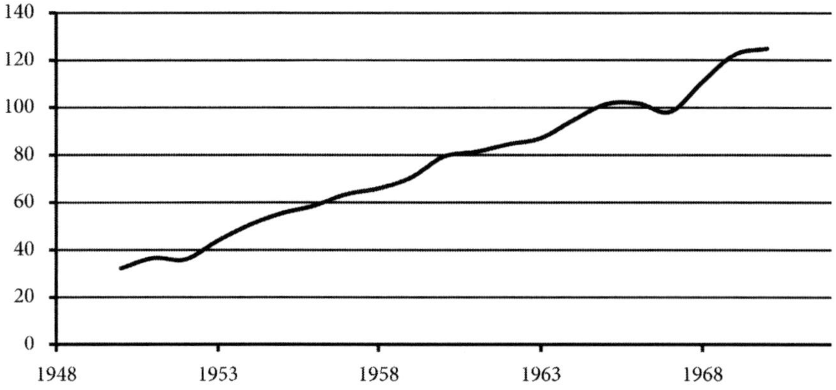

Quelle: Bundesministerium des Inneren, Verwertung von Altpapier, 9.

Diagramm 18: Preisindex Altpapier 1955–1986 (1980=100)

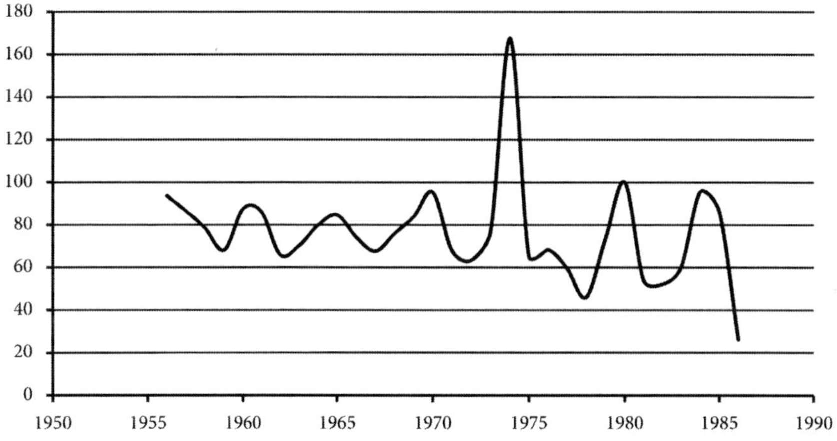

Quelle: Schneider, Sekundärrohstoff Altpapier, 221.

stand erlebten. Mitunter entwickelten sich die den Altpapierpreis beeinflussenden Faktoren so unberechenbar, dass sich eigentlich kaum stabile Erwartungen entwickeln konnten. Selbst erfahrene Experten konnten an dem Markt teilweise nur noch verzweifeln.[121]

121 Vgl. die Schilderung in: Kommission der Europäischen Gemeinschaften: Vorentwurf: Altpapier in der Europäischen Gemeinschaft. Synthesebericht und Aktionsvorschläge (Arbeitsdokument) (16.August 1977). BA Koblenz, B 106, Nr. 69771.

Die hier abgebildeten Jahresdurchschnitte verdecken allerdings die mitunter starken, kurzfristigen Ausschläge. So kam es beispielsweise in der Hochphase der Ölkrise parallel zu einer temporären Papierknappheit, welche die Preise für Altpapier kurzfristig nach oben schnellen ließ.[122]

Die zeitweise hohen Preise können erklären, warum besonders zu Zeiten der ersten Ölkrise ein starker Anreiz für spezialisierte Firmen, teilweise auch für die kommunalen Stadtreinigungsämter bestand, in die Sammlung einzusteigen.[123] Weil, wie gesehen, zugleich eine starke Nachfrage der Bevölkerung nach Recyclingmöglichkeiten existierte, schienen sich hier privatwirtschaftliches Interesse und Umweltbewusstsein der Bevölkerung auf glückliche Weise zu treffen. Caritative Gesellschaften, aber vermehrt auch Privatunternehmen, sammelten dabei vor allem gebündelte Stapel von Zeitungspapier, welche die Bewohner vor ihren Häusern deponierten. Auf diese Weise war das Papier vergleichsweise sortenrein und ließ sich leichter verwerten. Allerdings liefen diese Sammlungen teilweise recht chaotisch ab, waren unregelmäßig und die Sammeltermine verschiedener Organisationen überschnitten sich. Mitunter sackten auch unangemeldete Händler das Altpapier einfach ein.[124]

Wie die Statistik zeigt, konnten die Altpapierpreise ihr vergleichsweise hohes Niveau zu Beginn der 1970er Jahre nicht halten.[125] Dabei wurde damals insbesondere auf den Punkt hingewiesen, dass solche Preisentwicklungen gerade diejenigen entmutigen mussten, die sich aus ökologischen Motiven für die stärkere Wiederverwertung engagierten.[126] Zu den herrschenden Niedrigpreisen wollten auch caritative Organisationen in der zweiten Hälfte der 1970er Jahre bald kein Altpapier mehr annehmen, dessen Transport- und Lagerkosten sie nicht rechtfertigen konnten.[127] Aus Stuttgart wurde 1975 angemerkt, dass zurzeit keine Möglichkeit bestände, Altpapier selbst kostenlos loszuwerden.[128] Ein Kölner Bürger schrieb 1978 in einem Schreiben an das Bundesinnenministe-

122 Jens Hohensee, Der erste Ölpreisschock 1973/74. Die politischen und gesellschaftlichen Auswirkungen der arabischen Erdölpolitik auf die Bundesrepublik Deutschland und Westeuropa. Stuttgart 1996, 59 f.

123 Park, Müllkippe, 107 f.

124 Schreiben der Stadt Stuttgart an Gottfried Hösel (13.5.1974). BA Koblenz, B 106, Nr. 65268; Referat Pothmann: Über die Erfahrungen mit der Verwertung von Altpapier (1973). BA Koblenz, B 106, Nr. 25164.

125 Artikel New York Times: Paper Recycling is Victim of Recession (22.12.1974). BHStA München, Landesamt für Umweltschutz, Nr. 141.

126 Vgl. Citizens Advisory Committee on Environmental Quality, A New Look at Recycling. Report on a Conference May 11, 1976. Washington D. C. 1976, 6 ff.

127 Bayerisches Landesamt für Umweltschutz an das Bayerische Staatsministerium für Landesentwicklung und Umweltfragen (24.1.1978). BHStA München, Landesamt für Umweltschutz, Nr. 141.

128 Schreiben Wilhelm Schoell an das Bürgermeisteramt der Stadt Stuttgart (23.4.1975). HStA Stuttgart, EA 7/703, Nr. 8.

rium, er habe zusammen mit seinem Partner drei Tonnen Altpapier gesammelt, für die der lokale Händler jedoch nicht nur kein Geld bezahlen wollte, sondern sogar noch 150 DM Abholgebühr verlangte: »Das dürfte nun aber doch nicht der Sinn der Sache sein, dass man für seine ›umweltfreundliche‹ Einstellung noch bezahlen darf.«[129]

Preisschwankungen führten nicht nur zu einer temporären Drosselung der Altpapiersammlung, sondern häufig zu gravierenden Strukturproblemen des gesamten Marktes. Kleinere Händler wurden aus dem Markt gedrängt, während Großhändler sich auf die Anfallstellen konzentrierten, welche die Gewinnung großer Mengen von sortenreinem Papier garantierten. Gerade das war aber bei der Sammlung von Altpapier aus Hausmüll oftmals nicht der Fall. Die zu oligopolistischen Strukturen tendierende Dynamik des Altpapierhandels lief den umweltpolitischen Zielen eines verstärkten Hausmüllrecyclings also zuwider.[130]

Zugleich zeigte sich bereits früh, dass ein intensiver Ökologiediskurs auch gegenteilige Effekte erzeugen konnte. So war Mitte der 1970er Jahre nicht nur der politische Wille, den Umweltschutz weiter zu fördern, angesichts zunehmender wirtschaftlicher Probleme erschöpft.[131] Auch auf dem Gebiet des Recyclings bestand nach Aussage von Bruno Mertens, für die Abfallwirtschaft zuständiger Referent im Landwirtschaftsministerium NRW, die Gefahr, dass die »Recycling-Euphorie« zur »Recycling-Allergie« mutiere.[132]

Es wäre jedoch trotzdem übertrieben, die ersten Versuche zum Aufbau einer Recycling-Infrastruktur in den 1970er Jahren als völligen Fehlschlag zu qualifizieren. So konnten besonders auf dem Gebiet des Altglases, bei dem sich der Preis sehr viel gleichmäßiger entwickelte, durchaus erste Erfolge verzeichnet werden.[133] Auch hier waren es zunächst caritative Unternehmen und Bürgerinitiativen, die mit sporadischen Sammlungen anfingen, bevor sich zunehmend Privatunternehmen zu engagieren begannen. In Hamburg oder in Bochum wurden beispielsweise bereits ab 1972 »Iglubehälter« für Altglas aufgestellt, während bei Altpapier solche Sammlungspunkte erst zehn Jahre später instal-

129 Schreiben Ralf Nünke an die Redaktion der Umweltzeitung (1.8.1978). BA Koblenz, B 106, Nr. 58838.

130 Ebd.

131 Müller, Innenwelt der Umweltpolitik, 97 ff.

132 Bruno Mertens, Abfallwirtschaft – Schritt vor Schritt, in: Umwelt-Magazin 5, 1975, Hft. 3, 4.

133 Bernhard Gallenkemper, Heiko Doedens, Getrennte Sammlung von Wertstoffen des Hausmülls: Planungshilfen zur Bewertung und Anwendung von Systemen der getrennten Sammlung. Düsseldorf 1987, 48 f.; Für weitere Zahlen zur Glas-Verwertung s. Gerhard Neckermann, Hans Wessels, Die Glasindustrie – Ein Branchenbild. Berlin 1987, 177. Zur Situation des Altglasmarkts in den 1970er Jahren vgl. Rationalisierungs-Kuratorium der deutschen Wirtschaft, Verpackung und Recycling. Frankfurt/M. 1975, 21 ff.

liert wurden.[134] Diether Deneke ließ im Januar 1976 über die Presse verkünden, den meisten Menschen sei überhaupt nicht bewusst, dass sie »ohne große Mühe den Wohlstandsmüll [...] zu Geld machen« und für eine Tonne »›Abfall-Glas‹« 50 DM erlösen könnten. Die Kommunen forderte er auf, den Beispielen von Düsseldorf, Meerbusch oder Neuss zu folgen und in Wohnvierteln Altglascontainer aufzustellen.[135] Ein Jahr später verkündete er auf dem »Neujahrsempfang der Müllmänner« in Düsseldorf stolz, in 70 Städten in Nordrhein-Westfalen seien bereits Flaschensammelbehälter aufgestellt worden.[136] Dabei leisteten auch die Ministerien ihren Beitrag, indem sie seit 1975 ihre interne Kommunikation zeitweise auf Altpapier umstellten sowie ihr Altglas und -papier zu sammeln begannen.[137] Gleichwohl nehmen sich die vom Bundesinnenministerium ermittelten Zahlen zum Glasrecycling angesichts einer Behälterglasproduktion von ca. 2,8 Mio. Tonnen im Jahr 1976 noch recht bescheiden aus.

Tabelle 16: Sammlung von Altglas in der BRD: 1974–1979

Jahr	Sammlungsergebnis (Tonnen)
1974	150.000
1975	200.000
1976	260.000
1977	310.000
1978	370.000
1979	410.000

Quelle: Umweltbundesamt, Fünf Jahre Abfallwirtschaftsprogramm, 19; Memorandum des Bundesverbandes der deutschen Industrie zu den Entwicklungslinien der deutschen Abfallwirtschaftspolitik vor dem Hintergrund des deutschen Abfallwirtschaftsprogramms (Juli 1978). BA Koblenz, B 106, Nr. 69723.

Zudem lässt sich anhand des Altglasrecyclings deutlich machen, dass der im § 14 AbfG festgeschriebene Verbotsvorbehalt des Gesetzgebers hinsichtlich Ver-

134 Bericht der Stadtverwaltung Bochum 1984, 283. SdtA Bochum, ZK1; Eberhardt, Abfallwirtschaft als Alternative, 58.

135 DPA-Meldung (3.1.1976). LA NRW, NW 455, Nr. 797.

136 Artikel: Eine gute Idee sorgt für mehr Platz in den Mülltonnen, in: Bild-Zeitung (6.1.1977). LA NRW, NW 455, Nr. 797.

137 Artikel: Ein Dienst – nur für Behörden. Glascontainerservice im Regierungsviertel. Die 99 Prozent-Abfuhr (Rheinische Post vom 6.1.1977). LA NRW, NW 455, Nr. 797.

packungen insofern einen verhandlungstaktischen Zweck erfüllte, als er Industrie und Handel dazu zwang, mit dem Bundesinnenministerium zu einer einvernehmlichen Lösung hinsichtlich Einwegverpackungen und Altglasrecycling zu gelangen. So traf das BMI im Oktober 1977 mit Industrie und Handel eine Vereinbarung, die darauf zielte, das bestehende Mehrwegbehältersystem zu stützen, die Pfanderhebung zu vereinheitlichen, eine kontinuierliche Steigerung der Altglasverwertung sowie den Ausbau von Recyclingstrukturen für Weißblech zu erreichen.[138] Der Erfolg solcher freiwilligen Übereinkünfte war allerdings überschaubar, denn der Anstieg der Einwegverpackungen konnte dadurch nicht gestoppt werden.[139] Die Vorgaben hinsichtlich des Altglasrecyclings wurden zwar erfüllt, aber dabei handelte es sich um ein Gebiet, wo es sich ökonomisch eben auch lohnte. Ansonsten ließ sich der Eindruck nicht von der Hand weisen, dass solche Übereinkünfte vor allem dem Zweck dienten, durchgreifende gesetzgeberische Maßnahmen zu verhindern. Das Ansteigen des Anteils an Einwegverpackungen konnte auf diese Weise aber immerhin verlangsamt werden, was zumindest ein positiver Effekt dieses Arrangements war.[140]

Innerhalb dieser frühen Recyclingaktivitäten spielten die privaten Abfallwirtschaftsunternehmen eine wichtige Rolle, die in Zukunft wesentlich zur Errichtung der Recycling-Infrastruktur für Hausmüll beitragen sollten. Neben ihrem strikt betriebswirtschaftlichen Ansatz, was sie von caritativen Organisationen und linken Initiativen unterschied, nutzten diese Firmen die Expertise, die sie sich durch das effiziente Sammeln in großen, ländlichen Gebieten angeeignet hatten. Durch ihre Erfahrung, Sammlung, Transport und Verwertung nach betriebswirtschaftlichen Kriterien zu organisieren, konnten sie Skaleneffekte realisieren sowie eine größere Marktmacht gegenüber den Abnehmern der gesammelten Rohstoffe, etwa den Papierfabriken, entwickeln.[141] Den kommunalen Stadtreinigungsämtern fiel es hingegen häufig schwer, gesam-

138 Ergebnisvermerk über das am 13.10.1977 stattgefundene Gespräch über die abfallwirtschaftliche Problematik von Einwegbehältern. BA Koblenz, B 106, Nr. 58838. Zum Weißblechrecycling s. O. V., Müllschrott für Stahlwerke, in: Umwelt-Magazin, 12, 1982, Hft. 2, 14–18.

139 So sieht im Bartow J. Elmore in Recyclingaktivitäten und Selbstverpflichtungen eine intentionale Strategie großer Konzerne wie Coca Cola und anderer, eine wirkungsvolle Umweltpolitik zu unterlaufen. Bartow J. Elmore, The American Beverage Industry and the Development of Curbside Recycling Programs, 1950–2000, in: Business History Review 86, 2012, 477–501.

140 So erreichte der Anteil der Kunststoffverpackungen an der Gesamtkunststoffproduktion im Jahr 1975 mit 35 Prozent seinen Höhepunkt und ging anschließend leicht zurück (lag aber weiterhin bei knapp über 30 Prozent). Georg Härdtle u. a., Recycling von Kunststoffabfällen – Grundlagen – Technik – Wirtschaftlichkeit. Berlin 1991, 12.

141 Bundesverband der deutschen Entsorgungswirtschaft, 40 Jahre BDE.

melte Altmaterialien am Markt unterzubringen, weil ihnen dafür die Erfahrung fehlte.[142]

Dabei stellte das Hausmüllrecycling eines der ersten Felder dar, auf dem es zu einer teilweisen Privatisierung kommunaler Leistungen kam. Die Stadt Freiburg beispielsweise kooperierte seit 1974 mit örtlichen Altstoffhändlern, die jeweils für bestimmte Stadtteile zuständig waren.[143] Die Stadt Mannheim beauftragte im selben Jahr nach einer Ausschreibung eine Firma aus NRW mit der Sammlung von Altpapier in der Stadt.[144] Grund dafür war, dass die Kommunen zu diesem Zeitpunkt für die Übernahme zusätzlicher Aufgaben schlecht gerüstet waren. Die stetig wachsenden Müllmengen, die komplizierte Entsorgungslage mit neuen, vom Staat gesetzten Auflagen bei gleichzeitig knapper werdenden Finanzen und einem gravierenden Arbeitskräftemangel im Bereich der Müllabfuhr überforderten sie tendenziell. Erweiterungen des Leistungsangebots konnten kaum flexibel gehandhabt werden. Zudem mussten die Aktivitäten der Stadtreinigungsämter zumeist auf das Gebiet der Gemeinde beschränkt bleiben, weil sich die Zusammenarbeit zwischen den Kommunen aus rechtlichen und haushaltstechnischen Gründen als kompliziert erwies.[145]

Schlussendlich war die private Abfallwirtschaft in der Lage, besonders im Verlauf der 1980er Jahre eigene Recyclinginfrastrukturen aufzubauen und sich dadurch weitere Vorteile zu erarbeiten. In der Struktur der Recyclingwirtschaft drückte sich das gegen Ende der 1970er Jahre bereits deutlich aus: Erste Versuche, ein lokales Recycling zu starten, gingen zwar häufig von Bürgerinitiativen oder caritativen Verbänden aus, jedoch waren diese in den allermeisten Fällen nicht in der Lage, ein solches Angebot auf Dauer zu stellen.[146] Wie gesehen,

142 O. V., Recycling – ein Geschäft für Spezialisten, 16.

143 Schreiben Friedrich Arnst an Hans Evers (7.1.1974). BA Koblenz, B 106, Nr. 25136.

144 Schreiben des Stadtreinigungsamtes an das Dezernat VII (21.5.1974). SdtA Mannheim, Bauverwaltungsamt, Zugang 52/1979, Nr. 950.

145 Vgl. Schreiben Loetz (Bundeswirtschaftsministerium) an den Bundesminister des Inneren (12.11.1979); Stellungnahme Verband kommunaler Städtereinigungsbetriebe: Abfallbeseitigungsgesetz, hier 2. Novelle (17.9.1979). BA Koblenz, B 106, Nr. 70539; Werner Schenkel: Vortrag am 30.5.1979 vor der Festversammlung anlässlich des 10-jährigen Firmenjubiläums der Städtereinigung West in Hermannsburg zum Thema: »Zukünftige Entwicklungslinien der Abfallwirtschaft«. BA Koblenz, B 106, Nr. 69732.

146 Schreiben Gottfried Joos an das Landesamt für Umweltschutz (3.11.1978). BHStA München, Landesamt für Umweltschutz, Nr. 141. Dieser zentrale Professionalisierungsaspekt wird übersehen bei Ruth Oldenziel und Mikael Hård, Consumers, Tinkerers, Rebels, 238 ff. Diese schreiben den niederländischen Hausfrauen eine wesentliche Rolle für die Durchsetzung des Glasrecyclings in Holland zu. Ähnliche Phänomene lassen sich auch in der BRD beobachten, nur gelang es solchen Initiativen eben nicht, das Geschäft zu professionalisieren. Nur so ließen sich aber dauerhafte Recyclinginfrastrukturen aufbauen. Zum grundsätzlichen Problem der Professionalisierung vgl. Jan-Otmar Hesse u. a., Idee zu einer gesellschaftsreformerischen Unternehmensgeschichte in methodischer Absicht. »Gabentausch«, »moralische Ökonomie« oder »Unternehmensethik«, in: Dies., Unternehmen, 7–14.

konnten sich auch caritative Verbände der ökonomischen Kostenlogik nicht immer entziehen, zumal (trotz freiwilliger Helfer) Sammlungs- und Lagerungskosten anfielen.

5.5 Sortierung und Aufbereitung des Hausmülls: Die technischen Voraussetzungen der Mülltrennung in den 1970er und 1980er Jahren

Eine zentrale Rolle bei der Durchsetzung des Recyclings spielte die Sammlung und Aufbereitung des zu verwertenden Abfalls. Diese Arbeit war vormals weitgehend manuell betrieben worden, was sich jedoch in der Bundesrepublik aus Gründen der Kosten, der Hygiene und des Arbeitsschutzes kaum noch rechtfertigen ließ.[147] Aus diesem Grund wurden die Anstrengungen, Recycling-Infrastrukturen zu installieren, von den Bemühungen begleitet, die Technologien der Sammlung, Sortierung und Aufbereitung des Abfalls zu verbessern. Auf diese Weise sollte sowohl die Effizienz als auch die Recyclierbarkeit des gesammelten Hausmülls ermöglicht werden.

Bei der Sammlung bestand die grundlegende Alternative zwischen sog. »Hol«- und »Bring«-Systemen, bei denen die verwertenden Fraktionen also entweder von den Entsorgern zuhause abgeholt oder von den Bürgern zu einem bestimmten Sammelpunkt gebracht wurden. Bring-Systeme erwiesen sich im Grundsatz von ihrem Sammelergebnis her als weniger ergiebig als Holsysteme, auf der anderen Seite bestand insbesondere bei der Altglassammlung keine Alternative zu Bring-Systemen: Nur so ließen sich verschiedene Fächer für Glasfarben rechtfertigen, während die spätere Sortierung zu aufwendig und damit zu teuer gewesen wäre.[148] In den 1970er Jahren wurden zunehmend Container-Typen entwickelt, die zum einen die getrennte Sammlung von Glas nach Farben, zum anderen aber auch die Abholung mithilfe spezieller Fahrzeuge ermöglichten. Das stellte eine wesentliche Voraussetzung für die vergleichsweise erfolgreiche Installierung einer urbanen Infrastruktur für Glasrecycling dar. Die Stadt Hamburg beispielsweise startete während der 1970er und 1980er Jahre mehrere Versuchsprojekte mit Hol- und Bringsystemen.[149]

Hol-Systeme wurden erst ab dem Moment praktikabel, als Müllgefäße aus Plastik flächendeckend eingesetzt wurden. Diese ermöglichten eine flexiblere

147 Vgl. Herbert Oppermann, Müllsortierung von Hand deckt Kosten nicht, in: Umwelt-Magazin 6, 1976, Hft. 5, 361.

148 Schreiben Bayerisches Landesamt für Umweltschutz an die Stadt Kempten (18.9.1975). BHStA München, Landesamt für Umweltschutz, Nr. 141.

149 A. Eberhardt, Abfallwirtschaft als Alternative, in: Fachhochschule Lübeck u. a. (Hrsg.), Müllverbrennung, Fortbildungsveranstaltung 85 am 3.5.1985, Lübeck 1985, 53–59, 58; O. V., Recycling in Hamburg, in: Der Städtetag 33, 1980, Hft. 6, 383–386.

Handhabung verschiedener Abfallfraktionen, nicht zuletzt, weil die vergleichsweise großen Behälter so noch transportabel blieben. So veränderte der MGB 240 nicht nur die Müllabfuhr generell, sondern machte langfristig auch Hol-Systeme effizienter.[150] Die Mülltonnen standen in den 1980er Jahren zunehmend nicht mehr im Hof oder im Keller, sondern konnten vor dem Haus abgeholt werden bzw. wurden von den Bürgern an den Straßenrand gebracht, was die Abholung des Abfalls deutlich erleichterte.[151] Allerdings blieben bis in die frühen 1990er Jahre Bring-Systeme bei der Altpapier- und Glassammlung die Regel.[152]

Nach Sammlung der Abfälle stand ihre Verwertung vor zwei weiteren zentralen Schwierigkeiten, nämlich der Sortierung und der Wiedereingliederung der Reststoffe in die Produktion. Das manuelle Auslesen bei nicht vorsortierten Abfällen wurde in der Regel aus Kostengründen sowie aus Gründen von Hygiene und Arbeitsschutz von den Experten abgelehnt.[153] In der BRD hatte es bis Mitte der 1960er Jahre einzig die Anlage im Münchener Stadtteil Großlappen gegeben, die aber 1965 unter nicht vollständig geklärten Umständen abbrannte und danach stillgelegt wurde.[154]

Besonders die Arbeitskosten schufen den Anreiz, nach Verfahren der mechanischen Sortierung zu suchen. An diesem Problem gelangten die beteiligten Akteure zumindest in den 1970er Jahren aber noch zu keiner zufriedenstellenden Lösung. Dabei wurde die Müllsortierung in dieser Zeit durchaus bereits als ein Segment mit einer vielversprechenden Zukunft wahrgenommen. Das Bayerische Landesamt für Umweltschutz finanzierte beispielsweise über lange Jahre eine Versuchsanlage zur Müllsortierung, die allerdings enttäuschende Resultate erbrachte.[155] Die Firma Krauss-Maffei versuchte gleichfalls, dieses Feld zu besetzen und mit der »R 80« getauften Anlage ein effizientes System für die Müllsortierung zu entwickeln.[156] Auch hier ergaben sich allerdings die typischen Probleme früher Sortieranlagen: Insbesondere die Zerkleinerungsanlagen

150 Wiegand, NKT und die Normung des MGB 240, 15.

151 Mitteilung Stadtreinigungs- und Fuhramt an das Dezernat VII (21.9.1970). SdtA Mannheim, Bauverwaltungsamt, Zugang 52/1979, Nr. 943.

152 Gallenkemper, Doedens, Getrennte Sammlung, 49; Heiko Doedens, Behältersysteme und Entsorgungslogistik der kombiniert erfassten Altstoffe, in: Dieter O. Reimann (Hrsg.), Stoffliche Verwertung von Abfall- und Reststoffen. Verwertungsgebot nach AbfG und BImSchG – Technische und wirtschaftliche Realisierbarkeit – Märkte. Berlin 1989, 19–33, 29.

153 Vgl. J. Kampschulte, Gewinnung von wiederverwertbaren Altstoffen aus dem Hausmüll auf Abkipplätzen, in: Städtehygiene 10, 1953, 271 f.

154 Münch, Stadthygiene, 330.

155 Schreiben Bayerisches Landesamt für Umweltschutz an das Bayerische Staatsministerium für Landesentwicklung und Umweltfragen (9.2.1977). BHStA München, Landesamt für Umweltschutz, Nr. 109.

156 Schmidt, R 80 als Baustein; Vogel, Recycling, 182 ff.

nutzten sich rasch ab und die Kosten erwiesen sich als zu hoch.[157] Auch die Kooperation der Stadt Bochum mit der Firma Gelsenkirchen Mannesmann Umwelttechnik, um ein Verfahren zu entwickeln, bei dem der Siedlungsabfall getrocknet und anschließend sortiert wurde, wobei am Ende Brennstoff zur Gewinnung von Energie anfallen sollte, stellte sich als Fehlschlag heraus.[158] Mehr Sinn machte es, verwertbare Metalle aus der Asche von MVAs herauszuziehen, was seit den späten 1970er Jahren vermehrt praktiziert wurde.[159]

Im Zuge der Umsetzung des Abfallwirtschaftsprogramms 1975 plante das Innenministerium die Erstellung eines »Bundesmodells Abfallverwertung« in Tübingen und Reutlingen, um Verfahren der mechanischen Mülltrennung zu testen.[160] Bei dem Projekt, das der Bund und das Land Baden-Württemberg insgesamt mit ca. 50 Mio. DM förderten, ging es um den Nachweis, dass in einer großdimensionierten Anlage Siedlungsabfälle sortiert und die verwertbaren Fraktionen dem Stoffkreislauf zugeführt werden konnten, ohne zu einer zu hohen finanziellen Belastung der Bürger zu führen.[161] Ein ähnlich gelagerter Versuch wurde seit 1979 auf der Deponie Burghof bei Ludwigsburg versucht, um kompostierbare Fraktionen von potentiellen Wertstoffen zu trennen. Das besonders protestaffine Baden-Württemberg wurde also gewissermaßen zum bevorzugten Testraum für neue Techniken der Wiederverwertung von Hausmüll.[162]

Das ambitionierteste und wohl auch teuerste Projekt, dass sich mit der technischen Sortierung und Aufbereitung des Siedlungsabfalls beschäftigte, war aber die Errichtung des »Rohstoffrückgewinnungszentrums Ruhr« (RZR) in Herten, das 1982 im Verbund mit der Zentraldeponie Emscherbruch in Betrieb genommen wurde.[163] Dafür war eine Gesamtinvestitionssumme von annähernd 300 Mio. DM vorgesehen, ein Betrag, der alle anderen Investitionen in

157 Schreiben BHS Bayerische Berg-, Hütten und Salzwerke AG München an Ministerialdirektor Dr. Heigl, BLU (3.1.1975). BHStA München, Landesamt für Umweltschutz, Nr. 109. Die Anlage R 80 wurde zu Beginn der 1980er Jahre noch verwendet, so z. B. in einer Abfallverwertungsanlage in Schweden. Vgl. Hubert Gromotka, Erfolgreiche Verwertungskombination. Eine durchdachte Abfallverwertungsanlage arbeitet in Schweden, in: Umwelt-Magazin 11, 1981, Hft. 3, 30–32.

158 Konzeption zur Beseitigung von Abfällen der Stadt Bochum (1975), 9. SdtA Bochum, Bo Ob 1279.

159 Artikel Christiana Mansfeld: Wertvolle Hausmüll-Asche, in: Rheinische Post Nr. 107 (7.5.1988). SdtA Duisburg, Zeitungsausschnittsammlung, 721/2.

160 Bundesmodell zur Wiederverwertung von Müll (UWD 1974). LA NRW, NW 455, Nr. 819.

161 Besuch UAL U II beim UBA am 18.1.1977: Sachstand zum Besprechungsthema »BART«. BA Koblenz, B 106, Nr. 69718. Zu den technischen Einzelheiten s. O. V., Bundesmodell Abfallverwertung.

162 Knop. Hinzu kam auch noch der »Modellversuch Konstanz« 1976/77 zur getrennten Erfassung von Wertstoffen. Koch, Seeberger, Ökologische Müllverwertung, 163 f.

163 Ansprache Peter Van Wickeren (Anlage 3 zur Niederschrift der Verbandsversammlung am 28.10.1981). SdtA Bochum, Bo OStD 504.

Recyclinganlagen bei weitem überstieg.[164] Bei diesem Projekt, das im Frühjahr 1979 begonnen wurde, sollten Brennstoffe aus Abfall produziert werden. Dadurch sollten die Müllmengen auf der Zentraldeponie Emscherbruch reduziert werden, die den Behörden zunehmend Kopfzerbrechen bereiteten.[165] Auf Empfehlung des Ingenieurbüros Goepfert & Reimer wurde die Projektleitung in die Hände des Konsortiums Boswau, Knauer/Widmer gelegt.[166] Letzteres hatte allerdings mit großen technischen Schwierigkeiten bei der Planung und Errichtung der Anlage zu kämpfen. Wie es der Kommunalverband Ruhr (die Nachfolgeorganisation des SVR) 1979 mehr oder weniger verklausuliert ausdrückte: »Die Anlage des RZR ist nach neuesten technischen Erkenntnissen konzipiert, sie ist eine Pilotanlage. Das bedingt, dass auch nach einem Planfeststellungsbeschluss Änderungsanträge unvermeidbar sind.«[167]

Die Hertener Anlage arbeitete nach dem sog. BRAM-Prinzip, es ging also um die Herstellung von Brennstoffen aus Müll.[168] Dabei wurden die leichten Bestandteile des Hausmülls abgetrennt, getrocknet und gepresst. Auf diese Weise wurden Briketts unter dem Handelsnamen Eco-Briq produziert, die ihrem Namen allerdings nicht gerecht wurden. Die Euphorie für BRAM war jedenfalls Mitte der 1980er Jahre deutlich abgeflaut, weil sich mit diesen Brennstoffen die verschärften Emissionsgrenzwerte der erneuerten TA Luft von 1986 nicht einhalten ließen.[169] Das war dann auch der Grund, warum sich die Anlage letztendlich als gigantische Fehlinvestition herausstellte: Die Abfallpellets waren so stark mit Schadstoffen belastet, dass sie nur in Müllverbrennungsanlagen mit Rauchgasreinigung verbrannt werden durften. Die Anlage musste Ende der 1980er Jahre darum mit hohen Sonderabschreibungen stillgelegt werden.[170]

Eine weitere Maßnahme war hingegen die Einrichtung einer Müllsortieranlage in Neuss durch die Firma Trienekens, angeblich die größte in ganz

164 Vorlagen zur 6. Verbandsversammlung des Kommunalverbades Ruhrgebiet (KVR) am 28.10.1981 (27.10.1981). SdtA Bochum, Bo OStD 504.

165 Niederschrift über die Fraktionssitzung der SPD-Fraktion am 12. Februar 1981 (13.3. 1981). SdtA Bochum, Bo OStD 502.

166 Jahresbericht 1979 für die Abfallbeseitigungsbetriebe Kommunalverband Ruhrgebiet, 10. SdtA Bochum, Bo OStD 502.

167 Niederschrift über die Fraktionssitzung der SPD-Fraktion am 12. Februar 1981 (13.3. 1981), 10. SdtA Bochum, Bo OStD 502.

168 Gerhard Boldt, Die Problematik der Ziele und Inhalte zur Thematik Kreislaufnutzung. Recycling von Rohstoffen im Unterricht. Köln 1983, 166f.

169 Homberg, Abfallwirtschaft, 46. Damit war das Thema Ersatzbrennstoff aus Müll allerdings noch nicht vom Tisch (u.a. wurde mit staubförmigen Ersatzbrennstoffen experimentiert). Es war aber eindeutig, dass noch ein großer Entwicklungsaufwand erforderlich sein würde. Vgl. Ulrich Liss, Henning Vollmer, Alternativbrennstoff aus Siedlungsabfällen. Bonn 1986.

170 Uwe Steckert, Müllverbrennung – Methode aus dem Mittelalter? Überarbeitete Fassung eines Vortrags am 17.5.1995 im Institut für Energierecht an der Universität zu Köln. SdtA Duisburg, W 907.

Europa.[171] Hier konnten nach Angaben der Firma prinzipiell so viele Wertstoffe und kompostierfähige Materialien aussortiert werden, dass sich der Restmüll schließlich auf 30 Prozent des Ausgangsvolumens reduzierte.[172] Das Umweltbundesamt förderte die Neusser Anlage mit 6 Mio. DM[173], beinahe die Hälfte des Gesamtinvestitionsvolumens von 13 Mio. DM.[174] Es blieb allerdings ein großer Streitpunkt, ob die von Trienekens behaupteten Ergebnisse wirklich zutrafen oder ob die Anlage nicht eher aus Gründen der Publicity errichtet worden war.[175]

Aufs Ganze gesehen erwiesen sich in den 1970er und 1980er Jahren mechanische Verfahren der Sortierung und Aufbereitung des Hausmülls als ineffizient, zu teuer, zu schadstoffbelastet oder zu energieintensiv.[176] Aus diesem Grund blieb die Handsortierung bei vielen Recyclingverfahren weiterhin unumgänglich, die aber eben teuer war. Der Leiter des Hamburger Stadtreinigungsamtes Herbert Oppermann startete im Jahre 1975 einen Modellversuch, in dem die Arbeitskosten mit den Altmaterialerlösen abgeglichen wurden. Die ca. 50 prozentige Kostendeckung betrachtete Oppermann dabei bereits als ermutigend. Tatsächlich spielte die Handsortierung in Sortieranlagen für Altpapier und Altglas eine wichtige Rolle, scheiterte jedoch in vielen Fällen an den Kosten.[177]

Das zweite Problem neben der Sortierung war die Wiedereingliederung der Reststoffe in den Produktlebenszyklus. Grundsätzlich bedeutete Recycling zunächst einmal »Downcycling«, nämlich dass die ursprüngliche Qualität des Ausgangsproduktes unterschritten wurde. Dabei gab es aber deutliche Unterschiede. Nicht sortenrein gesammeltes Glas ließ sich beispielsweise nur als Grünglas wiederverwerten, das signifikant niedrigere Preise als Weißglas erzielte.[178] Bei Altpapier war ein hohes Maß an Energie und Chemikalien notwendig, um brauchbares Papier zu gewinnen, wobei auch hier ein einigermaßen sortenreines Sammelergebnis von Vorteil war. Hier führte der technische

171 Wimmer, Von der Abfallbeseitigung, 43 f.

172 Scheiner, Rettet uns, 78.

173 Umweltbundesamt, Fünf Jahre Abfallwirtschaftsprogramm, 9.

174 Artikel: Beispielhafte Kooperation von Privat und Kommune, in: VPS Telegramm (28.8.1980). BA Koblenz, B 106, Nr. 69717.

175 Ebd.

176 Werner Schenkel, Was kann das Recycling von Abfällen leisten? Möglichkeiten und Grenzen, in: Der Städtetag 38, 1985, Hft. 6, 429–433, 431 f.; B. Kaster, Erfahrungen bei der Herstellung und beim Einsatz von Brennstoff aus Hausmüll und hausmüllähnlichen Abfällen, in: Bundesministerium für Forschung und Technologie, Thermische Verfahren der Abfallwirtschaft, 227–253, 237.

177 Vermerk Fehlau. Betr.: Aktivitäten privater Städtereinigungsbetriebe. Bezug: Gespräch mit den Herren Edelhoff Jun. und Kerstan am 18.1.1977 im Referat IIIc 8 (20.1.1977). LA Düsseldorf, NW 455, Nr. 797.

178 Ecosystem. Gesellschaft für Umweltsysteme mbH, Vorstudie Abfallwirtschaftsprogramm der Bundesregierung im Auftrag des Bundesministerium des Innern, Bonn. Dezember 1973. »Beispiel Glas«, 24 ff. BA Koblenz, B 106, Nr. 58783.

Fortschritt in den 1970er und 1980er Jahren zwar zu deutlichen Verbesserungen, insbesondere der Energieaufwand und die Zugabe chemischer Stoffe konnten gesenkt werden. Trotzdem blieb die Umweltbilanz des Altpapierrecyclings weiterhin problematisch.[179] Das wurde beim Altpapier auch noch durch das »Downcycling«-Problem verschärft, weil mit jeder Aufbereitung des Rohstoffs die Papierfasern kürzer wurden. Die Papier-Industrie wies deswegen mit Recht daraufhin, dass eine vollständige Substitution von Papier durch Altpapier an technische Grenzen stieß und zum »Recycling-Kollaps« führen müsse.[180]

5.6 Auf dem Weg zum »Grünen Punkt«: Die Implementierung des Hausmüll-Recyclings durch die Politik während der 1980er Jahre

Am Ende der 1970er Jahre stellte sich die Situation beim Recycling von Hausmüll wenig erfreulich dar. Während sich die Infrastruktur für die Sammlung von Altglas langsam entwickelte, wurde Altpapier aus den Haushalten kaum systematisch gesammelt. Die volatilen Preise sowie die bei weitem noch nicht ausgereiften Technologie der Abfallsortierung machten diesen Bereich ökonomisch unattraktiv. Während auf der einen Seite kein Zweifel bestand, dass das Materialrecycling von Hausmüll prinzipiell möglich war und unter bestimmten Umständen auch ökonomische Chancen eröffnete[181], war auf der anderen Seite auch klar, wie es der damalige Leiter des Umweltbundesamtes Heinrich von Lersner im Jahr 1979 in einem internen Schreiben ausdrückte, dass Recycling »kein Selbstläufer« sei und stärker gefördert werden müsse.[182] Aus diesem Grund kristallisierte sich mehr und mehr heraus, dass Staat und Kommunen einzugreifen hatten, sollte es zu einer dauerhaften Lösung kommen.

Besonders offensichtlich wurde das Ende der 1970er Jahre auf dem Gebiet des Altpapiers. 1978 erreichten die Altpapierpreise einen historischen Tiefstand. Daraus entwickelte sich allerdings ein grundlegendes Dilemma: Auf der einen Seite wurde von der Bevölkerung vermehrt nach Recyclingmöglichkeiten verlangt, weshalb das Thema eine zunehmende politische Rolle spielte. Die Altpapierindustrie hingegen war eher an der Verknappung des Angebots und der Reduzierung des Altpapiereinsatzes in der Papierproduktion interessiert, um auf diese Weise höhere Preise zu erzielen. Angesichts dieses Gegensatzes von

179 Gundula Hilsberg, Papierrecycling. Ein Beitrag zum Umweltschutz? Kassel 1982, 67 f.

180 Bundesverband Papierrohstoffe, Altpapier und Umwelt (1979). BA Koblenz, B 106, Nr. 69739.

181 Karl Thomé-Kozmiensky, Stand und Tendenzen der Abfallbeseitigung und -verwertung, in: Umwelt-Magazin 9, 1979, Hft. 4, 278–280, 280.

182 Schreiben Heinrich von Lersner an den Bundesminister des Inneren (17.8.1979). BA Koblenz, B 106, Nr. 70539.

ökonomischer Logik und Umweltschutz kam es zu massiven Konflikten zwischen dem Umweltbundesamt und den Verbänden der Papierindustrie. So warf Jürgen Orlich vom Umweltbundesamt den Papierfirmen auf dem »Altpapiertag« 1979 in Wuppertal vor, sie hätten die Umweltschutzmaßnahmen der Bundesregierung für das Altpapierüberangebot verantwortlich gemacht: »Völlig irritiert reagiert die Bevölkerung. Das letztere können wir wahrscheinlich besser als Sie überblicken aufgrund der Flut von Briefen, die unser Amt zum Thema Altpapier erhalten hat und noch immer erhält. Der Tenor all dieser Briefe ist – ich zitiere: Durch die Profitsucht der Industrie und des Altpapierhandels und durch die Untätigkeit des Staates, hiergegen einzuschreiten, wird unsere Umwelt ruiniert.«[183] Statt zu lamentieren, sollten die Papierproduzenten besser nach neuen und verbesserten Einsatzmöglichkeiten für den Rohstoff Altpapier suchen.

Auf diese Kritik reagierten die Papierverbände allerdings geradezu hysterisch und warfen dem Amt vor, »dass unser Wirtschaftszweig und die Papierindustrie im Wahlkampf den Grünen zum Fraß hingeworfen werden soll.«[184] Weiter äußerte der Verband:

> Durch die zum Teil undifferenzierten Forderungen verschiedener Stellen der öffentlichen Hand nach mehr Recycling ist in gewissen Kreisen der Bevölkerung der Eindruck entstanden, die Bundesregierung habe das Altpapierrecycling erfunden, eine breite Umsetzung dieser Erfindung in die Praxis scheitere aber am böswilligen Verhalten des Altpapierhandels und der Papierindustrie. In diesen Kreisen der Bevölkerung herrscht die Auffassung vor, dass es geradezu ein Verbrechen ist, Papierabfälle in die Mülltonne zu werfen.[185]

Da es nach Ansicht der Papierindustrie klare Grenzen des Altpapiereinsatzes gab, sollte den Verbrauchern das schlechte Gewissen genommen werden, »eine nicht wiederverwertbare Zeitung in den Mülleimer zu werfen.«[186] Im selben Atemzug wandten sich die Verbände – offensichtlich die technische Effizienz dieser Einrichtungen dramatisch überschätzend – gegen mechanische Müllsortieranlagen, weil diese das Altpapierangebot noch weiter erhöhen und so zusätzlichen Druck auf die Preise ausüben sollten.[187]

183 Jürgen Orlich, Altpapierverwertung aus behördlicher Sicht. Vortrag auf dem 30. Deutschen Altpapiertag. BA Koblenz, B 106, Nr. 69739.

184 Schreiben Bundesverband Papierrohstoffe e.V. an die Mitglieder des Gesamtvorstandes des Ausschusses Öffentlichkeitsarbeit und Recycling (3.4.1979). BA Koblenz, B 106, Nr. 69739.

185 Schreiben Bundesverband Papierrohstoffe e.V. an Innenminister Gerhard Baum (23.2.1979). BA Koblenz, B 106, Nr. 69739.

186 Ebd.

187 Ebd.

Der Zeitpunkt, als diese Debatte stattfand, stellt in gewisser Weise einen Wendepunkt in der Geschichte des Hausmüllrecyclings in der BRD dar – und zwar aus dem Grund, weil hier offensichtlich wurde, dass trotz lokaler Recycling-Initiativen, des Engagements gemeinnütziger Verbände oder des Abfallwirtschaftsprogramms der Bundesregierung das Recycling von Hausmüll weiterhin eine marginale Rolle spielte. So gab es im April 1978 eine kleine Anfrage im nordrhein-westfälischen Landtag, welche Recycling-Initiativen auf den Gebieten Altglas, Altpapier und Altmetalle der Landesregierung bekannt seien.[188] Die daraufhin in den Regierungsbezirken gestartete Umfrage ergab ein trauriges Bild: So berichtete der Regierungsbezirk Arnsberg (der große Teile des Ruhrgebietes umfasste), dass außer einigen Versuchen mit Altglascontainern sich alle Versuche einer getrennten Sammlung von Hausmüllfraktionen als unwirtschaftlich erwiesen hätten. Anderswo sah es eher noch dürftiger aus. Im gesamten Regierungsbezirk Detmold organisierte beispielsweise nur eine kleine Privatfirma Sammlungen von Altglas oder Altpapier.[189]

Zugleich war der Staat lange Zeit nicht bereit, das Recycling von Hausmüll finanziell zu unterstützen. Wenn die betreffenden Händler wegen der schlechten Preise um einen Zuschuss des Landes oder der jeweiligen Städte anfragten, bekamen sie Mitte der 1970er Jahre unisono zur Antwort, bei der angespannten Haushaltslage sei dafür kein Budget vorhanden.[190] Geradezu bemitleidenswert war eine Frau, die sich in Herne mit einem »Altglas-Abhol-Service« selbständig zu machen versuchte und deswegen um finanzielle Unterstützung beim Land anfragte. Das Ministerium verwies sie an die Kommune, die aber gerade auf das Land verwiesen hatte. So fühlte sich letztlich keine Stelle für die Subventionierung des Hausmüllrecyclings zuständig.[191]

Das erwies sich zumal deshalb als ein Problem, weil das Thema Umweltschutz zu diesem Zeitpunkt wieder verstärkt in den Fokus öffentlicher Debatten rückte, nachdem es Mitte der 1970er Jahre spürbar an Bedeutung verloren hatte und den ökonomischen Problemlagen stärkeres Gewicht zugemessen wurde.[192] Die zahlreichen Umweltskandale der zweiten Hälfte der 1970er Jahre, nicht zuletzt die virulent werdende Altlastenproblematik sowie die intensiven Aus-

188 Landtag Nordthein Westfalen (26.4.1978): Kleine Anfrage 1260 der Abgeordneten Eykmann, Heinz und Thielmann (FDP): Recycling durch private Unternehmen. LA NRW, NW 455, Nr. 826.

189 Schreiben Regierungspräsident Arnsberg an das MELF (18.5.1978); Schreiben Regierungsbezirk Detmold an das MELF (18.5.1978). LA NRW, NW 455, Nr. 826.

190 Schreiben Erwin Teufel MELU an Erwin Brenner (6.6.1975) betr. Sammlung von Altmaterialien. HStA Stuttgart, EA 7/703, Nr. 8.

191 Schreiben Ingrid Rellermeier (Altglas-Abhol-Service Ingrid Rellermeier) an das »Umweltschutzministerium Bonn Bad Godesberg« (14.6.1975). LA NRW, NW 455, Nr. 843.

192 S. dazu Müller, Innenwelt der Umweltpolitik, 97 ff.

einandersetzungen um die Atomkraft, trugen jedoch zu einem in dieser Zeit erneut anwachsenden und zunehmend politisierten Umweltbewusstsein bei. Ab 1978 stellten sich verschiedene grün-alternative Listen zur Wahl, die sich 1980 zur Partei »Die Grünen« zusammenschlossen.[193] Zwischen 1978 und 1984, so fand eine sozialwissenschaftliche Erhebung heraus, stieg die Unzufriedenheit der westdeutschen Bevölkerung mit den bestehenden Maßnahmen zum Schutz der Umwelt von 38,7 auf 58,3 Prozent.[194]

Das Themenfeld Recycling bot dabei Anlass, dieser Unzufriedenheit Ausdruck zu verleihen. So luden Aktivisten eines Umweltschutzverbandes Ende 1977 Wagenladungen von Altaluminium und Weißblech vor dem Bundesinnenministerium ab, um auf die energieintensive Produktion dieser Materialien hinzuweisen.[195] Ein Aktivist mahnte Innenminister Werner Maihofer (FDP) mit den Worten: »Für die Wiederverwendung von Atommüll setzen sie sich ja ein, also warum nicht auch für die Wiederverwendung von Altaluminium?«[196] Auch wenn Recycling für die Umweltbewegung bei Weitem nicht die Bedeutung der Atomfrage hatte, stand es doch auf deren Agenda.[197] Genauso wies die Ende der 1970er Jahre gestartete Kampagne »Jute statt Plastik« nicht einfach nur auf den hohen Ölverbrauch für die Produktion von Plastikprodukten hin, sondern war gleichzeitig Ausdruck einer fundamentalen Gesellschafts- und Konsumkritik.[198] Neben dem hohen Energieverbrauch spielte dabei auch das zunehmende Wissen um die Gefährlichkeit vieler Substanzen eine Rolle. Gerade die Problematik der Altlasten resultierte, wie gesehen, nicht zuletzt aus diesem vermehrten Wissen.

Auf dem Gebiet des Recyclings von Papier aus dem Hausmüll bahnten sich Ende der 1970er Jahre entscheidende Veränderungen an, um Recycling dauerhaft zu institutionalisieren. Die Lösung, die sich für das Problem herauskristallisierte, bestand darin, dass die Kommunen anfingen, in ihren Verträgen mit privaten Unternehmen bestimmte Preise für das gesammelte Papier zu garantieren.[199] Diese Lösung hatte Vor- und Nachteile. Auf der einen Seite ließ sich so die Rentabilität der Sammlung garantieren. Auf der anderen Seite wurde

193 Ebd., 117 f.

194 Wolfgang Glatzer, Wolfgang Zapf, Die Lebensqualität der Bundesbürger, in: Aus Politik und Zeitgeschichte (Beilage zur Wochenzeitschrift das Parlament) (B 44/84, 3.11.1984), 3–25, 17. Vgl. auch Gerber, Küche, Kühlschrank, Kilowatt, 278 f.

195 S. die Schreiben in BA Koblenz, B 106, Nr. 69733.

196 Schreiben »Anonymix« an Maihofer (14.11.1977), BA Koblenz, B 106, Nr. 69733.

197 Vgl. Umweltbundesamt, Bürger im Umweltschutz. Nichtstaatliche Umweltschutzorganisationen und Bürgerinitiativen Umweltschutz in der Bundesrepublik Deutschland. Berlin 1978.

198 Jörg Burger, Plastik statt Jute, in: Die Zeit Nr. 24 (28.6.2006), s.a. Heßler, Wegwerfen.

199 Pulver, Abfuhranstalt; Homberg, Abfallwirtschaft, 148; Protokoll Sitzung VPS – UBA am 5.4.1979 (11.6.1979). BA Koblenz, B 106, Nr. 69732.

aber auf diese Weise für die private Abfallwirtschaft ein weitgehend risikofreies Geschäft geschaffen. Heinz de Fries, Vorstandsmitglied des Bundesverbandes Papierrohstoffe bemerkte 1984, dass einige, vor allem in der Städtereinigung tätige Betriebe, in letzter Zeit in Zusammenarbeit mit den Kommunen die Altpapiererfassung deutlich gesteigert hätten. Diese setzten allerdings vor allem auf Bring-Systeme. Daneben würden aber auch caritative Organisationen weiterhin private Sammlungen durchführen.[200] Im Jahr 1985 belief sich die Altpapierrücklaufquote aus Haushalten immerhin auf 33 Prozent, während sie 1972 lediglich bei 11 Prozent gelegen hatte.[201]

Einfacher als beim Altpapier gestaltete sich der Fall beim Recycling von Altglas, wo ab der Mitte der 1970er Jahre sukzessive ein flächendeckendes System von Containern installiert wurde, während man gelegentlich sogar mit Holsystemen experimentierte.[202] 1981 gab es in Frankfurt ca. 300 Altglascontainer[203], 1985 in Dortmund schon 531.[204] Dabei konnten die Anbieter davon profitieren, dass Glashütten zunehmend mehr Scherben in der Produktion einsetzten. So stieg der Scherbeneinsatz von 150.000 Tonnen im Jahr 1974 auf 980.000 Tonnen im Jahr 1985 an.[205] Während der Anteil von Altglas in der Produktion von Behälterglas im Jahr 1974 lediglich etwas über 6 Prozent betragen hatte, lag dieser Anteil im Jahr 1983 bereits bei 28 Prozent.[206] Damit im Zusammenhang stand eine günstige Preisentwicklung, die den Aufbau einer solchen Infrastruktur lohnenswert erscheinen ließ.[207]

Zum Marktführer entwickelte sich die Firma Rhenus aus Essen, eine Tochterfirma des VEBA-Konzerns. Sie hatte bereits Mitte der 1970er Jahre ein Sammelsystem im Ruhrgebiet installiert, das der Versorgung der VEBA-Glashütte in Essen-Bottrop diente. Aufbauend auf dieser Erfahrung baute Rhenus bald Beziehungen zu anderen Glashütten auf, welche die Firma ebenfalls mit Altglas belieferte.[208] Auf diese Weise war das Glasrecycling bereits zu diesem vergleichsweise frühen Zeitraum mit dem Aufbau einer leistungsfähigen Logistik und engen Beziehungen zu großen Glashütten verbunden. Allein das zeigte die zunehmende Professionalisierung des Glasrecyclings deutlich an.

200 Verband Deutscher Papierfabriken, Recycling. Papier im Kreislauf. Bonn 1984, 26f.

201 Gallenkemper, Doedens Getrennte Sammlung, 33.

202 Neckermann, Wessels, Glasindustrie, 171f.

203 Artikel: Menschen, die sich um jeden Dreck kümmern. Von der wichtigen Arbeit der Stadtreinigung und Müllabfuhr/Jeder Frankfurter »produziert« jährlich 550 Kilo Abfall. In: Seniorenzeitschrift 1/1981. ISG Frankfurt/M., Sammlung Ortsgeschichte S3/V, 24.134.

204 Stadt Dortmund, Umweltschutzmaßnahmen, 11.

205 Neckermann, Wessels, Glasindustrie, 177.

206 Verband Deutscher Papierfabriken, 11.

207 Ebd., 236.

208 Vermerk Mertens betr. Container-Dienst (21.4.1977). LA NRW, NW 455, Nr. 797.

Tabelle 17: Behälterglasabsatz und -recycling in der BRD 1974–1987

Jahr	Behälterglasabsatz insgesamt (t)	Behälterglas Inlandsabsatz	Altglasverwertung insgesamt	% vom Behälterglas-Inlandsabsatz
1974	2.717.157	2.307.874	150.000	6,5
1975	2.676.596	2.413.043	205.605	8,5
1976	2.847.067	2.507.587	264.786	10,6
1977	2.777.072	2.383.386	321.856	13,5
1978	2.781.922	2.452.187	408.672	16,7
1979	2.946.280	2.513.180	465.318	18,5
1980	2.844.620	2.457.529	566.474	23,1
1981	2.790.701	2.407.291	672.939	28
1982	2.707.821	2.314.410	749.728	32,4
1983	2.722.203	2.306.552	832.173	36,1
1984	2.817.672	2.348.244	883.489	37,6
1985	2.958.299	2.416.601	1.050.494	43,5
1986	3.130.000	2.545.537	1.139.796	44,8
1987	3.171.839	2.552.055	1.249.056	48,9

Quelle: G. Lubisch, Verwertung von Altglas aus Sicht der Glasindustrie, in: Reimann, Stoffliche Verwertung von Abfall und Reststoffen, 255–289, 265.

Hinzu kam, dass das Recyclingangebot teilweise auch auf andere Abfallfraktionen ausgeweitet wurde. Seit Ende der 1970er Jahre wurden verstärkt Sammelstellen für Batterien und Chemikalien aus dem Hausmüll eingerichtet[209], nachdem nicht zuletzt die Altlastenproblematik zahlreicher »rekultivierter« Hausmülldeponien gezeigt hatte, dass diese Abfälle alles andere als ungefährlich waren und keineswegs in den Hausmüll gehörten. Das Bundesinnenministerium traf 1980 eine Vereinbarung mit den Herstellern und Importeuren von Quecksilberbatterien, in der diese sich zur Rücknahme von Batterien verpflichteten.[210] Das war für letztere sicherlich eine bessere Lösung, als durch eine gesetzgeberische Maßnahme dazu gezwungen zu werden.[211]

209 Schreiben Daimon GmbH an das Bundesinnenministerium (13.5.1981). BA Koblenz, B 295, Nr. 14580; Peil, Bürgerinitiative, 134; Stadt Dortmund, Umweltschutzmaßnahmen, 19 f.

210 Pressedienst BMI: Gerhard Baum, Verbrauchte Quecksilberbatterien gehören nicht in den Hausmüll (16.12.1981). BA Koblenz, B 136, Nr. 10257.

211 Horst Danker, Umweltschutz nur, wenn die Kasse stimmt?, in: Umwelt-Magazin, 12, 1982, Hft. 5, 58–62, 61 f.

Anfang der 1980er Jahre wurde in Witzenhausen bei Kassel erstmals eine separate Biotonne für organische Küchenabfälle erprobt, die zahlreiche Nachahmer fand.[212] So starteten Mitte der 1980er Jahre zahlreiche Städte Modellversuche, in denen sie Biotonnen für kompostierbare Abfälle einführten.[213] Das war eine entscheidende Voraussetzung, damit bestehende und neue Kompostierungsanlagen schadstoffarm arbeiten konnten. Weniger erfolgreich erwies sich hingegen die Einführung grüner Wertstofftonnen, die ebenfalls in vielen Städten Mitte der 1980er Jahre aufgestellt wurden und an die zeitweise immerhin bis zu vier Millionen Bürger angeschlossen waren.[214] Hier vermischten sich die Wertstoffe meistens zu stark mit anderem Hausmüll, so dass die Tonnen nur einen geringen Sortiereffekt hatten.

Durch das Zusammenspiel von öffentlicher Meinung, politischer Intervention und ökonomischer Faktoren bei einer gleichzeitig gewachsenen technischen Expertise und Erfahrung auf den Gebieten der Sammlung und Verwertung wurden sukzessive mehr oder weniger informelle Standards für das kommunal verfügbare Recyclingangebot geschaffen. Mitte der 1980er Jahre konnte sich eigentlich keine größere Kommune in Westdeutschland den öffentlich gestellten Anforderungen nach einem dauerhaften Recyclingangebot für Papier und Glas mehr entziehen.[215] In Frankfurt und Umgebung wurden 1989 immerhin bereits ungefähr 15 Prozent des Hausmüllaufkommens getrennt erfasst und wiederverwertet.[216] Selbst das damals noch vergleichsweise »rückständige« Stadtreinigungsamt Dortmund sah sich 1989 genötigt, in einer Rechtfertigungsschrift seine Bürger über Fortschritte auf dem Gebiet des Recyclings zu informieren, nachdem es mit zahlreichen Anfragen diesbezüglich konfrontiert worden war.[217]

Ein regionaler Vergleich erfolgte in der Publikation wohlweislich nicht. Die kleinere Nachbarstadt Bochum sammelte beispielsweise im Jahr 1989 die

212 Gallenkemper, Doedens, Abfallsammlung, 176.

213 Scheiner, Rettet uns, 46.

214 Norbert Rethmann, Das Abfallentsorgungskonzept der privaten Städtereinigungsbetriebe, in: Schenkel, Abfallwirtschaft in großen Städten, 86–90, 87. Dieter Bootz, Roland Hipp, 125 Jahre Freiburger Abfallwirtschaft, in: Verband kommunaler Unternehmen, 100 Jahre kommunale Städtereinigung, 131–137, 134; Sabine Kleindiek, Von den Anfängen einer Stadtreinigung in Darmstadt bis hin zu einem modernen Dienstleistungsbetrieb. EAD – Der Eigenbetrieb für kommunale Aufgaben und Dienstleistungen, in: Verband kommunaler Unternehmen, 100 Jahre kommunale Städtereinigung, 101–107, 103; Koch, Seeberger, Ökologische Müllverwertung, 171 f.

215 Gandy, Recycling and the Politics of Urban Waste, 95 f.

216 Gather, Kommunale Handlungsspielräume, 122.

217 Stadt Dortmund, Umweltschutzmaßnahmen, 1. Hinzuweisen ist hierbei darauf, dass die Adaption kommunaler Lösung durch weitere Städte, woraus sich schließlich ein bestimmter Leistungsstandard entwickelte, spätestens nach dem Zweiten Weltkrieg den typischen Innovationspfad der kommunalen Abfallwirtschaft darstellte. Vgl. Stokes, Köster, Sambrook, Business of Waste, 49 ff.

Diagramm 19: Ergebnisse der Sammlung von Altpapier und Glas in Dortmund, 1979–1989 (Tonnen)

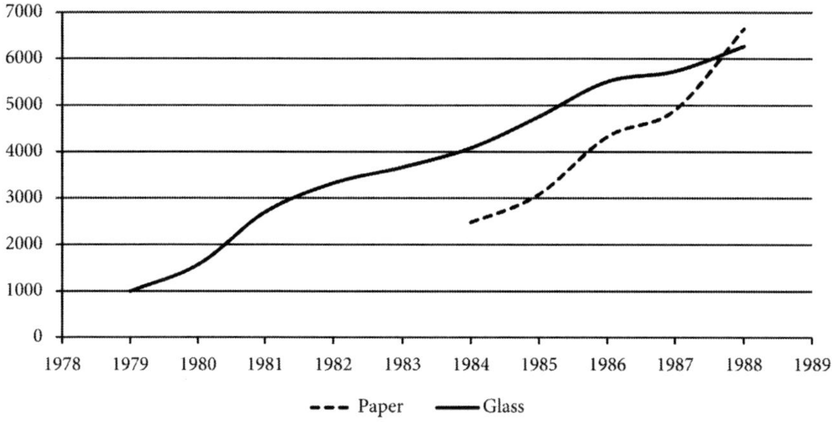

Quelle: Stokes, Köster, Sambrook, Business of Waste, 16.

doppelte Menge Altpapier ein.[218] In keiner Großstadt lag die Beteiligung am Hausmüllrecycling allerdings so hoch wie in West-Berlin, wo Ende der 1970er Jahre bereits 65 Prozent an der getrennten Sammlung von Papier teilnahmen und 30 Prozent an der Containersammlung von Glas.[219] Das »Berliner Modell« der Abfalltrennung erwies sich offensichtlich als erfolgreich.

Die Stadt Dortmund wies allerdings darauf hin, dass besonders bei Altpapier je nach Stadtteilen die Sammlungsergebnisse unterschiedlich ausfielen. Das gibt einen, allerdings zunächst nur unscharfen, Hinweis darauf, dass es bestimmte soziale Trägergruppen des Recyclings gab, die früher als andere eine ausgeprägte Sammel- und Trenndisziplin entwickelten.[220] Eine empirische Untersuchung zum Wegwerfverhalten der Bevölkerung im bayerischen Gröbenzell kam 1985 zu interessanten Ergebnissen: So gab es beispielsweise eine positive statistische Korrelation zwischen der Größe des Wohnraums und dem Sortierverhalten; je größer die Wohnung, umso eher wurde etwa Papier getrennt gesammelt. Ältere Leute trennten ihren Müll tendenziell weniger als junge, wobei für ältere Leute die Unterstützung caritativer Verbände eine größere Rolle spielte, für jüngere hingegen der Schutz der Umwelt, wobei es oftmals an kon-

218 Verwaltungsbericht der Stadt Bochum 1990, 355. SdtA Bochum, ZK 1. In Gelsenkirchen hingegen wurde erst 1990 damit angefangen, Altpapier in Containern zu sammeln. Volker Duddek, Kompostierung organischer Garten- und Haushaltsrückstände. Konzept zur Einführung der Biotonne – dargestellt am Beispiel der Stadt Gelsenkirchen. Bochum 1994, 22.

219 Park, Müllkippe, 142.

220 Martens, Gesellschaftliche Resonanz, 130.

kretem Wissen fehlte, auf welche Weise und in welchem Maße das Recycling zum Umweltschutz beitrug. Eine Fallstudie kam zu dem Ergebnis, dass sich 4-Personenhaushalte mit zwei Kindern unter 14 Jahren im Durchschnitt am umweltbewusstesten verhielten, aber auch über genügend Altstoffanteil im Abfall verfügten.[221]

Offensichtlich hatte die Einführung des Recyclings von Haushaltsabfällen ganz wesentlich mit dem Wegwerfverhalten der Bevölkerung zu tun. Wenn diese weiterhin Glas, Papier und Kunststoffe in eine Tonne warfen, konnten die Verantwortlichen wenig machen. Man konnte zwar Recycling-Tonnen bereitstellen, die Menschen dafür bezahlen lassen oder in anderer Form monetäre Anreize setzen. Trotzdem ließ sich auf diese Weise nicht das Verhalten der gesamten Bevölkerung steuern. Ein Praktiker bezifferte Anfang der 1990er Jahre die Zahl der »Müllschweine« auf ca. 20 Prozent, die nur auf massiven Druck ihr Verhalten ändern würden.[222] Auf einen zentralen Aspekt der Trenndisziplin wiesen schließlich die Untersuchungen Bernhard Gallenkempers hin, der seit Ende der 1970er Jahre intensiv die Strukturen des Hausmüllrecyclings erforscht hat. Seine Ergebnisse zeigten, dass sich die Sammelergebnisse über die Zeit kontinuierlich verbesserten. Das bedeutete, je länger Hol- oder Bring-Systeme angeboten wurden, umso mehr trennten die Bürger ihren Müll, was langfristig die technische Effizienz, aber auch die ökonomische Rentabilität von Recycling-Infrastrukturen verbesserte. Die bereits weiter oben thematisierte Bedeutung bestehender Infrastrukturen wird hier nochmals besonders deutlich.[223]

Der Staat schuf mit dem Abfallwirtschaftsgesetz von 1986 zusätzlich einen verbesserten rechtlichen Rahmen für das Recycling. Dabei war zum einen die normative Komponente dieses Gesetzes von Bedeutung, das eine Zielhierarchie konstituierte, in der die Wiederverwendung Vorrang vor der Wiederverwertung und diese wiederum vor der Entsorgung haben sollte. Zudem wurde die Beziehung zwischen den Begriffen Abfall und Wirtschaftsgut neu geregelt; Schwierigkeiten der Abgrenzung hatten in den 1970er Jahren zu zahlreichen Rechtsstreitigkeiten geführt. Gleichwohl war der Recycling-Aspekt in der Vorbereitung des Gesetzes äußerst umstritten. Die Debatte um das Recycling von Plastikverpackungen gewann dabei insbesondere im Zuge der Vorbereitung und öffentlichen Debatte um das Abfallwirtschaftsgesetz an Dynamik. So forderten die Grünen und zahlreiche Bürgerinitiativen, Bestimmungen in das neue Gesetz aufzunehmen, die das Recycling von Einwegflaschen zur Pflicht machte. Das war zum einen eine Reaktion auf den kontinuierlich steigenden Anteil an Einwegverpackungen, besonders auch bei Getränken, die bislang noch als

221 Hans-Dieter Haas u. a., Untersuchungen zur Abfallwirtschaft und zum Entsorgungsverhalten der Bevölkerung, München 1985, 68.

222 Martens, Gesellschaftliche Resonanz, 130.

223 Vgl. Gallenkemper, Doedens, Getrennte Sammlung.

»Mehrwegoase«[224] gegolten hatten. Kritisiert wurde aber auch ein von vielen so empfundenes »Overpacking«, dass also viele Produkte aufwendiger verpackt waren, als es eigentlich notwendig war.[225]

Das Münchener Ifo-Institut, allgemein als »wirtschaftsnah« geltend, wandte gegen diesen Vorwurf ein, dass eine »funktionsgerechte Verpackung erst eine schadlose, kontinuierliche, füllgutsparende, verderbmindernde Versorgung« der Bevölkerung gewährleiste, was einen erheblichen volkswirtschaftlichen Nutzen hatte.[226] Insofern wurde gegen das Argument der Umweltschädlichkeit von Einwegverpackungen aus Plastik zumeist angeführt, dass Verpackungen für eine effiziente Logistik unerlässlich waren, was sich nicht nur in »Profiten« für Handelsunternehmen und Supermarktketten niederschlug (wobei insbesondere Discounter wie Aldi eher bekannt für ihre niedrigen Margen waren[227]), sondern konkret in billigeren Preisen für die Konsumenten. Diese Debatte wies insofern gewisse Ähnlichkeiten zu der Diskussion um »biologische« Lebensmittel auf, weil es auch hier um die Abwägung zwischen ökologischer Verträglichkeit und höheren Verbraucherpreisen ging.

Tabelle 18: Ein- und Mehrweganteile der Massengetränke (in Prozent, ohne Milch) 1970–1984

Jahr	Mehrweg (%)	Einweg (%)
1970	88,2	11,8
1975	82,9	17,1
1980	76,6	23,4
1981	75,5	24,5
1982	76,0	24,0
1983	75,3	24,7
1984	74,4	25,6

Quelle: Breitenacher, Grefermann, Wurzbacher, Wettbewerbliche Auswirkungen, 16.

Wenn auch das Abfallwirtschaftsgesetz am Ende wenig Konkretes zum Thema Recycling enthielt, schuf es doch einen rechtlichen Rahmen für die nachfolgenden »Technischen Anleitungen«, die konkrete Maßnahmen vorschlugen. Beispielsweise, dass die Kommunen unter Umständen Privatunternehmen mit der

224 Breitenacher, Grefermann, Wurzbacher, Wettbewerbliche Auswirkungen, 2.
225 Ebd.
226 Ebd.
227 Josef Nyáry, Aldi Jahre wieder. 99 Jahre Aldi. Freiburg 2012, 29.

Abfallwirtschaft in ihrem Hoheitsgebiet beauftragen sollten, wenn sie die Aufgabe kostengünstiger und effizienter erfüllen konnten.[228]

Die Debatten um ein mögliches Mehrweggebot im Abfallwirtschaftsgesetz und die bereits dargestellte, verstärkte Bürgerbeteiligung im Zuge der erneuten »Abfallkrise« seit Mitte der 1980er Jahre schlug sich auch im Gebiet des Recyclings nieder. Dies geschah nun allerdings weniger (wie in den 1970er Jahren) in Recycling-Kooperativen – dazu war das Feld am Ende der 1980er Jahre bereits viel zu stark professionalisiert. Allerdings enthielten gerade Initiativen, die bessere Müllkonzepte anpriesen, auch einen »volkspädagogischen« Aspekt, nämlich den Bürgern aufzuzeigen, wo und wie sie ihr Verhalten verbessern, Abfall vermeiden und den Müll richtig trennen konnten.[229] So fand 1986 bei München beispielsweise der Zusammenschluss zahlreicher Bürgerinitiativen zur Bürgeraktion »Das bessere Müllkonzept« statt, die sich für eine dezentralere Entsorgung, für Abfallvermeidung und -recycling aussprach sowie insbesondere dagegen wandte, dass die Bayerische Staatsregierung auf den Müllnotstand der späten 1980er Jahre mit einer klaren Option für die Verbrennung reagierte.[230] Der Initiative gelang es sogar, im Jahr 1990 einen Volksentscheid über die bayerische Abfallpolitik zu erzwingen, den sie allerdings verlor.[231] 1988 taten sich in Berlin verschiedene Bürgerinitiativen und Alternative Listen zum »Müllnetz Berlin« zusammen, das sich für eine »konsequente Müllvermeidung, Entgiftung des Abfalls und Recycling« einsetzte.[232]

Hier wird deutlich, dass auch wenn die Altpapierrücklaufquote nur langsam bis ca. 50 Prozent gesteigert werden konnte, es seit Mitte der 1970er Jahre zu einem kontinuierlichen Anstieg des Altpapierrecyclings kam. Das ist nicht zuletzt deswegen bemerkenswert, weil die Altpapierpreise ihre Volatilität auch in den 1980er Jahren beibehielten.

Das zeigt sehr eindrücklich, dass auch über lange Zeit niedrige Preise während der 1980er Jahre kein unüberwindbares Hindernis mehr für das Recycling von Altpapier darstellten. Der Ende der 1970er Jahre noch so emotional ausgefochtene Konflikt zwischen Ökonomie und Ökologie hatte sich durch etablierte Infrastrukturen, aber auch durch staatliche Subventionierung, entschärft, auch wenn die niedrigen Preise mitunter durchaus zu einem Rückgang der

228 Stokes, Köster, Sambrook, Business of Waste, 237f.

229 Vgl. z.B.: IFEU Institut für Energie- und Umweltforschung Heidelberg (Hrsg.), Müll. Rohstoff statt Schadstoff. Katalog zur Ausstellung. Heidelberg 1986^2, 34ff.

230 Brigitte Parzich, Erika Barwig, »Das bessere Müllkonzept«. Einfälle gegen Abfälle, in: Günter Altner u.a. (Hrsg.) Jahrbuch Ökologie 1992. München 1991, 255–265. Park, Müllkippe, 132.

231 Herbold u.a., Entsorgungsnetze, 114f.

232 Renate Hoff, Das Müllnetz Berlin, in: Werkbund, Ex und Hopp, 117; Park, Müllkippe, 148f.

Diagramm 20: Entwicklung der Verbrauchsmengen und Recyclingmengen für Papier in der BRD (1000 t)

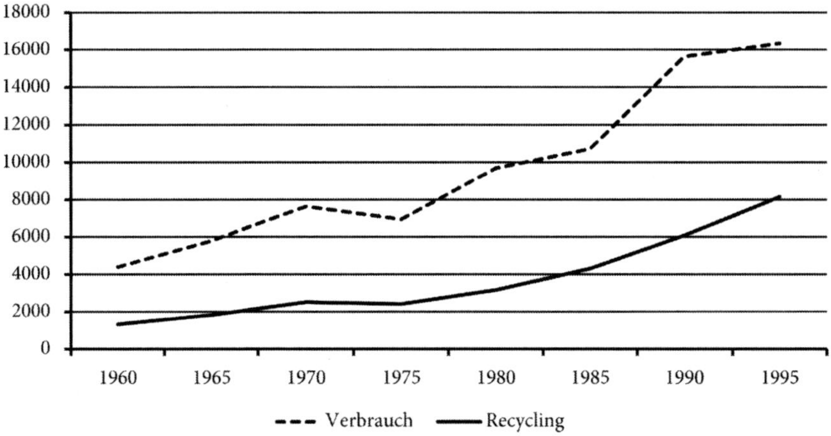

Quelle: Mathias Häberle, Betriebswirtschaftliche Analyse des Recycling. Dargestellt an Beispielen aus ausgewählten Industriezweigen. Lohfelden 1997, 176.

Diagramm 21: Entwicklung des Altpapier-Preisindex in der BRD 1985–1995 (1985=100)

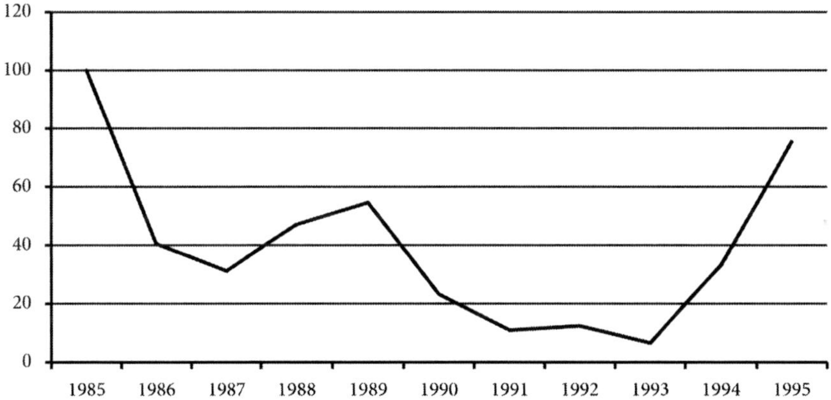

Quelle: Häberle, Betriebswirtschaftliche Analyse, 176.

Sammelaktivitäten führten.[233] Zugleich war das aber auch ein Ergebnis des weiterhin steigenden Papierverbrauchs, der die Herstellung steigender Mengen Altpapier überhaupt erst lohnend machte.

233 Park, Müllkippe, 153.

Eines erreichte das Hausmüllrecycling während der 1980er Jahre allerdings nicht: Es stellte insgesamt keine Lösung für die westdeutsche Abfallwirtschaft dar, die in der zweiten Hälfte des Jahrzehnts unter gravierenden und zunehmenden Entsorgungsproblemen litt.[234] Ein Politikum stellte dabei insbesondere die Frage der Einweg-Getränkeverpackungen – aus Glas bzw. vor allem PET-Kunststoffen – dar. Bereits 1977 war der deutsche Getränkehandel in Verhandlungen mit dem Bundesinnenministerium eine freiwillige Selbstverpflichtung dahingehend eingegangen, den Mehrweganteil bei Getränkeverpackungen nicht weiter zu erhöhen. Tatsächlich kam es jedoch zu einer zwar langsamen, aber stetigen Zunahme des Einweganteils. Im Jahr 1989 wurden zudem Prognosen von Marktforschungsinstituten bekannt, die davon ausgingen, dass der Mehrweganteil von damals immerhin noch ca. 70 Prozent weiter sinken würde. Die Bundesregierung bestimmte daraufhin Ziele für die Marktanteile von Mehrwegflaschen, welche die Getränkeindustrie ab 1991 freiwillig einhalten sollte. Jedoch stellte sich bereits im Verlauf des Jahres 1990 heraus, dass diese sich daran nicht halten würde und der Einweganteil weiter zunahm.[235]

Diagramm 22: Verbrauch und Abfallaufkommen von Kunststofferzeugnissen in der BRD (1000 t)

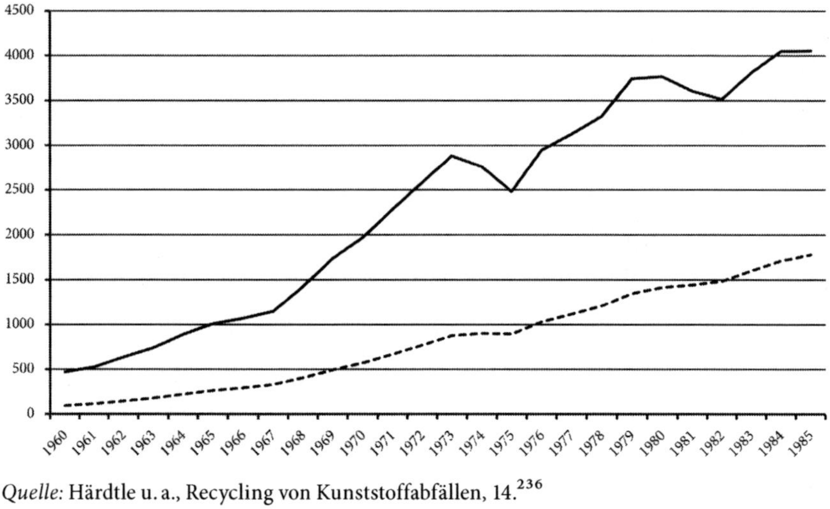

Quelle: Härdtle u. a., Recycling von Kunststoffabfällen, 14.[236]

234 Ebd.
235 Osthorst, Abfall als Ware, 169 f.
236 Vgl. auch Westermann, Plastik und politische Kultur, 126, 303.

Das war einer der wesentlichen Anlässe für die Gründung des Dualen Systems Deutschland (DSD) im Jahr 1990, geschehen im Vorgriff auf die ein Jahr später in Kraft tretende Verpackungsverordnung. Es sollte aber auch einen Beitrag zu einer dauerhaften Lösung für das Mengenproblem der deutschen Abfallwirtschaft leisten, zumal absehbar war, dass mit dem Fall der Mauer das Ventil für überschüssige Müllmengen auf längere Sicht ebenfalls verstopfen würde.[237] Das eigentlich Neue am Dualen System war allerdings, dass hier nicht auf eine dezentrale, kommunale Lösung des Problems gesetzt wurde, sondern der Staat offensiv die Verantwortung für die Lösung eines drängenden Entsorgungs- und Recyclingproblems für sich reklamierte. Angesichts der zum Zeitpunkt seiner Installierung nur rudimentär vorhandenen Infrastruktur war das ein durchaus gewagter Schritt.

Auf die Gründe für den Erfolg, vor allem aber den Misserfolg des Systems in den frühen 1990er Jahren kann an dieser Stelle nicht genauer eingegangen werden.[238] Es soll lediglich kurz umrissen werden, inwieweit das Duale System an die skizzierten Entwicklungen in Richtung Recycling in den letzten 30 Jahren anschloss. Hinzuweisen ist zunächst darauf, dass seine Einführung zum einen an Debatten seit den 1960er Jahren anknüpfte, wie mit dem zunehmenden Müllaufkommen aus Plastik umgegangen werden sollte. Das war bereits Gegenstand von Verhandlungen des Bundesinnenministeriums mit den Kunststoffproduzenten bzw. der Chemischen Industrie in den späten 1960er Jahren gewesen.[239] Diese hatte sich allerdings als fruchtlos erwiesen, denn die Plastikmengen stiegen weiter. Die Sortierung und Verarbeitung von Plastikmüll blieb die große ungelöste Frage des Recyclings, obwohl seit den 1980er Jahren intensiv dazu geforscht wurde und zahlreiche Projekte sich mit diesem Problem beschäftigten.[240] Das hing mit den vielen Sorten von Plastik zusammen, aber auch damit, dass Kunststoffe sehr häufig als Verbundstoffe eingesetzt wurden, die sich kaum sauber voneinander trennen ließen. Hinzu kam, dass der Downcycling-Effekt beim Wiederverwerten von Kunststoffen häufig stark ausgeprägt war und als Resultat am Ende, im wahrsten Sinne des Wortes, billiges Plastik herauskam. Trotz zahlreicher Forschungsvorhaben und

237 Klaus Rick, Zur Konstruktion, Implementation und Wirkung des Dualen Systems in der Abfallwirtschaft. Eine umweltökonomische Analyse. Regensburg 1998, 7 ff.

238 S. dazu Agnes Bünemann, Duales System Deutschland. Ein Rückblick über die Entwicklung in Deutschland, in: Peter Kurth (Hrsg.), Ressource Abfall. Politische und wirtschaftliche Betrachtungen anlässlich des 50-jährigen Bestehens des BDE. Neuruppin 2011, 18–31.

239 Bundesminister für das Gesundheitswesen: Niederschrift über die Besprechung am 2.7.1969 im Bundesministerium für Gesundheitswesen in Bad Godesberg (Oktober 1969). BA Koblenz, B 106, Nr. 29370.

240 Vgl. Hans Joachim Bader, Kunststoff-Recycling. Köln 1983, 47 ff.; Christian Thywissen, Die Abfallwirtschaft in der Bundesrepublik Deutschland. Frankfurt/M. 1995, 98.

Effizienzsteigerungen im Rahmen der Kunststoffproduktion gab es weiterhin keine wirklich befriedigende Recyclinglösung für Plastik.[241]

Das Duale System erwies sich allerdings auch aus anderen Gründen zu Beginn keineswegs als Erfolgsgeschichte. Angetreten war es mit durchaus ehrgeizigen Zielen: So sollten die Recyclingquoten bei Glas, Weißblech und Aluminium im Jahr 1995 bereits über 70 Prozent betragen, Papier, Kunststoffen und Verbundstoffen immerhin über 60 Prozent.[242] Allerdings wurden diese Ziele zunächst eklatant verfehlt, zudem litt das System unter massiven Finanzproblemen, was mehrfach Umstrukturierungen der Gesellschaft und ihrer Tochterunternehmen erforderlich machte. Erst nach der Jahrtausendwende geriet das DSD in ein ruhigeres Fahrwasser.[243] Überhaupt hat sich seit der Jahrtausendwende auf dem Gebiet des Recyclings vieles verändert, nicht zuletzt durch die dargestellte Konzentrationsbewegung in der Entsorgungsbranche. Geradezu sprichwörtlich wurde dabei das »Dosenpfand«, das 2006 eingeführte Pflichtpfand auf Einweg-Getränkepackungen, rechtzeitig zur Fußball-Weltmeisterschaft. Letztere wurde nach der Darstellung des Soziologen Sebastian J. Moser für viele Pfandsammler geradezu zum »Erweckungserlebnis«, weil hier das Pfandgeld im wahrsten Sinne des Wortes auf der Straße lag. Seitdem sind die Pfandsammler zu einem alltäglichen Bild und einer ubiquitären »urbanen Sozialfigur« geworden, die es bis auf die Kampagnenplakate bei der Bundestagswahl 2012 schaffte.[244] Gleichzeitig erweist sich bis heute das Recycling von Kunststoff als tendenziell problematisch. Während Recycling weiterhin lediglich bei bestimmten Abfallfraktionen rentabel ist – Metalle, Glas, Papier sowie bestimmte energetisch gut verwertbare Abfälle wie Altöl, Reifen und ähnliches[245] – landen viele Plastik- und Verbundstoffe gleich als »Ersatzbrennstoffe« in der MVA, was heutzutage schätzungsweise bei zwei Dritteln der Kunststoffe der Fall ist. Die in der Abfallbilanz der BRD ausgewiesene Recyclingquote sollte also nicht zu optimistisch stimmen.[246]

241 Umweltbundesamt, Fünf Jahre Abfallwirtschaftsprogramm, 20.

242 Häberle, Betriebswirtschaftliche Analyse, 64.

243 Bünemann, Duales System Deutschland.

244 Sebastian J. Moser, Pfandsammler. Erkundungen einer urbanen Sozialfigur. Hamburg 2014.

245 Helmut Schnurer, Recycling um jeden Preis? Kosten und ökologischer Nutzen verschiedener Recyclingverfahren, in: Abfallentsorgungs-Gesellschaft Ruhrgebiet mbH, Sozialverträglichkeit von Müllgebühren, 48–64, 51.

246 Karl Thomé-Kozmiensky, Perspektiven der thermischen Abfallverwertung, in: Forschungs- und Entwicklungsinstitut für Industrie- und Siedlungswasserwirtschaft sowie Abfallwirtschaft e. V. in Stuttgart (Hrsg.). Berlin 1985, 331–351.

5.7 »Traditionelles« und »modernes« Recycling

Die traditionelle Altstoffsammlung von Hausmüll verschwand in den 1950er und 1960er Jahren flächendeckend, was hauptsächlich durch die Ausprägung der Konsumgesellschaft, der Einführung der Selbstbedienung, der Veränderung von Stadtstrukturen sowie der Veränderung des individuellen Wegwerfverhaltens erklärt wurde. Ende der 1960er Jahre kamen jedoch verschiedene Faktoren zusammen, die zu einer Rückkehr des Recyclings führten. Dazu gehörte, dass der kontinuierliche Anstieg der Abfallmengen (insbesondere des Verpackungsmülls) sowie der schwindende Deponieraum die staatlichen Handlungsträger unter Druck setzten, nach Alternativen zum achtlosen Wegwerfen zu suchen. Zudem boten steigende Energiepreise und zeitweise hohe Preise auf den Märkten für Sekundärrohstoffe einen Anreiz für private Abfallwirtschaftsunternehmen, sich in der Sammlung von Altglas und Altpapier zu engagieren. Es gab aber auch in der Bevölkerung ein wachsendes Engagement für das Recycling bzw. die Forderung nach einem verstärkten Engagement des Staates in diesem Bereich. Das manifestierte sich in zahlreichen Schreiben an die zuständigen Stellen, aber auch in vielen Bürgergruppen, die lokale Recyclinginitiativen starteten.

In den 1980er Jahren schließlich kam es zur Installierung einer dauerhaften Recyclinginfrastruktur. Dafür waren mehrere Faktoren verantwortlich: Neben einem anhaltenden bzw. gesteigerten öffentlichen Interesse an der Wiederverwertung leisteten insbesondere auch die Kommunen einen Beitrag, als sie Privatunternehmen hoheitliche Aufgaben übernehmen ließen und ihnen vor allem im Bereich des Altpapiers Preise garantierten. Hinzu kamen eine verbesserte Technikbasis sowie eine gewachsene Erfahrung mit dem Aufbau einer technischen Infrastruktur zur Sammlung und Wiederverwertung von Materialien aus dem Hausmüll. Auf diese Weise wurde sukzessive der Standard eines kommunalen Leistungsangebots im Bereich Recycling geschaffen, hinter den nicht mehr einfach zurückgegangen werden konnte. Er bildete die Basis für die zunehmende Erweiterung und Ausdifferenzierung des Recyclingangebots, die mit der Einführung des Dualen Systems im Jahr 1990 nochmals eine neue Dynamik gewann.

Auch wenn die folgenden Überlegungen nichts anderes als thesenhafte Zuspitzungen darstellen können und durch einen breiter angelegten internationalen Vergleich überprüft werden müssten, erscheint abschließend die Frage interessant, wie sich die anfangs skizzierte »traditionelle« Wiederverwertung zum »modernen« Recycling verhält. Hier fällt auf, dass die frühere Wiederverwertung in sehr viel stärkerem Maße in die bestehenden Entsorgungsstrukturen eingebunden war, als das heutzutage der Fall ist. Das betraf etwa die Verfeuerung von Abfällen zur Beheizung der Wohnung oder die Kompostierung auf dem Misthaufen im Garten. Altwarenhändler nahmen Schrott, alte Glasflaschen oder Papier ab, es gab Lumpenhändler oder den Weiterverkauf gebrauchter Gegenstände auf dem Markt: Diese Formen der Wiederverwendung hatten eine lange Tradition und sie rentierten sich aufgrund der hohen Verfügbarkeit des Faktors Arbeit, was arbeitsintensive Verwertungsformen auf niedriger Technikbasis wahrscheinlich machte. Indem die vergangenen Formen der Warenproduktion und -distribution in stärkerem Maße eine Wiederverwertung ermöglichten, waren letztere – im Vergleich zum heutigen Recycling – deutlich näher am Ideal eines geschlossenen Kreislaufes.

Signifikant an der Entstehung des modernen Recycling ist zunächst, dass vor allem die veränderten Formen der Warenproduktion und Distribution sowie die Verteuerung des Faktors Arbeit die traditionellen Formen der Wiederverwertung verschwinden ließen. Dass die Sammlung und Aufbereitung von Materialien aus dem Hausmüll trotzdem wieder begonnen wurde, hatte politische und ökologische Gründe, es bedurfte aber auch eines ökonomischen Anreizes und technischer Voraussetzungen, damit die Installierung einer dauerhaften Infrastruktur gelingen konnte. Gerade der skizzierte Misserfolg der »Marktlösung« in den 1970er Jahren demonstrierte, dass aufgrund der Interdependenz dieser Faktoren ein institutioneller Rahmen gefunden werden musste, der sicherstellte, dass Recycling auch dann stattfand, wenn es sich ökonomisch nicht lohnte. Diese unterschiedlichen Voraussetzungen manifestieren sich in der Entwicklung der Technikbasis des modernen Recyclings: Im Unterschied zu früheren Zeiten ist dieses sehr viel kapitalintensiver, wobei der Staat an der Erweiterung des technischen Wissens selbst massiv mitgewirkt hat, beispielsweise über die Förderung von Forschungsvorhaben. Spezialisierte Unternehmen integrieren einen sehr viel größeren Teil der Wertschöpfungskette. Den Kostenfaktor Arbeit gilt es dabei nach Möglichkeit niedrig zu halten.[247]

Darin liegt im Übrigen auch ein wesentlicher Grund dafür, warum sich die lange Tradition der Wiederverwertung in der DDR, obwohl sich das Sero-System nach der »Wende« eine Zeitlang bei Umweltaktivisten großer Beliebtheit erfreute[248], für die BRD als untauglich erwies. Nicht nur war letzteren in erster Linie auf eine Gesellschaft mit größerer Rohstoffknappheit zugeschnitten und bot für die Müllprobleme kapitalistischer Industriegesellschaften keine Lösung.[249] Zudem stellten die Annahmestellen eine relativ arbeitsintensive Form

247 Dementsprechend kritisierte die Umweltbewegung am modernen Recycling auch, dass es zum kapitalistischen Produktionsregime komplimentär sei. Weyers, Dierkes, Müllnotstand, 12 f.

248 Hans-Peter Jährig, SERO – Recycling à la DDR, in: Altner, Jahrbuch Ökologie 1992, 266–272.

249 Ebd., 272. Zudem waren in der DDR offensichtlich ähnliche Phänomene wie nach dem Zweiten Weltkrieg verbunden, dass nämlich die Abfallsammlung mit dem alten »System« identifiziert wurde und nach dem Fall der Mauer die abgegebenen Mengen sofort stark zurückgingen.

der Einsammlung von Materialien dar, die relativ problemlos wiederverwertet werden konnten. Auch das ist im modernen industriellen Recycling keineswegs durchgängig der Fall. Das Sero-System besaß letztlich viel eher Ähnlichkeiten mit der Altstoffwirtschaft während des Ersten und Zweiten Weltkriegs.

Wie lassen sich die Unterschiede zwischen »traditionellem« und »modernem« Recycling erklären? Zentral ist, dass die Veränderungen des Abfallstromes, die wiederum mit veränderten Formen der Warenproduktion und -distribution eng zusammenhingen, dazu führten, dass die Wiederverwertung komplizierter und teurer wurde. Gleichzeitig stieg die Produktivität der Warenherstellung deutlich an, wobei sich diese Faktoren unter den Bedingungen eines steigenden Massenkonsums besonders stark auswirken mussten. Gerade der Tatbestand, dass die Wiederverwertung sich wirtschaftlich als nicht länger rational erwies, führte auf längere Sicht dazu, dass andere Faktoren an die Seite der ökonomischen traten: schwindender Deponieraum, zunehmende Umweltbelastungen durch Deponien sowie Müllverbrennungsanlagen, steigende Energiepreise und die begründete Aussicht knapper werdender Ressourcen.

Auf diese Weise kam es seit den späten 1960er Jahren zu einer letztlich unwahrscheinlichen Interessenskoalition: Der Staat befürwortete zur Lösung des Abfallproblems großflächige Entsorgungsinfrastrukturen, setzte Recycling aber bereits früh auf die Agenda, um die Müllmengen zu reduzieren. Es gab ein wachsendes Umweltbewusstsein, viele Menschen forderten Recycling und ergriffen mitunter selbst die Initiative. Es brauchte aber auch die private Entsorgungswirtschaft, deren technische Expertise und Gewinninteressen den Aufbau einer funktionierenden Infrastruktur überhaupt erst ermöglichten. Wird die heutige Recyclinginfrastruktur prinzipiell als ein historischer Fortschritt anerkannt, lässt sich in dieser Konstellation vielleicht sogar eine »List der Vernunft« erblicken.

Ergebnisse und Ausblick

Der frühere Ministerialbeamte und Abfallhistoriker Gottfried Hösel hat die Veränderungen der Abfallwirtschaft nach 1945 als »zweite Reform der Städtereinigung« nach der Kommunalisierung der Müllabfuhr im letzten Viertel des 19. Jahrhunderts bezeichnet.[1] Die tatsächlichen Veränderungen gingen jedoch weit darüber hinaus, was mit dem Begriff »Städtereinigung« sinnvoll umschrieben werden könnte: Der Müll hörte seit den 1960er Jahren auf, in erster Linie ein kommunales Problem und Gegenstand der Städtehygiene zu sein. Er wurde zu einem Umweltproblem ersten Ranges, das sich nicht länger dadurch lösen ließ, dass man den Abfall einsammelte und wegschaffte. Stattdessen kam es besonders während der 1970er und 1980er Jahre zum Aufbau großräumiger Infrastrukturen der Sammlung, Entsorgung und Wiederverwertung. Das ging jedoch nicht nur mit einem zunehmend kritischen Diskurs über die staatlichen Maßnahmen einher. Vielmehr veränderte sich im Rahmen der rechtlichen Regulierung und staatlichen Neuordnung der Abfallwirtschaft der gesellschaftliche Umgang mit dem Müll grundlegend. Am Ende der 1980er Jahre war das Feld der Abfallwirtschaft gegenüber den 1960er Jahren nicht mehr wiederzuerkennen: Nicht nur war das Wissen über den Abfall exponentiell gewachsen, auch der öffentliche und wissenschaftliche Müll-Diskurs hatten sich grundlegend verändert.

Eine wesentliche Ursache dieser Entwicklung bestand zunächst in der kontinuierlichen Zunahme der Abfallmengen, die in den 1960er und 1970er Jahren besonders stark ausfiel. In den 1980er Jahren wuchsen sie dann nur noch vergleichsweise langsam bzw. begannen auf hohem Niveau zu stagnieren, wodurch der Problemdruck allerdings nicht geringer wurde. Als Ursache für die »Müll-Lawine« wurde bereits um 1960 der neue Wohlstand in Westdeutschland angesehen, was aber gerade für den Anstieg des Hausmüllaufkommens bestenfalls eine unvollständige Erklärung darstellt: Einen wesentlichen Einfluss hatte auch die Durchsetzung der Selbstbedienung im Lebensmitteleinzelhandel, die zu einer starken Zunahme des Verpackungsmülls führte. Die Verdrängung des offenen Hausbrands durch Zentralheizungen hatte als Resultat, dass Lebensmittelreste, Papier und andere brennbare Materialien nicht mehr verfeuert werden konnten und dementsprechend in den Hausmüll wanderten. Veränderungen der Stadtstrukturen gingen mit einer Zurückdrängung der Selbstversorgung einher, so dass Abfälle nicht länger an Schweine, Ziegen oder andere

1 Hösel, Unser Abfall aller Zeiten, 191 ff.

Kleintiere verfüttert werden konnten. Genauso verschwanden die Misthaufen aus den Gärten, so dass, wie ein Briefschreiber bereits 1957 berichtete, »die Mülltonnen überquollen«.[2] Schließlich wurde seit dem Ende der 1950er Jahre auch eine Veränderung des Wegwerfverhaltens beobachtet. Die Menschen warfen Dinge zunehmend achtlos weg, traditionelle Sparsamkeitsrationalitäten waren auf dem Rückzug.

Das Ansteigen der Abfallmenge ging mit einer sich verändernden Materialität einher. Während der Hausmüll in den 1950er Jahren noch zu ca. einem Drittel aus Asche aus dem Hausbrand bestanden hatte, nahmen seit Ende dieses Jahrzehnts Verpackungsmaterialien immer stärker zu. Während der 1960er Jahre wuchs das Kunststoffaufkommen im Müll bereits beträchtlich, auch wenn Plastik erst dabei war, zu einer relevanten Abfallfraktion zu werden. Die veränderte Materialität hatte zunächst zur Folge, dass der Müll durchschnittlich leichter wurde, das Gesamtvolumen also deutlich stärker anstieg als das Gesamtgewicht. Gerade Kunststoffe und Haushaltschemikalien sollten jedoch bei der Entsorgung der Abfälle zunehmende Schwierigkeiten bereiten.

Die steigenden Hausmüllmengen schufen ein Problem für die Infrastrukturen der Abfallsammlung. Diese waren seit dem letzten Viertel des 19. Jahrhunderts geschaffen worden, als der städtische Unrat zunehmend als Gegenstand der Städtehygiene in den Vordergrund trat. Die zumeist kommunalisierte Müllsammlung erlebte in den 1920er Jahren einen Rationalisierungsschub in Form der Durchsetzung der »Systemabfuhr«, die auf standardisierten Mülltonnen (zumeist nach dem »Es Em«-System der Firma Schmidt & Melmer) und (teilweise bereits motorisierten) Abfuhrfahrzeugen basierte. Dieses System wurde in den 1950er Jahren, nachdem die Kriegseinwirkungen überwunden waren, erweitert, weiterentwickelt und modernisiert, dann jedoch durch die steigenden Abfallmengen sowie den durch die positive gesamtwirtschaftliche Entwicklung bedingten Arbeitskräftemangel komplett überfordert.

Das war der Hintergrund für eine durchgreifende Rationalisierung der Müllabfuhr seit den 1960er Jahren, wobei die Einführung des Großbehälters MGB 1,1 (1964 in Wiesbaden) sowie der Plastikmülltonne (1964 in Freiburg) zentrale Innovationen darstellten. Sie ermöglichten es, mehr Müll mit weniger Arbeitsaufwand einzusammeln. Plastikmülltonnen waren darüber hinaus deutlich leichter als die alten Gefäße aus Stahlblech. Auch wenn es in einigen Städten bis zum Beginn der 1980er Jahre dauerte, bevor die Plastikgefäße sich durchgesetzt hatten, machten sie die Arbeit in der Müllabfuhr deutlich einfacher. Eine weitere zentrale Innovation stellte schließlich die Entwicklung der MGB 240-Mülltonne zu Beginn der 1970er Jahre dar, die aufgrund ihrer Räder leichter transportiert

2 Schreiben Josef Schwing an den Oberbürgermeister der Stadt Mannheim (21.12.1953). SdtA Mannheim, Hauptregistratur, Zugang 1955/1964, Nr. 1582.

werden konnte und durch ihre quadratische Form speziell auf den Verpackungsmüll zugeschnitten war. Zugleich stellte die Implementierung neuer Behältertypen keinen »Top down«-Prozess dar, sondern fand in Auseinandersetzung mit der Bevölkerung statt, die ungeeignete Sammelsysteme wirksam boykottieren konnte. Dementsprechend setzten sich in vielen Fällen diversifizierte Behältersysteme durch, bei denen Einfamilienhäuser ihre Einzeltonne behielten, während der MGB 1,1 hauptsächlich bei großen Wohneinheiten eingesetzt wurde, wo er soziale Konflikte sogar eher entschärfen half.

Diese technischen Rationalisierungsmaßnahmen hatten den Nebeneffekt, seit den 1970er Jahren durchgreifende Änderungen der Arbeitsorganisation in der Müllabfuhr zu ermöglichen. Eine entscheidende Rolle spielte dabei die private Entsorgungswirtschaft, die bald deutliche Effizienzvorteile gegenüber den kommunalen Stadtreinigungsämtern hatte und angesichts zunehmender Finanzprobleme der Kommunen auf diese beständig Druck ausübte, ihre Leistungspolitik zu überdenken. Seit den 1970er Jahren wurden »Privilegien« der Müllwerker zunehmend abgeschafft. Die Anzahl der Lader, die auf den Sammelfahrzeugen mitfuhren, sank kontinuierlich. Dadurch änderte sich der Arbeitsalltag in der Müllabfuhr grundlegend, was insbesondere von Seiten der Gewerkschaften kritisch thematisiert wurde.

Diese Entwicklung war letztlich aber kaum aufzuhalten. Mit der privaten Entsorgungswirtschaft erschien seit den 1960er Jahren ein neuer Akteur auf der Bühne der Abfallwirtschaft, der die angewandten Techniken, die Formen der Arbeitsorganisation in der Müllabfuhr sowie die Logistiken der Abfallwirtschaft insgesamt durch eine konsequente Orientierung an betriebswirtschaftlichen Kriterien revolutionierte. Die primären Geschäftsfelder der Privaten waren zunächst Gewerbeabfälle sowie die Müllabfuhr in ländlichen Regionen, seit den 1980er Jahren jedoch zunehmend auch das Recycling. Zu diesem Zeitpunkt hatte sich die Branche bereits stark professionalisiert und sie zwang auch die kommunalen Stadtreinigungsämter zu Anpassungen. Eine Privatisierungswelle der kommunalen Stadtreinigungsämter sollte dann ab der Mitte der 1990er Jahre stattfinden.

Auch wenn die Leistungspolitik, Arbeitszeit und Bezahlung der Müllwerker in den 1970er und 1980er Jahren Anlass für intensive Debatten bot, so konnte das Problem der Abfallsammlung seit den frühen 1970er Jahren technisch als weitgehend gelöst gelten. An die Stelle der Abfallsammlung, die eigentlich das »klassische« städtehygienische Problem darstellte, trat seit den 1960er Jahren jedoch zunehmend die Entsorgung – und hier war eine technische Lösung des Problems nicht ohne Weiteres in Sicht. Im Gegenteil: Die Entsorgungsfrage wurde seit den 1970er Jahren immer kontroverser und in den 1980er Jahren ließen sich zeitweise kaum noch neue Anlagen gegen die Bevölkerung durchsetzen. Im Rahmen der Städtehygiene war es vor allem darum gegangen, die Abfälle zu externalisieren, also möglichst außerhalb Reich- und Sichtweite der Bevölkerung zu verbringen, damit diese nicht durch Gestank oder Ungeziefer belästigt oder gefährdet wurde. Jetzt hingegen wurden die Risiken von Entsorgungsanlagen sehr viel subtiler und umfassender wahrgenommen.

Dabei stellten bereits zu Beginn der 1960er Jahre sowohl die zunehmende Menge wie auch die sich verändernde Materialität des Mülls ein Problem dar. Im Ruhrgebiet wussten die meisten Kommunen bereits am Ende der 1950er Jahre nicht mehr, wo sie den Hausmüll innerhalb ihres Stadtgebiets noch ablagern sollten. Gerade in größeren Städten vermehrten sich die »wilden« Kippen sprunghaft. Diesen fingen zudem häufig Feuer und belasteten damit die städtische Umwelt besonders in den Sommermonaten erheblich. Es waren solche Probleme, einhergehend mit dem endemischen Platzmangel urbaner Ballungsräume, die seit Beginn der 1960er Jahre die Müllverbrennung zur vorherrschenden Entsorgungslösung für Großstädte werden ließ, wobei der Höhepunkt des Neubaus von MVAs in der zweiten Hälfte der 1960er Jahre lag. Weil diese Anlagen allerdings sehr teuer waren und sich erst ab einer bestimmten Auslastung rentierten, stellten sie keine Lösung für die Entsorgungsprobleme der westdeutschen Wohlstandsgesellschaft insgesamt dar.

Aus diesem Grund reifte während der 1960er Jahre die Einsicht, dass es einer grundlegenden Neuordnung der Abfallbeseitigung bedurfte und dass die Kommunen allein nicht in der Lage waren, diese zu leisten. Bei der Abfallsammlung hatte sich ein uniformes, leistungsfähiges System gerade durch die informelle Kooperation der Kommunen herausgebildet. Das war möglich gewesen, weil hier eine Interessenkongruenz existierte, um einen gesicherten Standard der Städtehygiene allgemein zu etablieren. Gerade das war jedoch bei der Entsorgung nicht der Fall, weil hier die Kommunen ihre Probleme im Zweifelsfall lieber auf Kosten anderer zu lösen versuchten. Im Jahr 1963 wurde mit der LAGA darum ein erstes Gremium geschaffen, das die Anstrengungen zur Verbesserung der Entsorgungssituation auf Landesebene koordinieren sollte. Seit 1965 wurde im Bundesgesundheitsministerium, seit 1969 dann im Bundesinnenministerium ein Gesetz zur Regelung der Abfallbeseitigung vorbereitet, das nach vielen Querelen schließlich im Juni 1972 in Kraft trat und die Entsorgungssituation in der BRD grundlegend verändern sollte.

Dabei zielte die Neuordnung der Abfallwirtschaft zunächst auf die Reduzierung der Ende der 1960er Jahre geschätzt 50.000 Kippen in der BRD. Diese sollten auf längere Sicht durch Müllverbrennungsanlagen für Großstädte und Zentraldeponien für Kleinstädte und ländliche Räume ersetzt werden. Eine solche Zielsetzung, in der sich zeitgenössische Konzepte der Planung und Raumordnung widerspiegelten, stieß aber besonders dort auf starke Widerstände, wo die Neuordnung der Abfallbeseitigung bislang noch kaum begonnen worden war und wo große Entsorgungsanlagen in ländlichen Räumen errichtet werden sollten. Auch wenn während der 1970er Jahre die Zahl der Deponien tatsächlich auf unter 3.000 reduziert werden konnte und sich die Entsorgungssituation insgesamt deutlich verbesserte, handelte es sich um äußerst komplizierte und langwierige Planungsprozesse. Diese führten in vielen Fällen zu einer scharfen Frontstellung von Planern und Gegnern, die sich am Ende häufig nichts mehr zu sagen hatten.

Das hatte auch damit zu tun, dass sich die Art und Weise, wie das Abfallproblem im wissenschaftlichen und öffentlichen Diskurs verhandelt wurde, seit der zweiten Hälfte der 1960er Jahre signifikant veränderte. Solange der Müll exklusiver Gegenstand städtehygienischer Diskurse gewesen war, stand die prinzipielle technische Lösbarkeit des Entsorgungsproblems nicht in Frage. Das wurde aber in dem Moment anders, als er auch sprachlich zunehmend als ein Umweltproblem konturiert wurde, das sich nicht mehr einfach externalisieren ließ und dessen technische Lösbarkeit zunehmend problematisiert wurde. Deponien kontaminierten das Grundwasser und produzierten Gase, während die Schadstoffemissionen von Müllverbrennungsanlagen seit Mitte der 1970er Jahre zunehmend kritisch thematisiert wurden. Dabei trug auch die vermehrte wissenschaftliche Beschäftigung mit der Abfallwirtschaft nur bedingt zu einer Lösung oder gar Beruhigung bei. Vielmehr legte sie erst offen, wie komplex das Problem war und wieviel man gerade hinsichtlich der Wirkungen des Abfalls auf der Deponie oder in der Verbrennung noch nicht wusste. Gerade auf dieses Nichtwissen konnte sich eine kritische Gegenexpertise beziehen, die vehement auf die bekannten und unbekannten Risiken der Entsorgung verwies und sich in der zweiten Hälfte der 1970er Jahre zunehmend institutionalisierte.

Die daraus resultierenden Probleme kulminierten während der 1980er Jahre. Es wurde immer schwerer, neue Entsorgungsanlagen gegen zunehmend vehement auftretende und fachlich versierte Umwelt- und Bürgerinitiativen durchzusetzen, die sehr häufig Unterstützung durch die betroffenen Kommunen fanden. Weil die Abfallmengen weiterhin hoch blieben, geriet die Entsorgungsinfrastruktur immer mehr an ihre Kapazitätsgrenzen, was seit Mitte der 1980er Jahre zunehmend mittels Schlagwörtern wie »Müllnotstand« oder »Abfallinfarkt« thematisiert wurde. Die Debatten um neue Entsorgungsanlagen wurden dabei noch zusätzlich dadurch angeheizt, dass seit Beginn der 1980er Jahre die Politik mehr und mehr Müllverbrennungsanlagen als Entsorgungslösung präferierte, die zwar wesentliche Vorteile hinsichtlich Flächenverbrauch und Anbindung an die Sammlungssysteme hatten, jedoch wegen der Emissionsproblematik besonders starke Ängste weckten. Im Fokus standen dabei besonders die Dioxine, die als ubiquitäre »Ultragifte« eine fundamentale Kritik an der chemiebasierten Lebensweise der modernen Konsumgesellschaft evozierten. Die tatsächlichen Risiken von Müllverbrennungsanlagen stellte sicherlich die kontroverseste Frage der Abfalldebatten in der zweiten Hälfte der 1980er Jahre dar, über deren »unsachlichen« Ton sich viele Techniker wiederum beklagten.

Eine der wenigen, allgemein akzeptierten Möglichkeiten, die Entsorgungsproblematik zu mildern, stellte das Recycling dar. Dieses war am Ende der

1960er Jahre allerdings durchaus kein neues Phänomen, sondern konnte auf eine lange Tradition der Altstoffverwertung und des Handels mit gebrauchten Waren zurückblicken. Allerdings verschwand das Wiederverwerten von Materialien aus dem Hausmüll sukzessive in den 1950er und vor allem 1960er Jahren, so dass am Ende des Jahrzehnts praktisch keine Fraktionen aus dem Hausmüll mehr wiederverwertet wurden. Die Gründe dafür lagen einerseits in dem Wohlstandszuwachs und steigenden Arbeitskosten, die das Recycling ökonomisch unattraktiv machten. Es hatte aber auch mit der Zerstörung der gewachsenen Infrastrukturen des Altstoffhandels durch die Nationalsozialisten, der Durchsetzung des Konzepts der Geordneten Deponie sowie gestiegenen Hygienestandards zu tun.

Seit dem Ende der 1960er Jahre erlebte das Recycling jedoch ein Comeback, wobei mehrere Faktoren zusammenkamen. Zunächst spielte dafür das gestiegene Umweltbewusstsein der Bevölkerung eine Rolle, das mit einem zunehmenden Unbehagen an der »Wegwerfgesellschaft« einherging und sich in zahlreichen lokalen Recyclinginitiativen materialisierte. Zugleich boten jedoch die (zeitweise) günstigen Preise für Sekundärrohstoffe, besonders für Altpapier, einen Anreiz für professionelle Privatfirmen, in die Sammlung von Altpapier aus den Haushalten einzusteigen. Diese zeitweise glückliche Verbindung von Ökologie und Ökonomie ging jedoch bereits Mitte der 1970er Jahre zuende, als die Preise auf den Altpapiermärkten verfielen und es sich selbst für caritative Organisationen nicht mehr lohnte, Altpapier oder Altglas zu sammeln.

Gleichwohl waren diese ersten Versuche, ein »modernes« Recycling zu installieren, keineswegs ein völliger Fehlschlag. Da auch der Staat sich im Zuge des Abfallwirtschaftsprogramm von 1975 stärker dem Hausmüllrecycling zuwandte und sich private Entsorgungsfirmen zunehmend in diesem Bereich zu engagieren begannen, konnten ab der zweiten Hälfte der 1970er Jahren nach und nach stabile Infrastrukturen für die Wiederverwertung einzelner Hausmüllfraktionen geschaffen werden. Die Kommunen unterstützten diese Entwicklung, indem sie damit anfingen, Privatfirmen zu subventionieren, um die hohe Volatilität der Sekundärrohstoffmärkte zu kompensieren. Als sich die Recyclinginfrastrukturen etabliert hatten, war eine solche Subventionierung oftmals nicht mehr notwendig.

Insgesamt standen hinter den Recyclinganstrengungen seitens des Staates einerseits das Bemühen, Rohstoffe und Energie zu sparen, andererseits aber die Absicht, die knappen Entsorgungskapazitäten zu entlasten. Das war auch die wesentliche Intention hinter der Einführung des »Grünen Punkts« und des Dualen Systems Deutschland, wobei mit den Kunststoffen auch das Aufkommen einer problematischen Hausmüllfraktion verringert werden sollte. Nach großen Anlaufschwierigkeiten erwies sich das System als einigermaßen erfolgreich. Am Ende der 1990er Jahre sollten die Infrastrukturen des Hausmüllrecyclings jedenfalls zu einer spürbaren Verringerung des effektiv zur

Entsorgung anfallenden Hausmülls führen, was nicht zuletzt für einige Abfallpraktiker durchaus überraschend kam.

Anfang der 1990er Jahre gehörte die Frage der Abfallentsorgung zu den am heftigsten debattierten umweltpolitischen Themen und eine Lösung erschien nicht in Sicht. Es war keineswegs klar, ob der Weg in Zukunft stärker in Richtung Deponierung oder Verbrennung gehen würde: Schließlich erwies sich gerade der Widerstand gegen neue MVAs als besonders stark und es schien für die Behörden zeitweise einfacher, auf die flächenintensive Deponierung zu setzen, obwohl diese gerade von den Technikern abgelehnt wurde.[3] Auch deshalb dürften viele Verantwortliche der Abfallwirtschaft den Fall der Mauer und die Wiedervereinigung der BRD mit der DDR eher mit gemischten Gefühlen aufgenommen haben. Zwar blieb die DDR noch eine gewisse Zeit der »dumping ground« Westdeutschlands gerade für Sonderabfälle. Trotzdem war Anfang der 1990er Jahre klar, dass sich das »Müllventil« im Osten bald schließen würde. Angesichts dieser Situation war es auch keineswegs erstaunlich, dass die Müllexporte und die nicht umweltgerechte Entsorgung zu Beginn der 1990er Jahre hochpolitisierte Themen darstellten, zumal offensichtlich nun andere Wege und Orte gesucht wurden, um problematische Abfälle preisgünstig loszuwerden.[4]

Die Neuordnung der Abfallwirtschaft auf dem Gebiet der DDR stellte eine gigantische Herausforderung dar. Nicht allein, dass sich die Menschen in Ostdeutschland nahezu ohne Zeitverlust dem westdeutschen Wegwerfverhalten anpassten: Auch die dort vorhandenen Mülldeponien entsprachen nicht annähernd dem westdeutschen Standard.[5] Mit gewaltigen Summen mussten zahllose Altlasten saniert werden, wozu auch viele Mülldeponien gehörten. Es war fast ein wenig ironisch, dass auf vielen von ihnen auch Westmüll lagerte. Vor allem aber mussten dem aktuellen Stand entsprechende Entsorgungsanlagen geschaffen werden. Auch das gehörte zu den Ausgaben, die gewissermaßen mit den allgemeinen »Kosten der Einheit verrechnet«[6] wurden und die darum nur vergleichsweise wenig öffentliche Aufmerksamkeit erregten, aber in die Milliarden gingen. Darüber hinaus stellte auch (und weiterhin) die Deponie Schönberg in der Nähe von Rostock ein Politikum dar, die trotz zweifelhafter Sicherheitsstandards weiterhin in Gebrauch blieb.

Die Lage der deutschen Abfallwirtschaft war insofern äußerst verfahren. Neben den ohnehin bestehenden Entsorgungsengpässen musste die Planung neuer Entsorgungsanlagen mit einer starken »Müllopposition« rechnen, der es in den

3 Harries, Praxis, 36.

4 Vgl. Harald Knisch, Müllexporte. Entsorgung auf Kosten der Armen, Kassel 1991, 15; Zur generellen Problematik: Jennifer Clapp, Toxic Exports. The Transfer of Hazardous Wastes from Rich to Poor Countries, Ithaca, London 2001, 51.

5 Jacqueline Ferkau, Günter Lelgemann, Entwicklung der Abfallwirtschaft in Ostdeutschland unter besonderer Berücksichtigung des Landes Brandenburg. Bochum 1996.

6 Radkau, Ära der Ökologie, 535.

1980er Jahren immer wieder gelang, Projekte zu verhindern. Und als wäre das alles noch nicht genug gewesen, wurde mit dem Dualen System Deutschland gleichzeitig eine neue Recyclinginfrastruktur geschaffen, die gerade in der ersten Hälfte der 1990er Jahre mit gravierenden Kinderkrankheiten zu kämpfen hatte und in der Öffentlichkeit oftmals als Sinnbild einer fehlgeleiteten Abfallpolitik galt. Es gab also durchaus wenige Gründe, hinsichtlich der Entsorgungssituation in der Bundesrepublik besonders optimistisch zu sein.

Dass ein Ausweg aus dieser Lage gefunden wurde, hatte wesentlich mit einer unscheinbaren Verordnung zu tun, die unter der Abkürzung »TASi« firmierte, aber durchaus mit Recht als die wirkmächtigste Verordnung in der Geschichte der deutschen Abfallwirtschaft angesehen werden kann. Die »Technische Anleitung Siedlungsabfall« wurde 1993 erlassen, nachdem sie bereits seit Inkrafttreten des Abfallwirtschaftsgesetzes 1986 debattiert worden war.[7] Allein das zeigt, als wie weitreichend ihre Regelungen betrachtet wurden. Die TASi bestimmte, dass Abfälle nicht so entsorgt werden durften, dass daraus langfristige Belastungen für zukünftige Generationen entstanden.[8] Das bedeutete, dass nach einer Übergangszeit von etwas mehr als zehn Jahren keine unbehandelten Abfälle mehr auf Deponien abgelagert werden durften, was tatsächlich auf längere Sicht das Aus für die klassische Hausmülldeponie bedeutete.

Damit hatte sich, zumindest auf dem Verordnungswege, der Standpunkt der Techniker durchgesetzt, zumal es nun zunehmend als wissenschaftlich gesichert galt, dass die Emissionen von Deponien nicht vollständig in den Griff zu bekommen waren, während die Lage bei Verbrennungsanlagen – angesichts der Fortschritte der Filtertechnik war das nachvollziehbar – deutlich optimistischer eingeschätzt wurde. Das hinderte Umweltverbände und Bürgerinitiativen nicht daran, gegen die »Pyromanen« in der Abfallwirtschaft zu wettern und – auch das nicht ganz zu Unrecht – auf die immer noch vielen Unbekannten der Emissionen von MVAs hinzuweisen. Der pejorative Begriff des »Pyromanen« wurde allerdings von vielen Praktikern adaptiert, die damit zum Ausdruck bringen wollten, »dass diese Industriegesellschaft ohne Müllverbrennungsanlagen ihre Abfallprobleme nicht lösen kann.«[9]

In den 1990er Jahren wurden, um den Anforderungen der TASi zu genügen, zahlreiche neue Müllverbrennungsanlagen gebaut. Auch in Dortmund wurde in der zweiten Hälfte der 1990er Jahre eine solche Anlage errichtet, nachdem die

7 Erich Gassner, Einführung, in: TA Siedlungsabfall. Dritte Allgemeine Verwaltungsvorschrift zum Abfallgesetz. Textausgabe mit Einführung. München 1993, 1.

8 Peter Töpfer, Vermeidung und Verwertung hausmüllähnlicher Gewerbeabfälle. Langfassung. München 1994, 10.

9 Uwe Steckert, Müllverbrennung – Methode aus dem Mittelalter? Überarbeitete Fassung eines Vortrags am 17.5.1995 im Institut für Energierecht an der Universität zu Köln. SdtA Duisburg, W 907.

Stadt erst 1994 eine neue Großdeponie in Betrieb genommen hatte.[10] Die Deponien wurden geschlossen, rekultiviert oder für die Überreste der Verbrennung verwendet. Zu den enormen Investitionen, die für neue MVAs erforderlich waren, kamen also noch beträchtliche Sanierungskosten hinzu. Angesichts der Intensität, mit der sich die »Müllopposition« Ende der 1980er und Anfang der 1990er Jahre gegen die Einrichtung neuer Verbrennungsanlagen gewehrt hatte, waren die Widerstände dagegen jedoch erstaunlich handzahm. Das hatte zunächst damit zu tun, dass sich die Emissionsfrage tendenziell entdramatisiert hatte. Seit Ende der 1980er Jahre kamen zahlreiche Studien zu dem Ergebnis, dass Verbrennungsanlagen deutlich weniger Schwermetalle, Dioxine oder Furane emittierten, als oftmals befürchtet.[11] Zudem wurde die Filtertechnik wesentlich verbessert und neue Anlagen in der Regel mit Filtern auf dem neuesten Stand der Technik ausgerüstet. Auch wenn man die Behauptung der »Pyromanen«, die Luft, die aus den Schornsteinen käme, sei sauberer, als diejenige, die unten hineinginge, mit einer guten Portion Vorsicht betrachtet sollte, ist gleichwohl davon auszugehen, dass nach dem heutigen Stand des Wissens die Müllverbrennung tatsächlich die umweltverträglichste Form der Entsorgung darstellt.

Zudem haben sich die umweltpolitischen Schwerpunkte verschoben: Der Abfall war eines *der* umweltpolitischen Topthemen am Beginn der 1990er Jahre gewesen. Nun aber traten andere Themen, insbesondere der Klimawandel oder das Artensterben, stärker hervor und drängten den Müll in den Hintergrund. Lange Zeit schien es sogar so, als ob der Abfall eines der wenigen Umweltprobleme sei, die mehr oder weniger als technisch gelöst gelten könnten – gewissermaßen ein Fenster der Hoffnung angesichts kontinuierlich steigender Mengen des weltweiten CO_2-Ausstoßes. Im Hinblick auf global weiterhin gravierende Entsorgungsprobleme, die E-Waste-Problematik oder die Meeresverseuchung durch Plastikabfälle kann davon keine Rede sein. Gleichwohl hat die Hausmüllproblematik in der BRD mit den im Zuge der »TASi« ergriffenen Maßnahmen eine technisch befriedigende Lösung gefunden, womit sie unter den aktuellen Umweltproblemen sicherlich eine Sonderrolle einnimmt.

Um zu dieser Lösung zu gelangen waren jedoch durchgreifende Maßnahmen und viel Geld erforderlich. Nicht zuletzt machte die Grundsatzentscheidung für die Verbrennung die Entsorgung kontinuierlich teurer. Seit Mitte der 1990er Jahre wurde immer öfter die Sozialverträglichkeit von Abfallgebühren thematisiert. So stiegen allein zwischen 1993 und 1994 die Abfallgebühren in NRW durchschnittlich um 30 Prozent.[12] In einzelnen Gemeinden waren

10 Herbold u. a., Entsorgungsnetze, 245 ff.

11 Gerhard Schetter, Dioxin- und Furanemissionen aus Müllverbrennungsanlagen, in: Müll und Abfall 20, 1988, Hft. 2, 58–67.

12 Lee, Abfallwirtschaft, 41.

Steigerungsraten von bis zu 175 Prozent zu beobachten.[13] Darüber hinaus mussten sich die Kommunen für neue Entsorgungsanlagen hoch verschulden, die nicht zuletzt aufgrund steigender Umweltstandards immer kostspieliger wurden. Diese waren allerdings entscheidend dafür, die Emissionen von MVAs zu verringern und die Anlagen damit gegenüber der Bevölkerung zu legitimieren.

Die Entscheidung für die Verbrennung hatte auch in anderer Hinsicht weitreichende Folgewirkungen: Dadurch wurde es für Energiekonzerne wie RWE oder die VEBA attraktiv, im Zuge einer Politik der vertikalen Integration in Abfallwirtschaftsunternehmen zu investieren. Die private Abfallwirtschaft wurde dadurch um die Jahrtausendwende endgültig zu einem »big business« als die großen Energiekonzern und Anlagenbauer bei Rethmann, Edelhoff und anderen Firmen einstiegen.[14] Allerdings gingen sie nach wenigen Jahren auch wieder aus diesem Bereich heraus, weil sie offensichtlich mit den Eigenheiten des Abfallgeschäfts nicht zurechtkamen. Das Resultat war schließlich ein oligopolistischer Abfallmarkt, der sich bereits bei der Neuorganisation der Abfallwirtschaft in den Neuen Bundesländern abgezeichnet hatte, als vergleichsweise wenige Firmen die größten Teile des Kuchens unter sich verteilten.[15]

Das viele Geld, das seit den 1990er Jahren im Abfallmarkt steckte, machte schließlich auch die Korruption in der Branche notorisch. Hellmut Trienekens, bis dahin einer der erfolgreichsten »Selfmade-Männer« der privaten Abfallwirtschaft, war ebenfalls darin äußerst erfolgreich, sein Lebenswerk zu destruieren. Im Zuge der Errichtung der Kölner Müllverbrennungsanlage hatte er offensichtlich mehrere Lokalpolitiker mit Millionenbeträgen »geschmiert«, um eine Anlage mit deutlich überhöhter Verbrennungskapazität durchzusetzen. Nach Aufdeckung dieses Skandals im Jahr 2002 musste er für einige Zeit ins Gefängnis, während sein Unternehmen von der RWE übernommen wurde. Im Prozess wurde aber nicht zuletzt offensichtlich, dass Trienekens gar nicht recht verstand, warum er eigentlich vor Gericht stand: Das war eben die Art und Weise, wie man im Bereich Verbrennung Geschäfte machte.[16] Die Verurteilung Hans Reimers im selben Jahr, weil er »Beraterprovisionen« großer Anlagenbauer nicht ordnungsgemäß versteuert hatte, zeigte das ebenfalls deutlich.[17] Die Stadt Köln hat im Übrigen bis heute noch mit ihrer Anlage Probleme und muss zur Auslastung ihrer Kapazität Müll aus dem Ausland (v. a. Italien) importieren.

Die Kapazitätsplanung war die heikle Frage bei der Errichtung neuer Anlagen, denn es war keineswegs sicher, wieviel Müll zukünftig tatsächlich zur Verbrennung anfallen würde – zumal sichergestellt werden musste, dass wirklich

13 Landsberg, Die Entwicklung der Abfallgebühren, 16.
14 Fischer, Konzentrationsprozesse.
15 Osthorst, Abfall als Ware, 191 ff.
16 Eva-Maria Thoms, Köln, wie es stinkt und kracht, in: Die Zeit Nr. 21 (13.5.2004).
17 Gall, Kopp, Schlüsselfigur.

ausreichend Verbrennungskapazität vorhanden war, um eine Wiederholung des Abfallnotstands der späten 1980er Jahre zu vermeiden. Tatsächlich sanken jedoch die Abfälle zur Entsorgung, weil wachsende Mengen durch das Hausmüllrecycling abgeschöpft wurden. Die Infrastrukturen des Recyclings waren am Ende der 1990er Jahre voll etabliert und damit auch zunehmend rentabel. Diese Tendenz wurde auch durch die Neufassung des Abfallgesetzes unterstützt, das nach zahlreichen Querelen im Oktober 1996 als »Abfallwirtschafts- und Kreislaufgesetz« in Kraft trat.[18] Das Gesetz enthielt jetzt nicht nur genauere Regelungen zum Recycling, sondern es fasste auch den Begriff der Abfälle völlig neu: Zentral waren jetzt der Begriff des »Rückstands« sowie die Unterscheidung zwischen verwertbaren Materialien und nicht verwertbaren Rückständen, also »Abfällen zur Verwertung« und »Abfällen zur Entsorgung«. Die Grauzonen des subjektiven Abfallbegriffs sollten so eliminiert werden.[19]

Zehn Jahre nach Erlass der TASi waren die vorgeschriebenen Maßnahmen weitgehend umgesetzt. Ab 2005 wurde nahezu der gesamte Hausmüll in der BRD entweder recycelt oder verbrannt. Deponiert werden musste die Schlacke aus der Verbrennung, wenn sich keine alternative Verwendungsmöglichkeit fand. Die hochproblematischen Substanzen, die in der MVA herausgefiltert wurden, wurden größtenteils in unterirdischen Schächten deponiert. Bis zur Erreichung dieses Zustandes war es allerdings – wie gesehen – ein weiter Weg. Gleichwohl sind die Ergebnisse dieser Politik durchaus bemerkenswert (Diagramm 23).

Bezüglich der hohen Recyclingquote ist allerdings einschränkend anzumerken, dass darin auch das sog. »Thermische Recycling« enthalten ist, bei dem vor allem Kunststoffabfälle für die Energie- und Wärmegewinnung verbrannt werden. Trotzdem ist es auffällig, wie konsequent die Abfallwirtschaftspolitik seit den 1990er Jahren vorangetrieben wurde, was gerade der europäische Vergleich deutlich zeigt. Ob darin »endgültig« die beste Lösung für das Abfallproblem erblickt werden muss, sei aber dahingestellt. Eine solche Aussage würde nicht zuletzt den Faktor »Nichtwissen« ignorieren, der im Abfalldiskurs seit den 1960er Jahren eine solch wichtige Rolle spielte.

18 Rick, Zur Konstruktion, 27 f.

19 Hartwig Donner, Ulrich Meyerholt, Die Entwicklung des Abfallrechts von der Beseitigung zur Kreislaufwirtschaft. Entwicklungen und Probleme der Abfallwirtschaft vor dem Hintergrund des geplanten Gesetzes zur Vermeidung von Rückständen, Verwertung von Sekundärrohstoffen und Entsorgung von Abfällen. Lüneburg 1994, 6 f.

Diagramm 23: Abfallaufkommen in der BRD, Entsorgung und Recycling 1999–2010

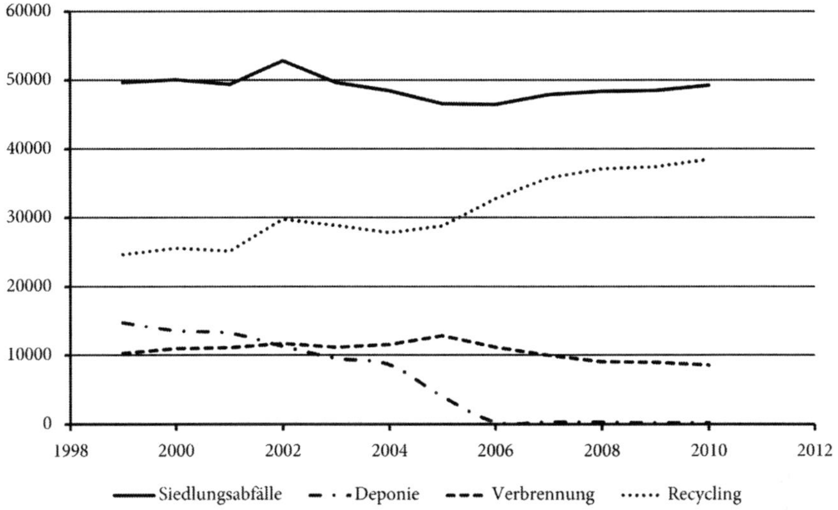

Quelle: https://www.destatis.de/DE/ZahlenFakten/GesamtwirtschaftUmwelt/Umwelt/Umweltstatistische Erhebungen/Abfallwirtschaft/Tabellen/ZeitreiheAbfallaufkommen.pdf?__blob=publicationFile [Letzter Zugriff 15.6.2015].

Diagramm 24: Entsorgungswege in Europa 2012

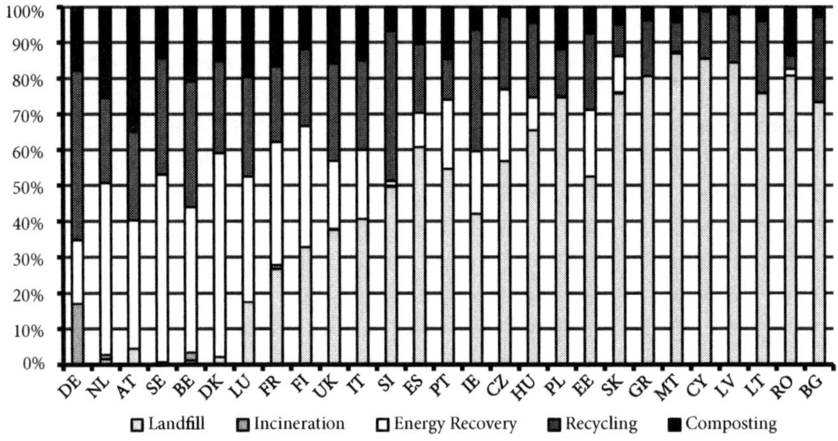

Quelle: http://ec.europa.eu/eurostat/tgm/table.do?tab=table&init=1&plugin=1&language=en&pcode=tsdpc240 [Letzter Zugriff, 12.6.2015][20].

20 Für die Übersendung dieser Quelle danke ich Günther Langer, Abfallwirtschaftsamt München.

Dank

Die vorliegende Arbeit ist die gekürzte Fassung meiner Habilitationsschrift, die 2015 von der Sozialwissenschaftlichen Fakultät der Universität der Bundeswehr in München akzeptiert worden ist. Danken möchte ich besonders Stephan Lindner, der über viele Jahre ein offener und fördernder Chef war. Danken möchte ich außerdem Walter Demel, Werner Plumpe und Christof Mauch: Nicht nur dafür, dass Sie das Fachmentorat übernommen haben, sondern auch für die zahlreiche Hinweise und Hilfestellungen, die insgesamt das Verfahren und die Drucklegung der Arbeit erleichtert und beschleunigt haben. Ein Dankeschön auch an die VG Wort, welche die Publikation der Arbeit finanziell unterstützt hat.

Von alleine wäre ich sehr wahrscheinlich nicht auf das Thema »Abfall« gekommen. Das Projekt war vielmehr die Idee von Ray Stokes. Ihm und Stephen Sambrook habe ich nicht nur mehrere Jahre einer wirklich sehr angenehmen Projektarbeit zu verdanken, sondern auch, dass meine anfängliche Reserviertheit einem zunehmenden Interesse und Engagement gewichen ist. Ich erinnere mich gerne zurück, wie wir 2008 bei einer Konferenz in Bergen durch die Stadt liefen und emotional über globale Unterschiede bei Mülltonnen debattierten (was die Kollegen wohl etwas eigenartig fanden). Bei solchen Gesprächsthemen ist man dann wohl in einem Thema angekommen.

Ein solches Thema provoziert Scherze, aber eben auch interessierte Nachfragen und Diskussionen. In München war gerade letzteres häufig der Fall, und insgesamt habe ich die Zeit hier sehr genossen. Dafür danke ich meinen Freunden und Kollegen sehr herzlich. Bedanken möchte ich mich auch bei denjenigen, mit denen ich mich über die Jahre intensiv über das Thema Abfall austauschen konnte, besonders Simone Müller, Christian Möller, Heike Weber und Andrea Westermann. Dirk Wiegand war nicht nur mein Ansprechpartner für zahlreiche Detailfragen, sondern hat mir bei der Beschaffung der Abbildungen unschätzbar geholfen. Bedanken möchte ich mich schließlich – wie sagt man: last but not least – bei meiner Familie und besonders bei Regine für all die Unterstützung und Zuneigung.

Freiburg/Br. im Herbst 2016

Abkürzungen

AbfG	Abfallbeseitigungsgesetz
ABM	Auskunfts- und Beratungsstelle Müll beim Siedlungsverband Ruhrkohlenbezirk
ADI	Acceptable Daily Intake
AfA	Arbeitsgemeinschaft für Abfallbeseitigung
AkA	Arbeitskreis für kommunale Abfallwirtschaft
ANS	Arbeitskreis für die Nutzbarmachung von Siedlungsabfällen
BA	Bundesarchiv
BDE	Bundesverband der privaten Entsorgungswirtschaft
BDI	Bundesverband der Deutschen Industrie
BRD	Bundesrepublik Deutschland
Cbm	Kubikmeter
DDR	Deutsche Demokratische Republik
DM	Deutsche Mark
DSD	Duales System Deutschland
FDP	Freie Demokratische Partei
GMT	Großmülltonne
HCl	Salzsäure
HF	Fluorwasserstoff
HStA	Hauptstaatsarchiv
ISG	Institut für Stadtgeschichte
Kg	Kilogramm
LA	Landesarchiv
LAGA	Länderarbeitsgemeinschaft für Abfallbeseitigung
IAM	Internationale Arbeitsgemeinschaft Müll
INTAPUC	International Association of Public Cleansing
IPA	Interparlamentarische Arbeitsgemeinschaft
ISWA	International Solid Waste Association
KBW	Kommunistischer Bund Westdeutschland
MGB	Müllgroßbehälter
MVA	Müllverbrennungsanlage
NRW	Nordrhein-Westfalen
ÖTV	Gewerkschaft Öffentliche Dienste, Transport und Verkehr
RGR	Recyclinggesellschaft für Rohstoffgewinnung
SPD	Sozialdemokratische Partei Deutschlands
SdtA	Stadtarchiv
SO_2	Schwefeldioxid
SULO	Streuber & Lohmann
TA	Technische Anleitung
TASi	Technische Anleitung Siedlungsabfälle
TCDD	Tetrachloridbenzodioxin
TU	Technische Universität
UBA	Umweltbundesamt
VDI	Verein Deutscher Ingenieure

VKF	Verband Kommunaler Fuhrparksbetriebe
VPS	Verband der Privaten Städtereinigungsbetriebe
WHG	Wasserhaushaltsgesetz
ZfA	Zentralstelle für Abfallbeseitigung

Verzeichnis der Abbildungen, Diagramme und Tabellen

Abbildungen

Diagramme

Tabellen

Quellen- und Literaturverzeichnis

Benutzte Archivbestände

Bundesarchiv

Bundesarchiv Koblenz
Bestand B 106: Bundesinnenministerium
Bestand B 295: Bundesumweltministerium

Landesarchive

Landesarchiv NRW (Duisburg, vormals Düsseldorf)
NW 268: Landwirtschaftsministerium
NW 354: Innenministerium NRW
NW 455: Landwirtschaftsministerium NRW

Hauptstaatsarchiv Wiesbaden
Abt. 509: Ministerium für Landwirtschaft und Umwelt

Hauptstaatsarchiv Stuttgart
EA 7: Ministerium für Ernährung, Landwirtschaft und Umwelt

Landesarchiv Berlin
B REP. 142: Deutscher Städtetag

Landesarchiv Detmold
Bestand M 18

Stadtarchive

Stadtarchiv Augsburg
Stadtreinigungsamt

Stadtarchiv Bochum
Bestand Oberbürgermeister
Bestand Stadtreinigungsamt
Sammlungen zur Ortsgeschichte

Stadtarchiv Dortmund
Bestand 170 Stadtreinigungsamt
Sammlungen zur Ortsgeschichte

Stadtarchiv Duisburg
Sammlungen zur Ortsgeschichte

Institut für Stadtgeschichte Frankfurt/M.
Bauverwaltung
Magistrat
Sammlungen zur Ortsgeschichte
Stadtkämmerei

Stadtarchiv Freiburg
C 5: Stadtreinigungsamt

Stadtarchiv Mannheim
Bauverwaltungsamt
Hauptamt
Hauptregistratur
Hochbauamt
Ordnungsamt
Rechnungsprüfungsamt
Tiefbauamt

Stadtarchiv München
Bestand Bürgermeister und Rat

Stadtarchiv Wiesbaden
Sammlung zur Ortsgeschichte

Benutzte Literatur

Abfallentsorgungs-Gesellschaft Ruhrgebiet mbH, Sozialverträglichkeit von Müllgebühren. Bonn 1996.

Abfallwirtschaftsbetriebe Köln (AWB), 111 Jahre Abfallwirtschaft in Köln. Köln 2001.

AkA, Sammlung, Aufbereitung und Verwertung von Siedlungsabfällen. Baden-Baden 1960.

Amt für Statistik und Wahlen der Stadt Dortmund, Dortmunder Statistik 77/III (1980).

Andersen, Arne, Der Traum vom guten Leben. Alltags- und Konsumgeschichte vom Wirtschaftswunder bis heute. Frankfurt/M. 1997.

Ankowitsch, Christian, »Wenn ich in eine Mülltonne schaue, erkenne ich die Lebensumstände der Menschen«. Ein Expertengespräch über die Kehr(richt)seite unserer Zivilisation, in: Süddeutsche Zeitung Magazin Nr. 9 (5.3.2010), 22–26.

Arnst, Friedrich, 75+15 Jahre Kommunale Abfallbeseitigung. Freiburg 1979.

Arnst, Friedrich, Kunststoffe in Fuhrparksbetrieben, in: Der Städtetag 7, 1954, Hft. 3, 137.

Aschfalk, Bernd, Besteuerung und Abfallwirtschaft. Auswirkungen des Steuerrechts auf die Abfallbeseitigung. Berlin 1983.

Autorenkollektiv von ÖTV-Teamern in der Bildungsarbeit, Müllmänner gegen die Dreckarbeit. Erfahrungen von Experten, Kollegen, Genossen, in: Autonomie. Materialien gegen die Fabrikgesellschaft 9, 1977, 48–56.

AWG, Müllgeschichte im Wuppertal 100/50/30. Wuppertal 2006.

Baars, Bodo A., Neues Abfallrecht in Hessen. Regelungsmöglichkeiten und Regelungsnotwendigkeiten nach Inkrafttreten des neuen Abfallgesetzes des Bundes, in: Forschungs- und Entwicklungsinstitut für Industrie- und Siedlungswasserwirtschaft sowie Abfallwirtschaft e. V. in Stuttgart (Hrsg.), Konsequenzen aus dem neuen Abfallgesetz des Bundes für Landkreise und kreisfreie Städte. 51. Abfalltechnisches Kolloquium. Berlin 1987, 23–39.

Bader, Hans Joachim, Kunststoff-Recycling. Köln 1983.

Bader-Gassner, Miriam A., Pipelineboom. Internationale Ölkonzerne im westdeutschen Wirtschaftswunder. Baden-Baden 2014.

Bälder, Karl-Heinz, Recht der Abfallwirtschaft. Gesamtdarstellung einschließlich technischer und wirtschaftlicher Aspekte. Bielefeld 1979.

Baerens Matthias/von Arnswald, Ulrich, Die Müll-Connection. Entsorger und ihre Geschäfte. München 1993.

Banken, Ralf, »Was es im Kapitalismus gibt, gibt es im Warenhaus«. Die Entwicklung der Warenhäuser in der Bundesrepublik, in: Zeitschrift für Unternehmensgeschichte 57, 2012, 3–30.

Barbian, Thomas, Umweltpolitik in Hessen. Handlungsspielräume der rot-grünen Koalition in der Abfallwirtschaft. London 1990.

Barniske, Lothar/Voßköhler, Horst, Stand der Abfallverbrennung in der Bundesrepublik Deutschland, in: Müll und Abfall 10, 1978, Hft. 5, 157–166.

Bardtke, D., Müllkompostanlagen in der BRD, in: Forschungs- und Entwicklungsinstitut für Industrie- und Siedlungswasserwirtschaft sowie Abfallwirtschaft e. V. Stuttgart (Hrsg.), Vor- und Nachteile der Verbrennung und der Kompostierung von kommunalen Abfällen, Bd.2. Berlin 1975, 433–442.

Bauer, Thomas, Im Bauch der Stadt. Kanalisation und Hygiene in Frankfurt am Main 16.–19. Jahrhundert. Frankfurt/M. 1998.

Bauingenieur IMM, Gesichtspunkte und Erfordernisse bei der Planung einer Deponie, in: Institut für Gewerbliche Wasserwirtschaft und Luftreinhaltung e. V. (Hrsg.), Voraussetzungen, Erfordernisse und Verantwortung bei Planung und Betrieb einer Deponie. Köln 1967, 1–21.

Bauman, Zygmunt, Verworfenes Leben. Die Ausgegrenzten der Moderne. Hamburg 2005.

Baumann, Hans, Wohin mit dem Müll, in: Der Städtetag 10, 1957, Hft. 3, 133.

Baumann, Hans, Von der Möglichkeit der Verwertung fester Siedlungsabfälle, in: Forschungs- und Entwicklungsinstitut für Industrie- und Siedlungswasserwirtschaft sowie Abfallwirtschaft e. V. in Stuttgart (Hrsg.), Festschrift zum 60. Geburtstag von Professor Dr. Ing. habil. Franz Pöpel am 4.10.1961. München 1961, 13–20.

Baumann, Hans, Besondere Verpflichtungen beim Betrieb einer Deponie, in: Institut für Gewerbliche Wasserwirtschaft und Luftreinhaltung e. V. (Hrsg.), Voraussetzungen, Erfordernisse und Verantwortung bei Planung und Betrieb einer Deponie. Köln 1967, 41–56.

Baumert, Martin, Energie und Lebensführung. Frankfurt/M. 1995.

Baumheier, Ralph, »Altlasten« als umweltpolitisches Problem. Siegen 1987.

Baumheier, Ralph, Altlasten als aktuelle Herausforderung der Kommunalpolitik. München 1988.

Bausch, Hermann Josef u. a., »Es herrscht Reinlichkeit und Ordnung hier auf den Straßen«. Aus 400 Jahren Geschichte der Stadtreinigung und Abfallentsorgung in Dortmund. 111 Jahre kommunale Abfallwirtschaft, zehn Jahre EDG. Dortmund 2001.

Beck, Ulrich, Risikogesellschaft. Auf dem Weg in eine andere Moderne. Frankfurt/M. 1986.

Beckstein, Hermann, Städtische Interessenpolitik. Organisation und Politik der Städtetage in Bayern, Preußen und im Deutschen Reich 1896–1923. Düsseldorf 1991.

Bendix, Werner, Die Hauptstadt des Wirtschaftswunders. Frankfurt am Main 1945–1956. Frankfurt/M. 2002.

Benedict, Andreas, 80 Jahre im Dienst des Ruhrgebiets. Siedlungsverband Ruhrkohlenbezirk (SVR) und Kommunalverband Ruhrgebiet (KVR) im historischen Überblick. Essen 2000.

Berg, Anne, The Nazi Ragpickers and their Wine. Some Preliminary Thoughts on the Politics of Waste in Nazi Germany (Univ. Ms., Michigan 2013).

Bergquist, Ann-Kristin, Dilemmas of Going Green. Company Strategies in the Swedish Mining Company Boliden 1960–2000 (Paper Green Capitalism Conference Wilmington/Delaware 2014).

Berkenheide, Markus, Die kommunale Abfallentsorgung – ein Betrieb gewerblicher Art. Auswirkungen des Übergangs vom Hoheitsbetrieb zum Betrieb gewerblicher Art auf Besteuerung, Gebühren und Rechnungslegung. Lohmar, Köln 2000.

Berkenhoff, Der VPS-Part an der Stadtreinigung in der Bundesrepublik, in: Kommunalwirtschaft 1980, Hft. 8, 220–222.

Bernhardt, Christoph, Environmental Problems in European Cities in the 19th and 20th Century. Umweltprobleme in europäischen Städten des 19. und 20. Jahrhunderts. Münster u. a. 2001.

Bernhardt, Christoph, Umweltprobleme in der europäischen Stadtgeschichte, in: Ders., Environmental Problems, 5–23.

Bernstein, Michael A., The Great Depression. Delayed recovery and economic change in America, 1929–1939. Cambridge, New York 1987.

Beuth, Klaus Peter, Vom Abfallkübel zur Systemabfuhr. Städtereinigung in der ersten Hälfte des 19. Jahrhunderts, in: Bundesverband der deutschen Entsorgungswirtschaft, Von der Städtereinigung zur Entsorgungswirtschaft, 7–27.

Bijker, Wiebe, Of Bicycles, Bakelites, and Bulbs. Toward a Theory of Sociotechnical Change. London 1995.

Billerbeck, Ulrich, Dreckarbeit und Männerstolz. Müllmänner im Kampf um Anerkennung. Münster 1998.

Bleniek, Dieter, Dioxin – Was ist das? Woher kommt es?, in: Mensch und Umwelt (August 1985), 5–9.

Blumenröther, Gerhard, Dienst- und Schutzbekleidung, in: Kommunalwirtschaft 1981, Hft. 1, 11–14.

Bode, Aiko, Die Müll- und Abwasserbeseitigung in der Hansestadt Lübeck im 19. und 20. Jahrhundert. Lübeck 1989.

Böhme, Ralf, Vom Pferdefuhrwerk zum Seitenlader, Bd.2: 1945–2012. Düsseldorf 2012.

Börsch-Supan, Axel, Die Entwicklung der Wohnungsmärkte seit dem Zweiten Weltkrieg im internationalen Vergleich, in: Eichner, Emmerich, Petzina, Die unternehmerische Wohnungswirtschaft, 22–37.

Bohne, Hans, Wirkung der einzelnen Schadstoffe aus Müllverbrennungsanlagen auf die Umwelt, in: Forschungs- und Entwicklungsinstitut für Industrie- und Siedlungswasserwirtschaft sowie Abfallwirtschaft e. V. Stuttgart (Hrsg.), Vor- und Nachteile der Verbrennung und der Kompostierung von kommunalen Abfällen. Berlin 1975, 203–233.

Bojkow, Egon, Getränkeverpackungen und Umwelt. Daten und Fakten zur Verpackungsdiskussion. Wien, New York 1989.

Boldt, Gerhard, Die Problematik der Ziele und Inhalte zur Thematik Kreislaufnutzung. Recycling von Rohstoffen im Unterricht. Köln 1983.

Bonnenberg, H., Entscheidungsstrukturen in der Abfallwirtschaft und ihre Beeinflussung, in: VDI-Gesellschaft Energietechnik (Hrsg.), Prozessführung und Verfahrenstechnik der Müllverbrennung. Düsseldorf 1991, 25–37.

Bootz, Dieter/Hipp, Roland, 125 Jahre Freiburger Abfallwirtschaft, in: Verband kommunaler Unternehmen, 100 Jahre kommunale Städtereinigung, 131–137.

Bosch, Aida, Konsum und Exklusion. Eine Kultursoziologie der Dinge. Bielefeld 2010.

Breitenacher, Michael u. a., Wettbewerbliche Auswirkungen möglicher staatlicher Eingriffe in den Markt für Getränkeverpackungen. Gutachten im Auftrag des Bundesministeriums für Wirtschaft (Bonn). München 1986.

Brooks, Karl Boyd, Before Earth Day. The Origins of American Environmental Law, 1945–1970. Kansas 2009.

Braun, Ingo, Technik-Spiralen. Vergleichende Untersuchungen zur Technik im Alltag. Berlin 1993.

Braun, Rudolf/Stickelberger, Dietegen, Otto Jaag. Ein Leben für den Gewässerschutz. Zürich 1982.

Breer, Ralf u. a., Asche, Kehricht, Saubermänner. Stadtentwicklung, Stadthygiene und Städtereinigung in Deutschland bis 1945. Selm 2010.

Brown, Kate, Plutopia. Nuclear families, atomic cities, and the great Soviet and American plutonium disasters. Oxford 2013.

Brown, Kate, The Last Sink: The Human Body as the Ultimate Radioactive Storage Site (Conference Paper Whose Waste Whose Problem, Rachel Carson Center, München 2014).

Brüggemeier, Franz-Josef, Das unendliche Meer der Lüfte. Luftverschmutzung, Industrialisierung und Risikodebatten im 19. Jahrhundert. Essen 1996.

Brüggemeier, Franz-Josef, Natur, Gesundheit, Eigentum. Zur Entwicklung des Umweltbewusstseins in Deutschland im 19. und 20. Jahrhundert, in: Kloepfer, Schübe des Umweltbewusstseins, 1–17.

Brüggemeier, Franz-Josef/Rommelspacher, Thomas, Blauer Himmel über der Ruhr. Geschichte der Umwelt im Ruhrgebiet 1840–1990. Essen 1992.

Brüggemeier, Franz-Josef, Schranken der Natur. Umwelt, Gesellschaft, Experimente 1750 bis heute. Essen 2014.

Brundage, Anthony, England's »Prussian Minister«. Edwin Chadwick and the Politics of Government Growth, 1832–1854. University Park, London 1988.

Bundesministerium des Inneren, Bericht der Wibera Wirtschaftsberatung AG Düsseldorf: Untersuchung über die Erfassung und Beseitigung von Abfällen aus Krankenhäusern und ähnlichen Einrichtungen einschließlich Pharma-Abfällen. Berlin 1974.

Bünemann, Agnes, Duales System Deutschland. Ein Rückblick über die Entwicklung in Deutschland, in: Peter Kurth (Hrsg.), Ressource Abfall. Politische und wirtschaftliche Betrachtungen anlässlich des 50-jährigen Bestehens des BDE. Neuruppin 2011, 18–31.

Bund Naturschutz Bayern, Wohin mit dem Restmüll? Alternativen zu Müllverbrennung und Mischmülldeponie. Regensburg 1993.

Bundesministerium des Inneren, Verwertung von Altpapier. Untersuchung über die Möglichkeit der Verwertung von Altpapier. Gegenwärtiger Stand und zukünftige Entwicklung. Bericht des Battelle-Instituts Frankfurt am Main. Berlin 1973.

Bundesverband der deutschen Entsorgungswirtschaft, Von der Städtereinigung zur Entsorgungswirtschaft. Köln 1986.

Bundesverband der deutschen Entsorgungswirtschaft, 1961–2001: 40 Jahre BDE. Von der Stadthygiene zur Kreislaufwirtschaft. Eine Zeitreise mit der Entsorgungswirtschaft. Köln 2001.

Burger, Jörg, Plastik statt Jute, in: Die Zeit Nr. 24 (28.6.2006).

Callmann, Rosemary, Statt Grün-Gürtel ein Müll-Monaco?, in: Die Zeit (21.6.1974), Nr. 26.

Charpy, Manuel, The Scope and Structure of Nineteenth-century Second-hand Trade in Parisian Clothes Market, in: Fontaine, Alternative Exchanges, 127–151.

Chickering, Roger, Freiburg im Ersten Weltkrieg. Totaler Krieg und städtischer Alltag 1914–1918. Paderborn u. a. 2009.

Citizens Advisory Committee on Environmental Quality, A New Look at Recycling. Report on a Conference May 11, 1976. Washington D. C. 1976.

Clapp, Jennifer, Toxic Exports. The Transfer of Hazardous Wastes from Rich to Poor Countries. Ithaca, London 2001.

Cohen, Lizabeth, A Consumer's Republic. The Politics of Mass Consumption in Postwar America. New York 2003.

Colten, Craig E./Skinner, Peter N., The Road to Love Canal. Managing Industrial Waste before EPA. Austin 1996.

Corbin, Alain, Pesthauch und Blütenduft. Eine Geschichte des Geruchs. Berlin 1984.

Cronon, William, Nature's Metropolis. Chicago and the Great West. New York 1991.

Cushman, Gregory T., Guano and the Opening of the Pacific World. A Global Ecological History, Cambridge. New York 2013.

Cyrkel-Maier, Marc, Bei Daimler-Benz in Gaggenau. Das Nutzfahrzeugwerk in den Jahren 1926–1945. Eine wirtschaftsgeschichtliche Studie. Marburg 2011.

Dallibor, Klaus, Müllbeseitigung – noch nicht ohne Risiko, in: Umwelt-Magazin 11, 1981, 36.

Danker, Horst, Umweltschutz nur, wenn die Kasse stimmt?, in: Umwelt-Magazin, 12/1982, 58–62.

De Grazia, Victoria, Irresistible Empire. America's advance through twentieth-century Europe. Cambridge/Mass. 2005.

Degler, Hans-Dieter/Uentzelmann, Dieter, Supergift Dioxin. Der unheimliche Killer. Hamburg 1984.

Delhaes-Guenther, Linda, Erfolgsfaktoren des westdeutschen Exports in den 1950er und 1960er Jahren. Dortmund 2003.

Dernbach, Heribert, Entgasung der Deponie Braunschweig sowie Nutzung des Gases in Blockheizkraftwerken. Braunschweig 1984.

Dietrich, Hugo, 90 Jahre kommunale Müllabfuhr in Freiburg, in: Stadt Freiburg (Hrsg.), 90 Jahre kommunale Müllabfuhr in Freiburg im Breisgau. Freiburg 1977, 11–25.

Ditt, Karl, Rationalisierung im Einzelhandel: Die Einführung und Entwicklung der Selbstbedienung in der Bundesrepublik Deutschland 1949–2000. In: Prinz, Der lange Weg in den Überfluss, 315–356.

Ditt, Karl, Zweite Industrialisierung und Konsum. Energieversorgung, Haushaltstechnik und Massenkultur am Beispiel nordenglischer und westfälischer Städte 1880–1939. Paderborn u. a. 2011.

Dittrich, Gerhard, Was in Neubaugebieten stört, in: Umwelt-Magazin 5, 1975, 46–49.

Doedens, Heiko u. a., Die Zuständigkeit der Landkreise für die Abfallbeseitigung. Göttingen 1982.

Doedens, Heiko, Behältersysteme und Entsorgungslogistik der kombiniert erfassten Altstoffe, in: Reimann, Stoffliche Verwertung von Abfall- und Reststoffen, 19–33.

Doms, Thomas, Abfallgesetz unter der Lupe. Kritische Analyse der Verordnungen und Auslegungen, in: Umwelt-Magazin 10, 1980, 12–15.

Donner, Hartwig/Meyerholt, Ulrich, Die Entwicklung des Abfallrechts von der Beseitigung zur Kreislaufwirtschaft. Entwicklungen und Probleme der Abfallwirtschaft vor dem Hintergrund des geplanten Gesetzes zur Vermeidung von Rückständen, Verwertung von Sekundärrohstoffen und Entsorgung von Abfällen. Lüneburg 1994.

Doose, Ulrich/Müller, Hans-Joachim, Abfallbeseitigung durch öffentlich-rechtliche Körperschaften. Rechtliche und organisatorische Überlegungen, in: Kommunalwirtschaft 1978, Hft. 5, 164–168.

Douglas, Mary, Purity and Danger. An analysis of concepts of pollution and taboo. New York 2002 (1966).

van Driel, Joppe, Ashes to Ashes. The stewardship of waste and oeconomic cycles of agricultural and industrial improvement, 1750–1800, in: History and Technology 30, 2014, 177–206.

Duddek, Volker, Kompostierung organischer Garten- und Haushaltsrückstände. Konzept zur Einführung der Biotonne – dargestellt am Beispiel der Stadt Gelsenkirchen. Bochum 1994.

Dunz, W., Der neue Teilplan Hausmüll des Landes Baden-Württemberg, in: Forschungs- und Entwicklungsinstitut für Industrie- und Siedlungswasserwirtschaft sowie Abfallwirtschaft e. V. in Stuttgart (Hrsg.), Abfallwirtschaftliche Lösungen für die Praxis. 52. Abfalltechnisches Kolloquium. Stuttgart 1987, 21–34.

Ebbertz, Lothar, Die Konzentration im Braugewerbe der Bundesrepublik Deutschland. Entwicklung und Ursachen. Frankfurt/M. 1992.

Eberhardt, A., Abfallwirtschaft als Alternative, in: Fachhochschule Lübeck u. a. (Hrsg.), Müllverbrennung, Fortbildungsveranstaltung 85 am 3.5.1985. Lübeck 1985, 53–59.

Edelhoff, Gustav Dieter, Entsorga '80. Der Weg zur Abfallwirtschaft, in: Umwelt-Magazin 10, 1980, Hft. 6, 10–11.

Eder, G., Einflussgrößenuntersuchung zum Abfallverhalten privater Haushalte – Eine Studie im Rahmen der ›bundesweiten Hausmüllanalyse 1979/80‹. Berichte des Umweltbundesamtes 3, 83. Berlin 1983.

Egger, Simone, »München wird moderner«. Stadt und Atmosphäre in den langen 1960er Jahren. Bielefeld 2013.

Enseling, Möglichkeiten und Grenzen eines Leistungslohnsystems in der Müllabfuhr am Beispiel des »Bochumer Modells«, in: Kommunalwirtschaft 1975, Hft. 1, 28–36.

Erhard, Heinrich, Aus der Geschichte der Städtereinigung. Stuttgart, Köln 1954.

Erhard, Heinrich, Müllverwertung. Rückblick und Ausblick, in: Der Städtetag 4, 1951, Hft. 2, 55–62.

Erhard, Heinrich, Sammlung, Beseitigung und Verarbeitung der festen Siedlungsabfälle. Graz 1967.

Eichner, Volker/van Emmerich, Horst/Petzina, Dietmar, Die unternehmerische Wohnungswirtschaft: Emanzipation einer Branche. Der Strukturwandel der deutschen Wohnungswirtschaft seit dem ausgehenden 19. Jahrhundert. Frankfurt/M. 2000.

Eißele, Ingrid, Frau Saubermann mach das nichts aus. Schwierigkeiten bei der Müllvermeidung, in: Spill, Wingert, Brennpunkt Müll, 159–169.

Ellerbrock, H./Hangen, H. O., Abfallbilanz der Bundesrepublik Deutschland, in: Geographische Rundschau 37 (1985), 569–576.

Elmore, Bartow J., The American Beverage Industry and the Development of Curbside Recycling Programs, 1950–2000, in: Business History Review 86, 2012, 477–501.

Emminger, Haimo, Verwertung von Kunststoffabfällen, in: Egon Keller (Hrsg.), Abfallwirtschaft und Recycling. Probleme und Praxis. Essen 1977, 280–290.

Engel, Sandra/Tode, Sven, 150 Jahre Pioniergeist. Imtech Deutschland 1858–2008. Hamburg 2008.

Engels, Jens Ivo, Naturpolitik in der Bundesrepublik. Ideenwelt und politische Verhaltensstile in Naturschutz und Umweltbewegung 1950–1980. Paderborn u. a. 2006.

Engels, Jens Ivo, Umweltschutz in der Bundesrepublik – von der Unwahrscheinlichkeit einer Alternativbewegung, in: Reichardt, Siegfried, Das Alternative Milieu, 405–422.

Erbel, Alfons/Kaupert, Walter, Müll und Abfall. Behandlung und Verwertung. Köln, Berlin 1965.

Evans, Richard, Death in Hamburg, Society and Politics in the Cholera Years 1830–1910. Oxford 1987.

Ewringmann, Dieter, Zur Effizienz eines Zwangspfandes auf ausgewählte Einwegverpackungen. Köln 1986.

Fahlenkamp, H., Konzept der Rauchgasreinigungsanlage für das Müllheizkraftwerk Essen-Karnap, in: Bundesministerium für Forschung und Technologie, Thermische Verfahren der Abfallwirtschaft, 175–192.

Fansa, Mamoun/Wolfram, Sabine, Müll. Facetten von der Steinzeit bis zum Gelben Sack. Mainz 2003.

Faulstich, Martin u. a., Von schrumpfenden Müllmengen zu reduzierten Stoffströmen, in: Frithjof Hager u. a. (Hrsg.), Schrumpfungen. Wachsen durch Wandel. Ideen aus den Natur- und Kulturwissenschaften. München 2003², 173–193.

Ferber, Michael u. a., Müll. Anfall, Abfuhr und Beseitigung in Zahlen. Gutachten erstattet für das Bundesministerium für Gesundheitswesen über die Ergebnisse der Müllstatistik 1961. München 1964.

Ferber, Michael, Auswertung ausgewählter Kapitel der Müllstatistik 1961 nach Bundesländern. Sachverständigengutachten über Ergebnisse der Müllstatistik 1961 erstattet im Auftrag des Bundesministeriums für Gesundheitswesen. Berlin 1965.

Ferkau, Jacqueline/Lelgemann, Günter, Entwicklung der Abfallwirtschaft in Ostdeutschland unter besonderer Berücksichtigung des Landes Brandenburg. Bochum 1996.

Fichtel, Konrad, Hausmüll-Pyrolyse: Vier Verfahren können erprobt werden, in: Umwelt-Magazin 5, 1975, Hft. 4, 42–50.

Field, Alexander J., The Most Technologically Progressive Decade of the Century, in: The American Economic Review (September 2003), 1399–1413.

Fischer, Ferdinand, Die Verwertung der Städtischen und Industrie-Abfallstoffe. Mit besonderer Rücksicht auf Desinfection, Städtereinigung, Leichenverbrennung und Friedhöfe. Leipzig 1875.

Fischer, Jörg, Die Konzentrationsprozesse in der deutschen Entsorgungswirtschaft und ihre Konsequenzen für die Volkswirtschaft. Berlin 1999.

Förster, Uwe, Was ist Recycling?, in: Umwelt-Magazin 4, 1974, Hft. 4, 40–41.

Föste, Wolfgang, Altlasten. Die Zeitbombe im Boden tickt. Frankfurt/M. 1990.

Fontaine, Laurence, Alternative Exchanges. Second-hand Circulations from the Sixteenth Century to the Present. New York, Oxford 2008.

Fontaine, Laurence, The Exchange of Second Hand Goods between Survival Strategies and »Business« in Eighteenth Century Paris, in: Dies., Alternative Exchanges, 97–114.

Forschungs- und Entwicklungsinstitut für Industrie- und Siedlungswasserwirtschaft sowie Abfallwirtschaft e. V. Stuttgart, Vor- und Nachteile der Verbrennung und der Kompostierung von kommunalen Abfällen, Bd.2. Berlin 1975.

Fourastié, Jean, Warum die Preise sinken. Produktivität und Kaufkraft seit dem Mittelalter. Frankfurt/M. 1989.

Fox, Cyril (Institute of Public Cleansing), Experiences in Sheffield with the »Es Em«-System of Refuse Collection. Sheffield 1929.

Frei, Norbert/Süß, Dietmar, Privatisierung. Idee und Praxis seit den 1970er Jahren. Jena 2012.

Frenz, Walter, Die Verwirklichung des Verursacherprinzips im Abfallrecht. Berlin 1996.

Frese, Matthias, Personalpolitik in kommunalen Unternehmen 1920–1970. Dortmund und Bielefeld, in: Ders., Burkhard Zeppenfeld (Hrsg.), Wechselwirkungen zwischen öffentlicher und privater Wirtschaft. Essen 2000, 93–127.

Frey, Manuel, Der reinliche Bürger. Entstehung und Verbreitung bürgerlicher Tugenden in Deutschland, 1760–1860. Göttingen 1997.

Friedel, Robert, Pioneer Plastic. The Making and Selling of Celluloid. Madison 1983.

Friedel, Robert, American Bottles: The Road to no Return (Conference Paper, München Juni 2011).

Friedrich, Bernd-Dieter, Die Ziele des Abfallwirtschaftsprogramms, in: Umwelt-Magazin 5, 1975, Hft. 6, 10–13.

Friedrich, Harald, Müllverbrennung. Eine ökologisch verantwortbare Technologie?, in: Schiller-Dickhut, Friedrich, Müllverbrennung, 9–68.

Frilling, Hildegard/Mischer, Olaf, Pütt un Pann'n. Geschichte der Hamburger Hausmüllbeseitigung. Hamburg 1994.

Fritsche, Uwe/Schebeck, Lilo, Verbrennen heißt nicht Vernichten, in: Arbeitskreis Chemische Industrie u. a. (Hrsg.), Dioxin. Tatsachen & Hintergründe. Köln 1984, 54–60.

Führer, Karl Christian, Mieter, Hausbesitzer, Staat und Wohnungsmarkt. Wohnungsmangel und Wohnungszwangswirtschaft in Deutschland 1914–1960. Stuttgart 1995.

Gall, Insa/Kopp, Martin, Hamburger Schlüsselfigur im Müll-Klüngel. Hans Reimer gerät immer mehr ins Zwielicht, in: Die Welt (14.3.2002).

Gallenkemper, Bernhard/Doedens, Heiko, Getrennte Sammlung von Wertstoffen des Hausmülls: Planungshilfen zur Bewertung und Anwendung von Systemen der getrennten Sammlung. Düsseldorf 1987.

Gandy, Matthew, Recycling and the Politics of Urban Waste. New York 1994.

Gartmayr, Eduard, Nicht für den Gewinn allein. Die Geschichte des deutschen Einzelhandels. Frankfurt/M. 1964.

Gassner, Erich, Einführung, in: TA Siedlungsabfall. Dritte Allgemeine Verwaltungsvorschrift zum Abfallgesetz. Textausgabe mit Einführung. München 1993.

Gather, Matthias, Hundert Jahre Müllnotstand. Der lange Weg wiederkehrender Ratlosigkeit in Frankfurt am Main, in: Die alte Stadt 4, 1991, 358–369.

Gather, Matthias, Kommunale Handlungsspielräume in der öffentlichen Abfallentsorgung. Möglichkeiten und Grenzen einer aktiven Umweltplanung auf kommunaler Ebene im Raum Frankfurt am Main. Frankfurt/M. 1992.

Gemeinde Mainhausen, 30 Jahre Räumung Mainhausen 3. Zur Erinnerung an das Hüttendorf gegen die geplante Mülldeponie (Pressebroschüre Mainhausen 2011).

Gerber, Sophie, Küche, Kühlschrank, Kilowatt. Zur Geschichte des privaten Energiekonsums in Deutschland, 1945–1990. Bielefeld 2015.

Giersch, Herbert u.a., The fading miracle. Four decades of market economy in Germany. Cambridge 1992.

Gille, Zsusza, From the Cult of Waste to the Trash Heap of History. The Politics of Waste in Socialist and Postsocialist Hungary. Bloomington 2007.

Glatzer, Wolfgang/Zapf, Wolfgang, Die Lebensqualität der Bundesbürger, in: Aus Politik und Zeitgeschichte (Beilage zur Wochenzeitschrift das Parlament, 3.11.1984), 3–25.

Gleiniger, Andrea, Die Frankfurter Nordweststadt. Geschichte einer Großsiedlung. Frankfurt/M. 1995.

Glockner, Kurt, Das Müllkompostierungswerk Stuttgart Möhringen im Dienste der Städtehygiene, in: Städtehygiene 5, 1962, 93–98.

Gradmann, Christof, Krankheit im Labor. Robert Koch und die medizinische Bakteriologie. Göttingen 2005.

Graf, R. u.a., Verfahrensauswahl für die Gasreinigung von Abfallverbrennungsanlagen, in: Bundesministerium für Forschung und Technologie (Hrsg.), Thermische Verfahren der Abfallwirtschaft. Energiegewinnung und Umweltverträglichkeit. Bonn 1985, 101–143.

Graf, Rüdiger/Priemel, Kim Christian, Zeitgeschichte in der Welt der Sozialwissenschaften. Legitimität und Originalität einer Disziplin, in: Vierteljahrshefte für Zeitgeschichte 59, 2011, 479–508.

Grassmuck, Volker/Unverzagt, Christian, Das Müll-System. Eine metarealistische Bestandsaufnahme. Frankfurt/M. 1991.

Gray, Marion W., Urban Sewage and Green Meadows: Berlin's Expansion to the South 1870–1920, in: Central European History 47 (2014), 275–306.

Grieger, Manfred, Going round in Circles? The Disposal of PVC and Plastic at the Volkswagen Plant in Wolfsburg between Industrial Incineration and Landfilling since 1955, in: Jahrbuch für Wirtschaftsgeschichte 2009, 81–98.

Gries, Rainer, Produkte als Medien. Kulturgeschichte der Produktkommunikation in der Bundesrepublik und der DDR. Leipzig 2003.

Gromotka, Hubert, Erfolgreiche Verwertungskombination. Eine durchdachte Abfallverwertungsanlage arbeitet in Schweden, in: Umwelt-Magazin 11, 1981, Hft. 3, 30–32.

Gronemeyer, Marianne, Im freien Wertverfall. Wachstumslogik und Müllproblematik, in: Politische Ökologie 129, Juni 2012, 24–29.

Gruhl, Herbert, Ein Planet wird geplündert. Die Schreckensbilanz unserer Politik. Frankfurt/M. 1975.

Guenther, Irene, Nazi Chic? Fashioning Women in the Third Reich. New York 2004.

Gust, Manfred, Gegen Emissionen aus Müllverbrennung, in: Umwelt-Magazin 13, 1983, Hft. 5, 46–52.

Haas, Hans-Dieter u. a., Untersuchungen zur Abfallwirtschaft und zum Entsorgungsverhalten der Bevölkerung. München 1985.

Häberle, Mathias, Betriebswirtschaftliche Analyse des Recycling. Dargestellt an Beispielen aus ausgewählten Industriezweigen. Lohfelden 1997.

Häcker, Bärbel, 50 Jahre Naturschutzgeschichte in Baden-Württemberg. Zeitzeugen berichten. Stuttgart 2004.

Härdtle, Georg u. a., Recycling von Kunststoffabfällen – Grundlagen – Technik – Wirtschaftlichkeit. Berlin 1991.

Hafner, Georg, Der deutsche Schrotthandel und die Probleme seiner neueren Entwicklung. Ein Beitrag zur Frage der Rohstoffversorgung der deutschen Eisenindustrie. Rostock 1935.

Haggett, Ali, Desperate Housewives, Neuroses and the Domestic Environment 1945–1970. London 2012.

Hansen, Alvin, Full Recovery or Stagnation. New York 1938.

Hardy, Anne I., Ärzte, Ingenieure und städtische Gesundheit. Medizinische Theorien in der Hygienebewegung des 19. Jahrhunderts. Frankfurt, New York 2005.

Harlander, Tilman, Wohnen und Stadtentwicklung in der Bundesrepublik, in: Ingeborg Flagge (Hrsg.), Geschichte des Wohnens. Bd. 5: 1945 bis heute. Aufbau, Neubau, Umbau. Stuttgart 1999, 233–417.

Harries, Anette, Die Praxis abfallrechtlicher Planfeststellung. Zur behördlichen Bewältigung abfallrechtlicher Planfeststellungsverfahren am Beispiel Hessens. Baden-Baden 1993.

Hasenöhrl, Ute, Zivilgesellschaft und Protest. Eine Geschichte der Naturschutz- und Umweltbewegung in Bayern 1945–1980. Göttingen 2011.

Haug, Wolfgang Fritz, Kritik der Warenästhetik. Frankfurt a. M. 1972[3].

Haupt, Heinz-Gerhard, Konsum und Handel. Europa im 19. und 20. Jahrhundert. Göttingen 2003.

Haustein, Sabine, Vom Mangel zum Massenkonsum. Deutschland, Frankreich und Großbritannien im Vergleich 1945–1970. Frankfurt/M. 2007.

Häußermann, Hartmut/Siebel, Walter, Neue Urbanität. Frankfurt/M. 1987.

Heckhoff, Marco, Vom Acker zum Ofen. Die Hausmüllentsorgung von den 1880er Jahren bis 1914. Essen 2013.

Heidemann, Herbert, Mitbestimmung und kommunale Selbstverwaltung. Eine Untersuchung über paritätische Mitbestimmung in kommunalen Institutionen der technischen Infrastruktur, bezogen auf die Müllabfuhr in Bremen. Bremen 1977.

Heinz, Walter, Die Erkundung der Stoffgefährlichkeit ehemaliger Hausmülldeponien am Beispiel dreier Modellstandorte in Baden-Württemberg. Karlsruhe 1993.

Herbert, Ulrich, Geschichte der Ausländerpolitik in Deutschland. Saisonarbeiter, Zwangsarbeiter, Flüchtlinge. München 2001.

Herbold, Ralf/Wienken, Ralf, Experimentelle Technikgestaltung und offene Planung. Strategien zur sozialen Bewältigung von Unsicherheit am Beispiel der Abfallbeseitigung. Bielefeld 1993.

Herbold, Ralf u. a., Entsorgungsnetze. Kommunale Lösungen im Spannungsfeld von Technik, Regulation und Öffentlichkeit. Baden-Baden 2002.

Herlyn, Ulfert u. a., Zusammenfassung und Grundsätze einer Politik für Großsiedlungen, in: Diess. (Hrsg.), Neubausiedlungen der 20er und 60er Jahre. Ein historisch-soziologischer Vergleich. Frankfurt, New York 1987, 259–274.

Herring, Scott, Collyer Curiosa. A Brief History of Hoarding, in: Criticism 53, 2011, 159–188.
Hesse, Jan-Otmar u.a., Das Unternehmen als gesellschaftliches Reformprojekt. Strukturen und Entwicklungen von Unternehmen der »moralischen« Ökonomie nach 1945. Essen 2004.
Hesse, Jan-Otmar u.a., Idee zu einer gesellschaftsreformerischen Unternehmensgeschichte in methodischer Absicht. »Gabentausch«, »moralische Ökonomie« oder »Unternehmensethik«, in: Diess., Das Unternehmen als gesellschaftliches Reformprojekt, 7–14.
Hesse, Jan-Otmar, Komplementarität in der Konsumgesellschaft. Zur Geschichte eines wirtschaftstheoretischen Konzeptes, in: Jahrbuch für Wirtschaftsgeschichte 30, 2007, Hft. 2, 147–167.
Heßler, Martina, Mrs. Modern Woman. Zur Sozial- und Kulturgeschichte der Haushaltstechnisierung. Frankfurt, New York 2001.
Heßler, Martina, The Frankfurt Kitchen: The Model of Modernity and the »Madness« of traditional Users, in: Ruth Oldenziel, Karin Zachmann (Hrsg.), Cold War Kitchen. Americanization, Technology, and European Users. Cambridge 2009, 163–184.
Heßler, Martina, Wegwerfen. Zum Wandel des Umgangs mit Dingen, in: Zeitschrift für Erziehungswissenschaft 16, 2013, 253–266.
Hettler, Hans, Wir kippen eine Müllverbrennungsanlage, in: Schiller-Dickhut, Friedrich, Müllverbrennung, 109–116.
Hey, Christian, 35 Jahre Gutachten des SRU. Rückschau und Ausblick, in: Hans-Joachim Koch, Christian Hey (Hrsg.), Zwischen Wissenschaft und Politik. 35 Jahre Gutachten des Sachverständigenrats für Umweltfragen. Berlin 2009, 161–279.
Hilger, Susanne, »Amerikanisierung« deutscher Unternehmen. Wettbewerbsstrategien und Unternehmenspolitik bei Henkel, Siemens und Daimler-Benz (1945/49–1975). Stuttgart 2004.
Hillebrand, Peter/Reimer, Hans, Kostenstrukturuntersuchung verschiedener Verfahren zur Beseitigung von Siedlungsabfällen. Umweltforschungsplan des Bundesministers des Inneren – Abfallwirtschaft. Berlin 1982.
Hiller, Petra/Krücken Georg, Risiko und Regulierung. Soziologische Beiträge zur Technikkontrolle und präventiver Umweltpolitik. Frankfurt/M. 1997.
Hiller, Petra, Risikoregulierung durch Verhandlungssysteme. Das Beispiel der Regulierung ökologischer Altlasten in den neuen Bundesländern, in: Dies., Krücken, Risiko und Regulierung, 147–157.
Hilpert, Wilhelm, In Schweinfurt bleibt kein Müll mehr übrig, in: Süddeutsche Zeitung 312 (30.12.1965).
Hilsberg, Gundula, Papierrecycling. Ein Beitrag zum Umweltschutz? Kassel 1982.
Himmelmann, Gerhard, Ökologische Gestaltungsmöglichkeiten durch öffentliche Unternehmen – das Problem der Organisation am Beispiel der Abfallwirtschaft, in: Monika Wulf-Mathies (Hrsg.), Im Wettstreit der Ideen. Reform des Sozialstaats. Bonn 1991, 205–224.
Hindrichs, Wolfgang u.a., Der lange Abschied vom Malocher. Sozialer Umbruch in der Stahlindustrie und die Rolle der Betriebsräte von 1960 bis in die neunziger Jahre. Essen 2000.
Högl, Günther, Das 20. Jahrhundert: Urbanität und Demokratie, in: Gustav Luntowski (Hrsg.), Geschichte der Stadt Dortmund. Dortmund 1994, 355–506.
Hösel, Gottfried, Bericht: Art und Menge der nach dem 2. Weltkrieg vernichteten bzw. beseitigten chemischen Kampfstoffe, in: Müll und Abfall 12, 1980, Hft. 10, 317–318.
Hösel, Gottfried, Unser Abfall aller Zeiten. Eine Kulturgeschichte der Städtereinigung. München 1987.
Hoff, Renate, Das Müllnetz Berlin, in: Werkbund, Ex und Hopp, 117.
Hoffman, Andrew J., From Heresy to Dogma. An Institutional History of Corporate Environmentalism. San Francisco 1997.

Hoffmann, Hansjürgen, Moderne Deponietechnik, in: Umwelt-Magazin 13, 1983, Hft. 6, 42–44.

Hofmeister, Sabine, Das soziale Geschlecht des Mülls, in: Fansa, Wolfram, Müll, 229–237.

Hohensee, Jens, Der erste Ölpreisschock 1973/74. Die politischen und gesellschaftlichen Auswirkungen der arabischen Erdölpolitik auf die Bundesrepublik Deutschland und Westeuropa. Stuttgart 1996.

Homberg, Michael, Die Abfallwirtschaft in unterschiedlich strukturierten Räumen – an Beispielen aus Westfalen. Bochum 1990.

Hoschützky, Arnold, Müllverbrennung nur als Ausnahme. Die Rolle des Abfalls im umweltökologischen Gesamtkreislauf, in: Umwelt-Magazin 3, 1973, Hft. 6, 13–16.

Hoschützky, Arnold, Die Müll-Lawine sinnvoll stoppen, in: ANS-Mitteilungen Nr. 37, 1973 (Sonderteil Müll- und Kompostbereitung).

Huchting, Friedrich, Abfallwirtschaft im Dritten Reich, in: Technikgeschichte 48, 1981, 252–273.

Hünemörder, Kai F., Die Frühgeschichte der globalen Umweltkrise und die Formierung der deutschen Umweltpolitik (1950–1973). Stuttgart 2004.

Hünemörder, Kai F., 1972 – Epochenschwelle der Umweltgeschichte?, in: Franz-Josef Brüggemeier, Jens Ivo Engels (Hrsg.), Natur- und Umweltschutz nach 1945. Konzepte, Konflikte, Kompetenzen. Frankfurt, New York 2005, 124–144.

Huff, Tobias, Natur und Industrie im Sozialismus. Eine Umweltgeschichte der DDR. Göttingen 2015.

Hughes, Thomas, The Evolution of Large Technological Systems, in: Wiebe E. Bijker, Thomas P. Hughes, Trevor Pinch (Hrsg.), The Social Construction of Technological Systems. Cambridge/Mass. 1987, 51–82.

Hunken, Karl-Heinz, Abwasser- und Abfallpapst – Franz Pöpel, in: Norbert Becker, Franz Quarthal (Hrsg.), Die Universität Stuttgart nach 1945. Geschichte – Entwicklungen – Persönlichkeiten. Stuttgart 2004, 176–177.

IFEU Institut für Energie- und Umweltforschung Heidelberg (Hrsg.), Müll. Rohstoff statt Schadstoff. Katalog zur Ausstellung. Heidelberg 1986[2].

Inglehart, Ronald, The Silent Revolution. Changing Values and Political Styles among Western Publics. Princeton 1977.

Irmisch, Bernhard, Grenzen und Möglichkeiten der Privatisierung von Stadtreinigungsleistungen, in: Der Städtetag 30, 1977, Hft.1, 53–55.

Jacobs, Gisbert, Bocholter Müllabfuhr von 1981 bis 2011, in: Verband kommunaler Unternehmen, 100 Jahre kommunale Städtereinigung, 67–76.

Jäger, Bernhard, Investitions- und Betriebskosten der Müllkompostierung, in: Forschungs- und Entwicklungsinstitut für Industrie- und Siedlungswasserwirtschaft sowie Abfallwirtschaft e. V. Stuttgart, Vor- und Nachteile der Verbrennung, 681–715.

Jäger, Bernhard, Gutachten für das Bayerische Staatsministerium für Landesentwicklung und Umweltfragen: Die thermische Behandlung von Hausmüll und hausmüllähnlichen Abfällen in Müllverbrennungsanlagen. München 1985.

Jährig, Hans-Peter, SERO – Recycling à la DDR, in: Altner, Jahrbuch Ökologie 1992, 266–272.

Jagels-Sprenger, Monika, Der Fall PVC. Ein ungewisses Risiko und seine rechtliche Bewältigung. Bremen 1994.

Jansen, Rolf/Rudat, Reinhard, Stadtreinigung in der Bundesrepublik Deutschland. Die betrieblichen Rahmenbedingungen und die Arbeitssituation im Urteil der Betroffenen. Dortmund 1978.

Jeschonek, Sybille, Aufbruch: Die private Entsorgungswirtschaft, in: Bundesverband der deutschen Entsorgungswirtschaft, 1961–2001: 40 Jahre BDE, 50–69.

Jørgensen, Finn Arne, Making a Green Machine. The Infrastructure of Beverage Container Recycling. New Brunswick u. a. 2011.

Jones, Geoffrey/Spadafora, Andrew, Waste, Recycling and Entrepreneurship in Central and Northern Europe, 1870–1940. Harvard Business School Working Paper, 14-084, March 4, 2014.

Jourdan, Bernd u. a., Hausmülldeponie Schwäbisch-Hall. Homogenisierung und Verrottung des Mülls vor der Ablagerung. Schwäbisch-Hall 1982.

Junginger, Heinz-Dieter, Probleme der Abfallwirtschaft am Beispiel Stuttgart, in: Universität Hohenheim (Hrsg.), Ökologische Probleme in Verdichtungsgebieten. Tagung über Umweltforschung an der Universität Hohenheim. Stuttgart 1987, 91–98.

Kaimer, Martin u. a., Bewerten von thermischen Abfallbehandlungsanlagen. Planung, Genehmigung, Konzept und Betrieb. Berlin 1999.

Kampschulte, J., Gewinnung von wiederverwertbaren Altstoffen aus dem Hausmüll auf Abkipplätzen, in: Städtehygiene 10, 1953, 271–272.

Kampschulte, J., Zur Geschichte des Müllkomposts, zum heutigen Stande der Herstellung nebst Kosten und Bewertung in Deutschland, in: Städtehygiene 4, 1955, 82–85.

Karlsch, Rainer/Stokes, Raymond G., »Faktor Öl«. Die Mineralölwirtschaft in Deutschland 1859–1974. München 2003.

Karpenstein, Ulrich, Haushaltsabfälle zwischen Privatisierung und Kommunalisierung. Wertstoffsammlungen aus abfall-, europa- und verfassungsrechtlicher Perspektive. Berlin 2009.

Kaster, B., Erfahrungen bei der Herstellung und beim Einsatz von Brennstoff aus Hausmüll und hausmüllähnlichen Abfällen, in: Bundesministerium für Forschung und Technologie, Thermische Verfahren der Abfallwirtschaft, 227–253.

Katona, George, Die Macht des Verbrauchers. Düsseldorf 1962.

Keller, Reiner, Müll. Die gesellschaftliche Konstruktion des Wertvollen. Die öffentliche Diskussion über Abfall in Deutschland und Frankreich. Wiesbaden 2009[2].

Kersting, Andreas, Die Abgrenzung zwischen Abfall und Wirtschaftsgut. Düsseldorf 1992.

Kick, Hermann, Untersuchungen über die Anwendung von Müll- und Klärschlammkompost sowie Klärschlamm im Landbau sowie im Garten- und Obstbau. Münster 1962.

Kick, Hermann, Zur Geschichte der Agrikulturchemie in Bonn, in: Hermann Ullrich (Hrsg.), 150 Jahre Rheinische Friedrich-Wilhelms-Universität zu Bonn, 1818–1968. Bonner Gelehrte. Beiträge zur Geschichte der Wissenschaften in Bonn. Landwirtschaftswissenschaften. Bonn 1971, 63–70.

Kirbach, Roland, Ein tüchtiger Dezernent. »Dr. Dr.« Masanneck und der Müll der Korruption, in: Die Zeit Nr. 18 (25.4.1986).

Klages, Helmut, Die gegenwärtige Situation der Wert- und Wertewandelsforschung – Probleme und Perspektiven, in: Ders., Hans-Jürgen Hippler, Willi Herbert (Hrsg.), Werte und Wandel. Ergebnisse und Methoden einer Forschungstradition. Frankfurt, New York 1992, 5–39.

Kleindiek, Sabine, Von den Anfängen einer Stadtreinigung in Darmstadt bis hin zu einem modernen Dienstleistungsbetrieb. EAD – Der Eigenbetrieb für kommunale Aufgaben und Dienstleistungen, in: Verband kommunaler Unternehmen, 100 Jahre kommunale Städtereinigung, 101–107.

Kleinheins, Peter/Meighörner, Wolfgang, Die großen Zeppeline: Die Geschichte des Luftschiffbaus, Berlin. Heidelberg 2005.

Kleinschmidt, Christian, Der produktive Blick. Wahrnehmung amerikanischer und japanischer Management- und Produktionsmethoden durch deutsche Unternehmer 1950–1985. Berlin 2002.

Kleinschmidt, Christian, Konsumgesellschaft. Göttingen 2008.

Klenke, Dietmar, Freier Stau für freie Bürger. Die Geschichte der bundesdeutschen Verkehrspolitik 1949–1994. Darmstadt 1995.

Kloepfer, Michael, Schübe des Umweltbewusstseins und der Umweltrechtsentwicklung. Bonn 1995.

Kloepfer, Michael, Umweltrechtsentwicklungen in Deutschland nach 1945, in: Ders., Schübe des Umweltbewusstseins, 91–131.

Klowait, Jürgen, Die Beteiligung Dritter an der Abfallentsorgung. Baden-Baden 1995.

Knaebel, Georges, Historical Origins and Development of a Sewerage System in a German City: Bielefeld, 1850–1904, in: Tarr, Dupuy, Technology and the Rise of a Networked City, 186–206.

Knauer, Manfred, Hundert Jahre Aluminiumindustrie in Deutschland (1886–1986). Die Geschichte einer dynamischen Branche. München 2014.

Knauer, Peter, Die Abfallbeseitigungspläne der Länder, in: Müll und Abfall 10, 1978, Hft. 5, 130–138.

Knisch, Harald, Müllexporte. Entsorgung auf Kosten der Armen. Kassel 1991.

Knobloch, W., Probleme und Zukunft der Müllverbrennung in Großstädten, in: Schenkel, Abfallwirtschaft in großen Städten, 15–19.

Knoll, Martin, Nil sub sole novum oder neue Bodenhaftung? Der material turn und die Geschichtswissenschaft, in: Neue Politische Literatur 59, 2014, Hft. 2, 191–208.

Knop, Reinhart, Materialseparierung auf der Deponie Burghof. Stuttgart 1985.

R. Koch, Egmont/Varenholt, Fritz, Seveso ist überall. Die tödlichen Risiken der Chemie. Köln 1978.

Koch, Thilo C./Seeberger, Jürgen, Ökologische Müllverwertung. Handbuch für optimale Müllkonzepte. Karlsruhe 1984.

Köhler, Hans-Georg, Probleme der kommunalen Straßenreinigung und Müllabfuhr, in: K. Giesen (Hrsg.), Stadthygiene und Kommunalfahrzeuge. Essen 1967, 41–50.

Köster, Roman, »Schauspielhaus Oberursel«. Die Geschichte der Motorenfabrik Oberursel 1918–1956, in: Zeitschrift für Unternehmensgeschichte 49, 2004, 67–92.

Köster, Roman, Abschied von der »verlorenen Verpackung«. Das Recycling von Hausmüll in Westdeutschland nach dem Zweiten Weltkrieg, in: Technikgeschichte 81, 2014, 33–60.

Köster, Roman, Die Kartell- und Monopoldebatte der Nationalökonomie während der Weimarer Republik, in: Peter Collin (Hrsg.), Treffräume juristischer und ökonomischer Regulierungsrationalitäten. Frankfurt/M. 2014, 211–233.

Köstering, Susanne, »Pioniere der Rohstoffbeschaffung«. Lumpensammler im Nationalsozialismus, in: Werkstatt Geschichte 17, 1997, 45–65.

Kolb, D., Möglichkeiten durch das persönliche Verhalten der Konsumenten, in: Ministerium für Umwelt Baden-Württemberg (Hrsg.), Leben ohne Müll. Wunsch oder Wirklichkeit? Kongress Abfallvermeidung/-verminderung am 10. und 11. Oktober 1988. Stuttgart 1988, 321–328.

Komorowski, Klaus, Thermische Verfahren der Abfallwirtschaft für eine sichere und umweltfreundliche Entsorgung, in: VDI-Gesellschaft Energietechnik (Hrsg.), Statusbericht Thermische Verfahren der Abfallwirtschaft. O. O. 1985, 3–10.

Kowall, Bernd, Warum erzeugen wir soviel Müll, und kann die Psychologie etwas dagegen tun?, in: Fansa, Wolfram, Müll, 239–247.

Krajewski, Markus, Fehler-Planungen. Zur Geschichte und Theorie der industriellen Obsoleszenz, in: Technikgeschichte 81, 2014, 91–114.

Kramper, Peter, Neue Heimat. Unternehmenspolitik und Unternehmensentwicklung im gewerkschaftlichen Wohnungs- und Städtebau 1950–1982. Stuttgart 2008.

Kramper, Peter, Warum Europa? Konturen einer globalgeschichtlichen Forschungskontroverse, in: Neue Politische Literatur 54, 2009, 9–46.

Krausmann, Fridolin/Schandl, Heinz/Fischer-Kowalski, Marina, From the Frying Pan into the Fire. Industrialization as a Socio-ecological Transition Process, in: John R. McNeill, José Augusto Pádua, Mahesh Rangarajan (Hrsg.), Environmental History. As if Nature Existed. Oxford 2010, 26–47.

Krebs, Stefan, »Notschrei eines Automobilisten« oder die Herausbildung des Kfz-Handwerks in der Zwischenkriegszeit, in: Technikgeschichte 79, 2012, 185–206.

Kreiß, Christian, Geplanter Verschleiß. Wie die Industrie uns zu immer mehr und immer schnellerem Konsum antreibt – und wie wir uns dagegen wehren können. München 2014.

Kreutzberger, Stefan, Die Essensvernichter. Warum die Hälfte aller Lebensmittel im Müll landet und wer dafür verantwortlich ist. Bonn 2013.

Krewerth, Rainer A., Die Warneckes. Eine westfälische Familiensaga. Vom Rohproduktenhandel zum Recycling. Oelde 1995.

Krohn, Wolfgang, Rekursive Lernprozesse: Experimentelle Praktiken in der Gesellschaft. Das Beispiel der Abfallwirtschaft, in: Werner Rammert, Gotthard Bechmann (Hrsg.), Technik und Gesellschaft. Jahrbuch 9. Frankfurt, New York 1997, 65–89.

Krüger, Eva-Maria, Stabilität mineralischer Basisabdichtungen von Hausmülldeponien bezüglich des Ausbreitungsverhaltens anorganischer Schadstoffe. Karlsruhe 1989.

Kuchenbuch, Ludolf, Abfall. Eine Stichwortgeschichte, in: Hans-Georg Soeffner (Hrsg.), Kultur und Alltag. Göttingen 1988, 154–170.

Kürsten, Wolfgang, Secondhand-Märkte. Marktmacht und geplante Obsoleszenz. Berlin u. a., 1988.

Kuhn, Bärbel, Haus Frauen Arbeit 1915–1965. Erinnerungen aus fünfzig Jahren Haushaltsgeschichte. St. Ingbert 1994.

Kunig, Philip/Schwermer, Gerfried/Versteyl, Ludger-Anselm, Abfallgesetz – AbfG. München 1988.

Kupper, Patrick, Die »1970er Diagnose«. Grundsätzliche Überlegungen zu einem Wendepunkt der Umweltgeschichte, in: Archiv für Sozialgeschichte 43, 2003, 325–348.

Kutzke, Manfred, Untersuchungen zur Emission polyzyklischer aromatischer Kohlenwasserstoffe und polychlorierter Biphenyle an zwei Müllverbrennungsanlagen. Hamburg 1985.

Lachmann, Ingo, Endstation Eigenheim. Zur deutschen Einfamilienhausförderung im Spannungsfeld von Raumordnungszielen und Wohnungsbaupolitik. Kassel 2004.

Lahl, Uwe, Schadstoffe und Ressourcen, in: Schiller-Dickhut, Friedrich, Müllverbrennung, 85–100.

Landsberg, Gerd, Die Entwicklung der Abfallgebühren aus kommunaler Sicht unter Berücksichtigung neuer Anforderungen, in: Abfallentsorgungs-Gesellschaft Ruhrgebiet mbH, Sozialverträglichkeit von Müllgebühren, 16–27.

Langer, Lydia, Revolution im Einzelhandel. Die Einführung der Selbstbedienung in Lebensmittelgeschäften der Bundesrepublik Deutschland (1949–1973). Köln 2013.

Lauschke, Karl, Staatliche Selbstentmachtung. Die Privatisierung von Post und Bahn, in: Frei, Süß, Privatisierung, 108–123.

Lee, Yong-Woo, Die Abfallwirtschaft in den Gemeinden von Nordrhein-Westfalen. Bonn 1998.

Leendertz, Ariane, Ordnung schaffen. Deutsche Raumplanung im 20. Jahrhundert. Göttingen 2008.

Leibfried, Theo, VKS-Bundestagung vom 8.–12. Oktober 1977 in Berlin. Kleiner Querschnitt durch die Referate, in: Kommunalwirtschaft 1978, Hft. 1, 24–29.

Lenz, Christfried, Kein Pech Arbeiter zu sein. Ein Dokumentationsroman. Berlin 1984.

Lindemann, Carmelita, Verbrennung oder Verwertung: Müll als Problem um die Wende vom 19. zum 20. Jahrhundert, in: Technikgeschichte 59, 1992, 91–107.

Lindlar, Ludger, Dass missverstandene Wirtschaftswunder. Westdeutschland und die westeuropäische Nachkriegsprosperität. Tübingen 1997.

Linder, Staffan, Harried Leisure Class. New York 1970.

Lindner, Ulrike, Rationalisierungsdiskurse und Aushandlungsprozesse. Der moderne Haushalt und die traditionelle Hausfrauenrolle in den 1960er Jahren, in: Matthias Frese, Julia Paulus, Karl Teppe (Hrsg.), Die 1960er Jahre als Wendezeit der Bundesrepublik. Paderborn u. a. 2003, 83–106.

Lippert, Frank, Lastkraftwagenverkehr und Rationalisierung in der Weimarer Republik. Technische und ökonomische Aspekte fertigungsstruktureller und logistischer Wandlungen in den 1920er Jahren. Frankfurt/M. 1999.

Liss, Ulrich, Henning Vollmer, Alternativbrennstoff aus Siedlungsabfällen. Bonn 1986.

Lobin, Gerd, Über Plaumanns Schuld..., in: Umwelt-Magazin 6, 1976, Hft. 1, 12–13.

Lösch, Klaus, Probleme des Abfallaufkommens und der Abfallbeseitigung dargestellt am Beispiel bundesdeutscher Städte. Bremen 1984.

Logemann, Jan L., Trams or Tailfins? Public and Private Prosperity in Postwar Germany and the United States. Chicago, London 2012.

Lubisch, G., Verwertung von Altglas aus Sicht der Glasindustrie, in: Reimann, Stoffliche Verwertung von Abfall und Reststoffen, 255–289.

Luhmann, Hans-Jochen, Die Entdeckung der Gefahr einer ubiquitären Dioxin-Verbreitung. Ein Beispiel einer latent schleichenden Katastrophe?, in: Günther Altner u.a. (Hrsg.), Jahrbuch Ökologie 1993. München 1992, 215–227.

Luhmann, Niklas, Grenzwerte der ökologischen Politik. Eine Form von Risikomanagement, in: Hiller, Krücken, Risiko und Regulierung, 195–221.

Lutz, Burkhard, Der kurze Traum immerwährender Prosperität. Eine Neuinterpretation der industriell-kapitalistischen Entwicklung im Europa des 20. Jahrhunderts. Frankfurt, New York 1984.

Maddison, Angus, Dynamic Forces in Capitalist Development. A Long-Run Comparative View. Oxford, New York 1991.

Magoc, Chris J., Environmental Issues in American History. A Reference Guide with Primary Documents. Westport, London 2006.

Mahlerwein, Gunter, Modernisierung der ländlichen Gesellschaft in Deutschland – der Beitrag der Suburbanisierung, in: Zeitschrift für Agrargeschichte und Agrarsoziologie 57/2009, 13–29.

Mai, Gunther, Die agrarische Transition. Agrarische Gesellschaften in Europa und die Herausforderung der industriellen Moderne im 19. und 20. Jahrhundert, in: Geschichte und Gesellschaft 33, 2007, 471–517.

Maier, Dirk, »Mehr Achtung für den Lumpenmann« – Altstofferfassung und Materialwirtschaft in der DDR der 1950er und 1960er Jahre, in: Fansa, Wolfram, Müll, 131–139.

Mann, Thomas, Privatisierung der Abfallentsorgung, in: Karl Thomé-Kozmiensky (Hrsg.), Management der Kreislaufwirtschaft. Berlin 1995, 148–155.

Martens, Bernd, Die gesellschaftliche Resonanz auf das Abfallproblem. Wiesbaden 1999.

Mayntz, Renate u.a., Vollzugsprobleme der Umweltpolitik. Empirische Untersuchung der Implementation von Gesetzen im Bereich der Luftreinhaltung und des Gewässerschutzes. Wiesbaden 1978.

McBride, Samantha Recycling Reconsidered. The Present Failure and Future Promise of Environmental Action in the United States. Cambridge/Mass. 2012.

Mecking, Sabine, Bürgerwille und Gebietsreform. Demokratieentwicklung und Neuordnung von Staat und Gesellschaft in Nordrhein-Westfalen 1965–2000. München 2012.

Meikle, Jeffrey, American Plastic. A Cultural History. New Brunswick 1995.

Melosi, Martin, Garbage in the Cities, Refuse, Reform, and the Environment (Revised Edition). Pittsburgh 2005.

Melosi, Martin, The Sanitary City. Environmental Services in Urban America from Colonial Times to the Present. Pittsburgh 2008.

Mende, Silke, »Nicht rechts, nicht links, sondern vorn«. Eine Geschichte der Gründungsgrünen. München 2011.

Mertens, Bruno, Abfallwirtschaft – Schritt vor Schritt, in: Umwelt-Magazin 5, 1975, Hft. 3, 4.

Metzler, Gabriele, Konzeptionen politischen Handelns von Adenauer bis Brandt. Politische Planung in der pluralistischen Gesellschaft. Paderborn u.a. 2005.

Meyer, Simon, Die Entwicklungslinien des Rechts der Abfallentsorgung im Spannungsfeld von Wettbewerb und hoheitlicher Lenkung. Frankfurt/M. u.a. 2010.

Michel, Judith, »Die Angst kann lehren, sich zu wehren« – Der Angstdiskurs der westdeutschen Friedensbewegung in den 1980er Jahren, in: José Brunner (Hrsg.), Politische Leidenschaften. Zur Verknüpfung von Macht, Emotion und Vernunft in Deutschland, in: Tel Aviver Jahrbuch für Deutsche Geschichte 38, 2010, 246–269.

Möller, Rationalisierung – Privatisierung. Ergebnisse in Neumünster, in: Kommunalwirtschaft 1978, Hft. 4, 112–113.

Möller, Christian, Abfallpolitik zwischen Ökonomie und Ökologie. Die lange Suche nach Entsorgungswegen in Bielefeld (1957–1995), in: Jahresbericht des historischen Vereins für die Grafschaft Ravensberg 97, 2012, 129–162.

Möller, Christian, Der Traum vom ewigen Kreislauf. Abprodukte, Sekundärrohstoffe und Stoffkreisläufe im »Abfall-Regime« der DDR (1945–1990), in: Technikgeschichte 81, 2014, 61–89.

Mokyr, Joel, The Enlightened Economy. An Economic History of Britain, 1750–1850, New Haven. London 2009.

Moser, Sebastian J., Pfandsammler. Erkundungen einer urbanen Sozialfigur. Hamburg 2014.

Müller, Edda, Innenwelt der Umweltpolitik. Sozial-liberale Umweltpolitik – (Ohn)macht durch Organisation? Opladen 1986.

Müller, Hans-Jörg, Neue Kommunalfahrzeuge auf der VKS-Fachausstellung 1977 in Berlin, in: Kommunalwirtschaft 1978, Hft. 1, 29–32.

Müller, Rolf-Dieter, Wer zurückweicht wird erschossen! Kriegsalltag und Kriegsende in Südwestdeutschland 1944/45. Freiburg 1985.

Mueller, Jörg, Expansion: Konsolidierung und Wachstum, in: BDE, 1961–2001. 40 Jahre BDE, 70–95.

Müller, Ute u.a., Bundesweite Gewerbeabfalluntersuchung, gekürzte Fassung, im Auftrag des Umweltbundesamtes. Berlin 1994.

Münch, Peter, Stadthygiene im 19. und 20. Jahrhundert: die Wasserversorgung, Abwasser- und Abfallbeseitigung unter besonderer Berücksichtigung Münchens. Göttingen 1993.

Mutz, Mathias, Managing Resources. Water and Wood in the German Pulp and Paper Industry (1870s–1930s), in: Jahrbuch für Wirtschaftsgeschichte 32, 2009, Hft. 1, 45–68.

Nast, Matthias, Die Stummen Verkäufer. Lebensmittelverpackungen im Zeitalter der Konsumgesellschaft. Umwelthistorische Untersuchung über die Entwicklung der Warenpackungen und den Wandel der Einkaufsgewohnheiten (1950er bis 1990er Jahre). Frankfurt/M. 1997.

Neckermann, Gerhard, Hans Wessels, Die Glasindustrie – Ein Branchenbild. Berlin 1987.

Neukirchen, Heinrich, Unfallschutz für Straßenreiniger und Müllwerker, in: Der Städtetag 11, 1958, Hft. 4, 281–285.

Neumann, Uwe/van Ooyen, Gerhard, Rekultivierung von Deponien und Müllkippen. Grundlagen für die Praxis der Rekultivierungsplanung, Berlin 1979.

Packard, Vance, The Waste-Makers. New York 1960.

Nützenadel, Alexander, Stunde der Ökonomen. Wissenschaft, Politik und Expertenkultur in der Bundesrepublik 1949–1974. Göttingen 2005.

Nyáry, Josef, Aldi Jahre wieder. 99 Jahre Aldi. Freiburg 2012, 29.

O. V., Die Mülltonne aus Kunststoff kommt, in: ÖTV-Magazin 10, 1965, 24.

O. V., Bericht über das 3. Informationsgespräch des Arbeitskreises für die Nutzbarmachung von Siedlungsabfällen am 6.10.1967, in: ANS-Informationen 5, Dezember 1967, 9–11.

O. V., Die Müll-Lawine überrollt alles. 50.000 Ablagerungsplätze in der Bundesrepublik sind überschwemmt, in: Süddeutsche Zeitung (9.12.1970).

O. V., Mehr Freiheit mehr Konservendosen, in: Der Spiegel Nr. 49 (29.11.1971), 62–78.

O. V., Giftige Krume, in: Der Spiegel Nr. 14 (2.4.1973), 161–162.

O. V., Türkischer Honig. Es kann auch Cyanid sein, in: Der Spiegel Nr. 20, (13.5.1974), 54–68.

O. V., Unsere Umweltfreunde. 75 Jahre Städtische Fuhrparkbetriebe Bochum. Bochum 1974.

O. V., Richards Rache, in: Der Spiegel Nr. 23 (31.5.1976), 117–118.

O. V., Bundesmodell Abfallverwertung, in: Kommunalwirtschaft 1978, Hft. 4, 116–118.

O. V., Recycling in Hamburg, in: Der Städtetag 33, 1980, 383–386.

O. V., 1981 – das IFAT-Jahr, in: Umwelt-Magazin 10, 1980, Hft. 8, 16.

O. V., Verband Privater Städtereinigungsbetriebe wehrt sich, in: Kommunalwirtschaft 1981, Hft. 2, 61.

O. V., Müllschrott für Stahlwerke, in: Umwelt-Magazin, 12, 1982, Hft. 2, 14–18.

O. V., Nehlsen – im Dienste des Umweltschutzes. Portrait eines modernen Dienstleistungsunternehmens, in: Kommunalwirtschaft 1982, Hft. 4, 138.

O. V., Recycling – ein Geschäft für Spezialisten. Interview mit Karl J. Thomé-Kozmiensky, in: Umwelt-Magazin 12, 1982, Hft. 8, 16–17.

O. V., Giftmüll im Griff?, in: Umwelt-Magazin 13, 1983, Hft. 8, 16–19.

O. V., Dioxin: Weiträumige Verseuchung, in: Der Spiegel Nr. 4 (23.1.1984), 88–91.

O. V., Zusammenarbeit mit den Privaten bei der Abfallverwertung vereinbart, in: Der Städtetag 38, 1985, Hft. 9, 630.

O. V., Nachlese zur VKS-Bundestagung 1985 in Essen, in: Der Städtetag 38, 1985, Hft. 9, 611–614, 611.

O. V., Tolles Ergebnis, in: Der Spiegel Nr. 8 (17.2.1986), 26–27.

O. V., ÖTV forciert Privatisierung der Müllabfuhr, in: Rheinische Post Nr. 249 (25.10.1990).

O. V., Umweltministerium seit 1970, in: Umwelt-Magazin: Sonderausgabe: 25 Jahre Umwelt-Magazin. Entwicklung, Erfolg und Erwartung im Umweltschutz, Würzburg 1996, 16.

O. V., Fehlzeiten wegen Krankheit: Müllmänner fehlen 31 Tage, Forscher nur vier (31.3.2015). http://www.spiegel.de/wirtschaft/soziales/fehlzeiten-wegen-krankheit-muellwerker-fehlen-am-haeufigsten-a-1026499.html [Letzter Zugriff 7.5.2015].

Oehler, Werner, Szenenwechsel im Einzelhandel 1963–1990. Köln 1980.

ÖTV, Geschäftsbericht 1976–1979. Stuttgart 1980.

ÖTV, Geschäftsbericht 1980–1983. Stuttgart 1984.

ÖTV, Geschäftsbericht ÖTV 1955–1957. Stuttgart 1957.

ÖTV, ÖTV-Geschäftsbericht 1980–1983. Stuttgart 1984.

ÖTV, ÖTV-Geschäftsbericht 1987–1991. Stuttgart 1992.

ÖTV, Qualitatives Wachstum. Umweltschonende und rohstoffsichernde Abfallwirtschaft. Vorschläge der Gewerkschaft ÖTV für die Entwicklung der Müllbeseitigung zur Abfallwirtschaft. Stuttgart 1985.

ÖTV, Rationalisierung und ihre Auswirkungen im Bereich der Städtereinigung (Müllabfuhr). Stuttgart 1983.

Offner, Avner, The Challenge of Affluence. Self-Control and Well-Being in the United States and Britain since 1950. Oxford 2005.

Oldenziel, Ruth/Hård, Mikael, Consumers, Tinkerers, Rebels. The People Who Shaped Europe. Basingstoke, New York 2013.

Oldenziel, Ruth/Veenis, Milena, The Glass Recycling Container in the Netherlands: Symbol in Times of Scarcity and Abundance, 1939–1978, in: Contemporary European History 22, 2013, 453–476.

Onasch, Hans, Ist die Umstellung auf Einwegflaschen aus Kunststoff verantwortbar? Beurteilung aus Sicht einer Stadtreinigung, in: Städtehygiene 10, 1968, 228–230.

Oppermann, Herbert, Hamburg entscheidet sich für das Müllgroßbehältersystem 120/240l, in: Müll und Abfall 11, 1979, Hft. 7, 187–188.

Oppermann, Herbert, Müllsortierung von Hand deckt Kosten nicht, in: Umwelt-Magazin 6, 1976, Hft. 5, 361.

Oppermann, Herbert/Schulz, Herbert, Das Prämienlohnsystem der Hamburger Straßenreinigung. Beihefte Müll und Abfall Bd.8. Berlin 1974.

Orth, Helmuth/Riedlinger, Rudolf A., Kommunalwirtschaftliche Bedeutung der Abfallbeseitigung insbesondere durch Müllverbrennung, in: Müll und Abfall 2, 1971, Hft. 5, 122–130.

Osthorst, Winfried, Die De-Kommunalisierung der Abfallwirtschaft in den Städten. Sieben Fallstudien. Zwischenbericht des Forschungsprojekts »Die De-Kommunalisierung städtischer Infrastrukturen am Beispiel der Müllentsorgung. Bremen 2001.

Osthorst, Winfried, Abfall als Ware. Vom Entsorgungsnotstand zur Liberalisierung der Abfallentsorgung. Bremen 2002.

Park, Jinhee, Von der Müllkippe zur Abfallwirtschaft: die Entwicklung der Hausmüllentsorgung in Berlin (West) von 1945 bis 1990. Berlin 2004.

Parzich, Brigitte/Barwig, Erika, »Das bessere Müllkonzept«. Einfälle gegen Abfälle, in: Günter Altner u. a. (Hrsg.) Jahrbuch Ökologie 1992. München 1991, 255–265.

Pautz, Dieter/Pietrzeniuk, Hans-Joachim, Abfall und Energie. Einsparung und Nutzung von Energie durch Verbrennung, Pyrolyse, Biogas, Recycling und Abfallvermeidung. Berlin 1984.

Peil, Konrad, Wie eine Bürgerinitiative eine große Umweltzerstörung verhinderte. Mülldeponie Dreihausen, Dokumentation. Marburg 1981.

Petrak, Kirsten/Petzina, Dietmar/Plumpe, Werner, Einleitung, in: Diess. (Hrsg.), Adenauers Welt. Ein Lesebuch zur Alltags- und Sozialgeschichte der frühen Republik. Essen 2006, 39–81.

Petzina, Dietmar, Autarkiepolitik im Dritten Reich. Der nationalsozialistische Vierteljahresplan. München 1968.

Petzold, Rudolf, Die Altstoffe und die Rohstoffversorgung Deutschlands. Leipzig 1941.

Pfister Christian, Das 1950er Syndrom. Der Weg in die Konsumgesellschaft. Bern, Stuttgart, Wien 1995.

Pfister, Christian u. a., »Das 1950er Syndrom«: Zusammenfassung und Synthese, in: Ders., Das 1950er Syndrom, 21–47.

Pfister, Christian, Das »1950er Syndrom« – die umweltgeschichtliche Epochenschwelle zwischen Industriegesellschaft und Konsumgesellschaft, in: Ders., Das 1950er Syndrom, 51–95.

Pfister, Christian, Energiepreis und Umweltbelastung. Zum Stand der Diskussion über das »1950er Syndrom«, in: Wolfram Siemann (Hrsg.), Umweltgeschichte. Themen und Perspektiven. München 2003, 61–86.

Pierau, Heribert, Kritische Bemerkungen zum »Schichttorten-Modell« der geordneten Ablagerung, in: Der Städtetag 20, 1967, Hft. 7, 582–584.

Pilgrim, Heinz, Die Herford-Bielefelder Konfektionsindustrie. Leipzig 1927.

Plumpe, Werner, 1968 und die deutschen Unternehmen. Zur Markierung eines Forschungsfeldes, in: Zeitschrift für Unternehmensgeschichte 49, 2004, 45–66.

Plumpe, Werner, Konsum, in: Merkur 67, 2013, 619–627.

Pörtge, Karl-Heinz/Mehlhase, Michael, Die Entwicklung der Müll- und Abfallbeseitigung im südlichen Niedersachsen seit 1970, in: Göttinger Jahrbuch 1989, 175–188.

Pöpel, Franz, Der Lehrstuhl für Siedlungswasserbau, Straßenbau und Stadtbauwesen, in: Rektorat der Technischen Hochschule Stuttgart (Hrsg.), 125 Jahre Technische Hochschule Stuttgart. Stuttgart 1954, 106–109.

Pöpel, Franz, Einflüsse auf Menge und Zusammensetzung von Hausmüll, Sperrmüll und Industrieabfällen. München 1969.

Pohle, R., Einfluss der Vergrößerung des Nutzinhalts von Müllfahrzeugen auf die Zahl der Entladefahrten, in: Kommunalwirtschaft 1980, Hft. 1, 27–29.

Pohle, Rolf/Arndt, Reinhard, Thermische Abfallbehandlung in Nürnberg – Rückblick auf 25 Jahre Müllverbrennung. Nürnberg 1992.

Pomeranz, Kenneth, The Great Divergence. Europe, China, and the making of the modern world economy. Princeton 2000.

Popp, Manfred, Moderne Abfallwirtschaft beginnt an der Quelle. Neue Forschungskonzepte für den Umweltschutz, in: Arbeitsgemeinschaft der Großforschungszentren (Hrsg.), Forschungsthemen Heft 5: Abfall und Umwelt, Bonn 1992, 7–9.

Priebs, Axel, Suburbane Siedlungsflächen. Wucherung oder gestaltbare Stadtregion?, in: Von Saldern, Stadt und Kommunikation, 147–162.

Prinz, Michael, Der lange Weg in den Überfluss. Anfänge und Entwicklung der Konsumgesellschaft seit der Vormoderne. Paderborn u. a. 2003.

Prinz, Michael, »Konsum« und »Konsumgesellschaft« – Vorschläge zu Definition und Verwendung, in: Ders., Der lange Weg in den Überfluss, 11–34.

Prinz, Michael, Der Sozialstaat hinter dem Haus. Wirtschaftliche Zukunftserwartungen, Selbstversorgung und regionale Vorbilder: Westfalen und Südwestdeutschland 1920–1960, Paderborn u. a. 2012.

Manfred Prisching, Trash Economy. Abfallproduktion als Wirtschaftsprinzip, in: Anselm Wagner (Hrsg.), Abfallmoderne. Zu den Schmutzrändern der Kultur. Berlin 2012², 31–43.

Pulver, Karl, Von der Abfuhranstalt zum Eigenbetrieb. 125 Jahre Stadthygiene in Mannheim (Ms. Mannheim 2005).

Pulver, Karl, Die Anfänge der Stadthygiene am Beispiel von Mannheim, in: Verband kommunaler Unternehmen, 100 Jahre kommunale Städtereinigung, 185–190.

Raab, Manfred, Müll oder Fossilien? Der Kampf um den Erhalt der Fossilienfundstätte Grube Messel. Eine historisch-politische Dokumentation. Messel 1996.

Radkau, Joachim, Was ist Umweltgeschichte?, in: Werner Abelshauser (Hrsg.), Umweltgeschichte. Umweltverträgliches Wirtschaft in historischer Perspektive. Göttingen 1994, 11–28.

Radkau, Joachim, Natur und Macht. Eine Weltgeschichte der Umwelt. München 2002.

Radkau, Joachim, Die Ära der Ökologie. Eine Weltgeschichte. München 2011.

Raith, Matthias, Infrastrukturerfordernisse und -probleme einer flächendeckenden Entsorgung, in: Ernst U. von Weizäcker (Hrsg.), Weniger Abfall – Gute Entsorgung. Konflikte um den Abfall. Karlsruhe 1991, 90–96.

Raphael, Lutz, Embedding the Human and Social Sciences in Western Societies, 1880–1980: Reflections on Trends and Methods of Current Research, in: Kerstin Brückweh u. a. (Hrsg.), Engineering Society. The Role of the Human and Social Sciences in Modern Societies, 1880–1980. Basingstoke 2012, 41–56.

Rat der Sachverständigen für Umweltfragen, Umweltgutachten 1978. Stuttgart, Mainz 1978.

Rathje, William/Murphy, Cullen Müll. Eine archäologische Reise durch die Welt des Abfalls. München 1994.

Rationalisierungs-Kuratorium der deutschen Wirtschaft, Verpackung und Recycling. Frankfurt/M. 1975.

Raub, Rudolf, Vegetations- und Kompostierungsversuche mit Dano-Komposten aus Duisburg-Huckingen und Müllklärschlammkompost aus Baden-Baden. Bonn 1960.

Rave, Jürgen Ortwin, Qualitätsprodukte und Marktwirtschaft, in: Werkbund (Hrsg.), Ex und hopp – Das Prinzip Wegwerf. Gießen 1989, 39–40.

Reckendrees, Alfred, Konsummuster im Wandel. Haushaltsbudgets und Privater Verbrauch in der Bundesrepublik 1952–1998, in: Jahrbuch für Wirtschaftsgeschichte 30, 2007, Hft. 2, 29–61.

Recknagel, Hermann, Was muss der Architekt und Baumeister über Zentralheizungen wissen? Berlin 1910.

Recknagel, Georg, Architekt und Zentralheizung. München, Berlin 1929.

Reichardt, Sven/Siegfried, Detlef, Das Alternative Milieu. Antibürgerlicher Lebensstil und linke Politik in der Bundesrepublik und in Europa 1968–1983. Göttingen 2010.

Reichardt, Sven, Authentizität und Gemeinschaft. Linksalternatives Leben in den siebziger und frühen achtziger Jahren. Berlin 2014.

Reiland, Werner/Birn, Helmut, Das neue Abfallbeseitigungsrecht 1977. Abfallbeseitigungsgesetz in der Änderungsfassung vom 21.6.1976 (BGBl 1601) mit Richtlinien zur Beseitigung von Sonderabfällen (Informationsschrift Sonderabfälle). Kissing 1977[3].

Reimann, Dieter O., Stoffliche Verwertung von Abfall- und Reststoffen. Verwertungsgebot nach AbfG und BImSchG – Technische und wirtschaftliche Realisierbarkeit – Märkte. Berlin 1989.

Reimer, Hans, Müllplanet Erde. Hamburg 1971.

Reimer, Hans, Prognosen über die zukünftige Entwicklung der Emission aus Müllverbrennungsanlagen, in: Forschungs- und Entwicklungsinstitut für Industrie- und Siedlungswasserwirtschaft sowie Abfallwirtschaft e.V. Stuttgart (Hrsg.), Vor- und Nachteile der Verbrennung und der Kompostierung von kommunalen Abfällen. Berlin 1975, 249–255.

Reinhard, Wolfgang, Lebensformen Europas. Eine historische Kulturanthropologie. München 2004.

Reiser, Bernhard, Experten nehmen Stellung, in: Institut für ökologisches Recycling (Hrsg.), Abfall vermeiden. Leitfaden für eine ökologische Abfallwirtschaft. Frankfurt/M. 1989, 75–83.

Reith, Reinhold, Reparieren. Ein Thema der Technikgeschichte?, in: Ders., Dorothea Schmidt (Hrsg.), Kleine Betriebe – angepasste Technologie? Hoffnungen, Erfahrungen und Ernüchterungen aus sozial- und technikhistorischer Sicht. Münster 2002, 139–161.

Reith, Reinhold, »altgewender, humpler, kannenplecker«. Recycling im späten Mittelalter und in der Frühen Neuzeit, in: Roland Ladwig (Hrsg.), Recycling in Geschichte und Gegenwart. Freiberg 2003, 41–79.

Reith, Reinhold, Was war vor der Wegwerfgesellschaft? Jahrtausendelang wurde Kaputtes wieder repariert, in: Kultur & Technik 1, 2014, 12–18.

Reith, Reinhold/Stöger, Georg, Einleitung. Reparieren – oder die Lebensdauer der Gebrauchsgüter, in: Technikgeschichte 79, 2012, 173–184.

Reith, Reinhold/Stöger, Georg, Western European Recycling in a Long-term Perspective, in: Jahrbuch für Wirtschaftsgeschichte 56, 2016, Hft. 1, 267–290.

Renaud, Klaus, Die Bewilligung und Erlaubnis nach dem Wasserhaushaltsgesetz unter Berücksichtigung des Landeswassergesetzes von Rheinland-Pfalz. Mainz 1965.

Renner, Andreas, Die Arbeitssituation in der Müllabfuhr. Arbeitsbelastung und Bewältigungsmuster in der Arbeitsgruppe, in: Karl Krahn u.a. (Hrsg.), Immer auf den Punkt. Beiträge zur Arbeitsforschung, Arbeitsgestaltung, Arbeitspolitik. Willi Poehler zum 60. Geburtstag. Dortmund 1994, 165–177.

Rethmann, Norbert, Das Abfallentsorgungskonzept der privaten Städtereinigungsbetriebe, in: Schenkel, Abfallwirtschaft in großen Städten, 86–90.

Rettenberger, Gerhard, Untersuchung zur Entstehung, Ausbreitung und Ableitung von Zersetzungsgasen in Abfallablagerungen. Berlin 1982.

Reuber, Christian, Der Tarifkonflikt im öffentlichen Dienst 1974 (Magisterarbeit, Univ. Frankfurt 2006).

Reulecke, Jürgen, Geschichte der Urbanisierung in Deutschland. Frankfurt/M. 1985.

Reulecke, Jürgen, Vom 19. zum 20. Jahrhundert: Die Entwicklung der städtischen Infrastruktur im Ruhrgebiet, in: Jürgen Mittag, Ingrid Wöhlk (Hrsg.), Bochum und das Ruhrgebiet. Großstadtbildung im 20. Jahrhundert. Essen 2005, 233–251.

Reuß, Jürgen/Dannoritzer, Cosima, Kaufen für die Müllhalde. Das Prinzip der geplanten Obsoleszenz. Freiburg 2013.

Rick, Klaus, Zur Konstruktion, Implementation und Wirkung des Dualen Systems in der Abfallwirtschaft. Eine umweltökonomische Analyse. Regensburg 1998.

Rösch, Roland, »Hier stinkts!«. Heilbronner Latrinengeschichte von 1800 bis 1950. Heilbronn 2011.

Roseman, Mark, Recasting the Ruhr, 1945–1958. Manpower, Economic Recovery, and Labour Relations. New York 1992.

Rucht, Dieter, Das alternative Milieu in der Bundesrepublik. Ursprünge, Infrastruktur und Nachwirkungen, in: Reichardt, Siegfried, Das Alternative Milieu, 61–84.

Rühle, Alex, Kommt nicht in die Tüte, in: Süddeutsche Zeitung Nr. 59 (12./13.3.2011), V2/1.

Rytlewski, Ralf/Opp de Hipt, Manfred, Die Bundesrepublik Deutschland in Zahlen: 1945/49–1980. Ein sozialgeschichtliches Arbeitsbuch. München 1987.

Sachse, Carola, Der Hausarbeitstag. Gerechtigkeit und Gleichberechtigung in Ost und West 1939–1994. Göttingen 2002.

Sander, Horst P., Abfallbeseitigung und -verwertung in Gesetzgebung und Verwaltungspraxis, in: Institut für gewerbliche Wasserwirtschaft und Luftreinhaltung e.V. (Hrsg.), Nutzung industrieller Abfälle. Recycling und umweltfreundliche Technologien als Beitrag zum Umweltschutz. Köln 1974, 1–24.

Sander, Horst P., Abfallrecht verhindert Wiederverwertung, in: Umwelt-Magazin 6, 1976, Hft. 3, 170–172.

Sattler, Klaus/Emberger, Jürgen, Behandlung fester Abfälle. Vermeiden, Verwerten, Sammeln, Beseitigen, Sanieren. Verfahrensweise, Technische Realisierung. Rechtliche Grundlagen. Würzburg 1990².

Saniter, Franziska/Köhn, Heike, Saubere Zeiten. Eine Zeitreise in zehn Etappen durch 100 Jahre kommunale Stadtreinigung in Hannover. Hannover 2001.

Sarasin, Philipp, Reizbare Maschinen. Eine Geschichte des Körpers 1765–1914. Frankfurt/M. 2001.

Saur, Achim, Der Abfall und die Stadt – oder: Rolle vor und rückwärts, in: Verband kommunaler Unternehmen, 100 Jahre kommunale Städtereinigung, 85–99.

Schama, Simon, Überfluß und schöner Schein. Zur Kultur der Niederlande im Goldenen Zeitalter. München 1988.

Schanetzky, Tim, Die große Ernüchterung: Wirtschaftspolitik, Expertise und Gesellschaft in der Bundesrepublik 1966 bis 1982. Berlin 2007.

Schanetzky, Tim, Abschied vom Progressivismus? Privatisierung in Ronald Reagans Amerika, in: Frei, Süß, Privatisierung, 34–50.

Scharfenstein, Otto, Packmittelproduktion unter dem Aspekt des Müllaufkommens, in: Umwelthygiene 2, 1974, 34–37.

Scheiner, Peter, Rettet uns vor der Müllawine! Weißenhorn 1987.

Schenkel, Werner, Geld, viel Geld für die Abfallwirtschaft, in: Umwelt-Magazin 3, 1973, Hft. 5, 23–24.

Schenkel, Werner, Die geordnete Deponie von festen Abfallstoffen. Theoretische Grundlagen und praktische Durchführung. Berlin 1974.

Schenkel, Werner, Stand der Abfallbeseitigung des Bundes, der Länder und der Kommunen in technischer, organisatorischer und rechtlicher Hinsicht, in: Müll und Abfall 11, 1979, Hft. 11, 297–302.

Schenkel, Werner, Die Bedeutung der Schadstoffemissionen bei der thermischen Abfallbehandlung in der Bundesrepublik Deutschland, in: Müll und Abfall 12, 1980, 355–360.

Schenkel, Werner, Was kann das Recycling von Abfällen leisten? Möglichkeiten und Grenzen, in: Der Städtetag 38,1985, Hft. 6, 429–433.

Schenkel, Werner, Abfallwirtschaftspolitik in der Bundesrepublik, in: Forschungs- und Entwicklungsinstitut für Industrie- und Siedlungswasserwirtschaft sowie Abfallwirtschaft e.V. in Stuttgart (Hrsg.), Abfallwirtschaft heute und morgen. Festkolloquium aus Anlass des 65. Geburtstages von Herrn o. Prof. Dr. R. Braun. Berlin 1985, 19–46.

Schenkel, Werner, Abfallwirtschaft in großen Städten und Verdichtungsräumen. Entsorgungskonzepte – national und international. Berlin 1987.

Schenkel, Werner, Abfallnotstand – Kooperative Lösungen, in: Hans-Jürgen Zech, Hartwig Blume (Hrsg.), Abfallnotstand – Kooperative Lösungen. Produktions- und Sonderabfälle: Vermeidung, Verwertung, Entsorgung. Karlsruhe 1989, 20–32.

Schetter, Gerhard, Dioxin- und Furanemissionen aus Müllverbrennungsanlagen, in: Müll und Abfall 20, 1988, Hft. 2, 58–67.

Schiermeier, Karin, Über 100 Jahre saubere Arbeit in Paderborn. Abfallentsorgung und Stadtreinigung im Wandel der Zeit, in: Verband kommunaler Unternehmen, 100 Jahre kommunale Städtereinigung, 219–226.

Schiller-Dickhut, Reiner/Friedrich, Harald, Müllverbrennung. Ein Spiel mit dem Feuer. Bielefeld 1989.

Schlag, Dieter, Verbrennung von häuslichen Abfällen. Eine Einführung in die Technik. Karlsruhe 1988.

Schlenker, Roland, Vom Personalmangel zur Zwangsarbeit. Aufgabenstellung und Beschäftigungssituation rheinischer und westfälischer Kommunen 1936–1945, in: Sabine Mecking, Andreas Wirsching (Hrsg.), Stadtverwaltung und Nationalsozialismus. Systemstabilisierende Dimensionen kommunaler Herrschaft. Paderborn u. a. 2005, 181–213.

Schlippenbach, Stefan Graf, PVC – Nur ein Schreckgespenst, in: Deutsche Zeitung/Christ und Welt Nr. 34 (21.8.1970), 27.

Schlottau, Klaus, Umweltgeschichte und Altlasten: zur anhaltenden Relevanz gefährdender Stoffe, in: Patrick Masius, Ole Sparenberg, Jana Sprenger (Hrsg.), Umweltgeschichte und Umweltzukunft. Zur gesellschaftlichen Relevanz einer jungen Disziplin. Göttingen 2009, 87–150.

Schmid, Martin/Veichtlbauer, Ortrun, Vom Naturschutz zur Ökologiebewegung. Umweltgeschichte Österreichs in der Zweiten Republik. Innsbruck, Wien, Bozen 2006.

Schmidt, Alexander, Die Nürnberger Abfallwirtschaft und Straßenreinigung 1899–1999. Nürnberg 1999.

Schmidt, Rüdiger, R 80 als Baustein einer optimalen Abfallentsorgung, in: Walter Kemmerling (Hrsg.), Recycling von Hausmüll. 4. Seminar Abfallwirtschaft an der Technischen Universität Wien. Wien 1981.

Schmidt, Wulf, Abfallinfarkt? Ausschau nach Lösungsmöglichkeiten. Salzgitter 1990.

Schmitt-Tegge, Jan, Kostenstrukturanalysen und Wirtschaftlichkeitsuntersuchungen bei verschiedenen Verfahren zur Beseitigung kommunaler Abfälle. Berlin 1965.

Schmucki, Barbara, Stadt-(r)und-Fahrt gegen Verkehrsinfarkt: Motorisierung und urbaner Raum, in: von Saldern, Stadt und Kommunikation, 305–328.

Schneider, Friedrich K., Änderung des Abfallbeseitigungsgesetzes: Die Novellierung stand von vornherein fest, in: Umwelt-Magazin 4, 1974, Hft. 5, 17.

Schneider, Wolfgang, Sekundärrohstoff Altpapier. Markt- und Marktentwicklung in der Bundesrepublik Deutschland. Dortmund 1988.

Schnitzbauer, Rolf, Öffentlichkeitsarbeit der Hamburger Stadtreinigung, in: Kommunalwirtschaft 1977, Hft. 1, 21–23.

Schnurer, Helmut, Recycling um jeden Preis? Kosten und ökologischer Nutzen verschiedener Recyclingverfahren, in: Abfallentsorgungs-Gesellschaft Ruhrgebiet mbH, Sozialverträglichkeit von Müllgebühren, 48–64.

Schönholz, Christian, Rudolf Virchow und die Wissenschaft vom Menschen. Wissensgenerierung und Anthropologie im 19. Jahrhundert. Würzburg 2013.

Scholten, Jens, Umbruch des genossenschaftlichen Förderauftrages durch Innovation und Wachstum. Nachkriegsentwicklung und Einführung der Selbstbedienung bei der REWE-Dortmund, in: Hesse u. a., Das Unternehmen als gesellschaftliches Reformprojekt, 167–200.

Schorer, Ludwig G., Historie der BI-Weißenhorn, in: Kongress der Bürgerinitiative gegen Müllverbrennung Weißenborn e. V. (Hrsg.), Müllverbrennung und Mensch. Kongressreader. Illertissen 1994, 8–14.

Schott, Dieter, Europäische Urbanisierung (1000–2000). Eine umwelthistorische Einführung. Köln u. a. 2014.

Schröder, August, Reinigungs- und Abfuhrwesen, in: Otto Ruppersberg (Hrsg.), Frankfurt. Das Buch der Stadt. Frankfurt/M. 1927, 141–145.

Schubert, Otto, Der Betrieb, in: Stadt Frankfurt, 100 Jahre Stadtreinigung Frankfurt am Main, 33–51.

Schuldt, Manfred, Organisatorische, politische, rechtliche, finanzielle Rahmenbedingungen und Perspektiven der Sanierung kontaminierter Standorte, in: Meinfried Striegnitz (Hrsg.), Sanierung von Altlasten, Deponien und anderen kontaminierten Standorten. Erfahrungen und Problemstellungen. Loccum 1986, 154–160.

Schultz, Irmgard, Die Mülldebatte und das Prinzip Verantwortung, in: Peter Altner u. a. (Hrsg.), Jahrbuch Ökologie 1992. München 1991, 232–241.

Schultz, Irmgard/Weiland, Monika, Frauen und Müll. Frauen als Handelnde in der kommunalen Abfallwirtschaft. Gutachten im Auftrag des Magistrats der Stadt Frankfurt am Main unter Mitarbeit von Engelbert Schramm. Frankfurt/M. 1991.

Schulz, Günther, Wohnungspolitik und Wohnungswirtschaft seit 1945, in: Eichner, Emmerich, Petzina, Die unternehmerische Wohnungswirtschaft, 63–77.

Schulz-Walden, Thorsten, Anfänge globaler Umweltpolitik. Umweltsicherheit in der internationalen Politik (1969–1975). München 2013.

Schwabe, Otto Hermann, Müllabfuhr, ihre Fahrzeuge und Geräte, in: K. Giesen (Hrsg.), Stadthygiene und Kommunalfahrzeuge. Essen 1967, 51–56.

Schwartz Cowan, Ruth, More Work For Mother. The Ironies of Household Technology from the Open Hearth to the Microwave. New York 1985.

Schweitzer, Eric, Ordnungspolitische Probleme der Abfallwirtschaft. Die historischen Ursachen, eine komparative Analyse und der Versuch einer differenzierten wettbewerbspolitischen Neustrukturierung der unterschiedlichen Bereiche der Entsorgungswirtschaft. Berlin 1990.

Schweitzer, Franz J. u. a., Ein privates Unternehmen in der Entsorgungswirtschaft. Berlin 1994.

Schwesig, Martin, Die Einführung eines neuen Müllsammelsystems in Esslingen am Neckar, in: Müll und Abfall 12, 1980, Hft. 5, 138–147.

Seefried, Elke, Towards the Limits to Growth? The Book and its Reception in West Germany and Britain 1972–73, in: Bulletin of the German Historical Institute 33, 2011, 3–37.

Seitz, Helga/Folger, Bettina, Kommunale Abfallwirtschaft in München. In 120 Jahren von der geordneten Müllbeseitigung zur nachhaltigen Kreislaufwirtschaft, in: Verband kommunaler Unternehmen, 100 Jahre kommunale Städtereinigung, 191–202.

Sennett, Richard, Die Kultur des neuen Kapitalismus. Berlin 2005.

Sheller, Mimi, Aluminium Dreams. The Making of Light Modernity. Boston 2014.

Shin, K. C., Definition und Beschreibung der Verfahren der Müllverbrennung, in: Forschungs- und Entwicklungsinstitut für Industrie- und Siedlungswasserwirtschaft sowie Abfallwirtschaft e. V. Stuttgart (Hrsg.), Vor- und Nachteile der Verbrennung und der Kompostierung von kommunalen Abfällen. Berlin 1975, 3–23.

Shin, K. C., Müllverbrennungsanlagen in der BRD, in: Forschungs- und Entwicklungsinstitut für Industrie- und Siedlungswasserwirtschaft sowie Abfallwirtschaft e. V. Stuttgart (Hrsg.), Vor- und Nachteile der Verbrennung und der Kompostierung von kommunalen Abfällen. Berlin 1975, 25–35.

Siegel, O., Beurteilung der verschiedenen Kompostierungsverfahren und der Verwendung von Kompost bezüglich der Anreicherung von Schwermetallsalzen und kanzerogenen

Stoffen im Boden, in: Forschungs- und Entwicklungsinstitut für Industrie- und Siedlungswasserwirtschaft sowie Abfallwirtschaft e. V. Stuttgart, Vor- und Nachteile der Verbrennung und der Kompostierung von kommunalen Abfällen, Bd.2, 597–642.

Siegenthaler, Hans-Jörg, Regelvertrauen, Prosperität und Krisen. Die Ungleichmäßigkeit wirtschaftlicher und sozialer Entwicklung als Ergebnis individuellen Handelns und sozialen Lernens. Tübingen 1993.

Siegenthaler, Hansjörg, Zur These des »1950er Syndroms«: Die wirtschaftliche Entwicklung der Schweiz nach 1945 und die Bewegung relativer Energiepreise, in: Pfister, 1950er Syndrom, 97–103.

Siegfried, Detlef, Time is on my Side. Konsum und Politik in der westdeutschen Jugendkultur der 60er Jahre. Göttingen 2006.

Sierp, Friedrich, Die gewerblichen und industriellen Abwässer. Entstehung, Schädlichkeit, Verwertung, Reinigung und Beseitigung, Berlin, Göttingen. Heidelberg 1953.

Silberschmidt, W., Müll (mit Hauskehricht), in: Theodor Weyl (Hrsg.), Städtereinigung. Handbuch der Hygiene. Leipzig 1912², 573–714.

Silies, Eva-Maria, Liebe, Lust und Last. Die Pille als weibliche Generationserfahrung in der Bundesrepublik 1960–1980. Göttingen 2010.

Simson, John von, Kanalisation und Städtehygiene im 19. Jahrhundert. Düsseldorf 1983.

Slade, Giles, Made to Break. Technology and Obsolescence in America. Cambridge/Mass. 2006.

Slater, Don, Consumer Culture & Modernity. Cambridge 1997.

Sombart, Werner, Das Wirtschaftsleben im Zeitalter des Hochkapitalismus. Zweiter Halbband: Der Hergang der hochkapitalistischen Wirtschaft. Die Gesamtwirtschaft. Berlin 1927.

Spiekermann, Uwe, Die Basis des Konsumgesellschaft. Entstehung und Entwicklung des modernen Kleinhandels in Deutschland 1850–1914. München 1999.

Spill, Elvira/Wingert, Erdmann, Brennpunkt Müll. Eine Anleitung zum Widerstand. Hamburg 1990.

Spill, Elvira, Notstand im Allgäu. Kempten ist am schlimmsten dran, in: Spill, Wingert, Brennpunkt Müll, 12–26.

Stadt Dortmund, Umweltschutzmaßnahmen des Stadtreinigungsamtes der Stadt Dortmund. Dortmund 1989.

Stadt Frankfurt, Statistisches Jahrbuch der Stadt Frankfurt 1955/56. Frankfurt 1957.

Stadt Frankfurt, Statistisches Jahrbuch der Stadt Frankfurt 1965. Frankfurt 1966.

Stadt Frankfurt, Statistisches Jahrbuch der Stadt Frankfurt 1968. Frankfurt 1969.

Stadt Frankfurt, Statistisches Jahrbuch der Stadt Frankfurt 1971. Frankfurt 1972.

Stadt Frankfurt, Statistisches Jahrbuch der Stadt Frankfurt 1974. Frankfurt 1975.

Stadt Frankfurt, Statistisches Jahrbuch der Stadt Frankfurt 1977. Frankfurt 1978.

Stadt Frankfurt, Statistisches Jahrbuch der Stadt Frankfurt 1980. Frankfurt 1981.

Stadt Frankfurt, Statistisches Jahrbuch der Stadt Frankfurt 1983. Frankfurt 1984.

Stadt Frankfurt, Statistisches Jahrbuch der Stadt Frankfurt 1990. Frankfurt 1991.

Stadt Frankfurt, 100 Jahre Stadtreinigung Frankfurt am Main 1872–1972. Frankfurt 1972.

Stadt Frankfurt/M., Das Stadtreinigungsamt Frankfurt am Main. 15 Jahre Wiederaufbau. Frankfurt/M. 1960.

Stadtreinigung Hamburg, 100 Jahre Müllverbrennung in Hamburg 1896–1996. Hamburg 1996.

Stadtreinigungsamt Frankfurt, 15 Jahre Wiederaufbau, Internationale Industrie-Bibliothek Bd. 149/54. Basel 1960.

Stallwood, Arthur F., Report City of Westminster on S. M. »Eagle Body«, S. M. »Faun Body«. London 1929.

Stadtverwaltung Mannheim, Statistische Übersicht auf dem Sachgebiet der Verkehrsplanung, des Tiefbauwesens, der Stadtreinigung, des Fuhrparks. Mannheim 1970.

Stark, Sebastian C., Der Abfallbegriff im europäischen und deutschen Umweltrecht. Van de Walle überall? Frankfurt u. a. 2009.

Statisches Bundesamt Wiesbaden, Statistisches Jahrbuch für Bundesrepublik Deutschland 1956. Wiesbaden 1957.

Statisches Bundesamt Wiesbaden, Statistisches Jahrbuch für Bundesrepublik Deutschland 1961. Wiesbaden 1962.

Statisches Bundesamt Wiesbaden, Statistisches Jahrbuch für Bundesrepublik Deutschland 1966. Wiesbaden 1967.

Statisches Bundesamt Wiesbaden, Statistisches Jahrbuch für Bundesrepublik Deutschland 1971. Wiesbaden 1972.

Statisches Bundesamt Wiesbaden, Statistisches Jahrbuch für Bundesrepublik Deutschland 1976. Wiesbaden 1977.

Statisches Bundesamt Wiesbaden, Statistisches Jahrbuch für Bundesrepublik Deutschland 1981. Wiesbaden 1982.

Steffen, Heinz/Prabucki, Marc-Joachim, Risikoschätzung bei der Planung neuer Deponien, in: Peter A. Wilderer, Peter Eisner (Hrsg.), Die Deponie des 21. Jahrhunderts. München 1992, 53–74.

Steiner, André, Von der Eigenfertigung zum Markterwerb der Kleidung. Ein Beitrag zur Kommerzialisierung des Wirtschaftens privater Haushalte in Deutschland im langen 19. Jahrhundert, in: Prinz, Der lange Weg in den Überfluss, 255–271.

Steins, Gisela, Desorganisationsprobleme. Das Messie-Phänomen. Lengerich 2003.

Stern, Hermann, Die geschichtliche Entwicklung und die gegenwärtige Lage des Lumpenhandels. Erlangen 1914.

Stickelberger, O., Beseitigung fester und flüssiger Reststoffe aus Müllkompostanlagen, in: Forschungs- und Entwicklungsinstitut für Industrie- und Siedlungswasserwirtschaft sowie Abfallwirtschaft e. V. Stuttgart, Vor- und Nachteile der Verbrennung und der Kompostierung von kommunalen Abfällen, Bd.2, 477–508.

Stief, Roland, Abfallbeseitigung und Recycling. Teilbereiche des Umweltschutzes. Düsseldorf 1978.

Stief, Klaus, Anforderungen an die Wirksamkeit von Deponiebasisabdichtungen, in: Wilhelm Knipschild (Hrsg.), Deponiebasisabdichtungen mit Kunststoffdichtungsbahnen. Anforderungen – Stand der Technik – Anwendungsbeispiele. Berlin 1985, 9–12.

Stief, Klaus, Werner Schenkels Beiträge zur Entwicklung der Deponietechnik. www.deponie-stief.de/ppt/litstief/schenkel_dgaw.ppt [Letzter Zugriff 8.6.2015].

Stief, Klaus, Zum Stand der Ablagerung von Abfällen, in: Müll und Abfall 10, 1978, Hft. 5, 152–155.

Stief, Klaus, 40 Jahre Deponietechnik. Ein subjektiver Rückblick. http://www.deponie-stief.de/pdf/litstief_pdf/2009icp_stief_rueckblick2_www.pdf [Letzter Zugriff 5.6.2015].

Stöger, Georg, Sekundäre Märkte? Zum Wiener und Salzburger Gebrauchtwarenhandel im 17. und 18. Jahrhundert. Wien 2011.

Stokes, Raymond G./Köster, Roman/Sambrook, Stephen C., Business of Waste, 1945 to the Present. Cambridge, New York 2013.

Strasser, Susan, Waste and Want. A Social History of Trash. New York 1999.

Strasser, Susan, Satisfaction guaranteed. The making of the American Mass Market. Washington 2009.

Straub, Hans, Gutachten über die Beseitigung der festen Abfallstoffe von Gemeinden und der Industrie, erstattet im Auftrage des Bundesministeriums für Gesundheitswesen. München 1962.

Strobach, Karl Heinz, Müllbeseitigung aus Wohnungen und Wohnhausanlagen. Bau und Betrieb geeigneter Anlagen. Heidelberg 1972.

Strube, Sebastian, Euer Dorf soll schöner werden. Ländlicher Wandel, staatliche Planung und Demokratisierung in der Bundesrepublik Deutschland. Göttingen 2013.

Stumpf, Sabine, Pirmasenser Müllabfuhr im Wandel der Zeit. Von der kommunalen Müllabfuhranstalt zum modernen Abfallentsorgungsbetrieb, in: in: Verband kommunaler Unternehmen, 100 Jahre kommunale Städtereinigung, 227–237.

Tabasaran, Oktay, Pyrolytische Behandlung von Hausmüll und Klärschlamm, in: Umwelt-Magazin 6, 1976, Hft. 2, 81–84.

Tagwerker, Edeltraud, Vom Leben in unseren Städten. Kulturanthropologische Analysen des urbanen Alltags in europäischen Metropolen und Provinzstädten der Gegenwart. Frankfurt/M. 2006, 274.

Tarr, Joel A., The Search for the Ultimate Sink. Urban Pollution in Historical Perspective. Akron 1996.

Tarr, Joel A./Dupuy, Gabriel, Technology and the Rise of a Networked City in Europe and America. Philadelphia 1988.

Thode, Helmuth, Wohin mit dem Müll?, in: Stadt Frankfurt, 100 Jahre Stadtreinigung Frankfurt am Main, 52–68.

Thomé-Kozmiensky, Karl J., Perspektiven der thermischen Abfallverwertung, in: Forschungs- und Entwicklungsinstitut für Industrie- und Siedlungswasserwirtschaft sowie Abfallwirtschaft e. V. in Stuttgart (Hrsg.), Abfallwirtschaft heute und morgen. Berlin 1985, 331–351.

Thomé Kozmiensky, Karl J./Widmer, Fritz, Thermische Behandlung von Haushaltsabfällen – Stand und Tendenzen, in: Karl J. Thomé-Kozmiensky (Hrsg.), Thermische Behandlung von Haushaltsabfällen. Berlin 1978, 1–30.

Thomé-Kozmiensky, Karl J., Stand und Tendenzen der Abfallbeseitigung und -verwertung, in: Umwelt-Magazin 9, 1979, Hft. 4, 278–280.

Thoms, Eva-Maria, Köln, wie es stinkt und kracht, in: Die Zeit Nr. 21 (13.5.2004).

Thümler, Sabine, Die Berliner Stadtreinigung, gestern – heute – morgen. Aus der Tradition in die Verantwortung für die Zukunft, in: 100 Jahre kommunale Städtereinigung, 35–46.

Thywissen, Christian, Die Abfallwirtschaft in der Bundesrepublik Deutschland. Frankfurt/M. 1995.

Tillmetz, Franz, Müllabfuhr und Müllverbrennung in der Stadt Fürth in Bayern. Fürth 1911.

Töpfer, Peter, Vermeidung und Verwertung hausmüllähnlicher Gewerbeabfälle. Langfassung. München 1994.

Tope, Otto, Die Mülltonne, ein Stiefkind der baulichen Städtegestaltung. Frankfurt/M. 1953.

Tope, Otto, Papier- und Kunststoffbehälter in der Stadtreinigung, in: Der Städtetag 15, 1962, Hft. 11.

Tope, Otto, Sammlung, Abfuhr und Beseitigung von Hausmüll, Gewerbemüll und Schlacke. Frankfurt/M. 1965.

Torp, Claudius, Konsum und Politik in der Weimarer Republik. Göttingen 2011.

Torp, Claudius/Haupt, Heinz-Gerhard, Die vielen Wege der deutschen Konsumgesellschaft, in: Diess. (Hrsg.), Die Konsumgesellschaft in Deutschland 1890–1990. Frankfurt/M. 2009, 9–24.

Trum, Rudolf, Der Weg in die Entsorgungswirtschaft. Leistungen der privaten Städtereiniger, in: Bundesverband der Deutschen Entsorgungswirtschaft, Von der Städtereinigung, 29–52.

Turowski, Roland, Recycling – eine bemerkenswerte Alternative, in: Kommunalwirtschaft 1978, Hft. 1, 7–11.

Uekötter, Frank, Die Wahrheit ist auf dem Feld. Eine Wissensgeschichte der deutschen Landwirtschaft. Göttingen 2010.

Uekötter, Frank, Umweltgeschichte im 19. und 20. Jahrhundert. München 2007.

Uekötter, Frank, Von der Rauchplage zur ökologischen Revolution. Eine Geschichte der Luftverschmutzung in Deutschland und den USA 1880–1970. Essen 2003.

Uekötter, Frank, Am Ende der Gewissheiten. Die ökologische Frage im 21. Jahrhundert. Frankfurt, New York 2011.

Uekötter, Frank/Lübken, Uwe, Managing the Unknown. Essays on Environmental Ignorance. New York, Oxford 2014.

Uhr, Michael, Historische Fundstücke aus der Landgemeinde Dürwiß aus der ersten Hälfte des 20. Jahrhunderts, in: Verband kommunaler Unternehmen, 100 Jahre kommunale Städtereinigung, 121–130.

Umweltbundesamt, Materialien zum Abfallwirtschaftsprogramm. Berlin 1975/76.

Umweltbundesamt, Bürger im Umweltschutz. Nichtstaatliche Umweltschutzorganisationen und Bürgerinitiativen Umweltschutz in der Bundesrepublik Deutschland. Berlin 1978.

Umweltbundesamt, Fünf Jahre Abfallwirtschaftsprogramm. Berlin 1980.

Umweltbundesamt, Hausmülldeponien in der Bundesrepublik Deutschland. Berlin 1991.

Vagedes, Michael, Abfallwirtschaft im Ruhrgebiet, in: Schenkel, Abfallwirtschaft in großen Städten, 81–85.

Verband Deutscher Papierfabriken, Recycling. Papier im Kreislauf. Bonn 1984.

Verband kommunaler Unternehmen, 100 Jahre kommunale Städtereinigung. Berlin 2012.

Vetter, Heinz-Ulrich, Firma Zöller, Firmenportrait, in: VDI Rheingau Regional-Magazin 4, 2012, 12–15.

Vogel, Gerhard, Recycling. Möglichkeiten und Grenzen der Abfallverwertung. Wien 1984.

Vogel, Johann Heinrich, Die Verwertung städtischer Abfallstoffe. Berlin 1896.

Vollmer, Hendrik, Zur Akzeptanzorientierung des Verwaltungshandelns in Risikokonflikten, in: Hiller, Krücken, Risiko und Regulierung, 11–38.

von der Linde, Carl Der innere Wert des Mülls (1906), in: Franz-Josef Brüggemeier, Michael Tokya-Seid (Hrsg.), Industrie-Natur. Lesebuch zur Geschichte der Umwelt im 19. Jahrhundert. Frankfurt, New York 1995, 237.

von Lersner, Heinrich, Die ökologische Wende. Berlin 1991.

von Oertzen, Christine, Teilzeitarbeit und die Lust am Zuverdienen. Geschlechterpolitik und gesellschaftlicher Wandel in Westdeutschland 1948–1969. Göttingen 1999.

von Prollius, Michael, Deutsche Wirtschaftsgeschichte nach 1945. Göttingen 2006.

von Saldern, Adelheid, Stadt und Kommunikation in bundesrepublikanischen Umbruchszeiten. Stuttgart 2006.

Vorstand der Rethmann AG & Co., »Verantwortung übernehmen und unternehmerisch handeln«. Ein Buch über den Unternehmer Norbert Rethmann, sein Unternehmen und eine großartige Leistung. Selm 1999.

Vries, Jan de, The Industrious Revolution. Consumer Behavior and the Household Economy, 1650 to the Present. Cambridge 2008.

Vries, Peer, Escaping Poverty. The Origins of Modern Economic Growth. Göttingen 2013.

Wachtel, Joachim, Vom Ballenbinder zur Selbstbedienung. Gütersloh 1965.

Wagner, Georg, Sozialstaat gegen Wohnungsnot. Wohnraumbewirtschaftung und sozialer Wohnungsbau im Bund und in Nordrhein-Westfalen 1950–1970. Paderborn 1995.

Walsh, Edward J./Warland, Rex/Smith, D. Clayton, Don't Burn It Here. Grassroots Challenges to Trash Incinerators. University Park 1997.

Walter, François, Umweltbewusstsein und das Verhältnis zur Natur: Entwicklungen in der Schweiz und in Frankreich seit dem 19. Jahrhundert, in: Kloepfer, Schübe des Umweltbewusstseins, 19–34.

Wassermann, Otmar, Dioxin – Krankheitssymptom einer Industriegesellschaft, in: Arbeitskreis Chemische Industrie, Dioxin, 7–12.

Wassermann, Otmar, Toxikologische Bewertung von Emissionen aus Deponien und Müllverbrennungsanlagen, in: Schiller-Dickhut, Friedrich, Müllverbrennung, 69–84.

Weber, Heike, Das Versprechen mobiler Freiheit. Zur Kultur- und Technikgeschichte von Kofferradio, Walkman und Handy. Bielefeld 2008.

Weber, Heike, Towards »total« Recycling. Women, Waste and Food Waste Recovery in Germany, 1914–1939, in: Contemporary European History 22, 2013, Hft. 3, 371–397.

Weber, Heike, »Entschaffen«. Reste und das Ausrangieren, Zerlegen und Beseitigen des Gemachten, in: Technikgeschichte 81, 2014, 1–32.

Weber, Heike, Von wild zu geordnet? Konzeptionen, Wissensbestände und Techniken des Deponierens im 20. Jahrhundert, in: Technikgeschichte 81, 2014, 119–146.

Weber, Heike, Ökonomie, Ökologie oder Ideologie? Motivationen für das Recycling von Altpapier im 20. Jahrhundert. In: Günther Schulz, Reinhold Reith (Hrsg.), Wirtschaft und Umwelt vom Spätmittelalter bis zur Gegenwart. Stuttgart 2015, 153–180.

Wehler, Hans-Ulrich, Deutsche Gesellschaftsgeschichte Bd. 5: Bundesrepublik und DDR 1949–1990. München 2008.

Weingart, Peter, »Großtechnische Systeme«. Ein Paradigma der Verknüpfung von Technikentwicklung und sozialem Wandel?, in: Ders. (Hrsg.), Technik als sozialer Prozess. Frankfurt/M. 1989, 174–196.

Welskopp, Thomas, Der Wandel der Arbeitsgesellschaft als Thema der Kulturwissenschaften. Klassen, Professionen und Eliten, in: Ders., Unternehmen Praxisgeschichte, 135–168.

Welskopp, Thomas, Einleitung und begriffliche Klärungen: Vom Kapitalismus reden, über den Kapitalismus forschen, in: Ders., Unternehmen Praxisgeschichte, 1–23.

Welskopp, Thomas, Unternehmen Praxisgeschichte. Historische Perspektiven auf Kapitalismus, Arbeit und Klassengesellschaft. Tübingen 2014.

Wengenroth, Ulrich, Unternehmensstrategien und technischer Fortschritt. Die deutsche und die britische Stahlindustrie 1865–1895. Göttingen 1986.

Westermann, Andrea, Plastik und politische Kultur in Westdeutschland. Zürich 2007.

Westermann, Andrea, When Consumer Citizens spoke up. West Germany's early Dealings with Plastic Waste, in: Contemporary European History 22, 2013, Hft. 2, 477–498.

Westrate, W. A. G., Zur Frage des pflanzenbaulichen Wertes städtischen Müllkompostes, in: Städtehygiene 4, 1955, 86–87.

Weyers, Charlotte/Dierkes, Hermann, Müllnotstand. Fakten und Argumente für die Gegenwehr und ökologische Alternativen. Köln 1992.

Weyl, Theodor, Überblick über die historische Entwicklung der Städtereinigung bis zur Mitte des 19. Jahrhunderts, in: Ders., u. a. (Hrsg.), Städtereinigung (Handbuch der Hygiene). Leipzig 1912, 9–23.

Wiegand, Dirk, Der NKT und die Normung des MGB 240 – Eine Erfolgsgeschichte, in: DIN-Mitteilungen (Januar 2011), 15–22.

Wiesen, S. Jonathan, Creating the Nazi marketplace. Commerce and Consumption in the Third Reich. Cambridge 2011.

Wildt, Michael, Am Beginn der »Konsumgesellschaft«. Mangelerfahrung, Lebenshaltung, Wohlstandshoffnung in Westdeutschland in den fünfziger Jahren. Hamburg 1994.

Willeke, Rainer/Heinemann, Reinhard W., Die Stadt und das Auto. Entwicklung und Lösung eines Problems. Frankfurt/M. 1989.

Willms, Hanskarl/Mlodoch, Stephan, Wiederaufbau, Wirtschaftswunder, Konsumgesellschaft. Stadtentwicklung, Stadthygiene und Abfallwirtschaft in Deutschland 1945 bis 1975. Selm 2014.

Wimmer, Bernd, Von der Abfallbeseitigung zur Abfallwirtschaft, in: Kommunalwirtschaft 1982, Hft. 1, 42–47.

Windmüller, Sonja, Die Kehrseite der Dinge. Müll, Abfall, Wegwerfen als kulturwissenschaftliches Problem. Münster 2004.

Wines, Richard, Fertilizer in America. From Waste recycling to Resource Exploitation. Philadelphia 1985.

Winiwarter, Verena, Where did all the waters go? The introduction of sewage systems in urban settlements, in: Bernhardt, Environmental Problems, 105–119.

Winiwarter, Verena/Knoll, Martin, Umweltgeschichte. Eine Einführung. Köln u. a. 2007.

Winklmeier, Barbara, Kommunale Abfallwirtschaft in Bochum. Ein historischer Rückblick, in: Verband kommunaler Unternehmen, 100 Jahre kommunale Städtereinigung, 77–82.

Wirz, Heinz, Aufwärts ohne Ende? Entwicklung der Abfallgebühren in Nordrhein-Westfalen seit 1985, in: Abfallentsorgungs-Gesellschaft Ruhrgebiet mbH, Sozialverträglichkeit von Müllgebühren, 6–15.

Wittl, Herbert, Recycling. Vom neuen Umgang mit den Dingen. Regensburg 1996.

Witzel, Gustav, Gesetz zur Ordnung des Wasserhaushalts (Wasserhaushaltsgesetz). Kommentar. Berlin, Frankfurt M. 1958.

Witzler, Beate, Großstadt und Hygiene. Kommunale Gesundheitspolitik in der Epoche der Urbanisierung. Stuttgart 1995.

Woyke, Meik, Mobilität im suburbanen Raum. Das schleswig-holsteinische Umland von Hamburg (1950–1980), in: von Saldern, Stadt und Kommunikation, 123–146.

Zahn, Ernest, Soziologie der Prosperität. Köln 1960.

Ziebill, Otto, Geschichte des Deutschen Städtetages. Fünfzig Jahre deutsche Kommunalpolitik. Stuttgart 1955.

Zierenberg, Malte, Stadt der Schieber. Der Berliner Schwarzmarkt 1939–1950. Göttingen 2008.

Zimring, Carl, Cash for your Trash. Scrap Recycling in America. New Brunswick 2005.

Zunker, Ferdinand, Die Verwertung des Mülls zur Steigerung der Ernten, in: Die Technik, Bd.3, Nr. 11 (1947), 487–490.

Register

Personenregister

Sachregister